网络空间安全学科系列教材

网络安全

—— 理论与技术（微课版）

刘建伟 王育民 编著

清华大学出版社
北京

内 容 简 介

本书共 13 章。第 1 章阐述网络安全的基本概念，第 2 章阐述网络安全的数学基础，第 3~6 章阐述密码学的理论与技术，第 7~8 章阐述密码协议及其形式化安全性分析，第 9 章阐述公钥基础设施与数字证书，第 10 章阐述网络加密与密钥管理，第 11 章阐述网络边界安全防护技术，第 12 章阐述无线网络安全，第 13 章介绍网络安全新进展。

本书基本概念清晰，表述深入浅出，知识体系和知识点完整，理论与实践相结合。每章后面都附有精心编排的思考题。书后列出了大量参考文献，为读者提供了深入研究相关专题的途径和资料。为方便师生开展教学，作者为本书精心制作了配套的 PPT 课件。

本书可作为高校网络空间安全、信息安全、信息对抗技术、密码学等专业的本科生专业课教材，也可作为网络空间安全、计算机科学与技术、软件工程、密码学等学科的研究生专业课教材，以及网络安全工程师的参考书和培训教材。

图书在版编目（CIP）数据

网络安全：理论与技术：微课版 / 刘建伟，王育民编著. --北京：清华大学出版社，2024.12. -- (网络空间安全学科系列教材). -- ISBN 978-7-302-67693-5

Ⅰ. TP393.08

中国国家版本馆CIP数据核字第2024FL5276号

责任编辑：张　民　薛　阳
封面设计：刘　键
责任校对：刘惠林
责任印制：宋　林

出版发行：清华大学出版社
　　　　网　　　　　址：https://www.tup.com.cn，https://www.wqxuetang.com
　　　　地　　　　　址：北京清华大学学研大厦 A 座　　　邮　　编：100084
　　　　社　总　　机：010-83470000　　　　　　　　邮　　购：010-62786544
　　　　投稿与读者服务：010-62776969，c-service@tup.tsinghua.edu.cn
　　　　质　量　反　馈：010-62772015，zhiliang@tup.tsinghua.edu.cn
　　　　课　件　下　载：https://www.tup.com.cn,010-83470236
印　装　者：三河市铭诚印务有限公司
经　　销：全国新华书店
开　　本：185mm×260mm　　　　印　张：28.5　　　　字　数：692 千字
版　　次：2024 年 12 月第 1 版　　　　　　　　　印　次：2024 年 12 月第 1 次印刷
定　　价：79.90 元

产品编号：106498-01

21 世纪是信息时代，信息已成为社会发展的重要战略资源，社会的信息化已成为当今世界发展的潮流和核心，而信息安全在信息社会中将扮演极为重要的角色，它会直接关系到国家安全、企业经营和人们的日常生活。随着信息安全产业的快速发展，全球对信息安全人才的需求量不断增加，但我国目前信息安全人才极度匮乏，远远不能满足金融、商业、公安、军事和政府等部门的需求。要解决供需矛盾，必须加快信息安全人才的培养，以满足社会对信息安全人才的需求。为此，教育部继 2001 年批准在武汉大学开设信息安全本科专业之后，又批准了多所高等院校设立信息安全本科专业，而且许多高校和科研院所已设立了信息安全方向的具有硕士和博士学位授予权的学科点。

信息安全是计算机、通信、物理、数学等领域的交叉学科，对于这一新兴学科的培养模式和课程设置，各高校普遍缺乏经验，因此中国计算机学会教育专业委员会和清华大学出版社联合主办了"信息安全专业教育教学研讨会"等一系列研讨活动，并成立了"高等院校信息安全专业系列教材"编委会，由我国信息安全领域著名专家肖国镇教授担任编委会主任，指导"高等院校信息安全专业系列教材"的编写工作。编委会本着研究先行的指导原则，认真研讨国内外高等院校信息安全专业的教学体系和课程设置，进行了大量具有前瞻性的研究工作，而且这种研究工作将随着我国信息安全专业的发展不断深入。系列教材的作者都是既在本专业领域有深厚的学术造诣，又在教学第一线有丰富的教学经验的学者、专家。

该系列教材是我国第一套专门针对信息安全专业的教材，其特点是：

① 体系完整、结构合理、内容先进。

② 适应面广。能够满足信息安全、计算机、通信工程等相关专业对信息安全领域课程的教材要求。

③ 立体配套。除主教材外，还配有多媒体电子教案、习题与实验指导等。

④ 版本更新及时，紧跟科学技术的新发展。

在全力做好本版教材，满足学生用书的基础上，还经由专家的推荐和审定，遴选了一批国外信息安全领域优秀的教材加入系列教材中，以进一步满足大家对外版书的需求。"高等院校信息安全专业系列教材"已于 2006 年年初正式列入普通高等教育"十一五"国家级教材规划。

2007 年 6 月，教育部高等学校信息安全类专业教学指导委员会成立大会暨第一次会议在北京胜利召开。本次会议由教育部高等学校信息安全类专业教学指导委员会主任单位北京工业大学和北京电子科技学院主办，清华大学出版社协办。教育部高等学校信息安全类专业教学指导委员会的成立对我国信息安全专业的发展起到重要的指导和推动作用。2006年，教育部给武汉大学下达了"信息安全专业指导性专业规范研制"的教学科研项目。2007年起，该项目由教育部高等学校信息安全类专业教学指导委员会组织实施。在高教司和教指委的指导下，项目组团结一致，努力工作，克服困难，历时 5 年，制定出我国第一个信息安全专业指导性专业规范，于 2012 年年底通过经教育部高等教育司理工科教育处授权组织的专家组评审，并且已经得到武汉大学等许多高校的实际使用。2013 年，新一届教育部高等学校信息安全专业教学指导委员会成立。经组织审查和研究决定，2014 年，以教育部高等学校信息安全专业教学指导委员会的名义正式发布《高等学校信息安全专业指导性专业规范》（由清华大学出版社正式出版）。

2015 年 6 月，国务院学位委员会、教育部出台增设"网络空间安全"为一级学科的决定，将高校培养网络空间安全人才提到新的高度。2016 年 6 月，中央网络安全和信息化领导小组办公室（下文简称"中央网信办"）、国家发展和改革委员会、教育部、科学技术部、工业和信息化部及人力资源和社会保障部六大部门联合发布《关于加强网络安全学科建设和人才培养的意见》（中网办发文〔2016〕4 号）。2019 年 6 月，教育部高等学校网络空间安全专业教学指导委员会召开成立大会。为贯彻落实《关于加强网络安全学科建设和人才培养的意见》，进一步深化高等教育教学改革，促进网络安全学科专业建设和人才培养，促进网络空间安全相关核心课程和教材建设，在教育部高等学校网络空间安全专业教学指导委员会和中央网信办组织的"网络空间安全教材体系建设研究"课题组的指导下，启动了"网络空间安全学科系列教材"的工作，由教育部高等学校网络空间安全专业教学指导委员会秘书长封化民教授担任编委会主任。本丛书基于"高等院校信息安全专业系列教材"坚实的工作基础和成果、阵容强大的编委会和优秀的作者队伍，目前已有多部图书获得中央网信办和教育部指导评选的"网络安全优秀教材奖"，以及"普通高等教育本科国家级规划教材""普通高等教育精品教材""中国大学出版社图书奖"等多个奖项。

"网络空间安全学科系列教材"将根据《高等学校信息安全专业指导性专业规范》（及后续版本）和相关教材建设课题组的研究成果不断更新和扩展，进一步体现科学性、系统性和新颖性，及时反映教学改革和课程建设的新成果，并随着我国网络空间安全学科的发展不断完善，力争为我国网络空间安全相关学科专业的本科和研究生教材建设、学术出版与人才培养做出更大的贡献。

我们的 E-mail 地址是 zhangm@tup.tsinghua.edu.cn，联系人：张民。

"网络空间安全学科系列教材"编委会

为了加强网络空间安全人才培养，国务院学位委员会、教育部于 2015 年 6 月正式批准设立网络空间安全一级学科。目前，全国已有 90 余所高校设立网络空间安全学院，37 所高校获批网络空间安全一级学科博士点，47 所高校设立网络空间安全一级学科硕士点，150 余所高校设立信息安全本科专业，120 余所高校设立网络空间安全专业。其中，16 所高校入选中央网络安全和信息化委员会办公室、教育部评选的"一流网络安全学院建设示范项目高校"。为了提高网络空间安全人才培养质量，急需编写出版一批高水平的网络空间安全优秀教材。

作者作为国务院学科评议组成员、教育部高等学校网络空间安全专业教学指导委员会委员和全国密码专业学位研究生教育指导委员会委员，参与编写了教育部高等学校信息安全专业教学指导委员会编制的《高等学校信息安全专业指导性专业规范》，正在牵头组织全国高校编写《高等学校网络空间安全专业指导性专业规范》。在长期的教学实践中，作者深知一本好的教材对于提高网络空间安全人才培养质量的重要性。在本书编写过程中，作者面向国家级一流课程建设对"两性一度"的要求，紧跟国内外网络空间安全理论与技术前沿，精心组织教材内容，以适应新形势下国家对人才培养的新要求。期望此书能够在我国的网络空间安全人才培养中发挥作用。

全书共分为 13 章。第 1 章阐述网络安全的基本概念，第 2 章阐述网络安全的数学基础，第 3～6 章阐述密码学的理论与技术，第 7～8 章阐述密码协议及其形式化安全性分析，第 9 章阐述公钥基础设施与数字证书，第 10 章阐述网络加密与密钥管理，第 11 章阐述网络边界安全防护技术，第 12 章阐述无线网络安全，第 13 章介绍网络安全新进展。

本书主要具有以下特点。

（1）基本概念清晰，表述深入浅出。本书借助大量的图表进行阐述，以提高此书的可读性和易理解性。

（2）知识体系和知识点完整。本书力求体现知识的系统性、准确性、层次性、时效性、综合性和实用性。

（3）理论与实践相结合。针对某些网络安全技术，本书给出了相应的网络安全技术应用案例，读者能深入了解网络安全技术的具体应用。

（4）每章后面都附有精心编排的习题，读者可通过深入分析和讨论习题中的内容，加强对基本概念和理论的理解，进一步巩固所学的知识。

（5）本书详细列出了大量参考文献。这些参考文献为网络空间安全学科的研究生和网络空间安全相关专业的本科生，以及其他网络安全技术人员提供了深入研究的参考资料。

（6）为方便师生开展教学，作者为本书精心制作了配套的 PPT 课件。PPT 课件可在作者的精品课程网站（http://ns.buaa.edu.cn）下载。

本书可以作为网络空间安全、计算机科学与技术、软件工程、密码学等学科的博士研究生、硕士研究生的专业课教材，也可以作为网络空间安全、信息安全、信息对抗技术、密码学等专业的本科生教材，还可以作为网络安全工程师的参考教材和培训教材。

本书由刘建伟、王育民编著，刘建伟对全书做了审校。第 1 章由刘建伟编写，第 2 章由刘建伟、王娜编写，第 3～7 章由刘建伟和王育民编写，第 8 章由刘建伟、张宗洋编写，第 9 章由刘建伟编写，第 10 章由刘建伟和王育民编写，第 11 章和第 12 章由刘建伟编写，第 13 章由刘建伟、毛剑、宋晓、王朋成、王瀚洲编写。

感谢姜宇鹏给予的支持与帮助，他认真审阅了第 2 章的书稿，并对书稿进行了认真的修改。李大伟也帮助整理了第 13 章的部分书稿。感谢王琼帮助翻译了部分英文参考文献，并对全书文字进行了审校，为进一步提高本书的质量作出了贡献。

感谢我的博士研究生胡斌、任珊瑶、王瀚洲、祁浩家，他们天资聪颖，做事踏实认真，牺牲了春节假期的休息时间，编辑和输入了大量的公式和图表，为加快本书的出版进度作出了突出贡献。

感谢陈若楠、邢馨心、刘安迪等帮助整理了部分书稿，并进行了认真细致的排版工作。

感谢边松、刘懿中老师及黑一鸣、赵子安、刘霏霏、周子钰、郑开发、余北缘、任阳坤、贾梓潇、赵博宇、刘余文等同学帮助校对了书稿，整理了每章的习题。

感谢伍前红、关振宇、毛剑、尚涛、张宗洋、孙钰、郭华、高莹、李大伟、崔剑、杜皓华在工作中给予的大力支持和帮助。

由于作者水平所限，加之时间仓促，书中难免会存在疏漏和不足之处。敬请广大读者朋友批评指正。

作 者

2024 年 2 月于北京

目 录

第1章

网络安全概念

  自 1946 年 2 月 14 日世界上第一台计算机 ENIAC 在美国宾夕法尼亚大学诞生以来，人们对信息安全的需求发生了两次重大的转变。计算机的发明给信息安全带来了第一次变革。计算机用户的许多重要文件和信息均存储于计算机中，因此对这些文件和信息的安全保护成为一个重要的研究课题。人们迫切需要自动加密工具对这些重要文件和机密数据进行加密，同时需要对这些文件设置访问控制权限，还需要保证数据免遭非法篡改。这些均属于计算机安全的研究范畴。

  计算机网络及分布式系统的出现给信息安全带来了第二次变革。人们通过各种通信网络进行数据的传输、交换、存储、共享和分布式计算。网络的出现给人们的工作和生活带来了极大的便利，但同时也带来了极大的安全风险。在信息传输和交换时，需要对通信信道上传输的机密数据进行加密；在数据存储和共享时，需要对数据库进行安全的访问控制和对访问者授权；在进行多方计算时，需要保证各方机密信息不被泄露。这些均属于网络安全的范畴。

  实际上，计算机安全和网络安全并没有明确的界限。目前，绝大多数的计算机均与 Internet 相连，计算机主机的安全会直接影响网络安全，网络安全也会直接导致计算机主机的安全问题。例如，对信息系统最常见的攻击就是计算机病毒，它可能最先感染计算机的磁盘和其他存储介质，然后加载到计算机系统上，并通过 Internet 传播。

  本书主要讨论网络安全，涉及内容非常广泛，既包括计算机网络安全的问题，又包括通信网络安全的问题。为了便于读者对本书所讨论的内容有比较感性的认识，下面先列举几个与网络安全有关的示例。

  （1）用户 Alice 向用户 Bob 传送一个包含敏感信息（如工资单）的文件。出于安全考虑，Alice 将该文件加密。恶意的窃听者 Eve 可以利用数据嗅探软件在网络上截获该加密文件，并千方百计地对其解密以求获得该敏感信息。

  （2）网络管理员 Alice 向用户 Bob 发送一条消息，命令 Bob 更新权限控制文件以允许新用户可以访问其计算机。攻击者 Eve 截获并修改该消息，并冒充网络管理员向 Bob 发出修改访问权限的命令，而 Bob 误以为是网络管理员发来的消息并按照 Eve 的命令更新权限文件。

  （3）在网上进行电子交易时，客户 Alice 会将订单发给商家 Bob。Bob 接到订单后，会与客户的开户行联系，以确认客户的账户存在并有足够的支付能力。此后，商家将确认信息发给客户，并自动将货款划拨到商家的账户上。如果 Bob 是不法商家，他在收到货款后，会拒绝给客户发货，或者抵赖，否认客户曾经下过订单。

  （4）用户 Alice 购买了一部移动电话，在使用网络服务之前，她必须通过注册获得一张 SIM 卡或 UIM 卡。当她打开手机时，网络会对 Alice 的身份进行认证。如果 Alice 是一个不法用户，她可以使用盗取的 SIM/UIM 卡免费使用网络提供的服务；当然，如果基站是假冒的，也会获取 Alice 的一些秘密个人信息。

虽然以上示例无法涵盖网络中存在的所有安全风险，但能使我们对网络安全的重要性有初步的了解。

一般来说，信息安全有以下 4 个基本目标。

（1）**保密性**（Confidentiality）：确保信息不被泄露或呈现给非授权的人。

（2）**完整性**（Integrity）：确保数据的一致性，防止非授权地生成、修改或毁坏数据。

（3）**可用性**（Availability）：确保合法用户不会无缘无故地被拒绝访问信息或资源。

在今天的网络环境下，还有一个基本目标是不能忽视的，即合法使用。

（4）**合法使用**（Legitimate Use）：确保资源不被非授权的人或以非授权的方式使用。

为了实现这些基本的安全目标，网络管理员需要有一个非常明确的安全策略，并且需要实施一系列安全措施，确保安全策略所描述的安全目标能够实现。这里要区分两类安全问题：一类属于通信安全和计算机安全范畴，通信安全是对通信过程中所传输的信息施加保护，计算机安全则是对计算机系统中的信息施加保护，它包含操作系统安全和数据库安全两个子类；此外，还有一类属于网络安全的范畴，它包括网络边界安全、Web 安全及电子邮件安全等内容。通信安全、计算机安全和网络安全措施需要与其他类型的安全措施，诸如物理安全和人员安全措施配合使用，才能更有效地发挥作用。本章主要介绍以下基本概念。

- 网络安全需求。
- 安全威胁与防护措施。
- 网络安全策略。
- 安全攻击的分类。
- 网络攻击的常见形式。
- 网络安全服务。
- 网络安全机制。
- 网络安全的一般模型。

后续章节将详细讨论网络安全的理论、技术以及网络安全解决方案。

1.1　对网络安全的需求

在人们的日常生活及赖以生存的这个世界中，信息、信息资产及信息产品已经变得至关重要。加强网络安全的必要性可以从具体发生的安全事件中得到证明。公开报道的安全事件实际上只占很小的比例，事实上，人们不愿对所发生的安全事件进行宣扬，其原因有很多。在政府部门中，有关安全漏洞及系统脆弱性信息是受到严格控制的，与安全有关的信息也是严格保密的，因为这些信息一旦公布，敌手就会利用这些信息攻击其他类似的系统，从而给这些系统带来潜在的威胁。在商业市场中，人们不愿公开与安全有关的信息也是出于自身利益的考虑。例如，银行及其他金融机构都不愿公开承认他们的系统存在安全问题，因为公开其安全问题会使用户对银行保护其财产安全的能力产生怀疑，从而将他们的资金或资产转移到其他银行或金融机构。这种对安全信息进行封锁的状况还受到来自法律和潜在损失等因素的影响。例如，某公司保存有许多用户的信息，公司要对这些信息的任何非授权泄露承担法律责任。因此，即使计算机系统受到入侵造成用户信息泄露，该公司也不会公开承认信息的丢失。虽然政府部门和商业部门对本部门发生的安全事件的报道有着极其严格的限制，但是由于网络的广泛使用，要对发生安全事件的信息进行全面的保护与限制是不可能的。

1.1.1　网络安全发展态势

在过去的 30 年中，Internet 得到快速发展，Internet 用户数量急剧攀升，网络安全已经成为亟须解决的最重要的问题之一。随着网络基础设施的建设和 Internet 用户的激增，网络与信息安全问题越来越严重，因黑客事件而造成的损失也越来越巨大。

第一，计算机病毒层出不穷，肆虐全球，并且逐渐呈现新的传播态势和特点。其主要表现是传播速度快，与黑客技术结合在一起而形成的"混种病毒"和"变异病毒"越来越多。病毒能够自我复制，主动攻击与主动感染能力增强。当前，全球计算机病毒已有 8 万多种，每天要产生 5～10 种新病毒。

第二，黑客对全球网络的恶意攻击势头逐年攀升。近年来，网络攻击还呈现出黑客技术与病毒传播相结合的趋势。计算机病毒的大规模传播与破坏都同黑客技术的发展有关，二者的结合使病毒的传染力与破坏性倍增。这意味着网络安全遇到了新的挑战，即集病毒、木马、蠕虫和网络攻击为一体的威胁，可能造成快速、大规模的感染，造成主机或服务器瘫痪，数据信息丢失，损失不可估量。在网络和无线电通信普及的情况下，尤其是在计算机网络与无线通信融合、国家信息基础设施网络化的情况下，黑客加病毒的攻击很可能构成对网络生存与运行的致命威胁。如果黑客对国家信息基础设施中的任何一处目标发起攻击，都可能导致巨大的经济损失。

第三，由于技术和设计上的不完备，系统存在缺陷或安全漏洞。这些漏洞或缺陷主要存在于计算机操作系统与网络软件之中。例如，Windows 操作系统中含有数项严重的安全漏洞，黑客可以通过此漏洞实施网络窃取、销毁用户资料或擅自安装软件，乃至控制用户的整个计算机系统。正是因为计算机操作系统与网络软件难以完全克服这些漏洞和缺陷，使得病毒和黑客有了可乘之机。由于操作系统和应用软件所采用的技术越来越复杂，因此带来的安全问题就越来越多。同时，由于黑客工具随手可得，网络安全问题越来越严重。因此，"网络是安全的"说法是相对的，不存在绝对的安全。

第四，世界各国军方都在加紧进行信息战的研究。近几年来，黑客技术已经不再局限于修改网页、删除数据等惯用的伎俩，而是堂而皇之地登上了信息战的舞台，成为信息作战的一种手段。信息战的威力之大，在某种程度上不亚于核武器。在 20 世纪 90 年代的海湾战争、科索沃战争及近期的俄乌战争中，信息战发挥了巨大的威力。我们看到，在俄乌战争中，马斯克的"星链"正在战场上发挥重要作用。在未来的信息化战争中，除空、天、地、海之外，网络空间将成为敌我双方争夺的第五战场。

今天，"制信息权"已经成为衡量一个国家实力的重要标志之一。信息空间上的信息大战正在悄悄而积极地酝酿，小规模的信息战一直不断出现、发展和扩大。信息战是信息化社会发展的必然产物。在信息战场上能否取得控制权，是赢得政治、外交、军事和经济斗争胜利的先决条件。信息安全问题已成为影响社会稳定和国家安危的战略性问题。

1.1.2　敏感信息对安全的需求

与传统的邮政业务和有纸办公不同，现代的信息传递、存储与交换是通过电子和光子完成的。现代通信系统可以让人类实现面对面的电视会议或电话通信。然而，信息系统的信息有可能十分敏感，它们可能涉及产权信息、政府或企业的机密信息，或者与企业之间的竞争密切相关。目前，许多机构已经明确规定，对网络上传输的所有信息必须进行加密保护。从这个意义上讲，必须对数据保护、安全标准与策略的制定、安全措施的实际应用等各方面工作进行全面的规划和部署。

根据多级安全模型，通常将信息的密级由低到高划分为秘密级、机密级和绝密级，以确保每一密级的信息仅能让那些具有高于或等于该权限的人使用。所谓机密信息和绝密信息，是指国家政府对军事、经济、外交等领域严加控制的一类信息。军事机构和国家政府部门应特别重视对信息施加严格的保护，特别应对那些机密和绝密信息施加严格的保护措施。对于那些敏感但非机密的信息，也需要通过法律手段和技术手段加以保护，以防止信息泄露或被恶意修改。事实上，一些政府部门的信息是非机密的，但它们通常属于敏感信息。一旦这些信息被泄露，有可能对社会的稳定造成危害。因此，不能通过未加保护的通信媒介传送此类信息，而应在发送前或发送过程中对此类信息进行加密保护。当然，采用这些保护措施要付出代价。此外，在系统方案设计、系统管理和系统维护方面还需要花费额外的时间和精力。近年来，一些采用极强防护措施的部门也面临越来越严重的安全威胁。今天的信息系统不再是一个孤立的系统，通信网络已将无数个独立的系统连接在一起。在这种情况下，网络安全也呈现出许多新的形式和特点。

1.1.3　网络应用对安全的需求

Internet 从诞生到现在只有短短几十年的时间，但其爆炸式的技术发展速度远超过人类历史上任何一次技术革命。然而，从长远发展趋势来看，现在的 Internet 还处于发展的初级阶段，Internet 技术存在着巨大的发展空间和潜力。

随着网络技术的发展，网络视频会议、远程教育等各种新型网络多媒体应用不断出现，传统的网络体系结构越来越显示出局限性。1996 年，美国政府制定了下一代 Internet（Next Generation Internet，NGI）计划，与目前使用的 Internet 相比，它的传输速度将更快、规模更大，而且更安全。中国从 1996 年起就开始跟踪和探索下一代互联网的发展；1998 年，CERNET 采用隧道技术组建了我国第一个连接国内八大城市的 IPv6 试验床，获得中国第一批 IPv6 地址；1999 年，与国际上的下一代互联网实现连接；2001 年，CERNET 承担建设了中国第一个下一代互联网北京地区试验网 NSFCNET；2001 年 3 月，首次实现了与国际下一代互联网络 Internet2 的互联。中国在短短几年的时间里，拉近了与美国、欧洲等西方发达国家和地区在互联网研究与建设方面的距离。

中国在短期内启动了多项下一代互联网的试验，其中影响最大的是中国下一代互联网示范工程（CNGI）。CNGI 是实施中国下一代互联网发展战略的起步工程，该项目的主要目的是搭建下一代互联网的试验平台，IPv6 是其中要采用的一项重要技术。

然而，下一代网络技术的研究与发展会带来新的安全问题。因此，网络安全理论与技术的研究永无止境，网络安全的问题不会在未来的某一天得到彻底解决。随着云计算、物联网、大数据、区块链、人工智能等新技术的应用，新的安全问题会不断涌现，从这个意义上来说，网络安全问题将与人类社会发展如影相随，与时俱进。

1.2 安全威胁与防护措施

1.2.1 基本概念

安全威胁，是指某个人、物、事件或概念对某一资源的保密性、完整性、可用性或合法使用所造成的危险。攻击就是某个安全威胁的具体实现。

防护措施，是指保护资源免受威胁的一些物理控制、机制、策略和过程。脆弱性是指在实施防护措施中，或缺少防护措施时系统所具有的弱点。

风险，是用来衡量某个已知的、可能引发某种成功攻击的脆弱性代价。当某个脆弱的资源价值越高且成功攻击的概率越大时，风险就越高；反之，当某个脆弱资源的价值越低且成功攻击的概率越小时，风险就越低。风险分析能够提供定量的方法，从而确定是否应保证在防护措施方面的资金投入。

安全威胁可以分为故意（如黑客渗透）和偶然（如信息被发往错误的地方）两类。故意的威胁又可以进一步分为被动攻击和主动攻击。被动攻击只对信息进行监听（如搭线窃听），而不对其进行修改。主动攻击却对信息进行故意的修改（如改动某次金融会话过程中货币的数量）。总之，被动攻击比主动攻击更容易以较小的花费实现。

目前尚没有统一的方法对各种威胁加以区别和分类，也难以理清各种威胁之间的相互关系。不同威胁的存在及其严重性随着环境的变化而变化。为了解释网络安全服务的作用，本书将现代计算机网络及通信过程中常遇到的一些威胁汇编成图表，如图 1-1 和表 1-1 所示。在后面，将对安全威胁分为三个类型进行分析：基本威胁、主要的可实现威胁、潜在威胁。

1.2.2 安全威胁类型

1. 基本威胁

下面 4 种基本安全威胁直接反映本章开篇时所划分的 4 个安全目标。

（1）**信息泄露**：信息被泄露或透露给某个非授权的人或实体。这种威胁来自诸如窃听、搭线或其他更加错综复杂的信息探测攻击。

（2）**完整性破坏**：数据的一致性通过非授权的增删、修改或破坏而受到损坏。

（3）**拒绝服务**：对信息或资源的访问被无条件地阻止。攻击者通过对系统进行非法的、根本无法成功的访问尝试使系统产生过量的负荷，导致系统的资源在合法用户看来是不可用的，也可能是因系统在物理上或逻辑上受到破坏而中断服务。

（4）**非法使用**：某一资源被某个非授权的人或以某种非授权的方式使用。例如，入侵某个计算机系统的攻击者会利用此系统作为盗用电信服务的基点，或者作为入侵其他系统的"桥头堡"。

安全威胁
类型

2. 主要的可实现威胁

在安全威胁中，主要的可实现威胁应该引起高度关注，因为这类威胁一旦成功实现，就会直接导致其他任何威胁的实现。主要的可实现威胁包括渗入威胁和植入威胁。

主要的渗入威胁有如下几种。

（1）**假冒**。即某个实体（人或系统）假装成另外一个不同的实体。这是突破某一安全防线最常用的方法。此非授权实体提示某防线的守卫者，使其相信它是一个合法实体，此后便获取了此合法用户的权利和特权。黑客大多采取这种假冒攻击方式来实现攻击。

（2）**旁路控制**。为了获得非授权的权利和特权，某个攻击者会发掘系统的缺陷和安全漏洞。例如，攻击者通过各种手段发现原本应保密但又暴露出来的一些系统"特征"。攻击者可以绕过防线守卫者入侵系统内部。

（3）**授权侵犯**。一个被授权以特定目的使用某个系统或资源的人，却将其权限用于其他非授权的目的。这种攻击的发起者往往属于系统内的某个合法用户，因此这种攻击又称为"内部攻击"。

主要的植入威胁有如下几种。

（1）**特洛伊木马**（Trojan Horse）。软件中含有一个不易觉察的或无害的程序段，当被执行时，它会破坏用户的安全性。例如，一个表面上具有合法目的的应用程序软件，如文本编辑软件，它还具有一个暗藏的目的，就是将用户的文件复制到一个隐藏的秘密文件中，这种应用程序就称为特洛伊木马。此后，植入特洛伊木马的那个攻击者就可以阅读到该用户的文件。

（2）**陷门**（Trapdoor）。在某个系统或其组件中设置"机关"，使其在提供特定的输入数据时，允许违反安全策略。例如，如果在一个用户登录子系统上设有陷门，当攻击者输入一个特别的用户身份号时，就可以绕过通常的口令检测。

3. 潜在威胁

在某个特定的环境中，如果对任何一种基本威胁或主要的可实现的威胁进行分析，就能够发现某些特定的潜在威胁，而任何一种潜在的威胁都可能导致一些更基本的威胁发生。例如，在对信息泄露这种基本威胁进行分析时，有可能找出以下几种潜在的威胁。

（1）窃听（Eavesdropping）。

（2）流量分析（Traffic Analysis）。

（3）操作人员的不慎所导致的信息泄露。

（4）媒体废弃物所导致的信息泄露。

图 1-1 列出了一些典型的威胁及它们之间的相互关系。注意，图中的路径可以交错。例如，假冒攻击可以成为所有基本威胁的基础，同时假冒攻击本身也存在信息泄露的潜在威胁。信息泄露可能暴露某个口令，而用此口令，攻击者也可以实现假冒攻击。

表 1-1 列出了各种威胁之间的差异，并分别对这些威胁进行了描述。

表 1-1　典型的网络安全威胁

威　胁	描　述
授权侵犯	一个被授权以特定目的使用系统的人，却将此系统用于其他非授权的目的
旁路控制	攻击者发现系统的安全缺陷或安全脆弱性，以绕过访问控制措施
拒绝服务*	对信息或其他资源的合法访问被无条件地拒绝
窃听	信息从被监视的通信过程中泄露出去
电磁/射频截获	信息从电子或机电设备所发出的无线频率或其他电磁辐射中被提取出来
非法使用	资源被某个非授权的人或以非授权的方式使用
人员疏忽	一个被授权的人为了金钱等利益或由于粗心，将信息泄露给非授权的人
信息泄露	信息被泄露或暴露给某个非授权的人
完整性侵犯*	数据的一致性由于非授权的增删、修改或破坏而受到损害
截获/修改*	某一通信数据在传输过程中被改变、删除或替换
假冒*	一个实体（人或系统）假装成另一个不同的实体
媒体废弃物	信息从被废弃的磁带或打印的废纸中泄露出去
物理入侵	入侵者通过绕过物理控制（如防盗门）而获得对系统的访问
消息重发*	对所截获的某次合法通信数据备份，出于非法目的而重新发送该数据
业务否认*	参与某次通信交换的一方，事后否认曾经发生过此次信息交换
资源耗尽	某一资源（如访问接口）被故意超负荷使用，导致其他用户服务中断
服务欺骗	某一伪造的系统或组件欺骗合法的用户或系统，自愿放弃敏感的信息
窃取	某一安全攸关的物品被盗，如令牌或身份卡
流量分析*	通过对通信流量的模式进行观察，机密信息有可能泄露给非授权的实体
陷门	将某一"特征"嵌入某个系统或其组件中，当输入特定数据时，允许违反安全策略
特洛伊木马	一个不易察觉或无害程序段的软件，当其被运行时，就会破坏用户的安全性

说明：带*的威胁表示在计算机通信安全中可能发生的威胁。

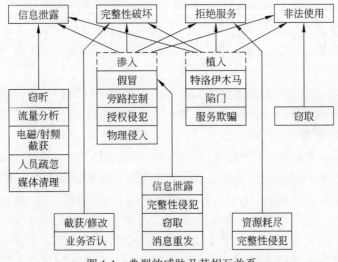

图 1-1　典型的威胁及其相互关系

　　对 3000 种以上的计算机误用案例所做的一次抽样调查显示，最主要的几种安全威胁如下（按照出现频率由高至低排列）。

（1）授权侵犯。

（2）假冒攻击。

（3）旁路控制。

（4）特洛伊木马或陷门。

（5）媒体废弃物。

在 Internet 中，网络蠕虫（Internet Worm）就是将旁路控制与假冒攻击结合起来的一种威胁。旁路控制就是利用已知的 UNIX、Windows 和 Linux 等操作系统的安全缺陷，避开系统的访问控制措施，进入系统内部。而假冒攻击则通过破译或窃取用户口令，冒充合法用户使用网络服务和资源。

安全防护措施

1.2.3 安全防护措施

在安全领域中，存在多种类型的防护措施。除了采用密码技术的防护措施外，还有其他类型的安全防护措施。

（1）**物理安全**。包括门锁或其他物理访问控制措施、敏感设备防篡改和环境控制等。

（2）**人员安全**。包括对工作岗位敏感性的划分、雇员的筛选，同时也包括对人员的安全性培训，以增强其安全意识。

（3）**管理安全**。包括对进口软件和硬件设备的控制，负责调查安全泄露事件，对犯罪分子进行审计跟踪，并追查安全责任。

（4）**媒介安全**。包括对受保护的信息进行存储，控制敏感信息的记录、再生和销毁，确保废纸或含有敏感信息的磁性介质被安全销毁。同时，扫描所用媒介，以便发现病毒。

（5）**辐射安全**。对射频（RF）、电磁（EM）辐射进行控制，又称 TEMPEST 保护。

（6）**生命周期控制**。包括对可信系统进行系统设计、工程实施、安全评估及提供担保，并对程序的设计标准和日志记录进行控制。

一个安全系统的强度与其最弱链路的强度相同。为了提供有效的安全性，需要将不同种类的威胁对抗措施联合起来使用。例如，当用户将口令遗忘在某个不安全的地方或受到欺骗而将口令暴露给某个未知的电话用户时，即使技术上是完备的，用于对付假冒攻击的口令系统也将无效。

防护措施可用于应对大多数安全威胁，但无论采用哪种防护措施，均要付出代价。网络用户需要认真考虑这样一个问题：为了防止某个攻击所付出的代价是否值得。例如，在商业网络中，一般不考虑对付电磁或射频泄漏，因为它们对商用环境来说风险很小，而且其防护措施又十分昂贵。但在机密环境中，会得出不同的结论。对于某一特定的网络环境，究竟采用什么安全防护措施，这种决策属于风险管理的范畴。目前，人们已经开发出各种定性和定量的风险管理工具。

本书主要讨论与通信网络有关的安全问题。网络安全事实上可以更广泛地定义为"通信安全"，加密仅是通信安全的一方面。其实网络安全涉及非常宽广的技术领域，而这些技术的广泛应用直到今天才成为可能。考虑到在现实中存在着各种强有力的密码分析方法，人们不得不考虑采用复杂防护措施需要付出的各种代价。

1.3　网络安全策略

在讨论安全策略前，需要明确安全域的概念。**安全域**是由一组具有相同安全保护需求并互相信任的系统组成的逻辑区域。具体来说，安全域通常是指属于某个组织机构的一系列处理进程和通信资源。

安全策略，是指在安全域内，施加给所有与安全相关活动的一套规则。这些规则由该安全域中所设立的安全权威机构制定，并由安全控制机构描述、实施或实现。

安全策略是一个很宽泛的概念，这一术语以许多不同的方式用于各种文献和标准。一些有关的分析表明，安全策略有几个不同的等级。

（1）**安全策略目标**：机构对于所保护的资源要达到的安全目标而进行的描述。

（2）**机构安全策略**：法律、规则及实际操作方法，用于规范机构如何管理、保护和分配资源，以便达到安全策略所规定的安全目标。

（3）**系统安全策略**：描述如何将特定的信息系统付诸工程实现，以支持此机构的安全策略要求。

在本书中，术语"安全策略"通常是指系统级的安全策略。必须指出的是，它仅仅是广义安全策略概念的一个组成部分。

下面对影响网络系统及各组成部分所涉及的安全策略的某些主要方面进行讨论。

1.3.1　授权

授权（Authorization）是安全策略的基本组成部分。所谓**授权**，是指**主体**（用户、终端、程序等）对**客体**（数据、程序等）的支配权利，它规定了谁可以对什么做些什么。在机构安全策略等级上，一些描述授权的例子如下。

（1）文件 Project-X-Status 只能由 G.Smith 修改，并由 G.Smith，P.Jones 及 Project-X 计划小组中的成员阅读。

（2）人事记录只能由人事部门的职员进行添加和修改，并且只能由人事部门的职员、部门经理及该记录所属人阅读。

（3）假设在多级安全系统中，有一密级被定义为"Confidential-secret-top"。只有所持许可证级别等于或高于此密级的人员才有权访问此密级的信息。

不同的安全策略需要不同的防护措施。例如，采用人员安全措施决定人员的许可证级别。在计算机和通信系统中，主要安全需求可以由一种称为"访问控制策略"的系统安全策略反映出来。

1.3.2　访问控制策略

访问控制策略属于系统级安全策略，它迫使计算机系统和网络自动地执行授权。以上有关授权描述的示例（1）、（2）和（3）分别对应以下不同的访问控制策略。

访问控制
策略

（1）**基于身份的策略**：该策略允许或拒绝对明确区分的个体或群体进行访问。

（2）**基于任务的策略**：它是另一种基于身份的策略，它给每一个个体分配任务，并基于这些任务使用授权规则。

（3）**多等级策略**：它是基于信息敏感等级及人员许可等级而制定的一般规则的策略。

通常，访问控制策略被划分成以下常见的类型。

（1）**强制性访问控制**（Mandatory Access Control，MAC）：强制性访问控制策略由安全域中的权威机构强制实施，任何人都不能回避。强制性安全策略在军事和其他政府机密环境中最为常用，上面提到的策略（3）就是一个例子。

（2）**自主性访问控制**（Discretionary Access Control，DAC）：自主性访问控制策略为一些特定的用户提供了访问资源（如信息）的权限，此后可以利用此权限控制这些用户对资源的进一步访问。上述策略（1）和策略（2）就是两个自主性访问控制策略的例子。在机密环境中，自主性访问控制策略用于强化"须知"（Need to know）的**最小权益策略**（Least Privilege Policy）或**最小泄露策略**（Least Exposure Policy）。前者只授予主体为执行任务所必需的信息或处理能力，而后者则按照规则向主体提供机密信息，并且主体承担保护信息的责任。

（3）**基于角色的访问控制**（Role-based Access Control，RBAC）：基于角色的访问控制策略将访问许可权分配给一定的角色，用户通过饰演不同的角色获得角色所拥有的访问许可权。它使用角色来定义用户允许做什么和不允许做什么。用户被分配了对不同资源（包括文件、数据库和应用程序）具有不同权限的角色。例如，当用户尝试访问资源时，系统将首先查找与该用户关联的角色，然后检查该角色是否具有适当的权限。若是，则允许用户访问该资源；若不是，则拒绝用户访问。

（4）**基于任务的访问控制**（Task-based Access Control，TBAC）：基于任务的访问控制策略从任务的角度建立安全模型和实现安全机制，在任务处理的过程中提供动态实时的安全管理。对象的访问权限控制并不是静止不变的，而是随着执行任务的上下文环境发生变化。

（5）**基于对象的访问控制**（Object-based Access Control，OBAC）：基于对象的访问控制策略将访问控制列表与受控对象或受控对象的属性相关联，并将访问控制策略设计为用户、组或角色及其对应权限的集合。

1.3.3 责任

所有安全策略都有一个潜在的基本原则，就是"责任"。在执行任务时，受安全策略约束的任何个体需要对其行为负责，这就是人员安全问题。某些网络安全防护措施，如对人员身份及采用其身份从事的相关活动进行认证，都遵循这一基本原则。

安全攻击的分类

1.4 安全攻击的分类

X.800 和 RFC 2828 将攻击分成两类：被动攻击和主动攻击。被动攻击试图获得或利用系统的信息，但不会对系统的资源造成破坏。而主动攻击则不同，它试图破坏系统的资源，影响系统的正常工作。

1.4.1 被动攻击

被动攻击的目标是获得线路上所传输的信息。窃听和流量分析都属于被动攻击，如图 1-2 所示。第一种被动攻击是窃听攻击，如电话、电子邮件和传输文件中都可能含有敏感或秘密信息，攻击者可通过窃听截获这些敏感或秘密信息，如图 1-2（a）所示。

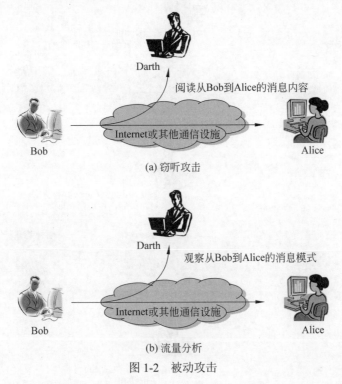

图 1-2 被动攻击

第二种被动攻击是流量分析，如图 1-2（b）所示。假设已经采取了某种措施隐藏消息内容或其他信息的流量，使攻击者即使截获了消息也不能从中发现有价值的信息。加密是隐藏消息的常用方法。即使对信息进行了合理的加密保护，攻击者仍然可以通过流量分析获得这些消息的特点。攻击者可以确定通信主机的身份及其所处的位置，可以观察传输消息的频率和长度，然后根据所获得的这些信息推断本次通信的性质。

被动攻击由于不涉及对数据的更改，所以很难被察觉。通过采用加密措施，完全有可能阻止这种攻击。因此，应对被动攻击的重点是预防，而不是检测。

1.4.2 主动攻击

主动攻击是指恶意篡改数据流或伪造数据流等攻击行为，它分成以下 4 类。

（1）伪装攻击（Impersonation Attack）。

（2）重放攻击（Replay Attack）。

（3）消息篡改（Message Modification）。

（4）拒绝服务（Denial of Service）攻击。

伪装攻击是指某个实体假装成其他实体，对目标发起攻击，如图 1-3（a）所示。伪装攻击的例子有：攻击者捕获认证信息，然后将其重发，这样攻击者就有可能获得其他实体所拥有的访问权限。

　　重放攻击是指攻击者为了达到某种目的，将获得的信息再次发送，以在非授权的情况下进行传输，如图1-3（b）所示。

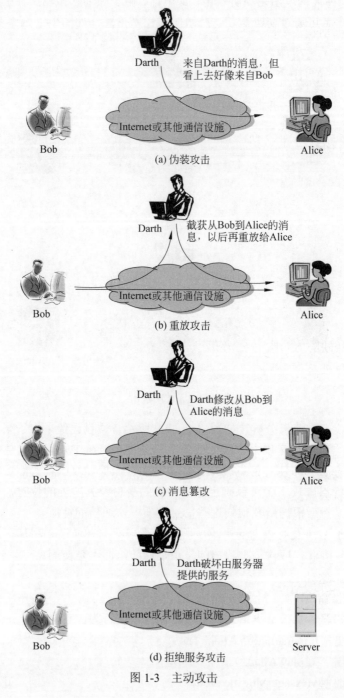

图 1-3　主动攻击

　　消息篡改是指攻击者对所获得的合法消息中的一部分进行修改或延迟消息的传输，以达到其目的，如图1-3（c）所示。例如，攻击者将消息"Allow John Smith to read confidential accounts" 修改为 "Allow Fred Brown to read confidential file accounts"。

拒绝服务攻击则是指阻止或禁止人们正常使用网络服务或管理通信设备，如图 1-3（d）所示。这种攻击可能目标非常明确。例如，某个实体可能会禁止所有发往某个目的地的消息。拒绝服务的另一种形式是破坏某个网络，使其瘫痪，或者使其过载以降低性能。

主动攻击与被动攻击相反。被动攻击虽难以检测，但采取某些安全防护措施就可有效阻止；主动攻击虽易于检测，但却难以阻止。所以对付主动攻击的重点应当放在如何检测并发现它们上，并采取相应的应急响应措施，使系统从故障状态恢复到正常运行。因检测主动攻击对于攻击者来说能起到威慑作用，所以在某种程度上可以阻止主动攻击。

1.5　网络攻击的常见形式

前面已经讨论了网络中存在的各种威胁，这些威胁的直接表现形式就是黑客常采取的各种网络攻击方式。下面介绍常见的网络攻击分类。通过分类，可以针对不同的攻击类型采取相应的安全防护措施。

1.5.1　口令窃取

进入一台计算机最容易的方法就是使用口令登录。只要在许可的登录次数范围内输入正确的口令，就可以成功地登录系统。

虽然利用系统缺陷破坏网络系统是可行的，但这不是最容易的办法。最容易的办法是通过窃取用户的口令进入系统。事实上，很大比例的系统入侵是由口令系统失效造成的。

口令系统失效的原因有多种，但最常见的原因是人们倾向于选择简单易记的口令作为登录密码。反复研究的结果表明：猜测口令很容易成功。当然，并非所有人都采用了弱的口令，但对于黑客来说，只要给他一次机会就可以得手。

口令猜测攻击有三种基本方式。第一种方式是利用已知或假定的口令尝试登录。虽然这种登录尝试需要反复进行十几次甚至更多，但往往会取得成功。一旦攻击者成功登录，网络的主要防线就会崩溃。很少有操作系统能够抵御从内部发起的攻击。

攻击者获得密码的第二种方式是根据窃取的口令文件进行猜测（如 UNIX 系统中的 /etc/passwd 文件）。这些口令文件有的是从已经被攻破的系统中窃取的，有的是从未被攻破的系统中获得的。由于用户习惯重复使用同一口令，当黑客得到这些文件后，就会尝试用其登录其他机器。这种攻击称为"字典攻击"，通常十分奏效。

第三种方式是窃听某次合法终端之间的会话，并记录所使用的口令。采用这种方式，不管用户的口令设计得有多好，系统都会遭到破坏。

总之，通过以上讨论可以得出结论：在口令选择方面，加强用户培训是非常重要的。大多数人习惯选择简单的口令。虽然人们也试图选用难以猜测的密码，但收效不大。据统计，攻击者如果掌握一本小字典，他就有 20%的机会进入系统。况且现在可以获得的字典很多，大的可以达到几十兆字节。字典里包括绝大多数单词和短语，此外，还有各种个人信息，如电话号码、地址、生日、作家名字等。

如果无法避免选择简单的口令，那么对口令文件进行严格保护就变得至关重要。要做到这点，就必须进行以下操作。

（1）对某些服务的安全属性进行认真配置，如 Sun 操作系统中的 NIS 服务。

（2）对可以使用 tftpd 协议获得的文件加以限制。

（3）避免将真正的/etc/passwd 文件放在匿名 FTP 区。

某些 UNIX 系统提供了对合法用户的口令进行杂凑计算并将该杂凑值进行隐藏的功能。杂凑后的口令文件称为"影子"或"附属"口令文件。强烈建议充分利用系统的这一功能。除了 UNIX 系统之外，还有很多系统也具备对口令进行杂凑和隐藏的功能。

要彻底消除使用弱口令的弊端，就要完全放弃使用口令机制，转而使用基于令牌（Token-based）的机制。如果暂时还不能采用令牌，至少要使用一次性口令方案，如 OTP（One-Time Password）。

1.5.2　欺骗攻击

黑客的另外一种攻击方式是采用欺骗的方式获取登录权限。泄密通常发生在打电话和聊天的过程中。请看 Thompson 与网络管理员的一段谈话：

This is Thompson. Someone called me about a problem with the *ls* command. He'd like me to fix it.

Oh, OK. What should I do?

Just change the password on my login on your machine; it's been a while since I've used it.

No problem.

从上面的谈话可以看出，Thompson 欺骗网络管理员改变口令，使他能够成功登录到其计算机上。此外，还有其他欺骗方式，如利用邮件欺骗。请看攻击者发出的这封邮件：

From: smb@research.att.com

TO: admin@research.att.com

Subject: Visitor

We have a visitor coming next week. Could you ask for your SA to add a Login

for her? Here's her passwd line; use the same hashed password.

Pxf: 5bHD/k5k2mtTTs:2403:147:Pat:/home/pat:/bin/sh

注意，此邮件明显带有欺骗行为。若 Pat 是一个来访者，她不会将家里的机器口令拿到外面使用。因此，在没有搞清对方真正意图之前，不能随意采取行动。当你收到一个朋友的电子邮件，警告你"sulfnbk.exe 是一个病毒文件，必须删除。请转告你的朋友"时，这种电子邮件很可能就是一个骗局。如果你照此去做，你的系统就会中毒并遭到破坏。不幸的是，很多人都会上当，因为这个邮件毕竟是朋友发来的。

1.5.3　缺陷和后门攻击

网络蠕虫传播的方式之一是通过向 finger 守护程序（Daemon）发送新的代码实现的。显然，该守护程序并不希望收到这些代码，但在协议中没有限制接收这些代码的机制。守护程序的确可以发出一个 gets 呼叫，但并没有指定最大的缓冲区长度。蠕虫向"读"缓冲区内注入大量的数据，直到将 gets 堆栈中的返回地址覆盖。当守护程序中的子程序返回时，就会转而执行入侵者写入的代码。

缓冲器溢出攻击也称为"堆栈粉碎"（Stack Smashing）攻击。这是攻击者常采用的一种扰乱程序的攻击方法。长期以来，人们试图通过改进设计来消除缓冲器溢出缺陷。在进行计算机语言设计时就应考虑到这一点。一些硬件系统也尽量不在堆栈上执行代码。此外，一些 C 编译器和库函数也使用了许多应对缓冲器溢出攻击的方法。

缺陷（Flaws）是指程序中的某些代码并不能满足特定的要求。尽管一些程序缺陷已经由产品提供商逐步解决，但是一些常见问题依然存在。最佳解决办法就是在编写软件时，力求做到准确、无误。然而，软件上的缺陷有时很难避免，这正是今天的软件中存在那么多缺陷的原因。

Morris 蠕虫及其许多现代变种给我们的教训极为深刻，其中最重要的一点是：缺陷导致的后果并不局限于产生不良的效果或造成某一特定服务的混乱，更可怕的是因为某一部分代码的错误而导致整个系统的瘫痪。当然，没有人有意编写带有缺陷的代码。只要采取相应的步骤，就可以降低其发生的可能性。

第一，在编写网络服务器软件时，要充分考虑如何防止黑客的攻击行为。要检验所有输入数据的正确性。如果程序中使用了固定长度的缓冲器，要确保这些缓冲器不会产生溢出。如果使用了动态分配存储区的方法，要考虑内存或文件系统的占用情况，同时还要考虑到在系统恢复时也要占用内存和磁盘空间。

第二，必须对输入语法做出正确的定义。如果不能真正理解"正确"这两个字的含义，就不能做出正确性检查。如果不知道什么是合法的，就无法写出输入语法。有时，需要借助某些编译工具检查语法正确性。

第三，必须遵守"最小特权"原则。不要给网络守护程序授予任何超出其需要的权限。特别是在设置防火墙的访问控制规则时，轻易不要授予用户超级用户权限。例如，我们会给本地邮件转发系统的某些模块授予一定的特权，使其能将用户发送的信息复制到另外一个用户的邮箱里。而对于网关上的邮件服务器，通常不设置任何特权，它所做的事情仅局限于将邮件从一个网络端口复制到另一个网络端口。

如果进行恰当的设计，即使是那些好像需要授权的服务器，也不再需要授权。例如，UNIX 的 FTP 服务器，允许用户使用 root 权限登录，并能够绑定到 20 端口的数据通道上。对于 20 端口绑定是协议的要求，但可以采用一个更小的、更简单的和更明确的授权程序来做这件事。同样，登录问题也可以由一个前端软件来解决。该前端软件仅处理 USER 和 PASS 命令，放弃授权要求，并执行无特权程序。

最后需要指出，不要为了追求效率而牺牲对程序正确性的检查。如果仅为了节约几纳秒的执行时间而将程序设计得既复杂又别出心裁，并且又需要特权，那么你就错了。现在的计算机硬件速度越来越高，节约这点时间毫无价值。一旦出现安全问题，在清除入侵上所花费的时间和付出的代价将是非常巨大的。

1.5.4　认证失效

许多攻击的成功都可归结于认证机制的失效。即使一个安全机制再好，也存在遭受攻击的可能性。例如，一个源地址有效性的验证机制，在某些应用场合（如有防火墙地址过滤时）能够发挥作用，但是黑客可以使用 rpcbind 重发某些请求。在这种情况下，最终的服务器就会被欺骗。对于这些服务器来说，这些消息看起来好像源于本地，但实际上来自其他地方。

如果源机器是不可信的，基于地址的认证也会失效。虽然人们可以采用口令机制控制自己的计算机，但是口令失窃也是常见的事情。

某些认证机制失效是因为协议没有携带正确的信息。TCP 和 IP 都不能识别发送用户。X11 和 rsh 协议要么靠自己获得这些信息，要么就没有这些信息。如果它们能够得到信息，也必须以安全的方式通过网络传送这些信息。

即使对源主机或用户采用密码认证的方式，往往也不能奏效。如前所述，一个被破坏的主机不会进行安全加密。

窃听者可以很容易地从未加密的会话中获得明文口令，有时也可能对某些一次口令方案发起攻击。对于一个安全的认证方案，下次登录必须具有唯一的有效口令。有时攻击者会将自己置于客户端和服务器中间，它仅转发服务器对客户端发出的"挑战"（Challenge，实际上为一随机数），并从客户端获得一个正确的"响应"（Response）。此时，攻击者可以采用此"响应"信息登录到服务器上。

通过修改认证方案消除其缺陷，完全可以抵抗这种类型的攻击。基于"挑战/响应"的认证机制完全可以通过精心设计的安全密码协议来消除这种攻击的威胁。

1.5.5　协议缺陷

前面讨论的是在系统完全正常工作的情况下发生的攻击。但是，有些认证协议本身就有安全缺陷，这些缺陷的存在会直接导致攻击的发生。

例如，攻击者可对 TCP 发起序列号攻击。由于在建立连接时所生成初始序列号的随机性不够，攻击者很可能发起源地址欺骗攻击。为了公平，TCP 的序列号在设计时并没有考虑抵御恶意的攻击。其他基于序列号认证的协议也可能遭受同样的攻击。这样的协议有很多，如 DNS 和许多基于 RPC 的协议。

在密码学上，如何发现协议中存在的安全漏洞是非常重要的研究课题。有些漏洞是由协议设计者无意造成的，但更多安全漏洞是由不同的安全假设所引发的。密码协议的安全性证明非常困难，人们正在加强这方面的研究。现在，各种学术刊物、安全公司网站和操作系统开发商经常公布一些新发现的安全漏洞，必须对此加以重视。

安全协议取决于安全的基础。例如，安全壳协议（Secure Shell，SSH）是一个安全的远程存取协议。SSH 协议具有这样一个特点：用户可以指定一个可信的公钥，并将其存储于authorized keys 文件中。如果客户端知道相应的私钥，该用户不用输入口令就能登录。在UNIX 系统中，该文件通常位于用户主目录下的.ssh 目录中。现在考虑这样一种场景：有人使用 SSH 登录到某个加载了 NFS 主目录的主机上。在这种情况下，攻击者就可以欺骗 NFS将一个伪造的 authorized keys 文件注入其主目录中。

802.11 无线数据通信标准中的 WEP 在设计上也存在缺陷。目前，针对 WEP 的攻击软件在网络上随处可见。这一切说明，绝对的安全是很难做到的。工程师在设计密码协议时，应当多向密码学家咨询，而不是随意设计。信息安全对操作人员的技术素质要求非常高，没有进行专业学习和受过专门培训的人员很难胜任此项工作。

1.5.6　信息泄露

许多协议都会丢失一些信息，这就给那些想要使用该服务的攻击者提供了可乘之机。这些信息可能成为商业间谍窃取的目标，攻击者也可借助这些信息攻破系统。Finger 协议就是这样一个例子。这些信息除了可以用于口令猜测之外，还可以用来进行欺骗攻击。

有些情况下，电话号码和办公室的房间号也可能很有用，可以根据电话号码本推理出某些组织的结构。在某些公司的网站上，往往提供了在线的电话号码查询。其实，公司的这些电话号码信息也应该是保密的。因为，当猎头们需要某些具有专业技能的人员时，他们可以根据这些信息打电话找到他们想要的专业人才。

另一个丰富的数据来源是 DNS。在这里，黑客可以获得从公司的组织结构到目标用户的非常有价值的数据。要控制数据的流出是非常困难的，唯一的办法是对外部可见的 DNS 加以限制，使其仅提供网关机器的地址列表。

专业的黑客只需进行端口号和地址空间扫描，就可寻找感兴趣的服务和隐藏的主机。这里，对 DNS 进行保护的最佳防护措施是使用防火墙。如果黑客不能向某一主机发送数据包，他也就不能侵入该主机并获取有价值的信息。

1.5.7　指数攻击——病毒和蠕虫

指数攻击能够使用程序快速复制并传播攻击。当程序自行传播时，这些程序称为蠕虫（Worms）；当它们依附于其他程序传播时，这些程序就叫作病毒。它们传播的数学模型是相似的，因而两者之间的区别并不重要。这些程序的传播与生物感染病毒非常相似。

这些程序利用在很多系统或用户中普遍存在的缺陷和不良行为获得成功。它们可以在几个小时或几分钟之内扩散到全世界，从而使许多机构蒙受巨大损失。Melissa 蠕虫能够阻塞基于微软软件的电子邮件系统达 5 天之久。各种各样的蠕虫给 Internet 造成巨大的负担。这些程序本身更倾向于攻击随机的目标，而不是针对特定的个人或机构。但是，它们所携带的某些代码却可能对那些著名的政治目标或商业目标发起攻击。

有许多方法可以减少感染病毒的概率。最基本的方法是不使用流行的软件。若采用自行编写的操作系统或应用程序，就不太可能受到病毒感染。目前，针对 Windows 操作系统的病毒有很多，但 Macintosh 和 UNIX 用户却很少受到病毒感染。现在这种情况正在发生变化，尤其是针对 Linux 的攻击越来越多。Linux 蠕虫和一些交叉平台的蠕虫能够通过几种平台进行传播，或者通过网络访问、网页浏览和电子邮件进行传播。

如果不与受到病毒感染的主机通信，就不会感染病毒。通过对网络访问和从外部获得的文件进行严格的控制，就会大大地降低遭受病毒感染的风险。需要引起注意的是，有些病毒是经人工传播的。有人会将消息转发给他的所有朋友，并指示他们将此信息再转发给他们的所有朋友，以此类推。那些缺乏计算机知识的用户就会照此去做。这样，接收到这一消息的用户就会受到病毒感染。在某些情况下，这些消息往往指示用户删除某个关键的文件。如果真的照此去做，用户的计算机就会受到损害。

对于已知的计算机病毒，采用流行的查杀病毒软件进行清除非常有效。但是这些软件必须经常升级，因为病毒的制造者和杀毒软件厂商之间正进行着一场较量。现在，病毒的隐蔽性越来越高，使得杀毒软件不再局限于在可执行代码中寻找某些字符串。它们必须能够仿效这些代码并过滤病毒的行为特征。由于病毒越来越难以发现，病毒检测软件就要花更多的时间检查每个文件，有时所花费的时间会很长。病毒的制造者可能会巧妙地设计代码，使杀毒软件不能在一定的时间内将其识别出来。

1.5.8 拒绝服务攻击

在前面讨论的攻击方式中，大多数是基于协议的弱点、服务器软件的缺陷和人为因素而实施的。拒绝服务（Denial-of-Service，DoS）攻击则与之不同，它们只是过度使用服务，使软件、硬件过度运行，使网络连接超出其容量，目的是造成自动关机或系统瘫痪，或者降低服务质量。这种攻击通常不会造成文件删除或数据丢失，因此是一种比较温和的攻击。

这类攻击往往比较明显，更容易发现。例如，关闭一个服务很容易被检测到。尽管攻击很容易暴露，但要找到攻击的源头却十分困难。这类攻击往往生成伪装的数据包，其中含有随机和无效的返回地址。

分布式拒绝服务（Distributed Denial-of-Service，DDoS）攻击使用很多 Internet 主机，同时向某个目标发起攻击。通常，参与攻击的主机并不知道自身参与了攻击。这些主机可能已经被攻击者攻破，或者安装了恶意的代码。DDoS 攻击通常难以恢复，因为攻击有可能来自世界各地。

目前，由于黑客采用 DDoS 攻击成功地攻击了几个著名的网站，如 Yahoo、微软及 SCO 等，它已经引起全世界的广泛关注。DDoS 其实是 DoS 攻击的一种，不同的是它能够使用许多台计算机通过网络同时对某个网站发起攻击。它们的工作原理如下。

（1）黑客通过 Internet 将木马程序植入尽可能多的计算机上。这些计算机分布在全世界不同的区域。被植入的木马程序绑定在计算机的某个端口上，等待接受攻击命令。

（2）攻击者在 Internet 的某个地方安装一个主控程序，该主控程序中含有一个木马程序所处位置的列表。此后，主控程序等待黑客发出命令。

（3）攻击者等待时机，做好攻击前的准备。

（4）等攻击的时机一到，攻击者就会向主控程序发出一个消息，其中包括要攻击的目标地址。主控程序就会向每个植入木马程序的计算机发送攻击命令，这个命令中包含攻击目标的地址。

（5）这些木马程序立即向攻击目标发送大量的数据包。这些数据包的数量巨大，足以使其瘫痪。

从主控程序向下发出的攻击命令中通常使用伪装的源地址，有些则采用密码技术使其难以识别。从植入木马程序的计算机发出的数据包也使用了伪装的 IP 源地址，要想追查数据包的来源非常困难。此外，主控程序常常使用 ICMP 响应机制与攻击目标通信。许多防火墙都开放了 ICMP。

现在网络上流行许多 DDoS 攻击工具，还有它们的许多变种。其中之一是 Tribe Flood Network（TFN）。从许多网站上都可以获得其源代码。黑客可以选择使用各种 Flood 技术，如 UDP Flood、TCP SYN Flood、ICMP 响应 Flood、Smurf 攻击等。从主控程序返回的 ICMP 响应数据包会告诉木马程序采用哪一种 Flood 攻击方式。此外，还有其他 DDoS 工具，如 TFN2K（比 TFN 更先进的工具，可以攻击 Windows NT 和许多 UNIX 系统）、Trinoo 和 Stacheldraht 等。Stacheldraht 十分先进，它具有加密连接和自动升级的特征。

新的工具越来越高明。Slapper 是一个攻击 Linux 系统的蠕虫，它可以在许多网络节点中间建立实体到实体（Peer-to-Peer）的网络，使主控程序的通信问题变得更容易。还有一些工具则使用 IRC 信道作为控制通道。

对于拒绝服务攻击，没有什么灵丹妙药，只能采取一些措施减轻攻击的强度，但绝对不可能完全消除它们。遇到这种攻击时，可以采取以下 4 种措施。

（1）寻找一种方法过滤掉这些不良的数据包。

（2）提高对接收数据进行处理的能力。

（3）追查并关闭发动攻击的站点。

（4）增加硬件设备或提高网络容量，从而从容处理正常的负载和攻击数据流量。

当然，以上这些措施都不是完美的，只能与攻击者展开较量。到底谁能取得这场斗争的胜利，取决于对手能够走多远。

1.6　开放系统互连安全体系结构

研究信息系统安全体系结构的目的，就是将普遍性的安全理论与实际信息系统相结合，形成满足信息系统安全需求的安全体系结构。应用安全体系结构的目的，就是从管理上和技术上保证完整、准确地实现安全策略，满足安全需求。开放系统互连（Open System Interconnection，OSI）安全体系结构定义了必需的安全服务、安全机制和技术管理，以及它们在系统上的合理部署和关系配置。

由于基于计算机网络的信息系统以开放系统 Internet 为支撑平台，因此本节重点讨论开放系统互连安全体系结构。

OSI 安全体系结构的研究始于 1982 年，当时 ISO 基本参考模型刚刚确立。这项工作是由 ISO/IEC JTC1/SC21 完成的。国际标准化组织（ISO）于 1988 年发布了 ISO 7498-2 标准，作为 OSI 基本参考模型的新补充。1990 年，国际电信联盟（International Telecommunication Union，ITU）决定采用 ISO 7498-2 作为其 X.800 推荐标准。因此，X.800 和 ISO 7498-2 标准基本相同。

我国的国家标准《信息处理系统开放系统互连基本参考模型——第二部分：安全体系结构》（GB/T 9387.2—1995）（等同于 ISO 7498-2）和《Internet 安全体系结构》（RFC 2401）中提到的安全体系结构是两个普遍适用的安全体系结构，用于保证在开放系统中进程与进程之间远距离安全交换信息。这些标准确立了与安全体系结构有关的一般要素，适用于开放系统之间需要通信保护的各种场景。这些标准在参考模型的框架内建立起一些指导原则与约束条件，从而提供了解决开放互连系统中安全问题的统一方法。

为了有效评估机构的安全需求，并对所使用的安全产品和安全策略进行评估和选择，安全管理员需要采用某种系统的方法来定义系统对安全的需求，并对这些需求进行描述。在集中处理环境下，要准确地做到这一点非常困难。随着局域网和广域网的使用，问题将变得更加复杂。

ITU-T 推荐方案 X.800（即 ISO 安全框架）定义了一种系统的评估和分析方法。对于网络安全管理员来说，它提供了安全的组织方法。由于这个框架是作为国际标准开发的，所以使用广泛。一些计算机和电信服务提供商已经在其产品和服务上开发出这些安全特性，使其产品和服务与安全机制的结构化定义紧密地联系在一起。

通过对 OSI 安全架构的讨论，可以对许多概念进行初步了解。下面重点讨论安全体系结构中所定义的安全服务和安全机制，以及两者之间存在的关系。

安全服务

1.6.1　安全服务

X.800 对安全服务做出定义：为了保证系统或数据传输有足够的安全性，开放系统通信协议所提供的服务。RFC 2828 也对安全服务做出了更加明确的定义：安全服务是一种由系统提供的对资源进行特殊保护的进程或通信服务。安全服务通过安全机制来实现安全策略。X.800 将这些服务分为 5 类共 14 个特定服务，如表 1-2 所示。这 5 类安全服务将在后面逐一讨论。

表 1-2　X.800 定义的 5 类安全服务

分　类	特定服务	内　容
认证（确保通信实体就是它所声称的实体）	同等实体认证	用于逻辑连接建立和数据传输阶段，为该连接的实体身份提供可信性保障
	数据源点认证	在无连接传输时，保证收到的信息来源是所声称的来源
访问控制		防止对资源的非授权访问，包括防止以非授权的方式使用某一资源。这种访问控制要与不同的安全策略协调一致
数据保密性（保护数据，使之不被非授权地泄露）	连接保密性	保护一次连接中所有的用户数据
	无连接保密性	保护单个数据单元里的所有用户数据
	选择域保密性	对一次连接或单个数据单元里选定的数据部分提供保密性保护
	流量保密性	保护那些可以通过观察流量而获得的信息
数据完整性（保证接收到的数据确实是授权实体发出的数据，即没有修改、插入、删除或重发）	具有恢复功能的连接完整性	提供一次连接中所有用户数据的完整性。检测整个数据序列内存在的修改、插入、删除或重发，且试图将其恢复
	无恢复功能的连接完整性	同具有恢复功能的连接完整性基本一致，但仅提供检测，无恢复功能
	选择域连接完整性	提供一次连接中传输的单个数据单元用户数据中选定部分的数据完整性，并判断选定域是否有修改、插入、删除或重发
	无连接完整性	为单个无连接数据单元提供完整性保护；判断选定域是否被修改
不可否认性（防止整个或部分通信过程中，任意一个通信实体进行否认的行为）	源点的不可否认性	证明消息由特定方发出
	信宿的不可否认性	证明消息被特定方收到

1. 认证

认证服务与保证通信的真实性有关。对于单条消息，如一条警告或报警信号的认证服务是向接收方保证消息来自所声称的发送方，此时对于正在进行的交互，如终端和主机连接，就涉及两方面的问题：首先，在连接的初始化阶段，认证服务保证两个实体是可信的，也就是说，每个实体都是它们所声称的实体；其次，认证服务必须保证该连接不受第三方的干扰，例如，第三方能够伪装成两个合法实体中的一方，进行非授权的传输或接收。

该标准还定义了如下两个特殊的认证服务。

（1）**同等实体认证**。用于在连接建立或数据传输阶段为连接中的同等实体提供身份确认。该服务提供这样的保证：一个实体不能实现伪装成另外一个实体或对上次连接的消息进行非授权重发的企图。

（2）**数据源认证**。确认数据的来源，但对数据的复制或修改不提供保护。这种服务支持电子邮件这种类型的应用。在这种应用下，通信实体之间没有任何预先的交互。

2. 访问控制

在网络安全中，访问控制对那些通过通信连接对主机和应用的访问进行限制和控制。这种保护服务可应用于对资源的各种不同类型的访问。例如，这些访问包括使用通信资源、读/写或删除信息资源或处理信息资源的操作。为此，每个试图获得访问控制权限的实体必须在经过认证或识别之后，才能获取其相应的访问控制权限。

3. 数据保密性

保密性是防止传输的数据遭到诸如窃听、流量分析等被动攻击。对于数据传输，可以提供多层的保护。最常使用的方法是在某个时间段内对两个用户之间所传输的所有用户数据提供保护。例如，若两个系统之间建立了 TCP 连接，这种最通用的保护措施可以防止在 TCP 连接上传输用户数据的泄露。此外，还可以采用一种更特殊的保密性服务，它可以对单条消息或对单条消息中的某个特定的区域提供保护。这种特殊的保护措施与普通的保护措施相比，所使用的场合更少，而且实现起来更复杂、更昂贵。

保密性的另外一个用途是防止流量分析。它可以使攻击者观察不到消息的信源和信宿、频率、长度或通信设施上的其他流量特征。

4. 数据完整性

与数据的保密性相比，数据完整性可以应用于消息流、单条消息或消息的选定部分。同样，最常用和直接的方法是对整个数据流提供保护。

面向连接的完整性服务保证收到的消息和发出的消息一致，不会对消息进行复制、插入、修改、倒序、重发和破坏。因此，面向连接的完整性服务也能够解决消息流的修改和拒绝服务两个问题。另一方面，用于处理单条消息的无连接完整性服务通常仅防止对单条消息的修改。

另外，还可以区分有恢复功能的完整性服务和无恢复功能的完整性服务。因为数据完整性的破坏与主动攻击有关，所以重点在于检测而不是阻止攻击。如果检测到完整性遭到破坏，那么完整性服务能够报告这种破坏，并通过软件或人工干预的办法来恢复被破坏的部分。在后面可以看到，有些安全机制可以用来恢复数据的完整性。通常，自动恢复机制是一种非常好的选择。

5. 不可否认性

不可否认性可以防止发送方或接收方否认传输或接收过某条消息。因此，当消息发出后，接收方能验证消息是由所声称的发送方发出的。同样，当消息接收后，发送方能验证消息确实是由所声称的接收方收到的。

6. 可用性服务

X.800 和 RFC 2828 对可用性的定义是：根据系统的性能说明，能够按照系统所授权实体的要求对系统或系统资源进行访问。也就是说，当用户请求服务时，如果系统设计时能够提供这些服务，则系统是可用的。许多攻击可能导致可用性的损失或降低。可以采取一些自动防御措施（如认证、加密等）来对付这些攻击。

X.800 将可用性看作与其他安全服务相关的性质。但是，对可用性服务进行单独说明很有意义。可用性服务能够确保系统的可用性，能够对付由拒绝服务攻击引起的安全问题。由于它依赖于对系统资源的恰当管理和控制，因此它依赖于访问控制和其他安全服务。

安全机制

1.6.2　安全机制

表 1-3 列出了 X.800 定义的安全机制。由表可知，这些安全机制可以分成两类：一类在特定的协议层实现，另一类不属于任何的协议层或安全服务。前一类被称为特定安全机制，共有 8 种；后一类被称为普遍安全机制，共有 5 种。

表 1-3　X.800 定义的安全机制

	分　类	内　容
特定安全机制（可以嵌入合适的协议层以提供一些 OSI 安全服务）	加密	运用数学算法将数据转换成不可知的形式。数据的变换和复原依赖于算法和一个或多个加密密钥
	数字签名	附加于数据单元之后的数据，它是对数据单元的密码变换，可使接收方证明数据的来源和完整性，并防止伪造
	访问控制	对资源实施访问控制的各种机制
	数据完整性	用于保证数据元或数据流完整性的各种机制
	认证交换	通过信息交换来保证实体身份的各种机制
	流量填充	在数据流空隙中插入若干位以阻止流量分析
	路由控制	能够为某些数据动态地或预定地选取路由，确保只使用物理上安全的子网络、中继站或链路
	公证	利用可信的第三方保证数据交换的某些性质
普遍安全机制（不局限于任何 OSI 安全服务或协议层的机制）	可信功能度	根据某些标准（如安全策略所设立的标准）被认为是正确的，就是可信的
	安全标志	资源（可能是数据元）的标志，说明该资源的属性
	事件检测	检测与安全相关的事件
	安全审计跟踪	收集潜在的可用于安全审计的数据，以便对系统的记录和活动进行独立的观察和检查
	安全恢复	处理来自事件处置与管理功能等安全机制的请求，并采取恢复措施

1.6.3　安全服务与安全机制的关系

根据 X.800 的定义，安全服务与安全机制之间的关系如表 1-4 所示。该表详细说明了实现某种安全服务应该采用的安全机制。

表 1-4　安全服务与安全机制之间的关系

安全服务	加密	数字签名	访问控制	数据完整性	认证交换	流量填充	路由控制	公证
对等实体认证	Y	Y			Y			
数据源认证	Y	Y						
访问控制			Y					
保密性	Y						Y	
流量保密性	Y					Y	Y	
数据完整性	Y	Y		Y				
不可否认性		Y		Y				Y
可用性				Y	Y			

注：Y 表示该安全机制适合提供该种安全服务，空格表示该安全机制不适合提供该种安全服务。

1.6.4　OSI 层中的服务配置

OSI 安全体系结构最重要的贡献是总结了各种安全服务在 OSI 参考模型的 7 层中的适当配置。安全服务与协议层之间的关系如表 1-5 所示。

表 1-5　安全服务与协议层之间的关系

安全服务	协议层						
	1	2	3	4	5	6	7
对等实体认证			Y	Y			Y
数据源点认证			Y	Y			Y
访问控制			Y	Y			Y
连接保密性	Y	Y	Y	Y		Y	Y
无连接保密性		Y	Y	Y		Y	Y
选择域保密性							Y
流量保密性						Y	Y
具有恢复功能的连接完整性	Y			Y			Y
不具有恢复功能的连接完整性				Y			Y
选择域有连接完整性			Y	Y			Y
无连接完整性							Y
选择域无连接完整性			Y	Y			Y
源点的不可否认							Y
信宿的不可否认							Y

注：Y 表示该服务应该在相应层中提供，空格表示不提供。第 7 层必须提供所有的安全服务。

网络安全
模型

1.7 网络安全模型

一个最广泛采用的网络安全模型如图 1-4 所示。通信一方要通过 Internet 将消息传送给另一方，那么通信双方（也称为交互的主体）必须通过执行严格的通信协议共同完成消息交换。在 Internet 上，通信双方要建立一条从信源到信宿的路由，并共同使用通信协议（如 TCP/IP）来建立逻辑信息通道。

在图 1-4 中可见，一个网络安全模型通常由 6 个功能实体组成，它们分别是消息的发送方（信源）、消息的接收方（信宿）、安全变换、信息通道、可信的第三方和攻击者。

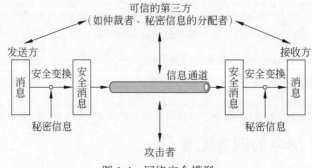

图 1-4 网络安全模型

在需要保护信息传输以防攻击者威胁消息的保密性、真实性和完整性时，就会涉及信息安全，任何用于保证信息安全的方法都包含以下两方面。

（1）对被发送信息进行安全相关的变换。例如，对消息加密，它打乱消息使得攻击者不能读懂消息，或者将基于消息的编码附于消息后，用于验证发送方的身份。

（2）使通信双方共享某些秘密信息，而这些消息不为攻击者所知。例如，加密和解密密钥，在发送端加密算法采用加密密钥对所发送的消息加密，而在接收端解密算法采用解密密钥对收到的密文解密。

图 1-4 中的安全变换就是密码学课程中所学习的各种密码算法。安全信息通道的建立可以采用第 10 章讨论的密钥管理技术和第 11 章讨论的 VPN 技术实现。为了实现安全传输，需要有可信的第三方。例如，第三方负责将秘密信息分配给通信双方，而对攻击者保密，或者当通信双方就关于信息传输的真实性发生争执时，由第三方仲裁。这部分内容即是第 9 章要讨论的 PKI/CA 技术。

网络安全模型表明，安全服务应包含以下 4 方面的内容。

（1）设计一个算法，它执行与安全相关的变换，该算法应是攻击者无法攻破的。

（2）生成算法所使用的秘密信息。

（3）设计分配和共享秘密信息的方法。

（4）指明通信双方使用的协议，该协议利用安全算法和秘密信息实现安全服务。

本书讨论的安全服务和安全机制基本遵循图 1-4 所示的网络安全模型。然而，还有一些安全应用方案不完全符合该模型，而是遵循图 1-5 所示的网络访问安全模型。该模型希望保护信息系统不受非法访问。黑客问题是一个众所周知的问题，黑客试图通过网络渗入可访问的系统。有时黑客可能没有恶意，只是对闯入或进入计算机系统感到满足。黑客可能是一个对公司不满的员工，想破坏公司的信息系统以发泄自己的不满；黑客也可能是一个罪犯，想利用计算机网络获取非法的利益（如获取信用卡号或进行非法的资金转账）。

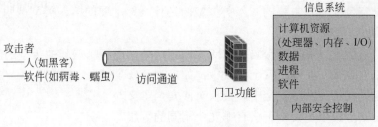

图 1-5 网络访问安全模型

另一种类型的有害访问是在计算机系统中加入程序，它利用系统的弱点来影响应用程序和实用程序，如编辑程序和编译程序。程序引起的威胁有如下两种。

● **信息访问威胁**：以非授权用户的名义截获或修改数据。

● **服务威胁**：利用计算机中的服务缺陷禁止合法用户使用这些服务。

病毒和蠕虫是两种恶意代码，它们隐藏在应用软件中，并通过磁盘进入系统，也可以通过网络进入系统。网络安全更关注的是通过网络进入系统的攻击。

应对有害访问所需的安全机制可分为两大类，如图 1-5 所示。第一类称为门卫功能，它包含基于口令的登录过程，该过程只允许授权用户的访问。第 8 章所述身份认证技术就属于此类安全机制。第二类称为内部安全监控程序，该程序负责检测和拒绝蠕虫、病毒及其他类似的攻击。一旦非法用户或软件获得了访问权，那么就由各种内部控制程序组成的第二道防线监视其活动，分析存储的信息，以便检测非法入侵者。第 11 章所述网络边界安全防护技术均属于此类安全机制。

习　　题

一、填空题

1. 信息安全的 3 个基本目标是＿＿＿＿＿、＿＿＿＿＿和＿＿＿＿＿。此外，还有一个不可忽视的目标是＿＿＿＿＿。

2. 网络中存在的 4 种基本安全威胁有＿＿＿＿＿、＿＿＿＿＿、＿＿＿＿＿和＿＿＿＿＿。

3. 访问控制策略可以划分为＿＿＿＿＿、＿＿＿＿＿、＿＿＿＿＿、＿＿＿＿＿、＿＿＿＿＿等常见的类型。

4. 安全性攻击可以划分为＿＿＿＿＿和＿＿＿＿＿。

5. X.800 定义的 5 类安全服务是＿＿＿＿＿、＿＿＿＿＿、＿＿＿＿＿、＿＿＿＿＿和＿＿＿＿＿。

6. X.800 定义的 8 种特定的安全机制是＿＿＿＿＿、＿＿＿＿＿、＿＿＿＿＿、＿＿＿＿＿、＿＿＿＿＿、＿＿＿＿＿、＿＿＿＿＿和＿＿＿＿＿。

7. X.800 定义的 5 种普遍的安全机制是＿＿＿＿＿、＿＿＿＿＿、＿＿＿＿＿、＿＿＿＿＿和＿＿＿＿＿。

8. 网络安全模型通常由 6 个功能实体组成，它们分别是_____、_____、_____、_____、_____和_____。

二、思考题

1. 简述通信安全、计算机安全和网络安全之间的联系与区别。

2. 什么是安全威胁？主要的渗入类型威胁是什么？主要的植入类型威胁是什么？典型的网络安全威胁有哪些？

3. 在网络安全中，除采用密码技术防护措施之外，还有哪些其他类型的防护措施？

4. 什么是安全域？在网络安全实践中，如何划分安全域？

5. 什么是授权？在网络安全中，授权有何安全意义？

6. 什么是安全策略？安全策略有哪几个不同的等级？

7. 什么是访问控制策略？什么是强制性访问控制策略？什么是自主性访问控制策略？试分析强制性访问控制和自主性访问控制的异同点。

8. 主动攻击和被动攻击有何区别？试列举出现实中被动攻击和主动攻击的实例。

9. 网络攻击的常见形式有哪些？请逐一加以评述。

10. 试分析安全服务和安全机制之间有何区别和联系。

11. 试画出一个通用的网络安全模型，并说明每个功能实体的作用。

12. 若采用足够强的安全措施，是否可以确保网络绝对安全？

第2章

网络安全数学基础

2.1 数论基础

2.1.1 带余除法和整除性

通常，符号 $\mathbb{Z}$

$$\mathbb{Z} = \{0, \pm 1, \pm 2, \cdots\}$$

带余除法和
整除性

表示整数集合。正整数通常也称为自然数。

1. 带余除法

两个整数相加或相减，其结果仍是一个整数；两个整数相乘也总得到一个整数；但如果用一个整数去除另一个整数，则可能有除得尽和除不尽两种情况。确切地说，有如下的定理。

定理 2-1（带余除法） 设 a 和 b 为整数，$b > 0$，则存在唯一的整数 q 和 r，使得

$$a = qb + r, \qquad 0 \leqslant r < b \tag{2-1}$$

式（2-1）称为带余除法，或称为欧几里得除法。q 称为 a 被 b 除得出的不完全商，r 称为余数，余数都是非负整数。如何计算不完全商 q？为此引入下述定义。

设 x 为实数，小于或等于 x 的最大整数称为 x 的整数部分，记为 $[x]$。

我们有

$$[x] \leqslant x < [x] + 1$$

a 被 b 除时得出的不完全商 q 就是 $\left[\dfrac{a}{b}\right]$。实际上

$$0 \leqslant \frac{a}{b} - \left[\frac{a}{b}\right] < 1$$

即

$$0 \leqslant \frac{a}{b} - q < 1$$

若记 $r = a - qb$，则 $0 \leqslant r < b$。

2. 整除性

在式（2-1）中，当 $r = 0$ 时，即 b 能整除 a，这时称 b 是 a 的因子，a 是 b 的倍数，记为 $b \mid a$（"$\mid$" 为整除符号）。若 $b \mid a$，$b \neq 1$，$b \neq a$，则称 b 是 a 的真因子。

当 b 是 a 的因子时，则存在整数 q 使 $a = qb$，这时 $a = (-q)(-b)$，所以 $-b$ 也是 a 的因子。为了简便，整数的因子，总假定是正整数。

显然，整除符合下列三个性质（设 $b > 0$，$c > 0$）：

（1）如果 $c|b$，$b|a$，那么 $c|a$。

（2）如果 $b|a$，那么 $bc|ac$。

（3）如果 $c|a$，$c|b$，那么对任意整数 m, n，有 $c|(ma+nb)$。

2.1.2 模算术

已知任意正整数 n 和任意非负整数 a，用 a 除以 n，得到一个整数商 q 和一个整数余数 r，它们符合下列关系：

$$a = qn + r, 0 \leqslant r < n; q = \lfloor a/n \rfloor$$

式中，$\lfloor x \rfloor$ 为小于或等于 x 的最大整数。

图 2-1 表明，已知 a 和正整数 n，总有可能找到满足上述关系的 q 和 r。在数轴上表示整数，a 会落在这条线上的某个地方（图中 a 为正数，负数 a 也可以做类似的证明）。从 0 开始，继续到 n、$2n$，直到 qn，使 $qn \leqslant a$ 且 $(q+1)n > a$。qn 到 a 的距离为 r，我们已经找到了 q 和 r 的唯一值。余数 r 通常被称为剩余。

图 2-1　关系 $a = qn + r$，$0 \leqslant r < n$

例 2-1　若 $a = 11$，$n = 7$，则有 $11 = 1 \times 7 + 4$，其中，$r = 4$，$q = 1$。

若 $a = -11$，$n = 7$，则有 $-11 = (-2) \times 7 + 3$，其中，$r = 3$，$q = -2$。

如果 a 是整数，n 是正整数，我们定义对 n 取模为 a 除以 n 的余数。整数 n 称为模数。因此，对于任意整数 a，总是可以这样写：

$$a = \lfloor a/n \rfloor \times n + (a \bmod n)$$

例 2-2　$11 \bmod 7 = 4$，$-11 \bmod 7 = 3$

当 $(a \bmod n) = (b \bmod n)$ 时，称整数 a 和 b 是模 n 同余的，可以写为 $a \equiv b \pmod{n}$。

例 2-3　$73 \equiv 4 \pmod{23}$，$21 \equiv -9 \pmod{10}$

1. 因子

我们说非零的 b 整除 a，如果 $a = mb$ 对于某个 m 成立，其中，a, b, m 都是整数。也就是说，如果余数为 0，则 b 整除 a。符号 $b|a$ 通常用来表示 b 能整除。此外，如果 $b|a$，我们说 b 是 a 的因子。

例 2-4　24 的正因子是 1、2、3、4、6、8、12 和 24。

下列关系成立：

- 如果 $a|1$，那么 $a = \pm 1$。
- 如果 $a|b$ 且 $b|a$，那么 $a = \pm b$。
- 任何 $b \neq 0$ 都能整除 0。
- 如果 $b|g$ 且 $b|h$，那么 $b|(mg+nh)$ 对于任意整数 m 和 n 成立。

要了解最后一点，请注意：

若 $b|g$，则存在某个整数 g_1，使得 $g = b \times g_1$。

若 $b|h$，则存在某个整数 h_1，使得 $h = b \times h_1$。则有

$$mg + nh = mbg_1 + nbh_1 = b \times (mg_1 + nh_1)$$

即 b 整除 $mg + nh$。

例 2-5 设 $b = 7$，$g = 14$，$h = 63$，$m = 3$，$n = 2$，则 $7 \mid 14$ 且 $7 \mid 63$。

为了证明 $7 \mid (3 \times 14 + 2 \times 63)$，我们有 $(3 \times 14 + 2 \times 63) = 7(3 \times 2 + 2 \times 9)$。很明显，$7 \mid (7(3 \times 2 + 2 \times 9))$。

注意，如果 $a \equiv 0 \pmod{n}$，那么 $n|a$。

2. 同余的性质

同余具有以下性质。

（1）如果 $n|(a-b)$，那么 $a \equiv b \pmod{n}$。

（2）如果 $a \equiv b \pmod{n}$，那么 $b \equiv a \pmod{n}$。

（3）如果 $a \equiv b \pmod{n}$ 和 $b \equiv c \pmod{n}$，那么 $a \equiv c \pmod{n}$。

为了证明第一点，如果 $n|(a-b)$，那么对于某个 k，有 $(a-b) = kn$，即 $a = b + kn$。因此，$(a \bmod n) = (b + kn$ 除以 n 时的余数$) = (b$ 除以 n 时的余数$) = (b \bmod n)$。

例 2-6 因为 $23 - 8 = 15 = 5 \times 3$，所以 $23 \equiv 8 \pmod{5}$。

因为 $-11 - 5 = -16 = 8 \times (-2)$，所以 $-11 \equiv 5 \pmod{8}$。

因为 $81 - 0 = 81 = 27 \times 3$，所以 $81 \equiv 0 \pmod{27}$。

其余的性质也很容易证明。

注意：前面以两种不同的方式使用了运算符 mod：第一种是作为产生余数的二元运算符，如表达式 $a \bmod b$；第二种是表示两个整数等价的同余关系，如表达式 $a \equiv b \pmod{n}$。为了区分这两种用法，取余项用圆括号括起来表示同余关系。

3. 模算术运算

注意，根据定义（图 2-1），$(\bmod n)$ 运算将所有整数映射到集合 $\{0, 1, \cdots, (n-1)\}$。这就提出了一个问题：我们能在这个集合的范围内进行运算吗？事实证明可以，这种方法被称为模运算。

模运算具有以下性质。

（1）$[(a \bmod n) + (b \bmod n)] \bmod n = (a + b) \bmod n$。

（2）$[(a \bmod n) - (b \bmod n)] \bmod n = (a - b) \bmod n$。

（3）$[(a \bmod n) \times (b \bmod n)] \bmod n = (a \times b) \bmod n$。

下面证明第一个性质。定义 $(a \bmod n) = r_a$ 和 $(b \bmod n) = r_b$。对于整数 j 和 k，可以写出 $a = r_a + jn$ 和 $b = r_b + kn$，那么：

$$(a + b) \bmod n = (r_a + jn + r_b + kn) \bmod n$$
$$= (r_a + r_b + (k + j)n) \bmod n$$
$$= (r_a + r_b) \bmod n$$
$$= [(a \bmod n) + (b \bmod n)] \bmod n$$

其余的性质也很容易证明。

例 2-7 以下是这三个属性的示例。

（1）11 mod 8 = 3；15 mod 8 = 8

[(11 mod 8)+(15 mod 8)] mod 8 = 10 mod 8=2

(11+15) mod 8 =26 mod 8=2

（2）[(11 mod 8)−(15 mod 8)] mod 8 = −4 mod 8=4

(11−15) mod 8= −4 mod 8 =4

（3）[(11 mod 8)×(15 mod 8)] mod 8 = 21 mod 8=5

(11×15) mod 8 =165 mod 8=5

像一般运算一样，求幂是通过重复乘法来完成的。第 8 章将详细介绍幂运算。

例 2-8 如要计算 $11^7 \bmod 13$，可以这样做：

$11^2 = 121 \equiv 4 \pmod{13}$

$11^4 = (11^2)^2 \equiv 4^2 \equiv 3 \pmod{13}$

$11^7 = 11 \times 4 \times 3 \equiv 132 \equiv 2 \pmod{13}$

因此，一般运算的加法、减法和乘法规则可以推广到模运算中。

表 2-1 给出了模 8 的加法和乘法的说明。如加法，结果很简单，矩阵非常有规律。这两个矩阵都是关于主对角线对称的，符合加法和乘法的交换性。与普通加法一样，模运算中的每个整数都有一个加法逆元或负值。在这种情况下，整数 x 的负数是满足 $(x + y) \bmod 8 = 0$ 的整数 y。要找到左列中整数的加法逆元，扫描矩阵的对应行找到 0；该列顶端的整数就是其加法逆元；如 $(2+6) \bmod 8 = 0$。同样，乘法表中的条目也很简单。在一般运算中，每个整数都有一个乘法逆元，或倒数，在模 8 的运算中，x 的乘法逆元是满足 $(x \times y) \bmod 8 = 1$ 的整数 y。现在，为了从乘法表中找到一个整数的乘法逆元，扫描矩阵的这一行找到这个整数对应的 1；该列顶端的整数就是其乘法逆元；如 $(3 \times 3) \bmod 8 = 1$。注意，不是所有对 8 取模的整数都有乘法逆元，下面会作详细介绍。

表 2-1 模 8 运算

（a）模 8 加法

+	0	1	2	3	4	5	6	7
0	0	1	2	3	4	5	6	7
1	1	2	3	4	5	6	7	0
2	2	3	4	5	6	7	0	1
3	3	4	5	6	7	0	1	2
4	4	5	6	7	0	1	2	3
5	5	6	7	0	1	2	3	4
6	6	7	0	1	2	3	4	5
7	7	0	1	2	3	4	5	6

（b）模 8 乘法

×	0	1	2	3	4	5	6	7
0	0	0	0	0	0	0	0	0
1	0	1	2	3	4	5	6	7
2	0	2	4	6	0	2	4	6
3	0	3	6	1	4	7	2	5
4	0	4	0	4	0	4	0	4
5	0	5	2	7	4	1	6	3
6	0	6	4	2	0	6	4	2
7	0	7	6	5	4	3	2	1

（c）模 8 加法和乘法逆元

w	$-w$	w^{-1}
0	0	—
1	7	1
2	6	—
3	5	3
4	4	—
5	3	5
6	2	—
7	1	7

4. 模算术的性质

定义集合 Z_n 为小于 n 的非负整数的集合：

$$Z_n = \{0, 1, \cdots, n-1\}$$

这被称为模 n 剩余类集或模 n 的剩余类。更准确地说，Z_n 中的每个整数表示一个剩余类。可以将模 n 的剩余类标记为 $[0], [1], [2], \cdots, [n-1]$，其中：

$$[r]=\{a : a \text{ 是整数，且 } a \equiv r \pmod{n}\}$$

例 2-9 以 4 为模的剩余类有

$[0] = \{\cdots, -16, -12, -8, -4, 0, 4, 8, 12, 16, \cdots\}$

$[1] = \{\cdots, -15, -11, -7, -3, 1, 5, 9, 13, 17, \cdots\}$

$[2] = \{\cdots, -14, -10, -6, -2, 2, 6, 10, 14, 18, \cdots\}$

$[3] = \{\cdots, -13, -9, -5, -1, 3, 7, 11, 15, 19, \cdots\}$

在剩余类中的所有整数中，我们通常用最小的非负整数表示剩余类。找到与 k 是模 n 同余的最小非负整数叫作 k 模 n 的约化。

如果在 Z_n 中进行模运算，表 2-2 所列性质对 Z_n 中的整数同样适用。因此，Z_n 是一个具有乘法单位元的交换环。

表 2-2　Z_n 中整数模算法的性质

性　质	表　达　式
交换律	$(w+x) \bmod n = (x+w) \bmod n$ $(w \times x) \bmod n = (x \times w) \bmod n$
结合律	$[(w+x)+y] \bmod n = [w+(x+y)] \bmod n$ $[(w \times x) \times y] \bmod n = [w \times (x \times y)] \bmod n$
分配律	$[w \times (x+y)] \bmod n = [(w \times x)+(w \times y)] \bmod n$
单位元	$(0+w) \bmod n = w \bmod n$ $(1 \times w) \bmod n = w \bmod n$
加法逆元（$-w$）	对于每一个 $w \in Z_n$，存在一个 z 使得 $w+z \equiv 0 \bmod n$

模运算有一个特点，使它有别于一般运算。首先，与在一般运算中一样，可以写出：

$$\text{若 } (a+b) \equiv (a+c) \pmod{n} \text{，则 } b \equiv c \pmod{n} \tag{2-2}$$

例 2-10 $(5+23) \equiv (5+7) \pmod 8$，$23 \equiv 7 \pmod 8$

式（2-2）正好符合加法逆元的性质。在式（2-2）两边同时加上 a 的加法逆元，得到

$$((-a)+a+b) \equiv ((-a)+a+c) \pmod{n}$$

$$b \equiv c \pmod{n}$$

然而，以下说法仅在附加条件下成立：

$$\text{若 }(a \times b) \equiv (a \times c) \pmod{n}\text{，仅当 } a \text{ 和 } n \text{ 互素时，} b \equiv c \pmod{n} \tag{2-3}$$

其中，互素的定义如下：如果两个整数的唯一正公因数为 1，则它们互素。与式（2-2）的情况类似，可以说式（2-3）与乘法逆元的存在性是一致的。将 a 的乘法逆元同时乘到式（2-3）的两边，有

$$((a^{-1})ab) \equiv ((a^{-1})ac) \pmod{n}$$

$$b \equiv c \pmod{n}$$

例 2-11 为了理解式（2-3），举一个不满足式（2-3）条件的示例。整数 6 和 8 不互素，因为它们有公因数 2，所以有以下等式：

$$6 \times 3 \equiv 18 \equiv 2 \pmod 8$$

$$6 \times 7 \equiv 42 \equiv 2 \pmod 8$$

但 $3 \not\equiv 7 \pmod 8$。

产生这个奇怪结果的原因是，对于任何一般的模数 n，如果 a 和 n 有任何非 1 正公因数，将乘数 a 依次应用于 $0 \sim (n-1)$ 的整数，将不能产生一个完整的剩余类。

例 2-12 已知 $a = 6$ 和 $n = 8$，

Z_8	0	1	2	3	4	5	6	7
乘6	0	6	12	18	24	30	36	42
余数	0	6	4	2	0	6	4	2

因为当乘以 6 时，得不到一个完整的剩余类，所以 Z_8 中的多个整数映射到同一个余数。具体为 $6 \times 0 \bmod 8 = 6 \times 4 \bmod 8$；$6 \times 1 \bmod 8 = 6 \times 5 \bmod 8$；以此类推。因为这是多对一映射，所以乘法运算没有唯一的逆元。

然而，如果取 $a = 5$ 和 $n = 8$，它们唯一的公因数是 1。

Z_8	0	1	2	3	4	5	6	7
乘5	0	5	10	15	20	25	30	35
余数	0	5	2	7	4	1	6	3

余数一行包含 Z_8 中所有的整数，只是顺序不同。

一般来说，如果一个整数与 n 互素，则该整数在 Z_n 中存在乘法逆元。表 2-1（c）显示，整数 1、3、5 和 7 在 Z_8 中有乘法逆元，但 2、4 和 6 则没有。

2.1.3 欧几里得算法

数论的基本技术之一是欧几里得算法，它是计算两个正整数最大公约数的一个简单过程。

1. 最大公约数

回想一下，非零 b 是 a 的因子或约数，是指 $a = mb$ 对于某个 m 成立，其中，a，b，m 是整数。正整数 c 称为 a 和 b 的最大公约数，记为 $\gcd(a,b)$，如果：

（1）c 是 a 和 b 的约数。

（2）a 和 b 的任何约数都是 c 的约数。

等价的定义如下。

$$\gcd(a, b) = \max[\text{满足 } k \mid a \text{ 和 } k \mid b \text{ 的 } k]$$

因为要求最大公约数为正，所以 $\gcd(a, b) = \gcd(a, -b) = \gcd(-a, b) = \gcd(-a, -b)$。一般来说，$\gcd(a, b) = \gcd(|a|, |b|)$。

例 2-13 $\gcd(60,24) = \gcd(60,-24) = 12$

同样，因为所有非零整数都能整除 0，有 $\gcd(a,0) = |a|$。

我们说，如果两个整数 a 和 b 的唯一正公约数为 1，即 $\gcd(a, b) = 1$，则它们互素。

例 2-14 8 和 15 互素，因为 8 的正因数是 1、2、4 和 8，15 的正因数是 1、3、5 和 15，所以 1 是同时出现在两个列表中的唯一整数。

2. 求解最大公约数

欧几里得算法基于以下定理：对于任意非负整数 a 和任意正整数 b，

$$\gcd(a,b) = \gcd(b, a \bmod b) \tag{2-4}$$

例 2-15 $\gcd(55,22) = \gcd(22, 55 \bmod 22) = \gcd(22,11) = 11$

为了证明式（2-4）成立，设 $d = \gcd(a, b)$。那么，根据 gcd，$d \mid a$，$d \mid b$ 的定义，对于任意正整数 b，a 可以表示为

$$a = kb + r \equiv r \pmod{b}$$

$$a \bmod b = r$$

其中，k 和 r 都是整数。因此，$(a \bmod b) = a - kb$ 对于某个整数 k 成立。但因为 $d \mid b$，它也能整除 kb。我们还有 $d \mid a$。因此，$d \mid (a \bmod b)$。这表明 d 是 b 和 $(a \bmod b)$ 的公约数。反过来，若 d 是 b 和 $(a \bmod b)$ 的公约数，则 $d \mid kb$，因此 $d \mid [kb+(a \bmod b)]$ 等价于 $d \mid a$。因此，a 和 b 的公因数的集合等于 b 和 $(a \bmod b)$ 的公因数的集合，因此，一对数的 gcd 等于另一对数的 gcd，定理得证。

可重复使用式（2-4）求最大公约数。

例 2-16　下面是式（2-4）的两个示例。

$$\gcd(18,12)=\gcd(12,6)=\gcd(6,0)=6$$

$$\gcd(11,10)=\gcd(10,1)=\gcd(1,0)=1$$

欧几里得算法反复使用式（2-4）求最大公约数，如下所示。算法假设 $a > b > 0$。可以将算法限制为正整数，因为 $\gcd(a, b) = \gcd(|a|,|b|)$。

```
EUCLID(a, b)
1. A ← a; B ← b
2. if B = 0 return A = gcd(a, b)
3. R = A mod B
4. A ← B
5. B ← R
6. goto 2
```

该算法的迭代关系如下。

$$A_1 = B_1 \times Q_1 + R_1$$
$$A_2 = B_2 \times Q_2 + R_2$$
$$A_3 = B_3 \times Q_3 + R_3$$
$$A_4 = B_4 \times Q_4 + R_4$$

如要求解 $\gcd(1970,1066)$：	
$1907 = 1\times1066 + 904$	$\gcd(1066, 904)$
$1066 = 1\times904 + 162$	$\gcd(904, 162)$
$904 = 5\times162 + 94$	$\gcd(162, 94)$
$162 = 1\times94 + 68$	$\gcd(94, 68)$
$94 = 1\times68 + 26$	$\gcd(68, 26)$
$68 = 2\times26 + 16$	$\gcd(26, 16)$
$26 = 1\times16 + 10$	$\gcd(16, 10)$
$16 = 1\times10 + 6$	$\gcd(10, 6)$
$10 = 1\times6 + 4$	$\gcd(6, 4)$
$6 = 1\times4 + 2$	$\gcd(4, 2)$
$4 = 2\times2 + 0$	$\gcd(2, 0)$
因此，$\gcd(1970, 1066) = 2$	

细心的读者可能会问，如何才能确定这个运算过程终止？也就是说，如何确定在某一步 B 能除尽 A？如果不能，将得到一个无穷正整数序列，每一个数都严格小于前一个数，这显然是不可能的。

2.1.4 费马定理和欧拉定理

费马定理和
欧拉定理

在实际应用中，常考虑形为 $a^k \pmod m$，特别是使 $a^k \pmod m = 1$ 的整数 k。或者说，考虑序列 $\{a^k \pmod m \mid k \in N\}$ 及其最小周期和性质。

1. 欧拉定理

例 2-17 设 $m = 7$，$a = 2$，有 $(2,7) = 1$，$\varphi(7) = 6$。

考虑模 7 的最小非负简化剩余系 1，2，3，4，5，6，有

$$2 \cdot 1 \equiv 2, \ 2 \cdot 2 \equiv 4, \ 2 \cdot 3 \equiv 6$$
$$2 \cdot 4 \equiv 1, \ 2 \cdot 5 \equiv 3, \ 2 \cdot 6 \equiv 5 \pmod 7$$

上述同余式左右对应相乘，得到

$$(2 \cdot 1)(2 \cdot 2)(2 \cdot 3)(2 \cdot 4)(2 \cdot 5)(2 \cdot 6) \equiv 2 \cdot 4 \cdot 6 \cdot 1 \cdot 3 \cdot 5 \pmod 7$$

或

$$2^6 \cdot 1 \cdot 2 \cdot 3 \cdot 4 \cdot 5 \cdot 6 \equiv 1 \cdot 2 \cdot 3 \cdot 4 \cdot 5 \cdot 6 \pmod 7$$

注意到

$$1 \cdot 2 \cdot 3 \cdot 4 \cdot 5 \cdot 6 \equiv (1 \cdot 6)(2 \cdot 4)(3 \cdot 5) \equiv (-1) \cdot 1 \cdot 1 \equiv -1 \pmod 7$$

故 $2^6 \equiv 1 \pmod 7$。

上述例子可推广为一般的结论，即欧拉定理。

定理 2-2（欧拉定理） 设 m 是大于 1 的整数。如果 a 是满足 $(a, m) = 1$ 的整数，则

$$a^{\varphi(m)} \equiv 1 \pmod m$$

例 2-18 设 $m = 11$，$a = 2$，有 $(2,11) = 1$，$\varphi(11) = 10$，故 $a^{10} \equiv 1 \pmod{11}$。

例 2-19 设 $m = 23$，$23 \nmid a$，有 $(a, 23) = 1$，$\varphi(23) = 22$，故 $a^{22} \equiv 1 \pmod{23}$。

接下来，我们应用欧拉定理研究模 $m = p$ 为素数时，整数 $a^k \pmod p$ 的性质。

2. 费马小定理

定理 2-3（费马小定理） 设 p 是一个素数，则对任意整数 a，有

$$a^p \equiv a \pmod p$$

2.1.5 中国剩余定理

中国剩余定理，又称孙子定理，给出了一元线性同余方程组有解的判定条件以及求解方法。具体过程如下。

设 $n_1, n_2, \cdots, n_r$ 是两两互素的自然数，令 $n = n_1 n_2 \cdots n_r$，$N_i = \dfrac{n}{n_i}$，$i = 1, 2, \cdots, r$，则方程组

$$\begin{cases} m \equiv b_1 \pmod{n_1} \\ m \equiv b_2 \pmod{n_2} \\ \ \vdots \\ m \equiv b_r \pmod{n_r} \end{cases}$$

对于模数 n 有唯一解:

$$m \equiv N_1 N_1' b_1 + N_2 N_2' b_2 + \cdots + N_r N_r' b_r \equiv \sum_{i=1}^{r} N_i N_i' b_i \pmod{n}$$

其中, N_i' 满足 $N_i N_i' \equiv 1 \pmod{n_i}$。

例 2-20 下面以 RSA 密码算法为例,说明前面所学数学知识的具体运用。

若采用 RSA 算法(见第 4 章)对字母 "A" 加密并解密,具体计算过程如下。

(1)取算法参数为 $p = 23$, $q = 47$, $e = 3$(加密指数)。

首先计算 RSA 的公私钥:

$n = p \times q = 23 \times 47 = 1081$

$\varphi(n) = (p-1) \times (q-1) = 1012$

由 $e \times d \equiv 1 \pmod{1012}$,计算得到 $d \equiv 675$。   //采用欧几里得算法

由此得到公钥 $(3, 1081)$,私钥 (675)。

(2)加密:"A" 的 ASCII 码为 65,即 $m = 65$。

由 RSA 加密公式 $c \equiv m^e \pmod{n}$,计算密文:

$c \equiv 65^3 \pmod{1081}$

$\equiv [65^2 \pmod{1081} \times 65 \pmod{1081}] \bmod 1081$ //模运算乘法性质

$\equiv -99 \times 65 \pmod{1081}$

$\equiv 51$

由此可以得到加密结果:"65"(字符 "C")加密后变成 "51"(字符 "3")。

(3)解密:

$m \equiv c^d \pmod{n} \equiv 51^{675} \pmod{1081}$

采用中国剩余定理求解,将 1081 分解为两个素数相乘,即 $1081 = 23 \times 47$。

$m \equiv 51^{675} \pmod{23}$

$\equiv ((51 \bmod 23)^{675}) \bmod 23$ //模运算乘法性质

$\equiv [[((2 \times 23 \bmod 23) + (5 \bmod 23)) \bmod 23]^{675}] \bmod 23$ //模运算加法性质

$\equiv 5^{22 \times 30 + 15} \pmod{23}$ //利用 $(2 \times 23) \bmod 23 \equiv 0 \bmod 23$ 化简

$\equiv 1 \times 5^{15} \pmod{23}$ //因为 $\gcd(5, 23) = 1$,由欧拉定理可知:

        //$5^{\varphi(23)} = 5^{22} = 5^{22 \times 30} \equiv 1 \pmod{23}$

$\equiv [(5^2 \times 5^4 \times 5^8) \times 5^1] \bmod 23$

$\equiv [(2 \times 4 \times 16) \times 5] \bmod 23$

$\equiv -4 \pmod{23}$

$m \equiv 51^{675} \pmod{47}$

$\equiv (1 \times 47 + 4)^{46 \times 14 + 31} \pmod{47}$ //由模运算乘法性质、加法性质以及

        //$1 \times 47 \pmod{47} \equiv 0 \pmod{47}$ 化简

$\equiv 4^{46 \times 14} \times 4^{31} \pmod{47}$ //因为 $\gcd(4, 47) = 1$,由欧拉定理可知:

        //$4^{\varphi(47)} = 4^{46} = 4^{46 \times 14} \equiv 1 \pmod{47}$

$\equiv 1 \times 4^{31} \pmod{47} \equiv ((2)^2)^{31} \pmod{47}$ //采用指数运算法则化简

$\equiv 2^{62} \pmod{47} \equiv 2^{46} \times 2^{16} \pmod{47}$ //因为 $\gcd(2, 47) = 1$,由欧拉定理:

        //$2^{\varphi(47)} = 2^{46} \equiv 1 \pmod{47}$

$$\equiv 1 \times 2^{16} (\bmod 47)$$

$$\equiv [(2^2 \times 2^4 \times 2^8) \times 2^2] \bmod 47$$

$$\equiv [(4 \times 16 \times 21) \times 4] \bmod 47$$

$$\equiv 18 (\bmod 47)$$

由中国剩余定理可知，对于方程组：

$$\begin{cases} m \equiv 51^{675} (\bmod 23) \equiv -4 (\bmod 23) \\ m \equiv 51^{675} (\bmod 47) \equiv 18 (\bmod 47) \end{cases}$$

在模 $n=23 \times 47=1081$ 下有唯一解，即

$$m \equiv N_1 N_1' b_1 + N_2 N_2' b_2 (\bmod n)$$

$$\equiv 47 \times 1 \times (-4) + 23 \times (-2) \times 18 (\bmod 1081)$$

$$\equiv -1016 (\bmod 1081)$$

$$\equiv 65 (\bmod 1081)$$

其中，$N_1 = \dfrac{n}{n_1} = \dfrac{1081}{23} = 47$，$N_1' \equiv N_1^{-1} (\bmod n_1) = 47^{-1} (\bmod 23) \equiv 1 (\bmod 23)$，

$N_2 = \dfrac{n}{n_2} = \dfrac{1081}{47} = 23$，$N_2' \equiv N_2^{-1} (\bmod n_2) = 23^{-1} (\bmod 47) \equiv -2 (\bmod 47)$。

由此可以得到解密结果：“51”（字符“3”）解密后变成“65”（字符“A”）。

2.1.6　离散对数

设 m 是正整数，g 是模 m 的一个原根，对给定的整数 a，若存在整数 r，使得

$$g^r \equiv a (\bmod m)$$

成立，则称 r 为以 g 为底的 a 对模 m 的一个指标，记作 $r = \text{ind}_g a$ 或 $\text{ind}\, a$。指标也称为**对数**或**离散对数**。

例 2-21　已知 5 是模 17 的原根，求 10 对模 17 的离散对数。

先构建以 5 为底的阶函数表，见表 2-3。其中，r 为阶，$a \equiv 5^r (\bmod 17)$。该阶函数表以阶 r 递增排列。

表 2-3　阶函数表

r	1	2	3	4	5	6	7	8	9	10	11	12	13	14	15	16
a	5	8	6	13	14	2	10	16	12	9	11	4	3	15	7	1

再由表 2-3 构建离散对数表，见表 2-4。该离散对数表以 a 递增排列。

表 2-4　离散对数表

a	1	2	3	4	5	6	7	8	9	10	11	12	13	14	15	16
r	16	6	13	12	1	3	15	2	10	7	11	9	4	5	14	8

由表 2-4 可知，10 对模 17 的离散对数为 7。

定理 2-4　设 $m>1$，g 是模 m 的一个原根，$(a, m) = 1$，若整数 r 使得 $g^r \equiv a (\bmod m)$ 成立，则 r 满足

$$r \equiv \text{ind}_g a (\bmod \varphi(m))$$

例 2-22 已知 5 是 17 的一个原根，且 $r=38$，求 38 对模 17 的离散对数。

由欧拉定理知 $5^{16} \equiv 1(\text{mod } 17)$，计算可得

$$5^{38} \equiv 5^6 \equiv 2(\text{mod } 17)$$

查例 2-21 中的表 2-4 可知，$\text{ind}_5 2 = 6$，故

$$38 (\text{mod } \varphi(17)) \equiv 38(\text{mod } 16) \equiv 6 = \text{ind}_5 2$$

设 g 是模 m 的一个原根，已知 $y \equiv g^x(\text{mod } m)$，求 x 是困难的。这被称为离散对数问题 (Discrete Logarithm Problem，DLP)。求离散对数是困难问题，到目前为止，最好的求解离散对数算法的时间复杂度是亚指数级的。

2.2 有限域理论基础

有限域在密码学中变得越来越重要。许多加密算法的设计及实现都依赖于有限域的性质，特别是高级加密标准（Advanced Encryption Standard，AES）和椭圆曲线密码算法。

2.2.1 节首先简要概述群、环和域的基本概念，2.2.2 节讨论形式为 GF(p)的有限域及域上运算，2.2.3 节讨论多项式算术的知识，2.2.4 节讨论 GF(2^n)形式的有限域及模多项式运算。

2.2.1 群、环、域的概念

群、环和域是数学分支"抽象代数"或"近世代数"的基本元素。在抽象代数中，我们关心的是可以对其元素进行代数运算的集合；也就是说，我们可以组合集合的两个元素，也可以用多种方法获得集合的第三个元素。这些运算遵循特定的规则，这些规则定义了集合的性质。按照惯例，集合元素的两类主要运算符号通常与普通数字的加法和乘法符号相同。然而，需要注意，在抽象代数中，并不局限于普通的算术运算。随着学习的深入，我们对抽象代数的理解应该会变得越来越清晰。

1. 群

群 G，有时记为$\{G, \cdot\}$，是具有二元运算的元素集合，二元运算记为$\cdot$，它将 G 中元素的每个有序对(a,b)与 G 中的元素$(a \cdot b)$相关联，并满足以下公理。

(A1) 封闭性：如果 a 和 b 属于 G，那么 $a \cdot b$ 也属于 G。

(A2) 结合律：对于 G 中任意的 a，b，c，有 $a \cdot (b \cdot c)=(a \cdot b) \cdot c$。

(A3) 单位元：G 中存在一个元素 e，使得对于 G 中任意元素 a，都有 $a \cdot e = e \cdot a = a$。

(A4) 逆元：对于 G 中的任意元素 a，G 中都存在一个元素 a'，使得 $a \cdot a' = a' \cdot a = e$。

设 N_n 表示 n 个不同符号的集合，为方便起见，将其表示为$\{1,2,\cdots,n\}$。n 个不同符号的置换是从 N_n 到 N_n 的一对一映射。定义 S_n 为 n 个不同符号的所有置换形成的集合。S_n 的每个元素都可以用整数集合$\{1,2,\cdots,n\}$的一个置换 π 表示。很容易证明 S_n 是一个群。

A1：如果 $\pi, \rho \in S_n$，则将 ρ 的元素按照置换 π 进行排列，形成复合映射 $\pi \cdot \rho$。例如$\{3,2,1\} \cdot \{1,3,2\}=\{2,3,1\}$，即 π 的第一个元素值表示 ρ 的第一个元素"1"应出现在复合映射 $\pi \cdot \rho$ 的第三个位置，ρ 的第二个元素"3"应出现在复合映射 $\pi \cdot \rho$ 的第二个位置，ρ 的第三个元素

"2"应出现在复合映射 $\pi \cdot \rho$ 的第一个位置。显然，$\pi \cdot \rho \in S_n$。

A2：很容易证明复合映射满足结合律。

A3：恒等映射就是不改变 n 个元素顺序的置换。对于 S_n，单位元为 $\{1,2,\cdots,n\}$。

A4：对于任意 $\pi \in S_n$，抵消 π 所定义的置换的映射是 π 的逆元。该逆元总是存在的，例如 $\{2,3,1\} \cdot \{3,1,2\} = \{1,2,3\}$。

提示：在上面的描述中，运算符 · 是通用的，可以指加法、乘法或其他一些数学运算。

若一个群的元素数量有限，则称其为有限群，并将该群中元素的个数称为群的阶。否则，称该群为无限群。

交换群：若一个群满足以下附加条件，则称其为阿贝尔群，或交换群。

(A5) 交换律：对于 G 中任意元素 a，b，有 $a \cdot b = b \cdot a$。

当群运算为加法时，其单位元为 0；a 的逆元是 $-a$；减法定义为 $a-b = a+(-b)$。

循环群：将群内的幂运算定义为群运算的重复运用，如 $a^3 = a \cdot a \cdot a$。进一步定义 $a^0 = e$ 为单位元；$a^{-n} = (a')^n$，其中，a' 是 a 的逆元。若群 G 的每个元素都是一个固定元素 $a \in G$ 的幂 a^k（k 为整数），则称群 G 是循环群。我们称元素 a 为群 G 的生成元。循环群总是阿贝尔群，其可以是有限群，也可以是无限群。

提示：整数的加法群是无限循环群，由元素 1 生成。此时，幂是用加法的个数表示的，所以 n 是 1 的 n 次幂。

2. 环

一个环 R，有时记为 $\{R,+,\times\}$，是具有两个二元运算的集合，这两个二元运算称为加法和乘法，且对于 R 中的所有 a，b，c，都满足以下公理。

(A1~A5) R 是一个关于加法的阿贝尔群，即 R 满足公理 A1~A5。对于加法群，将单位元记为 0，将 a 的逆元记为 $-a$。

(M1) 乘法的封闭性：如果 a 和 b 属于 R，那么 ab 也属于 R。

(M2) 乘法的结合律：对于 R 中的任意元素 a，b，c，有 $a(bc) = (ab)c$。

(M3) 分配律：对于 R 中的任意元素 a，b，c，有 $a(b+c) = ab+ac$ 和 $(a+b)c = ac+bc$。

本质上，环是一个集合，可以在此集合上进行加法、减法[$a-b = a+(-b)$]和乘法运算，运算的结果不会离开集合。

若环满足以下附加条件，则称其为交换环。

(M4) 乘法交换律：对于 R 中的任意元素 a，b，有 $ab = ba$。

下面定义整环。首先整环必须是一个交换环，且满足以下公理。

(M5) 乘法单位元：在 R 中存在一个元素 1，使得对于 R 中的任意 a，有 $a1=1a = a$。

(M6) 无零因子：如果 a，b 在 R 中，且 $ab=0$，那么必有 $a = 0$ 或 $b = 0$。

3. 域

域 F，有时记为 $\{F,+,\times\}$，是具有两个二元运算的集合，这两个二元运算称为加法和乘法，且对于 F 中的任意元素 a，b，c，都满足以下公理。

(A1~M6) F 为一个整环，即 F 满足 A1~A5 和 M1~M6 的所有公理。

(M7) 乘法逆元：对于 F 中的每个元素 a（0 除外），在 F 中均存在元素 a^{-1}，使得 $aa^{-1} = (a^{-1})a = 1$。

本质上，域是一个集合，可以在该集合上进行加法、减法、乘法和除法运算，所得结果不会离开该集合。除法规则定义如下：$a / b = a(b^{-1})$。

图 2-2 总结了定义群、环和域的公理。

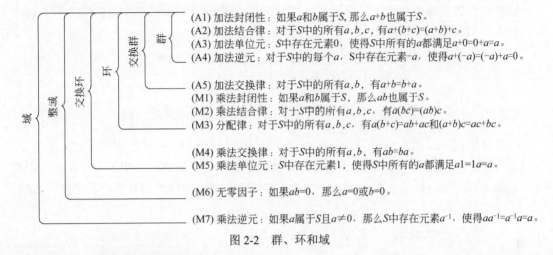

(A1) 加法封闭性：如果 a 和 b 属于 S，那么 $a+b$ 也属于 S。
(A2) 加法结合律：对于 S 中的所有 a,b,c，有 $a+(b+c)=(a+b)+c$。
(A3) 加法单位元：S 中存在元素 0，使得 S 中所有的 a 都满足 $a+0=0+a=a$。
(A4) 加法逆元：对于 S 中的每个 a，S 中存在元素 $-a$，使得 $a+(-a)=(-a)+a=0$。
(A5) 加法交换律：对于 S 中的所有 a,b，有 $a+b=b+a$。
(M1) 乘法封闭性：如果 a 和 b 属于 S，那么 ab 也属于 S。
(M2) 乘法结合律：对于 S 中的所有 a,b,c，有 $a(bc)=(ab)c$。
(M3) 分配律：对于 S 中的所有 a,b,c，有 $a(b+c)=ab+ac$ 和 $(a+b)c=ac+bc$。
(M4) 乘法交换律：对于 S 中的所有 a,b，有 $ab=ba$。
(M5) 乘法单位元：S 中存在元素 1，使得 S 中所有的 a 都满足 $a1=1a=a$。
(M6) 无零因子：如果 $ab=0$，那么 $a=0$ 或 $b=0$。
(M7) 乘法逆元：如果 a 属于 S 且 $a \neq 0$，那么 S 中存在元素 a^{-1}，使得 $aa^{-1}=a^{-1}a=a$。

图 2-2　群、环和域

2.2.2　有限域 GF(p)

有限域
GF(p)

在 2.2.1 节中，将域定义为满足图 2-2 中所有公理的集合，并给出了无限域的一些示例。在密码学领域，无限域不重要。然而，有限域在许多密码算法中起着至关重要的作用。可以证明，有限域的阶数（域内元素的个数）一定是素数 p 的幂 p^n，其中，n 为正整数。所谓素数，就是一个整数，其正整数因子是它本身和 1，即能整除 p 的正整数只有 p 和 1。

阶为 p^n 的有限域一般写为 GF(p^n)。GF 表示伽罗瓦域（Galois Field），以第一个研究有限域的数学家命名。这里有两个特殊情况：当 $n=1$ 时，得到有限域 GF(p)；当 $n>1$，$p=2$ 时，得到有限域 GF(2^n)。有限域 GF(p) 和有限域 GF(2^n) 有不同的结构。本节将详细介绍 GF(p)。在 2.2.4 节，将研究形式为 GF(2^n) 的有限域。

1. p 阶有限域

给定一个素数 p，则 p 阶有限域 GF(p) 定义为包含整数 $\{0,1,\cdots,p-1\}$ 的集合 Z_p，以及模 p 运算。

回顾一下环的定义，整数 $\{0,1,\cdots,n-1\}$ 集合 Z_n 和模 n 运算构成一个交换环（见图 2-2）。进一步观察到，当且仅当该整数和 n 互素时，Z_n 中的任何整数具有乘法逆元。如果 n 是素数，那么 Z_n 中所有非零整数都与 n 互素，因此对于 Z_n 中任意非零整数均存在一个乘法逆元。因此，Z_p 中的元素具有以下性质。

对于任意 $w \in Z_p$，$w \neq 0$，存在一个元素 $z \in Z_p$，使得 $w \times z = 1 \pmod{p}$，z 就是元素 w 的乘法逆元 w^{-1}。

因为 w 和 p 互素，如果将 Z_p 的所有元素乘以 w，则得到的剩余类是 Z_p 中所有元素的置换。因此，恰好有一个剩余类的值为 1。也就是说，在 Z_p 中存在一个整数，当它乘以 w 时，剩余为 1。这个整数是 w 的乘法逆元，记作 w^{-1}。所以，Z_p 是一个有限域。进一步讲，当 a 与 n 互素时，下式成立。

$$若(a\times b)\equiv(a\times c)\,(\bmod\,p)，则\ b\equiv c\,(\bmod\,p)\qquad(2\text{-}5)$$

将式（2-5）两边同时乘以 a 的乘法逆元，得到

$$((a^{-1}\times a\times b))\equiv((a^{-1}\times a\times c))\,(\bmod\,p),\quad b\equiv c(\bmod\,p)$$

这里有一种非常有意义的特殊情况：当 $p=2$ 时，GF(p) 就成为 GF(2)。GF(2) 中只有两个元素 {0,1}。GF(2) 是最简单的有限域，其数学运算可以简单地总结为

+	0	1		×	0	1		w	$-w$	w^{-1}
0	0	1		0	0	0		0	0	—
1	1	0		1	0	1		1	1	1

加法　　　　　　　乘法　　　　　　逆元

在这种情况下，加法相当于"异或"（XOR）运算，乘法相当于"与"（AND）运算。

表 2-5 给出了有限域 GF(7) 上的模算术运算。这是一个 7 阶域，采用模 7 运算。可以看到，它满足域的所有性质（见图 2-2）。表 2-5 将模 7 和模 8 的算术运算进行了比较。显然，

表 2-5　模 7 和模 8 的算术运算

（a）模 7 加法

+	0	1	2	3	4	5	6
0	0	1	2	3	4	5	6
1	1	2	3	4	5	6	0
2	2	3	4	5	6	0	1
3	3	4	5	6	0	1	2
4	4	5	6	0	1	2	3
5	5	6	0	1	2	3	4
6	6	0	1	2	3	4	5

（d）模 8 加法

+	0	1	2	3	4	5	6	7
0	0	1	2	3	4	5	6	7
1	1	2	3	4	5	6	7	0
2	2	3	4	5	6	7	0	1
3	3	4	5	6	7	0	1	2
4	4	5	6	7	0	1	2	3
5	5	6	7	0	1	2	3	4
6	6	7	0	1	2	3	4	5
7	7	0	1	2	3	4	5	6

（b）模 7 乘法

+	0	1	2	3	4	5	6
0	0	0	0	0	0	0	0
1	0	1	2	3	4	5	6
2	0	2	4	6	1	3	5
3	0	3	6	2	5	1	4
4	0	4	1	5	2	6	3
5	0	5	3	1	6	4	2
6	0	6	5	4	3	2	1

（e）模 8 乘法

+	0	1	2	3	4	5	6	7
0	0	0	0	0	0	0	0	0
1	0	1	2	3	4	5	6	7
2	0	2	4	6	0	2	4	6
3	0	3	6	1	4	7	2	5
4	0	4	0	4	0	4	0	4
5	0	5	2	7	4	1	6	3
6	0	6	4	2	0	6	4	2
7	0	7	6	5	4	3	2	1

（c）模 7 的加法和乘法逆元

w	0	1	2	3	4	5	6
$-w$	0	6	5	4	3	2	1
w^{-1}	—	1	4	5	2	3	6

（f）模 8 的加法和乘法逆元

w	0	1	2	3	4	5	6	7
$-w$	0	7	6	5	4	3	2	1
w^{-1}	—	1	—	3	—	5	—	7

使用模 8 运算的集合 Z_8 不是一个域，因为 Z_8 中有些元素没有乘法逆元。本章后面将介绍如何在 Z_8 上定义加法和乘法运算，使其成为一个有限域。

2. 求 GF(p)中元素的乘法逆元

对于较小的 p 值，很容易求出 GF(p)中一个元素的乘法逆元。只需构造一个乘法表，如表 2-5（b）所示，查表就可直接得出所需结果。但是，当 p 值较大时，列表方法不可行。

如果 $\gcd(m,b)=1$，则 b 有一个模 m 的乘法逆元，即对于正整数 $b<m$，存在一个 $b^{-1}<m$，使得 $bb^{-1} = 1 \bmod m$。

通过将欧几里得算法加以扩展，即可求出 $B3=\gcd(m,b)$。若 B3 为 1，则 B2 是 b 在模 m 下的乘法逆元。求 b 的逆元的扩展欧几里得算法为

```
EXTENDED EUCLID [m, b]
1. (A1, A2, A3) ← (1, 0, m); (B1, B2, B3) ← (0, 1, b)
2. if B3 = 0 return A3 = gcd[m, b]; no inverse
3. if B3 = 1 return B3 = gcd[m, b]; B2 = b⁻¹ mod m
4. Q = ⌊ A1 / B3 ⌋
5. (T1, T2, T3) ← (A1-QB1, A2-QB2, A3-QB3)
6. (A1, A2, A3) ← (B1, B2, B3)
7. (B1, B2, B3)← (T1, T2, T3)
8. goto 2
```

例 2-23　表 2-6 说明采用扩展欧几里得算法计算 GF(1759)中元素 550 的乘法逆元的过程。

表 2-6　求 GF(1759)中 550 的乘法逆元

Q	A1	A2	A3	B1	B2	B3
—	1	0	1759	0	1	550
3	0	1	550	1	−3	109
5	1	−3	109	−5	16	5
21	−5	16	5	106	−339	4
1	106	−339	4	−111	355	1

2.2.3　GF(p)上的多项式算术

本节讨论 GF(p)上的多项式算术。在后面的讨论中，只关注单变量 x 的多项式。单变量多项式运算有以下三种类型。

- 使用代数基本规则的普通多项式运算。
- 系数运算是模 p 运算的多项式运算，即系数在有限域 GF(p)中。
- 多项式的系数在 GF(p)中，且模数为一个 n 次多项式 $m(x)$ 的多项式运算。

本节将介绍前两类，2.2.4 节将介绍最后一类。

1. 普通多项式运算

一个 n 次多项式（$n \geqslant 0$，n 为整数）的表达式具有如下形式。

$$f(x) = a_n x^n + a_{n-1} x^{n-1} + \cdots + a_1 x + a_0 = \sum_{i=0}^{n} a_i x^i$$

其中，a_i 是一个指定数集 S 中的元素，S 称为系数集合，且 $a_n \neq 0$。我们称此类多项式是定义在系数集合 S 上的多项式。

零次多项式称为常数多项式，它只是系数集合中的一个元素。若 $a_n = 1$，称该 n 次多项式为首一多项式。

在抽象代数领域中，通常不给多项式中的变量 x 赋值。变量 x 有时被称为**不定元**。

多项式运算包括加法、减法和乘法运算。这些运算将变量 x 当成 S 中的一个元素。除法的定义与此类似，但要求 S 是一个域，如实数域、有理数域和素数域 Z_p。注意，所有整数的集合不是一个域，也不支持多项式除法。

加减法是通过相应系数的加减来实现的。因此，若

$$f(x)=\sum_{i=0}^{n} a_i x^i; \quad g(x)=\sum_{i=0}^{m} b_i x^i; \quad n \geqslant m$$

那么加法定义为

$$f(x)+g(x)=\sum_{i=0}^{m}(a_i+b_i)x^i+\sum_{i=m+1}^{n} a_i x^i$$

而乘法定义为

$$f(x)\times g(x)=\sum_{i=0}^{n+m} c_i x^i$$

其中：

$$c_k = a_0 b_k + a_1 b_{k-1} + \cdots + a_{k-1} b_1 + a_k b_0$$

在上式中，当 $i > n$ 时，把 a_i 看作 0，当 $i > m$ 时，把 b_i 看作 0。注意，乘积的次数等于两个多项式的次数之和。

例 2-24 令 $f(x)=x^3+x^2+2$，$g(x)=x^2-x+1$，其中，S 是整数的集合。那么

$$f(x)+g(x) = x^3+2x^2-x+3$$

$$f(x)-g(x) = x^3+x+1$$

$$f(x)\times g(x) = x^5+3x^3-2x+2$$

多项式加法、减法和乘法的手算过程如图 2-3（a）~图 2-3（c）所示。

$$\begin{array}{rrrrr} x^3 & + & x^2 & & +\ 2 \\ + & & (x^2 & -\ x & +\ 1) \\ \hline x^3 & + & 2x^2 & -\ x & +\ 3 \end{array}$$

(a) 加法

$$\begin{array}{rrrrr} x^3 & + & x^2 & & +\ 2 \\ - & & (x^2 & -\ x & +\ 1) \\ \hline x^3 & & & +\ x & +\ 1 \end{array}$$

(b) 减法

$$\begin{array}{rrrrrr} & x^3 & + x^2 & & & +\ 2 \\ & \times & (x^2 & & -\ x & +\ 1) \\ \hline & x^3 & + x^2 & & & +\ 2 \\ -\ x^4 & -\ x^3 & & & -\ 2x & \\ x^5 +\ x^4 & & +\ 2x^2 & & & \\ \hline x^5 & & +\ 3x^2 & & -\ 2x & +\ 2 \end{array}$$

(c) 乘法

$$\begin{array}{r|l} & \quad\quad\quad x+2 \\ x^2-x+1 & x^3 + x^2 \quad\quad + 2 \\ & x^3 - x^2 + x \\ \hline & \quad 2x^2 - x + 2 \\ & \quad 2x^2 - 2x + 2 \\ \hline & \quad\quad\quad x \end{array}$$

(d) 除法

图 2-3　多项式运算示例

多项式的除法运算将在后面讨论。

2. 系数在 Z_p 上的多项式运算

现在讨论系数是某个域 F 中元素的多项式，我们把它称为域 F 上的多项式。在这种情况下，很容易证明这些多项式的集合是一个环，称为多项式环。也就是说，如果将每个多项式看成集合中的一个元素，那么这个集合就是一个环。

对一个域上的多项式上进行多项式运算时，也会做除法运算。注意，这并不意味着总是可以整除。在一个域中，给定两个元素 a 和 b，商 a/b 也是这个域的元素。然而，如果在环 R 中做除法，一般会得到商式和余式，这就不是整除。

例 2-25　在一个集合 S 中计算除法 5/3。如果 S 是有理数的集合，即它是一个域，那么结果简单地表示为 5/3，这个结果是 S 的一个元素。现在假设 S 是域 Z_7。在此情况下，计算：

$$5/3=(5\times 3^{-1}) \bmod 7=(5\times 5) \bmod 7=4$$

我们发现，在域中做除法，就可以整除。最后，假设 S 是整数的集合，它是一个环，但不是一个域。那么 5/3 得到商 1 和余数 2：

$$5/3=1+2/3, \quad 5=1\times 3+2$$

因此，除法在整数集合上并不能做到整除。

现在尝试在一个非域系数集上进行多项式除法，我们发现除法并不总是有定义的。

例 2-26　如果系数集是整数集合，那么 $(5x^2)/(3x)$ 没有解，因为它需要一个值为 5/3 的系数，而这个值不在系数集中。假设在 Z_7 上进行同样的多项式除法，那么有 $(5x^2)/(3x)=4x$，这是一个 Z_7 中的有效多项式。

然而，即使系数集是一个域，多项式除法也不一定能整除。一般来说，除法会产生一个商式和一个余式：

$$\frac{f(x)}{g(x)}=q(x)+\frac{r(x)}{g(x)}$$

$$f(x)=q(x)g(x)+r(x) \tag{2-6}$$

如果 $f(x)$ 的次数为 n，$g(x)$ 的次数为 m（$n \geqslant m$），则商 $q(x)$ 的次数为 $n-m$，余式的次数最高为 $m-1$。若允许有余式，则可以说，系数集为域的多项式除法是可能的。

与整数运算类似，可以将式（2-6）中的余式 $r(x)$ 写成 $f(x) \bmod g(x)$。如果没有余式，即 $r(x)=0$，那么可以说 $g(x)$ 整除 $f(x)$，写成 $g(x)|f(x)$；同样地，可以说 $g(x)$ 是 $f(x)$ 的因式。

在上例中，$f(x)=x^3+x^2+2$ 和 $g(x)=x^2-x+1$，$f(x)/g(x)$ 得到商式 $q(x)=x+2$ 和余式 $r(x)=x$，如图 2-3（d）所示。这很容易通过下式进行验证。

$$q(x)g(x)+r(x)=(x+2)(x^2-x+1)+x=(x^3+x^2-x+2)+x=x^3+x^2+2=f(x)$$

对我们来说，GF(2) 上的多项式最重要。在前面提到，在 GF(2) 中，加法相当于"异或"（XOR）运算，乘法相当于"与"（AND）运算。此外，模 2 加法和减法是等价的。

$$1+1=1-1=0, \quad 1+0=1-0=1, \quad 0+1=0-1=1$$

图 2-4 给出了 GF(2) 上多项式运算的示例。对于 $f(x)=x^7+x^5+x^4+x^3+x+1$ 和 $g(x)=x^3+x+1$，图中给出了 $f(x)+g(x)$、$f(x)-g(x)$ 和 $f(x)\times g(x)$。注意 $g(x)|f(x)$。

域 F 上的多项式 $f(x)$ 被称为不可约多项式，当且仅当 $f(x)$ 不能表示为 F 上两个多项式的乘积，且这两个多项式的次数都低于 $f(x)$ 的次数。与整数类似，不可约多项式也称为素多项式。

$$
\begin{array}{ccccccccc}
x^7 & + & x^5 & + & x^4 & + & x^3 & & + & x & + & 1 \\
+ & & & & & & (x^3 & & + & x & + & 1) \\
\hline
x^7 & + & x^5 & + & x^4 & & & & & & & \\
\end{array}
$$

(a) 加法

$$
\begin{array}{ccccccccc}
x^7 & + & x^5 & + & x^4 & + & x^3 & & + & x & + & 1 \\
- & & & & & & (x^3 & & + & x & + & 1) \\
\hline
x^7 & + & x^5 & + & x^4 & & & & & & & \\
\end{array}
$$

(b) 减法

$$
\begin{array}{cccccccccc}
x^7 & & + & x^5 & + & x^4 & + & x^3 & & + & x & + & 1 \\
\times & & & & & & & (x^3 & & + & x & + & 1) \\
\hline
x^7 & & + & x^5 & + & x^4 & + & x^3 & & + & x & + & 1 \\
x^8 & & + & x^6 & + & x^5 & + & x^4 & & + & x^2 & + & x \\
x^{10} & + & x^8 & + & x^7 & + & x^6 & & + & x^4 & + & x^3 \\
\hline
x^{10} & & & & & & & + & x^4 & & + & x^2 & + & 1 \\
\end{array}
$$

(c) 乘法

$$
\begin{array}{r}
x^4 + 1 \\
x^3 + x + 1 \overline{\smash{\big)}\ x^7 \quad + x^5 + x^4 + x^3 \quad + x + 1} \\
\underline{x^7 \quad + x^5 + x^4} \\
x^3 \quad + x + 1 \\
\underline{x^3 \quad + x + 1} \\
0
\end{array}
$$

(d) 除法

图 2-4   GF(2)上的多项式算术示例

例 2-27 $f(x)=x^4+1$ 在 GF(2)上是可约的，因为 $x^4+1=(x+1)(x^3+x^2+x+1)$。

考虑多项式 $f(x)=x^3+x+1$。通过观察，我们可以清楚地看出 x 不是 $f(x)$ 的因式。很容易证明 $x+1$ 不是 $f(x)$ 的因式：

$$
\begin{array}{r}
x^2 + x \\
x+1 \overline{\smash{\big)}\ x^3 \qquad + x + 1} \\
\underline{x^3 + x^2} \\
x^2 + x \\
\underline{x^2 + x} \\
1
\end{array}
$$

因此 $f(x)$ 没有 1 次因式。如果 $f(x)$ 是可约的，它必须有一个 2 次因式和一个 1 次因式。因此，$f(x)$ 不可约。

3. 求多项式的最大公因式

通过定义最大公因式，可以将域上的多项式运算与整数运算之间做类比扩展如下：多项式 $c(x)$ 被认为是 $a(x)$ 和 $b(x)$ 的**最大公因式**，如果：

（1）$c(x)$ 同时整除 $a(x)$ 和 $b(x)$。

（2）$a(x)$ 和 $b(x)$ 的任何公因式都是 $c(x)$ 的因式。

另一个等价定义为：gcd[$a(x),b(x)$]是能整除 $a(x)$ 和 $b(x)$ 的最高次多项式。

可以采用欧几里得算法计算两个多项式的最大公因式。欧几里得算法的基本等式可以改写为

$$\gcd[a(x), b(x)] = \gcd[b(x), a(x) \bmod b(x)]$$

多项式的欧几里得算法可表述如下。该算法假设 $a(x)$ 的次数大于 $b(x)$ 的次数，那么，为了求出 gcd[$a(x),b(x)$]，运行以下程序。

```
EUCLID [a(x), b(x)]
1. A(x) ← a(x); B(x) ← b(x)
2. if B(x) = 0 return A(x) = gcd[a(x), b(x)]
3. R(x) = A(x) mod B(x)
4. A(x) ← B(x)
5. B(x) ← R(x)
6. goto 2
```

例 2-28 设 $a(x)=x^6+x^5+x^4+x^3+x^2+x+1$，$b(x)=x^4+x^2+x+1$，计算 gcd[$a(x),b(x)$]。

（1）令 $A(x)=a(x)$，$B(x)=b(x)$。

（2）计算 $R(x)=A(x) \bmod B(x)=x^3+x^2+1$。

$$
\begin{array}{r}
x^2+x \\
x^4+x^2+x+1\overline{\smash{)}\,x^6+x^5+x^4+x^3+x^2+x+1} \\
\underline{x^6+x^4+x^3+x^2} \\
x^5+x+1 \\
\underline{x^5+x^3+x^2+x} \\
x^3+x^2+1
\end{array}
$$

（3）令 $A(x)=x^4+x^2+x+1$，$B(x)=x^3+x^2+1$。

$$
\begin{array}{r}
x+1 \\
x^3+x^2+1\overline{\smash{)}\,x^4+x^2+x+1} \\
\underline{x^4+x^3+x} \\
x^3+x^2+1 \\
\underline{x^3+x^2+1} \\
0
\end{array}
$$

得 $R(x)=A(x) \bmod B(x)=0$。

（4）因此，gcd[$a(x),b(x)$]$=A(x)=x^3+x^2+1$。

2.2.4 有限域 GF(2^n)

前面曾提到，有限域的阶必须是 p^n，其中，p 是素数，n 是正整数。在 2.2.2 节中，研究了 p 阶有限域的特殊情况。我们发现，在 Z_p 中使用模运算时，满足域的所有公理（图 2-2）。对于 p^n 上的多项式，当 $n>1$ 时，以 p^n 为模的运算不会产生一个域。本节将阐述在一个具有 p^n 个元素的集合中，采用什么结构才能满足域的所有公理。我们将讨论的重点放在 GF(2^n)上。

有限域
GF(2^n)

1. 动因

几乎所有的密码算法，包括对称密码体制和公钥密码体制，基本上涉及整数集上的运算。如果算法中使用的一种运算是除法，那么需要使用定义在有限域上的运算。为了方便使用和高效实现，还希望使用与给定信息编码的比特数完全适配的整数，而不浪费比特位。亦即，我们希望处理范围在 $0\sim2^n-1$ 的整数，每个整数对应于一个 nb 长的字符。

例 2-29 假设要构建一个每次处理 8b 数据的对称密码算法，并希望使用除法。可以用 8b 表示 $0\sim255$ 范围内的整数。但 256 不是素数，如果在 Z_{256} 中进行模 256 的运算，那么这个整数集合就不是一个域。小于且最接近 256 的素数是 251。因此，在整数集合 Z_{251} 上做模 251 运算就构成一个域。但是在这种情况下，如果使用 8b 编码，整数 $251\sim255$ 的 8b 编码就不会用到，从而导致存储器不能得到有效使用。

从例 2-29 可以看出，如果既要使用所有运算，又希望使用 n 表示一个完整的整数范围，那么采用以 2^n 为模的运算是不可行的。也就是说，当 $n>1$ 时，以 2^n 为模的整数集合不是一个域。此外，即使加密算法只使用加法和乘法，而不使用除法，整数集合 Z_{2^n} 的使用也有问题，参看以下示例。

例 2-30 假设加密算法中使用 3b 的分组，并且只使用加法和乘法运算，那么，采用模 8 的运算是合理的。如表 2-1 所示。但是应注意，在乘法表中，各非零整数出现的次数不相等。例如，3 只出现了 4 次，但 4 出现了 12 次。此外，如前所述，存在形式为 $GF(2^n)$ 的有限域，因此存在一个特殊的 $2^3=8$ 阶有限域。这个域对应的算法如表 2-7 所示。在这种情况下，非零整数出现的次数对于乘法是一致的。总而言之：

整数	1	2	3	4	5	6	7
Z_8 中出现次数	4	8	4	12	4	8	4
$GF(2^3)$ 中出现次数	7	7	7	7	7	7	7

现在，不考虑表 2-7 的矩阵是如何构造的，我们会发现：

（1）加法和乘法表关于主对角线对称，符合加法和乘法的交换性。在表 2-1 中，模 8 运算也显示出该属性。

（2）与表 2-1 不同，表 2-7 中的所有非零元素都有一个乘法逆元。

表 2-7 $GF(2^3)$ 中的运算

（a）加法

+	000 0	001 1	010 2	011 3	100 4	101 5	110 6	111 7
000 0	0	1	2	3	4	5	6	7
001 1	1	0	3	2	5	4	7	6
010 2	2	3	0	1	6	7	4	5
011 3	3	2	1	0	7	6	5	4
100 4	4	5	6	7	0	1	2	3
101 5	5	4	7	6	1	0	3	2
110 6	6	7	4	5	2	3	0	1
111 7	7	6	5	4	3	2	1	0

（b）乘法

×	000 0	001 1	010 2	011 3	100 4	101 5	110 6	111 7
000 0	0	0	0	0	0	0	0	0
001 1	0	1	2	3	4	5	6	7
010 2	0	2	4	6	3	1	7	5
011 3	0	3	6	5	7	4	1	2
100 4	0	4	3	7	6	2	5	1
101 5	0	5	1	4	2	7	3	6
110 6	0	6	7	1	5	3	2	4
111 7	0	7	5	2	1	6	4	3

（c）加法和乘法逆元

w	$-w$	w^{-1}	w	$-w$	w^{-1}
0	0	—	4	4	7
1	1	1	5	5	2
2	2	5	6	6	3
3	3	6	7	7	4

（3）表 2-7 定义的方案满足有限域的所有要求，因此称此域为 GF(2^3)。

（4）为方便起见，给出 GF(2^3)中每个元素的 3b 编码表示{000,001,010,011,100,101,110,111}。

从密码算法的构造来看，将整数不均匀地映射到整数自身的算法，似乎比提供均匀映射的算法要弱。因此，形式为 GF(2^n)的有限域对于密码学算法设计极具吸引力。

总之，要寻找一个含有 2^n 个元素的集合，以及在这个集合上定义的加法和乘法，使其构成一个域。我们给集合中的每个元素赋予 $0\sim2^n-1$ 的唯一整数。记住，不使用模算术，因为已经知道它不会构成域。下面将讨论利用多项式算术构建所需有限域的方法。

2. 模多项式算术

设集合 S，由域 Z_p 中所有次数小于或等于 $n-1$ 的多项式组成，即每个多项式均可写成下面的形式。

$$f(x) = a_{n-1}x^{n-1} + a_{n-2}x^{n-2} + \cdots + a_1x + a_0 = \sum_{i=0}^{n-1} a_i x^i$$

其中，a_i 在集合$\{0,1,\cdots,p-1\}$上取值。集合 S 中共有 p^n 个不同的多项式。

例 2-31　对于 $p=3$ 和 $n=2$，集合中共有 $3^2=9$ 个多项式，它们分别是

0　　　　x　　　　$2x$

1　　　　$x+1$　　　　$2x+1$

2　　　　$x+2$　　　　$2x+2$

对于 $p=2$ 和 $n=3$，集合中共有 $2^3=8$ 个多项式，它们分别为

0　　　　$x+1$　　　　x^2+x

1　　　　x^2　　　　x^2+x+1

x　　　　x^2+1

如果定义了适当的运算，那么每个这样的集合 S 都是一个有限域。该定义包括以下要素。

（1）该运算遵循代数基本规则中的多项式运算的普通规则，并遵循以下两条限制。

（2）对系数做以 p 为模的运算，即遵循有限域 Z_p 上的运算规则。

（3）如果乘法运算得到一个大于 $n-1$ 次的多项式，那么须将该多项式除以某个 n 次不可约多项式 $m(x)$，即做 $m(x)$运算并取余式。对于多项式 $f(x)$，余式表示为 $r(x) = f(x)$ mod $m(x)$。

例 2-32　在高级加密标准 AES 的设计中，使用了有限域 GF(2^8)中的运算，其不可约多项式为 $m(x)=x^8+x^4+x^3+x+1$。设两个多项式 $f(x)=x^6+x^4+x^2+x+1$ 和 $g(x)=x^7+x+1$，那么

$$f(x) + g(x) = x^6+x^4+x^2+x+1+x^7+x+1$$

$$= x^7 + x^6 + x^4 + x^2$$

$$
\begin{aligned}
f(x) \times g(x) = {} & x^{13} + x^{11} + x^9 + x^8 + x^7 + \\
& x^7 + x^5 + x^3 + x^2 + x + \\
& x^6 + x^4 + x^2 + x + 1 \\
= {} & x^{13} + x^{11} + x^9 + x^8 + x^6 + x^5 + x^4 + x^3 + 1
\end{aligned}
$$

$$
\begin{array}{r}
x^5 + x^3 \\
x^8 + x^4 + x^3 + x + 1 \,\big)\,\overline{\,x^{13} + x^{11} + x^9 + x^8 + x^7 + x^6 + x^5 + x^4 + x^3 \quad\quad + 1} \\
\underline{x^{13} \quad\quad + x^9 + x^8 \quad\quad + x^6 + x^5} \\
x^{11} \quad\quad\quad\quad\quad\quad\quad\quad\quad\quad + x^4 + x^3 \\
\underline{x^{11} \quad\quad\quad\quad + x^7 + x^6 \quad\quad + x^4 + x^3} \\
x^7 + x^6 \quad\quad\quad\quad\quad\quad\quad + 1
\end{array}
$$

因此，$f(x) \times g(x) \bmod m(x) = x^7 + x^6 + 1$。

与普通的模算法一样，多项式模运算中也有一个剩余类集合的概念。设有一个 n 次多项式 $m(x)$，模 $m(x)$ 的剩余类集合由 p^n 个元素组成，其中每个元素都可以用一个 m 次多项式表示，其中 $m < n$。

例 2-33　模 $m(x)$ 的剩余类 $[x+1]$ 由满足 $a(x) \in (x+1) \bmod m(x)$ 的所有多项式 $a(x)$ 组成。换言之，剩余类 $[x+1]$ 由满足等式 $a(x) \bmod m(x) = x+1$ 的所有多项式 $a(x)$ 组成。

可以证明，以 n 次不可约多项式 $m(x)$ 为模的所有多项式组成的集合满足图 2-2 中的所有公理，这些多项式可以构成一个有限域。进一步，所有相同阶的有限域都是同构的，即任意两个具有相同阶的有限域具有相同的结构，但元素的表示或标记可能不同。

例 2-34　为了构造有限域 $GF(2^3)$，需要选择一个 3 阶不可约多项式。这样的多项式只有两个：$x^3 + x^2 + 1$ 和 $x^3 + x + 1$。使用 $x^3 + x + 1$ 产生的 $GF(2^3)$ 所对应的加法和乘法表如表 2-8 所示。注意，这组表与表 2-7 具有相同的结构。因此，我们已经成功地找到了一种定义阶为 2^3 的有限域的方法。

表 2-8　模 $x^3 + x + 1$ 下的多项式运算

（a）加法

	+	000	001	010	011	100	101	110	111
		0	1	x	$x+1$	x^2	x^2+1	x^2+x	x^2+x+1
000	0	0	1	x	$x+1$	x^2	x^2+1	x^2+x	x^2+x+1
001	1	1	0	$x+1$	x	x^2+1	x^2	x^2+x+1	x^2+x
010	x	x	$x+1$	0	1	x^2+x	x^2+x+1	x^2	x^2+1
011	$x+1$	$x+1$	x	1	0	x^2+x+1	x^2+x	x^2+1	x^2
100	x^2	x^2	x^2+1	x^2+x	x^2+x+1	0	1	x	$x+1$
101	x^2+1	x^2+1	x^2	x^2+x+1	x^2+x	1	0	$x+1$	x
110	x^2+x	x^2+x	x^2+x+1	x^2	x^2+1	x	$x+1$	0	1
111	x^2+x+1	x^2+x+1	x^2+x	x^2+1	x^2	$x+1$	x	1	0

（b）乘法

×	000	001	010	011	100	101	110	111
	0	1	x	$x+1$	x^2	x^2+1	x^2+x	x^2+x+1
000　0	0	0	0	0	0	0	0	0
001　1	0	1	x	$x+1$	x^2	x^2+1	x^2+x	x^2+x+1
010　x	0	x	x^2	x^2+x	$x+1$	1	x^2+x+1	x^2+1
011　$x+1$	0	$x+1$	x^2+x	x^2+1	x^2+x+1	x^2	1	x
100　x^2	0	x^2	$x+1$	x^2+x+1	x^2+x	x	x^2+1	1
101　x^2+1	0	x^2+1	1	x^2	x	x^2+x+1	$x+1$	x^2+x
110　x^2+x	0	x^2+x	x^2+x+1	1	x^2+1	$x+1$	x	x^2
111　x^2+x+1	0	x^2+x+1	x^2+1	x	1	x^2+x	x^2	$x+1$

3. 求解多项式的乘法逆元

如欧几里得算法可以用于求两个多项式的最大公因式一样，扩展欧几里得算法也可以用于求多项式的乘法逆元。具体来说，若 $b(x)$ 的次数小于 $a(x)$ 且 $\gcd[a(x),b(x)]=1$，则算法将算出 $b(x)$ 以 $a(x)$ 为模的乘法逆元。如果 $m(x)$ 是一个不可约多项式，那么它除了自身和 1 之外没有其他因子，因此始终有 $\gcd[m(x),b(x)]=1$。算法如下。

```
EXTENDED EUCLID [m(x), b(x)]
1. [A1(x) A2(x) A3(x)] ← [1, 0, m(x)]; [B1(x) B2(x) B3(x)] ← [0, 1, b(x)]
2. if B3(x) = 0,return A3(x) = gcd[m(x), b(x)]; no reverse
3. if B3(x) = 1,return B3(x) = gcd[m(x),b(x)]; B2(x) = b(x)⁻¹ mod m(x)
4. Q(x) = quotient of A3(x)/B3(x)
5. [T1(x), T2(x), T3(x)]←[A1(x)-Q(x)B1(x), A2(x)-Q(x)B2(x),A3(x)-Q(x)B3(x)]
6. [Al(x),A2(x), A3(x)] ← [B1(x), B2(x), B3(x)]
7. [Bl(x), B2(x), B3(x)] ← [T1(x), T2(x), T3(x)]
8. goto2
```

例 2-35　表 2-9 为 $(x^7+x+1) \bmod (x^8+x^4+x^3+x+1)$ 的乘法逆元计算过程。计算结果是 $(x^7+x+1)^{-1}=x^7$，即 $(x^7+x+1)(x^7) \equiv 1 \pmod{(x^8+x^4+x^3+x+1)}$。

表 2-9　扩展欧几里得算法 $[(x^8+x^4+x^3+x+1),(x^7+x+1)]$

初始化	$A1(x)=1$; $A2(x)=0$; $A3(x)=x^8+x^4+x^3+x+1$ $B1(x)=0$; $B2(x)=1$; $B3(x)=x^7+x+1$
第 1 轮迭代	$Q(x)=x$ $A1(x)=0$; $A2(x)=1$; $A3(x)=x^7+x+1$ $B1(x)=1$; $B2(x)=x$; $B3(x)=x^4+x^3+x^2+1$
第 2 轮迭代	$Q(x)=x^3+x^2+1$ $A1(x)=1$; $A2(x)=x$; $A3(x)=x^4+x^3+x^2+1$ $B1(x)=x^3+x^2+1$; $B2(x)=x^4+x^3+x^2+1$; $B3(x)=x$
第 3 轮迭代	$Q(x)=x^3+x^2+x$ $A1(x)=x^3+x^2+1$; $A2(x)=x^4+x^3+x^2+1$; $A3(x)=x$ $B1(x)=x^6+x^2+x+1$; $B2(x)=x^7$; $B3(x)=1$

续表

第4轮迭代	B3(x)=gcd[(x^7+x+1),($x^8+x^4+x^3+x+1$)]=1 B2(x)=(x^7+x+1)$^{-1}$ mod ($x^8+x^4+x^3+x+1$)=x^7

4. 计算上的简化

GF(2^n)中的多项式 $f(x)$：

$$f(x) = a_{n-1}x^{n-1} + a_{n-2}x^{n-2} + \cdots + a_1x + a_0 = \sum_{i=0}^{n-1} a_i x^i$$

可以用它的 n 个二进制系数($a_{n-1}a_{n-2}\cdots a_0$)唯一地表示。因此，GF(2^n)中的每一个多项式都可以用一个 n b 的二进制数表示。

表 2-7 和表 2-8 给出了 GF(2^3)中以 $m(x)=x^3+x+1$ 为模的加法和乘法表。表 2-7 用二进制表示，表 2-8 用多项式表示。

加法：我们已经看到，多项式的加法是将同次项相应系数相加完成的，而在 Z_2 上的多项式加法则是将同次项系数进行异或运算完成的。所以，GF(2^n)中两个多项式的加法等同于将两个多项式的系数逐比特进行异或运算。

例 2-36 以 GF(2^8)的两个多项式为例：$f(x)=x^6+x^4+x^2+x+1$，$g(x)=x^7+x+1$。

$$（x^6+x^4+x^2+x+1）+（x^7+x+1）=x^7+x^6+x^4+x^2 \qquad （多项式表示）$$
$$（01010111）\oplus（10000011）=（11010100） \qquad （二进制表示）$$
$$\{57\} \oplus \{83\} = \{D4\} \qquad （十六进制表示）$$

乘法：在 GF(2^n)中不能使用简单的异或运算实现乘法。然而，可以采用一种相当直接、容易实现的方法。

例 2-37 我们将以 GF(2^8)的多项式 $m(x)=x^8+x^4+x^3+x+1$ 为例讨论该方法，GF(2^8)也是 AES 中使用的有限域。该方法很容易推广到 GF(2^n)。

该方法基于下式：

$$x^8 \bmod m(x)=[m(x)-x^8] = x^4 + x^3 + x+1 \qquad （2-7）$$

稍加思考，会知道式（2-7）是正确的。一般来说，对于 GF(2^n)中的 n 阶多项式 $p(x)$，有 $x^n \bmod p(x) = p(x)-x^n$。

现在请看 GF(2^8)中的多项式 $f(x)=b_7x^7 + b_6x^6 + b_5x^5 + b_4x^4 + b_3x^3 + b_2x^2 + b_1x+b_0$。如果将其乘以 x，可以得到：

$$x \times f(x) = (b_7x^8+b_6x^7+b_5x^6 + b_4x^5 + b_3x^4+b_2x^3+b_1x^2+b_0x) \bmod m(x)$$

如果 $b_7 = 0$，则结果是一个次数小于 8 的多项式，它已经是约简后的形式，不需要进一步计算。若 $b_7 = 1$，则利用式（2-7）求模 $m(x)$ 的约简：

$$x \times f(x)=(b_6x^7+b_5x^6+b_4x^5+b_3x^4+b_2x^3+b_1x^2+b_0)+(x^4+x^3+x+1)$$

由此可见，乘以 x（即 00000010）可以通过将多项式系数的二进制表示左移 1 位并与 00011011 逐比特异或来实现，其中，00011011 表示 x^4+x^3+x+1。总之，

$$x \times f(x)=\begin{cases}(b_6b_5b_4b_3b_2b_1b_0 0), & b_7 = 0 \\ (b_6b_5b_4b_3b_2b_1b_0 0) \oplus (00011011), & b_7 = 1\end{cases} \qquad （2-8）$$

x 更高次幂的乘法可以通过重复应用式（2-8）来实现。通过添加中间结果，可以实现 GF(2^8)中任意常数的乘法。

在前述例子中，证明了对于 $f(x)=x^6+x^4+x^2+x+1$，$g(x)=x^7+x+1$ 和 $m(x)=x^8+x^4+x^3+x+1$，有 $f(x)\times g(x) \bmod m(x) = x^7+x^6+1$。如果在二进制运算中重做上述运算，需要计算 $(01010111)\times(10000011)$。首先，确定乘 x 各次幂的结果：

$(01010111)\times(00000010) = (10101110)$
$(01010111)\times(00000100) = (01011100)\oplus(00011011) = (01000111)$
$(01010111)\times(00001000) = (10001110)$
$(01010111)\times(00010000) = (00011100)\oplus(00011011) = (00000111)$
$(01010111)\times(00100000) = (00001110)$
$(01010111)\times(01000000)=(00011100)$
$(01010111)\times(10000000)=(00111000)$

所以，

$(01010111)\times(10000011)=(01010111)\times[(00000001)\oplus(00000010)\oplus(10000000)]$
$=(01010111)\oplus(10101110)\oplus(00111000)=(11000001)$

结果与 x^7+x^6+1 等价。

5. 使用生成元

有时候，用不可约多项式定义形式为 GF(2^n) 的有限域更为方便。首先，需要两个定义：①阶为 q 的有限域 F（包含 q 个元素）的生成元 g 是一个元素，g 的前 $q-1$ 个幂可以生成 F 中所有非零元素，即 F 中的元素由 $0, g^0, g^1, \cdots, g^{q-2}$ 组成；②考虑一个由多项式 $f(x)$ 定义的域 F，若 F 中的一个元素 b 满足 $f(b)=0$，则称 b 为该多项式的根。

可以证明不可约多项式的根 g 是由该多项式定义的这个有限域的生成元。

现在讨论由不可约多项式 x^3+x+1 定义的有限域 GF(2^3)。设生成元为 g，则生成元 g 必须满足 $f(g)=g^3+g+1=0$。如前所述，不需要找到这个等式的数值解，只进行多项式算术，即只对多项式相应的系数进行模 2 运算。因此，上式的解为 $g^3=-g-1=g+1$。现在证明 g 实际上生成了所有阶数小于 3 的多项式，具体如下。

$$g^4 = g(g^3) = g(g+1) = g^2+g$$
$$g^5 = g(g^4) = g(g^2+g) = g^3+g^2 = g^2+g+1$$
$$g^6 = g(g^5) = g(g^2+g+1) = g^3+g^2+g = g^2+g+g+1 = g^2+1$$
$$g^7 = g(g^6) = g(g^2+1) = g^3+g = g+g+1=1 = g^0$$

我们看到 g 的幂产生了 GF(2^3) 中所有的非零多项式。

同理，对于任何整数 k，有 $g^k = g^{k \bmod 7}$。表 2-10 列出了 GF(2^3) 中所有元素的幂表示、多项式表示和二进制表示。

例 2-38 采用这种幂表示使乘法变得简单。要用幂表示法计算乘法，可以将指数相加再进行模 7 运算。例如，$g^4\times g^6 = g^{10 \bmod 7}=g^3=g+1$。用多项式乘法也可以得到同样的结果。因为 $g^4 = g^2+g$，$g^6 = g^2+1$，因此，$(g^2+g)\times(g^2+1) = g^4+g^3+g^2+g$。

接下来，需要通过多项式除法确定 $(g^4+g^3+g^2+g) \bmod (g^3+g+1)$。

$$\begin{array}{r}
g+1 \\
g^3+g^2+1\overline{\smash{\big)}\,g^4\ +\ g^3\ +\ g^2\ +\ g} \\
\underline{g^4\ \ \ \ \ \ \ +\ g^2\ +\ g} \\
g^3 \\
\underline{g^3\ \ \ \ \ \ \ +\ g\ +\ 1} \\
g+1
\end{array}$$

得到的结果为 $g+1$，与采用幂表示的计算结果一致。

表 2-10　GF(2^3)元素的幂表示、多项式表示和二进制表示（模为 x^3+x+1）

幂　表　示	多项式表示	二进制表示	十进制/十六进制表示
0	0	000	0
$g^0(=g^7)$	1	001	1
g^1	g	010	2
g^2	g^2	100	4
g^3	$g+1$	011	3
g^4	g^2+g	110	6
g^5	g^2+g+1	111	7
g^6	g^2+1	101	5

表 2-11 给出了有限域 GF(2^3)中使用幂表示的加法和乘法表。注意，幂表示与多项式表示（表 2-8）产生了相同的结果，只是交换了一些行和列。

表 2-11　GF(2^3)中使用幂表示的加法和乘法表（模为 x^3+x+1）
（a）加法

+		000 0	001 1	010 g	100 g^2	011 g^3	110 g^4	111 g^5	101 g^6
000	0	0	1	g	g^2	$g+1$	g^2+g	g^2+g+1	g^2+1
001	1	1	0	$g+1$	g^2+1	g	g^2+g+1	g^2+g	g^2
010	g	g	$g+1$	0	g^2+g	1	g^2	g^2+1	g^2+g+1
100	g^2	g^2	g^2+1	g^2+g	0	g^2+g+1	g	$g+1$	1
011	g^3	$g+1$	g	1	g^2+g+1	0	g^2+1	g^2	g^2+g
110	g^4	g^2+g	g^2+g+1	g^2	g	g^2+1	0	1	$g+1$
111	g^5	g^2+g+1	g^2+g	g^2+1	$g+1$	g^2	1	0	g
101	g^6	g^2+1	g^2	g^2+g+1	1	g^2+g	$g+1$	g	0

续表

（b）乘法

×	000 0	001 1	010 g	100 g^2	011 g^3	110 g^4	111 g^5	101 g^6
000　0	0	0	0	0	0	0	0	0
001　1	0	1	g	g^2	$g+1$	g^2+g	g^2+g+1	g^2+1
010　g	0	g	g^2	$g+1$	g^2+g	g^2+g+1	g^2+1	1
100　g^2	0	g^2	$g+1$	g^2+g	g^2+g+1	g^2+1	1	g
011　g^3	0	$g+1$	g^2+g	g^2+g+1	g^2+1	1	g	g^2
110　g^4	0	g^2+g	g^2+g+1	g^2+1	1	g	g^2	$g+1$
111　g^5	0	g^2+g+1	g^2+1	1	g	g^2	$g+1$	g^2+g
101　g^6	0	g^2+1	1	g	g^2	$g+1$	g^2+g	g^2+g+1

一般情况下，对于由不可约多项式 $f(x)$ 生成的有限域 GF(2^n)，有 $g^n=f(g)-g^n$。此后，就可以据此计算从 g^{n+1} 到 g^{2^n-2} 的所有幂。有限域 GF(2^n) 中的元素即为从 g^0 到 g^{2^n-2} 的所有幂以及 0 元素。两个域元素的乘法，可用等式 $g^k = g^{k \bmod (2^n-1)}$ 实现，其中，k 为任意整数。

声明：本章内容参考了 William Stallings 著的英文版 *Cryptography and Network Security——Principles and Practice* 一书[Stallings 2020]的部分相关内容。此书是一本非常经典的密码学和网络安全教材。如有读者想了解此书的更多内容，推荐阅读此书。

习　　题

一、思考题

1. 证明：若 $2\,|\,n$，$5\,|\,n$，$7\,|\,n$，那么 $70\,|\,n$。

2. 计算下列数对于模的逆：①3 模 11 的逆；②13 模 10 的逆。

3. 简述群、环、域的定义，并指出它们之间的联系和区别。

4. 列出三类多项式运算。

5. 对于包含 n 个不同符号的所有排列的群 S_n：

（1）S_n 中有多少元素？

（2）证明当 $n>2$ 时，S_n 不是阿贝尔群。

6. 以 3 为模的剩余类集合在加法和乘法下是否构成一个群？

7. 已知集合 $S = \{a,b\}$，其上的加法和乘法分别由以下两表定义。

+	a	b
a	a	b
b	b	a

×	a	b
a	a	a
b	a	b

请问：S 是环吗？请加以证明。

8. 证明：以域元素为系数的多项式组成的集合是一个环。

9. 判断下列关于有限域中多项式的说法是否正确，并加以证明。

（1）首一多项式的乘积仍然是首一多项式。

（2）次数分别为 m 和 n 的两个多项式乘积的次数为 $m+n$。

（3）次数分别为 m 和 n 的两个多项式之和的次数为 $\max[m,n]$。

10. 对于系数在 Z_{10} 上取值的多项式，分别计算：

（1）$(7x+2)-(x^2+5)$

（2）$(6x^2+x+3)\times(5x^2+2)$

11. 判断下列多项式在有限域 GF(2) 上是否可约。

（1）x^3+1 （2）x^3+x^2+1 （3）x^4+1

12. 求下列各对多项式的最大公因式。

（1）有限域 GF(2) 中的 x^3+x+1 和 x^2+x+1。

（2）有限域 GF(3) 中的 x^3-x+1 和 x^2+1。

（3）有限域 GF(3) 中的 $x^5+x^4+x^3-x^2-x+1$ 和 x^3+x^2+x+1。

（4）有限域 GF(101) 中的 $x^5+88x^4+73x^3+83x^2+51x+67$ 和 $x^3+97x^2+40x+38$。

13. 求 x^3+x+1 在 $GF(2^4)$ 中的乘法逆元，模为 x^4+x+1。

二、编程题

1. 编写一个简单的程序，实现欧几里得算法，计算并验证 gcd(294,936)。

2. 编写一个简单的程序，实现有限域 $GF(2^4)$ 中的 4 种运算功能。可用查表方法求乘法逆元。

3. 编写一个简单的程序，实现有限域 $GF(2^8)$ 中的 4 种运算功能。求乘法逆元应一步完成。

第3章

单（私）钥密码体制

单钥加密体制也称为私钥加密体制（Secret Key Cryptosystem）。由于通信双方采用的密钥相同，所以人们通常也称其为对称加密体制（Symmetric Cryptosystem）。

根据加解密运算的特点，单钥加密体制可分为流密码（Stream Cipher）和分组密码（Block Cipher）。涉及流密码和分组密码的理论和技术内容非常多，很多书中将流密码和分组密码分章讨论。由于对流密码和分组密码的理论描述已经超出了本书的范围，所以本章将流密码和分组密码合为一章讨论。本章主要介绍流密码和分组密码的基本理论，以及代表性的分组密码算法，并对具体的技术问题进行讨论。

3.1 密码体制的定义

密码体制的定义

密码体制的语法定义如下。

- 明文消息空间 M：某个字母表上的串集。
- 密文消息空间 C：可能的密文消息集。
- 加密密钥空间 K：可能的加密密钥集。
- 解密密钥空间 K'：可能的解密密钥集。
- 有效的密钥生成算法 $\zeta : N \rightarrow K \times K'$。
- 有效的加密算法 $E : M \times K \rightarrow C$。
- 有效的解密算法 $D : C \times K' \rightarrow M$。

对于整数 1^l，$\zeta(1^l)$ 输出长为 l 的密钥对 $(\text{ke}, \text{kd}) \in K \times K'$。

对于 $\text{ke} \in K$ 和 $m \in M$，加密变换表示为

$$c = E_{\text{ke}}(m)$$

读作"c 是 m 在密钥 ke 下的加密"；解密变换表示为

$$m = D_{\text{kd}}(c)$$

读作"m 是 c 在密钥 kd 下的解密"。对于所有的 $m \in M$ 和所有的 $\text{ke} \in K$，一定存在 $\text{kd} \in K'$：

$$D_{\text{kd}}(E_{\text{ke}}(m)) = m \tag{3-1}$$

在本书的其余各章，将使用这个构造性的记号集表示抽象的密码体制。图 3-1 为密码体制示意图。

现将密码体制的构成空间和算法符号应用于既使用私钥又使用公钥（公钥密码体制将在第 4 章中介绍）的密码体制。在单钥密码体制中，加密和解密使用同样的密钥，加密消息的人必须与即将收到已加密消息并对其解密的人分享加密密钥。当 kd = ke 时，单钥密码

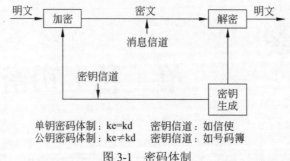

单钥密码体制：ke=kd　　密钥信道：如信使
公钥密码体制：ke≠kd　　密钥信道：如号码簿

图 3-1　密码体制

体制又称为对称密码体制（Symmetric Cryptosystem）。在公钥密码体制中，加密和解密使用不同的密钥，对于每个 ke ∈ K，存在 kd ∈ K'，这两个密钥不同，但互相匹配；加密密钥 ke 不必保密，ke 的拥有者可以使用相匹配的私钥 kd 来解密用 ke 加密的密文。当 kd ≠ ke 时，公钥密码体制也称为非对称密码体制（Asymmetric Cryptosystem）。

1883 年，Kerchoffs 第一次提出密文编码原则：加密系统的安全性不取决于加密算法的保密，而仅取决于密钥的保密。这一原则得到广泛认可，被称为 Kerchoffs 原理。

现代密码分析的标准假设是攻击者可以获知密码算法、密钥长度以及密文。既然敌手最终可以获得这些信息，那么评估密码强度时最好不要依赖这些信息的保密性。

结合香农对密码体制的语义描述和 Kerchoffs 原理，可以对好的密码体制做如下总结。

- 算法 E 和 D 不包含秘密的成分或设计部分。
- E 将有意义的消息相当均匀地分布在整个密文消息空间中，甚至可以通过 E 的某些随机的内部运算获得随机的分布。
- 使用正确的密钥，E 和 D 是实际有效的。
- 不使用正确的密钥，要由密文恢复出相应的明文是一个由密钥参数的大小唯一决定的困难问题，通常取长为 s 的密钥，使得解这个问题所要求计算资源的量级超过 $p(s)$，p 是任意多项式。

注意：对于现代密码体制的应用来说，密码体制具有以上这些性质已经不够，通过对密码体制的研究，我们将归纳出一些更为严格的要求。

3.2　古典密码

古典密码是密码学的渊源，这些密码大都比较简单，可用手工或机械操作实现加解密，现在已很少采用。然而，研究这些密码的原理，对于理解、构造和分析现代密码都是十分有益的。

3.2.1　代换密码

在代换密码（Substitution Cipher）中，加密算法 $E_k(m)$ 是一个代换函数，它将每一个 $m \in M$ 代换为相应的 $c \in C$，代换函数的参数是密钥 k，解密算法 $D_k(c)$ 只是一个逆代换。通常，代换可由映射 $\pi: M \to C$ 给出，而逆代换恰是相应的逆映射 $\pi^{-1}: C \to M$。

1. 简单的代换密码

例 3-1 简单的代换密码。令 $M = C = Z_{26}$，所包含元素表示为 $A = 0$，$B = 1$，…，$Z = 25$。将加密算法 $E_k(m)$ 定义为下面的 Z_{26} 上的一个置换：

$$\begin{pmatrix} 0 & 1 & 2 & 3 & 4 & 5 & 6 & 7 & 8 & 9 & 10 & 11 & 12 \\ 21 & 12 & 25 & 17 & 24 & 23 & 19 & 15 & 22 & 13 & 18 & 3 & 9 \end{pmatrix}$$

$$\begin{pmatrix} 13 & 14 & 15 & 16 & 17 & 18 & 19 & 20 & 21 & 22 & 23 & 24 & 25 \\ 5 & 10 & 2 & 8 & 16 & 11 & 14 & 7 & 1 & 4 & 20 & 0 & 6 \end{pmatrix}$$

那么相应的解密算法 $D_k(c)$ 为

$$\begin{pmatrix} 0 & 1 & 2 & 3 & 4 & 5 & 6 & 7 & 8 & 9 & 10 & 11 & 12 \\ 24 & 21 & 15 & 11 & 22 & 13 & 25 & 20 & 16 & 12 & 14 & 18 & 1 \end{pmatrix}$$

$$\begin{pmatrix} 13 & 14 & 15 & 16 & 17 & 18 & 19 & 20 & 21 & 22 & 23 & 24 & 25 \\ 9 & 19 & 7 & 17 & 3 & 10 & 6 & 23 & 0 & 8 & 5 & 4 & 2 \end{pmatrix}$$

明文消息：

```
proceed meeting as agreed
```

加密为下面的密文消息（空间并不改变）：

```
cqkzyyr jyyowft vl vtqyyr
```

在这个简单的代换密码例子中，消息空间 M 和 C 都是字母表 Z_{26}，换句话说，一个明文或密文消息是字母表中的一个单个字符。由于这个原因，明文消息串 proceedmeetingasagreed 并不是单个的消息，而是包含 22 个消息；同样，密文消息串 cqkzyyrjyyowftvlvtqyyr 也包含 22 个消息。密码的密钥空间大小为 $26! > 4 \times 10^{26}$，这与消息空间的大小相比是非常大的。然而，事实上这种密码非常弱：每个明文字符被加密成唯一的密文字符。对于称为频度分析的一种密码分析技术来说，这一弱点致使这种密码相当脆弱，频度分析揭示出一个事实，即自然语言包含大量的冗余。

历史上出现过几种特殊的简单代换密码，最简单且最著名的密码称为移位密码。在移位密码中，$K = M = C$，令 $N = \#M$，则加密和解密映射定义为

$$\begin{cases} E_k(m) \leftarrow m + k \pmod{N} \\ D_k(c) \leftarrow c - k \pmod{N} \end{cases} \tag{3-2}$$

其中，$m, c, k \in Z_N$。当 M 为拉丁字母表的大写字母时，也就是 $M = Z_{26}$，移位密码也称为凯撒密码，这是因为 Julius Caesar 使用了该密码当 $k = 3$ 时的情形[Denning 1982]。

如果 $\gcd(k, N) = 1$，那么对每个 $m < N$：

$$km \pmod{N}$$

可取遍整个消息空间 Z_N，因此对于这样的 k 和 $m, c < N$：

$$\begin{cases} E_k(m) \leftarrow km \pmod{N} \\ D_k(c) \leftarrow k^{-1} c \pmod{N} \end{cases} \tag{3-3}$$

给出了一种简单代换密码。同理，

$$k_1 m + k_2 \pmod{N}$$

也可以定义一种称为仿射密码的简单代换密码：

$$\begin{cases} E_k(m) \leftarrow k_1 m + k_2 \pmod{N} \\ D_k(c) \leftarrow k_1^{-1}(c - k_2) \pmod{N} \end{cases} \tag{3-4}$$

不难看出，利用 K 中密钥与 M 中消息之间的不同算术运算可以设计不同的简单代换密码，这些密码称为单表密码（Monoalphabetic Cipher）：对于一个给定的加密密钥，明文消息空间中的每一元素将被代换为密文消息空间中的唯一元素。因此，单表密码不能抵抗频度分析攻击。

然而，由于简单代换密码的简易性，它们已经被广泛应用于现代单钥加密算法中。后面的两节将介绍简单代换密码在数据加密标准（DES）和高级加密标准（AES）中所起到的核心作用。几个简单密码算法的结合可以产生一个安全的密码算法，这一点已经得到大家的认可，这就是简单密码仍被广泛应用的原因。简单代换密码在密码协议上也有广泛的应用。

2. 多表密码

如果 P 中的明文消息元可以代换为 C 中的许多、可能是任意多的密文消息元，这种代换密码就称为多表密码（Polyalphabetic Cipher）。

由于维吉尼亚密码（Vigenère Cipher）是多表密码中最知名的密码，所以下面将以它为例说明多表密码。

维吉尼亚密码是基于串的代换密码：密钥是由多于一个的字符所组成的串。令 m 为密钥长度，那么明文串被分为 m 个字符的小段，也就是说，每一小段是 m 个字符的串，可能的例外就是串的最后一小段不足 m 个字符。加密算法的运算同于密钥串和明文串之间的移位密码，每次的明文串都使用重复的密钥串。解密与移位密码的解密运算相同。

例 3-2 维吉尼亚密码。令密钥串是 gold，利用编码规则 $A=0$，$B=1$，…，$Z=25$，这个密钥串的数字表示为 $(6, 14, 11, 3)$。明文串

proceed meeting as agreed

的维吉尼亚加密运算如下，这种运算就是逐字符模 26 加。

15	17	14	2	4	4	3	12	4	4	19
6	14	11	3	6	14	11	3	6	14	11
21	5	25	5	10	18	14	15	10	18	4
8	13	6	0	18	0	6	17	4	4	3
3	6	14	11	3	6	14	11	3	6	14
11	19	20	11	21	6	20	2	7	10	17

因此，密文串为

vfzfkso pkseltu lv guchkr

其他著名的多表密码还包括书本密码（也称作 Beale 密码）和 Hill 密码，它们的密钥串是已协商好的书中的原文。有关这些代换密码的详细描述，参考相关文献[Denning 1982; Stinson 1995]。

3. 弗纳姆密码和一次一密

弗纳姆密码是最简单的密码体制之一。若假定消息是长为 n 的比特串：

$$m = b_1 b_2 \cdots b_n \in \{0,1\}^n$$

那么密钥也是长为 n 的比特串：

$$k = k_1 k_2 \cdots k_n \in_U \{0,1\}^n$$

（这里注意到符号 "$\in_U$" 表示均匀随机地选取 k）。一次加密 1b，通过将每个消息比特和相应的密钥比特进行比特 XOR（异或）运算得到密文串 $c = c_1 c_2 \cdots c_n$：

$$c_i = b_i \oplus k_i$$

$1 \leqslant i \leqslant n$，这里运算 $\oplus$ 定义为

$\oplus$	0	1
0	0	1
1	1	0

因为 $\oplus$ 是模 2 加，所以减法等于加法，因此解密与加密相同。

考虑 $M = C = K = \{0,1\}^*$，则弗纳姆密码是代换密码的特例。如果密钥串只使用一次，那么弗纳姆密码就是一次一密加密体制。一次一密弗纳姆密码提供的保密性仅在信息理论安全性的意义上是绝对安全的，或者说，是无条件的。理解这种安全性的一种简单方法如下。

如果密钥 k 等于 $c \oplus m$（逐比特模 2 加），由于任意 m 能够产生 c，所以密文消息串 c 不能提供给窃听者关于明文消息串 m 的任何信息。

一次一密弗纳姆密码也称为一次一密钥密码。原则上，只要加密密钥的使用满足安全代换密码必须满足的两个条件[Mao 2004]，那么任何代换密码都是一次一密码。然而习惯上只有使用逐比特异或运算的密码才称为一次一密密码。

与其他代换密码（如使用模 26 加的移位密码）相比，逐位异或运算（模 2 加）在电子电路中更容易实现，因为这个原因，逐位异或运算被广泛应用在现代单钥加密算法的设计中。现代密码 DES、AES 和我国设计的祖冲之密码算法（ZUC）均使用了逐位异或运算。

一次一密钥类型也被广泛应用在密码学协议中。

3.2.2 换位密码

通过重新排列消息中元素的位置而不改变元素本身来变换一个消息的密码称作换位密码（也称作置换密码）。换位密码是古典密码中除代换密码外的另一个重要分类，广泛应用于现代分组密码的构造。

考虑明文消息中的元素是 Z_{26} 中的字符时的情形，令 b 为一固定的正整数，它表示消息分组的大小，$P = C = (Z_{26})^b$，而 K 是所有的置换，也就是 $(1,2,\cdots,b)$ 的所有重排。

那么因为 $\pi \in K$，置换 $\pi = (\pi(1), \pi(2), \cdots, \pi(b))$ 是一个密钥。对于明文分组 $(x_1, x_2, \cdots, x_b) \in P$，这个换位密码的加密算法是

$$E_\pi(x_1, x_2, \cdots, x_b) = (x_{\pi(1)}, x_{\pi(2)}, \cdots, x_{\pi(b)})$$

令 π^{-1} 表示 π 的逆，也就是 $\pi^{-1}(\pi(i)) = i, i = 1, 2, \cdots, b$，那么这个换位密码相应的解密算法是

$$D_\pi = (y_1, y_2, \cdots, y_b) = (y^{-1}_{\pi(1)}, y^{-1}_{\pi(2)}, \cdots, y^{-1}_{\pi(b)})$$

对于长度大于分组长度 b 的消息，该消息可分成多个分组，然后逐个分组重复同样的过程。

既然对于消息分组的长度 b，共有 $b!$ 种不同的密钥，因此一个明文消息分组能够变换加密为 $b!$ 种可能的密文，然而由于字母本身并未改变，换位密码对于抗频度分析技术也相当脆弱。

例 3-3 换位密码。令 $b=4$，$\pi = (\pi(1), \pi(2), \pi(3), \pi(4)) = (2,4,1,3)$，那么明文消息

proceed meeting as agreed

首先分为 6 个分组，每个分组 4 个字符：

proc eedm eeti ngas agre ed

然后可以变换加密成下面的密文：

rcpoemedeietgsnagearde

注意，明文的最后一个短分组 ed 实际上填充成了 ed⊔⊔，然后加密成 d⊔e⊔，再从密文分组中删掉补上的空格。解密密钥是

$$\pi^{-1} = (\pi(1)^{-1}, \pi(2)^{-1}, \pi(3)^{-1}, \pi(4)^{-1}) = (2^{-1}, 4^{-1}, 1^{-1}, 3^{-1})$$

最终的缩短密文分组 de 只包含两个字母，说明在相应的明文分组中没有字符与 3^{-1} 和 4^{-1} 的位置相匹配，因此在正确执行解密过程前，应该将空格重新插入缩短的密文分组中它们原来的位置上，以便将分组恢复成添加空格的形式 d⊔e⊔。

注意，对于最后的明文分组较短的情况（如例 3-3 的情形），由于添加的字符暴露了所用密钥的信息，因此在密文消息中不要留下例如⊔这样的添加字符。

3.2.3　古典密码的安全性

首先指出，古典密码有两个基本工作原理：代换和换位。它们仍是构造现代对称加密算法的最重要的核心技术。后面介绍代换和换位密码在两个重要的现代对称加密算法 DES 和 AES 中的结合。

考虑基于字符的代换密码，因为明文消息空间就是字母表，每个消息就是字母表中的一个字符，加密就是逐字符地将每一明文字符代换为一个密文字符，代换取决于密钥。在加密一个长字符串时，如果密钥是固定的，那么在明文消息中同一个字符将被加密成密文消息中一个固定的字符。

众所周知，自然语言中的字符有稳定的频度，自然语言中的字符频度分布的知识为密码分析（由已知密文消息发现明文或加密密钥信息的技术）提供了线索，例 3-1 表明了这一情形，该例中的字符 y 在密文消息中高频出现，这表明一定有一个固定的字符在相应的明文消息中以相同的频率出现（事实上这个字符就是 e，在英语中它是一个高频出现的字符）。简单代换密码不能隐藏基于自然语言的信息。有关基于字符频度研究的密码分析技术的详细内容，参阅密码学的有关教材[Denning 1982; Menezes 等 1997]。

表密码和换位密码都比简单代换密码安全，但是，如果密钥很短而消息很长，那么这

样的密码能被各种各样的密码分析技术攻破。

　　然而如果密钥的使用满足了某些条件，那么古典密码甚至简单代换密码也可以是非常安全的。事实上，在正确使用密钥后，简单代换密码可以广泛应用于密码体制和协议。

流密码的基本概念

3.3　流密码的基本概念

　　流密码是密码体制中的一个重要体制，也是手工和机械密码时代的主流。20 世纪 50 年代，数字电子技术的发展使密钥流可以方便地利用以移位寄存器为基础的电路产生，这促使线性和非线性移位寄存器理论迅速发展，加上有效的数学工具，如代数和谱分析理论的引入，使得流密码理论迅速发展并走向成熟。同时，由于它实现简单和速度上的优势，以及没有或只有有限的错误传播，使流密码在实际应用中特别是在专用和机密机构中仍保持优势。目前已有多种类型的流密码，但大多是以硬件实现的专用算法，目前还无标准化的流密码算法。本章将介绍流密码的基本理论和算法，同时讨论一些最近提出的新型流密码，如混沌密码序列和量子密码。有关密码的综述，可参阅[Rueppel 1986a, 1992]。

　　流密码是将明文划分成字符（如单个字母），或其编码的基本单元（如 0，1 数字），字符分别与密钥流作用进行加密，解密时则通过同步产生的同样的密钥流实现，其基本框图如图 3-2 所示。图中，KG 为密钥流生成器，k_I 为初始密钥。流密码强度完全依赖于密钥流产生器所生成序列的随机性和不可预测性。其核心问题是密钥流生成器的设计。保持收发两端密钥流的精确同步是实现可靠解密的关键技术。

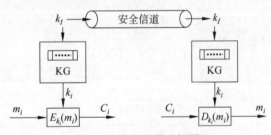

图 3-2　流密码原理框图

3.3.1　流密码框图和分类

　　令 $m = m_1 m_2 \cdots m_i$ 是待加密消息流，其中，$m_i \in M$。密文流 $c = c_1 c_2 \cdots c_i \cdots = E_{k_1}(m_1) E_{k_2}(m_2) \cdots E_{k_i}(m_i) \cdots$，$c_i \in C$。其中，$\{k_i\}(i \geqslant 0)$ 是密钥流。若它是一个完全随机的非周期序列，则可用它实现一次一密体制。但这需要无限存储单元和复杂的逻辑函数 f。实用中的流密码大多采用有限存储单元和确定性算法，因此可用有限状态自动机（Finite State Automaton，FSA）来描述，如图 3-3 所示。

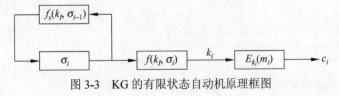

图 3-3　KG 的有限状态自动机原理框图

$$c_i = E_{k_i}(m_i) \tag{3-5}$$

其中：

$$m_i = D_{k_i}(c_i) \tag{3-6}$$

$$k_i = f(k_I, \sigma_i) \tag{3-7}$$

而

$$\sigma_i = f_S(k_I, \sigma_{i-1}) \tag{3-8}$$

是第 i 时刻密钥流生成器的内部状态，k_I 是初始密钥，f 是输出函数，f_S 是状态转移函数。若

$$c_i = E_{k_i}(m_i) = m_i \oplus k_i \tag{3-9}$$

则称这类密码为加法流密码。

若 σ_i 与明文消息无关，则密钥流将独立于明文，这类密码为同步流密码（Synchronous Stream Cipher，SSC），如图 3-4 所示。对于明文而言，这类加密变换是无记忆的，但它是时变的。因为同一明文字符在不同时刻，由于密钥不同而被加密成不同的密文字符。此类密码只要收发两端的密钥流生成器的初始密钥 k_I 和初始状态相同，输出的密钥就一样。因此，只有保持两端精确同步才能正常工作，一旦失步就不能正确解密，必须等到重新同步后才能恢复正常工作，这是其主要缺点。由于其对失步的敏感性，在有窜扰者进行注入、删除、重放等主动攻击时，系统异常敏感而有利于检测。此类体制的优点是传输中出现的一些偶然错误只影响相应位的恢复消息，没有差错传播（Error Propagation）。许多古典密码，如周期为 d 的维吉尼亚密码、转轮密码、滚动密钥密码、弗纳姆密码等，都是同步型流密码。同步型流密码在失步后如何重新同步是重要的技术研究课题，同步问题处理不好会严重影响系统的安全性。

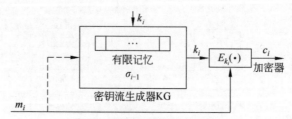

图 3-4　同步和自同步流密码

另一类是自同步流密码（Self-Synchronous Stream Cipher，SSSC），如图 3-4 中虚线所示。其中 σ_i 依赖于 (k_i, σ_{i-1}, m_i)，因而历史地将与 $m_1, m_2, \cdots, m_{i-1}$ 有关。这将使密文 c_i 不仅与当前输入 m_i 有关，而且由于 k_i 对 σ_i 的关系而与以前的输入 $m_1, m_2, \cdots, m_{i-1}$ 有关。一般在有限的 n 级存储下将与 $m_{i-n}, m_{i-n+1}, \cdots, m_{i-1}$ 有关。如图 3-5 所示为一种有 n 级移位寄存器存储的密文反馈型流密码。每个密文数字将影响以后 n 个输入明文数字的加密结果。此时的密钥流 $k_i = f(k_I, c_{i-n}, c_{i-n+1}, \cdots, c_{i-1})$。由于 c_i 与 m_i 的关系，k_i 最终将受输入明文数字的影响。这类流密码的密钥流都可由式（3-10）表示。

$$k_i = f(k_I, m_{i-n}, m_{i-n+1}, \cdots, m_{i-1}) \tag{3-10}$$

其中：

$$f: k_I \times M^n \to k_i \tag{3-11}$$

军事上称这类流密码为密文自密钥（Ciphertext Autokey）密码。

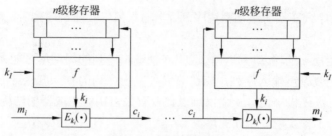

图 3-5　自同步流密码

若自同步流密码传输过程中有一位（如 c_i 位）出错，在解密过程中，它将在移存器中存活 n 个节拍，因而会影响其后 n 位密钥的正确性，相应恢复的明文消息连续 n 位会受到影响。其差错传播是有限的。但这类体制，接收端只要连续正确地收到 n 位密文，则在相同密钥 k_I 作用下就会产生相同的密钥，因而它具有自同步能力。这种自恢复同步性使得它对窜扰者的一些主动攻击不像同步流密码体制那样敏感。但它将明文每个字符扩散在密文多个字符中而强化了其抗统计分析的能力。Maurer[1991]给出了自同步流密码的设计方法。如何控制自同步流密码的差错传播以及它对安全性的影响可参阅相关文献。

综上所述，实际应用中的密钥流都是由有限存储和有限复杂逻辑电路来产生的，即通过有限状态自动机实现。一个有限状态机在确定逻辑连接下不可能产生一个真正随机序列，它迟早要步入周期状态。因而不可能用它实现一次一密体制。但是可以使这类机器产生的序列周期足够长（如 1050），而且其随机性又相当好，从而可方便地近似实现人们所追求的理想体制。20 世纪 50 年代以来，以有限状态自动机为主流的理论和方法得到了迅速发展。近年来，虽然出现了不少新的产生密钥流的理论和方法，如混沌密码、胞元自动机密码、热流密码等，但在有限精度的数字实现的条件下最终都可归结为用有限状态自动机来描述。因此，研究这类序列产生器的理论是流密码研究中最重要的基础。

3.3.2　密钥流生成器的结构和分类

Rueppel[1986b]用一个更清楚的框图，将密钥流生成器分成两个主要组成部分，即驱动部分和组合部分，如图 3-6 所示。驱动部分产生控制生成器的状态序列 $S_1, S_2, \cdots, S_N$，用一个或多个长周期线性反馈移位寄存器构成，它控制生成器的周期和统计特性。非线性组合部分对驱动器各输出序列进行非线性组合，控制和提高生成器输出序列的统计特性、线性复杂度和不可预测性等，以实现 Shannon 提出的扩散和混淆，保证输出密钥流的密码的强度。

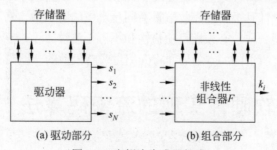

(a) 驱动部分　　　　　　　　(b) 组合部分

图 3-6　密钥流生成器组成

为了保证输出密钥流的密码强度，组合函数 F 应符合下述要求。

（1）F 将驱动序列变换为滚动密钥序列，当输入为二元随机序列时，输出也为二元随机序列。

（2）对于给定周期的输入序列，构造的 F 使输出序列的周期尽可能大。

（3）对于给定复杂度输入序列，构造的 F 使输出序列的复杂度尽可能大。

（4）F 的信息泄露极小化（从输出难以提取有关密钥流生成器的结构信息）。

（5）F 应易于工程实现，工作速度高。

（6）在需要时，F 易于在密钥控制下工作。

驱动器一般利用线性反馈移位寄存器（Linear Feedback Shift Register，LFSR），特别是最长或 m 序列产生器实现。非线性反馈移位寄存器（NLFSR）也可作为驱动器，但由于存在数学分析上的困难性而很少采用。NLFSR 输出序列的密码特性较 LFSR 输出序列要好得多。同样由于数学分析上的困难性，目前所得结果有限，从而限制了它的应用。

当前密码研究领域广泛应用的非线性序列是图 3-6 所示的由线性序列经非线性组合所产生的密钥流。这实际上是一种非线性前馈（forward）序列生成器。这类序列在较好掌握的线性序列组 $S_1, S_2, \cdots, S_N$ 的基础上，利用一些可以用布尔逻辑、谱分析理论等数学工具设计和控制的非线性组合函数，使其组合输出序列满足密码强度要求。常用的方法有逻辑与、J-K 触发器、多路复用器、钟控、Bent 函数、背包函数等。

3.3.3 密钥流的局部统计检验

对于密钥流生成器输出的密钥序列，必须进行必要的统计检验，以确保密钥序列的伪随机性和安全性。已经设计好的密钥生成器，原则上可以计算其输出的整个周期上的一些伪随机性 G-1～G-3。但由于其输出序列周期都很长，一般在 $10^{17} \sim 10^{140}$，因而不可能直接计算，只能利用数理统计方法进行局部伪随机性检验。常用的方法有频度检验、序偶或联码（测定相邻码元的相关性）检验、扑克（图样分布）检验、游程或串长分布检验、自相关特性检验和局部复杂性检验等。通过这类检验的密钥序列可以在统计上证实其分布的均匀性，但还不能证实其独立性。有些方法可以演示它没有明显的相关性，一般是利用这些方法实验直到对其独立性有足够信任。当然，这并不能确保其安全性，因此还要对其密码强度进行估计，需要从其所用非线性函数构造和所具有的密码性质进行分析。有关局部统计检验可参阅有关书刊和标准[Maurer 1992b; Menezes 等 1997]。

如前所述，密钥流必须具有随机性，同时在接收端还应能够同步生成，否则就不能实现解密。在网络安全系统中，如交互认证协议中 Nonce（一次性随机数）、密钥分配系统的会话密钥等，需要一种一次性且不要求在收端重新同步产生的随机数。对这类随机数生成器的基本要求和密钥流生成器一样，必须满足随机性和不可预测性。由于它们一般较短，所以在实现上与密钥流生成器有所不同，本章后面将介绍生成随机数的一些具体方法。

快速软硬件实现的流密码算法

3.4 快速软硬件实现的流密码算法

近年来，人们对简化流密码的软硬件实现进行了大量的研究，提出了不少新的易于实现的算法，有些是成功的，有些虽不安全，但在设计思想上有参考价值。有些算法适合硬件实现，有些算法适合软件实现。有些算法则是根据兼顾两者的需要进行设计的。软件密码的计算量是算法和算法实现质量的函数，一个用硬件实现的好算法，未必在软件实现上最佳。DES 这一在硬件实现上很有效的算法也不例外。所以，寻找适用一般计算机实现的最佳软件算法存在难度，需要设计者精心设计[Schneier 等 1997]。本节将介绍其中一些有意义的算法。

3.4.1　A5

A5 是欧洲数字蜂窝移动电话系统（Group Special Mobile，GSM）中采用的加密算法，用于手机到基站无线链路上的加密，但在其他链路上不加密，因此电话公司很容易窃听用户会话。

A5 由法国设计。在 20 世纪 80 年代中期，欧盟对 GSM 的加密有过争议，有人认为加密会妨碍出口贸易，而另有些人则认为应当采用强度大的密码对 GSM 系统进行保护。

A5 由三个稀疏本原多项式构成的 LFSR 组成，级数分别为 19、22 和 23，其初态由密钥独立赋值。输出值是三个 LFSR 输出的异或，采用可变钟控方式，控制位从每个寄存器中间附近选定。若控制位中有两个或三个取值为 1，则产生这种位的寄存器移位；若两个或三个控制位为 0，则产生这种位的寄存器不移位。显然，在这种工作于停/走（stop/go）型的相互钟控（或锁定）方式下，任一寄存器移位的概率为 3/4。走遍一个循环周期大约需要 $(2^{23}-1)\times 4/3$ 个时钟。

攻击 A5 要用 2^{40} 次加密来确定两个寄存器的结构，而后从密钥流决定第三个 LFSR。搜索密钥机已在设计之中[Chambers 1994]。

A5 的基本设计思路不错，效率高，可通过所有已知统计检验标准。其唯一缺点是移存器级数短，其最短循环长度为 $4/3\times 2^k$，k 是最长的 LFSR 的级数，总级数为 19+22+23=64。可以用穷尽搜索法破译。若 A5 采用长的、抽头多的 LFSR，它会更安全。

3.4.2　加法流密码生成器

1. 加法生成器

以 nb 字为基本单元，其初始存储数值为 m 个 nb 字 $x_1, x_2, \cdots, x_m$ 组成的阵列，按递归关系式给出 i 时刻的输出字 $x_i = a_{n-1}x_{i-1} + a_{n-2}x_{i-2} + \cdots + a_1 x_{i-n+1} + a_0 x_{i-n} \bmod M$。其中，+号是 mod M 加法运算，一般 $M = 2^m$。适当选择系数 $a_j (j = 0,1,\cdots, n-1)$，可使生成序列的周期极大化。Brent 给出了产生最大周期序列的条件。选用次数大于 2 的本原 3 次式，且由 Fibonacci 序列的最低位构成的数序列是以特征多项式 $x^n + \sum a_i' x^i$，$a_i' \equiv a_i \bmod 2$ 的 LFSR 所生成的序列。

例如，[55, 24, 0]给定的递推式为

$$x_i = (x_{i-55} + x_{i-24}) \bmod 2^n$$

本原式中多于三项时，还需附加一些条件才能使周期为最大，上述生成器称为加法生成器。Knuth 曾以 Fibonacci 数决定递推式的系数，称为滞后 Fibonacci 生成器。由于这种生成器以字而不是按位生成密钥流，因此速度较快。

2. FISH 算法

Blöcher 等[1994]利用滞后 Fibonacci 生成器代替二元收缩式生成器，并增加一个映射

$f:\mathrm{GF}(2^n)\to\mathrm{GF}(2)$ 生成 32b 的流密码与相应明文或密文异或实现加密和解密，称为 Fibonacci 收缩生成器，简称 FISH 算法。该算法生成器的原理框图如图 3-7 所示。

图 3-7　FISH 生成器原理框图

选 n_A=32，n_S=32，A 和 S 均为滞后 Fibonacci 生成器寄存器，其初始状态由密钥决定。滞后 Fibonacci 生成器的最低位的序列由一个本原三次多项式所决定的 LFSR 生成，满足

$$a_i = a_{i-55} + a_{i-24} \bmod 2^{32} \tag{3-12}$$

$$s_i = s_{i-52} + s_{i-19} \bmod 2^{32} \tag{3-13}$$

映射 $f:\mathrm{GF}(2^{32})\to\mathrm{GF}(2)$，即将 S 寄存器的 32b 矢量映射为其最低位：

$$f(b_{31},b_{30},\cdots,b_0)=b_0 \tag{3-14}$$

若 $b_0=1$，则输出 a_i 和 s_i；若 $b_0=0$，则丢弃 a_i 和 s_i，继续移位运行。由此可以得到 32b 字序列 $c_0,c_1,\cdots$ 和 $d_0,d_1,\cdots$，将它们分别组对为 (c_{2i},c_{2i+1}) 和 (d_{2i},d_{2i+1})，并通过下述逻辑式得到：

$$e_{2i} = c_{2i} \oplus (d_{2i} \wedge d_{2i+1}) \tag{3-15}$$

$$f_{2i} = d_{2i+1} \wedge (e_{2i} \wedge c_{2i+1}) \tag{3-16}$$

$$k_{2i} = e_{2i} \oplus f_{2i} \tag{3-17}$$

$$k_{2i+1} = c_{2i+1} \oplus f_{2i} \tag{3-18}$$

其中，$\oplus$ 表示逐位异或，$\wedge$ 表示逐位逻辑与。在 33MHz 的 PC 上可实现 15Mb/s 加密。已通过碰撞、相关、式样采集（Coupon Collect）、频度、非线性复杂度、扑克、秩、串长、谱、重叠 m-重和 Ziv-Lempel 复杂度等检验，表明它具有良好的随机性，且特别适于软件快速实现。

3. PIKE 算法

虽然 FISH 通过了各类统计随机性检验，但 Anderson 指出它仍不够安全。大约可用 2^{40} 次实验攻破。为此 Anderson 参照 A5 的设计思想，对 FISH 进行改进，提出所谓的 PIKE 算法。它采用三个 Fibonacci 生成器：

$$a_i = a_{i-55} + a_{i-24} \bmod 2^{32}$$

$$a_i = a_{i-57} + a_{i-7} \bmod 2^{32}$$

$$a_i = a_{i-58} + a_{i-19} \bmod 2^{32}$$

FISH 的控制位不是进位位，而是最低位，采用进位位作为控制位会使攻击更难。因此 PIKE 采用进位位作为控制位。若所有三个进位位取值一样，则三个寄存器都推进一位，否则将推进两个有相同进位位的寄存器。控制将滞后 8 个循环，每当更新状态之后，就检查控制位，并将一个控制 nybble 写到一个寄存器中。此寄存器以下一次更新存数移 4 位。在某些处理器下，利用校验位作为控制位可能更方便，看来这是一种可接受的变通方法。

下一个密钥流字与三个寄存器的所有低位字进行异或。此算法较 FISH 稍快，每个密钥流字平均需要 2.75 次更新计算值，而不是三次。为了保证密钥流生成器产生的最小长度序列的比例很小，限定在生成 2^{32} 个字后，生成器重新注入密钥。缺少密钥供应的用户可以利用杂凑函数如 SHA 进行扩充，以提供 700 B 的初始状态。目前，对此方案的密码分析还做得不够深入。

4. Mush 算法

Mush 算法由 Wheeler 提出[Schneier 1996]，采用两个 Fibonacci 生成器 A 和 B 进行相互钟控。若 A 有进位，则 B 被驱动，若 B 有进位，则 A 被驱动。（若 A 被驱动有进位，则置进位 bit；若 B 被驱动有进位，则置进位 bit。）最后输出密钥字由 A 和 B 的输出异或得到，产生一个密钥字。平均需要三次迭代，若适当选择系数，且 A 与 B 的级数互素，则可保证输出密钥流的周期极大化。目前尚无有关 Mush 的密码分析结果。

3.4.3　RC4

RC4 是由 RSA 安全公司的 Rivest 在 1987 年提出的密钥长度可变流密码，但其算法细节一直未公开。1994 年 9 月，有人在 Cypherpunks 邮递表中公布了 RC4 的源代码，并通过 Internet 的 Usenet newsgroup sci.crypt 迅速传遍全球。虽然 RC4 已不能作为产品推销，但 RSA 公司至今尚未公开有关它的文件[Rivest 1992; Schneier 1996]。

该算法工作于 OFB 模式，密钥流与明文独立，利用 16×16 个 S 盒 S_0, S_1, …, S_{255}，在变长密钥控制下对 0, 1, …, 255 的数进行置换。它有两个计数器 i 和 j，初始时都为 0。

它通过下述算法产生随机字节。

$$i = (i+1) \bmod 256$$
$$j = (j + S_i) \bmod 256$$
$$\text{interchange } S_i \text{ and } S_j$$
$$t = (S_i + S_j) \bmod 256$$
$$K = S_t$$

字节 K 与明文异或得到密文，或与密文异或得到明文，其加密速度比 DES 快 10 倍。

S 盒的初始化过程如下：首先将其进行线性填数，即 S_0=0，S_1=1，…，S_{255}=255，然后以密钥填入另一个 256B 的阵列，密钥不够长时可重复利用给定密钥以填满整个阵列：k_0，k_1，…，k_{255}。将指数 j 置 0，并执行下述程序。

```
for  i = 0 to 255
j = (j+Sᵢ+kᵢ)  mod 256
interchange  Sᵢ and Sⱼ
```

RSA DSI 声称，RC4 对差分攻击和线性分析具有免疫力，没有短循环，且具有高度非线性。目前尚无它的公开分析结果。它大约有 $256! \times 256^2 = 2^{1700}$ 个可能的状态。各 S 分量在 i 和 j 的控制下卷入加密。指标 i 保证每个元素变化，指标 j 保证元素的随机改变。该算法简单明了，易于编程实现。

可以设想利用更大的 S 盒和更长的字，当然不一定要采用 16×16 个 S 盒，否则，初始化工作将极其漫长。

目前，美国已允许 40b 密钥的 RC4 出口国外，但其安全性没有保证。目前已有几十种采用 RC4 算法的商业产品，其中包括 Lotus Notes、Apple 公司的 AOEC，以及 Oracle Secure SQL，它也是美国移动通信技术公司的 CDPD 系统的组成部分。

关于分析 RC4 的攻击方法有许多公开发表的文献[Knudsen 等 1998; Mister 等 1998; Mantin 等 2001]，但没有哪种方法对于攻击足够长度的密钥（如 128 位）的 RC4 有效。值得注意的是，Fluhrer 等的研究报告指出，用于为 802.11 无线局域网提供机密性的 WEP，易于受到一种特殊攻击方法的攻击（见第 13 章）。从本质上讲，这个问题并不在 RC4 本身，而是作为 RC4 中输入密钥的生成途径有漏洞。这种特殊的攻击方式不适用于其他使用 RC4 的应用。通过修改 WEP 中密钥的生成途径，也可以避免这个攻击。这个问题恰恰说明设计一个安全系统的困难性不仅包括密码算法本身，还包括在协议设计中如何正确地使用这些密码算法。

3.4.4　祖冲之密码

2011 年 9 月 19—21 日，在日本福冈召开的第 53 次第三代合作伙伴计划（3GPP）系统架构组（SA）会议上，我国设计的祖冲之密码算法（ZUC）被批准成为新一代宽带无线移动通信系统（LTE）国际标准，即 4G 的国际标准。这是我国商用密码算法首次走出国门参与国际标准竞争，并取得重大突破。ZUC 成为国际标准提高了我国在移动通信领域的地位和影响力，对我国移动通信产业和商用密码产业发展均具有重要意义。

2012 年 3 月 21 日，国家密码管理局发布正式公告，将 ZUC 作为中国商用密码算法。我国向 3GPP 提交的算法标准包含如下内容。

（1）祖冲之密码算法（ZUC）：用于产生密钥序列。

（2）128-EEA3：基于 ZUC 的机密性算法。

（3）128-EIA3：基于 ZUC 的完整性保护算法。

1. ZUC 算法

ZUC 本质上是一个密钥序列产生算法，如图 3-8 所示，其输入为 128b 的初始密钥和 128b 的初始向量，输出为 32b 的密钥字序列。 其逻辑上分为三层，分别是：16 级线性反馈移位寄存器（LFSR）、比特重组（BR）、非线性函数 F。

（1）LFSR 以一个有限域 $GF(2^{31}-1)$ 上的 16 次本原多项式为连接多项式，输出为 $GF(2^{31}-1)$ 上的 m 序列。

（2）BR 从 LSFR 的状态中取出 128 位，拼成 4 个 32 位字 (x_0, x_1, x_2, x_3)。非线性函数 F 从 BR 接收三个 32 位字 (x_0, x_1, x_2)，经过异或、循环移位、模 2^{32}、非线性 S 盒变换，输出 32 位字 W。

1）线性反馈移位寄存器（LFSR）

LFSR 由 16 个 32 位的寄存器 $(s_0, s_1, \cdots, s_{14}, s_{15})$ 组成，每一个都是定义在素域 $GF(2^{31}-1)$ 上。LFSR 有两种状态：初始化状态和工作状态。详细步骤如下。

LFSRWithInitialisationMode(u)

{

①　$v = 2^{15} s_{15} + 2^{17} s_{13} + 2^{21} s_{10} + 2^{20} s_4 + (1+2^8) s_0 \bmod (2^{31}-1)$；

②　$s_{16} = (v+u) \bmod (2^{31}-1)$；　　　　//$u$ 是 w 通过舍弃最低位比特得到

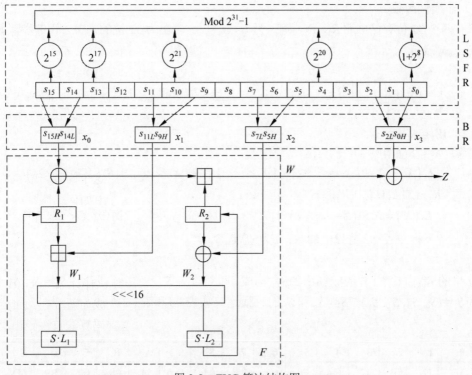

图 3-8　ZUC 算法结构图

③ If $s_{16}=0$, then set $s_{16}=2^{31}-1$；

④ $(s_1, s_2, \cdots, s_{15}, s_{16}) \rightarrow (s_0, s_1, \cdots, s_{14}, s_{15})$。

}

LFSRWithWorkMode( )

{

① $s_{16}=2^{15}s_{15}+2^{17}s_{13}+2^{21}s_{10}+2^{20}s_4+(1+2^8)s_0 \bmod (2^{31}-1)$;

② If $s_{16}=0$, then set $s_{16}=2^{31}-1$;

③ $(s_1, s_2, \cdots, s_{15}, s_{16}) \rightarrow (s_0, s_1, \cdots, s_{14}, s_{15})$。

}

2）比特重组（BR）

比特重组是一个过渡层，其主要从 LFSR 的 8 个寄存器单元抽取 128b 内容组成 4 个 32b 的字，以供下层非线性函数 F 和密钥输出使用。详细步骤如下。

Bitreorganization( )

{

① $X_0=s_{15H}\|s_{14L}$；　　　//其中，符号||表示两个字符首尾拼接

② $X_1=s_{11L}\|s_{9H}$；

③ $X_2=s_{7L}\|s_{5H}$；

④ $X_3=s_{2L}\|s_{0H}$。

}

3）非线性函数 F

F 有两个 32 位存储单元 R_1、R_2，输入为 x_0，x_1，x_2，输出为 32 位的字 W。详细步骤如下。

$F(x_0, x_1, x_2)$

{

① $W = (X_0 \oplus R_1) \boxplus R_2$；   //其中，符号 $\boxplus$ 表示 $\mod 2^{32}$ 加法

② $W_1 = R_1 \boxplus x_1$；

③ $W_2 = R_2 \oplus x_2$；

④ $R_1 = S(L_1(W_{1L} \| W_{2H}))$；

// $L_1(X) = X \oplus (X <<<_{32} 2) \oplus (X <<<_{32} 10) \oplus (X <<<_{32} 18) \oplus (X <<<_{32} 24)$

⑤ $R_2 = S(L_2(W_{2L} \| W_{1H}))$.

// $L_2(X) = X \oplus (X <<<_{32} 8) \oplus (X <<<_{32} 14) \oplus (X <<<_{32} 22) \oplus (X <<<_{32} 30)$

//下标32表示 X 是32位的数；S 为 S 盒运算

}

这里的 S 盒由4个并置的8进8出的 S 盒构成，即 $S = (S_0, S_1, S_2, S_3)$，其中，$S_2 = S_0$，$S_3 = S_1$，于是有 $S = (S_0, S_1, S_0, S_1)$。S 盒 S_0 和 S_1 的置换运算如表3-1和表3-2所示。

表3-1 S 盒 S_0

	0	1	2	3	4	5	6	7	8	9	A	B	C	D	E	F
0	3E	72	5B	47	CA	E0	00	33	04	D1	54	98	09	B9	6D	CB
1	7B	1B	F9	32	AF	9D	6A	A5	B8	2D	FC	1D	08	53	03	90
2	4D	4E	84	99	E4	CE	D9	91	DD	B6	85	48	8B	29	6E	AC
3	CD	C1	F8	1E	73	43	69	C6	B5	BD	FD	39	63	20	D4	38
4	76	7D	B2	A7	CF	ED	57	C5	F3	2C	BB	14	21	06	55	9B
5	E3	EF	5E	31	4F	7F	5A	A4	0D	82	51	49	5F	BA	58	1C
6	4A	16	D5	17	A8	92	24	1F	8C	FF	D8	AE	2E	01	D3	AD
7	3B	4B	DA	46	EB	C9	DE	9A	8F	87	D7	3A	80	6F	2F	C8
8	B1	B4	37	F7	0A	22	13	28	7C	CC	3C	89	C7	C3	96	56
9	07	BF	7E	F0	0B	2B	97	52	35	41	79	61	A6	4C	10	FE
A	BC	26	95	88	8A	B0	A3	FB	C0	18	94	F2	E1	E5	E9	5D
B	D0	DC	11	66	64	5C	EC	59	42	75	12	F5	74	9C	AA	23
C	0E	86	AB	BE	2A	02	E7	67	E6	44	A2	6C	C2	93	9F	F1
D	F6	FA	36	D2	50	68	9E	62	71	15	'3D	D6	40	C4	E2	0F
E	8E	83	77	6B	25	05	3F	0C	30	EA	70	B7	A1	E8	A9	65
F	8D	27	1A	DB	81	B3	A0	F4	45	7A	19	DF	EE	78	34	60

4）密钥封装

密钥封装过程将 128 位的初始密钥 KEY 和 128 位的初始向量 IV 扩展为 16 个 31 位字作为 LFSR 变量 $s_0, s_1, \cdots, s_{14}, s_{15}$ 的初始状态。设 KEY 和 IV 分别为

$$\text{KEY} = k_0 \| k_1 \| k_2 \| \cdots \| k_{15}$$

$$\text{IV} = iv_0 \| iv_1 \| iv_2 \| \cdots \| iv_{15}$$

则密钥封装过程如下。

表 3-2 S 盒 S_1

	0	1	2	3	4	5	6	7	8	9	A	B	C	D	E	F
0	55	C2	63	71	3B	C8	47	86	9F	3C	DA	5B	29	AA	FD	77
1	8C	C5	94	0C	A6	1A	13	00	E3	A8	16	72	40	F9	F8	42
2	44	26	68	96	81	D9	45	3E	10	76	C6	A7	8B	39	43	E1
3	3A	B5	56	2A	C0	6D	B3	05	22	66	BF	DC	0B	FA	62	48
4	DD	20	11	06	36	C9	C1	CF	F6	27	52	BB	69	F5	D4	87
5	7F	84	4C	D2	9C	57	A4	BC	4F	9A	DF	FE	D6	8D	7A	EB
6	2B	53	D8	5C	A1	14	17	FB	23	D5	7D	30	67	73	08	09
7	EE	B7	70	3F	61	B2	19	8E	4E	E5	4B	93	8F	5D	DB	A9
8	AD	F1	AE	2E	CB	0D	FC	F4	2D	46	6E	1D	97	E8	D1	E9
9	4D	37	A5	75	5E	83	9E	AB	82	9D	B9	1C	E0	CD	49	89
A	01	B6	BD	58	24	A2	5F	38	78	99	15	90	50	B8	95	E4
B	D0	91	C7	CE	ED	0F	B4	6F	A0	CC	F0	02	4A	79	C3	DE
C	A3	EF	EA	51	E6	6B	18	EC	1B	2C	80	F7	74	E7	FF	21
D	5A	6A	54	1E	41	31	92	35	C4	33	07	0A	BA	7E	0E	34
E	88	B1	98	7C	F3	3D	60	6C	7B	CA	D3	1F	32	65	04	28
F	64	BE	85	9B	2F	59	8A	D7	B0	25	AC	AF	12	03	E2	F2

① 设 D 为 240 位常量，按如下方式分成 16 个 15 位的字串：$D = d_0 \parallel d_1 \parallel \cdots \parallel d_{15}$；

② 对于 $0 \leqslant i \leqslant 15$，有 $s_i = k_i \parallel d_i \parallel iv_i$。

5）算法运行

ZUC 算法运行分为初始化阶段和工作阶段。

初始化阶段将 128 位的初始密钥 K 和 128 位的初始向量 IV 按照上面的密钥封装方法封装到 LFSR 的寄存器单元变量 $s_0, s_1, \cdots, s_{14}, s_{15}$ 中，作为 LFSR 的初态，R_1、R_2 也初始化为 0，重复执行下述过程 32 次。

① Bitreorganization( );

② $W = F(x_0, x_1, x_2)$;

③ LFSRWithInitialisationMode($u \gg 1$)。

工作阶段首先需要将下面的操作运行一轮。

① Bitreorganization( );

② $F(x_0, x_1, x_2)$; //此处丢弃输出结果

③ LFSRWithWorkMode( )。

然后进入密钥输出阶段，将下面的操作运行一次就会生成一个 32b 密钥 Z。

① Bitreorganization( );

② $Z = F(x_0, x_1, x_2) \oplus x_3$;

③ LFSRWithWorkMode( )。

2. 基于 ZUC 的机密性算法 128-EEA3

128-EEA3 主要用于 4G 移动通信中移动用户设备（User Equipment, UE）和核心网（Core

Network）之间无线链路上信令和数据的加解密。128-EEA3 加解密原理如图 3-9 所示。

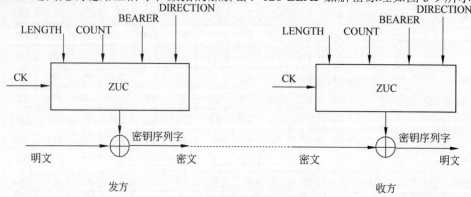

图 3-9　128-EEA3 算法原理图

利用初始密钥 KEY 和初始向量 IV，执行 ZUC 算法，产生 L 个 32 位字的加解密密钥流。设长度为 LENGTH 的输入比特流为

$$IBS= IBS[0]\| IBS[1]\|\cdots\|IBS[LENGTH-1]$$

对应的输出比特流为

$$OBS= OBS[0]\| OBS[1]\|\cdots\|OBS[LENGTH-1]$$

加解密只需要把明文（密文）与加解密密钥模 2 相加即可。

$$OBS[i]= IBS[i]\oplus K[i],\quad i=0, 1, 2,\cdots, LENGTH-1$$

输入参数定义如下。

LENGTH：明文消息流的比特长度，32b。

COUNT：计数器，32b。

BEARER：承载层标识，5b。

DIRECTION：传输方向标识，1b。

CK：机密性密钥，128b，由 ZUC 产生。

3. 基于 ZUC 的完整性算法 128-EIA3

128-EIA3 主要用于 4G 移动通信中移动 UE 和核心网之间的无线链路上的通信令和数据的完整性认证，并对信令源进行认证。主要由 128-EIA3 产生消息认证码（MAC），通过验证 MAC 值，实现对消息的完整性认证。

128-EIA3 的工作原理如图 3-10 所示。

利用初始密钥 KEY 和初始向量 IV，执行 ZUC 算法，产生 L 个 32 位的完整性密钥字流。设需要计算消息认证码的消息比特序列为

$$M = m[0], m[1],\cdots, m[LENGTH-1]$$

设 T 为一个 32b 的字变量，MAC 计算如下。

MACComputation( )

{

　　① Set $T = 0$;

　　② For ($I = 0; I < LENGTH; I++$)

　　　　If $m[I]=1$ then $T = T\oplus K_i$;　　　　//$K_i = k[i] \| k[i+1] \| \cdots \| k[i+31]$

③ End For

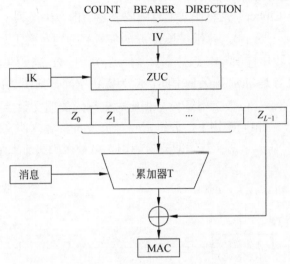

图 3-10　128-EIA3 算法原理图

④ T = T⊕KLENGTH；

⑤ MAC= $T \oplus K_{32(L-1)}$。

}

最后，讨论一下 ZUC 算法的安全性。

ZUC 算法在 LFSR 层采用了 $GF(2^{31}-1)$ 上的 16 次本原多项式，其输出序列随机性好、周期足够大。在比特重组部分，重组的数据具有良好的随机性，且出现的重复概率足够小。在非线性函数 F 中采用了两个存储部件 R、两个线性部件 L 和两个非线性 S 盒，使其输出具有良好的非线性、混淆特性和扩散特性。设计者经过评估，认为能够抵抗弱密钥攻击、Guess-and-Determine 攻击、Binary Decision Trees 攻击、线性区分攻击、代数攻击和选择初始向量攻击等多种密码攻击。

在侧信道攻击方面，理论分析与实验表明，ZUC 算法经不起 DPA 类侧信道的攻击。因此在硬件实现时必须采取保护措施。

另外，128-EIA3 长度为 32b，穷举攻击的复杂度为 $O(2^{32})$，显然太短了。这可能是移动通信的实时性要求导致。实际应用中应当采取保护措施。

随着使用时间的推移，ZUC 算法安全性的理论分析和实践检验会更加充分。

3.5　分组密码概述

分组密码
概述

在许多密码系统中，单钥分组密码是系统安全的一个重要组成部分。分组密码易于构造拟随机数生成器、流密码、消息认证码（MAC）和杂凑函数等，还可成为消息认证技术、数据完整性机构、实体认证协议以及单钥数字签名体制的核心组成部分。实际应用中对于分组码可能提出多方面的要求，除了安全性以外，还有运行速度、存储量（程序的长度、数据分组长度、高速缓存大小）、实现平台（软硬件、芯片）、运行模式等限制条件。这些都需要与安全性要求之间进行适当的折中选择。

分组密码（Block Cipher）是将明文消息编码表示后的数字序列 $x_1, x_2, \cdots, x_i$，划分成长为 m 的组 $\boldsymbol{x} = (x_0, x_1, \cdots, x_{m-1})$，各组（长为 m 的矢量）分别在密钥 $k = (k_0, k_1, \cdots, k_{t-1})$ 控制下变换成等长的输出数字序列 $\boldsymbol{y} = (y_0, y_1, \cdots, y_{n-1})$（长为 n 的矢量），其加密函数为 $E : V_m \times K \to V_n$，$V_m(V_n)$ 是 $m(n)$ 维矢量空间，K 为密钥空间，如图 3-11 所示。它与流密码的不同之处在于输出的每一位数字不是只与相应时刻输入的明文数字有关，而是与一组长为 m 的明文数字有关。在相同密钥下，分组密码对长为 m 的输入明文组所实施的变换是等同的，所以只需研究对任一组明文数字的变换规则。这种密码实质上是字长为 m 的数字序列的代换密码。

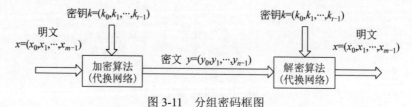

图 3-11　分组密码框图

通常取 $n=m$。若 $n>m$，则为有数据扩展的分组密码；若 $n<m$，则为有数据压缩的分组密码。在二元情况下，$\boldsymbol{x}$ 和 $\boldsymbol{y}$ 均为二元数字序列，它们的每个分量 $x_i, y_i \in \mathrm{GF}(2)$。下面主要讨论二元情况。将长为 n 的二元 $\boldsymbol{x}$ 和 $\boldsymbol{y}$ 表示成小于 2^n 的整数，即

$$x = (x_0, x_1, \cdots, x_{n-1}) \leftrightarrow \sum_{i=0}^{n-1} x_i 2^i = \parallel x \parallel \tag{3-19}$$

$$y = (y_0, y_1, \cdots, y_{n-1}) \leftrightarrow \sum_{i=0}^{n-1} y_i 2^i = \parallel y \parallel \tag{3-20}$$

则分组密码就是将 $\parallel x \parallel \in \{0, 1, \cdots, 2^n - 1\}$ 映射为 $\parallel y \parallel \in \{0, 1, \cdots, 2^n - 1\}$，即为 $\{0, 1, \cdots, 2^n - 1\}$ 到其自身的一个置换 π，即

$$y = \pi(x) \tag{3-21}$$

置换的选择由密钥 k 决定。所有可能置换构成一个对称群 $\mathrm{SYM}(2^n)$，其中元素个数或密钥数为

$${}^{\#}\{\pi\} = 2^n! \tag{3-22}$$

例如，$n=64\mathrm{b}$ 时，

$$(2^{64})! > 10^{347\,380\,000\,000\,000\,000\,000} > (10^{10})^{20}$$

为表示任一特定置换所需的二元数字位数为

$$\log_2(2^n!) \approx (n-1.44)2^n = o(n 2^n)\mathrm{b} \tag{3-23}$$

即密钥长度达 $n 2^n \mathrm{b}$，$n=64$ 时的值为 $64 \times 2^{64} = 2^{70}\mathrm{b}$，DES 的密钥仅为 56b，IDEA 的密钥也不过为 128b。实用中的各种分组密码（如后面介绍的 DES、IDEA、RSA 和背包体制等）所用的置换都不过是上述置换集中的一个很小的子集。分组密码的设计问题在于找到一种算法，能在密钥控制下从一个足够大且足够好的置换子集中，简单而迅速地选出一个置换，用于对当前输入的明文数字组进行加密变换。因此，设计的算法应满足下述要求。

（1）分组长度 n 应足够大，使分组代换字母表中的元素个数 2^n 足够大，防止明文穷举

攻击法奏效。DES、IDEA、FEAL 和 LOKI 等分组密码都采用 $n=64$，在生日攻击下用 2^{32} 组密文成功概率为 1/2，同时要求 $2^{32} \times 64b = 2^{15}$ MB 存储空间，故采用穷举攻击是不现实的。

（2）密钥量要足够大（即置换子集中的元素足够多），尽可能削除弱密钥并使所有密钥同等，以防止密钥穷举攻击奏效。但密钥又不能过长，以利于密钥的管理。DES 采用长度为 56b 的密钥已太短，IDEA 采用 128b 密钥。Denning 等估计，在今后 30～40 年内采用 80b 密钥是足够安全的。

（3）由密钥确定置换的算法要足够复杂，充分实现明文与密钥的扩散和混淆，没有简单的关系可循，要能抗击各种已知的攻击，如差分攻击和线性攻击等；有高的非线性阶数，实现复杂的密码变换，使敌手在破译时除使用穷举法外无其他捷径可循。

应当指出，上述有关安全性条件都是必要条件，是设计分组密码时应当充分考虑的一些问题，但绝不是安全性的充分条件。

（4）加密和解密运算简单，便于软件和硬件高速实现。如将分组 n 划分为子段，每段长为 8、16 或者 32。在以软件实现时，应选用简单的运算，使作用于子段上的密码运算易于采用标准处理器的基本运算，如加、乘、移位等实现，避免用软件难以实现的逐位置换。为了便于硬件实现，加密和解密过程之间的差别应仅在于由秘密密钥所生成的密钥表不同。这样，加密和解密就可用同一器件实现。设计的算法采用规则的模块结构，如多轮迭代等，以便于采用软件和 VLSI 快速实现。

（5）数据扩展。一般无数据扩展，在采用同态置换和随机化加密时可引入数据扩展。

（6）差错传播尽可能地小。

要实现上述几点要求并不容易。首先，图 3-11 的代换网络的复杂性随分组长度 n 呈指数增大，常常会使设计变得复杂而难以控制和实现；实际中常常将 n 分成几个小段，分别设计各段的代换逻辑实现电路，采用并行操作使得总的分组长度 n 足够大，这种方法将在下面讨论。其次，为了便于实现，实践中常将较简单易于实现的密码系统进行组合，构成较复杂的、密钥量较大的密码系统。Shannon[1949]曾提出以下两种可能的组合方法。

（1）"概率加权和"方法，即以一定的概率随机地从几个子系统中选择一个用于加密当前的明文。设有 r 个子系统，以 $T_1, T_2, \cdots, T_r$ 表示，相应被选用的概率为 $p_1, p_2, \cdots, p_r$，其中，$\sum\limits_{i=1}^{r} p_i = 1$。其概率和系统可表示为

$$T = p_1 T_1 + p_2 T_2 + \cdots + p_r T_r \tag{3-24}$$

显然，系统 T 的密钥量将是各子系统密钥量之和。

（2）"乘积"方法。例如，设有两个子密码系统 T_1 和 T_2，则先以 T_1 对明文进行加密，然后再以 T_2 对所得结果进行加密。其中，T_1 的密文空间需作为 T_2 的"明文"空间。乘积密码可表示为

$$T = T_1 T_2 \tag{3-25}$$

利用这两种方法可将简单易于实现的密码组合成复杂的更为安全的密码。

最后，为了抗击统计分析破译法，需要实现第三条要求，Shannon 曾建议采用扩散和混淆法。扩散，就是将每个明文比特及密钥比特的影响尽可能迅速地散布到较多个输出的密文数字中，以便隐蔽明文数字的统计特性。这一想法可推广到将任一位密钥比特的影响尽量迅速地扩展到更多个密文比特中去，以防止对密钥进行逐段破译。在理想情况下，明

文的每位和密钥的每位应影响密文的每位，即实现所谓的"完备性"。Shannon 提出的"混淆"概念目的在于使作用于明文的密钥和密文之间的关系复杂化，使明文和密文之间、密文和密钥之间的统计相关性极小化，从而使统计分析攻击法不能奏效。他将"扩散"和"混淆"概念形象地比喻为"揉面团"过程。在设计实际密码算法时，需要巧妙地运用这两个概念。与揉面团不同，将明文和密钥进行"混合"时还需满足两个条件：一是变换必须是可逆的，并非任何混淆办法都能做到这点；二是变换和反变换过程应当简单易行。乘积密码有助于实现扩散和混淆，选择某个较简单的密码变换，在密钥控制下以迭代方式多次利用它进行加密变换，就可实现预期的扩散和混淆效果。当代提出的各种分组密码算法，都在一定程度上体现了 Shannon 构造密码的这些重要思想。

数据加密标准

3.6　数据加密标准

数据加密标准（DES）中的算法是第一个并且也是十分重要的现代对称加密算法。1977 年 1 月，美国国家标准局公布了 DES，它是用于非保密数据（与国家安全无关的信息）的算法，该算法在世界范围内已经得到广泛的应用，一个主要的例子就是银行用它保护资金转账安全。本来该标准被批准使用 5 年，但由于它经受住时间的考验，随后又被批准了三个 5 年的使用期。

3.6.1　DES 介绍

DES 是分组密码，其中的消息被分成定长的数据分组，每一分组称为 M 或 C 中的一个消息。在 DES 中，有 $M = C = \{0,1\}^{64}$，$K = \{0,1\}^{56}$，也就是 DES 加密和解密算法输入 64b 明文或密文消息和 56b 密钥，输出 64b 密文或明文消息。

DES 的运算可描述为如下 3 步。

（1）对输入分组进行固定的"初始置换" IP，可以将这个初始置换写为

$$(L_0, R_0) \leftarrow \text{IP (Input Block)} \tag{3-26}$$

这里 L_0 和 R_0 称为"（左，右）半分组"，都是 32b 的分组。注意，IP 是固定的函数（也就是说，输入密钥不是它的参数），是公开的，因此这个初始置换在密码学上意义不大。

（2）将下面的运算迭代 16 轮（$i = 1, 2, \cdots, 16$）：

$$L_i \leftarrow R_{i-1} \tag{3-27}$$

$$R_i \leftarrow L_{i-1} \oplus f(R_{i-1}, k_i) \tag{3-28}$$

这里 k_i 称为"轮密钥"，它是 56b 输入密钥的一个 48b 的子串，f 称为"S 盒函数"（"S"表示代换，将在 3.6.2 节中对这个函数进行简单描述），是一个代换密码。这个运算的特点是交换两半分组，就是说，一轮的左半分组输入是上一轮的右半分组输出。交换运算是一个简单的换位密码（见 3.2.2 节），目的是获得很大程度的"信息扩散"，本质上就是获得式（3-26）中香农提出的模型的混淆特性。从我们的讨论中可以看出，DES 的这一步是代换密码和换位密码的结合。

（3）将 16 轮迭代后得到的结果 (L_{16}, R_{16}) 输入 IP 的逆置换，消除初始置换的影响，这一

步的输出就是 DES 算法的输出，我们将最后一步写为

$$\text{Output Block} \leftarrow \text{IP}^{-1}(R_{16}, L_{16}) \tag{3-29}$$

请特别注意 IP^{-1} 的输入：在输入 IP^{-1} 以前，16 轮迭代输出的两个半分组又进行了一次交换。

加密和解密算法都用这三个步骤，仅有的不同就是，如果加密算法中使用的轮密钥是 $k_1, k_2, \cdots, k_{16}$，那么解密算法中使用的轮密钥就应当是 $k_{16}, k_{15}, \cdots, k_1$，这种轮密钥的排列方法称为"密钥表"，可以记为

$$(k'_1, k'_2, \cdots, k'_{16}) = (k_{16}, k_{15}, \cdots, k_1) \tag{3-30}$$

例 3-4 在加密密钥 k 下，将明文消息 m 加密为密文消息 c，下面通过 DES 算法确认解密函数的正确运行，也就是在 k 下，c 的解密将输出 m。

解密算法首先输入密文 c 作为"输入分组"。由式（3-26）有

$$(L'_0, R'_0) \leftarrow \text{IP}(c)$$

但是，因为 c 实际上是加密算法中最后一步的"输出分组"，由式（3-29）有

$$(L'_0, R'_0) \leftarrow (R_{16}, L_{16}) \tag{3-31}$$

在第 1 轮中，由式（3-27）、式（3-28）和式（3-30），有

$$L'_1 \leftarrow R'_0 = L_{16}$$
$$R'_1 \leftarrow L'_0 \oplus f(R'_0, k'_1) = R_{16} \oplus f(L_{16}, k'_1)$$

在这两个式子的右边，由式（3-27）可知，L_{16} 应该用 R_{15} 代替；式（3-28）可知，R_{16} 应该用 $L_{15} \oplus f(R_{15}, k_{16})$ 代替。根据密钥表式（3-30），$k'_1 = k_{16}$，因此，上面两个式子实际上是以下两个式子：

$$L'_1 \leftarrow R_{15}$$
$$R'_1 \leftarrow [L_{15} \oplus f(R_{15}, k_{16})] \oplus f(R_{15}, k_{16}) = L_{15}$$

所以，在第 1 轮解密以后得到

$$(L'_1, R'_1) \leftarrow (R_{15}, L_{15})$$

因此，在第 2 轮开始，两个半分组是 (R_{15}, L_{15})。

在随后的 15 轮中，使用同样的验证，将获得

$$(L'_2, R'_2) \leftarrow (R_{14}, L_{14}), \cdots, (L'_{16}, R'_{16}) \leftarrow (R_0, L_0)$$

从 16 轮迭代得到的最后两个半分组 (L'_{16}, R'_{16}) 被交换为 $(R'_{16}, L'_{16}) = (L_0, R_0)$，然后输入到 IP^{-1}，从而消除 IP 在式（3-26）中的影响。解密函数的输出确实就是最初的明文分组 m。

已经证明：DES 加密和解密算法确实使得方程式（3-26）对于所有的 $m \in M$ 和 $k \in K$ 都成立。很明显，这些算法的运行与"S 盒函数"的内部细节及密钥表函数无关。

使用式（3-27）和式（3-28）以交换的方式处理两个半分组的 DES 迭代称为 Feistel 密码。图 3-12 给出了一轮 Feistel 密码的交换结构。最初是由 Feistel 提出了这个密码。像以前提到的那样，交换特性的目的是获得一个较大程度上的数据扩散。Feistel 密码在公钥密码学中也有重要的应用，称为最佳非对称加密填充（OAEP）。其结构在本质上

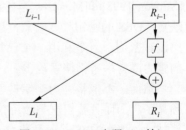

图 3-12 Feistel 密码（一轮）

是一个二轮的 Feistel 密码。

3.6.2 DES 的核心作用：消息的随机非线性分布

DES 的核心部分是在"S 盒函数"f 中。正是在这里 DES 实现了明文消息在密文消息空间上的随机非线性分布。

在第 i 轮，$f(R_{i-1}, k_i)$ 做下面的两个子运算。

（1）通过逐比特异或运算，将轮密钥 k_i 与半分组 R_{i-1} 相加。这提供了消息分布中所需要的随机性。

（2）在包含 8 个"代换盒"（S 盒）的固定置换下代换（i）的结果，每一个 S 盒是一个非线性置换函数；这就提供了消息分布中所需的非线性。

S 盒的非线性对 DES 的安全是非常重要的。我们知道，代换密码（例如，有随机密钥的例 3-1）在一般情况下是非线性的，而移位密码和仿射密码是线性中的子类。与一般情况相比，这些线性子类不仅极大地减小了密钥空间，而且也导致了生成的密文难以对抗差分分析（DC）技术[Biham 等 1991]。DC 通过利用两个明文消息间的线性差分和两个密文消息间的线性差分来攻击密码，下面以仿射密码式（3-6）为例分析这种攻击。假定 Malice（攻击者）以某种方式知道差分 $m - m'$，但他既不知道 m 也不知道 m'，给定相应的密文 $c = k_1 m + k_2 (\bmod N)$，$c' = k_1 m' + k_2 (\bmod N)$，Malice 可以计算

$$k_1 = (c - c')/(m - m')(\bmod N)$$

有了 k_1，Malice 进一步找到 k_2 就变得更加容易。例如，如果 Malice 有一个已知的明文-密文对，他就能够找到 k_2。在 1990 年提出 DC 后，对于许多已知的分组密码的攻击，DC 已经被证明是非常有效的，然而它攻击 DES 并不是非常成功。这就表明 DES 的设计者早在 15 年前通过 S 盒的非线性设计就已采取了预防 DC 的措施。

DES（事实上还有 Feistel 密码）的一个有趣的特点就是函数 $f(R_{i-1}, k_i)$ 中的 S 盒不必是可逆的。在例 3-4 中对于任意的 $f(R_{i-1}, k_i)$ 都可进行加密和解密操作就证明了这一点，这个特点节约了 DES 硬件实现的成本。

本书省略了对 S 盒的内部细节、密钥表函数和初始置换函数的描述，这些细节超出了本书的范围。有兴趣的读者可在文献[Denning 1982]中找到这些细节。

3.6.3 DES 的安全性

在 DES 作为加密标准提出之后不久，学者们就开始争论 DES 的安全性。有关 DES 安全性的详细讨论和学术文献可以在各种密码学教科书中找到，如文献[Smid 等 1992][Stinson 1995]和[Menezes 等 1997]。后来，人们越来越清楚，这些讨论找到了 DES 的主要缺点：DES 的密钥长度较短，这被认为是 DES 最严重的弱点，针对这个弱点的攻击包括穷举测试密钥，就是利用一个已知的明文和密文消息对，直到找到正确的密钥，这就是所谓的强力或穷举密钥搜索攻击。

然而，不能将强力密钥搜索攻击看作一种真正的攻击，这是因为密码设计者不仅已经预见了它，而且希望这是敌手仅有的工具，因此，假设攻击者仅具有 20 世纪 70 年代的计算技术，那么 DES 是一种十分成功的密码。

克服短密钥缺陷的一个解决办法是使用不同的密钥，多次运行 DES 算法，这样的方案称为加密-解密-加密 3 重 DES 方案[Tuchman 1979]。这个方案中的加密记为

$$c \leftarrow E_{k_1}(D_{k_2}(E_{k_1}(m)))$$

解密记为

$$m \leftarrow D_{k_1}(E_{k_2}(D_{k_1}(c)))$$

除了能够达到扩大密钥空间的效果，如果使用 $k_1 = k_2$，这个方案也很容易与单钥 DES 兼容。3 重 DES 也可以使用三个不同的密钥，但这时它与单钥 DES 不兼容。

DES 的短密钥弱点在 20 世纪 90 年代显现出来。1993 年，Wiener 认为花费 1 000 000 美元可以造一个特殊用途的 VLSI DES 密钥搜索机，给定一个明文-密文消息对，预计这台机器将在 3.5h 之内找到密钥。1998 年 7 月 15 日，密码学研究会、高级无线技术协会和电子前沿基金会（Electronic Frontier Foundation，EFF）联合宣布了破纪录的 DES 密钥搜索攻击：他们花了不到 250 000 美元构造了一个称为 DES 解密高手（也称作 Deep Crack）的密钥搜索机，搜索了 56h 后成功地找到了 RSA 的 DES 挑战密钥。这个结果表明：对于一个安全的单钥密码来说，在 20 世纪 90 年代后期的计算技术背景下，使用 56b 的密钥太短了。此外，64b 的密码分组太短，已经不适应 64b 的计算机总线结构。因此，需要推出新一代数据加密标准，以消除 DES 的以上两个主要缺点。

高级加密标准

3.7　高级加密标准

1997 年 1 月 2 日，美国国家标准和技术协会（NIST）宣布征集一个新的对称密钥分组密码算法，作为取代 DES 的新的加密标准。这个新的算法被命名为高级加密标准（Advanced Encryption Standard，AES）。与 DES 的封闭设计过程不同，1997 年 9 月 12 日，该协会正式公开征集 AES 算法，规定 AES 要详细说明一个非保密的、公开的对称密钥加密算法（s）；算法（s）必须支持（至少）128b 的分组长度，以及 128b、192b 和 256b 的密钥长度，强度应该相当于 3 重 DES，但是应该比 3 重 DES 更有效。此外，如果算法（s）被选中，在世界范围内它必须是可以免费获得的。

1998 年 8 月 20 日，NIST 公布了 15 个 AES 候选算法，这些算法由遍布世界的密码学者提交。公众对这 15 个算法的评论被当作这些算法的初始评论（公众的初始评论期也称为第 1 轮），第 1 轮评选到 1999 年 4 月 15 日截止。根据收到的分析和评论，NIST 从 15 个算法中选出 5 个算法，这 5 个参加决赛的候选算法是 MARS[Burwick 等 1998]、RC6[Sidney 等 1998]、Rijndael[Daemen 等 1998]、Serpent[Anderson 等 1998]和 Twofish [Schneier 等 1998]。这些参加决赛的算法在又一次更深入的评论期（第 2 轮）得到进一步的分析。在第 2 轮中，要征询对候选算法的各方面的评论和分析，这些方面包括密码分析、智能性、所有 AES 决赛候选算法的剖析、综合评价及有关实现问题，但并不限于上面所述的方面。2000 年 5 月 15 日，第 2 轮公众分析期结束，NIST 研究了所有可得到的信息以便为 AES 做出选择。2000 年 10 月 2 日，NIST 宣布它已经选中 Rijndael，建议作为 AES。

Rijndael 是由两个比利时密码学家 Daemen 和 Rijmen 共同设计的。

3.7.1　Rijndael 密码概述

Rijndael 是分组长度和密钥长度均可变的分组密码，密钥长度和分组长度可以独立指定为 128b、192b 或 256b。为简化起见，这里只讨论密钥长度为 128b，分组长度为 128b 时的情形。所限定的描述不失 Rijndael 密码工作原理的一般性。

在这种情况下，128b 的消息（明文，密文）分组被分成 16B（1B = 8b，所以有 $128 = 16 \times 8$ b），记为

$$InputBlock = m_0, m_1, \cdots, m_{15}$$

密钥分组如下。

$$InputKey = k_0, k_1, \cdots, k_{15}$$

内部数据结构表示为一个 4×4 矩阵：

$$InputBlock = \begin{pmatrix} m_0 & m_4 & m_8 & m_{12} \\ m_1 & m_5 & m_9 & m_{13} \\ m_2 & m_6 & m_{10} & m_{14} \\ m_3 & m_7 & m_{11} & m_{15} \end{pmatrix}$$

$$InputKey = \begin{pmatrix} k_0 & k_4 & k_8 & k_{12} \\ k_1 & k_5 & k_9 & k_{13} \\ k_2 & k_6 & k_{10} & k_{14} \\ k_3 & k_7 & k_{11} & k_{15} \end{pmatrix}$$

同 DES（以及最现代的对称密钥分组密码）一样，Rijndael 算法也是由基本的变换单位——"轮"多次迭代而成，在消息分组长度和密钥分组均为 128b 的最小情况下，轮数是 10，当消息长度和密钥长度变大时，轮数也应该相应增加。有关内容可参阅[NIST 2001a]。

Rijndael 中的轮变换记为

```
Round(State, RoundKey)
```

这里 State 是轮消息矩阵，既被看作输入，也被看作输出；RoundKey 是轮密钥矩阵，它是由输入密钥通过密钥表导出的。一轮的完成将导致 State 的元素改变值（也就是改变它的状态）。对于加密（对应解密），输入到第 1 轮中的 State 就是明文（对应密文）消息矩阵 InputBlock，而最后一轮中输出的 State 就是密文（对应明文）消息矩阵。

轮（除最后一轮外）变换由 4 个不同的变换组成，这些变换即是将要介绍的内部函数。

```
Round(State,RoundKey) {
    SubBytes(State);
    ShiftRows(State);
    MixColumns(State);
    AddRoundKey(State,RoundKey);
    }
```

最后一轮有点不同，记为

```
FinalRound(State,RoundKey)
```

它等于不使用 Mixcolumns 函数的 Round(State，RoundKey)，这类似于 DES 中最后一轮的情形，就是在输出的半数据分组之间再做一次交换。

轮变换是可逆的，以便于解密，相应的逆轮变换分别记为

```
Round⁻¹ (State,RoundKey)
```

和

```
FinalRound⁻¹ (State,RoundKey)
```

下面可看到 4 个内部函数都是可逆的。

3.7.2　Rijndael 密码的内部函数

现在介绍 Rijndael 密码的 4 个内部函数，因为每个内部函数都是可逆的，为了实现 Rijndael 密码的解密，只需要在相反的方向使用它们各自的逆即可，因此，这里仅按照加密的流程来描述这些函数。

Rijndael 密码的内部函数是在有限域上实现的，GF(2)上的所有多项式模不可约多项式

$$f(x) = x^8 + x^4 + x^3 + x + 1$$

就得到了这个域。明确地说，Rijndael 密码所用的域是 $GF(2)[x]/(x^8+x^4+x^3+x+1)$，这个域中的元素就是 GF(2)上次数小于 8 的多项式，运算是模 $f(x)$ 运算，把这个域称为"Rijndael 域"。由于同构关系，经常用 $GF(2^8)$ 来表示这个域，这个域中有 $2^8(256)$ 个元素。

在 Rijndael 密码中，消息分组（状态）和密钥分组被分成字节。这些字节可以看成域元素，并由将要描述的几个 Rijndael 内部函数所使用。

1. 内部函数 SubBytes（State）

这个函数对 State 的每一字节（也就是 x）都做了非线性代换，任一非 0 字节 $x \in GF(2^8)^*$ 被下面的变换代换：

$$y = Ax^{-1} + b \tag{3-32}$$

这里

$$A = \begin{pmatrix} 1 & 0 & 0 & 0 & 1 & 1 & 1 & 1 \\ 1 & 1 & 0 & 0 & 0 & 1 & 1 & 1 \\ 1 & 1 & 1 & 0 & 0 & 0 & 1 & 1 \\ 1 & 1 & 1 & 1 & 0 & 0 & 0 & 1 \\ 1 & 1 & 1 & 1 & 1 & 0 & 0 & 0 \\ 0 & 1 & 1 & 1 & 1 & 1 & 0 & 0 \\ 0 & 0 & 1 & 1 & 1 & 1 & 1 & 0 \\ 0 & 0 & 0 & 1 & 1 & 1 & 1 & 1 \end{pmatrix} \quad 和 \quad b = \begin{pmatrix} 1 \\ 1 \\ 0 \\ 0 \\ 0 \\ 1 \\ 1 \\ 0 \end{pmatrix}$$

如果 x 是 0 字节，那么 $y = b$ 就是 SubBytes 变换的结果。

注意，在式（3-32）中变换的非线性仅来自逆 x^{-1}，如果这个变换直接作用于 x，那么在式（3-32）中的仿射方程将绝对是线性的。

因为 8×8 常数矩阵 A 是可逆的（即它的行在 $GF(2^8)$ 中是线性无关的），所以在式（3-32）

中的变换是可逆的，因此函数 SubBytes（State）是可逆的。

2. 内部函数 ShiftRows（State）

这个函数在 State 的每行上运算，对于 128b 分组长度的情形，它的变换如下：

$$\begin{pmatrix} S_{0,0} & S_{0,1} & S_{0,2} & S_{0,3} \\ S_{1,0} & S_{1,1} & S_{1,2} & S_{1,3} \\ S_{2,0} & S_{2,1} & S_{2,2} & S_{2,3} \\ S_{3,0} & S_{3,1} & S_{3,2} & S_{3,3} \end{pmatrix} \rightarrow \begin{pmatrix} S_{0,0} & S_{0,1} & S_{0,2} & S_{0,3} \\ S_{1,1} & S_{1,2} & S_{1,3} & S_{1,0} \\ S_{2,2} & S_{2,3} & S_{2,0} & S_{2,1} \\ S_{3,3} & S_{3,0} & S_{3,1} & S_{3,2} \end{pmatrix} \tag{3-33}$$

这个运算实际上是一个换位密码，它只是重排了元素的位置而不改变元素本身：对于在第 $i(i=0,1,2,3)$ 行的元素，位置重排就是"循环向右移动" $4-i$ 个位置。

既然换位密码仅重排行元素的位置，那么这个变换当然是可逆的。

3. 内部函数 MixColumns（State）

这个函数在 State 的每列上作用，所以对于式（3-33）中右边矩阵的 4 列 State，MixColumns(State)迭代 4 次。下面只描述对一列的作用，一次迭代的输出仍是一列。

首先，令

$$\begin{pmatrix} s_0 \\ s_1 \\ s_2 \\ s_3 \end{pmatrix}$$

是式（3-33）中右边矩阵中的一列。注意，为了表述清楚，已经省略了列数。

把这一列表示为 3 次多项式：

$$s(x) = s_3 x^3 + s_2 x^2 + s_1 x + s_0$$

注意到因为 $s(x)$ 的系数是字节，也就是 $GF(2^8)$ 中的元素，所以这个多项式是在 $GF(2^8)$ 上的，因此不是 Rijndael 中的元素。

列 $s(x)$ 上的运算定义为将这个多项式乘以一个固定的 3 次多项式 $c(x)$，然后模 $x^4 + 1$：

$$c(x) \cdot s(x) (\bmod x^4 + 1) \tag{3-34}$$

这里固定的多项式 $c(x)$ 是

$$c(x) = c_3 x^3 + c_2 x^2 + c_1 x + c_0 = '03'x^3 + '01'x^2 + '01'x + '02'$$

$c(x)$ 的系数也是 $GF(2^8)$ 中的元素（以十六进制表示字节或域元素）。

注意到式（3-34）中的乘法不是 Rijndael 域中的运算：$c(x)$ 和 $s(x)$ 甚至不是 Rijndael 域中的元素。而且因为 $x^4 + 1$ 在 $GF(2)$ 上可约（$x^4 + 1 = (x+1)^4$），在式（3-34）中的乘法甚至不是任何域中的运算。进行乘法模一个 4 次多项式的仅有的理由就是为了使运算输出一个 3 次多项式，也就是说，为了获得一个从一列（3 次多项式）到另一列（3 次多项式）的变换，这个变换可以看作使用已知密钥的一个多表代换（乘积）密码。

可使用长除法来验证下面在 $GF(2)$ 上计算的方程（注意到在这个环中减法与加法等同）。

$$x^i (\bmod x^4 + 1) = x^{i \bmod 4}$$

因此，在式（3-34）的乘积中，$x^i (i=0,1,2,3)$ 的系数一定是满足 $j + k = i \bmod 4$ 的 $c_j s_k$ 的和（这里 $j,k = 0,1,2,3$），例如，在乘积中 x^2 的系数是

$$c_2 s_0 + c_1 s_1 + c_0 s_2 + c_3 s_3$$

因为乘法和加法都在 $GF(2^8)$ 中，所以很容易验证式（3-34）中的多项式乘法可由下面的线性代数式给出：

$$\begin{pmatrix} d_0 \\ d_1 \\ d_2 \\ d_3 \end{pmatrix} = \begin{pmatrix} c_0 & c_3 & c_2 & c_1 \\ c_1 & c_0 & c_3 & c_2 \\ c_2 & c_1 & c_0 & c_3 \\ c_3 & c_2 & c_1 & c_0 \end{pmatrix} \begin{pmatrix} s_0 \\ s_1 \\ s_2 \\ s_3 \end{pmatrix} = \begin{pmatrix} '02' & '03' & '01' & '01' \\ '01' & '02' & '03' & '01' \\ '01' & '01' & '02' & '03' \\ '03' & '01' & '01' & '02' \end{pmatrix} \begin{pmatrix} s_0 \\ s_1 \\ s_2 \\ s_3 \end{pmatrix} \quad (3\text{-}35)$$

进一步注意到，因为在 $GF(2)$ 上 $c(x)$ 与 x^4+1 是互素的，所以在 $GF(2)[x]$ 中逆 $c(x)^{-1} (\bmod\, x^4+1)$ 是存在的。这等价于说矩阵式（3-35）中的变换是可逆的。

4. 内部函数 AddRoundKey（State，RoundKey）

这个函数仅仅是逐字节、逐比特地将 RoundKey 中的元素与 State 中的元素相加，这里的"加"是 $GF(2)$ 中的加法（也就是逐比特异或），是平凡可逆的，逆就是自身相"加"。

RoundKey 比特已经被列表，也就是说，不同轮的密钥比特是不同的，它们由使用一个固定的（非秘密的）"密钥表"方案的密钥导出，有关"密钥"表的细节可参阅[NIST 2001a, 2001b]。

至此，我们已经完成了 Rijndael 内部函数的描述，因此也完成了加密运算的描述。

5. 解密运算

综上所述，4 个内部函数都是可逆的，因此解密仅是在相反的方向反演加密，也就是说，运行

```
AddRoundKey(State,RoundKey)⁻¹;
MixColumns(State)⁻¹;
ShiftRows(State)⁻¹;
SubBytes(State)⁻¹;
```

应当注意，它与 Feistel 密码不同：Feistel 密码的加密和解密可以使用同样的电路（硬件）和代码（软件），而 Rijndael 密码的加密和解密必须分别使用不同的电路和代码。

下面对 4 个内部函数的功能作一个小结。

（1）SubBytes 的目的是得到一个非线性的代换密码。对于分组密码抗差分分析来说，非线性是非常重要的性质。

（2）ShiftRows 和 MixColumns 的目的是将明文消息分组在不同位置上的字节进行混淆。这本质上就是香农提出的混淆特性。

（3）AddRoundKey 给出了消息分布所需的秘密随机性。

这些函数重复多次（在 128b 密钥和数据长度的情形下，至少要重复 10 次）之后，就构成了 Rijndael 密码。

3.7.3 AES 密码算法

在 Rijndael 算法中，分组长度和密钥长度可分别指定为 128b、192b 或 256b。在 AES 规范中，密钥的长度可以使用三者中的任意一种，但分组长度只能是 128b。AES 中许多参数与密钥长度有关（见表 3-3）。在本章中，假定密钥的长度为 128b，这可能是使用最广泛

的实现方式。图 3-13 为 AES 算法加解密变换的完整数据结构。

表 3-3 AES 的参数

密钥长度（word/byte/bit）	4/16/128	6/24/192	8/32/256
分组长度（word/byte/bit）	4/16/128	4/16/128	4/16/128
轮数	10	12	14
每轮的密钥长度（word/byte/bit）	4/16/128	4/16/128	4/16/128
扩展密钥长度（word/byte）	44/176	52/208	60/240

1. AES 加密算法

加密算法的输入分组和解密算法的输出分组均为 128b。在 FIPS PUB 197 中，输入分组是用以字节为单位的正方形矩阵描述的。且该分组被复制到 State 数组，这个数组在加密或解密的每个阶段都会被改变。在执行完最后一轮后，State 被复制到输出矩阵中。这些操作在图 3-13（a）中描述。同样，128b 的密钥也是用以字节为单位的矩阵描述的。然后这个密钥被扩展成一个以字为单位的密钥序列数组；每个字由 4B 组成，128b 的密钥最终扩展为 44 个字的序列（见图 3-13（b））。注意在矩阵中字节排列顺序是从上到下、从左到右。加密算法中每个 128b 分组输入的前 4B 按顺序放在 in 矩阵的第 1 列，随后的 4B 放在第 2 列，以此类推。同样，扩展密钥的前 4B（1 个字）被放在 w 矩阵的第 1 列。

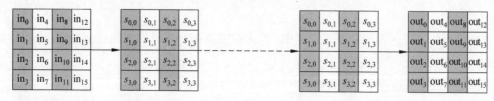

(a) 输入、State数据组和输出

(b) 密钥和扩展密钥

图 3-13 AES 的数据结构

AES 加密算法的结构如图 3-14（a）所示。注意，最后一轮的变换与前面的轮变换不同，少了列混淆。

2. AES 解密算法

AES 的解密算法与加密算法不同（见图 3-14）。尽管在加密和解密中密钥扩展的形式相同，但在解密中变换的顺序与加密中变换的顺序不同。其缺点在于对同时需要加密和解密的应用而言，需要两个不同的软件或固件模块。然而，解密算法的一个等价版本与加密算法有同样的结构。这个版本与加密算法的变换顺序相同（用逆变换取代正向变换）。为了达到这个目标，需要对密钥扩展进行改进。

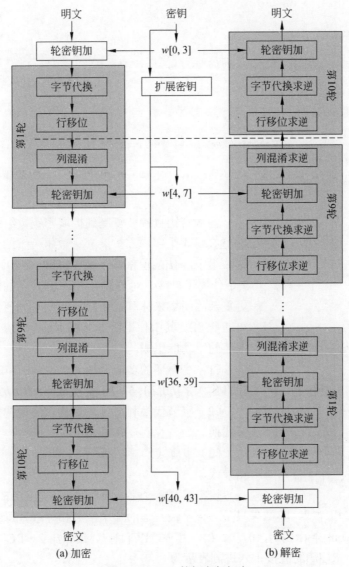

图 3-14 AES 的加密与解密

两处改进使解密算法的结构与加密算法的结构一致。在加密过程中，其轮结构为字节代换、行移位、列混淆和轮密钥相加。在标准的解密过程中，其轮结构为逆向行移位、逆向字节代换、轮密钥加及逆向列混淆。因此，在解密轮中的前两个阶段应交换，后两个阶段也需要交换。

3.7.4 AES 的密钥扩展

1. 密钥扩展算法

AES密钥扩展算法的输入值是 4 个字（16B），输出值是一个 44 个字（176B）的一维线性数组。这足以为算法中的初始 Add Round Key 阶段和其他 10 轮中的每一轮提供 4 个字（word）的轮密钥。下面用伪代码描述这个扩展。

```
KeyExpansion (byte key[16], word w[44])
```

```
{
    word temp;
    for (i=0; i<4; i++)
        w[i]= (key[4*i], key[4*i+1], key[4*i+2], key[4*i+3]);
    for (i=4; i<44; i++)
    {
    temp=w[i-1];
    if (i mod 4=0)
      temp=SubWord (RotWord (temp)) ⊕Rcon[i/4];
    w[i]=w[i-4] ⊕temp;
    }
}
```

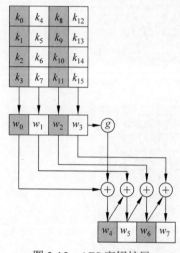

图 3-15　AES 密钥扩展

输入密钥直接被复制到扩展密钥数组的前 4 个字。然后每次用 4 个字填充扩展密钥数组余下的部分。在扩展密钥数组中，$w[i]$ 的值依赖于 $w[i-1]$ 和 $w[i-4]$。在 4 个情形中，3 个使用了异或。对 w 数组中下标为 4 的倍数元素采用了更复杂的函数来计算。图 3-15 阐明了如何计算扩展密钥数组的前 8B，其中使用符号 g 表示这个复杂函数。函数 g 由下述的字功能组成。

（1）字循环的功能是使一个字中的 4B 循环左移 1B。即将输入字 $[b0, b1, b2, b3]$ 变换成 $[b1, b2, b3, b0]$。

（2）字节代换利用 S 盒对输入字中的每个字节进行字节代换。

（3）步骤（1）和步骤（2）的结果再与轮常量 Rcon[j] 相异或。

轮常量是一个字，这个字最右边的 3B 总为 0。因此与 Rcon 中的一个字相异或，其结果只是与该字最左边的那个字节相异或。每轮的轮常量均不同，其定义为 Rcon[j]=(RC[j], 0, 0, 0)，其中，RC[1]=1，RC[j]=2·RC[$j-1$]（乘法是定义在域 GF(28)）。RC[j] 的值按十六进制表示为

j	1	2	3	4	5	6	7	8	9	10
RC[j]	01	02	04	08	10	20	40	80	1B	36

例如，假设第 8 轮的轮密钥为

EA D2 73 21 B5 8D BA D2 31 2B F5 60 7F 8D 29 2F

那么第 9 轮的轮密钥的前 4B（第 1 列）能按如下方式计算。

i（十进制）	temp	RotWord 后	SubWord 后	Rcon(9)	与 Rcon 异或后	$w[i-4]$	$w[i]$=temp $\oplus w[i-4]$
36	7F8D292F	8D292F7F	5DA515D2	1B000000	46A515D2	EAD27321	AC7766F3

2. 评价

Rijndael 的开发者设计了密钥扩展算法，防止已有的密码分析攻击。使用与轮相关的轮

常量是为了防止不同轮中产生的轮密钥的对称性或相似性。文献[Deamen 等 1999]中使用的标准如下。

（1）知道密钥或轮密钥的部分位不能计算出轮密钥的其他位。

（2）它是一个可逆的变换（即知道扩展密钥中任何连续的 Nk 个字能够重新产生整个扩展密钥（Nk 是构成密钥所需的字数））。

（3）能够在各种处理器上有效地执行。

（4）使用轮常量排除对称性。

（5）将密钥的差异性扩散到轮密钥中的能力；即密钥的每位能影响到轮密钥的一些位。

（6）足够的非线性以防止轮密钥的差异完全由密钥的差异所决定。

（7）易于描述。

作者并未量化上述标准的第（1）条，但指出如果知道密钥或知道某个轮密钥的部分位少于 Nk 个连续位，那么将难于构造出其余的未知位。知道密钥的位数量越少，越难以重构或推测出密钥扩展中的其他位。

3.7.5 AES 对应用密码学的积极影响

AES 的引入为应用密码学带来几个积极的变化。首先，随着 AES 的出现，多重加密，如 3DES，已被淘汰。加长和可变的密钥及 128b、192b 和 256b 的数据分组长度，为各种应用要求提供了大范围可选的安全强度。由于多重加密多次使用密钥，那么避免使用多重加密就意味着实践中必须使用的密钥数目的减少，因此可以简化安全协议和系统的设计。

其次，AES 的广泛使用将导致同样强度的新的杂凑函数的出现。在某些情形下，分组加密算法与杂凑函数密切相关（见第 5 章），分组加密算法常被用作单向杂凑函数，这已经成为一种标准应用。UNIX 操作系统的登录认证协议就是一个著名的例子。另外，利用分组加密算法可以实现单向杂凑函数。实践中，杂凑函数也经常用于为分组密码算法生成密钥的伪随机数函数。由于 AES 的密钥和数据分组长度可变且加长，需要相同输出长度的杂凑函数与其匹配。然而，由于平方根攻击（生日攻击），杂凑函数的长度应该是分组密码密钥或数据分组长度的 2 倍，因此将需要与 128b、192b 和 256b 的 AES 长度相匹配的 256b、384b 和 512b 输出长度的新的杂凑函数。ISO/IEC 现在正在进行杂凑函数 SHA-256、SHA-384 和 SHA-512 的标准化工作[ISO/IEC 2001]。

正如 DES 标准不仅吸引了许多试图攻破该算法的密码分析家的注意，而且促进了分组密码分析的认识水平的发展，作为新的分组密码标准的 AES 也将再次引起分组密码分析的高水平研究，进一步提高人们对该领域的认识水平。

3.8 中国商用分组密码算法 SM4

中国商用分组密码算法 SM4

2006 年，我国国家密码管理局公布了无线局域网产品使用的 SM4（原名 SMS4）密码算法，这是我国第一次公布自己的商用密码算法。这一举措标志着我国商用密码管理更加科学化、规范化和国际化，SM4 的公布对我国商用密码的产业发展具有里程碑意义。

3.8.1 SM4 密码算法

SM4 是分组长度和密钥长度均为 128b 的 32 轮迭代分组密码算法，它以字节和字为单位对数据进行处理。SM4 解密算法与加密算法的结构相同，只是轮密钥的使用顺序相反，解密轮密钥是加密轮密钥的逆序。

1. 基本运算

1）SM4 使用模 2 加和循环移位运算

（1）模 2 加：$\oplus$，32b 异或运算。

（2）循环移位：$<<< i$，32b 循环左移 i 位。

2）置换运算：S 盒

S 盒是一种固定的 8b 输入、8b 输出的置换运算，记为 Sbox($\cdot$)，它的密码学意义是起到混淆作用。S 盒的置换运算如表 3-4 所示。例如，S 盒的输入为 $9a$，则 S 盒的输出为表 3-4 中第 9 行与第 a 列的交点处的值 32，即 Sbox($9a$)=32。

表 3-4　S 盒的置换运算

		低							位							
		0	1	2	3	4	5	6	7	8	9	a	b	c	d	e	f
高	0	d6	90	e9	fe	cc	e1	3d	b7	16	b6	14	c2	28	fb	2c	05
	1	2b	67	9a	76	2a	be	04	c3	aa	44	13	26	49	86	06	99
	2	9c	42	50	f4	91	ef	98	7a	33	54	0b	43	ed	cf	ac	62
	3	e4	b3	1c	a9	c9	08	e8	95	80	df	94	fa	75	8f	3f	a6
	4	47	07	a7	fc	f3	73	17	ba	83	59	3c	19	e6	85	4f	a8
	5	68	6b	81	b2	71	64	da	8b	f8	eb	0f	4b	70	56	9d	35
	6	1e	24	0e	5e	63	58	d1	a2	25	22	7c	3b	01	21	78	87
	7	d4	00	46	57	9f	d3	27	52	4c	36	02	e7	a0	c4	c8	9e
位	8	ea	bf	8a	d2	40	c7	38	b5	a3	f7	f2	ce	f9	61	15	a1
	9	e0	ae	5d	a4	9b	34	1a	55	ad	93	32	30	f5	8c	b1	e3
	a	1d	f6	e2	2e	82	66	ca	60	c0	29	23	ab	0d	53	4e	6f
	b	d5	db	37	45	de	fd	8e	2f	03	ff	6a	72	6d	6c	5b	51
	c	8d	1b	af	92	bb	dd	bc	7f	11	d9	5c	41	1f	10	5a	d8
	d	0a	c1	31	88	a5	cd	7b	bd	2d	74	d0	12	b8	e5	b4	b0
	e	89	69	97	4a	0c	96	77	7e	65	b9	f1	09	c5	6e	c6	84
	f	18	f0	7d	ec	3a	dc	4d	20	79	ee	5f	3e	d7	cb	39	48

3）非线性变换 τ

τ 是一种以字为单位的非线性变换，它由 4 个并行的 S 盒构成。设输入为 $A = (a_0, a_1, a_2, a_3)$，输出为 $B = (b_0, b_1, b_2, b_3)$，则

$$B = \tau(A) = (\text{Sbox}(a_0), \text{Sbox}(a_1), \text{Sbox}(a_2), \text{Sbox}(a_3))$$

4）线性变换 L

L 是以字为单位的线性变换，它的输入、输出都是 32 位的字。其密码学的作用是起到扩散作用。设输入为字 B，输出为字 C，则

$$C = L(B) = B \oplus (B <<< 2) \oplus (B <<< 10) \oplus (B <<< 18) \oplus (B <<< 24)$$

5）合成变换 T

T 由非线性变换 τ 和线性变换 L 复合而成，数据处理单位是字，即 $T(\cdot) = L(\tau(\cdot))$。它在密码学中起到了混淆和扩散的作用，因而可以提高安全性。

6）轮函数 F

轮函数 F 采用非线性迭代结构，以字为单位进行加密运算，称一次迭代运算为一轮变换。设 F 的输入为 (X_0, X_1, X_2, X_3)，4 个 32 位字；轮密钥为 rk，rk 也是一个 32 位字。轮函数的运算式为

$$F(X_0, X_1, X_2, X_3, \text{rk}) = X_0 \oplus T(X_1 \oplus X_2 \oplus X_3 \oplus \text{rk})$$

简记 $B = (X_1 \oplus X_2 \oplus X_3 \oplus \text{rk})$，再由合成变换 T 可展开为非线性变换 τ 与线性变换 L，可以得到

$$F(X_0, X_1, X_2, X_3, \text{rk}) = X_0 \oplus [\text{Sbox}(B)] \oplus [\text{Sbox}(B) <<< 2] \oplus [\text{Sbox}(B) <<< 10]$$
$$\oplus [\text{Sbox}(B) <<< 18] \oplus [\text{Sbox}(B) <<< 24]$$

2. 加密算法

SM4 加密算法的数据分组长度为 128b，密钥长度也为 128b。加密算法采用 32 轮迭代结构，每一轮迭代使用一个轮密钥。完整的加密过程包括加密算法和反序变换两部分，如图 3-16 所示。

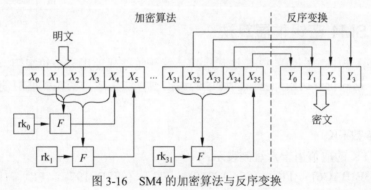

图 3-16　SM4 的加密算法与反序变换

1）加密算法

设输入明文为 (X_0, X_1, X_2, X_3)，4 个 32 位字。输入轮密钥为 rk_i，$i = 0,1,\cdots,31$，共 32 个字。加密算法可描述如下。

$$X_{i+4} = F(X_i, X_{i+1}, X_{i+2}, X_{i+3}, \text{rk}_i) = X_i \oplus T(X_{i+1} \oplus X_{i+2} \oplus X_{i+3} \oplus \text{rk}_i)$$

结合图 3-16，SM4 每一轮加密处理 4 个字 $(X_i, X_{i+1}, X_{i+2}, X_{i+3})$，并产生一个字的中间密文 X_{i+4}，这个中间密文与前 3 个字（$X_{i+1}, X_{i+2}, X_{i+3}$）拼接在一起供下一轮加密处理。这样的加密处理共迭代 32 轮，最终产生出 4 个字的准密文 $(X_{32}, X_{33}, X_{34}, X_{35})$。

2）反序变换 R

反序变换 R 的输入是准密文 $(X_{32}, X_{33}, X_{34}, X_{35})$，输出是密文 (Y_0, Y_1, Y_2, Y_3)，具体变换如下。

$$R(X_{32}, X_{33}, X_{34}, X_{35}) = (X_{35}, X_{34}, X_{33}, X_{32}) = (Y_0, Y_1, Y_2, Y_3)$$

3. 解密算法

SM4 的解密与加密流程相同，包括解密算法和反序变换两部分，不同的仅是轮密钥的使用顺序相反，若加密时轮密钥使用顺序为$(rk_0, rk_1, \cdots, rk_{31})$，则解密时轮密钥的使用顺序为$(rk_{31}, rk_{30}, \cdots, rk_0)$，如图 3-17 所示。

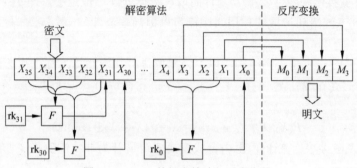

图 3-17　SM4 的解密算法与反序变换

1）解密算法

为了便于读者与加密算法对照，解密算法中仍然使用 X_i 表示密文，$i = 31, 30, \cdots, 1, 0$。

$$X_i = F(X_{i+4}, X_{i+3}, X_{i+2}, X_{i+1}, rk_i) = X_{i+4} \oplus T(X_{i+3} \oplus X_{i+2} \oplus X_{i+1} \oplus rk_i)$$

2）反序变换 R

设输出的明文为(M_0, M_1, M_2, M_3)，反序变换如下。

$$R(X_3, X_2, X_1, X_0) = (X_0, X_1, X_2, X_3) = (M_0, M_1, M_2, M_3)$$

3.8.2　SM4 密钥扩展算法

SM4 的加算法中，采用了 32 轮迭代运算，每一轮迭代使用一个轮密钥，因此总共需要 32 个轮密钥，这些轮密钥由加密密钥通过密钥扩展算法生成。密钥扩展中使用了以下两组参数。

1. 系统参数 FK

系统参数 FK 的取值用十六进制表示：

$FK_0 = (A3B1BAC6)$，　$FK_1 = (56AA3350)$，　$FK_2 = (677D9197)$，　$FK_3 = (B27022DC)$

2. 固定参数 CK

CK_i 是一个字，密钥扩展中共使用了 32 个 CK_i。设 $ck_{i,j}$ 为 CK_i 的第 j 个字节（$i = 0, 1, \cdots, 31$；$j = 0, 1, 2, 3$），即 $CK_i = (ck_{i,0}, ck_{i,1}, ck_{i,2}, ck_{i,3})$，则

$$ck_{i,j} = (4i + j) \times 7 \pmod{256}$$

这 32 个固定参数 CK_i 的十六进制表示如下。

00070e15	1c232a31	383f464d	545b6269
70777e85	8c939aa1	a8afb6bd	c4cbd2d9
e0e7eef5	fc030a11	181f262d	343b4249
50575e65	6c737a81	888f969d	a4abb2b9

c0c7ced5	dce3eaf1	f8ff060d	141b2229
30373e45	4c535a61	686f767d	848b9299
a0a7aeb5	bcc3cad1	d8dfe6ed	f4fb0209
10171e25	2c333a41	484f565d	646b7279

设密钥扩展算法中输入的加密密钥为 MK = (MK$_0$, MK$_1$, MK$_2$, MK$_3$)，输出轮密钥为 rk$_i$，i =0,1,…,30,31，中间数据为 K_i，i =0,1,…,34,35。密钥扩展算法分为以下两步。

（1）$(K_0, K_1, K_2, K_3) = (MK_0 \oplus FK_0, MK_1 \oplus FK_1, MK_2 \oplus FK_2, MK_3 \oplus FK_3)$。

（2）对于i =0,1,…,30,31，执行以下操作。

$$rk_i = K_{i+4} = K_i \oplus T'(K_{i+1} \oplus K_{i+2} \oplus K_{i+3} \oplus CK_i)$$

注意这里的 T' 变换与加密算法轮函数的 T 基本相同，只是将其中的线性变换 L 修改为 L'：

$$L'(B) = B \oplus (B<<<13) \oplus (B<<<23)$$

SM4 密钥扩展算法也需要采用 32 轮的迭代处理。算法中涉及的非线性变换将极大地提高密钥扩展的安全性。

3.8.3 SM4 的安全性

SM4 密码算法是我国官方公布的第一个商用密码算法（http://www.oscca.gov.cn），其主要目的是加密与保护静态存储和传输信道中的数据，它广泛应用于无线局域网产品。

从算法设计上看，SM4 在计算过程中增加了非线性变换，理论上能大大加强算法的安全性，S 盒的引入使得该算法在非线性度、运算速度、差分均匀性、自相关性等主要密码学指标方面都具有相当的优势。近年来，国内外密码学者对 SM4 进行了充分的分析与实验。例如，利用复合域实现 S 盒以降低硬件开销；对 S 盒进行差分故障攻击，以显示 SM4 抵抗故障攻击的能力；对国密 SM4 与 SM2 混合密码算法进行研究与实现，以提高加密速度与降低密钥管理成本。这些研究致力于 SM4 的低复杂度实现、混合加密技术的商用化、SM4 抗攻击能力的增强等方面，这些研究成果对改进 SM4 密码和设计新密码都是有帮助的。至今，我国国家密码管理局仍然支持 SM4 密码，它的广泛应用为确保我国信息安全做出了积极贡献。

3.9　分组密码工作模式

分组密码工作模式

分组密码将消息作为数据分组处理（加密或解密）。一般来讲，大多数消息（也就是一个消息串）的长度大于分组密码的消息分组长度，长的消息串被分成一系列的连续排列的消息分组，密码机一次处理一个分组。

人们在设计了基本的分组密码算法之后，又设计了许多不同的运行模式。这些运行模式为密文分组提供了人们希望得到的某些性质，例如，增加分组密码算法的不确定性（随机性）；将明文消息添加到任意长度（使得密文长度不必与相应的明文长度相关）；错误传播的控制；流密码的密钥流生成等。

这里描述 5 个常用的运行模式，它们是电码本（ECB）模式、密码分组链接（CBC）

模式、输出反馈（OFB）模式、密码反馈（CFB）模式和计数器（CTR）模式。有关这些工作模式的详细描述可参考 NIST 的建议书[NIST 2001b]。

描述将使用下述记号。

（1）$E(\ )$：基本分组密码的加密算法。

（2）$D(\ )$：基本分组密码的解密算法。

（3）n：基本分组密码算法的消息分组的二进制长度（在所有考虑的分组密码中，明文和密文消息空间是一样的，所以 n 既是分组密码算法输入的分组长度，也是输出的分组长度）。

（4）$P_1, P_2, \cdots, P_m$：输入运行模式中明文消息的 m 个连续分段。

① 第 m 分段的长度可能小于其他分段的长度，在这种情况下，可对第 m 分段添加"0"或"1"，使其与其他分段长度相同。

② 在某些运算模式中，消息分段的长度等于 n（分组长度），而在其他运算模式中，消息分段的长度是任意小于或等于 n 的正整数。

（5）$C_1, C_2, \cdots, C_m$：从运算模式输出的密文消息的 m 个连续分段。

（6）$\mathrm{LSB}_u(B), \mathrm{MSB}_v(B)$：分别是分组 B 中最低 u 位比特和最高 v 位比特，例如：
$$\mathrm{LSB}_2(1010011) = 11, \quad \mathrm{MSB}_5(1010011) = 10100$$

（7）$A\|B$：数据分组 A 和 B 的连接，例如：
$$\mathrm{LSB}_2(1010011)\|\mathrm{MSB}_5(1010011) = 11\|10100 = 1110100$$

3.9.1　电码本模式（ECB）

对一系列连续排列的消息段进行加密（或解密）的一个最直接方式就是对它们逐个加密（或解密）。在这种情况下，消息分段恰好是消息分组。由于类似于在电报密码本中指定码字，所以这个自然而简单的方法被正式命名为电码本模式（Electronic Codebook Mode，ECB），如图 3-18 所示。ECB 模式定义如下。

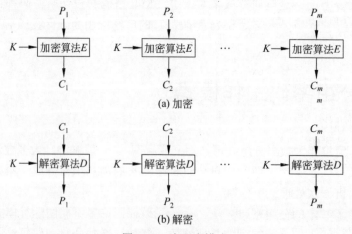

图 3-18　电码本模式

ECB 加密：$C_i \leftarrow E(P_i), i = 1, 2, \cdots, m$。

ECB 解密：$P_i \leftarrow D(C_i), i = 1, 2, \cdots, m$。

ECB 的优点是简单高效，可以实现良好的差错控制，一个密文分组（或明文分组）的改变，在解密（或加密）时，只会引起相应的明文分组（或密文分组）的改变，不会影响其他明文分组（或密文分组）的改变。

ECB 模式具有确定性，也就是说，如果在相同的密钥下将 $P_1, P_2, \cdots, P_m$ 加密两次，那么输出的密文分组也是相同的。因此在加密长消息时，敌手可能得到多个明文-密文对，进行已知明文攻击，这也是 ECB 模式的缺点。在应用中，数据通常有部分可猜测的信息，例如，薪水的数额就有一个可猜测的范围。如果明文消息是可猜测的，那么由确定性加密方案得到的密文就会使攻击者通过使用试凑法猜测出明文，例如，如果知道由 ECB 模式加密产生的密文是一个薪水数额，那么攻击者只需做少量的尝试就可以解密出这个数字。人们通常不希望使用确定性密码，因此在大多数应用中不要使用 ECB 模式。

3.9.2　密码分组连接模式（CBC）

密码分组连接（Cipher Block Chaining，CBC）模式是用于一般数据加密的普通分组密码算法。使用 CBC 模式，输出是 nb 密码分组的一个序列，这些密码分组连接在一起，使得每个密码分组不仅依赖于所对应的原文分组，而且依赖于所有以前的数据分组。CBC 模式进行如下运算。

CBC 加密：

输入：IV，$P_1, P_2, \cdots, P_m$。

输出：IV，$C_1, C_2, \cdots, C_m$。

$$C_0 \leftarrow \text{IV}；$$
$$C_i \leftarrow E(P_i \oplus C_{i-1}), i = 1, 2, \cdots, m。$$

CBC 解密：

输入：IV，$C_1, C_2, \cdots, C_m$。

输出：$P_1, P_2, \cdots, P_m$。

$$C_0 \leftarrow \text{IV}；$$
$$P_i \leftarrow D(C_i) \oplus C_{i-1}, i = 1, 2, \cdots, m。$$

第一个密文分组 C_1 的计算需要一个特殊的输入分组 C_0，习惯上称为"初始向量"（IV）。IV 是一个随机的 nb 分组，每次会话加密时都要使用一个新的随机 IV，由于 IV 可看成密文分组，因此无须保密，但一定是不可预知的。由加密过程知道，由于 IV 的随机性，第一个密文分组 C_1 被随机化，同样，依次后续的输出密文分组都将被前面紧接着的密文分组随机化，因此，CBC 模式输出的是随机化的密文分组。发送给接收者的密文消息应该包括 IV。因此，对于 m 个分组的明文，CBC 模式将输出 $m+1$ 个密文分组。

令 $Q_1, Q_2, \cdots, Q_m$ 是对密文分组 $C_0, C_1, C_2, \cdots, C_m$ 解密得到的数据分组输出，则由

$$Q_i = D(C_i) \oplus C_{i-1} = (P_i \oplus C_{i-1}) \oplus C_{i-1} = P_i$$

可知，它确实正确地进行了解密。图 3-19 给出了 CBC 模式的图示。

相比于 ECB，CBC 的安全性有显著提升，不容易遭受诸如重放攻击等主动攻击。因 CBC 每次加密时采用不同的随机向量，CBC 模式输出密文是随机化的。对于相同的明文分组进行加密，得到的密文不同，增加了密文的随机性，提高了安全性。

图 3-19　密码分组连接模式

然而，使用 CBC 时，明文分组中发生的错误将影响对应的密文分组以及以后的所有密文分组；密文中发生 1b 错误，会影响对应解密的明文分组和其后的一个解密明文分组，之后的解密明文分组不受影响。这也是 CBC 的明显缺点。

3.9.3　密码反馈模式（CFB）

密码反馈（Cipher Feedback，CFB）模式的特点在于反馈相继的密码分段，这些分段从模式的输出返回作为基础分组密码算法的输入。消息（明文或密文）分组长为 s，其中，$1 \leqslant s \leqslant n$。CFB 模式要求 IV 作为初始的 nb 随机输入分组，因为在系统中 IV 是在密文的位置中，所以它不必保密。

CFB 模式有如下运算。

CFB 加密：

输入：IV，$P_1, P_2, \cdots, P_m$。

输出：IV，$C_1, C_2, \cdots, C_m$。

$$I_1 \leftarrow \text{IV} ;$$
$$I_i \leftarrow \text{LSB}_{n-s}(I_{i-1}) \| C_{i-1} \qquad i = 2, 3, \cdots, m ;$$
$$O_i \leftarrow E(I_i) \qquad i = 1, 2, \cdots, m ;$$
$$C_i \leftarrow P_i \oplus \text{MSB}_s(O_i) \qquad i = 1, 2, \cdots, m 。$$

CFB 解密：

输入：IV，$C_1, C_2, \cdots, C_m$。

输出：$P_1, P_2, \cdots, P_m$。

$$I_1 \leftarrow \text{IV} ;$$
$$I_i \leftarrow \text{LSB}_{n-s}(I_{i-1}) \| C_{i-1} \qquad i = 2, 3, \cdots, m ;$$
$$O_i \leftarrow E(I_i) \qquad i = 1, 2, \cdots, m ;$$
$$P_i \leftarrow C_i \oplus \text{MSB}_s(O_i) \qquad i = 1, 2, \cdots, m 。$$

在 CFB 模式中，基本分组密码的加密函数用在加密和解密的两端。因此，基本密码函数 E 可以是任意（加密的）单向变换，例如，单向杂凑函数。CFB 模式可以考虑作为流密码的密钥流生成器，加密变换是作用在密钥流和消息分组之间的弗纳姆密码。与 CBC 模式类似，密文分组是前面所有的明文分组的函数值和 IV。图 3-20 为 CFB 模式的图示。

CFB 的优点在于它隐藏了明文模式，它可以在每次加密时使用相同的向量，因此可以支持流式数据的加密，将分组密码转换为流模式。

然而，CFB 与 CBC 模式相同，也无法进行并行计算，且具有误码拓展。明文中发生 1b 错误，会影响对应的密文分组和之后的所有密文分组。密文中发生 1b 错误，会影响对应解密的明文分组。该错误进入寄存器后，将导致后续分组的解密错误，直到该错误从移位寄

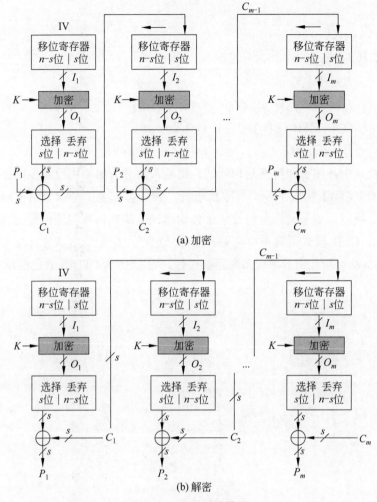

(a) 加密

(b) 解密

图 3-20　密码反馈模式

存器移除后才恢复正常。因此，CFB 模式具有良好的自同步性。

3.9.4　输出反馈模式（OFB）

输出反馈（Output Feedback，OFB）模式的特点是将基本分组密码的连续输出分组回送回去。这些反馈分组构成了一个比特串，被用作弗纳姆密码的密钥流的比特串，即密钥流与明文分组相异或。OFB 模式要求 IV 作为初始的随机 nb 输入分组。因为在系统中，IV 是在密文的位置中，所以它不需要保密。

OFB 加密：

输入：IV，$P_1, P_2, \cdots, P_m$。

输出：IV，$C_1, C_2, \cdots, C_m$。

$$I_1 \leftarrow \text{IV};$$
$$I_i \leftarrow \text{LSB}_{n-s}(I_{i-1}) \| O_{i-1} \qquad i = 2, 3, \cdots, m;$$
$$O_i \leftarrow \text{MSB}_s(E(I_i)) \qquad i = 1, 2, \cdots, m;$$
$$C_i \leftarrow P_i \oplus O_i \qquad i = 1, 2, \cdots, m_\circ$$

OFB 解密：

输入： IV, $C_1, C_2, \cdots, C_m$。

输出： $P_1, P_2, \cdots, P_m$。

$$I_1 \leftarrow IV \;;$$
$$I_i \leftarrow LSB_{n-s}(I_{i-1}) \parallel O_{i-1} \qquad i = 2, 3, \cdots, m \;;$$
$$O_i \leftarrow MSB_s(E(I_i)) \qquad i = 1, 2, \cdots, m \;;$$
$$P_i \leftarrow C_i \oplus O_i \qquad i = 1, 2, \cdots, m \;。$$

在 OFB 模式中，加密和解密是相同的：将输入消息分组与由反馈电路生成的密钥流相异或。反馈电路实际上构成了一个有限状态机，其状态完全由基础分组密码算法的加密密钥和 IV 决定。所以，如果密码分组发生了传输错误，那么只有相应位置上的明文分组会发生错乱，因此，OFB 模式适宜不可能重发的消息加密，如无线电信号。与 CFB 模式类似，基础分组密码算法可用加密的单向杂凑函数代替。图 3-21 为 OFB 模式的图示。

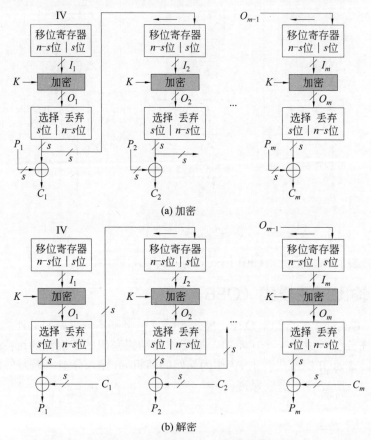

图 3-21 输出反馈模式（加密和解密）

OFB 的优点在于没有误码拓展，传输中的误码不会在加密中传播。与 CFB 相同，OFB 模式也支持流式数据加密。

然而，OFB 的缺点是不能进行并行操作，也不能失去同步。

3.9.5　计数器模式（CTR）

计数器（Counter，CTR）模式的特点是将计数器从初始值开始计数所得到的值馈送给基础分组密码算法。随着计数的增加，基础分组密码算法输出连续的分组构成一个比特串，该比特串被用作弗纳姆密码的密钥流，也就是密钥流与明文分组相异或。CTR 模式运算如下（这里 Ctr_1 是计数器初始的非保密值）。

CTR 加密：

输入：Ctr_1，$P_1, P_2, \cdots, P_m$。

输出：Ctr_1，$C_1, C_2, \cdots, C_m$。

$$C_i \leftarrow P_i \oplus E(Ctr_i), i = 1, 2, \cdots, m。$$

CTR 解密：

输入：Ctr_1，$C_1, C_2, \cdots, C_m$。

输出：$P_1, P_2, \cdots, P_m$。

$$P_i \leftarrow C_i \oplus E(Ctr_i), i = 1, 2, \cdots, m。$$

因为没有反馈，CTR 模式的加密和解密能够同时进行，这是 CTR 模式比 CFB 模式和 OFB 模式优越的地方。CTR 模式如图 3-22 所示。

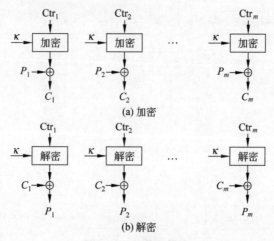

图 3-22　计数器模式

CTR 具有以下优点：①CTR 可以并行；②CTR 模式可以进行预处理，加密算法的执行不需要明文或密文的输入，密钥流可以事先准备，只要有足够的存储器即可；③CTR 模式没有误码拓展；④不需要填充。

CTR 的缺点包括：CTR 模式的安全性依赖于计数器的唯一性，CTR 模式中使用计数器来生成加密算法的输入，如果计数器被预测或重用，则可能导致密钥泄露。因此，必须确保计数器的值在加密过程中是唯一的，否则可能会导致安全漏洞。

3.9.6　伽罗瓦计数器模式（GCM）

伽罗瓦计数器模式（Galois Counter Mode，GCM）是在 CTR 模式的基础上，增加了认证操作的分组模式，这种模式也被称为认证加密的模式。伽罗瓦计数器模式的加密过程与 CTR 基本相同，不同之处是在密文分组生成之后添加了生成校验码的逻辑。

GCM 的加密过程可以简单地描述为将明文分组加密为密文分组，并生成一个身份验证标签。加密和解密的详细过程如图 3-23 所示。

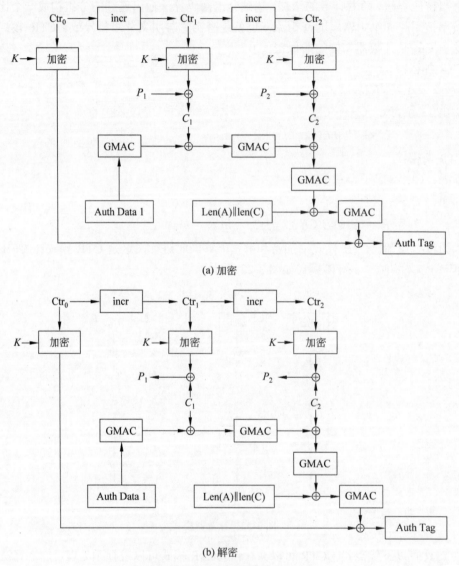

(a) 加密

(b) 解密

图 3-23　伽罗瓦计数器模式（GCM）

（1）将明文分为若干固定长度的明文分组。

（2）对每个明文分组使用 CTR 模式进行加密，使用一个自增的计数器值作为密钥流。将密钥流与明文分组异或得到密文分组。

（3）使用哈希函数（通常使用 Galois/Counter Mode-Authority (GMAC)算法，即 GHASH 函数）将密文分组计算出一个身份验证标签。

（4）将所有密文分组连接起来，生成加密后的消息，同时发送身份验证标签给接收方。

GCM 的解密过程与加密过程基本相同，只是需要将密文分组解密为明文分组，并验证接收到的身份验证标签是否正确。

GCM 加密：

输入：Ctr_1，$P_1, P_2, \cdots, P_m$。

输出：H，Ctr_1，$C_1, C_2, \cdots, C_m$。

$$C_i \leftarrow P_i \oplus E(Ctr_i), i = 1, 2, \cdots, m;$$

$$H \leftarrow GHASH(H, C_i), i = 1, 2, \cdots, m。$$

GCM 解密：

输入：Ctr_1，$C_1, C_2, \cdots, C_m$。

输出：H'，$P_1, P_2, \cdots, P_m$。

$$P_i \leftarrow C_i \oplus E(Ctr_i), i = 1, 2, \cdots, m;$$

$$H' \leftarrow GHASH(H', C_i), i = 1, 2, \cdots, m。$$

如果 GHASH 值 H' 与接收到的身份验证标签相同，则认为消息未被篡改。

3.9.7 带 CBC-MAC 的计数器模式（CCM）

CCM（Counter with CBC-MAC）模式将众所周知的 CBC-MAC 与众所周知的加密计数器 CTR 模式结合在一起。其中，加密服务由 CTR 模式提供，认证服务由 CBC-MAC 模式提供。CCM 模式的加密过程可以简单地描述为将明文分组加密为密文分组，并生成一个身份验证标签。加密的详细过程如图 3-24 所示。

（1）将明文分为若干固定长度的明文分组。

（2）对每个明文分组使用 CTR 模式进行加密，使用一个自增的计数器值作为密钥流。

（3）将密文分组与一个 CBC-MAC 算法的输出进行异或得到 MAC。

（4）生成一个 CCM 头部，其中包括 MAC、长度字段和标志字段。

（5）将 CCM 头部和密文分组连接起来，生成加密后的消息，同时发送 MAC 和 CCM 头部给接收方。

CCM 加密：

输入：$N, A, P, Ctr_1, P_1, P_2, \cdots, P_m$。

输出：$Ctr_1, C_1, C_2, \cdots, C_m$。

$$B_i \leftarrow Format(N, A, P), i = 0, 1, \cdots, r;$$

$$Y_0 \leftarrow E(B_0);$$

$$Y_i \leftarrow E(B_i \oplus Y_{i-1}), i = 1, 2, \cdots, r;$$

$$T \leftarrow MSBTlen(Y_r);$$

$$S_k \leftarrow E(Ctr_k), k = 0, 1, \cdots, m;$$

$$S \leftarrow S_1 \| S_2 \| \cdots \| S_m;$$

$$C \leftarrow (P \oplus MSBPlen(S)) \| (T \oplus MSBTlen(S_0))。$$

CCM 解密：

输入：$Ctr_1, C_1, C_2, \cdots, C_m$。

输出：$Ctr_1, P_1, P_2, \cdots, P_m$。

$$S_k \leftarrow E(Ctr_k), k = 0, 1, \cdots, m;$$
$$S \leftarrow S_1 \| S_2 \| \cdots \| S_m;$$
$$P \leftarrow \text{MSBClen} - \text{Tlen}(C) \oplus \text{MSBClen} - \text{Tlen}(S)。$$

其中，N 为随机数，长度为 n B；A 为关联数据，长度为 aB，P 为明文消息，长度为 Plen 比特；C 为密文消息，长度为 Clen 比特。

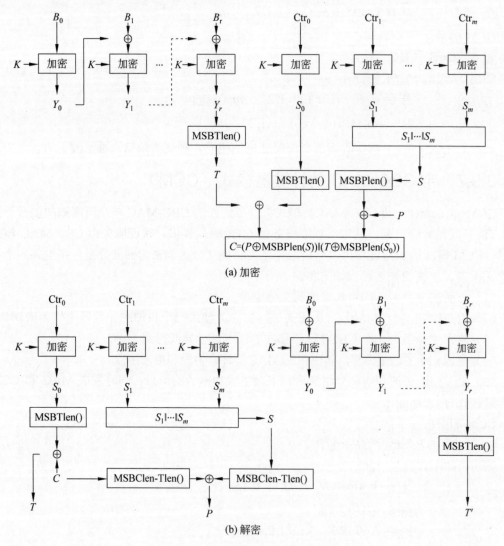

图 3-24　带 CBC-MAC 的计数器模式

3.9.8　保留格式加密模式（FPE）

FPE（Format-Preserving Encryption）模式保留格式加密，也称为保形加密，是一种特殊的对称加密算法。FPE 可以保证加密后的密文格式与加密前的明文格式完全相同。因此，FPE 可以在不改变数据格式的情况下保护敏感数据。FPE 的加解密过程如图 3-25 所示。

FPE 加密：

输入：$P_1, P_2, \cdots, P_m$。

输出：$C_1, C_2, \cdots, C_m$。

$$C_i \leftarrow P_i \oplus F(P_i), i = 1, 2, \cdots, m。$$

FPE 解密：

输出：$C_1, C_2, \cdots, C_m$。

输入：$P_1, P_2, \cdots, P_m$。

$$P_i \leftarrow C_i \oplus F(C_l), i = 1, 2, \cdots, m。$$

其中，加密函数 F 是一个可逆的伪随机函数。

FPE 模式的一个重要特点是，它可以保留原始数据的格式和长度，因此非常适用于加密银行卡号、社会安全号码等需要保留格式的数据。同时，FPE 也有一些限制，如只能加密特定长度的数据。

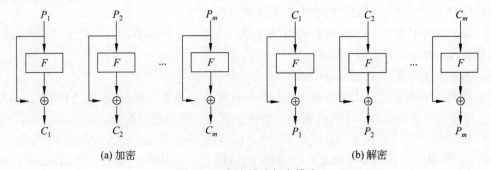

(a) 加密   (b) 解密

图 3-25 保留格式加密模式

习　题

一、填空题

1. 密码学分为两个重要的分支：_____ 和 _____。

2. 根据柯克霍夫原则，安全性不取决于 _____ 的保密，而取决于 _____ 的保密。

3. 密码体制的语法定义由以下 6 部分构成：_____、_____、_____、_____、_____ 和 _____。

4. 古典密码有两个基本工作原理：_____ 和 _____。

5. 单（私）钥密码体制的特点是 _____，所以人们通常也称其为对称加密体制。

6. 双（公）钥密码体制的特点是 _____，所以人们通常也称其为非对称加密体制。

7. 对明文消息的加密有两种：一种是将明文消息按照字符（如二元数字）逐位地加密，称为 _____；另一种是将明文消息分组（含有多个字符），逐组地进行加密，称为 _____。

8. 美国数据加密标准 DES 的密钥长度为 _____ 位，分组长度为 _____ 位。AES 的密钥长度是 _____ 位，分组长度是 _____ 位。

9. A5 是欧洲蜂窝移动电话系统中采用的加密算法，用于 _____ 到 _____ 链路上的加密。A5 算法是一种 _____ 密码。

10. 试列举 5 种常用的分组密码算法：_____、_____、_____、_____、

_____。

11. 分组密码常用的工作模式有_____、_____、_____、_____和_____。

12. 祖冲之算法本质上是一个密钥序列产生算法，其输入为_____比特的初始密钥和_____比特的初始向量，输出为_____比特的密钥字序列，其逻辑上分为三层，分别是_____、_____和_____。

13. SM4 密码的分组长度和密钥长度分别为_____和_____。加密算法采用_____轮迭代处理。

二、思考题

1. 加密算法为什么不应该包含设计部分？从理论上讲，数据的保密是取决于算法的保密还是密钥的保密？为什么？

2. 弗纳姆密码是一种代换密码吗?它是单表代换还是多表代换？

3. 弗纳姆密码和一次一密体制的不同之处是什么？

4. 为什么说一次一密加密抗窃听是无条件安全的？

5. 虽然简单代换密码和换位密码对频度分析攻击是十分脆弱的，为什么它们仍被广泛使用在现代加密方案和密码协议中？

6. 流密码是单钥体制还是双钥体制?它与分组密码的区别是什么？

7. 现代密码通常是由几个古典密码技术结合起来构造的，在 DES 和 AES 中找出采用下述三种密码技术的部分：①代换密码；②换位密码；③弗纳姆密码。

8. AES 的分组长度和密钥长度是多少？AES 对密码学带来哪些积极影响？

9. 为何 AES 被认为非常有效？在 AES 的编程中，有限域 $GF(2^8)$ 中的乘法是如何实现的？

10. 在分组密码的密码分组链接（CBC）运行模式下，如果收到的密文的解密"具有正确的填充"，你认为传输的明文有有效的数据完整性吗？

11. 为什么祖冲之密码算法在完成初始化进入工作状态后，将算法第一次执行过程 F 的输出 W 舍弃？

12. 试从算法角度对 SM4 与 AES 进行比较。

第4章

双（公）钥密码体制

双钥（公钥）体制于 1976 年由 W. Diffie 和 M. Hellman 提出，同时，R. Merkle 也独立提出这一体制。J. H. Ellis 的文章阐述了公钥密码体制的发明史，总结了 CESG 的研究者对双钥密码体制发明所做出的重要贡献。这一体制的最大特点是采用两个密钥将加密和解密能力分开：一个密钥公开作为加密密钥，称为公钥；一个密钥为用户专用，作为解密密钥，称为私钥。通信双方无须事先交换密钥就可进行保密通信。但是从公开的公钥或密文分析出明文或私钥，则在计算上是不可行的。若以公开密钥作为加密密钥，以用户专用密钥作为解密密钥，则可实现多个用户加密的消息只能由一个用户解读；反之，以用户专用密钥作为加密密钥而以公开密钥作为解密密钥，则可实现由一个用户加密的消息而使多个用户解读。前者可用于保密通信，后者可用于数字签名。这一体制的出现是密码学史上划时代的事件，它为解决计算机信息网中的安全问题提供了新的理论和技术基础。

自 1976 年以来，双钥体制有了飞速发展，人们不仅提出了多种算法，而且出现了不少安全产品，有些已用于 NII 和 GII 之中。本章介绍其中的一些主要体制，特别是那些既有安全性，又有实用价值的算法。其中，包括可用于密钥分配、加解密或数字签名的双钥算法。一个好的系统不仅算法要好，还要求能与其他部分（如协议等）进行有机组合。

由于双钥体制的加密变换是公开的，任何人都可以选择特殊的明文来攻击双钥体制，因此，明文空间必须足够大才能防止穷尽搜索明文空间攻击。这在双钥体制应用中特别重要（如用双钥体制加密会话密钥时，会话密钥要足够长）。一种更强有力的攻击法是选择密文攻击，攻击者选择密文，然后通过某种途径得到相应的明文，多数双钥体制对于选择密文攻击特别敏感。攻击者通常采用以下两类选择密文攻击。

（1）冷漠选择密文攻击。在接收到待攻击的密文之前，可以向攻击者提供他们所选择的密文的解密结果。

（2）自适应选择密文攻击。攻击者可能利用（或接入）被攻击者的解密机（但不知其私钥），而可以对他所选择的、与密文有关的待攻击的密文，以及以前询问得到的密文进行解密。

本章介绍双钥体制的基本原理和几种重要算法，如 RSA、ElGamal、椭圆曲线、基于身份的密码体制和中国商用密码 SM2 算法等密码算法。

Diffie [Diffie 1992]曾对双钥体制的发展做了全面论述。

4.1 双钥密码体制的基本概念

双钥密码体制的基本概念

对于双钥密码体制来说，其安全性主要取决于构造双钥算法所依赖的数学问题。要求加密函数具有单向性，即求逆的困难性。因此，设计双钥体制的关键是首先要寻找一个合适的单向函数。

4.1.1　单向函数

定义 4-1　令函数 f 是集 A 到集 B 的映射，用 $f:A \to B$ 表示。若对任意 $x_1 \neq x_2$，$x_1, x_2 \in A$，有 $f(x_1) \neq f(x_2)$，则称 f 为单射，或 1–1 映射，或可逆的函数。

f 为可逆的充要条件是，存在函数 $g:B \to A$，使对所有 $x \in A$ 有 $g[f(x)] = x$。

定义 4-2　一个可逆函数 $f:A \to B$，若它满足：

（1）对所有 $x \in A$，易于计算 $f(x)$。

（2）对"几乎所有 $x \in A$"由 $f(x)$ 求 x"极为困难"，以至于实际上不可能做到，则称 f 为单向（One-Way）函数。

定义中的"极为困难"是对现有的计算资源和算法而言。Massey 称此为视在困难性（Apparent Difficulty），相应函数称为视在单向函数，以此来与本质上的困难性（Essential Difficulty）相区分[Massey 1985]。

例 4-1　令 f 是在有限域 GF(p) 中的指数函数，其中，p 是大素数，即

$$y = f(x) = \alpha^x \tag{4-1}$$

式中，$x \in$ GF(p)，x 为满足 $0 \leqslant x < p-1$ 的整数，其逆运算是 GF(p) 中定义的对数运算，即

$$x = \log_\alpha \alpha^x, \quad 0 \leqslant x < p-1 \tag{4-2}$$

显然，由 x 求 y 是容易的，即使当 p 很大，例如 $p \approx 2^{100}$ 时也不难实现。为方便计算，以下令 $\alpha=2$。所需的计算量为 $\log p$ 次乘法，存储量为 $(\log p)^2$ b，如当 $p = 2^{100}$ 时，需做 100 次乘法。利用高速计算机由 x 计算 α^x 可在 0.1ms 内完成。但是相对于当前计算 GF(p) 中对数最好的算法，要从 α^x 计算 x 所需的存储量大约为 $(3/2) \times \sqrt{p} \log p$ b，运算量大约为 $(1/2) \times \sqrt{p} \log p$。当 $p = 2^{100}$ 时，所需的计算量为 $(1/2) \times 2^{50} \times 100 \approx 10^{16.7}$ 次，用计算指数相同的计算机进行计算需时约 $10^{10.7}$ s（1 年 $= 10^{7.5}$ s，故约为 1600 年。其中假定存储量的要求能够满足）。由此可见，当 p 很大时，GF(p) 中的 $f(x) = \alpha^x$，$x < p-1$ 为单向函数。

Pohlig 和 Hellman 对 $(p-1)$ 无大素因子时给出一种快速求对数的算法[Pohlig 等 1978]。特别是当 $p = 2^n + 1$ 时，从 α^x 求 x 的计算量仅需 $(\log p)^2$ 次乘法。对于 $p = 2^{160} + 1$，在高速计算机上大约仅需 10ms。因此，在这种情况下，$f(x) = \alpha^x$ 就不是单向函数。

综上所述，当存在素数 p，且 $p-1$ 有大的素因子时，GF(p) 上的函数 $f(x) = \alpha^x$ 是一个视在单向函数。寻求在 GF(p) 上求对数的一般快速算法是当前密码学研究中的一个重要课题。

4.1.2　陷门单向函数

单向函数是求逆困难的函数，而陷门单向函数（Trapdoor One-Way Function）是在不知陷门信息时求逆困难的函数，若知道陷门信息，求逆则易于实现。这是 Diffie 和 Hellman[Diffie 等 1976]引入的有用概念。

号码锁在不知预设号码时很难打开，但若知道所设号码则容易开启。太平门是另一例，从内向外出容易，若无钥匙则很难从外向内进入。但如何给陷门单向函数下定义则很棘手，因为：

（1）陷门函数其实不是单向函数，因为单向函数在任何条件下求逆都是困难的。

（2）陷门可能不止一个，通过实验，发现一个陷门就可容易地找到逆。如果陷门信息

的保密性不强，求逆也不难。

定义 4-3　陷门单向函数是一类满足下述条件的单向函数：$f_z: A_z \rightarrow B_z$，$z \in Z$，Z 是陷门信息集。

（1）对所有 $z \in Z$，在给定 z 下容易找到一对算法 E_z 和 D_z，使对所有 $x \in A$，易于计算 f_z 及其逆，即

$$f_z(x) = E_z(x) \tag{4-3}$$

$$D_z(f_z(x)) = x \tag{4-4}$$

而且当给定 z 后容易找到一种算法 F_z，称 F_z 为可用消息集鉴别函数，对所有 $x \in A$ 易于检验是否 $x \in A_z$（$A_z \subset A$），A_z 是可用的明文集。

（2）对"几乎所有" $z \in Z$，当只给定 E_z 和 D_z 时，对"几乎所有" $x \in A_z$，"很难"（即"实际上不可能"）从 $y = f_z(x)$ 算出 x。

（3）对任一 z，集 A_z 必须是保密系统中明文集中的一个"方便"集。即便于实现明文到它的映射（在双钥密码体制中是默认的条件）。（在 Diffie 和 Hellman 定义的陷门函数中，$A_z = A$，对所有 Z 成立。实际中的 A_z 取决于 Z。）

4.1.3　公钥系统

在一个公钥系统中，所有用户共同选定一个陷门单向函数，加密运算 E 及可用消息集鉴别函数 F。用户 i 从陷门集中选定 z_i，并公开 E_{z_i} 和 F_{z_i}。任一要向用户 i 发送机密消息者，可用 F_{z_i} 检验消息 x 是否在许用消息集之中，然后将 $y = E_{z_i}$ 发送给用户 i 即可。

在仅知 y、E_{z_i} 和 F_{z_i} 的情况下，任一用户不能得到 x。但用户 i 利用陷门信息 z_i，易于得到 $D_{z_i}(y) = x$。

定义 4-4　对 $z \in Z$ 和任意 $x \in X$，$F_i(x) \rightarrow y \in Y = X$。若

$$F_j(F_i(x)) = F_i(F_j(x)) \tag{4-5}$$

成立，则称 F 为单向可交换函数。

单向可交换函数在密码学中更有用。

4.1.4　用于构造双钥密码的单向函数

Diffie 和 Hellman 在 1976 年发表的论文虽未给出陷门单向函数，但该论文大大推动了这方面的研究工作。双钥密码体制的研究在于给出这种函数的构造方法以及证明它们的安全性。

陷门单向函数的定义并没有指出这类函数是否存在，但指出：一个单钥密码体制，如果能抗击选择明文攻击，就可规定一个陷门单向函数。以其密钥作为陷门信息，则相应的加密函数就是这类函数。这是构造双钥体制的途径。

下面是一些单向函数的例子。目前多数双钥体制是基于这些单向函数构造的。

1. 多项式求根

有限域 $\mathrm{GF}(p)$ 上的一个多项式

$$y = f(x) = x^n + a_{n-1}x^{n-1} + \cdots + a_1 x + a_0 \bmod p$$

当给定 $a_0, a_1, \cdots, a_{n-1}$，$p$ 及 x 时，很容易求 y，根据 Honer's 法则，即有

$$f(x) = (((\cdots(x + a_{n-1})x + a_{n-2})x + a_{n-3})x + \cdots + a_1)x + a_0 \tag{4-6}$$

上式最多有 $n-1$ 次乘法和 n 次加法。反之，已知 $y, a_0, \cdots, a_{n-1}$，要求解 x 需能对高次方程求根。这至少要 $\lfloor n^2 (lbp)^2 \rfloor$ 次乘法（这里，$\lfloor a \rfloor$ 表示不大于 a 的最大整数），当 n，p 很大时很难求解。

2. 离散对数

给定一个大素数 p，$p-1$ 含另一个大素数因子 q，可构造一乘群 Z_p^*，它是一个 $p-1$ 阶循环群。其生成元为整数 g，$1 < g < p-1$。已知 x，容易求 $y = g^x \bmod p$，这只需 $\lfloor lb2x \rfloor - 1$ 次乘法，如 $x = 15 = 1111_2$，$g^{15} = (((1 \cdot g)^2 \cdot g)^2 \cdot g)^2 \cdot g \bmod p$，要用 $3+4-1=6$ 次乘法。

若已知 y, g, p，求 $x = \log_g y \bmod p$ 为离散对数（Discrete Logarithm，DL）问题。目前，求离散对数的最快求解法运算次数渐近值为

$$L(p) = O(\exp\{(1 + o(1))\sqrt{\ln p \ln(\ln p)}\}) \tag{4-7}$$

当 $p=512$ 时，$L(p) = 2^{256} = 10^{77}$。

若离散对数定义在 $GF(2^n)$ 中的 $2^n - 1$ 阶循环群上，Shanks 和 Pohlig-Hellman 等的离散对数算法预计算量的渐近式为

$$O(\exp\{(1.405 + o(1))n^{1/3}(\ln n)^{2/3}\}) \tag{4-8}$$

求一特定离散对数的计算量的渐近式为

$$L(p) = O(\exp\{(1.098 + o(1))n^{1/3}(\ln n)^{2/3}\}) \tag{4-9}$$

有关离散对数的计算问题，请参阅[LaMacchia 等 1991; McCurley 1990]。

广义离散对数问题是在 n 阶有限循环群 G 上定义的。

3. 大整数分解（Factorization Problem，FAC）

判断一个大奇数 n 是否为素数的有效算法大约需要的计算量是 $\lfloor lbn \rfloor^4$，当 n 为 256 或 512 位的二元数时，用现在的计算机做可在 10 分钟内完成。

若已知两个大素数 p 和 q，求 $n = p \cdot q$ 只需一次乘法，但由 n 求 p 和 q 则是几千年来数论专家的攻关对象。迄今为止，已知的各种算法的渐近运行时间如下。

（1）试除法：最早的也是最慢的算法，需实验所有小于 sqrt(n) 的素数，运行时间为指数函数。

（2）二次筛（QS）：

$$T(n) = O(\exp\{(1 + o(1))\sqrt{\ln n \ln(\ln n)}\}) \tag{4-10}$$

该算法为小于 110 位整数最快的算法，倍多项式二次筛（MPQS）是 QS 算法的变形，它比 QS 算法更快。MPQS 的双倍大指数变形还要更快一些。

（3）椭圆曲线（EC）：

$$T(n) = O(\exp\{(1 + o(1))\sqrt{2\ln p \ln(\ln p)}\}) \tag{4-11}$$

（4）数域筛（NFS）：

$$T(n) = O(\exp\{(1.92 + o(1))(\ln n)^{1/3}(\ln(\ln n))^{2/3}\}) \tag{4-12}$$

式中，p 是 n 的最小的素因子，最坏的情况下 $p \approx n^{1/2}$。当 $n \approx 2^{664}$ 时，要用 3.8×10^9 年（1s 进行 100 万次运算）。虽然研究者已对整数分解问题进行了长时间的研究，但至今尚未发现

快速算法。目前对于大于 110 位的整数数域筛是最快的算法,曾用于分解第 9 个 Fermat 数。目前的进展主要靠计算机资源来实现。有关二次筛法,可参阅[Pomerance 1984; Carton 等 1988];数域筛法,可参阅[Lenstra 等 1993];有关椭圆曲线法,可参阅[Pollard 1993; Lenstra 1987; Montgomery 1987]。

$T(n)$ 与 $L(p)$ 的表示式大致相同,一般来说,当 $n=p$ 时,解离散对数更难。

RSA 问题是 FAC 问题的一个特例。n 是两个素数 p 和 q 之积,给定 n 后求素因子 p 和 q 的问题称为 RSAP。求 $n = pq$ 分解问题有以下几种形式。

（1）分解整数 n 为 p 和 q。

（2）给定整数 M 和 C,求 d 使 $C^d \equiv M \bmod n$。

（3）给定整数 e 和 C,求 M 使 $M^e \equiv C \bmod n$。

（4）给定整数 x 和 C,确定是否存在整数 y 使 $x \equiv y^2 \bmod n$（二次剩余问题）。

4. Diffie-Hellman 问题

给定素数 p,令 α 为 Z_p^* 的生成元,若已知 α^a 和 α^b,求 α^{ab} 的问题为 Diffie-Hellman 问题,简称 DHP。若 α 为循环群 G 的生成元,且已知 α^a 和 α^b 为 G 中的元素,求 α^{ab} 的问题为广义 Diffie-Hellman 问题,简记为 GDHP[den Boer 1988; Maurer 1994b; Waldvogel 等 1993; McCurley 1988]。

4.2 RSA 密码体制

1978 年,MIT 的三位年轻数学家 R.L.Rivest、A.Shamir 和 L.Adleman 发现了一种用数论构造双钥的方法[Rivest 等 1978,1979],称为 MIT 体制,后被广泛称为 RSA 体制。它既可用于加密,又可用于数字签名,易懂且易于实现,是目前仍然安全并且逐步被广泛应用的一种体制。国际上一些标准化组织（如 ISO、ITU 和 SWIFT 等）均已接受 RSA 体制作为标准。在因特网中所采用的 PGP（Pretty Good Privacy）中也将 RSA 作为传送会话密钥和数字签名的标准算法。

RSA 算法的安全性基于 4.1 节介绍的数论中大整数分解的困难性。

4.2.1 RSA 密码算法

独立选取两个大素数 p_1 和 p_2（各 100～200 位十进制数字）,计算

$$n = p_1 \times p_2 \tag{4-13}$$

其欧拉函数值为

$$\varphi(n) = (p_1 - 1)(p_2 - 1) \tag{4-14}$$

随机选一整数 e,$1 \leqslant e < \varphi(n)$,$(\varphi(n), e) = 1$。因而在模 $\varphi(n)$ 下,e 有逆元

$$d = e^{-1} \bmod \varphi(n) \tag{4-15}$$

取公钥为 n,e。密钥为 d（p_1,p_2 不再需要,可以销毁）。

加密:将明文分组,各分组在 $\bmod n$ 下,可唯一地表示出来(以二元数字表示,选 2 的最大幂小于 n)。各分组长达 200 位十进制数字。可用明文集为

RSA 密码
算法

$$A_z = \{x : 1 \leq x < n, (x, n) = 1\}$$

注意，$(x, n) \neq 1$ 是很危险的。$x \in A_z$ 的概率

$$\frac{\varphi(n)}{n} = \frac{(p_1 - 1)(p_2 - 1)}{p_1 p_2} = 1 - \frac{1}{p_1} - \frac{1}{p_2} + \frac{1}{p_1 p_2} \to 1$$

密文

$$y = x^e \bmod n \qquad (4\text{-}16)$$

解密：

$$x = y^d \bmod n \qquad (4\text{-}17)$$

证明：$y^d = (x^e)^d = x^{de}$，因为 $de \equiv 1 \bmod \varphi(n)$ 而有 $de \equiv q\varphi(n) + 1$。由欧拉定理，$(x, n) = 1$ 意味 $x^{\varphi(n)} \equiv 1 \bmod n$，故有

$$y^d = x^{de} = x^{q\varphi(n)+1} = x \cdot x^{q\varphi(n)} = x \cdot 1 = x \bmod n$$

陷门函数：$Z = (p_1, p_2, d)$。

例 4-2 选 $p_1 = 47$，$p_2 = 71$，则 $n = 47 \times 71 = 3337$，$\varphi(n) = 46 \times 70 = 3220$。若选 $e = 79$，可计算 $d = e^{-1} (\bmod\ 3220) = 1019$。公开 $n = 3337$ 和 $e = 79$。密钥 $d = 1019$。销毁 p_1，p_2。

令 $x = 688\ \ 232\ \ 687\ \ 966\ \ 668\ \ 3$，分组得 $x_1 = 688$，$x_2 = 232$，$x_3 = 687$，$x_4 = 966$，$x_5 = 668$，$x_6 = 3$。x_1 的加密为 $(688)^{79} (\bmod\ 3337) = 1570 = y_1$。同样，可计算出其他各分组的密文。得到密文 $y = 1570\ \ 2756\ \ 2714\ \ 2423\ \ 158$。

第一组密文的解密为 $(1570)^{1019} \bmod 3337 = 688 = x_1$。以此类推，可解出其他各分组密文。

RSA 加密实质上是一种 $Z_n \to Z_n$ 上的单表代换。给定 $Z_n \to Z_n$ 和合法明文 $x \in Z_n$，其相应密文 $y = x^e \bmod n \in Z_n$。对于 $x \neq x'$，必有 $y \neq y'$。Z_n 中的任一元素（0，p_1，p_2 除外）是一个明文，但它也是与某个明文相对应的一个密文。因此，RSA 是 $Z_n \to Z_n$ 的一种单表代换密码，关键在于 n 极大时在不知道陷门信息下极难确定这种对应关系，而用模指数算法又易于实现一种给定的代换。正是因为这种对应性，使 RSA 不仅可以用于加密，也可以用于数字签名。

4.2.2 RSA 的安全性

RSA 的安全性

1. 分解模数 n

在理论上，RSA 的安全性取决于模 n 分解的困难性，但数学上至今还未证明分解模就是攻击 RSA 的最佳方法，也未证明分解大整数就是 NP 问题，可能有尚未发现的多项式时间分解算法。人们完全可以设想有另外的途径破译 RSA，如求解密指数 d 或找到 $(p_1 - 1)(p_2 - 1)$ 等。但这些途径都不比分解 n 更容易。甚至有文献曾揭示，从 RSA 加密的密文恢复某些位的困难性也与恢复整组明文一样困难。

当前的技术进展使分解算法和计算能力在不断提高，计算所需的硬件费用不断下降。110 位十进制数字早已能分解。Rivest 等最初悬赏\$100 的 RSA-129，已有包括 5 大洲 43 个国家的 600 多人参加。人们通过因特网，用 1600 台计算机同时产生 820 条指令数据，耗时 8 个月，于 1994 年 4 月 2 日利用二次筛法分解出 64 位和 65 位两个因子，原估计要用 4 亿亿年。这是有史以来最大规模的数学运算。RSA-130 于 1996 年 4 月 10 日利用数域筛法分解出来，目前正在向更大的数，特别是 512b RSA，即 RSA-154 冲击[Cowie 等 1996]。

表 4-1 给出了采用广义数域筛分解不同长度 RSA 公钥模所需的计算机资源。

表 4-1 采用广义数域筛所需计算机资源

密钥长/b	所需的 MIPS－年*	密钥长/b	所需的 MIPS－年*
116（Blacknet 密钥）	400	768	200 000 000
129	5000	1024	300 000 000 000
512	30 000	2048	300 000 000 000 000 000 000

*：MIPS－年指以每秒执行 1 000 000 条指令的计算机运行一年。

表 4-2 为采用 NSF 算法破译 RSA 体制与用穷搜索密钥法破译单钥体制的等价密钥长度。

表 4-2 等价密钥长度

单 钥 体 制	RSA 体 制	单 钥 体 制	RSA 体 制
56b	384b	112b	1792b
64b	512b	128b	2304b
80b	768b		

因此，如果要用 RSA，需要采用足够大的整数。密钥长度为 512b（154 位）、664b（200 位）已有商用产品。但密钥长度为 512b 的 RSA 已不再安全。目前，人们普遍认为采用密钥长度为 1024b 或 2048b 的 RSA 还是安全的。

大整数分解算法的研究是当前数论和密码理论研究的一个重要课题。如要了解详细内容，可参阅相关文献[Adleman 1991; Bressoud 1989; Buhler 等 1993; Coppersmith 1993; Denny 等 1994; Dobbertin 1996; Lenstra 1987; Montgomery 1987; Pomerance 1990, 1994; Silverman 1987; van Oorschot 1992]。

2. 其他途径

若能从 n 求出 $\varphi(n)$，则可求得 p_1，p_2，因为

$$n - \varphi(n) + 1 = p_1 p_2 - (p_1 - 1)(p_2 - 1) + 1 = p_1 + p_2$$

而

$$\sqrt{(p_1 + p_2)^2 - 4n} = p_1 - p_2$$

但已经证明，求 $\varphi(n)$ 的困难性等价于分解 n 的困难性。

从 n 求 d 也等价于分解 n。

目前尚不知道是否存在一种无须借助分解 n 的攻击法，也未能证明破译 RSA 的任何方法都等价于大整数分解问题。

3. 迭代攻击法

Simmons 和 Norris 曾提出迭代或循环攻击法。例如，给定一 RSA 的参数为 $(n, e, y) = (35, 17, 3)$，可由 $y_0 = y = 3$ 计算 $y_1 = 3^{17} = 33 \bmod 35$。再由 y_1 计算 $y_2 = y_1^{17} = 3 \bmod 35$，从而得到明文 $x = y_1 = 33 \bmod 35$。一般对明文 x 加密多次，直到再现 x 为止。Rivest 证明[Rivest, 1978]，当 $p_1 - 1$ 和 $p_2 - 1$ 中含有大素数因子，且 n 足够大时，这种攻击法成功的概率趋于 0。

4. 选择密文攻击

（1）消息破译。攻击者收集用户 A 以公钥 e 加密的密文 $y = x^e \bmod n$，并想分析出明文 x。选随机数 $r < n$，计算 $y_1 = r^e \bmod n$，这意味着 $r = y_1^d \bmod n$。计算 $y_2 = y_1 \times y \bmod n$。令 $t = r^{-1} \bmod n$，则 $t = y_1^{-d} \bmod n$。

如果攻击者请 A 对消息 y_2 进行解密，得到 $s = y_2^d \bmod n$。攻击者计算 $ts \bmod n = y_1^{-d} \times y_2^d \bmod n = y_1^{-d} \times y_1^d \times y^d \bmod n = y^d \bmod n = x$，得到了明文。

（2）骗取仲裁签名。在有仲裁情况下，A 有一个文件要求仲裁，可先将其送给仲裁 T，T 以 RSA 的密钥进行签署后回送给 A（未用单向 Hash 函数，只以密钥对整个消息加密）。

攻击者有一个消息要 T 签署，但 T 并不情愿给他签，因为该消息可能有伪造的时戳，也可能是来自其他人的消息。但攻击者可用下述方法骗取 T 的签名。令攻击者的消息为 x，他首先任意选一个数 N，计算 $y = N^e \bmod n$（e 是 T 的公钥），然后计算 $M = yx$，送给 T，T 将签名的结果 $M^d \bmod n$ 送给攻击者，则有 $(M^d \bmod n)N^{-1} \bmod n = (yx)^d \cdot N^{-1} \bmod n = x^d y^d \cdot N^{-1} \bmod n = x^d NN^{-1} \bmod n = x^d \bmod n$，此为 T 对 x 的签名。

所以能有这类攻击是因为指数运算保持了输入的乘法结构。

（3）骗取用户签名。攻击者可构造两条消息 x_1 和 x_2，凑出所要的 $x_3 = x_1 \times x_2 \bmod n$。

首先他可得到用户 A 对 x_1 和 x_2 的签名 $x_1^d \bmod n$ 和 $x_2^d \bmod n$，则可计算 $x_3^d \bmod n = (x_1^d \bmod n) \cdot (x_2^d \bmod n) \bmod n$。

因此，任何时候不要为不相识的人签署随机性文件，最好先采用单向 Hash 函数。ISO 9796 的分组格式可以防止这类攻击。

有关选择密文攻击 RSA 体制的研究可参阅相关文献。

5. 公用模攻击

若很多人共用同一模数 n，各自选择不同的 e 和 d，这样实现当然简单，但是不安全。若明文以两个不同的密钥加密，在共用同一个模下，若两个密钥互素（一般如此），则可用任一密钥恢复明文[Simmons 1983]。

设 e_1 和 e_2 是两个互素的不同密钥，共用模为 n，对同一明文 x 加密得 $y_1 = x^{e_1} \bmod n$，$y_2 = x^{e_2} \bmod n$。分析者知道 n，e_1，e_2，y_1 和 y_2。因为 $(e_1, e_2) = 1$，所以有 $r \cdot e_1 + s \cdot e_2 = 1$。假定 r 为负数，由 Euclidean 算法可计算

$$(y_1^{-1})^{-r} \cdot y_2^s = x \bmod n$$

还有以下两种 RSA 共模攻击方法。

（1）用概率方法可分解 n。

（2）用确定性算法可计算某一用户密钥而不需要分解 n。有关详细内容，可参阅[Moore 1988; Simmons 1983]。

6. 低加密指数攻击

采用小的 e 可以加快加密和验证签名的速度，且所需的存储密钥空间小，但若加密钥 e 选得太小，则容易受到攻击。

令网络中的三个用户的加密密钥 e 均选 3，而有不同的模 n_1，n_2，n_3。若一个用户将消息 x 传给三个用户的密文分别为

$$y_1 = x^3 \bmod n_1 \qquad x < n_1$$
$$y_2 = x^3 \bmod n_2 \qquad x < n_2$$
$$y_3 = x^3 \bmod n_3 \qquad x < n_3$$

一般选 n_1，n_2，n_3 互素（否则，可求出公因子而降低安全性），利用中国剩余定理，可从 y_1，y_2，y_3 求出

$$y = x^3 \bmod (n_1\, n_2\, n_3)$$

由 $x<n_1$，$x<n_2$，$x<n_3$，可得 $x^3 < n_1 \cdot n_2 \cdot n_3$，故有 $\sqrt[3]{y} = x$。

若 x 后加时戳

$$y_1 = (2^t x + t_1)^3 \bmod n_1$$
$$y_2 = (2^t x + t_2)^3 \bmod n_2$$
$$y_3 = (2^t x + t_3)^3 \bmod n_3$$

t 是 t_1，t_2，t_3 的二元表示位数，可防止这类攻击。Håstad 将上述攻击扩展为 k 个用户，即将相同的消息 x 传给 k 个人，只要 $k > e(e+1)/2$，采用低指数也可有效攻击。因此，为抗击这种攻击 e 必须选得足够大。一般 e 选为 16 位素数时，既可兼顾快速加密，又可防止这类攻击。

对短的消息，可用随机数字填充，以防止低加密指数攻击。

d 太小也不行。Wiener 指出，对 $e<n$，而 $d<n/4$，则可以攻破这类 RSA 体制。Coppersmith 对 RSA 的低指数攻击做了进一步研究。

7. 定时攻击法

定时（Timing）攻击法由 P. Kocher 提出，利用测定 RSA 解密所进行的模指数运算时间猜测解密指数 d，然后再精确定出 d 的取值。另外还可采用盲化技术，即首先将数据进行盲化运算，再进行加密运算，而后做去盲运算。这样做虽然不能使解密运算时间保持不变，但计算时间被随机化而难于推测解密所进行的指数运算时间[Unruh 1996]。

8. 消息隐匿问题

对明文 x，$0 \leqslant x \leqslant n-1$，采用 RSA 体制加密，可能出现 $x^e = x \bmod n$，致使消息暴露。这是明文在 RSA 加密下的不动点。RSA 总有一些不动点，如 $x=0$，1 和 $n-1$。一般来说，RSA 有 $[1+\gcd(e-1,\ p-1)] \cdot [\ 1+\gcd(e-1,\ q-1)]$ 个不动点。由于 $e-1$，$p-1$ 和 $q-1$ 都是偶数，所以不动点至少为 9 个。通常，不动点个数相当少，可以忽略不计[Blakley 等 1979]。

Kaliski 和 Robshaw 曾对 RSA 的安全性进行全面评述。有关 RSA 算法用于认证协议的安全性研究，可参阅[Coppersmith 等 1996; Franklin 等 1995]。

4.2.3　RSA 的参数选择

综上所述，为了保证 RSA 体制的安全，必须仔细选择各参数。有关大素数的求法，可参阅相关文献。

1. n 的确定

（1）$n = p_1 \times p_2$，p_1 与 p_2 必须为强素数（Strong Prime）。强素数 p 的条件如下。

① 存在两个大素数 p_1 和 p_2，$p_1 \mid (p-1)$，$p_2 \mid (p+1)$。

② 存在 4 个大素数 r_1，s_1，r_2 及 s_2，使 $r_1 \mid (p_1-1)$，$s_1 \mid (p_1+1)$，$r_2 \mid (p_2-1)$，$s_2 \mid (p_2+1)$。

其中，r_1，r_2，s_1 和 s_2 为三级素数（Level-3）；p_1 和 p_2 为二级素数。

采用强素数的理由如下：若 $p-1=\prod_{i=1}^{t} p_i^{a_i}$，$p_i$ 为素数，a_i 为正整数。分解式中 $p_i<B$，B 为已知的一个小整数，则存在一种 $p-1$ 的分解法，使得 n 易于分解。令 $n=pq$，且 $p-1$ 满足上述条件，$p_i<B$。令 $a \geqslant a_i$，$i=1$，2，$\cdots$，t，即可构造

$$R = \prod_{i=1}^{t} p_i^{a} \tag{4-18}$$

显然 $(p-1)|R$。由费尔马定理有 $2^R \equiv 1 \bmod p$。令 $2^R=x \bmod n$。若 $x=1$ 则选 3 代 2，直到出现 $x \neq 1$。此时，由 $\mathrm{GCD}(x-1, n)=p$，就得到 n 的分解因子 p 和 q。

例 4-3 $n=pq=118\,829$，选 $B=14$，$a_i=1$，由加法链算法

$$R = \prod_{p_i<B} p_i = 2\times3\times5\times7\times11\times13 = 30\,030$$

且 $2^R=103\,935 \bmod 118\,829$。由欧几里得算法易求 $\mathrm{GCD}(103\,935-1, 118\,529)=331$，从而 $n=331\times359$。这是由于 $331-1=2\times3\times5\times11$ 为小素数因子之积。

Williams 给出类似的 $p+1$ 的分解算法。

（2）p_1 与 p_2 之差要大。若 p_1 与 p_2 之差很小，则可由 $n=p_1p_2$ 估计 $(p_1+p_2)/2=n^{1/2}$，则由 $((p_1+p_2)/2)^2-n=((p_1-p_2)/2)^2$。上式右边为小的平方数，可以通过实验给出 p_1，p_2 的值。

例 4-4 $n=164\,009$，估计 $(p_1+p_2)/2 \approx 405$，由 $405^2-n=16=4^2$，可得 $(p_1+p_2)/2=405$，$(p_1-p_2)/2=4$，$p_1=409$，$p_2=401$。

（3）p_1-1 与 p_2-1 的最大公因子要小。在唯密文攻击下，设破译者截获密文 $y=x^e \bmod n$。破译者做下述递推计算[Simmons 等 1977]。

$$y_i=(y_{i-1})^e \bmod n=(x^e)^i \bmod n$$

若 $ei \equiv 1 \bmod \varphi(n)$，则有 $y_i=(x^e)^i \equiv x \bmod n$。若 i 小，则由此攻击法易得明文 x。由欧拉定理知，$i=\varphi((p_1-1)(p_2-1))$，若 p_1-1 和 p_2-1 的最大公因子小，则 i 值大，如 $i=(p_1-1)(p_2-1)/2$，此攻击法难以奏效。

（4）p_1，p_2 要足够大，以使 n 分解在计算上不可行。近十多年来，大整数分解因子的进展如表 4-3 所示。

表 4-3 大整数分解因子的进展

RSA 名称	分解位数（十进制）	分解位数（二进制）	发表时间	研究者
RSA-704	212	704	2012	Shi Bai 等
RSA-220	220	729	2016	Shi Bai 等
RSA-230	230	762	2018	Samuel S. Gross
RSA-232	232	768	2020	NL Zamarashkin 等
RSA-768	232	768	2009	Thorsten Kleinjung 等
RSA-240	240	795	2019	Fabrice Boudot 等
RSA-250	250	829	2020	Fabrice Boudot 等

2. e 的选取原则

$(e, \varphi(n))=1$ 的条件易于满足，因为两个随机数为互素的概率约为 3/5。e 小时，加密速度快，有学者[Shamir 1984]曾建议采用 $e=3$。但 e 太小则会产生一些安全问题[Coppersmith

等 1996]。

（1）e 不可过小。

① 若 e 小，x 小，$y=x^e \bmod n$，当 $x^e<n$，则未取模，由 y 直接开 e 次方可求 x。

② 易遭低指数攻击。

（2）选 e 在 $\bmod \varphi(n)$ 中的阶数，即 i，$e^i \equiv 1 \bmod \varphi(n)$，$i$ 达到 $(p_1-1)(p_2-1)/2$。

3. d 的选择

e 选定后可用 Euclidean 算法在多项式时间内求出 d。d 要大于 $n^{1/4}$。d 小，签名和解密运算快，这在 IC 卡中尤为重要（复杂的加密和验证签名可由主机来做）。类似于加密，d 不能太小，否则由已知明文攻击，构造（迭代地做）$y=x^e \bmod n$，再猜测 d 值，做 $x^d \bmod n$，直到试凑出 $x^d \equiv 1 \bmod n$ 是 d 值即可。Wiener 给出对小 d 的系统攻击法，证明当 d 长度小于 n 的 1/4 时，由连分式算法，可在多项式时间内求出 d 值。至于这是否可推广至 d 的长度小于 n 的 1/2，目前还不知道。

4.2.4 RSA 体制应用中的其他问题

（1）不可用公共模。一个网，由一个密钥产生中心（Key Generation Center，KGC）采用一个公共模，分发多对密钥，并公布相应公钥 e_i，这当然使密钥管理简化，存储空间小，且无重新分组（Reblocking）问题，但如前所述，它会带来安全问题。

（2）明文熵要尽可能地大。明文熵要尽可能大，以使在已知密文下，要猜测明文无异于完全随机等概。Simmons 和 Holdridge 利用先验不等概性，攻破一语音加密系统，明文有 $2^{32} \approx 4.3 \times 10^9$，但熵值低，仅为 $16 \sim 18b$。他们用预先选定的 10^5（约 2^{17}）明密文对，将收到的密文与存储的数比较，符合者则接收；否则弃之，最终有 90 %以上的原始语音可还原。

可在明文分组中加上随机乱数，得到

$$M'=2^tM+r$$

式中，t 是 r 的二元表示位数。解得 M' 后除去后 t 位乱数 r 即可。

（3）用于签名时，RSA 应采用 Hash 函数。

4.2.5 RSA 的实现

硬件实现 RSA 的最快速度也仅为 DES 的 1/1000，512b 模下的 VLSI 硬件实现可达 64kb/s。目前计划开发 512b RSA，可达 1Mb/s 的芯片。1024b RSA 加密芯片也在开发中。人们在努力将 RSA 体制用于智能卡中。有关 RSA 的硬件实现的研制和一些产品，可参阅[Schneier 1996]。508b RSA 的硬件实现的速率可达 225kb/s。

软件实现 RSA 的速度只为 DES 的软件实现的 1/100，在速度上 RSA 无法与对称密钥体制相比，因而 RSA 体制多只用于密钥交换和认证。512b RSA 的软件实现的速率可达 11kb/s。

如果适当选择 RSA 的参数，可以大大加快运算速度。例如，选 e 为 3、17 或 65 537($2^{16}+1$) 的二进制表示式中都只有两个 1，大大减少了运算量。X.509 建议用 65 537，PEM 建议用 3 [RFC 1423 1993]，PKCS#1 建议用 65 537[RSA Lab 1993]。在消息后填充随机数字时，不会出现任何安全问题。

中国剩余定理可以用来提高 RSA 的加密和解密速度[Rabin 1979]。

ElGamal 密
码体制

4.3 ElGamal 密码体制

ElGamal 密码体制由 ElGamal 提出[ElGamal 1984, 1985]，它是一种基于离散对数难题的双钥密码体制，既可用于加密，又可用于签名。有关离散对数的计算，可参阅相关文献[Wang 等 1999]。

4.3.1 密钥生成

令 Z_p 是一个有 p 个元素的有限域，p 是一个素数，令 g 是 Z_p^*（Z_p 中除去 0 元素）中的一个本原元或其生成元。明文集 M 为 Z_p^*，密文集 C 为 $Z_p^* \times Z_p^*$。

公钥：选定 g（$g < p$ 的生成元），计算公钥

$$\beta \equiv g^\alpha \bmod p \tag{4-19}$$

密钥：$\alpha < p$。

4.3.2 加解密

选择随机数 $k \in Z_{p-1}$，且 $(k, p-1) = 1$，计算：

$$y_1 = g^k \bmod p \quad （随机数 k 被加密） \tag{4-20}$$

$$y_2 = m\beta^k \bmod p \quad （明文被随机数 k 和公钥 \beta 加密） \tag{4-21}$$

其中，m 是要发送的明文分组。密文由上述两部分 y_1、y_2 级联构成，即密文 $c = y_1 \| y_2$。

特点：密文由明文和所选随机数 k 决定，因而是非确定性加密，一般称为随机化（Randomized）加密，对同一明文因不同时刻的随机数 k 不同而给出不同的密文。其代价是使数据扩展一倍。

解密：收到密文分组 c 后，计算

$$m = y_2/y_1^\alpha = m\beta^k/g^{k\alpha} = mg^{\alpha k}/g^{k\alpha} \bmod p \tag{4-22}$$

例 4-5 选 $p = 2579$，$g = 2$，$\alpha = 765$，计算出 $\beta = g^{765} \bmod 2579 = 949$。若明文分组为 $m = 1299$，今选随机数 $k = 853$，可算出 $y_1 \equiv 2^{853} \bmod 2579 = 435$ 及 $y_2 \equiv 1299 \times 949^{853} \bmod 2579 = 2396$。密文 $c = (435, 2396)$。解密时由 c 可算出消息分组 $M \equiv 2396/(435)^{765} \bmod 2579 = 1299$。

4.3.3 安全性

本体制基于 Z_p^* 中有限群上的离散对数的困难性。Haber 和 Lenstra 曾指出 mod p 生成的离散对数密码可能存在陷门，有些"弱"素数 p 下的离散对数较容易求解。但有文献已证明，不难发现这类陷门从而可以避免选用这类素数。

有关随机化加密的统一论述，可参阅相关文献。McCurely 将 ElGamal 方案推广到 Z_n^* 上的单元群，并证明其破译难度至少等价于分解 n，破译者即使知道 n 的分解，也要解模 n 的因子的 Diffie-Hellman 问题[Menezes 等 1997]。

4.4　椭圆曲线密码体制

椭圆曲线（Elliptic Curve）作为代数几何中的重要问题已有一百多年的研究历史，积累了大量的研究文献，但直到 1985 年，N. Koblitz 和 V. Miller 才独立将其引入密码学中，成为构造双钥密码体制的一个有力工具 [Koblitz 1987; Miller 1985]。利用有限域 $GF(2^m)$ 上的椭圆曲线点集所构成的群上定义的离散对数系统，可以构造出基于有限域上离散对数的一些如 Diffie-Hellman、ElGamal、Schnorr、DSA 等双钥体制。对这种椭圆曲线离散对数密码体制（ECDLC）安全性的研究已进行了十余年，尚未发现明显的弱点。它有可能以更小规模的软硬件实现有限域上具有相同安全性的同类体制，有关具体内容，可参阅相关文献[Menezes 等 1993a; Koblitz 1987; Demytko 1993; Koyama 等 1991]。

目前，大多数使用公钥密码学进行加密和数字签名的产品和标准都使用 RSA 算法。为了保证 RSA 的安全性，近年来所采用的密钥长度不断增加，这直接导致 RSA 计算量的增加，对其应用造成影响。最近，椭圆曲线密码体制（Elliptic Curve Cryptosystem，ECC）对 RSA 的应用提出了巨大挑战。在公钥密码的标准化过程中，IEEE P1363 标准已经考虑使用 ECC。

与 RSA 相比，ECC 的主要优点是可以使用比 RSA 更短的密钥获得相同水平的安全性，其计算量大大减少。另一方面，虽然 ECC 的理论已经成熟，但直到最近才出现这方面的产品，对 ECC 的密码分析刚刚起步，因此 ECC 的可信度还有待进一步验证。

ECC 比 RSA 更难描述。关于 ECC 的完整数学描述已经超出本书的范围。

4.4.1　实数域上的椭圆曲线

椭圆曲线并不是椭圆。之所以称为椭圆曲线，是因为它们与计算椭圆周长的方程相似，也用 3 次方程来表示。一般来说，椭圆曲线的 3 次方程形式为

$$y^2 + axy + by = x^3 + cx^2 + dx + e$$

其中，a，b，c，d 和 e 是实数，x 和 y 在实数上取值。事实上，将方程式限制为下述形式即可。

$$y^2 = x^3 + ax + b \qquad (4\text{-}23)$$

因为方程中的指数最高为 3，所以称为 3 次方程。椭圆曲线的定义中还包含一个无穷远点或叫作零点的元素，记为 O，这个概念将在后面讨论。为了画出该曲线，需要计算：

$$y = \sqrt{x^3 + ax + b}$$

对于给定的 a 和 b，以及 x 的每个取值，需画出 y 的正值和负值，这样每一曲线都关于 $y=0$ 对称。图 4-1 给出了椭圆曲线的两个例子。

从图中可见，椭圆曲线关于 $y=0$ 对称。

现在考虑满足式（4-23）的所有点 (x, y) 和元素 O 所组成的点集 $E(a, b)$。(a, b) 的值不同，则相应的集合 $E(a, b)$ 也不同。图 4-1 中的两条曲线可以分别用集合 $E(-1, 0)$ 和 $E(1, 1)$ 表示。

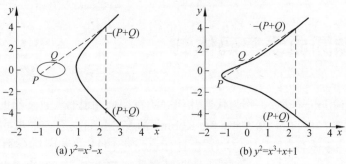

图 4-1　椭圆曲线的两个例子

可以证明：只要 $x^3 + ax + b$ 无重复因子，则可基于集合 $E(a, b)$ 定义一个群。这等价于条件：

$$4a^3 + 27b^2 \neq 0 \tag{4-24}$$

下面在 $E(a, b)$ 上定义加法运算，用"+"表示，其中，a 和 b 满足式（4-24）。用几何术语可这样定义加法的运算规则：如果椭圆曲线上的三个点位于同一直线上，那么它们的和为 O。进一步可定义椭圆曲线上的加法的运算规则如下。

（1）O 是加法的单位元。这样有 $O = -O$；对于椭圆曲线上的任意一点 P，有 $P + O = P$。

（2）设 $P_1 = (x, y)$ 是椭圆曲线上的一点（见图 4-1），它的加法逆元定义为 $P_2 = -P_1 = (x, -y)$。

这是因为 P_1 和 P_2 的连线延长到无穷远时，得到椭圆曲线上的另一点 O，即椭圆曲线上的三点 P_1、P_2 和 O 共线，所以 $P_1 + P_2 + O = O$，$P_1 + P_2 = O$，即 $P_2 = -P_1$。

（3）设 Q 和 R 是椭圆曲线上 x 坐标不同的两点，$Q + R$ 的定义如下：画一条通过 Q 和 R 的直线与椭圆曲线交于 P_1（这一交点是唯一的，除非所做的直线是 Q 点或 R 点的切线，此时分别取 $P_1 = Q$ 和 $P_1 = R$）。由 $Q + R + P_1 = O$ 得 $Q + R = -P_1$。

（4）点 Q 的倍数定义如下：在 Q 点做椭圆曲线的一条切线，设切线与椭圆曲线交于点 S，定义 $2Q = Q + Q = -S$。类似地，可以定义 $3Q = Q + Q + Q$，等等。

以上定义的加法具有加法运算的一般性质，如交换律和结合律等。

4.4.2　有限域 Z_p 上的椭圆曲线

椭圆曲线密码体制使用的是变元和系数均为有限域中元素的椭圆曲线。密码应用中所使用的两类椭圆曲线是定义在有限域 Z_p 上的素曲线（Prime Curves）和在 $GF(2^m)$ 上构造的二元曲线。文献[Fernandes 1999]指出，因为不需要二元曲线所要求的位混淆（Bit Fiddling）运算，软件应用最好使用素曲线；而对于硬件应用，最好使用二元曲线，它可以用非常少的门电路来实现快速且功能强大的 ECC 密码体制。本节主要讨论有限域上的椭圆曲线，4.4.3 节将讨论 $GF(2^m)$ 上构造的椭圆曲线。

对于有限域 Z_p 上的椭圆曲线，使用变元和系数均在 $0 \sim p-1$ 的整数集上取值的 3 次方程，其中，p 是大素数，所执行的计算均是模 p 运算。与关于实数时的情形一样，限制方程具有式（4-23）的形式，但此处系数和变元均限制在 Z_p 中。

$$y^2 \bmod p = (x^3 + ax + b) \bmod p \tag{4-25}$$

例 4-6　$a=1$，$b=1$，$x=9$，$y=7$，$p=23$ 时可满足式（4-24）：

$$7^2 \bmod 23 = (9^3 + 9 + 1) \bmod 23$$
$$49 \bmod 23 = 739 \bmod 23$$
$$3 \bmod 23 = 3 \bmod 23$$

下面考虑所有满足式（4-25）的整数对$(x，y)$和无穷远点 O 组成的集合 $E_p(a，b)$。

例 4-7 取 $p=23$。考虑椭圆曲线方程 $y^2 = x^3 + x + 1$，这里 $a = b = 1$。

注意，该方程与图 4-1（b）中的方程是相同的。对 $E_{23}(1, 1)$，只关心满足模 p 方程的，从 $(0, 0)$ 到 $(p{-}1, p{-}1)$ 的象限中的非负整数。表 4-4 中列出了若干点（除了原点 O 之外），这些点是 $E_{23}(1, 1)$的一部分。

表 4-4 椭圆曲线 E_{23} (1, 1)上的点

(0，1)	(6，4)	(12，19)
(0，22)	(6，19)	(13，7)
(1，7)	(7，11)	(13，16)
(1，16)	(7，12)	(17，3)
(3，10)	(9，7)	(17，20)
(3，13)	(9，16)	(18，3)
(4，0)	(11，3)	(18，20)
(5，4)	(11，20)	(19，5)
(5，19)	(12，4)	(19，18)

可以证明，若 $(x^3 + ax + b) \bmod p$ 无重复因子，则基于集合 $E_p(a,b)$ 可以定义一个有限 Abel 群。这等价于下列条件：

$$(4a^3 + 27b^2) \bmod p \neq 0 \bmod p \tag{4-26}$$

注意：式（4-26）和式（4-24）具有相同的形式。

$E_p(a, b)$上的加法运算构造与定义在实数上的椭圆曲线中描述的代数方法是一致的。对任何点 $P, Q \in E_p(a,b)$，有：

（1）$P + O = P$。

（2）若 $P = (x_P, y_P)$，则 $P + (x_P, -y_P) = O$。点 $(x_P, -y_P)$ 是 P 的负元，记为 $-P$。

例如，对于 $E_{23}(1, 1)$上的点 $P = (13, 7)$，有 $-P = (13, -7)$。而 $-7 \bmod 23 = 16$，因此，$-P = (13, 16)$，该点也在 $E_{23}(1, 1)$上。

（3）若 $P = (x_P, y_P)$，$Q = (x_Q, y_Q)$，且 $P \neq -Q$，则 $R = P + Q = (x_R, y_R)$ 由下列规则确定：

$$x_R = (\lambda^2 - x_P - x_Q) \bmod p$$
$$y_R = (\lambda(x_P - x_R) - y_P) \bmod p$$

其中，

$$\lambda = \begin{cases} \left(\dfrac{y_Q - y_P}{x_Q - x_P} \right) \bmod p, & \text{若} P \neq Q \\[2mm] \left(\dfrac{3x_P^2 + a}{2y_P} \right) \bmod p, & \text{若} P = Q \end{cases}$$

（4）乘法定义为重复相加，如 $4P = P + P + P + P$。例如，取 $E_{23}(1, 1)$上的 $P = (3, 10)$，

$Q = (9, 7)$，那么

$$\lambda = \left(\frac{7-10}{9-3}\right) \bmod 23 = \left(\frac{-3}{6}\right) \bmod 23 = \left(\frac{-1}{2}\right) \bmod 23 = 11$$

$$x_R = (11^2 - 3 - 9) \bmod 23 = 109 \bmod 23 = 17$$

$$y_R = (11(3-17) - 10) \bmod 23 = -164 \bmod 23 = 20$$

所以 $P + Q = (17, 20)$。为了计算 $2P$，首先求

$$\lambda = \left(\frac{3(3^2)+1}{2 \times 10}\right) \bmod 23 = \left(\frac{5}{20}\right) \bmod 23 = \left(\frac{1}{4}\right) \bmod 23 = 6$$

上面等式的最后一步需要求 4 在 Z_{23} 中的乘法逆元。

$$x_R = (6^2 - 3 - 3) \bmod 23 = 30 \bmod 23 = 7$$

$$y_R = (6(3-7) - 10) \bmod 23 = (-34) \bmod 23 = 12$$

可见 $2P = (7, 12)$。

为了确定各种椭圆曲线密码的安全性，需要知道定义在椭圆曲线上的有限 Abel 群中点的个数。在有限群 $E_p(a, b)$ 中，点的个数 N 的范围是：

$$p + 1 - 2\sqrt{p} \leqslant N \leqslant P + 1 + 2\sqrt{p}$$

所以，对于大数 p，$E_p(a, b)$ 上点的个数约等于 Z_p 中元素的个数。

4.4.3 GF(2^m)上的椭圆曲线

有限域 GF(2^m) 由 2^m 个元素及定义在多项式上的加法和乘法运算组成。给定 m，对 GF(2^m) 上的椭圆曲线，可以使用变元和系数均在 GF(2^m) 上取值的 3 次方程，且利用 GF(2^m) 中的算术运算规则进行计算。

可以证明，GF(2^m) 上适合用于椭圆曲线密码的 3 次方程与 Z_p 上的 3 次方程有所不同，其形式如下。

$$y^2 + xy = x^3 + ax^2 + b \tag{4-27}$$

其中，变元 x 和 y 以及系数 a 和 b 是 GF(2^m) 中的元素，且所有计算均在 GF(2^m) 中进行。

考虑由满足式（4-27）的所有整数对 (x, y) 和无穷远点组成的集合 $E_{2^m}(a, b)$。可以证明，只要 $b \neq 0$，则可基于集合 $E_{2^m}(a, b)$ 定义一个有限 Abel 群。加法的运算规则如下。

对所有点 $P, Q \in E_{2^m}(a, b)$：

（1）$P + O = P$。

（2）若 $P = (x_P, y_P)$，则 $P + (x_P, x_P + y_P) = O$。点 $(x_P, x_P + y_P)$ 是 P 的负元，记为 $-P$。

（3）若 $P = (x_P, y_P)$，$Q = (x_Q, y_Q)$，且 $P \neq Q$，$P \neq -Q$，则 $R = P + Q = (x_R, y_R)$ 由以下规则确定。

$$x_R = \lambda^2 + \lambda + x_P + x_Q + a$$
$$y_R = \lambda(x_P + x_R) + x_R + y_P$$

其中，

$$\lambda = \left(\frac{y_Q + y_P}{x_Q + x_P}\right)$$

（4）若 $P = (x_P, y_P)$，则 $R = 2P = (x_R, y_R)$ 由下列规则确定：

$$x_R = \lambda^2 + \lambda + a$$

$$y_R = x_P^2 + (\lambda + 1)x_R$$

其中，

$$\lambda = x_P + \frac{y_P}{x_P}$$

椭圆曲线
密码

4.4.4　椭圆曲线密码

将 ECC 中的加密算法运算与 RSA 中的模乘运算相对应，将 ECC 中的乘法运算与 RSA 中的模幂运算相对应。要建立基于椭圆曲线的密码体制，则需要类似大合数分解或求离散对数这样的"数学难题"。

考虑方程 $Q = kP$，其中，Q，$P \in E_p(a, b)$ 且 $k < p$。对于给定的 k 和 P 计算 Q 比较容易，而对给定的 Q 和 P，计算 k 则比较困难。

例 4-8　由方程 $y^2 \bmod 23 = (x^3 + 9x + 17) \bmod 23$ 所定义的群 $E_{23}(9, 17)$。

以 $P = (16, 5)$ 为底的 $Q = (4, 5)$ 的离散对数 k 是多少？穷举攻击方法通过计算 P 的倍数寻找 Q。这样：

$P = (16,5)$；$2P = (20,20)$；$3P = (14,14)$；$4P = (19,20)$；$5P = (13,10)$；$6P = (7,3)$；$7P = (8,7)$；$8P = (12,17)$；$9P = (4,5)$

因为 $9P = (4, 5) = Q$，故以 $P = (16, 5)$ 为底的 $Q = (4, 5)$ 的离散对数 $k = 9$。在实际应用中 k 的值非常大，从而使穷举攻击方法不可行。

在一些文献中，分析了几种用椭圆曲线实现加/解密的方法。本节将介绍一种最简单的方法。

首先必须把要发送的消息明文 m 编码成形式为 (x, y) 的点 P_m，并对点 P_m 进行加密，然后对密文进行解密。注意，不能简单地将消息编码成点的 x 坐标或 y 坐标，因为并不是所有的坐标都在 $E_q(a, b)$ 中，如表 4-4 所示。将消息编码成点 P_m 的方法有多种，这里不讨论这些方法。但需要说明的是，确实存在比较直接的编码方法。

首先，挑选一个大的整数 q 以及式（4-25）或式（4-27）中的椭圆曲线参数 a 和 b，这里 q 为素数 p 或是形为 2^m 的整数。由此可以定义出点的椭圆群 $E_q(a, b)$；其次，在 $E_q(a, b)$ 中挑选基点 $G = (x_1, y_1)$，G 的阶为一个非常大的数 n。椭圆曲线上点 G 的阶 n 是使得 $nG = O$ 成立的最小整数。

每个用户 A 选择一个私钥 n_A，并产生公钥 $P_A = n_A \times G$。

若 A 要将消息 P_m 加密后发送给 B，则 A 随机选择一个正整数 k，并产生密文 C_m，该密文是一个点对：

$$c_m = \{kG, P_m + kP_B\}$$

注意，此处使用了用户 B 的公钥 P_B。

若 B 要对密文解密，则需要用第二个点减去第一个点与 B 的私钥之积：

$$P_m + kP_B - n_B(kG) = P_m + k(n_B G) - n_B(kG) = P_m$$

从上面可以发现，A 通过将 kP_B 与 P_m 相加来掩蔽消息 P_m，因为只有 A 知道 k，所以即

使 P_B 是公钥，除了 A 之外，任何人均不能除去伪装。攻击者想要恢复明文消息，就必须通过 G 和 kG 求出 k，但这被认为是非常困难的。

下面举例说明椭圆曲线的加密过程。取 $p=751$，$E_p(-1,188)$，即其椭圆曲线方程为 $y^2=x^3-x+188$，$G=(0,376)$。假定 A 要将已经编码成为椭圆曲线上的点 $P_m=(562,201)$ 的消息发送给 B，且 A 挑选随机数 $k=386$，B 的公钥 $P_B=(201,5)$，那么有

$$kG=386\times(0,376)=(676,558)$$

$$P_m+kP_B=(562,201)+386\times(201,5)=(385,328)$$

于是，A 发送的密文是 $\{(676,558),(385,328)\}$。

4.4.5　椭圆曲线密码体制的安全性

ECC 的安全性建立在由 kP 和 P 确定 k 的困难程度上，这个问题称为椭圆曲线的离散对数问题。Pollard Rho 方法是已知的求椭圆曲线对数的最快方法。表 4-5 对这种方法和分解两个素数之积的一般数域筛法进行了比较。由表 4-5 可知，ECC 使用的密钥比 RSA 中使用的密钥要短得多，而且在密钥长度相同时，ECC 与 RSA 所执行的计算量也差不多[Jurisic 等 1997]。因此，与具有同等安全性的 RSA 相比，由于 ECC 使用更短的密钥，所以 ECC 所需的计算量比 RSA 少。

表 4-5　椭圆曲线密码和 RSA 在计算量上的比较

用 Pollard rho 方法求椭圆曲线对数		使用一般数域筛法进行整数因子分解	
密钥长度/b	MIPS 年	密钥长度/b	MIPS 年
—	—	512	3×10^4
—	—	768	2×10^8
150	3.8×10^{10}	1024	3×10^{11}
—	—	1280	1×10^{14}
205	7.1×10^{18}	1536	3×10^{16}
234	1.6×10^{28}	2048	3×10^{20}

4.4.6　ECC 的实现

美国 NeXT Computer 公司已设计出快速椭圆加密（FEE）算法，其密钥为容易记忆的字串。加拿大 Certicom 公司也设计出实用的椭圆曲线密码体制（ECC）的集成电路（155b 和 12 000 个门的器件）[Certicom 1996]。该电路可实现高效加密、数字签名、认证和密钥管理等。Certicom 公司开发的产品包括：①CARDSECRETS，为 PC 卡信息安全模块；②FAXSECRETS，是独立应用的安全传真模块；③M*BIUS 可集入 Internet 或 PNTS 访问控制的安全解决方案。日本的 Mitsushita 公司、法国的 Thompson 公司、德国的 Siemens 公司和加拿大 Waterloo 大学等也都在实现这一体制。随着大整数分解和并行处理技术的进展，当前采用的公钥体制必须进一步增长密钥，这将使其速度更慢、更加复杂。ECC 则可用较小的开销（所需的计算量、存储量、带宽、软件和硬件实现的规模等）和时延（加密和签名速度高）实现较高的安全性，特别适用于计算能力和集成电路空间受限（如 PC 卡）、带宽受限（如无线通信和某些计算机网络），以及要求高速实现的情况。

Certicom 公司对 ECC 和 RSA 进行了对比，在实现相同安全性的前提下，ECC 所需的密钥量比 RSA 少得多，如表 4-6 所示。其中，"MIPS 年"表示用每秒完成 100 万条指令的计算机所需工作的年数，m 表示 ECC 的密钥由 $2m$ 点构成。以 40MHz 的钟频实现 155b 的 ECC，每秒可完成 40 000 次椭圆曲线运算，其速度比 1024b 的 DSA 和 RSA 快 10 倍。

表 4-6　ECC 和 RSA 的对比

ECC 的密钥长度 m	RSA 的密钥长度	MIPS 年	ECC 的密钥长度 m	RSA 的密钥长度	MIPS 年
160	1024	10^{12}	600	21 000	10^{78}
320	5120	10^{36}	1200	120 000	10^{168}

ECC 特别适用于如下情况。

（1）无线 Modem 的实现。对分组交换数据网提供加密，在移动通信器件上运行 4MHz 的 68330 CPU，ECC 可实现快速 Diffie-Hellman 密钥交换，并使密钥交换占用的带宽极小化，将计算时间从大于 60s 降到 2s 以下。

（2）Web 服务器的实现。在 Web 服务器上集中进行密码计算会形成瓶颈，Web 服务器带宽有限，使用带宽费用高。采用 ECC 可节省计算时间和带宽，且通过算法的协商更易于处理兼容性。

（3）集成电路卡的实现。ECC 无须协处理器就可以在标准卡上实现快速、安全的数字签名，这是 RSA 体制难以做到的。ECC 可使程序代码、密钥、证书的存储空间极小化，数据帧最短，便于实现，大大降低了 IC 卡的成本。

4.4.7　当前 ECC 的标准化工作

IEEE、ISO 和 ANSI 等标准化组织正在着手制定有关标准[Certicom 1996; Menezes 等 1996]。

1. IEEE P1363

椭圆曲线体制已被纳入 IEEE 公钥密码标准 P1363，其中包括加密、签名、密钥协议机制等。该标准完全支持 Z_p 和 F_{2^m} 上的椭圆曲线体制。对于 F_{2^m} 情况，它支持任意子域 F_{2^l} 上 F_{2^m} 的多项式基和正规基。标准 P1363 中也确定了离散对数（素数模下整数乘群子群中的）和 RSA 的加密和签名。其最新的草案可从 Web 地址 http://stdssbds.ieee.org/groups/1363/index.html 得到。

2. ANSI X9

椭圆曲线数字签名算法（ECDSA）标准 ANSI X9.62 是 X9F1 工作组提出的一个草案。ECDSA 提出一种采用椭圆曲线实现的数字签名算法，它类似于 NIST 的数字签名算法。ANSI X9.63 是由 X9F1 中的一个新的工作小组提出的椭圆曲线密钥协商和传输协议标准。它提出了几种采用椭圆曲线实现的密钥协商和密钥传输的方法。

3. ISO/IEC

《有后缀的数字签名》（*Digital Signature with Appendix*）**CD 14888-3** 给出对任意长的消息实现有后缀椭圆曲线数字签名算法，它类似于 ElGamal，更类似于 DSA 签名算法。

4. AISO/IEC

互联网工程任务组（Internet Engineering Task Force，IETF）提出的密钥确定协议

OAKLEY KEY 是一种密钥协商协议，它类似于 Diffie-Hellman 协议。不同的组，包括 F2155h 和 F2210 上的椭圆曲线，都可以采用。该协议草案稿可从 Web 地址 http://www.ietf.cnri.reston.va.us/得到。

4.4.8　椭圆曲线上的 RSA 密码体制

有文献[Koyama 等 1991]曾提出利用 Z_n 上的一类特殊的椭圆曲线构造类似于 RSA 的密码体制。Demytko 也提出类似方案。Vanstone 和 Zuccherato[Vanstone 等 1997]提出另一种方案。有关这类方案的安全性分析，可参阅相关文献[Kurosawa 等 1994; Kaliski 1997]。

4.4.9　用圆锥曲线构造双钥密码体制

有人提出用圆锥曲线构造双钥密码体制，但由于圆锥曲线是二次的，已证明存在亚指数分解算法，其上求离散对数的困难程度等价于在 F_p 上求离散对数。

有关用超椭圆曲线构造双钥体制方法，可参阅相关文献[Koblitz 1989; Adleman 等 1994; Shizuya 等 1991]。

ElGamal 算法是基于 GF(2^m)中乘群上定义的离散对数。这一算法可推广到任意群 G 中的子群 H 上定义的离散对数。如果在 H 中的离散对数问题是困难问题，则可将 ElGamal 体制推广到子群 H 上，其中，$g \in G$，且 $H=\{g^i, i \geq 0\}$，明文集 $M=G$，密文集 $C=G \times G$，随机数 $k \in Z_{|H|}$，其他与 ElGamal 体制一样。特别强调的是，在有限域上椭圆曲线 E 的点集所构成的群 G 上，也可定义离散对数。当所用参数足够大时，求逆在计算上是不可行的。这就为构造双钥密码体制提供了新的途径。

在此基础上构造的 ElGamal 密码体制，其数据展宽系数为 4，另外在椭圆曲线 E 上产生所需的点还没有方便的方法。在安全性方面，Menezes、Okamoto 和 Vanstone [Menezes 等 1991]指出应避免选用**超奇异**（Supersingular）曲线，否则椭圆曲线群上的离散对数问题退化为有限域低次扩域上的离散对数问题，从而能在多项式时间上可解。他们还指出，若所用循环子群的阶数达 2^{160}，则可提供足够的安全性。

Menezes 和 Vanstone 曾提出另一种有效的方法：以椭圆曲线作为"掩蔽"，明文和密文可以是域中（而不一定要求为 E 上的点）任意非 0 有序域元素。这和原来的 ElGamal 密码体制一样，因而这一体制的数据扩展系数为 2[Menezes 1993; Okamoto 等 1994; Menezes 等 1993b]。

Buchman 和 William 提出一种用虚二次数域群构造公钥密码，但在文献[McCurley 1990]提出亚指数时间计算离散对数算法后已无实用价值。

4.5　基于身份的密码体制

4.5.1　引言

1984 年，Shamir 提出了一种基于身份的加密方案（Identity-based Encryption，IBE）的思想，并征询具体的实现方案，方案中不使用任何证书，直接将用户的身份作为公钥，从而简化公钥基础设施（Public Key Infrastructure，PKI）中基于证书的密钥管理过程。例如，用户 A 给用户 B 发加密的电子邮件，B 的邮件地址是 bob@company.com，A 只要将 bob@company.com 作为 B 的公开密钥对邮件进行加密即可。当 Bob 收到加密的邮件后，他与一个第三方——密钥服务器联系，与向 CA 证明自己身份一样，B 向服务器证明自己，并从服务器获得解密用的私钥，再解密就可以阅读邮件。该过程如图 4-2 所示。

图 4-2　基于身份的加密方案示例

与现有的安全电子邮件相比，即使 B 还未建立他的公钥证书，A 也可以向他发送加密的邮件。因此这种方法避免了公钥密码体制中公钥证书从生成、签发、存储、维护、更新到撤销这一复杂的生命周期过程。自 Shamir 提出这种新思想后，由于没有找到有效的实现工具，其实现一直是一个公开的问题。直到 2001 年，Dan Boneh 和 Matt Franklin 获得了数学上的突破，提出了第一个实用的基于身份的公钥加密方案。他们的方案使用椭圆曲线上的双线性映射（称为 Weil 配对和 Tate 配对），将用户的身份映射为一对公钥/私钥。双线性映射是满足 $\text{Pair}(aX,bY)=\text{Pair}(bX,aY)$ 的映射 Pair，其中，a 和 b 是整数，X 和 Y 是椭圆曲线上的点。方案由 4 步组成，简单描述如下。

1. 初始化

密钥服务器选取一条椭圆曲线、秘密整数 s、椭圆曲线上的一点 P，公开 P 和 sP。

2. 加密

发送方 A 想向接收方 B 发送消息 M，首先将 B 的身份（如 bob@company.com）经杂凑函数映射到椭圆曲线上的一个点，记为 Q_{ID}，然后取一秘密的随机数 r，计算 $k=\text{Pair}(rQ_{ID},sP)$，作为加密密钥。最后将加密结果 $E_k(M)$ 和 rP 发给接收方 B。其中，E 是单钥加密算法。

3. 密钥产生

接收方 B 收到 $E_k(M)$ 和 rP 后，向密钥服务器提出申请，服务器在对 B 认证后，计算 sQ_{ID} 并发送给 B，B 以 sQ_{ID} 作为密钥。

4. 解密

B 收到密钥后，计算 $k=\text{Pair}(sQ_{ID},rP)$，使用密钥 k 及单钥算法 E 对密文解密。由于映射 Pair 的性质，B 计算的 k 与 A 使用的 k 相等。其他人不知道密钥 sQ_{ID}，所以无法得到 k。

4.5.2　双线性映射和双线性 D-H 假设

本节将用 Z_q 代表在 mod q 加法下的群 $\{0, 1, \cdots, q-1\}$。对于阶为素数的群 G，用 G^* 代表集合 $G-\{O\}$，这里 O 为 G 中的单位元素。用 Z^+ 代表正整数集。

1. 双线性映射

设 q 是一大素数，G_1 和 G_2 是两个阶为 q 的群，其上的运算分别称为加法和乘法。G_1 到 G_2 的双线性映射 $e: G_1 \times G_1 \rightarrow G_2$，满足下面的性质。

（1）双线性。如果对任意 $P,Q,R \in G_1$ 和 $a,b \in Z$，有 $e(aP,bQ) = e(P,Q)^{ab}$，或 $e(P+Q,R) = e(P,R) \cdot e(Q,R)$ 和 $e(P,Q+R) = e(P,Q) \cdot e(P,R)$，那么该映射称为双线性映射。

（2）非退化性。映射不把 $G_1 \times G_1$ 中的所有元素对（即序偶）映射到 G_2 中的单位元。由于 G_1，G_2 都是阶为素数的群，这意味着：如果 P 是 G_1 的生成元，那么 $e(P,P)$ 就是 G_2 的生成元。

（3）可计算性。对任意的 $P,Q \in G_1$，存在一个有效算法，计算 $e(P,Q)$。

Weil 配对和 Tate 配对是满足上述三个性质的双线性映射。

2. MOV 规约

G_1 中的离散对数问题是指已知 $P,Q \in G_1$，求 $\alpha \in Z_q$，使得 $Q = \alpha P$。已知这是一个困难问题，然而如果记 $g = e(P,P)$，$h = e(Q,P)$，则由 e 的双线性可知 $h = g^\alpha$，因此，可以将 G_1 中的离散对数问题归结为 G_2 中的离散对数问题，若 G_2 中的离散对数问题可解，则 G_1 中的离散对数问题可解。MOV 规约（也称 MOV 攻击）是指将攻击 G_1 中的离散对数问题转变为攻击 G_2 中的离散对数问题。所以要使 G_1 中的离散对数问题为困难问题，那么必须选择适当参数使 G_2 中的离散对数问题为困难问题。

3. DDH 问题

G_1 中的判定性 Diffie-Hellman 问题简称 DDH（Decision Diffie-Hellman）问题，是指已知 P，aP，bP，cP，判定 $c = ab \bmod q$ 是否成立，其中，P 是 G_1^* 中的随机元素，a，b，c 是 Z_q^* 中的随机数。

由双线性映射的性质可知：

$$c = ab \bmod q \Leftrightarrow e(P,cP) = e(aP,bP)$$

因此可将判定 $c = ab \bmod q$ 是否成立，转变为判定 $e(P,cP) = e(aP,bP)$ 是否成立，所以 G_1 中的 DDH 问题是简单的。

4. CDH 问题

G_1 中的计算性 Diffie-Hellman 问题简称 CDH（Computational Diffie-Hellman）问题，是指已知 P，aP，bP，求 abP，其中，P 是 G_1^* 中的随机元素，a，b 是 Z_q^* 中的随机数。

与 G_1 中的 DDH 问题不同，G_1 中的 CDH 问题不因引入双线性映射而解决，因此它仍是困难问题。

5. BDH 问题和 BDH 假设

由于 G_1 中的 DDH 问题简单，那么就不能用其构造 G_1 中的密码体制。IBE 体制的安全性是基于 CDH 问题的一种变形，称为双线性 DH 假设。

双线性 DH 问题简称为 BDH（Bilinear Diffie-Hellman）问题，是指给定 (P,aP,bP,cP) $(a,b,c \in Z_q^*)$，计算 $w = e(P,P)^{abc} \in G_2$，其中，e 是一个双线性映射，P 是 G_1 的生成元，G_1、G_2 是阶为素数 q 的两个群。设用算法 A 解决 BDH 问题，其优势定义为 τ，如果

$$\Pr|A(P,aP,bP,cP) = e(P,P)^{abc}| \geqslant \tau$$

目前还没有有效的算法解决 BDH 问题，因此可假设 BDH 问题是一个困难问题，这就是 BDH 假设。

4.5.3　IBE 方案

令 k 是安全参数，g 是 BDH 参数生成算法，其输出包括素数 q，两个阶为 q 的群 G_1、G_2，一个双线性映射 e：$G_1 \times G_1 \rightarrow G_2$ 的描述。k 用来确定 q 的大小，例如，可以取 q 为 kb 长。

（1）初始化

给定安全参数 $k \in Z^+$，算法运行如下。

① 输入 k 后运行 g，产生素数 q，两个阶为 q 的群 G_1、G_2，一个双线性映射 e：$G_1 \times G_1 \rightarrow G_2$。选择一个随机生成元 $P \in G_1$。

② 随机选取一个 $s \in Z_q^*$，确定 $P_{pub} = sP$。

③ 选取一杂凑函数 $H_1 : \{0,1\}^* \rightarrow G_1^*$。对某个 n，再选一个杂凑函数 $H_2 : G_2 \rightarrow \{0,1\}^n$。在进行安全分析时，则将 H_1、H_2 视为随机语言*。

消息空间为 $\mathcal{M} = \{0,1\}^n$，密文空间为 $\mathcal{C} = G_1^* \times \{0,1\}^n$。系统参数为 $<q, G_1, G_2, e, n, P, P_{pub}, H_1, H_2>$，是公开的。$s$ 为主密钥，是保密的。

（2）加密

用接收方的身份 ID 作为公钥加密消息 $M \in \mathcal{M}$，需要以下三步。

① 计算 $Q_{ID} = H_1(\text{ID}) \in G_1^*$。

② 选择一个随机数 $r \in Z_q^*$。

③ 确定密文 $C = <rP, M \oplus H_2(g_{ID}^r)>$，这里 $g_{ID} = e(Q_{ID}, P_{pub}) \in G_2^*$，$\oplus$ 是异或运算。

（3）密钥产生

对于一个给定的比特串 $\text{ID} \in \{0,1\}^*$，首先计算 $Q_{ID} = H_1(\text{ID}) \in G_1^*$，然后确定秘密钥 $d_{ID} = sQ_{ID}$，其中，s 为主密钥。

（4）解密

设密文为 $C = <U, V> \in \mathcal{C}$，用私钥 d_{ID} 计算 $V \oplus H_2(e(d_{ID}, U)) = M$。

这是因为

$$e(d_{ID}, U) = e(sQ_{ID}, P)^{sr} = e(Q_{ID}, P_{pub})^r = g_{ID}^r$$

杂凑函数有一个性质，即"对任一输入，其输出的概率分布与均匀分布在计算上是不可区分的"。若将这一性质改为"对任一输入，其输出是均匀分布的"，这样的杂凑函数是理想的。若把杂凑函数看作这样一个假想的理想函数，就称其为随机预言（Random Oracle）。

4.5.4　IBE 方案的安全性

1. 语义安全的基于身份的加密

公钥密码体制的语义安全的标准定义如下。

（1）攻击算法已知一个由系统产生的随机公钥。

（2）攻击算法输出两个长度相同的消息 M_0、M_1，再从系统接收 M_b 的密文，其中随机值 $b \in \{0,1\}$。

（3）攻击算法输出 b'，如果 $b = b'$，则攻击成功。如果没有多项式时间的攻击算法能以不可忽略的优势成功，那么该密码体制就是语义安全的。

要定义基于身份的密码体制的语义安全，应允许攻击算法根据自己的选择进行密钥询问，即攻击算法可根据自己的选择询问公钥 ID 对应的密钥。如果不存在多项式时间的攻击算法 A，在下面的攻击中获得成功，那么此方案是语义安全的。

（1）初始化：系统输入安全参数 k，产生公开的系统参数 Params 和保密的主密钥。

（2）阶段 1：攻击算法发出针对 $ID_1, ID_2, \cdots, ID_m$ 的密钥生成请求。系统允许密钥生成算法，生成与公钥 ID_i 对应的密钥 d_i（$i=1, 2, \cdots, m$），并把它发送给攻击算法。

询问：攻击算法输出两个长度相等的明文 M_0、M_1 和一个意欲询问的公开钥 ID。唯一的限制是 ID 不在阶段 1 中的任何密钥询问中出现。系统随机选取一个比特值 $b \in \{0,1\}$，计算 $C = \text{Encrypt}(\text{Params}, \text{ID}, M_b)$，并将 C 发送给攻击算法。

（3）阶段 2：攻击算法发出对 $ID_{m+1}, \cdots, ID_n$ 的密钥生成请求，唯一的限制是 $ID_i \neq ID$（$i=m+1, \cdots, n$），系统以阶段 1 中的方式进行回应。

最后，攻击算法输出猜测 $b' \in \{0,1\}$，如果 $b = b'$，则攻击成功。

攻击算法的优势可定义为参数 k 的函数：

$$\text{Adv}_{\varepsilon,A}(k) = \left| \Pr[b=b'] - \frac{1}{2} \right|$$

定义 4-5 如果对任何多项式时间的攻击算法，$\text{Adv}_{\varepsilon,A}(k)$ 可忽略，那么这个 IBE 体制是语义安全的。

一个函数 $g: R \to R$ 是可以忽略的，意指对任意 $d > 0$ 和一个充分大的 k 有 $|g(k)| < 1/k^d$。

定理 4-1 设杂凑函数 H_1、H_2 是随机预言，如果在 g 产生的群中 BDH 问题是困难的，那么上述 IBE 方案是语义安全的基于身份的加密方案。

证明过程不再赘述。

2. 选择密文安全

选择密文安全是公钥加密方案的一个标准安全概念，IBE 体制对这个要求更高，因为在 IBE 体制中，攻击算法在攻击公钥 ID（即获取与之对应的密钥）时，可能已有所选用户 $ID_1, ID_2 \cdots, ID_n$ 的密钥，因此选择密文安全的定义就应允许攻击算法获取与其所选身份（但不是 ID）相应的私钥，这一要求可视为对密钥产生算法的询问。

一个 IBE 加密方案是抗自适应性选择密文攻击语义安全的，如果不存在多项式时间的攻击算法，它在下面的攻击过程中有不可忽略的概率。

（1）初始化：系统输入安全参数 k，产生公开的系统参数 Params 和保密的主密钥。

（2）阶段 1：攻击算法执行 $q_1, q_2, \cdots, q_m$，这里 q_i 是下述的询问之一。

① 对 $<ID_i>$ 的密钥产生询问。系统运行密钥产生算法，产生与公钥 ID_i 对应的密钥 d_i，并把它发送给攻击算法。

② 对 $< ID_i, C_i >$ 的解密询问。系统运行密钥产生算法，产生与 ID_i 对应的密钥 d_i，再运行解密算法，用 d_i 解密 C_i，并将所得明文发送给攻击算法。

上述询问可以自适应地进行，即执行每个 q_i 时可以依赖执行 $q_1, q_2, \cdots, q_{i-1}$ 时得到的询问结果。

攻击算法输出两个长度相等的明文 M_0、M_1 和一个要被询问的身份 ID。唯一的限制是 ID 不出现在阶段 1 中的任何密钥询问中。

系统选取一个随机值 $b \in \{0,1\}$，产生 $C = \text{Encrypt}(\text{Params}, \text{ID}, M_b)$，并将 C 作为应答发送给攻击算法。

（3）阶段 2：攻击算法产生更多询问 $q_{m+1}, \cdots, q_n, q_i$ 是下面的询问之一。

① 对 $<\text{ID}_i>$ 的密钥产生询问。系统以阶段 1 中的方式进行回应。

② 对 $<\text{ID}_i, C_i>$ 的解密询问。系统以阶段 1 中的方式进行回应。

最后，攻击算法输出对 b 的猜测 $b' \in \{0,1\}$，如果 $b = b'$，则攻击成功。

以上攻击过程也称为"午餐攻击"，相当于有一个执行解密运算的黑盒，掌握黑盒的人在午餐时间离开后，攻击者能使用黑盒对自己选择的密文解密。午餐过后，给攻击者一个目标密文，攻击者试图对目标密文解密，但不能再使用黑盒了。

定义

$$\text{Adv}_{\varepsilon,A}(k) = \left| \Pr[b = b'] - \frac{1}{2} \right|$$

为攻击算法的优势。

定义 4-6　如果对任何多项式时间的攻击算法，函数 $\text{Adv}_{\varepsilon,A}(k)$ 可忽略，那么该 IBE 体制即为抗自适应性选择密文攻击语义安全的。

为使上述方案成为在随机预言模型中是选择密文安全的，还需对其加以修改。以 $\varepsilon_{\text{pk}}(M, r)$ 表示用随机比特 r 在公钥 pk 下加密 M 的公钥加密算法，Fujisaki-Okamoto 指出，如果 ε_{pk} 是单向加密，则 $\varepsilon_{\text{pk}}^{\text{hy}} = <\varepsilon_{\text{pk}}(\sigma, H_3(\sigma, M)), H_4(\sigma) \oplus M>$ 在随机预言模型下是选择密文安全的，其中，σ 是随机产生的比特串，H_3、H_4 是杂凑函数。

粗略地讲，单向加密就是对一个给定的随机密文，攻击算法无法产生明文。单向加密是一个弱安全概念，这是因为它没有阻止攻击算法获得明文的部分比特值。

修改后的加密方案如下。

（1）初始化

与基本方案相同，此外还需选取两个杂凑函数 $H_3: \{0,1\}^n \times \{0,1\}^n \to Z_q^*$ 和 $H_4: \{0,1\}^n \to \{0,1\}^n$，其中，$n$ 是待加密消息的长度。

（2）加密

用公钥 ID 加密 $M \in \{0,1\}^n$。

① 计算 $Q_{\text{ID}} = H_1(\text{ID}) \in G_1^*$。

② 选一个随机串 $\sigma \in \{0,1\}^n$。

③ 计算 $r = H_3(\sigma, M)$。

④ 确定密文 $C = <rP, \sigma \oplus H_2(g_{\text{ID}}^r), M \oplus H_4(\sigma)>$，这里 $g_{\text{ID}} = e(Q_{\text{ID}}, P_{\text{pub}}) \in G_2$。

（3）密钥生成

与基本方案相同。

（4）解密

令 $C = <U, V, W>$ 是用 ID 加密所得的密文。如果 $U \notin G_1^*$，则拒绝这个密文。否则，用密钥 $d_{\text{ID}} \in G_1^*$ 对 C 如下解密。

① 计算 $V \oplus H_2(e(d_{\text{ID}}, U)) = \sigma$。

② 计算 $W \oplus H_4(\sigma) = M$。

③ 确定 $r = H_3(\sigma, M)$，检验 $U = rP$ 是否成立，不成立则拒绝密文。

④ 把 M 作为 C 的明文。

定理 4-2 设杂凑函数 H_1、H_2、H_3、H_4 是随机预言，假设在由 g 生成的群中 BDH 问题是困难的，那么，经过上述修改后的 IBE 是选择密文安全的。

中国商用公
钥密码算法
SM2

4.6　中国商用公钥密码算法 SM2

2010 年 12 月 17 日，国家密码管理局颁布了中国商用公钥密码标准算法 SM2。它是一组基于椭圆曲线的公钥密码算法。本节介绍 SM2 公钥加解密算法。SM2 数字签名算法将在第 6 章介绍。国家密码管理局公告（第 21 号）详细描述了 SM2 系列算法。有关该算法的详细描述，可从 Web 地址 http://www.oscca.gov.cn/sca/xxgk/2010-12/17/content_1002386.shtml 得到。

4.6.1　SM2 椭圆曲线推荐参数

SM2 椭圆曲线系统参数如下。

（1）有限域 F_q 的规模 q（当 $q = 2^m$ 时，还包括元素表示法的标识和约化多项式）。

（2）定义椭圆曲线 $E(F_q)$ 方程的两个元素 $a, b \in F_q$。

（3）椭圆曲线 $E(F_q)$ 上的基点 $G = (x_G, y_G)$（$G \neq O$），其中，x_G、y_G 是 F_q 的两个元素。

（4）G 的阶 n 以及其他可选项，如 n 的余因子 h 等。

SM2 椭圆曲线公钥密码算法推荐使用 256 位素数域 GF(p) 上的椭圆曲线。椭圆曲线方程描述为

$$y^2 = x^3 + ax + b \tag{4-28}$$

SM2 椭圆曲线推荐参数用十六进制表述为

$p =$	FFFFFFFE	FFFFFFFF	FFFFFFFF	FFFFFFFF
	FFFFFFFF	00000000	FFFFFFFF	FFFFFFFF
$a =$	FFFFFFFE	FFFFFFFF	FFFFFFFF	FFFFFFFF
	FFFFFFFF	00000000	FFFFFFFF	FFFFFFFC
$b =$	28E9FA9E	9D9F5E34	4D5A9E4B	CF6509A7
	F39789F5	15AB9F92	DDBCBD41	4D940E93
$n =$	FFFFFFFF	FFFFFFFF	FFFFFFFF	FFFFFFFF
	7203DF6B	21C6052B	53BBF409	39D54123

此椭圆曲线建议基点 G 为

$x_G =$	32C4AE2C	1F198119	5F990446	6A39C994
	8FE30BBF	F2660BE1	715A4589	334C74C7
$y_G =$	BC3736A2	F4F6779C	59BDCEE3	6B692153
	B0A9877C	C62A4740	02DF32E5	2139F0A0

4.6.2　辅助函数

SM2 椭圆曲线公钥加解密算法涉及三类辅助函数：杂凑函数、密钥派生函数和随机数发生器。这三类辅助函数的安全性强弱直接影响加密算法的安全性。因此，实际使用 SM2 椭圆曲线公钥加解密算法时应使用标准中指定的辅助函数。

1. 杂凑函数

杂凑函数的作用是将任意长的数字串 M 映射成一个较短的定长输出数字串的函数，一般用 H 表示。杂凑算法的详细内容将在第 5 章介绍。在 SM2 椭圆曲线公钥加解密算法中，应使用国家密码管理局批准的杂凑算法，如 SM3 杂凑算法。

2. 密钥派生函数

密钥派生函数的作用是从一个共享的秘密比特串中派生出密钥数据。本质上，密钥派生函数是一个伪随机数产生函数，用来产生所需的会话密钥或进一步加密所需的密钥数据。SM2 椭圆曲线公钥加解密算法中详细规定了基于杂凑函数的密钥派生函数。因此，密钥派生函数需要调用杂凑函数。

密钥派生函数所调用的杂凑函数用 H_v 来描述，其输出是长度恰好为 vb 的杂凑值。密钥派生函数用 $K \leftarrow \text{KDF}(Z, \text{klen})$ 来描述，其中，Z 是输入的比特串，klen 是要获得密钥数据的比特长度，要求 klen 小于 $(2^{32}-1)v$。KDF 输出长度为 klen 的密钥数据比特串 K。密钥派生函数的具体算法流程描述如下。

（1）初始化一个 32b 构成的计数器 ct=0x00000001。

（2）对 i 从 1 到 $\lceil \text{klen}/v \rceil$：计算 $\text{Ha}_i = H_v(Z \| ct)$，并令 ct 加 1。

（3）若 klen/v 非整数，令 $\text{Ha}_{\lceil \text{klen}/v \rceil}$ 为 $\text{Ha}_{\lceil \text{klen}/v \rceil}$ 最左边的第 $\left(\text{klen} - \left(v \times \lfloor \text{klen}/v \rfloor \right) \right) b$。否则，令 $\text{Ha}_{\lceil \text{klen}/v \rceil} = \text{Ha}_{\lceil \text{klen}/v \rceil}$。

（4）输出密钥数据比特串 $K = \text{Ha}_1 \| \text{Ha}_2 \| \cdots \| \text{Ha}_{\lceil \text{klen}/v \rceil - 1} \| \text{Ha}_{\lceil \text{klen}/v \rceil}$。

3. 随机数发生器

随机数发生器的作用是从指定的集合范围内产生随机数。随机数发生器必须满足随机性和不可预测性。在 SM2 椭圆曲线公钥加解密算法中，应使用国家密码管理局批准的随机数发生器。

4.6.3　密钥生成

私钥：用户的私钥为一个随机数 $d \in \{1, 2, \cdots, n-1\}$。

公钥：用户的公钥为椭圆曲线上的点 $P = dG$。

4.6.4　加密

设需要发送的消息为比特串 M，klen 为 M 的比特长度。为了对明文 M 进行加密，作为加密者的用户 A 获得用户 B 的公钥 P_B 后，应执行如下运算步骤。

（1）用随机数发生器产生随机数 $k \in \{1, 2, \cdots, n-1\}$。

（2）计算椭圆曲线上的点 $C_1 = kG = (x_1, y_1)$，并将 C_1 的数据类型转换为比特串。

（3）计算椭圆曲线上的点 $S = hP_B$，若 S 是无穷远点，则报错并退出。

（4）计算椭圆曲线上的点 $kP_B = (x_2, y_2)$，并将坐标 x_2、y_2 的数据类型转换为比特串。

（5）计算 $t = \mathrm{KDF}(x_2\|y_2, \mathrm{klen})$，若 t 为全 0 比特串，则返回（1）。

（6）计算 $C_2 = M \oplus t$。

（7）计算 $C_3 = \mathrm{Hash}(x_2\|M\|y_2)$。

（8）输出密文 $C = C_1\|C_2\|C_3$。

注意： 第（7）步所使用的杂凑函数 Hash 也应使用中国商用密码标准中的杂凑函数。

图 4-3 为 SM2 椭圆曲线公钥加密算法的流程图。

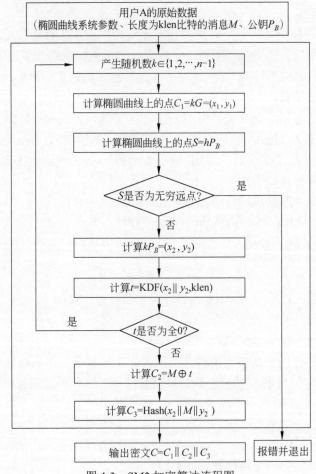

图 4-3　SM2 加密算法流程图

4.6.5　解密

设需要解密的密文为 $C = C_1\|C_2\|C_3$，klen 为密文中 C_2 的比特长度。为了对密文 C 进行解密，作为解密者的用户 B 应用其私钥 d_B 执行如下运算步骤。

（1）从 C 取出比特串 C_1，将 C_1 的数据类型转换为椭圆曲线上的点，验证 C_1 是否满足椭圆曲线方程。若不满足，则报错并退出。

（2）计算椭圆曲线上的点 $S = h\,C_1$，若 S 是无穷远点，则报错并退出。

（3）计算 $d_B\,C_1 = (x_2, y_2)$，并将坐标 x_2、y_2 的数据类型转换为比特串。

（4）计算 $t = \text{KDF}(x_2 \| y_2, \text{klen})$，若 t 为全 0 比特串，则返回（1）。

（5）从 C 取出比特串 C_2，计算 $M' = C_2 \oplus t$。

（6）计算 $u = \text{Hash}(x_2 \| M' \| y_2)$，从 C 取出比特串 C_3，若 $u \ne C_3$，则报错并退出。

（7）输出明文 M'。

注意：第（6）步所使用的杂凑函数应与加密函数第（7）步所使用的杂凑函数一致。

图 4-4 为 SM2 椭圆曲线公钥解密算法的流程图。

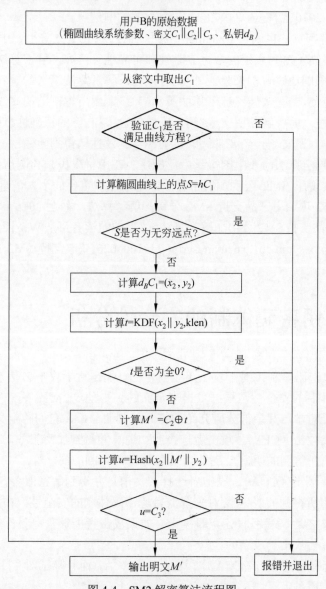

图 4-4　SM2 解密算法流程图

很容易证明加解密的正确性。由加密算法可知：

$$C_1 = kG = (x_1, y_1) \tag{4-29}$$

由公私钥关系、加密算法的第（4）步、解密算法的第（3）步可知：

$$d_B C_1 = d_B kG = kP_B = (x_2, y_2) \tag{4-30}$$

因此，解密算法第（4）步可得到正确的会话密钥 t，经第（5）步得到正确的明文 $M' = M$。

4.6.6　实例与应用

为了开发人员在工程实现时调试方便，中国国家密码管理局在颁布 SM2 公钥加解密算法时，分别给出了 SM2 公钥加解密算法在 F_p-256 上椭圆曲线和在 F_{2^m}-257 上椭圆曲线的消息加解密实例，以及加解密各步骤中的有关值。感兴趣的读者可从 Web 地址 http://www.oscca.gov.cn/News/201012/News_1197.htm 获取相关实例信息。

SM2 公钥加解密算法也属于 ElGamal 型椭圆曲线密码。但 SM2 公钥加解密算法加入了很多检错措施，提高了密码系统的数据完整性和可靠性。例如，解密算法第（1）步，通过验证 C_1 是否满足椭圆曲线方程来验证 C_1 的有效性；解密算法第（2）步，通过验证子群元素的阶进一步检查 C_1 的有效性；解密算法第（6）步，用所解密的明文 M' 以及坐标值 x_2、y_2 检查 C_3 的正确性，而所解密明文 M' 的正确性包含 C_2 与 t 的正确性。因此，经过解密步骤（1）、（2）、（6），密文 $C = C_1 \| C_2 \| C_3$ 的正确性与有效性均得到验证。

SM2 公钥密码学算法已在中国得到广泛应用。在中华人民共和国居民身份证内置的芯片中，就用硬件实现了 SM2 公钥加解密算法，用来保护重要的个人信息。截至 2013 年 8 月 31 日，共有 352 项通用产品支持 SM2 公钥加解密算法；截至 2016 年 2 月 29 日，共有 564 项商用密码产品支持 SM2 公钥加解密算法。感兴趣的读者可从 Web 网址 http://www.oscca.gov.cn/app-zxfw/cpxx/symmcp1.jsp?manuscript_id=1000026 获取支持 SM2 公钥加解密算法的商用密码产品目录。

4.7　公钥密码体制的安全性分析

人们通常说"密码体制 X 对于攻击 Y 是安全的，但是对于攻击 Z 是不安全的"，这是有道理的，即密码体制的安全性是根据攻击来定义的。主动攻击通常有三种方式，这些主动攻击的方式将用于对本章其余部分所介绍的密码体制的分析，它们的定义如下。

（1）选择明文攻击（CPA）。攻击者选择明文消息并得到加密服务，产生相应的密文。攻击者的任务是用所得到的明/密文对来降低目标密码体制的安全性。

（2）选择密文攻击（CCA）。攻击者选择密文消息并得到解密服务，产生相应的明文。攻击者的任务是用所得到的明/密文对来降低目标密码体制的安全性。在解密服务停止后，即在得到目标密文之后，解密服务立即停止。如果攻击者能够从"目标密文"中得到保密明文的信息，则认为攻击是成功的。

（3）适应性选择密文攻击（CCA2）。这是一个 CCA，而且除了对"目标密文"解密外，永远能够得到解密服务。

可以用以下情形想象上述攻击类型。

（1）在 CPA 中，攻击者有一个加密盒子。

（2）在 CCA 中，攻击者可以有条件地使用解密盒子：在交给攻击者目标密文之前关闭解密盒子。

（3）在 CCA2 中，在攻击者得到目标密文之前或之后，只要攻击者不把目标密文输入解密盒子（这个唯一的限制是合理的，否则攻击者就没有任何需要解决的困难问题了），他就可以一直使用这个解密盒子。

在所有的情况下，攻击者都不应该拥有相应的密钥。

CPA 和 CCA 原来是作为攻击对称密码系统所提出的主动密码分析模型，在对称密码系统中，攻击者的目标就是用他从攻击中得到的明/密文对减弱目标加密系统的安全性。它们已经用于规范对公钥系统的主动攻击。这里指出以下有关公钥密码系统的三个细节。

（1）在公钥系统下，由于给定了公钥，任何人都可以完全控制加密算法，因此，任何人总是可以得到公钥系统的加密服务。换句话说，CPA 永远可以用来攻击公钥密码系统。于是，如果对公钥密码系统的一个攻击没有用到任何解密服务，就可以称这个攻击为 CPA。显然，任何一个公钥密码系统必须抵抗 CPA，否则它就不是一个有用的密码系统。

（2）一般地，大多数公钥密码体制基于的数学问题都有一些很好的代数结构性质，如闭包、结合律和同态等。攻击者可以运用这些很好的性质，通过巧妙计算组成一条密文。如果攻击者能得到解密服务，则他通过巧妙计算可能得到一些明文信息，或甚至是目标加密系统的私钥，否则要得到私钥对他来说在计算上是不可行的。所以，公钥系统特别容易受到 CCA 和 CCA2 的攻击。

（3）看起来 CCA 限制太大了。在实际应用中，处于攻击下的用户（被要求提供解密服务）实际上未必知道攻击的存在。所以用户就不知道何时应该停止提供解密服务。一般假设普通用户不知道攻击者的存在，所以攻击者一直能够得到解密服务。另一方面，由于攻击者总能够执行选择明文的加密"服务"，所以任何公钥系统都必须抵抗 CPA。由于这个原因，主要考虑抵抗 CCA2 的方法。

近来，人们对抗选择密文攻击的双钥密码有不少研究。Goldwasser 等学者[Goldwasser 等 1988]最先指出并非所有双钥体制的解密问题都像从公钥恢复密钥一样困难，因此必须注意双钥体制经受选择密文攻击的能力。Naor 和 Yung[Naor 等 1990]首次提出了一种抗冷漠选择密文攻击在语义上安全的具体公钥加密方案。此方案采用了两个独立的概率公钥加密方案对明文加密，然后以非交互零知识证明方式送出。其中同一个消息采用两个密钥加密。Rackoff 和 Simon[Rackoff 等 1991]首次提出一种抗自适应选择密文攻击在语义上安全的公钥加密方案。但这类方案都由于消息扩展太大而不实用。

Damgård 也曾提出一种可以抗冷漠选择密文攻击的有效构造公钥体制的方法，Zheng 和 Seberry[Zheng 等 1993]指出，该体制不能抗自适应选择明文攻击，并提出三种方法对抗此类攻击。但这些方案都未能证明可以达到所宣称的安全水平。后来 Bellare 和 Gogaway [Bellare 等 1993]证明 Zheng 等提出的方案中的随机预言模型式（Random Oracle Model）在自适应选择密文攻击下是可证明安全的。Lim 和 Lee [Lim 等 1993]曾提出可以抗选择密文攻击的公钥方案，但被 Frankel 和 Yung[Frankel 等 1995]攻破。

习　题

一、填空题

1. 在双钥密码体制中，若以_____作为加密密钥，以_____作为解密密钥，则可实现多个用户加密的消息只能由一个用户解读；若以_____作为加密密钥，以_____为解密密钥，则可实现一个用户加密的消息能由多个用户解读。

2. 对于双钥密码体制来说，其安全性主要取决于_____，要求加密函数具有_____。

3. DL 问题是指已知 y，g，p，求_____的问题；DHP 问题是指已知 α^a 和 α^b，求_____的问题；FAC 问题是指已知 $n = p \cdot q$，求_____和_____的问题。

4. 双钥密码体制需要基于单向函数来构造，目前多数双钥密码体制是基于_____、_____、_____和_____等问题构造的。

5. RSA 签名体制的安全性基于_____数学难题。RSA 密码体制易于实现，既可用于_____，又可用于_____，是被广泛应用的一种公钥体制。

6. 针对 RSA 密码体制的选择密文攻击，包括_____、_____和_____等方式。

7. ElGamal 密码体制的安全性基于_____数学难题，其加密密文由明文和所选随机数 k 确定，因而属于_____加密。

8. 椭圆曲线密码体制利用有限域上的_____所构成的群上定义的_____构造双钥密码体制。

9. 基于身份的密码体制，使用椭圆曲线上的_____，将用户的身份映射为_____。

10. 有限域 $GF(2^m)$ 上的椭圆曲线点集可以构造_____群，可利用在此群上定义的离散对数系统，构造出基于_____的双钥密码体制。

11. 中国商用公钥密码标准算法 SM2 是一组基于_____的公钥密码算法。SM2 公钥加解密算法中包含三类辅助函数，分别为_____、_____和_____。

二、思考题

1. 什么是单向函数？什么是陷门单向函数？

2. 双钥体制的安全性均依赖于构造双钥算法所依赖的数学难题。那么 RSA 算法是基于一种什么数学难题构造的？

3. 离散对数问题与计算 Diffie-Hellman 问题有什么关系？

4. 在 RSA 公钥数据 (e,N) 中，为什么加密指数 e 必须与 $\varphi(N)$ 互素？

5. 通常情况下分解奇合数是困难问题。那么分解素数的幂也是困难问题吗？（一个素数幂是 $N=p^i$，其中 p 是素数，i 是整数。分解 N。）（提示：对任意 $i>1$，计算 N 的 i 次根需要尝试多少个指数值 i？）

6. RSA 加密函数可以看作 RSA 模数乘群上的一个置换，所以 RSA 函数也称为单向陷门置换。ElGamal 加密函数是单向陷门置换吗？

7. 在什么情况下可以把 ElGamal 密码体制看作确定的算法？

8. ElGamal 加密与 RSA 加密的异同点是什么？

9. 与 RSA 相比，ECC 的主要优点是什么？试将两者进行比较。

10. SM2 公钥加解密算法与椭圆曲线 ElGamal 公钥加解密算法相比,有什么相似之处? 有什么不同之处? SM2 公钥加解密算法增加了何种功能? 试将两者进行比较。

11. 什么是 CPA、CCA 和 CCA2? 为什么所有公钥加密算法都必须抵抗 CPA?

12. 由于主动攻击通常要修改网络上传输的（密文）消息，那么如果公钥加密算法用了数据完整性检测技术来检测对密文消息的非授权修改，主动攻击是否仍然会有效?

三、计算题

RSA 公钥加密算法: 选 $p = 5$, $q = 11$。可以求出 $n = p \times q = 55$, $\varphi(n) = (p-1)(q-1) = 40$。取加密指数 $e = 7$，因此满足 $\gcd(\varphi(n), e) = 1$。请进行以下计算:

（1）确定私钥 d 的值。（提示：尝试计算满足 $x \times 40 + 1 = d \times 7$ 成立的 x 和 d）

（2）请指出该 RSA 算法的公钥和私钥分别是什么?

（3）若明文为 $m = 24$，计算加密后得到的密文。

（4）若密文为 $c = 17$，计算解密后得到的明文。

第5章

消息认证与杂凑函数

本章首先介绍认证和认证系统的基本概念，认证码的基本理论[Meyer 等 1982]；然后介绍认证算法的基本组成部分——杂凑（Hash）函数；最后介绍几种实用的杂凑算法，如 MD 系列杂凑算法、SHA 系列杂凑算法和中国商密标准 SM3 杂凑算法。

5.1 认证函数

本节讨论可以用来产生认证符的函数类型，这些函数可以分为以下三类。

- **消息加密**：它采用整个消息的密文作为认证符。
- **消息认证码（MAC）**：它是消息和密钥的公开函数，它产生定长的值，以该值作为认证符。
- **杂凑函数**：它将任意长的消息映射为定长的杂凑值，以该杂凑值作为认证符。

5.1.1 消息加密

消息加密

消息加密本身就提供了一种认证手段。信息加密能确保所接收消息的真实性吗？很多人相信，若消息收方对密文解密后能够得到符合语义的消息，他就认为密文是采用双方共享的密钥加密后得到的，据此可以判断消息发方是可信赖的人，且消息在传输过程中没有被篡改。事实上，由密文正确解密而得出发方可信及消息可信的结论是错误的。下面通过给出的几个反例就可以证实这一点。对称密码和公钥密码两种体制对消息加密的分析是不相同的。

1. 反例 1——单钥加密

考虑一个使用单钥加密的简单例子，如图 5-1（a）所示。发方 A 用 A 和 B 共享的密钥 K 对发送到收方 B 的消息 M 加密。理论上讲，若没有其他方知道该密钥，那么单钥加密可提供保密性，因为任何其他方均不能恢复出消息明文。一般来讲，若没有攻击者存在，B 可确信该消息是由 A 产生的。

其实，单钥密码既可提供认证又可提供保密的结论是不正确的。考虑在 B 方发生的事件，给定解密函数 D 和密钥 K，收方可接收任何输入 X，并产生输出 $Y = D_K(X)$。若 X 是用相应的加密函数对合法消息 M 加密生成的密文，则 Y 就是明文消息 M；否则 Y 可能是无意义的位串。因此在 B 端需要有某种方法能确定 Y 是合法的明文以及消息确实来自 A，即需要对 A 进行身份认证。

第 3 章介绍了分组密码的 8 种工作模式，其中，ECB 和 CTR 两种工作模式属于确定性的加密模式，即对同一明文进行两次加密，所得密文均相同。若攻击者窃取了上次通信的

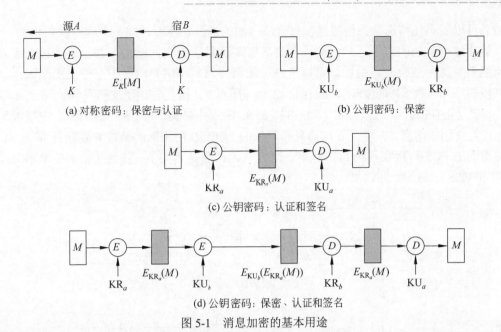

图 5-1　消息加密的基本用途

密文，隔一段时间后再重新发送旧的密文，收方 B 仍然可以解出上次通信的明文，而此时该密文是由攻击者发送的。因此，单钥加密不能提供对 A 的身份认证。

从认证的角度来看，上述推理存在这样一个问题。如果消息 M 可以是任意的位模式，那么收方无法确定接收到的消息是否为合法明文对应的密文，无论 M 的值是什么，$Y = D_K(M)$ 都会作为真实的明文被接收。

一般来讲，要求合法明文只是所有可能位模式的一个小子集。这样，由任何伪造的密文都不太可能得出合法的明文。例如，假定 10^6 种位模式中只有一种是合法明文的位模式，那么随机选择一个位模式作为密文，它产生合法明文消息的概率只有 10^{-6}。

许多应用和加密方法都满足上述条件。例如，假定利用具有一次移位 $(K=1)$ 的 Caesar 密码传递英文消息，A 发送下述合法的消息：

nbsftfbupbutboeepftfbupbutboemjuumfmbnctfbujwz

B 解密并产生下述明文：

mareseatoatsanddoeseatoatsandlittlelambseativy

通过简单的频率分析可以发现，这个消息具有普通英语的特点。若攻击者产生下述随机的字符序列：

zuvrsoevgqxlzwigamdvnmhpmccxiuureosfbcebtqxsxq

则它被解密为

ytuqrndufpwkyvhfzlcumlgolbbwhttqdnreabdaspwrwp

这个序列不具有普通英语的特点。

对接收到的密文解密，再对所得明文的合法性进行判别，这不是一件容易的事。例如，若明文是二进制文件或数字化的 X 射线，那么很难确定解密后的消息是真实的明文。因此攻击者可以发布任何消息并伪称是发自合法用户的消息，从而造成某种程度的欺骗。

解决这个问题的方法之一：要求明文具有某种易于识别的结构，并且不通过加密函数是不能重复这种结构的。例如，可以考虑在加密前对每个消息附加一个错误检测码，也称为帧校验序列（FCS）或校验和，如图 5-2（a）所示。A 准备发送明文消息 M，那么 A 将 M 作为函数 F 的输入，产生 FCS，将 FCS 附加在 M 后并对 M 和 FCS 一起加密。在接收端，B 解密其收到的信息，并将其看作消息和附加的 FCS，B 用相同的函数 F 重新计算 FCS。若计算得到的 FCS 和接收到的 FCS 相等，则 B 认为消息是真实的。任何随机的位串不可能产生 M 和 FCS 之间的上述联系。

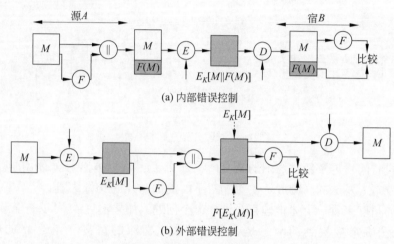

(a) 内部错误控制

(b) 外部错误控制

图 5-2　内部和外部错误控制

注意，FCS 和加密函数执行的顺序很重要。Diffie 等[Diffie 等 1979]将如图 5-2（a）所示的这种序列称为内部错误控制，以与外部错误控制（见图 5-2（b））对应。对于内部错误控制，由于攻击者很难产生密文，使得解密后其错误控制位是正确的，因此内部错误控制可以提供认证；如果 FCS 是外部码，那么攻击者可以构造具有正确错误控制码的消息，虽然攻击者不知道解密后的明文是什么，但他可以造成混淆并破坏通信。

错误控制码仅是具有上述结构的一个例子。事实上，在待发送的消息中加入任何类型的结构信息都会增强认证能力。分层协议通信体系可以提供这种结构，例如，可以考虑使用 TCP/IP 传输的消息结构，图 5-3 给出的 TCP 段的格式说明了 TCP 报头的结构。假定每

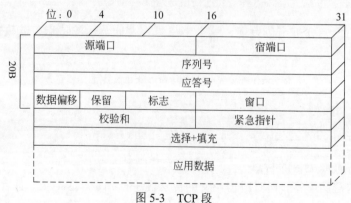

图 5-3　TCP 段

对主机共享一个密钥，并且无论是何种应用，每对主机间都使用相同的密钥进行信息交换，那么可以对除 IP 报头外的所有数据报加密，如图 5-4 所示，如果攻击者用一条消息替代加密后的 TCP 段，那么解密后得出的明文将不等于原 IP 报头。在这种方法中，头不仅包含校验和，还含有其他一些有用的信息，如序列号。因为对于给定连接，连续的 TCP 段是按顺序编号的，所以加密使攻击者不能删除任何段或改变段的顺序。

2. 公钥加密

使用公钥加密（见图 5-1（b））可提供保密性，但不能提供认证。发方 A 使用收方 B 的公钥 KU_b 对 M 加密，由于只有 B 拥有相应的私钥 KR_b，所以只有 B 能对消息解密。但是任何攻击者可以假冒 A 用 B 的公钥对消息加密，所以这种方法不能保证消息发方 A 的身份真实性。

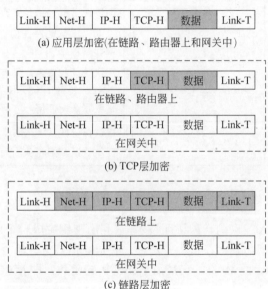

(a) 应用层加密(在链路、路由器上和网关中)

在链路、路由器上

在网关中

(b) TCP层加密

在链路上

在网关中

(c) 链路层加密

阴影表示加密
TCP-H=TCP头
IP-H=IP头
Net-H=网络层数据头(如X.25分组头，LLC头)
Link-H=数据链接控制协议头
Link-T=数据链接控制协议尾

图 5-4　不同加密策略的实现

若要提供认证，则 A 用其私钥对消息签名，而 B 用 A 的公钥对接收的签名进行验证（见图 5-1（c））。因为只有 A 拥有 KR_a，能产生用 KU_a 可验证的签名，所以该消息一定来自 A。同样，明文也必须有某种内部结构以使收方能区分真实的明文和随机的位串。

假定明文具有这种结构，那么图 5-1（c）的方法既可提供认证，又可提供数字签名功能。由于只有 A 拥有 KR_a，所以只有 A 能够产生密文，甚至收方 B 也不能产生密文，因此若 B 接收到密文消息，则 B 可以确认该消息来自 A。事实上，A 通过用其私钥对消息加密实现对该消息"签名"。

注意，这种方法不能提供保密性，因为任何拥有 A 的公钥的人都可将密文解密。

如果既要提供保密性又要提供认证,那么 A 可先用其私钥对 M 加密,这就是数字签名;然后 A 用 B 的公钥对上述结果加密,这可保证保密性(图 5-1 (d))。但这种方法也有缺点,即一次通信中要执行 4 次复杂的公钥算法。

表 5-1 归纳总结了各种消息加密方法在提供保密性和认证方面的特点。

表 5-1 各种消息加密方法在提供保密性和认证方面的特点

	格　式	特　点
对称加密	$A \rightarrow B: E_K[M]$	提供保密性:只有 A 和 B 共享 K 提供认证:只能发自 A;传输中未被改变;需要某种数据组织形式或冗余 不能提供数字签名:收方可以伪造消息;发方可以否认消息
公钥(非对称)加密	$A \rightarrow B: E_{KU_b}[M]$	提供保密性:只有 B 拥有用于解密的密钥 KR_b 不能提供认证:任何一方都可用 KU_b 对消息加密并假称是 A
公钥加密:认证和签名	$A \rightarrow B: E_{KR_a}[M]$	提供认证和签名:只有 A 拥有用于加密的密钥 KR_a;传输中未被改变;需要某种数据组织形式或冗余;任何一方可用 KU_a 验证签名
公钥加密:保密性、认证和签名	$A \rightarrow B: E_{KU_b}[E_{KR_a}(M)]$	提供保密性(因为 KU_b) 提供认证和签名(因为 KR_a)

5.1.2 消息认证码

消息认证码又称 MAC,也是一种认证技术,它利用密钥生成一个固定长度的短数据块,并将该数据块附加在消息之后。在这种方法中,假定通信双方,如 A 和 B,共享密钥 K。若 A 向 B 发送消息,则 A 计算 MAC,它是消息和密钥的函数,即 $MAC = C_K(M)$,其中:

M=输入消息

C=MAC 函数

K=共享密钥

MAC=消息认证码

消息和 MAC 被一起发送给收方。收方对接收到的消息用相同的密钥 K 进行相同计算,得出新的 MAC,并将接收到的 MAC 与其计算出的 MAC 进行比较(见图 5-5 (a))。如果假定只有收发双方知道该密钥,且若接收到的 MAC 值与计算得出的 MAC 值相等,则有:

(1)收方可以相信消息未被修改。如果攻击者改变了消息,但他无法改变相应的 MAC,那么收方计算出的 MAC 将不等于接收到的 MAC。因为已假定攻击者不知道密钥,所以他不知道应如何改变 MAC 才能使其与修改后的消息相一致。

(2)收方可以相信消息来自真正的发方。因为其他各方均不知道密钥,因此不能产生具有正确 MAC 的消息。

(3)如果消息中含有序列号(如 HDLC、X.25 和 TCP 中使用的序列号),那么收方可以相信消息顺序是正确的,因为攻击者无法成功地修改序列号。

MAC 函数与加密类似。其区别之一是 MAC 算法不要求可逆性,而加密算法必须是可逆的。一般而言，MAC 函数是多对一函数，其定义域由任意长的消息组成，而值域由所有可能的 MAC 和密钥组成。若使用 n 位长的 MAC，则有 2^n 个可能的 MAC，而有 N 条可能的消息，其中，$N \gg 2^n$。若密钥长为 k，则有 2^k 种可能的密钥。

例如，假定使用 100 位的消息和 10 位的 MAC，那么总共有 2^{100} 种不同的消息，但仅有 2^{10} 种不同的 MAC。所以平均而言，同一 MAC 可以有 $2^{100}/2^{10}=2^{90}$ 条不同的消息产生。若使用的密钥长为 5 位，则从消息集合到 MAC 值的集合有 $2^5=32$ 种不同的映射。

可以证明，因认证函数的数学性质，与加密相比，认证函数更不易被攻破。

如图 5-5（a）所示的过程可以提供认证但不能提供保密性，因为整个消息是以明文形式传送的。若在 MAC 算法之后（见图 5-5（b））或之前（见图 5-5（c））对消息加密，则可以获得保密性。这两种情形都需要两个独立的密钥，并且收发双方共享这两个密钥。在第 1 种情形中，先将消息作为输入，计算 MAC，并将 MAC 附加在消息后，然后对整个消息数据块加密；在第 2 种情形中，先将消息加密，然后将此密文作为输入，计算 MAC，并将 MAC 附加在上述密文之后形成待发送的消息数据块。一般而言，将 MAC 直接附加于明文之后更优，所以通常使用图 5-5（b）中的方法。

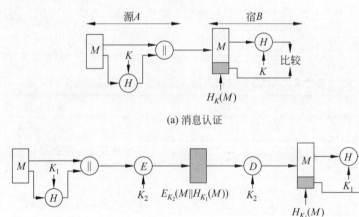

(a) 消息认证

(b) 消息认证和保密性；与明文有关的认证

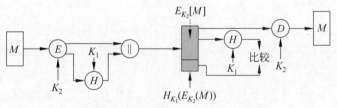

(c) 消息认证和保密性；与密文有关的认证

图 5-5　消息认证码（MAC）的基本应用

对称加密可以提供认证，且它已广泛应用于现有产品中，那么为什么不直接使用这种方法而要使用分离的消息认证码呢？Davies 等提出了三种使用消息认证码的情形。

（1）有许多应用是将同一消息广播给很多收方。例如，需要通知各用户网络暂时不可使用，或一个军事控制中心要发一条警报。在这种情况下，一种经济可靠的方法就是只要一个收方负责验证消息的真实性，所以消息必须以明文加上消息认证码的形式进行广播。上述负责验证的收方拥有密钥并执行认证过程，若 MAC 错误，则发警报通知其他收方。

（2）在信息交换中，可能有这样一种情况，即通信的某一方的处理负荷很大，没有时间解密所有接收到的消息，此时该收方应具备随机选择消息并对其进行认证的能力。

（3）对明文形式的计算机程序进行认证是一种很有意义的服务。运行一个计算机程序不必每次对其解密，因为每次对其解密会浪费处理器资源。若将消息认证码附于该程序之后，则可在需要保证程序完整性的时候才验证消息认证码。

除此以外，还有下述三种情形。

（1）一些应用并不关心消息的保密性，而关心消息认证。例如，简单网络管理协议版本 3（SNMP v3）就是这样的例子，它将提供保密性和提供认证分离开来。对这些应用，管理系统应对其接收到的 SNMP 消息进行认证，这一点非常重要，尤其是当消息中包含修改系统参数的命令时更是如此，但管理系统不必对 SNMP 传输的消息进行加密。

（2）将认证和保密性分离开来，可使层次结构更加灵活。例如，可能希望在应用层对消息进行认证，而在更低层上，如传输层，则可能希望提供保密性。

（3）仅在接收消息期间对消息实施保护是不够的，用户可能希望延长对消息的保护时间。就消息加密而言，消息被解密后就不再受任何保护，这样只是在传输中可以使消息不被修改，而不是在收方系统中保护消息不被修改。由于收发双方共享密钥，因此 MAC 不能提供数字签名。

表 5-2 归纳总结了图 5-5 中各种采用 MAC 的认证方法在提供保密性和认证方面的特点。

表 5-2　各种采用 MAC 的认证方法在提供保密性和认证方面的特点

	格　式	基　本　应　用
消息认证	$A \rightarrow B : M \parallel C_K(M)$	提供认证：只有 A 和 B 共享 K
消息认证和保密性：与明文有关的认证	$A \rightarrow B : E_{K_2}[M \parallel C_{K_1}(M)]$	提供认证：只有 A 和 B 共享 K_1 提供保密性：只有 A 和 B 共享 K_2
消息认证和保密性：与密文有关的认证	$A \rightarrow B : E_{K_2}[M] \parallel C_{K_1}(E_{K_2}[M])$	提供认证：使用 K_1 提供保密性：使用 K_2

5.1.3　杂凑函数

杂凑函数（Hash Function）是将任意长的数字串 M 映射成一个较短的定长输出数字串 H 的函数，以 h 表示，$h(M)$ 易于计算，称 $H = h(M)$ 为 M 的杂凑值，也称杂凑码、杂凑结果等，或简称杂凑。这个 H 无疑打上了输入数字串的烙印，因此又称其为输入 M 的数字指纹（Digital Finger Print）。h 是多对一映射，因此不能从 H 求出原来的 M，但可以验证任一给定序列 M' 是否与 M 有相同的杂凑值。

单向杂凑函数还可按其是否有密钥控制划分为两大类。一类有密钥控制，以 $h(k, M)$ 表示，为密码杂凑函数；另一类无密钥控制，为一般杂凑函数。无密钥控制的单向杂凑函数，其杂凑值只是输入字串的函数，任何人都可以计算，因而不具有身份认证功能，只用于检测接收数据的完整性，如篡改检测码（Manipulation Detection Code，MDC），用于非密码计算机应用中。有密钥控制的单向杂凑函数，要满足各种安全性要求，其杂凑值不仅与输入有关，而且与密钥有关，只有持此密钥的人才能计算出相应的杂凑值，因而具有身份验证功能，如消息认证码（Message Authentication Code，MAC）[ANSI X 9.9 1986]。此时的杂凑值也称作认证符或认证码。密码杂凑函数在现代密码学中有重要作用。本节主要讨论密码杂凑函数。

杂凑函数在实践中有广泛的应用。在密码学和数据安全技术中，它是实现有效、安全可靠的数字签名和认证的重要工具，是安全认证协议中的重要模块。由于杂凑函数应用的多样性和其本身的特点而有很多不同的名字，其含义也有差别，如压缩函数、紧缩函数、数据认证码（Data Authentication Code）、消息摘要（Message Digest）、数字指纹、数据完整性校验（Data Integrity Check）、密码检验和（Cryptographic Check Sum）、消息认证码、篡改检测码等。

密码学中所用的杂凑函数必须满足安全性的要求，要能防伪造，抗击各种类型的攻击，如生日攻击、中途相遇攻击等。因此必须深入研究杂凑函数的性质，从中找出能满足密码学需要的杂凑函数。下面首先引入一些基本概念。

单向杂凑函数是消息认证码的一种变形。与消息认证码一样，杂凑函数的输入是大小可变的消息 M，输出是定长的杂凑值 $h(M)$。与 MAC 不同，杂凑值运算不使用密钥，它仅是输入消息的函数。杂凑值有时也称为消息摘要。杂凑值也是所有消息位的函数，它具有错误检测能力，即改变消息的任何一位或多位都会导致杂凑值的改变。

5.2　消息认证码

消息认证码

MAC 也称为密码校验和，它由下述形式的函数 C 产生：
$$\text{MAC} = C_K(M)$$
其中，M 是一个变长消息，K 是收发双方共享的密钥，$C_K(M)$ 是定长的认证符。在假定或已知消息正确时，将 MAC 附于发方的消息之后发送给收方；收方可通过计算 MAC 来认证该消息。

5.2.1　对 MAC 的要求

为了获得保密性，可用对称或非对称密码对整个消息加密，这种方法的安全性一般依赖于密钥的位长。除了算法中本身的某些弱点外，攻击者可以对所有可能的密钥进行穷举攻击。对于一个 k 位的密钥，穷举攻击一般需要 $2^{(k-1)}$ 步。对仅依赖于明文的攻击，若给定密文 C，攻击者要对所有可能的 K_i 计算 $P_i = D_{K_i}(C)$，直到产生的某 P_i 具有适当的明文结构为止。

而对 MAC 来讲情况则完全不一样。一般来讲，MAC 函数是多对一函数。攻击者如何用穷举法找到密钥呢？如果没有提供保密性，那么攻击者可访问明文形式的消息及其 MAC。假定 $k > n$，即假定密钥位数比 MAC 长，那么对满足 $\text{MAC}_1 = C_{K_1}(M_1)$ 的 M_1 和 MAC_1，密码分析者要对所有可能的密钥值 K_i 计算 $\text{MAC}_i = C_{K_i}(M_1)$，那么至少有一个密钥会使得 $\text{MAC}_i = \text{MAC}_1$。注意，总共会产生 2^k 个 MAC，但只有 $2^n < 2^k$ 个不同的 MAC 值，所以许多密钥都会产生正确的 MAC，而攻击者却不知道哪个是正确的密钥。一般来说，有 $2^k / 2^n = 2^{(k-n)}$ 个密钥会产生正确的 MAC，因此攻击者必须重复下述攻击。

（1）循环 1。

给定 M_1，$MAC_1 = C_K(M_1)$。

对所有 2^k 个密钥，判断 $MAC_i = C_{K_i}(M_1)$。

匹配数 $\approx 2^{(k-n)}$。

（2）循环 2。

给定 M_2，$MAC_2 = C_K(M_2)$。

对余下的 $2^{(k-n)}$ 个密钥判断 $MAC_i = C_{k_i}(M_2)$。

匹配数 $\approx 2^{(k-2n)}$。

平均来说，若 $k = \alpha \times n$，则需 α 次循环。例如，如果使用 80 位的密钥和长为 32 位的 MAC，那么第 1 次循环会得到约 2^{48} 个可能的密钥，第 2 次循环会得到约 2^{16} 个可能的密钥，第 3 次循环则得到唯一一个密钥，这个密钥就是发方所使用的密钥。

如果密钥的长度小于或等于 MAC 的长度，则很可能在第 1 次循环中就得到一个密钥，当然也可能得到多个密钥，这时攻击者还需对新的（消息，MAC）对执行上述测试。

由此可见，用穷举法确定认证密钥不是一件容易的事，而且确定认证密钥比确定同样长度的加密密钥更困难。不过可能存在不需要寻找密钥的其他攻击。

分析下面的 MAC 算法。令消息 $M = (X_1 \| X_2 \| X_3 \| \cdots \| X_m)$ 是由 64 位分组 X_i 连接而成的。定义：

$$\Delta(M) = X_1 \oplus X_2 \oplus \cdots \oplus X_m$$
$$C_K(M) = E_K[\Delta(M)]$$

其中，$\oplus$ 是异或（XOR）运算，加密算法是电子密码本模式 DES，那么密钥长为 56 位，MAC 长为 64 位。若攻击者知道 $\{M \| C_K(M)\}$，则确定 K 的穷举攻击需执行至少 2^{56} 次加密，但是攻击者可以用任何期望的 Y_1 至 Y_{m-1} 替代 X_1 至 X_{m-1}，用 Y_m 替代 X_m 来进行攻击，其中 Y_m 的计算如下。

$$Y_m = Y_1 \oplus Y_2 \oplus \cdots \oplus Y_{m-1} \oplus \Delta(M)$$

攻击者可以将 Y_1 至 Y_m 与原来的 MAC 连接成一个新的消息，而收方却认为该消息是真实的。用这种方法，攻击者可以随意插入任意长为 $64 \times (m-1)$ 位的消息。

因此，评价 MAC 函数的安全性时，应该考虑对该函数的各种类型的攻击。下面介绍 MAC 函数应满足的要求。假定攻击者知道 MAC 函数 C，但不知道 K，那么 MAC 函数应具有下述性质。

（1）若攻击者已知 M 和 $C_K(M)$，想构造满足 $C_K(M') = C_K(M)$ 的消息 M'，在计算上是不可行的。

（2）$C_K(M)$ 应为均匀分布，即对任何随机选择的消息 M 和 M'，$C_K(M) = C_K(M')$ 的概率是 2^{-n}，其中，n 是 MAC 的位数。

（3）设 M' 是 M 的某个已知的变换，即 $M' = f(M)$。例如，f 可表示逆转 M 的一位或多位，那么 $\Pr[C_K(M) = C_K(M')] = 2^{-n}$。

前面已介绍过，攻击者即使不知道密钥，也可以构造出与给定 MAC 匹配的新消息，第 1 个要求就是针对这种情况提出的。第 2 个要求是为了阻止基于选择明文的穷举攻击，也就是说，假定攻击者不知道 K，但可能知道 MAC 函数，能对消息产生 MAC，那么攻击者可对各种消息计算 MAC，直至找到与给定 MAC 相同的消息为止。如果 MAC 函数具有均匀分布特征，那么穷举法平均需要 $2^{(n-1)}$ 步才能找到具有给定 MAC 的消息。

（4）认证算法对消息的某一部分或位的保护不应比其他部分或位更弱；否则，已知 M 和 $C_K(M)$ 的攻击者可以对 M 的已知"弱点"处进行修改，然后再计算 MAC，这样有可能更早得出具有给定 MAC 的新消息。

5.2.2　基于杂凑函数的 MAC

杂凑函数自然而然地成为数据完整性的一种密码原型。在共享密钥的情况下，杂凑函数将密钥作为它的一部分输入，另一部分输入为需要认证的消息。因此，为了认证消息 M，发方计算

$$MAC = h(k \| M)$$

其中，k 为收方和发方的共享密钥，"$\|$"表示比特串的连接。

根据杂凑函数的性质可以假设：为了用杂凑函数生成一个有效的关于密钥 k 和消息 M 的 MAC，该主体必须拥有正确的密钥和正确的消息。与发方共享密钥 k 的收方应当由所接收的消息 M 重新计算出 MAC，并检验同所接收的 MAC 是否一致。如果一致，就可以相信该消息来自所声称的发方。

因为这样的 MAC 是使用杂凑函数构造的，因此也称为 HMAC（用杂凑函数构造的MAC）。为谨慎起见，HMAC 通常按照下面的形式计算：

$$HMAC = h(k \| M \| k)$$

也就是说，密钥是要认证消息的前缀和后缀，这是为了阻止攻击者利用某些杂凑函数的"轮函数迭代"结构。如果不用密钥保护消息的两端，某些杂凑函数所具有的已知结构，可使攻击者不必知道密钥 k 就可以选择一些数据用作消息前缀或后缀来修改消息。

5.2.3　基于分组加密算法的 MAC

构造密钥杂凑函数的标准方法是使用分组密码算法的 CBC 运行模式。这样构造的密钥杂凑函数通常称为 CBC-MAC。

令 $E_k(m)$ 表示输入消息为 m，密钥为 k 的分组密码加密算法。为了认证消息 M，发方首先对 M 进行分组：

$$M = m_1 m_2 \cdots m_l$$

其中，每个子消息组 $m_i(i=1,2,\cdots,l)$ 的长度都等于分组加密算法输入的长度。如果最后一个子消息组 m_l 长度小于分组长度，就必须对其填充一些随机值。设 $C_0 = \mathrm{IV}$ 为随机初始向量。现在，发方用 CBC 加密：

$$C_i \leftarrow E_k(m_i \oplus C_{i-1}), \quad i=1,2,\cdots,l$$

然后，数值对

$$(\mathrm{IV}, C_l)$$

作为 MAC 将附在 M 后送出。

很明显，在生成 CBC-MAC 的计算中包括不可求逆的数据压缩（本质上，CBC-MAC是整个消息的"短摘要"），因此 CBC-MAC 是一个单向变换，而且所用的分组密码加密算法的混合变换性质为这个单向变换增加了一个杂凑特点（也就是说，将 MAC 分布到 MAC

空间与分组密码加密算法应该将密文分布到密文空间同样均匀）。因此，可以设想，为了生成一个有效的 CBC-MAC，该主体必须知道控制分组密码算法的密钥 k。与发方共享密钥 k 的收方应当由所接收的消息 M 重新计算出 MAC，并检验与所接收的 MAC 是否一致。如果一致，就可以相信该消息来自所声称的发方。

有时用 $\text{MAC}(k,M)$ 表示一个 MAC，它为共享密钥 k 的主体的消息 M 提供完整性服务。在这个表示法中，忽略了实现细节，例如，为实现 MAC 采用了何种单向变换等。

5.3 杂凑函数

5.3.1 单向杂凑函数

单向杂凑
函数

第 4 章中已经介绍单向函数的一些基本概念，单向函数不仅在构造双钥密码体制中有重要意义，而且也是杂凑函数理论中的一个核心概念。

定义 5-1 若杂凑函数 h 为单向函数，则称其为单向杂凑函数。

显然，对一个单向杂凑函数 h，由 M 计算 $H = h(M)$ 是容易的，但要产生一个 M'，使 $h(M')$ 等于给定的杂凑值 H 是困难的，这正是密码设计中所希望体现的。

定义 5-2 若单向杂凑函数 h，对任意给定 M 的杂凑值 $H = h(M)$ 下，找一 M'，使 $h(M') = H$ 在计算上不可行，则称 h 为弱单向杂凑函数。

定义 5-3 对单向杂凑函数 h，若要找任意一对输入 M_1，M_2，$M_1 \neq M_2$，使 $h(M_1) = h(M_2)$ 在计算上不可行，则称 h 为强单向杂凑函数。

上述两个定义给出了杂凑函数的无碰撞性（Collision Free）概念。所谓弱单向杂凑，就是在给定 M 下，考察与特定 M 的无碰撞性；强单向杂凑函数是考察输入集中任意两个元素的无碰撞性。显然，对于给定的输入数字串的集合，后一种碰撞更容易实现。因为从下面要介绍的生日悖论得知，在 N 个元素的集合中，给定 M 找与 M 相匹配的 M' 的概率，要比从 N 中任取一对元素（M,M'）相匹配的概率小得多。

5.3.2 杂凑函数在密码学中的应用

杂凑函数广泛应用于密码学。这里列出杂凑函数的几个重要用途。

（1）在数字签名中，杂凑函数一般用于生成"消息摘要"或"消息指纹"。这种用法是为将要签名的消息增加一个可以验证的冗余，以便这个杂凑消息包含可以识别的信息。在数字签名的具体应用中将看到杂凑函数的这种一般用法。这些应用案例将主要依赖包含在签名消息中的一些可识别的冗余信息来实现数字签名的不可抵赖性。

（2）在具有计算上安全性的公钥密码系统中，杂凑函数被广泛用于实现密文正确性验证机制。对于要获得可证明安全的抗主动攻击的加密体制来说，这个机制必不可少。

（3）在需要随机数的密码学应用中，杂凑函数被广泛用作实用的伪随机函数。这些应用包括密钥协商（如两个主体将自己的随机种子作为杂凑函数的输入，得到一个共享的密钥值）、认证协议（如协议双方通过交换某些杂凑值来证实协议执行的完整性）、电子商务协议（如以博弈方式实现小额支付的结算）、知识证明协议（如实现非交互式的证明）。本书的其他章节将介绍杂凑函数应用于这些协议的大量例子。

5.3.3　分组迭代单向杂凑算法的层次结构

要想将不限定长度的输入数据压缩成定长输出的杂凑值，不可能设计一种逻辑电路使其一步到位。在实际应用中，总是先将输入数字串划分成固定长的段，如 m 比特段，再将此 mb 映射成 nb，完成此映射的函数被称为迭代函数。采用类似于分组密文反馈的模式对一段 mb 输入做类似映射，以此类推，直到全部输入数字串完成映射，以最后的输出值作为整个输入的杂凑值。类似于分组密码，当输入数字串不是 m 的整数倍时，可采用填充方法处理。

mb 到 nb 的分组映射或迭代函数有以下三种不同选择。

（1） $m > n$。有数据压缩，例如，MD-4、MD-5 和 SHA 等算法是不可逆映射。

（2） $m = n$。无数据压缩，也无数据扩展，分组密码通常采用此类。此时输入到输出是一种随机映射，在已知密钥下是可逆的。利用分组密码构造的杂凑算法多属此类。在不知道密钥的情况下，分组密码实质上是一个单向函数（或更确切地说是陷门单向函数）。

（3） $m < n$。有数据扩展的映射，认证码属于此类。

当然，迭代函数的设计也可采用上述组合来实现，如采用将 mb 先进行扩展，然后再逐步经过几次压缩，实现理想的密码特性，如 $Universal_2$ 函数的构造法[Stinson 1994; Zhu 1996]。

一个 mb 到 nb 的迭代函数以 E 表示，一般 E 都是通过基本轮函数的多轮迭代实现的，如分组密码。因此，与分组密码一样，轮函数的设计是杂凑算法设计的核心。

在迭代计算杂凑值时，为了使输入消息随机化，常采用一个随机化初始向量 IV（Initial Vector）。它可以是已知的，或随密钥改变，或作为前缀加在消息数字之前，以 H_0 表示。

5.3.4　迭代杂凑函数的构造方法

给定一种安全迭代函数 E，可按下述方法构造单向迭代杂凑函数。将消息 M 划分成组 M_1，M_2，…，M_i，…，M_t。设选定密钥为 K，令 H_0 为初始向量 IV，一般为一随机的比特串，则可有下述多种迭代方式构造杂凑函数。

（1）Rabin 法[Rabin 1978]。

$$H_0 = \text{IV}$$
$$H_i = E(M_i, H_{i-1}) \quad i = 1, \cdots, t$$
$$H(M) = H_t$$

（2）密码分组连接（CBC）法。

$$H_0 = \text{IV}$$
$$H_i = E(K, M_i \oplus H_{i-1}) \quad i = 1, 2, \cdots, t$$
$$H(M) = H_t$$

ANSI X9.9、ANSI X9.19、ISO 8731-1、ISO/IEC 9797 以及澳大利亚标准都采用了这类 CBC-MAC 方案。Ohta 等对此法进行了差分分析。

（3）密码反馈（CFB）法。

$$H_0 = \text{IV}$$
$$H_i = E(K, H_{i-1}) \oplus M_i \quad i = 1, 2, \cdots, t$$
$$H(M) = H_t$$

（4）组合明/密文连接法[Meyer 等 1982]。

$$M_{t+1} = \text{IV}$$
$$H_i = E(K, M_i \oplus M_{i-1} \oplus H_{i-1}) \quad i = 1, 2, \cdots, t$$
$$H(M) = H_{t+1}$$

（5）修正 Daveis-Meyer 法[Lai 1992]。

$$H_0 = \text{IV}$$
$$H_i = E(H_{i-1}, M_i, H_{i-1}) \qquad (H_{i-1} \text{和} M_i \text{共同作为密钥})$$

若数据分组长与密钥长度相等，则可利用 B.Preneel 总结的下述 12 种基本方式构造的分组迭代杂凑函数[Preneel 1993a, 1993b]。令 E 是迭代函数，它可以是一种分组加密算法，$E(K, X)$，K 是密钥，X 是输入数据组或某种压缩算法。令消息分组为 M_1，$\cdots$，M_i，$\cdots$，$H_0 = I$ 为初始值。

$$H_i = E(M_i, H_{i-1}) \oplus H_{i-1}$$
$$H_i = E(H_{i-1}, M_i) \oplus M_i \oplus H_{i-1}$$
$$H_i = E(H_{i-1}, M_i \oplus H_{i-1}) \oplus M_i$$
$$H_i = E(H_{i-1}, M_i \oplus H_{i-1}) \oplus M_i \oplus H_{i-1}$$
$$H_i = E(H_{i-1}, M_i) \oplus M_i$$
$$H_i = E(M_i, M_i \oplus H_{i-1}) \oplus M_i \oplus H_{i-1}$$
$$H_i = E(M_i, H_{i-1}) \oplus M_i \oplus H_{i-1}$$
$$H_i = E(M_i, M_i \oplus H_{i-1}) \oplus H_{i-1}$$
$$H_i = E(M_i \oplus H_{i-1}, M_i) \oplus M_i$$
$$H_i = E(M_i \oplus H_{i-1}, H_{i-1}) \oplus H_{i-1}$$
$$H_i = E(M_i \oplus H_{i-1}, M_i) \oplus H_{i-1}$$
$$H_i = E(M_i \oplus H_{i-1}, H_{i-1}) \oplus M_i$$

如果原来的加密算法是安全的，则上述 12 种方案给出的杂凑函数对目标攻击的计算复杂度为 $O(2^n)$，对中途相遇攻击的计算复杂度为 $O(2^{n/2})$，因而当杂凑值大于 128b 时，算法也是安全的。其他组合方式还有：

$$H_i = E(M_i, H_{i-1})$$
$$H_i = E(M_i \oplus H_{i-1}, H_{i-1}) \oplus H_{i-1} \oplus M_i$$
$$H_i = E(C, M_i \oplus H_{i-1}) \oplus H_i \oplus M_i，\text{C 为常数}$$

已经证明，以上三种组合方式都是不安全的。

5.3.5 应用杂凑函数的基本方式

杂凑算法可与加密及数字签名结合使用，实现系统的有效、安全、保密与认证。其基本方式如图 5-6 所示[William 2006]。

图 5-6（a）部分，发方 A 将消息 M 与其杂凑值 $h(M)$ 连接，以单钥体制加密，然后发

应用杂凑
函数的基
本方式

送给收方 B。收方用与发方共享密钥解密后得到 M' 和 $h(M)$，然后将 M' 送入杂凑变换器计算出 $h(M')$，并通过比较完成对消息 M 的认证，从而提供了保密和认证。

图 5-6（b）部分，消息 M 不保密，只对消息的杂凑值进行加解密变换，因此该方式只提供消息认证。

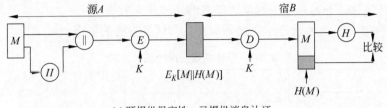

(a) 既提供保密性，又提供消息认证

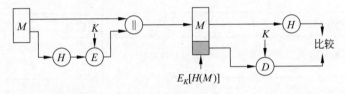

(b) 仅提供消息认证

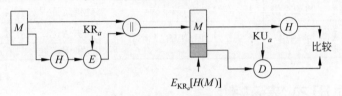

(c) 既提供消息认证，又提供数字签名

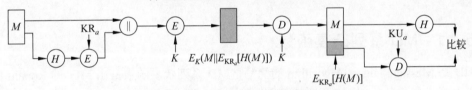

(d) 既提供保密性，又提供消息认证和数字签名

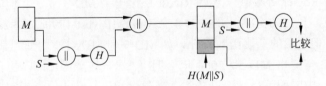

(e) 仅提供消息认证

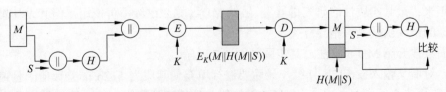

(f) 既提供保密性，又提供消息认证

图 5-6　杂凑函数应用的基本方式

图 5-6（c）部分，发方 A 采用双钥体制，用 A 的密钥 KR_a 对杂凑值进行签名得 $E_{KR_a}[h(M)]$，然后与 M 连接发出。收方则用 A 的公钥对 $E_{KR_a}[h(M)]$ 解密得到 $h(M)$，再与收方自己由接收消息 M' 计算得到的 $h(M')$ 进行比较实现认证。此方案提供了认证和数字签名，称作签名—杂凑方案（Signature-hashing Scheme）。这一方案通过对消息 M 的杂凑值签名来代替对任意长消息 M 本身的签名，大大提高了签名的速度和有效性。

表 5-3 总结了图 5-6 所示方法在提供保密性和认证方面的特点。

表 5-3　杂凑函数应用的基本方式

	格　式	特　点
（a）加密消息及杂凑值	$A \rightarrow B : E_K[M \| H(M)]$	提供保密性：只有 A 和 B 共享 K
		提供认证：$H(M)$ 受单钥密码保护
（b）共享密钥加密杂凑值	$A \rightarrow B : M \| E_K[H(M)]$	提供认证：$H(M)$ 受单钥密码保护
（c）发方私钥对杂凑值签名	$A \rightarrow B : M \| E_{KR_a}[H(M)]$	提供认证和数字签名：$H(M)$ 受密码保护；只有 A 能产生 $E_{KR_a}[H(M)]$
（d）共享密钥加密（c）的结果	$A \rightarrow B : E_K[M \| E_{KR_a}[H(M)]]$	提供认证和数字签名
		提供保密性：只有 A 和 B 共享 K
（e）计算消息和秘密值的杂凑值	$A \rightarrow B : M \| H(M \| S)$	提供认证：只有 A 和 B 共享 S
（f）共享密钥加密（e）的结果	$A \rightarrow B : E_K[M \| H(M \| S)]$	提供认证：只有 A 和 B 共享 S
		提供保密性：只有 A 和 B 共享 K

常用杂凑
函数

5.4　常用杂凑函数

5.4.1　MD 系列杂凑函数

MD 是 Message Digest Algorithm 的简写，MD 系列杂凑函数是由 MIT 的 Ronald Rivest 教授及其团队提出的。Rivest 于 1989 提出了 MD-2 算法[Kaliski 等 1992]，MD-2 的计算速度较慢，而且已被 Rogier 等攻破。之后 Rivest 还提出了 MD-3 算法，但因其存在缺点，从未被使用过。Rivest 于 1990 年提出的 MD-4 杂凑算法[Rivest 1990a, 1992a, 1992b]，也已被证明是不安全的，但之后的杂凑函数设计，如 MD-5 和 SHA-1，均受到其影响。

Rivest 于 1992 年提出 MD-5。2004 年 8 月 17 日，在美国加州圣巴巴拉召开的美密会（Crypto 2004）上，中国的王小云、冯登国、来学嘉和于红波 4 位学者宣布，只需一小时就可找出 MD-5 的碰撞。此研究成果引起了密码学界的强烈反响，国际密码专家称这是密码学界近年来"最具实质性的研究进展"。虽然 MD-5 算法已经不再使用，但其设计思想仍然对设计新的杂凑函数具有指导意义。

下面具体介绍 MD-5 算法，其步骤如图 5-7 所示。

（1）对明文输入按 512b 分组，最后要进行填充使其成为 512b 的整数倍，且最后一组的后 64b 用来表示消息长度在 $\mod 2^{64}$ 下的值，故填充位数为 1～512b，填充数字样式为（$100\cdots0$），得 $Y_0, Y_1, \cdots, Y_{L-1}$。其中，$Y_l$（$l = 0,1,2,\cdots, L-1$）为 512b，即 16 个长为 32b 的字，

按字计消息长为 $N = L \times 16$ 。

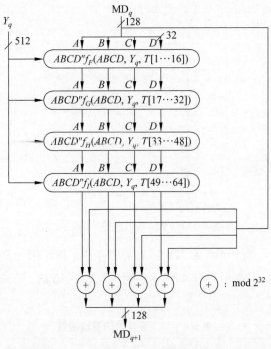

图 5-7　MD-5 的一个 512b 组的处理（ $H_{\text{MD-5}}$ ）

（2）每轮输出 128b，可用下述 4 个 32b 字表示：A，B，C，D。其初始存数以十六进制表示为 A=01234567，B=89ABCDEF，C=FEDCBA98，D=76543210。

（3）$H_{\text{MD-5}}$ 的运算，对 512b（16 字）分组进行运算，Y_q 表示输入的第 q 组的 512b 数据，在各轮中参加运算。$T[1,\cdots,64]$ 为 64 个元素表，分 4 组参与不同轮的计算。$T[i]$ 为 $2^{32} \times$ abs(sin(i)) 的整数部分，i 是弧度。$T[i]$ 可用 32b 二元数表示，T 是 32b 随机数源。

MD-5 是 4 轮运算，各轮逻辑函数不同。每轮又要进行 16 步迭代运算，4 轮共需 64 步完成。MD-5 的基本运算如图 5-8 所示。

$$a \leftarrow b + \text{CLS}_S(a + g(B,C,D) + X[k] + T[i])$$

式中：

a，b，c，d 为缓存器中的 4 个字，按特定次序变化。

g 为基本逻辑函数 f_F，f_G，f_H，f_I 中之一，MD5 算法的每轮用其中之一。

CLS_S 表示 32b 存数循环左移 s 位。

$$\text{第 1 轮 } s = \{7,12,17,22\}$$
$$\text{第 2 轮 } s = \{5,9,14,20\}$$
$$\text{第 3 轮 } s = \{4,11,16,23\}$$
$$\text{第 4 轮 } s = \{6,10,15,21\}$$

$X[k] = M[q \times 16 + k]$ 为消息的第 q 个 512b 组的第 k 个 32b 字。

$T[i]$ 为矩阵 $\boldsymbol{T}$ 中第 i 个 32b 字。

＋为模 2^{32} 加法。

各轮的逻辑函数如表 5-4 所示。其中，逻辑函数的真值表如表 5-5 所示。$T[i]$ 由 sine 函

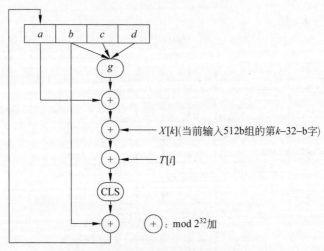

图 5-8 MD-5 的基本运算：[*abcd k s i*]

数构造，如表 5-6 所示。每个输入的 32b 字被采用 4 次，每轮用一次，而 *T*[*i*] 中每个元素恰好只用一次。每次 *A*, *B*, *C*, *D* 中只有 4 字节更新，共更新 16 次，在最后的第 17 次产生此分组的最后输出。

表 5-4 MD-5 各轮的逻辑函数

轮	基本函数 *g*	*g*(*b*, *c*, *d*)	轮	基本函数 *g*	*g*(*b*, *c*, *d*)
f_F	$F(b,c,d)$	$(b \cdot c) \vee (\bar{b} \cdot d)$	f_H	$H(b,c,d)$	$b \oplus c \oplus d$
f_G	$G(b,c,d)$	$(b \cdot d) \vee (c \cdot \bar{d})$	f_I	$I(b,c,d)$	$c \oplus (b \vee \neg d)$

表 5-5 逻辑函数的真值表

b	*c*	*d*	*F*	*G*	*H*	*I*
0	0	0	0	0	0	1
0	0	1	1	0	1	0
0	1	0	0	1	1	0
0	1	1	1	0	0	1
1	0	0	0	0	1	1
1	0	1	0	1	0	1
1	1	0	1	1	0	0
1	1	1	1	1	1	0

（4）$MD_0 = IV$（*A*，*B*，*C*，*D* 缓存器的初始矢量）

$$MD_{q+1} = MD_q + f_I[Y_q, f_H[Y_q, f_G[Y_q, f_F[Y_q, MD_q]]]]$$

$MD = MD_{L-1}$（最终的杂凑值）

MD-5 的安全性依赖于求具有相同杂凑值的两个消息在计算上是不可行的。MD-5 的输出为 128b，若采用纯强力攻击寻找一个具有给定杂凑值的消息，计算复杂度为 $O(2^{128})$；用每秒可实验 10^9 个消息的计算机计算，需耗时 1.07×10^{22} 年。若采用生日攻击法，寻找有相同 hash 值的两个消息需要实验 2^{64} 个消息，用每秒可实验 10^9 个消息的计算机需时 585 年。

表 5-6 从 sine 函数构造的 *T* 表

$T[1]$=D76AA478	$T[17]$=F61E2562	$T[33]$=FFFA3942	$T[49]$=F4292244
$T[2]$=E8C7B756	$T[18]$=C0408340	$T[34]$=8771F681	$T[50]$=C32AFF97
$T[3]$=242070DB	$T[19]$=265E5A51	$T[35]$=69D96122	$T[51]$=AB9423A7
$T[4]$=C1BDCEEE	$T[20]$=E9B6C7AA	$T[36]$=FDE5380C	$T[52]$=FC93A039
$T[5]$=F57C0FAF	$T[21]$=D62F105D	$T[37]$=A4BEEA44	$T[53]$=655B59C3
$T[6]$=4787C62A	$T[22]$=02441453	$T[38]$=4BDECFA9	$T[54]$=8F0CCC92
$T[7]$=A8304613	$T[23]$=D8A1E681	$T[39]$=F6BB4B60	$T[55]$=FFEFF47D
$T[8]$=FD469501	$T[24]$=E7D3FBC8	$T[40]$=BEBFBC70	$T[56]$=85845DD1
$T[9]$=698098D8	$T[25]$=21E1CDE6	$T[41]$=289B7EC6	$T[57]$=6FA87E4F
$T[10]$=8B44F7AF	$T[26]$=C33707D6	$T[42]$=EAA127FA	$T[58]$=FE2CE6E0
$T[11]$=FFFF5BB1	$T[27]$=F4D50D87	$T[43]$=D4EF3085	$T[59]$=A3014314
$T[12]$=895CD7BE	$T[28]$=455A14ED	$T[44]$=04881D05	$T[60]$=4E0811A1
$T[13]$=6B901122	$T[29]$=49E3E905	$T[45]$=D9D4D039	$T[61]$=F7537E82
$T[14]$=FD987193	$T[30]$=FCEFA3F8	$T[46]$=E6DB99E5T	$T[62]$=BD3AF235
$T[15]$=A679438E	$T[31]$=676F02D9	$T[47]$=1FA27CF8	$T[63]$=2AD7D2BB
$T[16]$=49B40821	$T[32]$=8D2A4C8A	$T[48]$=C4AC5665	$T[64]$=EB86D391

对单轮 MD-5 的攻击已有结果。与 Snefru 相比较，两者均为 32b 字运算。Snefru 采用 S-BOX、XOR 函数，MD-5 用 $\mathrm{mod}\,2^{32}$ 加。对 MD-4 的攻击，可参阅[Biham 1992; Vaudenary 1995; Dobberin 1996]。Dobbertin 对 MD-4 的攻击计算复杂度为 $O(2^{40})$。对 MD-4 与 MD-5 的攻击，可参阅相关文献[den Boer 等 1993]。

5.4.2 SHA 系列杂凑函数

SHA（Secure Hash Algorithm，安全杂凑函数）是美国国家标准技术研究所（NIST）发布的国家标准中所规定的一系列杂凑函数算法，其既可用于数字签名标准算法（Digital Signature Standard，DSS），也可用于其他需要用 hash 算法的场景[FIPS 180 1993; FIPS 180-1 1993]，具有较高的安全性。SHA 系列算法有 SHA-0、SHA-1 和 SHA-2 构成。SHA-0 是 1993 年 RSA 公司提出的 MD-5 的改进算法，并被作为美国国家标准使用，SHA-0 继承了 MD-5 结构清晰、运算简单快速的优点，但提出后不久就被发现其算法的漏洞，于是在 1994 年进行了改进，成为 SHA-1 算法。2002 年，NIST 又根据实际情况增加三种杂凑函数算法，并根据其输出长度的不同分别命名为 SHA-256、SHA-384 和 SHA-512 算法，统称为 SHA-2 算法。

近年来，由于对现有杂凑算法的成功攻击，NIST 在 2007 年正式宣布在全球范围内征集新的下一代杂凑密码算法，经过多轮筛选，于 2012 年 10 月公布了新一代杂凑算法标准——Keccak，即 SHA-3 算法。

下面介绍 SHA 算法的具体实现过程。

SHA 的基本框架与 MD-4 类似。消息经填充成为 512b 的整数倍。填充先加 "1"，后跟许多 "0"，且最后 64b 表示填充前消息长度（故填充值为 1～512b）。以 5 个 32b 变量作为初始值（十六进制数表示）：A=67 45 23 01，B=EF CD AB 89，C=98 BA DC FE，D=10 32 54 76，E=C3 D2 E1 F0。

1. 主环路

消息 $Y_0, Y_1, \cdots, Y_L$ 为 512b 分组，每个分组有 16 个 32b 字，每送入 512b，先将 $A,B,C,D,E \Rightarrow AA,BB,CC,DD,EE$，进行 4 轮迭代，每轮完成 20 个运算，每个运算对 A，B，C，D，E 中的 3 个进行非线性运算，然后做移位运算（类似于 MD-5），运算如图 5-9 所示。每轮有一常数 K_t，实际上仅用 4 个常数，即

$$0 \leqslant t \leqslant 19 \qquad K_t = 5A827999$$
$$20 \leqslant t \leqslant 39 \qquad K_t = 6ED9EBA1$$
$$40 \leqslant t \leqslant 59 \qquad K_t = 8F1BBCDC$$
$$60 \leqslant t \leqslant 79 \qquad K_t = CA62C1D6$$

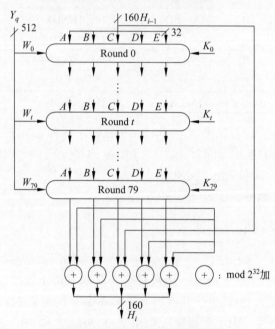

图 5-9　SHA 各 512b 分组的处理

各轮的基本运算如表 5-7 所示。

表 5-7　SHA 各轮的基本运算

轮	$f_t(B,C,D)$	轮	$f_t(B,C,D)$
$0 \leqslant t \leqslant 19$	$(B \cdot C) \vee (\overline{B} \cdot D)$	$40 \leqslant t \leqslant 59$	$(B \cdot C) \vee (B \cdot D) \vee (C \cdot D)$
$20 \leqslant t \leqslant 39$	$B \oplus C \oplus D$	$60 \leqslant t \leqslant 79$	$B \oplus C \oplus D$

2. SHA 的基本运算

SHA 的基本运算如图 5-10 所示。每轮基本运算如下。

$$A,B,C,D,E \leftarrow (\mathrm{CLS}_5(A) + f_t(B,C,D) + E + W_t + K_t), A, \mathrm{CLS}_{30}(B), C, D$$

其中,

A, B, C, D, E 为 5 个 32b 存储单元(共 160b)。

t 为轮数, $0 \leqslant t \leqslant 79$ 。

f_t 为基本逻辑函数(如表 5-7 所示)。

CLS_s: 左循环移 s 位。

W_t: 由当前输入导出,为一个 32b 字。

K_t: 上述定义常数。

十: $\mathrm{mod}\, 2^{32}$ 加。

$W_t = M_t$(输入的相应消息字), $0 \leqslant t \leqslant 15$ 。

$W_t = W_{t-3} \mathrm{XOR} W_{t-8} \mathrm{XOR} W_{t-14} \mathrm{XOR} W_{t-16}$, $16 \leqslant t \leqslant 79$ 。

图 5-11 为从输入的 16 个 32b 字变换成处理所需
的 80 个 32b 字的方法。

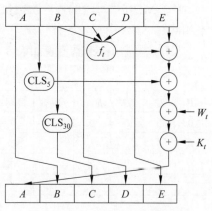

图 5-10 SHA 的基本运算框图

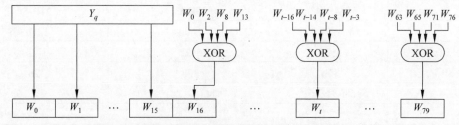

图 5-11 SHA 处理一个输入分组时产生的 80 个 32b 字

$MD_0 = IV$, ABCD 为缓存器的初始值。

$MD_{q+1} = SUM_{32}(MD_q, ABCDE_q)$,其中, $ABCDE_q$ 是上一轮第 q 消息组处理输出的结果; SUM_{32} 是对输入按字分别进行 $\mathrm{mod}\, 2^{32}$ 加。

$MD = MD_{L-1}$, L 是消息填充后的总组数。MD 是最后的杂凑值。

SHA 与 MD-4 很相似,主要变化是增加了扩展变换,将前一轮的输出加到下一轮,以
加速雪崩效应。SHA 与重新设计的 MD-5 的差别较大。

R.L.Rivest 公开了 MD-5 的设计决策,但 SHA 的设计者则不愿公开其设计。下面介绍
MD-5 对 MD-4 的改进,并与 SHA 进行比较。

(1)MD-5"增加第 4 轮",SHA 也这样做了;但 SHA 第 4 轮的轮函数与第 2 轮的轮函
数一样。

(2)MD-5 的"每个组都有唯一的加常数",而 SHA 保持 MD-4 方案,对 20 轮的每组
重复使用其常数。

(3)"为了减少对称性,MD-5 在第 2 轮中的函数 g 从(XY or XZ or YZ)变为(XZ or Y
(not Z))",而 SHA 采用 MD-4 文本(XY or XZ or YZ)。

(4)MD-5 的每步都与前一步的结果相加,这使雪崩效应"更快";在 SHA 中做了相同
改动,不同点是 SHA 中增加了第 5 个变量,且不是 f_i 中已采用的 B、C 或 D,这个小小变
化使 den Boer-Bosselaers 对 MD-5 的攻击方法对 SHA 无效。

(5)MD-5"在第 2 轮、第 3 轮中接收输入数据的次序有变动,使得这些数据样式彼此
不相同";SHA 则完全不同,因其用了循环纠错码。

（6）MD-5 "每轮的移位次数接近于最佳，以产生较快的雪崩效应，不同轮的移位次数不相同"；SHA 中每轮的移位量不变，移位次数与字长互素，这与 MD-4 相同。

SHA 逻辑函数的真值表如表 5-8 所示。

表 5-8　SHA 逻辑函数的真值表

B	C	D	$f_{0\cdots19}$	$f_{20\cdots39}$	$f_{40\cdots59}$	$f_{60\cdots79}$	B	C	D	$f_{0\cdots19}$	$f_{20\cdots39}$	$f_{40\cdots59}$	$f_{60\cdots79}$
0	0	0	0	0	0	0	1	0	0	0	1	0	1
0	0	1	1	1	0	1	1	0	1	0	0	1	0
0	1	0	0	1	0	1	1	1	0	1	0	1	0
0	1	1	1	0	1	0	1	1	1	1	1	1	1

SHA 与 MD-4、MD-5 的比较如表 5-9 所示。

表 5-9　SHA 与 MD-4、MD-5 的比较

	MD-4	SHA	MD-5
杂凑值	128b	160b	128b
分组处理长	512b	512b	512b
基本字长	32b	32b	32b
步数	48(3×16)	80(4×20)	64（4×16）
消息长	≤2^{64}b	≤2^{64}b	不限
基本逻辑函数	3	3（第 2、第 4 轮相同）	4
常数个数	3	4	64
速度		约为 MD-4 的 3/4	约为 MD-4 的 1/7

总之，它们之间的比较可简单地表示如下。

SHA=MD-4＋扩展变换＋外加一轮＋更好的雪崩

MD-5=MD-4＋改进的比特杂凑＋外加一轮＋更好的雪崩

2005 年 2 月，王小云等学者在 SHA-1 的破译工作方面取得了突破性的进展，证明 SHA-1 的碰撞可以在 2^{69} 次运算后找出，而不是之前大家普遍预期的 2^{80} 次运算。同年，王小云团队改进了算法，已将尝试次数减少至 2^{63}。

5.4.3　中国商用杂凑函数 SM3

SM3 杂凑函数是中国国家密码管理局于 2010 年颁布的一种商用密码杂凑函数，消息分组 512b，输出杂凑值 256b，采用 Merkle-Damgard 结构。SM3 密码杂凑算法的压缩函数与 SHA-256 的压缩函数具有相似的结构，但 SM3 压缩函数的结构和消息拓展的过程都更加复杂。

1. 符号、常量与函数

SM3 杂凑函数使用了以下符号、常数与函数。

1）符号

ABCDEFGH：8 个字寄存器或它们的值的串联。

$B_{(i)}$：第 i 个消息分组。

CF：压缩函数。

FF_j：布尔函数，随 j 的变化取不同的表达式。

GG_j：布尔函数，随 j 的变化取不同的表达式。

IV：初始值，用于确定压缩函数寄存器的初态。

P_0：压缩函数中的置换函数。

P_1：消息扩展中的置换函数。

T_j：常量，随 j 的变化取不同的值。

m：消息。

m'：填充后的消息。

mod：模运算。

$\wedge$：32 比特与运算。

$\vee$：32 比特或运算。

$\oplus$：32 比特异或运算。

$\neg$：32 比特非运算。

$+$：mod 2^{32} 算术加运算。

$<<<k$：循环左移 k 比特运算。

$\leftarrow$：左向赋值运算符。

2）初始值

IV =7380166f 4914b2b9 172442d7 da8a0600 a96f30bc 163138aa e38dee4d b0fb0e4e

3）常量

$$T_j=\begin{cases} 79cc4519, & 0 \leqslant j \leqslant 15 \\ 7a879d8a, & 16 \leqslant j \leqslant 63 \end{cases}$$

4）布尔函数

$$FF_j(X,Y,Z)=\begin{cases} X \oplus Y \oplus Z, & 0 \leqslant j \leqslant 15 \\ (X \wedge Y) \vee (X \wedge Z) \vee (Y \wedge Z), & 16 \leqslant j \leqslant 63 \end{cases}$$

$$GG_j(X,Y,Z)=\begin{cases} X \oplus Y \oplus Z, & 0 \leqslant j \leqslant 15 \\ (X \wedge Y) \vee (\neg X \wedge Z), & 16 \leqslant j \leqslant 63 \end{cases}$$

式中，X，Y，Z 为 32 位比特串。

5）置换函数

$P_0(X) = X \oplus (X<<<9) \oplus (X<<<17)$

$P_1(X) = X \oplus (X<<<15) \oplus (X<<<23)$

式中，X 为 32 位比特串。

2. 算法描述

给定长度为 $l(l < 2^{64})$b 的消息 m，SM3 杂凑算法经过对其填充和迭代压缩，生成杂凑值，杂凑值长度为 256 b。

1）填充

假设消息 m 的长度为 l b。首先将比特"1"添加到消息的末尾，再添加 k 个"0"，k 是满足 $l+1+k \equiv 448 \bmod 512$ 的最小的非负整数。然后再添加一个 64 位比特串，该比特

串是长度 l 的二进制表示。填充后的消息 m' 的比特长度为 512 的倍数。

例如，对消息 01100001 01100010 01100011，其长度 $l = 24$，经填充得到比特串：

$$01100001\ 01100010\ 01100011\ 1\ \overbrace{00\cdots00}^{423\text{b}}\ \underbrace{\overbrace{00\cdots011000}^{64\text{b}}}_{1\text{的二进制表示}}$$

2）迭代压缩

将填充后的消息 m' 按 512b 进行分组，迭代过程如下。

$$m'=B^{(0)}B^{(1)}\cdots B^{(n-1)}$$

其中，$n = (l + k + 65)/512$。

对 m' 按以下方式迭代：

$$\text{FOR } i = 0 \text{ TO } n-1$$
$$V^{(i+1)} = \text{CF}(V^{(i)}, B^{(i)})$$
$$\text{ENDFOR}$$

其中，CF 是压缩函数，$V^{(0)}$ 为 256b 初始值 IV，$B^{(i)}$ 为填充后的消息分组，迭代压缩的结果为 $V^{(n)}$。

3）消息扩展

将消息分组 $B^{(i)}$ 按以下方法扩展生成 132 个字 $W_0, W_1, \cdots, W_{67}, W'_0, W'_1, \cdots, W'_{63}$，用于压缩函数 CF。

（1）将消息分组 $B^{(i)}$ 划分为 16 个字 $W_0, W_1, \cdots, W_{15}$。

（2）

$$\text{FOR } j = 16 \text{ TO } 67$$
$$W_j \leftarrow P_1\left(W_{j-16} \oplus W_{j-9} \oplus \left(W_{j-3} <<< 15\right)\right) \oplus \left(W_{j-13} <<< 7\right) \oplus W_{j-6}$$

ENDFOR

4）压缩函数

令 A，B，C，D，E，F，G，H 为字寄存器，SS1，SS2，TT1，TT2 为中间变量，压缩函数 $V^{i+1} = \text{CF}(V^{(i)}, B^{(i)})$，$0 < i < n-1$。计算过程描述如下。

$$ABCDEFGH \leftarrow V^{(i)}$$
$$\text{FOR } j = 16 \text{ TO } 63$$
$$\text{SS1} \leftarrow \left(\left(A <<< 12\right) + E + \left(T_j <<< j\right)\right) <<< 7$$
$$\text{SS2} \leftarrow \text{SS1} \oplus \left(A <<< 12\right)$$
$$\text{TT1} \leftarrow \text{FF}_j\left(A, B, C\right) + D + \text{SS2} + W'_j$$
$$\text{TT2} \leftarrow \text{GG}_j\left(E, F, G\right) + H + \text{SS1} + W_j$$
$$D \leftarrow C$$
$$C \leftarrow B <<< 9$$
$$B \leftarrow A$$
$$A \leftarrow \text{TT1}$$
$$H \leftarrow G$$
$$G \leftarrow F <<< 19$$
$$F \leftarrow E$$
$$E \leftarrow P_0\left(\text{TT2}\right)$$

ENDFOR

$$V^{(i+1)} \leftarrow ABCDEFGH \oplus V^{(i)}$$

其中，字为 32 位比特串，存储为大端格式。大端格式是数据在内存中的一种存储格式，规定左边为高有效位，右边为低有效位，数的高位字节置于存储器的低地址，数的低位字节放在存储器的高地址。

5）杂凑值

$$ABCDEFGH \leftarrow V^{(n)}$$

输出 256b 的杂凑值 $v = ABCDEFGH$。

6）示例

为了推广应用 SM3 算法，中国国家密码管理局在颁布 SM3 杂凑函数算法的同时，也给出了 SM3 的实现示例以及各步骤中的详细值。感兴趣的读者可从网址 http://www.oscca.gov.cn/News/201012/News_1199.htm 获取相关实例信息。

7）安全性分析

就压缩函数而言，SM3 密码杂凑函数与 SHA-256 具有相似的结构，但是 SM3 算法的压缩函数的每一步都使用两个消息字，每一步的扩散能力更强。由于 SM3 算法的快速扩散能力，完整的 SM3 算法仍具有抵抗各种已知攻击的能力，具有非常高的安全性。

5.5 HMAC

前面介绍了采用对称分组密码的消息认证码（MAC），即 FIPS PUB 113 中定义的消息认证算法，该算法是构造 MAC 的最常用方法。近年来，人们对利用密码杂凑函数设计 MAC 越来越感兴趣，因为：

（1）一般像 MD-5 和 SHA 系列的杂凑函数，其软件执行速度比 DES 等对称分组密码更快。

（2）可利用密码杂凑函数代码库。

（3）美国或其他国家对密码杂凑函数没有出口限制，而对于即使用于 MAC 的对称分组密码都有出口限制。

MD-5 这样的杂凑函数并不是专门为 MAC 设计的。由于杂凑函数不依赖于密钥，所以它不能直接用于 MAC。目前，将密钥加入现有杂凑函数中有许多方案，HMAC（RFC 2104）是最受欢迎的方案之一[Bellare 等 1996a,1996b]，它被选为 IPsec 中实现 MAC 所必须使用的方法，并且其他因特网协议中（如 SSL）也使用了 HMAC。HMAC 目前已经作为 RFC 2104 草案公布。

5.5.1 HMAC 的设计目标

RFC 2104 给出了 HMAC 的设计目标如下。

（1）可不经修改而使用现有的杂凑函数，特别是那些易于软件实现的、源代码可方便获取且免费使用的杂凑函数。

（2）其中镶嵌的杂凑函数可易于替换为更快或更安全的杂凑函数。

（3）保持镶嵌的杂凑函数的最初性能，不因用于 HMAC 而降低性能。

（4）以简单方式使用和处理密钥。

（5）在对镶嵌的杂凑函数合理假设的基础上，易于分析 HMAC 用于认证时的密码强度。

前两个目标是 HMAC 为人们所接受的重要原因。HMAC 将杂凑函数看成"黑匣子"有两个好处。第一，实现 HMAC 时可将现有杂凑函数作为一个模块，这样可以对许多 HMAC 代码预先封装，并在需要时直接使用；第二，若希望替代 HMAC 中的杂凑函数，则只需要删去现有的杂凑函数模块，并加入新的模块。例如，当需要更快的杂凑函数时就可如此处理。更重要的是，如果嵌入的杂凑函数的安全受到威胁，那么只需要用更安全的杂凑函数替换嵌入的杂凑函数（如用 SHA-1 替代 MD-5），仍然可保持 HMAC 的安全性。

上述最后一个设计目标实际上是 HMAC 优于其他基于杂凑函数的一些方法的主要方面。只要嵌入的杂凑函数有合理的密码分析强度，则可以证明 HMAC 是安全的。

关于一些 MAC 的新构造法，可参阅相关文献[Bellare 等 1996a; Krawczyk 1995]，对流密码的认证性研究可参阅相关文献[Desmedt 1985; Lai 等 1992]。

5.5.2　算法描述

图 5-12 是 HMAC 算法原理图，其中，H 为嵌入的杂凑函数（如 MD-5 和 SHA），M 为 HMAC 的输入消息（包括杂凑函数所要求的填充位），Y_i（$0 \leq i \leq L-1$）是 M 的第 i 个分组，L 是 M 的分组数，b 是一个分组中的比特数，n 为由嵌入的杂凑函数所产生的杂凑值的长度，K 为密钥，如果密钥长度大于 b，则将密钥输入杂凑函数中产生一个 nb 长的密钥，K^+ 是左边经填充 0 后的 K，K^+ 的长度为 nb，ipad 为 $b/8$ 个 00110110，opad 为 $b/8$ 个 01011010。

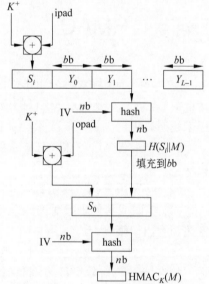

算法的输出可表示如下。

$$\mathrm{HMAC}_k = H((K^+ \oplus \mathrm{opad}) \| H((K^+ \oplus \mathrm{ipad}) \| M))$$

算法的运行过程可描述如下。

（1）K 的左边填充 0 以产生一个 bb 长的 K^+（例如，K 的长为 160b，$b=512$，则需填充 44 个 0 字节 0x00）。

（2）K^+ 与 ipad 逐比特异或以产生 bb 的分组 S_i。

（3）将 M 连接到 S_i 后。

（4）将 H 作用于步骤（3）产生的数据流。

（5）K^+ 与 opad 逐比特异或以产生 bb 的分组 S_0。

（6）将步骤（4）得到的杂凑值连接在 S_0 后。

（7）将 H 作用于步骤（6）产生的数据流并输出最终结果。

图 5-12　HMAC 的算法原理

注意，K^+ 与 ipad 逐比特异或以及 K^+ 与 opad 逐比特异或的结果是将 K 中的一半比特取反，但两次取反的比特位置不同。而 S_i 和 S_0 通过杂凑函数中压缩函数的处理，则相当于以伪随机方式从 K 产生两个密钥。

在实现 HMAC 时，可预先求出下面两个量（如图 5-13 所示，虚线以左为预计算）：

$$f(\mathrm{IV},(K^+ \oplus \mathrm{ipad}))$$

其中，$f(\mathrm{cv},\mathrm{block})$ 是杂凑函数中的压缩函数，其输入是 nb 的链接变量和 bb 的分组，输出是 nb 的链接变量。这两个量的预先计算只在每次更改密钥才需进行。事实上，这两个预先计算的量用于作为杂凑函数的初始向量 IV。

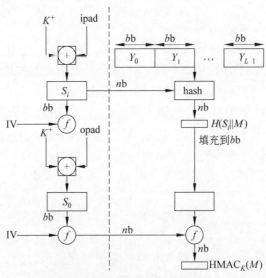

图 5-13　HMAC 的有效实现

5.5.3　HMAC 的安全性

基于密码杂凑函数构造的 MAC 的安全性取决于镶嵌的杂凑函数的安全性，而 HMAC 最吸引人的地方是它的设计者已经证明算法的强度和嵌入的杂凑函数的强度之间的确切关系，也证明对 HMAC 的攻击等价于对内嵌杂凑函数的下述两种攻击之一。

（1）攻击者能够计算压缩函数的一个输出，即使 IV 是随机的和秘密的。

（2）攻击者能够找出杂凑函数的碰撞，即使 IV 是随机的和秘密的。

在第一种攻击中，可将压缩函数视为与杂凑函数等价，而杂凑函数的 nb 长 IV 可视为 HMAC 的密钥。对这一杂凑函数的攻击可通过对密钥的穷举来进行，也可通过第二类生日攻击来实施，通过对密钥的穷搜索攻击的复杂度为 $O(2^n)$，通过第二类生日攻击又可归结为上述第二种攻击。

第二种攻击指攻击者寻找具有相同杂凑值的两个消息，因此就是第二类生日攻击。对杂凑值长度为 n 的杂凑函数来说，攻击的复杂度为 $O(2^{n/2})$。因此第二种攻击对 MD-5 的攻击复杂度为 $O(2^{64})$，就现在的技术来说，这种攻击是可行的。但这是否意味着 MD-5 不适合用于 HMAC？回答是否定的。原因如下：攻击者在攻击 MD-5 时，可选择任何消息集合后离线寻找碰撞。由于攻击者知道杂凑算法和默认的 IV，因此能为自己产生的每个消息求出杂凑值。然而，在攻击 HMAC 时，由于攻击者不知道密钥 K，从而不能离线产生消息和认证码对。所以攻击者必须得到 HMAC 在同一密钥下产生的一系列消息，并对得到的消息序列进行攻击。对长 128b 的杂凑值来说，需要得到同一密钥产生的 2^{64} 个分组（2^{72}）比特。

在 1Gb/s 的链路上，敌手需要 250 000 年来获取采用同一密钥生成的连续数据流。因此 MD-5 完全适合于 HMAC，而且就速度而言，MD-5 要快于 SHA 作为内嵌杂凑函数的 HMAC [William 2006]。

习　题

一、填空题

1. 可以用来产生认证符的函数类型可分为三类，分别为_____、_____和_____。

2. 消息加密本身提供了一种认证手段。应用于消息加密的两种体制分别是_____和_____。

3. 消息认证码 MAC 利用_____来生成_____，并将其附加在消息后。

4. 消息认证码的函数形式是_____，其中，M 是_____，K 是_____，$C_K(M)$ 是_____。

5. MAC 函数与加密类似。其区别之一是 MAC 算法不要求_____，而加密算法必须是_____。

6. 杂凑函数也叫_____，是密码学的一个基本工具，可以将_____长度的消息压缩成固定长度的消息摘要。它在_____、_____等领域有着广泛的应用。

7. MD5 的实现：①_____：用 32b 软件易于高速实现。②_____：描述简单，短程序可实现，易于对其安全性进行评估。③_____。

8. 美国 NIST 和 NSA 设计的一种标准算法_____，既可用于_____，也可用于其他需要用_____算法的情况。

9. _____是中国国家密码管理局于 2010 年颁布的一种商用密码杂凑函数，该算法消息分组为_____，输出杂凑值长度为_____，采用_____结构。

10. RFC 2104 给出了 HMAC 的设计目标：①可不经修改而使用现有的_____，特别是那些易于_____、源代码可方便获取且免费使用的_____。②_____；③_____；④_____；⑤在对镶嵌的杂凑函数合理假设的基础上，_____。

11. HMAC 最吸引人的地方是它的设计者已经证明了_____和_____之间的确切关系，证明了对 HMAC 的攻击等价于对_____的下述两种攻击之一：①_____；②_____。

二、思考题

1. 什么是消息认证码（MAC）？它与消息杂凑值的主要区别是什么？

2. 什么是篡改检测码（MDC）？MDC 是如何产生和使用的？消息认证码（MAC）是 MDC 吗？（消息的）数字签名是 MDC 吗？

3. 说明消息认证码的基本用途。

4. 密码学上的杂凑函数需要满足哪些条件？列举迭代杂凑函数的构造方法。

5. 为什么说杂凑函数实际上是不可逆的？

6. 对称和非对称数据完整性技术的主要区别是什么？

7. 设杂凑函数的输出空间大小为 2160b，请问找到该杂凑函数碰撞所花费时间的期望值是什么？

8. 请比较 MD-4、MD-5、SHA 及 SM3 的异同点。

9. SHA-1 算法目前安全吗？SHA2 算法目前安全吗？

10. 什么是 HMAC？HMAC 的设计目标是什么？请理解 HMAC 的算法框图。

11. 中国商用杂凑函数 SM3 与 SHA-256 具有相似的结构，请比较 SM3 与 SHA-256 的压缩函数在结构和消息拓展过程方面有何不同。

第6章 数字签名

数字签名在身份认证、数据完整性、不可否认性以及匿名性等信息安全领域中有重要应用，特别是在大型网络安全通信中的密钥分配、认证，以及电子商务系统中发挥着重要作用。数字签名是实现认证的重要工具。本章介绍数字签名的基本概念，以及各种常用的数字签名体制，如 RSA、ElGamal、Schnorr、DSS 和 SM2 等签名体制。此外，还要介绍一些特殊用途的数字签名，如不可否认签名、防失败签名、盲签名和群签名等。

数字签名基本概念

6.1 数字签名基本概念

政治、军事、外交等文件、命令和条约，商业契约以及个人书信等，传统上采用手书签名或印章，以便在法律上能认证、核准、生效。随着计算机通信网的发展，人们希望通过电子设备实现快速、远距离的交易，数字（或电子）签名应运而生，并开始用于商业通信系统，如电子邮递、电子转账和办公自动化等系统。

类似于手书签名，数字签名也应满足以下要求。

（1）收方能够确认或证实发方的签名，但不能伪造，简记为 R1-条件。

（2）发方将签名的消息发给收方后，就不能再否认他所签发的消息，简记为 S-条件。

（3）收方对已收到的签名消息不能否认，即有收报认证，简记为 R2-条件。

（4）第三方可以确认收发双方之间的消息传送，但不能伪造这一过程，简记为 T-条件。

数字签名与手书签名的区别在于，手书签名是模拟的，且因人而异。数字签名是 0 和 1 的数字串，因消息而异。数字签名与消息认证的区别在于，消息认证使收方能验证消息发方及所发消息内容是否被篡改过。当收、发方之间没有利害冲突时，这对于防止第三方的破坏来说是足够了。但当收方和发方之间有利害冲突时，单纯用消息认证技术就无法解决他们之间的纠纷，此时须借助满足前述要求的数字签名技术。

为了实现签名目的，发方必须向收方提供足够的非保密信息，以便使其能验证消息的签名；但又不能泄露用于产生签名的机密信息，以防他人伪造签名。因此，签名者和验证者可公用的信息不能太多。任何一种产生签名的算法或函数都应当提供这两种信息，而且从公开的信息很难推测出用于产生签名的机密信息。此外，任何一种数字签名的实现都有赖于仔细设计的通信协议。

数字签名有两种：一种是对整体消息的签名，它是消息经过密码变换的被签消息整体；另一种是对压缩消息的签名，它是附加在被签名消息之后或某一特定位置上的一段签名图样。若按明、密文的对应关系划分，每种又可分为两个子类：一类是确定性数字签名，其明文与密文一一对应，它对特定消息的签名不变化，如 RSA 和 Rabin 等签名；另一类是随机化或概率式数字签名，它对同一消息的签名是随机变化的，取决于签名算法中的随机参数的取值。一个明文可能有多个合法数字签名，如 ElGamal 等签名。

签名体制一般含有两个组成部分：签名算法（Signature Algorithm）和验证算法（Verification Algorithm）。对 m 的签名可简记为 Sig(m) $=\sigma'$，而对 σ' 的验证简记为 Ver(σ') = {真，伪}={0, 1}。签名密钥是秘密的，只有签名者掌握；验证算法应当公开，以便于他人进行验证。

签名体制可由量（M, S, K, V）组成，其中，M 是明文空间，S 是签名的集合，K 是密钥空间，V 是验证函数的值域，由真、伪组成。

对于每个 $k \in K$ 有一签名算法，易于计算：

$$\sigma' = \text{Sig}_k(m) \in S \tag{6-1}$$

和一验证算法：

$$\text{Ver}_k(m, \sigma') \in \{真，伪\} \tag{6-2}$$

它们对每一 $m \in M$，有签名 $s = \text{Sig}_k(m) \in S$（为 $M \to S$ 的映射）。（m, σ'）对易于验证 S 是否为 m 的签名：

$$\text{Ver}_k(m, \sigma') = \begin{cases} 真，当 \sigma' = \text{Sig}(m) \\ 伪，当 \sigma' \neq \text{Sig}(m) \end{cases} \tag{6-3}$$

签名体制的安全性在于，从 m 和其签名 σ' 难以推出 k 或伪造一个 m'，使 m' 和 σ' 可被证实为真。

消息签名与消息加密有所不同。消息加密和解密可能是一次性的，它只要求在解密之前是安全的；而一个签名的消息可能作为法律文件，如合同等，很可能在对消息签署多年之后才验证其签名，且可能需要多次验证此签名。因此，人们对签名的安全性和防伪造的要求更高，且要求证实速度比签名速度更快，特别是联机在线实时验证。

随着计算机网络的发展，过去依赖于手书签名的各种业务都可用这种电子数字签名代替，它是实现电子贸易、电子支票、电子货币、电子购物、电子出版及知识产权保护等系统安全的重要保证。有关签名算法的综合性介绍，可参阅相关文献[Diffie 等 1976; Menezes 等 1997; Mitchell 等 1992; Schneier 1996; Stinson 1995; Rivest 1990b]。

6.2　RSA 签名体制

RSA 签名
体制

6.2.1　体制参数

令 $n = p_1p_2$，p_1 和 p_2 是大素数，令 $M = S = Z_n$，选 e 并计算出 d 使 $ed \equiv 1 \bmod \varphi(n)$，公开 n 和 e，将 p_1、p_2 和 d 保密。$K=(n, p_1, p_2, e, d)$。

6.2.2　签名过程

对消息 $M \in Z_n$，定义

$$S = \text{Sig}_k(M) = M^d \bmod n \tag{6-4}$$

为对 M 的签名。

6.2.3　验证过程

对给定的 M 和 S，可按式（6-5）验证。

$$\mathrm{Ver}_k(M,S)=\text{真} \Leftrightarrow M = S^e \bmod n \tag{6-5}$$

6.2.4　安全性

显然，由于只有签名者知道 d，根据 RSA 体制可知，其他人不能伪造签名，但易于证实所给任意 (M,S) 对是否由消息 M 和相应签名构成的合法签名对。如第 4 章中所述，RSA 体制的安全性依赖于 $n = p_1 p_2$ 分解的困难性[Rivest 1978]。

ISO/IEC 9796 和 ANSI X9.30-199X 已将 RSA 作为建议数字签名标准算法[Menezes 等 1997]。PKCS #1 是一种采用杂凑算法（如 MD-2 或 MD-5 等）和 RSA 相结合的公钥密码标准[RSA Lab 1993; Menezes 等 1997]。有关 ISO/IEC 9796 安全性分析，可参阅相关文献[Guillou 等 1990]。

ElGamal 签名体制

6.3　ElGamal 签名体制

ElGamal 签名体制由 T. ElGamal 于 1985 年提出，其修正形式已被美国 NIST 作为数字签名标准（DSS）。它是 Rabin 体制的一种变型，专门设计作为签名用。方案的安全性基于求离散对数的困难性。它是一种非确定性的双钥体制，即对同一明文消息，由于随机参数选择不同而有不同的签名。

6.3.1　体制参数

p：一个大素数，可使 Z_p 中求解离散对数为困难问题。

g：是 Z_p 中乘群 Z_p^* 的一个生成元或本原元素。

$H(M)$：消息摘要空间，为 Z_p^*。

S：签名空间，为 $Z_p^* \times Z_{p-1}$。

x：用户密钥 $x \in Z_p^*$。

$$y \equiv g^x \bmod p \tag{6-6}$$

密钥：$K = (p,g,x,y)$，其中，p，g 和 y 为公钥，x 为密钥。

6.3.2　签名过程

给定消息 M，发端用户进行下述工作。

（1）选择秘密随机数 $k \in Z_{p-1}^*$。

（2）计算 $H(M)$：

$$r \equiv g^k \bmod p \tag{6-7}$$

$$s \equiv (H(M) - xr)\, k^{-1} \bmod (p-1) \tag{6-8}$$

（3）将 $\text{Sig}_k(M) = S = (r \| s)$ 作为签名，将 M 和 $(r \| s)$ 发送给对方。

6.3.3　验证过程

收方收到 M，$(r \| s)$，先计算 $H(M)$，并按式（6-9）验证。

$$\text{Ver}_k(H(M), r, s) = 真 \Leftrightarrow y^r r^s \equiv g^{H(M)} \bmod p \tag{6-9}$$

这是因为 $y^r r^s \equiv g^{rx} g^{sk} \equiv g^{(rx+sk)} \bmod p$，由式（6-8）有

$$(rx + sk) \equiv H(M) \bmod (p-1) \tag{6-10}$$

故有

$$y^r r^s \equiv g^{H(M)} \bmod p \tag{6-11}$$

在此方案中，对同一消息 M，由于随机数 k 不同而有不同的签名值 $S = (r \| s)$。

例 6-1　选 $p = 467$，$g = 2$，$x = 127$，则有 $y \equiv g^x \equiv 2^{127} \equiv 132 \bmod 467$。

若待发送消息为 M，其杂凑值为 $H(M) = 100$，选随机数 $k = 213$，注意，$(213, 466) = 1$ 且 $213^{-1} \bmod 466 = 431$，则有 $r \equiv 2^{213} \equiv 29 \bmod 467$。$s \equiv (100 - 127 \times 29) \times 431 \equiv 51 \bmod 466$。

验证：收方先算出 $H(M) = 100$，然后验证 $132^{29} 29^{51} \equiv 189 \bmod 467$，$2^{100} \equiv 189 \bmod 467$。

6.3.4　安全性

（1）不知消息签名对攻击。攻击者在不知道用户密钥 x 的情况下，若想伪造用户的签名，可选 r 的一个值，然后实验相应 s 取值，为此必须计算 $\log_r g^x s^{-r}$。也可先选一个 s 的取值，然后求出相应 r 的取值，尝试在不知道 r 条件下分解方程：

$$y^r s^s ab \equiv g^M \bmod p$$

这些都是离散对数问题。至于能否同时选出 a 和 b，然后解出相应 M，这仍面临求离散对数问题，即需计算 $\log_g y^r r^s$。

（2）已知消息签名对攻击。假定攻击者已知 $(r \| s)$ 是消息 M 的合法签名。令 h、i、j 是整数，其中，$h \geqslant 0$，i、$j \leqslant p-2$，且 $(hr - js, p-1) = 1$。攻击者可计算

$$r' \equiv r^h y^i \bmod p \tag{6-12}$$

$$s' \equiv s\lambda(hr - js)^{-1} \bmod (p-1) \tag{6-13}$$

$$M' \equiv \lambda(hM + is)(hr - js)^{-1} \bmod (p-1) \tag{6-14}$$

则 $(r' \| s')$ 是消息 M' 的合法签名。但这里的消息是 M'，并非是攻击者选择的消息。如果攻击者要对其选定的消息得到相应的合法签名，仍然面临求离散对数的问题。如果攻击者掌握了同一随机数 r 下的两个消息 M_1 和 M_2 的合法签名 $(r_1 \| s_1)$ 和 $(r_2 \| s_2)$，则由

$$M_1 \equiv r_1 k + s_1 r \bmod (p-1) \tag{6-15}$$

$$M_2 \equiv r_2 k + s_2 r \bmod (p-1) \tag{6-16}$$

就可以解出用户的密钥 k。因此在实践中，每个消息的签名都应变换随机数 k，而且对某消息 M 签名所用的随机数 k 不能泄露，否则攻击者可由式（6-10）解出用户的密钥 x。目前，ANSI X9.30-199X 已将 ElGamal 签名体制作为签名标准算法。

6.4　Schnorr 签名体制

Schnorr C 于 1989 年提出一种签名体制——Schnorr 签名体制。

6.4.1　体制参数

p，q：大素数，$q\,|\,p-1$，q 是大于或等于 160b 的整数，p 是大于或等于 512b 的整数，保证 Z_p 中求解离散对数困难。

g：Z_p^* 中元素，且 $g^q \equiv 1 \bmod p$。

x：用户密钥，$1 < x < q$。

y：用户公钥，$y \equiv g^x \bmod p$。

消息空间 $m = Z_p^*$，签名空间 $s = Z_p^* \times Z_q$；密钥空间

$$k = \{(p,q,g,x,y) : y \equiv g^x \bmod p\} \tag{6-17}$$

6.4.2　签名过程

令待签消息为 M，对给定的 M 做下述运算。

（1）签名用户任选一秘密随机数 $k \in Z_q$。

（2）计算：

$$r \equiv g^k \bmod p \tag{6-18}$$
$$s \equiv k + xe \bmod q \tag{6-19}$$

式中：

$$e = H(r \| M) \tag{6-20}$$

（3）将消息 M 及其签名 $S = \mathrm{Sig}_k(M) = (e \| s)$ 发送给收方。

6.4.3　验证过程

收方收到消息 M 及签名 $S = (e \| s)$ 后：

（1）计算

$$r' \equiv g^s y^{-e} \bmod p \tag{6-21}$$

然后计算 $H(r' \| M)$。

（2）验证

$$\mathrm{Ver}(M, r, s) \Leftrightarrow H(r' \| M) = e \tag{6-22}$$

因为，若 $(e \| s)$ 是 M 的合法签名，则有 $g^s y^{-e} \equiv g^{k+xe} y^{-xe} \equiv g^k \equiv r \bmod p$，式（6-22）必成立。

6.4.4　Schnorr 签名与 ElGamal 签名的不同点

（1）在 ElGamal 体制中，g 为 Z_p 的本原元素；在 Schnorr 体制中，g 为 Z_p^* 中子集 Z_q^* 的

本原元素，它不是 Z_p^* 的本原元素。显然 ElGamal 的安全性要高于 Schnorr。

有关 Schnorr 签名的各种变型，可参阅相关文献。De Rooij 对 Schnorr 方案的安全性进行了分析。

（2）Schnorr 的签名较短，由 $|q|$ 及 $|H(M)|$ 决定。

（3）在 Schnorr 签名中，$r = g^k \bmod p$ 可以预先计算，k 与 M 无关，因而签名只需一次 $\bmod\ q$ 乘法及减法。所需计算量少、速度快，适用于智能卡应用。

例 6-2 选取素数 $q = 101$，$p = 7879(q\,|\,p-1)$，生成元 $g = 170$，选取私钥 $x = 75$，计算公钥 $y = 170^{75} \bmod 7879 = 4567$，设选定的哈希函数为 H，A 的公开参数为（7879, 101, 170, 4567）及 H，私钥为 75。假设待签名的消息为 m，签名如下。

（1）用户 A 选取随机数 $k = 50$，计算 $r = g^k \bmod p = 170^{50} \bmod 7879 = 2518$。

（2）计算 $e = H(m\,\|\,r) = H(m\,\|\,2518)$，假设计算结果为 96（依赖于所选取的哈希函数）。

（3）计算 $s = 50 + 75 \times 96 \bmod 101 = 79$。

（4）签名结果为 $(e, s) = (96, 97)$。

签名验证：计算 $r' = 170^{79} \times 4567^{-96} \bmod 7879 = 2518$；检查等式 $e' = H(m\,\|\,r')$ 是否成立。如果相等，则接受签名。

6.5　DSA 签名体制

DSS（Digital Signature Standard）签名标准是 1991 年 8 月由美国 NIST 提出，1994 年 5 月 19 日正式公布，1994 年 12 月 1 日正式采用的美国联邦信息处理标准，其安全性基于求离散对数的困难性。DSS 是在 ElGamal 和 Schnorr 两个方案基础上设计的。DSS 中采用的算法简记为 DSA（Digital Signature Algorithm）。此算法由 D. W. Kravitz 设计。

这类签名标准具有较好的兼容性和适用性，已成为网络安全体系的基本构件之一。

6.5.1　体制参数

p：是 $2^{L-1} < p < 2^L$ 中的大素数，$512 \leqslant L \leqslant 1024$，按 64b 递增。

q：$(p-1)$ 的素因子，且 $2^{159} < q < 2^{160}$，即字长 160b。

g：$g = h^{(p-1)/q} \bmod p$，且 $1 < h < (p-1)$，满足 $h^{(p-1)/q} \bmod p > 1$。

x：用户密钥，x 为在 $0 < x < q$ 内的随机或拟随机数。

y：用户公钥，$y = g^x \bmod p$。

6.5.2　签名过程

令待签名的消息为 M，对给定的 M 做下述运算：

（1）签名用户任选一秘密随机数 k，满足 $0 < k < q$。

（2）签名过程：对消息 $M \in Z_p^*$，其签名为

$$S = \mathrm{Sig}_k(M) = (r, s) \tag{6-23}$$

其中，$S \in Z_q \times Z_q$，

$$r \equiv (g^k \bmod p) \bmod q \tag{6-24}$$

$$s \equiv [k^{-1}(h(M) + xr)] \bmod q \tag{6-25}$$

（3）将消息 M 及其签名 $S = \mathrm{Sig}_k(M) = (r, s)$ 发送给收方。

6.5.3　验证过程

收信人收到消息 M 及签名 $S = (r, s)$ 后：

（1）计算

$$w = s^{-1} \bmod q \text{；} \quad u_1 = [h(M)w] \bmod q \text{；}$$

$$u_2 = rw \bmod q \text{；} \quad v = [(g^{u_1} y^{u_2}) \bmod p] \bmod q \tag{6-26}$$

（2）验证

$$\mathrm{Ver}(M, r, s) = \text{真} \Leftrightarrow v = r \tag{6-27}$$

因为，若 (r, s) 是 M 的合法签名，则有 $g^{u_1} y^{u_2} \equiv g^{h(M)w} y^{rw} \equiv g^{s^{-1}[h(M)+xr]} \equiv g^k \equiv r \bmod q$，式（6-27）必成立。

6.5.4　公众反应

RSA Data Security Inc（DSI）想以 RSA 算法作为标准，因而 RSA 公司对 DSS 反应强烈。在标准公布之前，RSA 公司就指出，DSA 采用共模可能使政府能够伪造签名。许多大的软件公司早已得到 RSA 的许可证，从而反对 DSS。主要批评意见如下。

（1）DSA 不能用于加密或密钥分配。

（2）DSA 是由 NSA 开发的，算法中可能设有陷门。

（3）DSA 比 RSA 慢。

（4）RSA 已是一个实际上的标准，而 DSS 与现行国际标准不相容。

（5）DSA 未经公开选择过程，还没有足够的时间进行分析证明。

（6）DSA 可能侵犯了其他专利（如 Schnorr 签名算法和 Diffie-Hellman 的公钥密钥分配算法）。

（7）由 512b 所限定的密钥量太小，现已改为凡是 512～1024b 中可被 64 除尽的数，均可供使用。有关批评意见，可参阅相关文献[Smid 等 1992a]。

6.5.5　实现速度

预计算：随机数 r 与消息无关，选一数串 k，预先计算出其 r。对 k^{-1} 也可这样做。预计算大大加快了 DSA 的速度。DSA 和 RSA 的比较如表 6-1 所示。

表 6-1　DSA 和 RSA 的比较

	DSA	RSA	DSA 采用公用 p、q、g
总计算	Off Card(P)	N/A	Off Card(P)
密钥生成	14s	Off Card(S)	4s
预计算	14s	N/A	4s
签名	0.035s	15s	0.035s
验证	16s	1.5s	10s

注意：脱卡（Off Card）计算以 33MHz 的 80386 PC，S 是脱卡秘密参数，模皆为 512b。

NIST 曾给出一种求 DSA 体制所需素数的建议算法，这一体制是在 ElGamal 体制基础上构造的。有关 ElGamal 体制安全性的讨论也涉及 DSA，如秘密随机数 k 若被重复使用，则有被破译的危险性。大范围用户采用同一共模会成为潜在的安全风险。Simmons 还发现，DSA 可能会提供一个潜信道。还有人提出 DSA 的各种修正方案[Yen 1994; Nyberg 等 1993]。

6.6　中国商用数字签名算法 SM2

SM2 椭圆曲线数字签名算法是 2010 年 12 月由我国国家密码管理局正式公布的商用数字签名标准。同时公布的还包含加解密算法和密钥交换协议。该组椭圆曲线密码算法已经广泛应用在多类商用密码产品之中。本节仅介绍 SM2 中的数字签名算法，其他算法在相关章节中介绍。SM2 标准的详细介绍请查阅 SM2 国家标准文档。

6.6.1　体制参数

（1）选择一个椭圆曲线。国家密码管理局在 SM2 椭圆曲线公钥密码算法中推荐使用的曲线为 256 位素数域 GF(p)上的椭圆曲线。方程形式为 $y^2 = x^3 + ax + b$。有关具体曲线参数，参见 4.6.1 节内容。

（2）设置用户 A 的私钥 $d_A \in [1, n-1]$ 和用户 A 的公钥 $P_A = [d_A]G = (x_A, y_A)$。

（3）选择一个密码杂凑算法，设为 $H_v()$。表示摘要长度为 vb 的密码杂凑函数。如国家密码管理局发布的 SM3 算法。

（4）选择一个安全的随机数发生器，建议选用国家密码管理局批准的随机数发生器。

（5）假设签名者 A 具有长度为 entlen$_A$b 的可辨别标识 ID$_A$，记 ENTL$_A$ 是由整数 entlen$_A$ 转换而成的两个字节。在椭圆曲线数字签名算法中，签名者和验证者都需要用密码杂凑函数求得用户 A 的杂凑值 $Z_A = H_{256}(\text{ENTL}_A\|\text{ID}_A\| a\| b\| x_G\| y_G \| x_A\| y_A)$。

6.6.2　签名过程

假设待签名的消息为 M，为了获取消息 M 的数字签名(r, s)，作为签名者的用户 A 应执行以下运算步骤。

（1）置 $\bar{M} = Z_A \| M$。

（2）计算 $e = H_v(\bar{M})$，并将 e 的数据类型转换为整数。

（3）用随机数发生器产生随机数 $k \in [1, n-1]$。

（4）计算椭圆曲线点 $(x_1, y_1) = [k]G$，并将 x_1 的数据类型转换为整数。

（5）计算 $r = (e + x_1) \bmod n$，若 $r = 0$ 或 $r + k = n$ 则返回步骤（3）。

（6）计算 $s = ((1 + d_A)^{-1} \cdot (k - r \cdot d_A)) \bmod n$，若 $s = 0$ 则返回步骤（3）。

（7）将 r、s 的数据类型转换为字节串，消息 M 的签名为(r, s)。

为了帮助读者理解，SM2 标准也给出了数字签名生成算法流程，如图 6-3 所示。

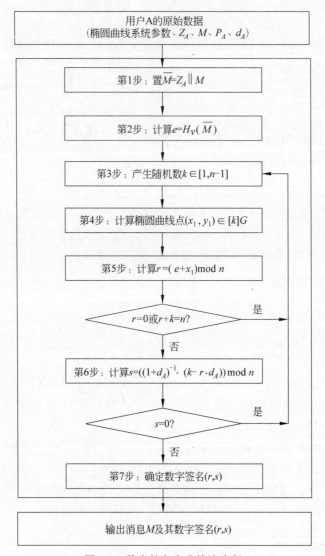

图 6-3　数字签名生成算法流程

6.6.3　验证过程

为了检验收到的消息 M' 及其数字签名 (r', s')，作为验证者的用户 B 应执行以下运算步骤。

（1）检验 $r' \in [1, n-1]$ 是否成立，若不成立，则验证不通过。

（2）检验 $s' \in [1, n-1]$ 是否成立，若不成立，则验证不通过。

（3）置 $\overline{M'} = Z_A \| M'$。

（4）计算 $e' = H_v(\overline{M'})$，将 e' 的数据表示为整数。

（5）将 r' 和 s' 的数据转换为整数，计算 $t = (r', s') \bmod n$，若 $t = 0$，则验证不通过。

（6）计算椭圆曲线点 $(x_1', y_1') = [s']G + [t]P_A$。

（7）将 x_1' 的数据转换为整数，计算 $R = (e' + x_1') \bmod n$，检验 $R = r'$ 是否成立，若成立，

则验证通过；否则验证不通过。

为了帮助读者理解，SM2 标准也给出了数字签名生成算法流程，如图 6-4 所示。

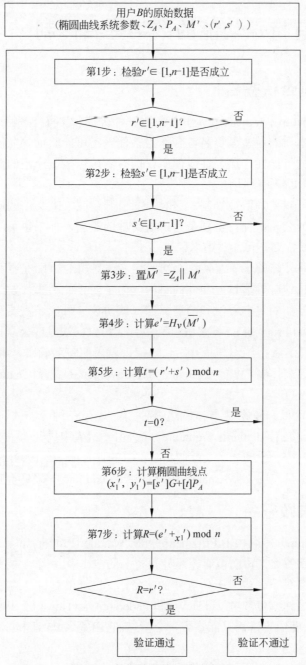

图 6-4　数字签名验证算法流程

6.6.4　签名实例

为了推广应用 SM2 算法，国家密码管理局在颁布 SM2 公钥密码算法时，分别给出了 SM2 数字签名算法在两类椭圆曲线上消息签名和验证的实例，以及各步骤中的详细值。感兴趣的读者可从 Web 地址 http://www.sca.gov.cn/sca/xwdt/2010-12/17/content_1002386.shtml 获取相关实例信息。

6.7 具有特殊功能的数字签名体制

6.7.1 不可否认签名

1989 年，由 Chaum 和 Antwerpen 引入的不可否认签名具有一些特殊性质，非常适用于某些应用。其中最本质的是在无签名者合作的条件下不可能验证签名，从而可以防止复制或散布他所签文件的可能性，这一性质使产权拥有者可以控制产品的散发。这在电子出版物的知识产权保护中将大有用场。

普通数字签名可以精确地被复制，这对于如公开声明之类文件的散发是必需的，但对另一些文件如个人或公司信件，特别是有价值文件的签名，如果也可随意复制和散发，就会造成灾难。这时就需要不可否认签名。

在签名者合作下才能验证签名，这会给签名者一种机会，即在不利于他时，他可以拒绝合作，以达到否认他曾签署过此文件的目的。为了防止此类事件发生，不可否认签名除了采用一般签名体制中的签名算法和验证算法（或协议）外，还需要第三个组成部分，即否认协议（Disavowal Protocol），签名者可利用否认协议向法庭或公众证明一个伪造的签名确实是假的；如果签名者拒绝参与执行否认协议，就表明签名确实是由他签署的。

有关不可否认签名体制，可参考 Chaum 和 Antwerpen 的文章[Chaum 等 1989]和王育民等的书[王育民等 1999]。

不可否认签名可以和秘密共享体制组合使用，成为一种分布式可变换不可否认签名（Distributed Convertible Undeniable Signature），它由一组人中的几个人参与协议执行来验证某人的签名。有关内容可参阅相关文献[Pederson 1991; Harn 等 1992; Sakano 等 1993]。有关不可否认签名，还可参阅文献[Chaum 1991, 1995; Okamoto 等 1994; Boyar 等 1991]。

6.7.2 防失败签名

防失败（Fail Stop）签名由 B.Pfitzmann 和 M.Waidner[Pfitzmann 等 1991]提出。这是一种强化安全性的数字签名，可防范有充足计算资源的攻击者。当 A 的签名受到攻击，即使在分析出 A 的密钥条件下，也难于伪造 A 的签名，A 也难以对自己的签名进行抵赖。

有关防失败签名体制可参考 van Heyst 和 Pederson[van Heyst 等 1992]所提方案。它是一种一次性签名方案。即给定密钥只能签署一个消息。它由签名、验证和"对伪造的证明"（Proof of Forgery）算法三部分组成。

有关防失败签名体制，还可参阅相关文献[Pfitzmann 等 1991; Damgård 等 1997]。

6.7.3 盲签名

对于一般的数字签名来说，签名者总是要先知道文件内容而后才签名，这正是通常所需要的。但有时需要某人对一个文件签名，但又不让他知道文件内容，这种签名称为盲签名（Blind Signature）。盲签名的概念是由 Chaum[Chaum 1983]最先提出的，在选举投票和数字货币协议中将会碰到这类要求。利用盲变换可以实现盲签名，如图 6-5 所示。

消息M　盲变换　M'　签名　$S(M')$　解盲变换　$S(M)$

图 6-5　盲签名

任何盲签名，都必须利用分割-选择原则。Chaum 提出一种更复杂的算法来实现盲签名。后来他还提出了一些更复杂，但更灵活的盲签名法。

有关盲签名的各种方案可参阅相关文献[Camenisch 等 1994; Horster 等 1995; Stadler 等 1995]。盲签名在新型电子商务系统中将有重要应用[Chaum 等 1989,1990; Chaum 1989; Okamoto 1995]。

6.7.4　群签名

群体密码学（Group Oriented Cryptography）由 Desmedt 于 1987 年提出。它是研究面向社团或群体中所有成员需要的密码体制。在群体密码中，有一个公用的公钥，群体外面的人可以用它向群体发送加密消息，密文收到后，由群体内部成员的子集共同进行解密。本节介绍群体密码学中有关签名的一些内容。

群签名（Group Signature）是面向群体密码学的一个课题，1991 年由 Chaum 和 van Heyst 提出。它有下述几个特点：只有群中成员能代表群体签名；接收到签名的人可以用公钥验证群签名，但不可能知道由群体中哪个成员所签；发生争议时，由群体中的成员或可信赖机构识别群签名的签名者。

例如，这类签名可用于项目投标。所有公司应邀参加投标，这些公司组成一个群体，且每个公司都匿名地采用群签名对自己的标书签名。当选中了一个满意的标书后，招标方就可识别出签名的公司，而其他标书仍保持匿名。中标者若想反悔已无济于事，因为在没有他参加时仍可以正确识别出他的签名。这类签名还可在其他类似场合使用。

群签名也可以由可信赖的中心协助执行，中心掌握各签名者与其签名的相关信息，并为签名者保密；有争执时，可以由签名识别出签名者[Chaum 1991]。

Chaum 和 Heyst[Chaum 等 1990]曾提出 4 种群签名方案。其中，有的由可信赖中心协助实现群签名功能，有的采用不可否认并结合否认协议实现。

Chaum 所提方案，不仅可由群体中一个成员的子集一起识别签名者，还可允许群体在不改变原有系统各密钥下添加新的成员。

群签名目标是对签名者实现无条件匿名保护，且又能防止签名者的抵赖，因此称其为群体内成员的匿名签名（Anonymity Signature）更恰当[Chen 1994; Chen 等 1994]。

前面已介绍过不可抵赖签名，这里介绍在一个群体中由多个人签署文件时能实现不可抵赖特性的签名问题。Desmedt 等提出的实现方案多依赖于门限公钥体制。

一个面向群体的(t, n)不可抵赖签名，其中，t是阈值，n是群体中成员总数，群体有一公用公钥。签名时也必须有 t 人参与才能产生一个合法的签名，而在验证签名时也必须至少有群体内成员合作参与才能证实签名的合法性。这是一种集体签名共同负责制。L.Harn 和 S.Yang[Harn 等 1992]提出了一种 $t=1$ 和 $t=n$ 的方案。D.Wang[Wang 1996]给出了 $1\leqslant t\leqslant n$ 的两种方案。

6.7.5　代理签名

代理（Proxy）签名是某人授权其代理进行的签名。在不将其签名密钥交给代理人的条件下，如何实现委托签名呢？Mambo 等提出了一种解决办法，能够使代理签名具有如下特点。

（1）不可区分性。代理签名与某人的正常签名不可区分。

（2）不可伪造性。只有原来签名者和所托付的代理签名者可以建立合法的委托签名。

（3）代理签名的差异。代理签名者不可能制造一个合法代理签名不被检测出它是一个代理签名。

（4）可证实性。签名验证者可以相信委托签名就是原签名者认可的签名消息。

（5）可识别性。原签名者可从委托签名确定出代理其签名者的身份。

（6）不可抵赖性。代理签名者不能抵赖他所建立的已被接受的委托签名。

有时可能需要更强的可识别性，即任何人可以根据委托签名确定代理签名者的身份。有关具体实现算法可参阅相关文献[Mambo 等 1995]。

6.7.6　指定证实人的签名

一个机构中指定一个人负责证实所有人的签名，任何成员所签的文件都具有不可否认性，但证实工作均由指定人完成，这种签名称作指定证实者的签名（Designated Confirmer Signatures），它是普通数字签名和不可否认数字签名的折中。签名者必须限定由谁才能证实他的签名；但是，如果让签名者完全控制签名的实施，他可能会用肯定或否定方式拒绝合作，他也可能为此宣布密钥丢失，或可能根本不提供签名。指定证实者签名，可以给签名者一种不可否认签名的保护，但又不会让他滥用这类保护。这种签名也有助于防止签名失效，例如，在签名者的签名密钥确实丢失，或在他休假、病倒甚至已去世时都能对其签名提供保护。

指定证实者的签名可以用公钥体制结合适当的协议设计来实现。证实者相当于仲裁角色，他将自己的公钥公开，任何人对某文件的签名都可以通过他来证实。有关具体算法可参阅相关文献[Okamoto 等 1994]。

6.7.7　一次性数字签名

若数字签名机构至多只能对一个消息进行签名，否则签名就可被伪造，这种签名被称作一次性（One Time）签名体制。在公钥签名体制中，它要求对每个消息都要用一个新的公钥作为验证参数。一次性数字签名的优点是生成和验证都较快，特别适用于要求计算复杂度低的芯片卡。有关一次性数字签名，人们已提出几种实现方案，如 Rabin 一次性签名方案、Merkle 一次性签名方案、GMR 一次性签名方案、Bos 等的一次性签名方案。这类方案多与可信赖第三方相结合，并通过认证树结构实现[Menezes 等 1997]。

6.7.8　双有理签名方案

Shamir 在 1993 年提出了双有理签名方案[Shamir 1993]，Coppersmith 对其进行了攻击和分析研究，有关具体内容，可参见相关文献[Coppersmith 等 1997]。

6.8　数字签名的应用

随着信息化社会和数字经济发展，数字签名技术正在当今社会中发挥着重要作用。总结起来，数字签名在以下几个应用场景中得到广泛应用。

（1）电子商务：数字签名用于保护电子商务交易中的数据完整性、身份的真实性和不可抵赖性。例如，在网上购物中，数字签名可以证明商家和消费者的身份，并保护购买订单的合法性和数据完整性。

（2）电子政务：数字签名用于保护电子政务中文件流转的安全性，包括公文的防篡改、确保公文发送者的身份真实性，以及防止公文接收者的抵赖行为等。

（3）网上银行：数字签名用于保护网上银行账户的安全性，包括身份真实性、交易合法性和数据完整性等，确保每次交易都是由正确的人操作，且交易数据未被篡改。

（4）数字文档：数字签名用于证明电子文档的真实性和完整性。例如，数字签名可以用于法律文书、医疗记录、企业合同等电子文档签署，从而保证文档的有效性和可信度。

（5）数字证书：数字证书是一种用于身份认证的数字凭证，它主要采用数字签名技术。数字证书的内容将在第 9 章中做详细阐述。

（6）电子邮件：数字签名可以用于保护电子邮件的隐私和安全性。数字签名可以证明邮件的发送者身份，并保证邮件内容未被篡改。

（7）知识产权保护：数字签名可以用于数字产品的防伪和版权保护。例如，在许多音视频作品、数字图画、软件产品中可以加入数字签名，通过验证签名即可鉴别真伪。

数字签名方案常因不同的应用而异。除了以上用途之外，数字签名还可应用于其他很多应用场景，如电子政务、区块链、密码协议设计等。

本文将在后续章节中详细介绍数字签名在协议中的各种各样的应用，如数字签名在密码协议设计、数字证书与公钥基础设施、区块链等研究领域中的应用。

习　　题

一、填空题

1. 类似手书签名，数字签名也应满足_____、_____、_____和_____。

2. 按明、密文的对应关系划分，数字签名可以分为_____和_____。

3. RSA 签名体制的安全性依赖于_____。

4. ElGamal 签名体制的安全性依赖于_____。

5. 不可否认签名的本质是_____。

6. 群签名是面向_____，其目的是_____。

7. SM2 是国家密码管理局于 2010 年颁布的基于_____的密码算法，具体包括两个算法一个协议，分别是_____、_____和_____。

二、思考题

1. 分析 RSA 算法存在的安全缺陷。

2. 查找并阅读 SM2 椭圆曲线公钥密码算法标准，了解算法流程，构思一种 SM2 数字签名算法的应用场景。

3. 比较 ElGamal 签名体制与 SM2 签名算法的异同。

4. 比较 RSA 签名体制、EIGamal 签名体制和 Schnorr 签名体制的异同。

5. 比较签名标准算法 DSA 与 EIGamal 签名体制的异同。

6. 数字签名要求签名速度快，还是签名验证速度快？

三、分析题

美国数字签名标准 DSS 属于随机性签名方案，签名参数设置为：

- p：大素数，$2^{L-1} < p < 2^L$，$512 \leqslant L \leqslant 1024$。
- q：$(p-1)$的素因子，且$2^{159} < q < 2^{160}$，即字长 160b。
- g：$g \equiv h^{\frac{(p-1)}{q}}$，且$1 < h < (p-1)$，$h^{\frac{(p-1)}{q}} \bmod p > 1$。
- x：用户私钥，$1 < x < q$。
- y：公钥参数，$y \equiv g^x \bmod p$。
- p, q, g, y为公钥，x为私钥。

签名的过程如下：

- 给定消息$m \in M$，选择秘密随机数k，$0 < k < q$，计算$H(m)$；
- 计算$r \equiv (g^k \bmod p) \bmod q$，计算$s \equiv [k^{-1} \cdot (H(m) + xr)] \bmod q$；
- 签名为$\mathrm{Sig}_{sk}(m) = (r, s)$，将$m$和$(r, s)$发送给接收方。

在每次签名时，用户都要选择一个随机数k。请问：

（1）随机数k能不能用常数代替？

（2）若将随机数k替换成常数，当攻击者截获对消息$m1$和消息$m2$的两次签名值$(r1, s1)$和$(r2, s2)$时，请用数学方法分析攻击者可从所截获的明文和两次签名值中获得哪些有用的信息？

第 7 章

密码协议

协议的基本
概念

7.1 协议的基本概念

在现实生活中，人们对协议并不陌生，人们都在自觉或不自觉地使用各种协议。例如，在处理国际事务时，国家之间通常要遵守某种协议；在法律上，当事人之间常常要按照规定的法律程序去处理纠纷；在打扑克、电话订货、投票或到银行存/取款时，都要遵守特定的协议。由于人们能够熟练地使用这些协议来有效地完成所要做的事情，所以很少有人去深入地考虑它们。

协议（Protocol）指两个或两个以上的参与者为完成某项特定的任务而采取的一系列步骤。这个定义包含三层含义：第一，协议自始至终是有序的过程，每一步骤必须依次执行，在前一步没有执行完之前，后面的步骤不可能执行；第二，协议至少需要两个参与者，一个人可以通过执行一系列的步骤来完成某项任务，但它不构成协议；第三，通过执行协议必须能够完成某项任务，即使某些东西看似协议，但没有完成任何任务，也不能称为协议，只不过是浪费时间的空操作。

在讨论之前，首先对协议的参与者做如表 7-1 所示的定义。

表 7-1 协议中可能的参与者及其作用

协议的参与者	其在协议中所发挥的作用
Alice	在所有协议中，她是第一参与者
Bob	在所有协议中，他是第二参与者
Carol	在三方或四方协议中，她是参与者之一
Dave	在三方或四方协议中，他是参与者之一
Eve	窃听者
Mallory	恶意的主动攻击者
Trent	可信赖的仲裁者
Walter	监察官，他将在某些协议中保护 Alice 和 Bob
Peggy	证明者
Victor	验证者

7.1.1 仲裁协议

仲裁者（Arbitrator）是某个公正的第三方。在执行协议的过程中，其他各方均信赖他。"公正"意味着仲裁者对参与协议的任何一方没有偏向，而"可信赖"意味着参与协议的所有人均认为他所说的话都是真的，他所做的事都是正确的，并且他将完成协议赋予他的任务。仲裁者能够帮助两个互不信赖的实体完成协议，如图 7-1 所示。

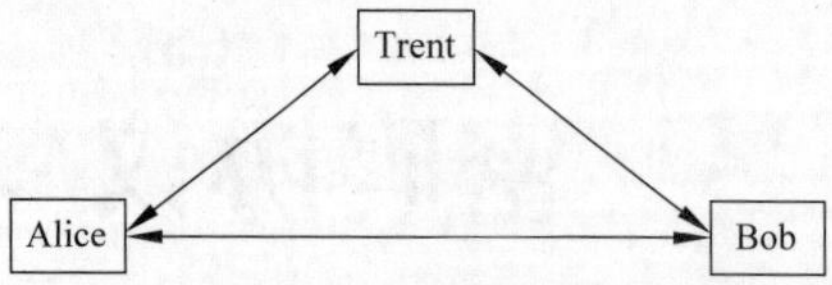

图 7-1　仲裁协议

在现实生活中，律师常常被认为是仲裁者。例如，Alice 要卖汽车给陌生人 Bob，而 Bob 想用支票付账。在 Alice 将车交给 Bob 之前，他必须查清支票的真伪。同样，Bob 也不相信 Alice，在没有获得车主权之前，也不愿将支票交给 Alice。

这时，就需要一个为双方信赖的律师来帮助他们完成交易。Alice 和 Bob 可以通过执行以下协议来确保彼此不受欺骗。

（1）Alice 将车主权和钥匙交给律师。

（2）Bob 将支票交给 Alice。

（3）Alice 在银行兑现支票。

（4）在规定的时间内，若证明支票是真的，律师将车主权和钥匙交给 Bob；若证明支票是假的，Alice 将向律师提供确切的证据，此后律师将车主权和钥匙交还给 Alice。

在这一协议中，Alice 相信在她弄清支票的真伪之前律师不会将车主权交给 Bob，一旦发现支票有假，律师还会将车主权归还她；Bob 也相信律师在支票兑现后，将把车主权和钥匙交给他。在协议中，律师只起担保代理作用，他并不关心支票的真伪。

银行也可以充当仲裁人的角色。通过执行以下协议，Bob 可以从 Alice 手中买到车。

（1）Bob 开一张支票并将其交给银行。

（2）在验明 Bob 的钱足以支付支票上的数目后，银行将保付支票交给 Bob。

（3）Alice 将车主权和钥匙交给 Bob。

（4）Bob 将保付支票交给 Alice。

（5）Alice 兑现支票。

这个协议是有效的，因为 Alice 相信银行开具的证明。同时，Bob 也相信银行不会将他的钱用于其他不正当的场合。

然而，在计算机领域中，让计算机充当仲裁人时，会遇到如下一些新的问题。

- 在计算机网络中，彼此互不信赖的通信双方进行通信时，也需要某台计算机充当仲裁者。但是，由于计算机网络的复杂性，互相怀疑的通信双方很可能也怀疑作为仲裁者的计算机。
- 在计算机网络中，要设立一个仲裁者，就要像聘请律师一样付出一定的费用。然而在网络环境下，没有人愿意承担这种额外的开销。
- 当协议中引入仲裁者时，会增加时延。
- 由于仲裁者需要对每一次会话加以处理，它有可能成为系统的瓶颈。在实现过程中，增加仲裁者的数目可能会缓解这个问题，但是这会增加系统的造价。
- 在网络中，由于每个人都必须信赖仲裁者，因此它也就成为攻击者攻击的焦点。

在具有仲裁的协议中，仲裁人的角色由 Trent 来担任。

7.1.2　裁决协议

由于在协议中引入仲裁人会增加系统的造价，所以在实际应用中，通常引入另外一种协议，称为裁决协议。只有发生纠纷时，裁决人才执行此协议；而无纠纷发生时，则不需要裁决人的参与，如图 7-2 所示。

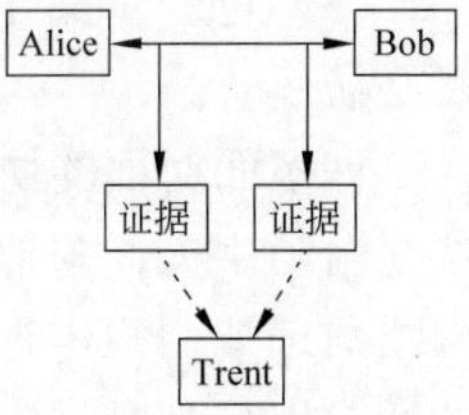

与仲裁人一样，裁决人也是一个公正的、可信赖的第三方。他不像仲裁者一样直接参与协议。例如，法官是职业裁决人。Alice 和 Bob 在签署合同时，并不需要法官的参与。但是，当他们之间发生纠纷时，就需要法官来裁决。

图 7-2　裁决协议

合同签署协议可以规范地做如下表述。

无仲裁的子协议：

（1）Alice 和 Bob 协商协议的条款。

（2）Alice 签署这个合同。

（3）Bob 签署这个合同。

裁决子协议：

（1）Alice 和 Bob 出现在法官面前。

（2）Alice 向法官提供她的证据。

（3）Bob 向法官提供他的证据。

（4）法官根据双方提供的证据进行裁决。

在计算机网络环境下，也有裁决协议。这些协议建立在各方均诚实的基础之上。但是，当有人怀疑发生欺骗时，可信赖的第三方就可以根据所存在的某个数据项判定是否存在欺骗。一个好的裁决协议应该能够确定欺骗者的身份。注意，裁决协议只能检测欺骗是否存在，而不能防止欺骗的发生。

7.1.3　自动执行协议

自动执行协议是最好的协议，协议本身就保证了公平性。如图 7-3 所示，这种协议不需要仲裁者的参与，也不需要裁决者来解决争端。如果协议中的一方试图欺骗另一方，那么另一方会立刻检测到该欺骗的发生，并停止执行协议。

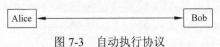

图 7-3　自动执行协议

今天，人们越来越多地使用计算机网络进行交流。计算机能够代替人们完成要做的事情，但是它必须按照事先设计的协议来执行。人可以对新的环境做出相应的反应，而计算机却不能。在这一点上，计算机几乎无灵活性可言。

因此，协议应该对所要完成的某项任务的过程加以抽象。无论是对 PC 还是对 VAX 机来说，所采用的通信协议都是相同的。这种抽象不仅可以大大提高协议的适应性，也可以使人们十分容易地辨别协议的优劣。协议不仅应该具有很高的运行效率，而且应该具有行为上的完整性。在设计协议时，应该考虑到完成某项任务时可能发生的各种情况，并对其做出相应的反应。

因此，一个好的协议应该具有以下特点。

（1）协议涉及的每一方必须事先知道此协议以及要执行的所有步骤。

（2）协议涉及的每一方必须同意遵守协议。

（3）协议必须是清晰的。协议的每一步都必须确切定义，力求做到避免产生误解。

（4）协议必须是完整的。对每一种可能发生的情况都要做出反应。

（5）每一步操作要么是由一方或多方进行计算，要么是在各方之间进行消息传递，二者必居其一。

许多面对面的协议依赖于人出场来保证真实性和安全性。例如，购物时，不可能将支票交给陌生人；与他人玩扑克时，必须保证亲眼看到他洗牌和发牌。然而，当通过计算机网络与远端用户进行交流时，真实性和安全性便无法保证。实际上，不仅难以保证网络中的所有用户都是诚实的，而且也难以保证网络的管理者和设计者都是诚实的。只有通过使用规范化的协议，才可以有效地防止不诚实的用户对网络实施各种攻击。

从上面的讨论可知，计算机网络中使用的好的通信协议，不仅应该具有有效性、公平性和完整性，而且应该具有足够高的安全性。通常把具有安全性的协议称为安全协议。安全协议的设计必须采用密码技术。因此，有时也将安全协议称作密码协议。

密码协议与许多通信协议的显著区别在于它使用了密码技术。在进行密码协议的设计时，常常要用到某些密码算法。密码协议所涉及的各方可能是相互信赖的，也可能彼此互不信任。当成千上万的用户在网络上进行信息交互时，会给网络带来严重的安全风险。例如，非法用户不必对网络上传输的信息解密，就可能利用网络协议自身存在的安全缺陷，获取合法用户的某些机密信息（如用户口令、密钥、用户身份号等），从而冒充合法用户无偿使用网络资源，或窃取网络数据库中的秘密用户文档。因此，设计安全、有效的通信协议，是密码学和通信领域中一个十分重要的研究课题。密码协议的目标不仅是实现信息的加密传输，而更重要的是解决通信网的安全问题。参与通信协议的各方可能想分享部分秘密来计算某个值、生成某个随机序列、向对方表明自己的身份，或签订某个合同。在协议中采用密码技术，是防止或检测非法用户对网络进行窃听和欺骗攻击的关键技术措施。所谓协议是安全的，意味着非法用户不可能从协议中获得比协议自身所体现的更多的、有用的信息。

在后面几节里，将要讨论许多密码协议。其中，有些协议是不安全的，可能会导致参与协议的一方欺骗另一方。还有一些协议中，窃听者可以从中获取某些秘密信息。造成协议失败的原因有多种，最主要的原因是协议的设计者对安全需求的定义研究得不够透彻，并且对设计出来的协议缺乏足够的安全性分析。正像密码算法的设计一样，要证明协议的不安全性要比证明其安全性容易得多。

7.2 密码协议的分类及范例

迄今，尚未有人对密码协议进行过详细的分类。其实，将密码协议进行严格分类并非易事。从不同的角度出发，就有不同的分类方法。例如，根据安全协议的功能，可以将其分为认证协议、密钥建立（交换、分配）协议、认证的密钥建立（交换、分配）协议；根据 ISO 的 7 层参考模型，又可以将其分成高层协议和低层协议；按照协议中所采用的密码算法的种类，又可以分成双钥（公钥）协议、单钥协议和混合协议等。作者认为，比较合理的方法是应该按照密码协议的功能来分类，而不管协议具体采用何种密码技术。因此，把密码协议分成以下 3 类。

（1）密钥建立协议（Key Establishment Protocol）：通信双方建立共享密钥。

（2）认证协议（Authentication Protocol）：一个实体向与其通信的另一个实体提供其身份的可信性。

（3）认证的密钥建立协议（Authenticated Key Establishment Protocol）：与另一身份已被或可被证实的实体之间建立共享密钥。

下面对这三类协议进行详细讨论。

密钥建立协议

7.2.1　密钥建立协议

密钥建立协议可在两个或多个实体之间建立共享的密钥，该共享密钥可用于数据加密，通常用作建立通信时的会话密钥。下面将主要讨论如何在两个实体之间建立共享密钥。它可以采用单钥、双钥技术实现，有时也要借助于可信赖第三者的参与。也可以将其扩展到多方共享密钥，如会议密钥建立，但随着参与方增多，协议会迅速变得复杂。

在保密通信中，通常对每次会话都采用不同的密钥进行加密。因为这个密钥只用于对某个特定的通信会话进行加密，所以被称为会话密钥。会话密钥只在通信的持续范围内有效，当通信结束后，会话密钥会被清除。如何将这些会话密钥分发到会话者的手中，是本节要讨论的问题。

1. 采用单钥体制的密钥建立协议

密钥建立协议主要可分为密钥传输协议和密钥协商协议，前者是将一个实体建立或收到的密钥安全传送给另一个实体，而后者是由双方（或多方）共同提供信息，以建立共享密钥，任何一方都不起决定作用。其他如密钥更新、密钥推导、密钥预分配、动态密钥建立机制等都可由上述两种基本密钥建立协议变化得出。

可信赖服务器（或可信赖第三方、认证服务器、密钥分配中心 KDC、密钥传递中心 KTC、证书发行机构 CA 等）可以在初始化建立阶段、在线实时通信或两者都有的情况下参与密钥分配。

这类协议假设网络用户 Alice 和 Bob 各自都与密钥分配中心 KDC（在协议中扮演 Trent 的角色）共享一个密钥。这些密钥在协议开始之前必须已经分发到位。在下面的讨论中，并不关心如何分发这些共享密钥，仅假设它们早已分发到位，而且 Mallory 对它们一无所知。协议描述如下。

密钥建立协议——采用单钥体制

（1）Alice 呼叫 Trent，并请求得到与 Bob 通信的会话密钥。

（2）Trent 生成一个随机会话密钥，并做两次加密：一次是采用 Alice 的密钥，另一次是采用 Bob 的密钥。Trent 将两次加密的结果都发送给 Alice。

（3）Alice 采用共享密钥对属于她的密文解密，得到会话密钥。

（4）Alice 将属于 Bob 的那项密文发送给他。

（5）Bob 对收到的密文采用共享密钥解密，得到会话密钥。

（6）Alice 和 Bob 均采用该会话密钥进行安全通信。

此协议的安全性，完全依赖于 Trent 的安全性。Trent 可能是一个可信的通信实体，也可能是一个可信的计算机程序。如果 Mallory 买通了 Trent，那么整个网络的机密就会泄露。由于掌握了所有用户与 Trent 共享的密钥，Mallory 就可以阅读所有过去截获的消息和将来的通信业务。他只需对通信线路搭线，就可以窃听所有加密的消息流。

上述协议存在的另外一个问题是：Trent 可能成为影响系统性能的瓶颈，因为每次进行密钥交换时，都需要 Trent 的参与。若 Trent 出现问题，就会影响整个系统的正常工作。

2. 采用双钥体制的密钥建立协议

在实际应用中，Bob 和 Alice 常采用双钥体制来建立某个会话密钥，此后采用此会话密钥对数据进行加密。在某些具体实现方案中，Bob 和 Alice 的公钥被可信赖的第三方签名后，存放在某个数据库中。这就使密钥建立协议变得更加简单。即使 Alice 从未听说过 Bob，她也能与其建立安全的通信联系。协议描述如下。

密钥建立协议——采用双钥体制

（1）Alice 从数据库中得到 Bob 的公钥。
（2）Alice 生成一个随机的会话密钥，采用 Bob 的公钥加密后，发送给 Bob。
（3）Bob 采用其私钥对 Alice 的消息进行解密，得到会话密钥。
（4）Bob 和 Alice 均采用同一会话密钥对通信过程中的消息加密。

---

3. 中间人攻击

当 Mallory 找不到比攻破双钥算法或对密文实施唯密文攻击更好的方法时，他就会采用中间人攻击。他不仅能够窃听 Alice 和 Bob 之间交换的消息，而且能够篡改消息、删除消息，甚至生成全新的消息。当 Bob 与 Alice 会话时，Mallory 可以冒充 Bob；当 Alice 与 Bob 会话时，Mallory 可以冒充 Alice。这就是中间人攻击（Men-in-the-middle Attack）。Mallory 对协议的攻击如下。

（1）Alice 发送她的公钥给 Bob。Mallory 截留这一公钥，并将其公钥发送给 Bob。

（2）Bob 发送他的公钥给 Alice。Mallory 截留这一公钥，并将其公钥发送给 Alice。

（3）当 Alice 采用"Bob"的公钥对消息加密并发送给 Bob 时，Mallory 会截获它。由于这条消息实际上是采用了 Mallory 的公钥进行加密，因此他可以采用其私钥进行解密，并对明文消息篡改后，再采用 Bob 的公钥重新加密后发送给 Bob。

（4）当 Bob 采用"Alice"的公钥对消息加密并发送给 Alice 时，Mallory 会截获它。由于这条消息实际上是采用了 Mallory 的公钥进行加密，因此他可以采用其私钥进行解密，并采用 Alice 的公钥对消息重新加密后发送给 Alice。

即使 Alice 和 Bob 的公钥存放在数据库中，这一攻击仍然有效。Mallory 可以截获 Alice 的数据库查询指令，并用其公钥替换 Bob 的公钥。同样，他也可以截获 Bob 的数据库查询指令并用其公钥替代 Alice 的公钥。更为严重的是，Mallory 可以进入数据库中，将 Alice 和 Bob 的公钥均替换成他自己的公钥。此后，他只须等待 Alice 与 Bob 会话，就可以截获并篡改消息。

中间人攻击之所以起作用，是因为 Alice 和 Bob 没有办法来验证他们正在与另一方会话。假设 Mallory 没有产生任何可以察觉的网络时延，那么 Alice 和 Bob 不会知道有人正在他们之间阅读所有的秘密信息。

4. 联锁协议

联锁协议（Interlock Protocol）由 R. Rivest 和 A. Shamir 设计[Rivest 等，1984]，该协议能够有效地抵抗中间人攻击。协议描述如下。

密钥建立协议——联锁协议

（1）Alice 发送她的公钥给 Bob。

（2）Bob 发送他的公钥给 Alice。

（3）Alice 用 Bob 的公钥对消息加密。此后，她将一半密文发送给 Bob。

（4）Bob 用 Alice 的公钥对消息加密。此后，他将一半密文发送给 Alice。

（5）Alice 发送另一半密文给 Bob。

（6）Bob 将 Alice 的两半密文组合在一起，并采用其私钥解密。Bob 发送他的另一半密文给 Alice。

（7）Alice 将 Bob 的两半密文组合在一起，并采用其私钥解密。

这个协议最重要的一点是：当仅获得一半而没有获得另一半密文时，这些数据对攻击者来说毫无用处，因为攻击者无法解密。在第（6）步以前，Bob 不可能读到 Alice 的任何一部分消息。在第（7）步以前，Alice 也不可能读到 Bob 的任何一部分消息。要做到这一点，有以下几种方法。

（1）如果加密算法是一个分组加密算法，每一半消息可以是输出的密文分组的一半。

（2）对消息解密可能要依赖于某个初始化矢量，该初始化向量可以作为消息的第二半发送给对方。

（3）发送的第一半消息可以是加密消息的单向杂凑函数值，而加密的消息本身可以作为消息的另一半。

现在来分析 Mallory 是如何对此协议进行攻击的。Mallory 仍然可以在第（1）和（2）步中用他的公钥来替代 Alice 和 Bob 的公钥。但是现在，当他在第（3）步中截获到 Alice 的一半消息时，他既不能对其解密，也不能用 Bob 的公钥重新加密，他必须产生一个全新的消息，并将其一半发送给 Bob。当 Mallory 在第（4）步中截获 Bob 发给 Alice 的一半消息时，会遇到相同的问题，即既不能对其解密，也不能用 Alice 的公钥重新加密，他必须产生一个新的消息，并将其一半发送给 Alice。当 Mallory 在第（5）和（6）步中截获到真的第二半消息时，为时已晚，以至于他来不及对前面伪造的消息进行修改。Alice 和 Bob 会发现这种攻击，因为他们谈话的内容与伪造的消息有可能完全不同。

Mallory 也可不采用上述攻击方法：若他非常了解 Alice 和 Bob，他就可以假冒其中一人与另一人通话，而使他们不会想到正在受骗。但这样做肯定要比充当中间人更难。

5. 采用数字签名的密钥交换

在会话密钥交换协议中采用数字签名技术，可以有效地防止中间人攻击。Trent 是一个可信赖的实体，他对 Alice 和 Bob 的公钥做数字签名。签名公钥中包含一个所有权证书（数字证书）。当 Alice 和 Bob 收到此签名公钥时，他们均可以通过验证 Trent 的签名来确定公钥的合法性，因为 Mallory 无法伪造 Trent 的签名。

这样一来，Mallory 的攻击就变得十分困难：他不能实施假冒攻击，因为他既不知道 Alice 的私钥，也不知道 Bob 的私钥；他也不能实施中间人攻击，因为他不能伪造 Trent 的签名。即使他能从 Trent 那里获得一个签名公钥，Alice 和 Bob 也很容易发现该公钥不属于他。Mallory 只能窃听往来的密文，或干扰通信线路，以阻止 Alice 与 Bob 会话。

这一协议中引入了 Trent 这个角色。如果 Mallory 侵入了 KDC，他就能够得到 Trent 的私钥。一旦 Mallory 获得了 Trent 的私钥，他就能够对协议发起中间人攻击。他采用 Trent 的私钥对一些伪造的公钥签名。此后，他或者将数据库中 Alice 和 Bob 的真正公钥换掉，或者截获用户的数据库访问请求，并用伪造的公钥响应该请求。这样，他就可以成功地发起中间人攻击，并阅读他人的通信。

这一攻击奏效的前提条件是 Mallory 必须获得 Trent 的私钥，并对加密消息进行截获或篡改。在某些网络环境下，这样做显然要比在两个用户之间实施被动的窃听攻击难得多。对于无线广播信道来说，尽管可以对整个网络实施干扰破坏，但是要想用一个消息取代另一个消息几乎是不可能的。对于计算机网络来说，这种攻击要容易得多，而且随着技术的发展，这种攻击变得越来越容易。考虑到现存的 IP 欺骗、路由器攻击等，主动攻击并不意味着非要对加密的报文解密，也不只限于充当中间人。此外，在现实中，除了中间人攻击之外，人们还在研究许多更加复杂的攻击方法。有些攻击方法可能比中间人攻击更有效。

6. 密钥和消息传输

在一些实际应用环境中，Alice 和 Bob 不必先完成密钥交换协议，再进行信息交换。在下面的协议中，Alice 在事先没有执行密钥交换协议的情况下，将消息 M 发送给 Bob，协议描述如下。

密钥建立协议——单钥与双钥体制混合协议

（1）Alice 生成一随机数作为会话密钥 K，并用其对消息 M 加密：$E_K(M)$。
（2）Alice 从数据库中得到 Bob 的公钥 K_B。
（3）Alice 用 Bob 的公钥对会话密钥加密：$E_B(K)$。
（4）Alice 将加密的消息和会话密钥发送给 Bob：$E_K(M)$，$E_B(K)$。
*为了提高协议的安全性以抵抗中间人攻击，Alice 可以对这条消息签名。
（5）Bob 采用其私钥对 Alice 的会话密钥解密。
（6）Bob 采用这一会话密钥对 Alice 的消息解密。

这一协议中既采用了双钥体制，也采用了单钥体制。这种混合协议在通信系统中经常用到。这些协议还常常将数字签名、时戳和其他密码技术结合在一起。

7. 密钥和消息广播

在实际应用中，Alice 也可能将消息同时发送给几个人。在下面的例子中，Alice 将加密的消息同时发送给 Bob、Carol 和 Dave。

（1）Alice 生成一随机数作为会话密钥 K，并用其对消息 M 加密：$E_K(M)$。
（2）Alice 从数据库中得到 Bob、Carol 和 Dave 的公钥 K_B，K_C，K_D。
（3）Alice 分别采用 Bob、Carol 和 Dave 的公钥对 K 加密：$E_B(K)$、$E_C(K)$、$E_D(K)$。
（4）Alice 广播加密的消息和所有加密的密钥，将它们传送给要接收的人。
（5）仅有 Bob、Carol 和 Dave 能采用各自的私钥解密求出会话密钥 K。
（6）仅有 Bob、Carol 和 Dave 能采用此会话密钥 K 对消息解密求出 M。

这一协议可以在存储转发网络上实现。中央服务器可以将 Alice 的消息和各自的加密密钥一起转发给他们。服务器不必是安全可信的，因为它不能解密任何消息。

8. Diffie-Hellman 密钥交换协议

Diffie-Hellman 协议是在 1976 年提出的[Diffie 等 1976a]。它是第一个双钥协议，其安全性基于在有限域上计算离散对数的难度。Diffie-Hellman 协议可以用作密钥交换，Alice 和 Bob 可以采用这个算法共享一个秘密的会话密钥，但不能采用该协议对消息进行加密或解密。

该协议的原理十分简单。首先，Alice 和 Bob 约定两个大的素数 n 和 g，使得 g 是群 $\langle 0, \cdots,$ $n-1\rangle$ 上的生成元。这两个整数不必保密，Alice 和 Bob 可以通过不安全的信道传递它们。即使许多用户知道这两个数也没有关系。协议描述如下。

Diffie-Hellman 密钥交换协议

（1）Alice 选择一个随机的大整数 x，并向 Bob 发送以下消息：$X = g^x \bmod n$。

（2）Bob 选择一个随机的大整数 y，并向 Alice 发送以下消息：$Y = g^y \bmod n$。

（3）Alice 计算：$K = Y^x \bmod n$。

（4）Bob 计算：$K' = X^y \bmod n$。

至此，K 和 K' 均等于 $g^{xy} \bmod n$。任何搭线窃听的人均不能计算得到该密钥，除非攻击者能够计算离散对数来得到 x 和 y。所以，K 可以被 Alice 和 Bob 用作会话密钥。

素数 g 和 n 的选择对于系统的安全性有着根本的影响。一般认为 $(n-1)/2$ 应该是素数 [Pohlig 等 1978]，而且最重要的是 n 应该足够大。这样，系统的安全性就基于分解与 n 具有同样长度的数的难度。可以选择 g 使得 g 是群 $\langle 0, \cdots, n-1\rangle$ 上的生成元，也可以选择最小的 g（通常只有 1 位数）。实际上，g 不一定必须是生成元，只要用它能够生成乘法群 $\langle 0, \cdots, n-1\rangle$ 的一个大子群即可。

Diffie-Hellman 的密钥交换协议可以很容易地扩展到多个用户的情况，该协议也可以从乘法群上扩展到交换环上[Pohlig 等 1978]。Z. Shmuley 和 K. McCurley 提出了该协议的另一种形式，其中模是一个大合数[Shmuley 1985; McCurley 1988]。V. S. Miller 和 N. Koblitz 将这一算法扩展到椭圆曲线上[Miller 1985; Koblitz 1987]。T. ElGamal 利用这一协议的思想设计了一种加密和数字签名算法（见 6.3 节）。

这一协议也可以在伽罗华域 $GF(2^k)$ 上实现[Shmuley 1985; McCurley 1988]。由于在伽罗华域上进行指数运算很快，所以现实中的许多设计均采用这一方法。同样，在对协议进行密码分析时运算速度也会很快，因此对我们来说，重要的是应该细心选择一个足够大的域，以保证系统的安全性。

7.2.2　认证协议

认证协议

如第 5 章所述，认证包含消息认证、数据源认证和实体认证（身份认证），用以抵抗欺骗、伪装等攻击。有关技术算法前面已经介绍，这里讨论实现认证的各种协议。

当 Alice 登录到某个主机（或者某个自动取款机、电话银行系统或其他任何类型的终端）时，主机如何知道她是谁呢？主机怎么才能知道她不是 Eve 假冒 Alice 的身份？传统的方法是采用口令来解决这个问题。Alice 输入她的口令，主机确认口令是正确的。Alice 和主机都知道这一秘密。每次登录时，主机都要求 Alice 输入她的口令。

1. 采用单向函数的认证协议

R. Needham 和 M. Guy 等指出：在对 Alice 进行认证时，主机无须知道其口令。它只须辨别 Alice 提交的口令是否有效。这很容易通过采用单向函数来实现。主机不必存储 Alice 的口令，它只须存储该口令的单向函数值。协议描述如下。

认证协议——采用单向函数的认证协议

（1）Alice 向主机发送她的口令。

（2）主机计算该口令的单向函数值。

（3）主机将计算得到的单向函数值与预先存储的值进行比较。

由于主机不需要再存储各用户的有效口令表，减轻了攻击者侵入主机和窃取口令清单的威胁。攻击者窃取口令的单向函数值将毫无用处，因为他不可能从单向函数值中反向推出用户的口令。

2. 字典攻击和掺杂

一个采用单向函数变换的口令文件仍易遭受攻击。Mallory 可以编制 100 万个最常用的口令，然后用单向函数对所有这些口令进行变换并存储单向函数值。若每个口令为 8B，那么所有变换后的单向函数值不会超过 8MB。此后，Mallory 可以窃取某个变换后的口令文件，并与他存储的单向函数值相比较，看有哪些单向函数值重合。此方法被称为字典攻击。事实证明，此攻击方法十分有效。

掺杂是一种使字典攻击变得更加困难的方法。掺杂是一个伪随机序列，常常将其与口令级联后再采用单向函数变换。此后，将掺杂值和单向函数值一起存储于主机的数据库中。如果掺杂值的空间足够大，就会大大削弱字典攻击的成功概率，因为 Mallory 必须对每个可能的掺杂值加密，生成一个单向函数值。

这里需要弄清的一点是，当 Mallory 试图攻破某个人的口令时，他必须试着对字典中的每个口令进行变换，而不是针对所有可能的口令进行大量的预计算。

许多 UNIX 系统仅采用 12b 的掺杂。即便如此，Daniel Klein 通过一个口令揣测程序，在一周之内便可以破译任何一台主机上 40%的口令[Klein 1990]。David Feldmeier 和 Phlip Karn 收集了大约 73.2 万个常用的口令，每个口令均与 4096 个可能的掺杂（Salt）值相级联。他们采用这一口令表攻击任意一台主机，仍有 30%的口令可以被攻破。

然而，掺杂并不是万灵药，仅靠增加掺杂比特的数目并不会解决所有的问题。掺杂仅能抗击对口令文件的一般字典攻击，而不能抵抗对单一口令的蛮力攻击（Brute Force Attack）。它可以保护人们掺杂可为用户在多台计算机上使用同一口令提供安全性保护，但不能使选择的弱口令变得更安全。

3. SKEY 认证程序

SKEY 是一个认证程序，它的安全性取决于所采用的单向函数。它的工作原理如下。

开始时，Alice 输入一个随机数 R。计算机计算 $f(R), f(f(R)), f(f(f(R)))$ 等 100 次，将其记为 $x_1, x_2, x_3, \cdots, x_{100}$。之后，计算机打印出这些数的清单，并安全保存。同时计算机也将 x_{101} 和 Alice 的姓名一起存放在某个登录数据库中。

在 Alice 首次登录时，输入其姓名和 x_{100}。计算机计算 $f(x_{100})$，并将其与存储在数据库中的值 x_{101} 加以比较；如果它们相等，Alice 就通过认证。然后，计算机用 x_{100} 将数据库中的 x_{101} 取代；Alice 也将 x_{100} 从她的清单中去掉。

每次登录时，Alice 输入清单中最后一个未被去掉的数 x_i。计算机计算 $f(x_i)$，并将其与存储在数据库中的 x_{i+1} 进行比较。由于每个数仅用一次，而且函数是单向的，Eve 不能得到任何有用的信息。同样，数据库对于攻击者来说仍然有用。当然，当 Alice 用完了清单中的数时，她必须重新对该系统进行初始化。

4. 采用双钥体制的认证

即使采用了掺杂，采用单向函数的认证协议仍然存在严重的安全问题。当 Alice 向主机发送口令时，接入其数据通道的任何人均可以阅读到此口令。她也许通过某个复杂的传输通道访问她的主机，而这个通道可能要经过四个工业集团、三个国家和两所大学。Eve 可能就正在其中的任何一个节点上来窃听 Alice 的登录序列。如果 Eve 能够接入主机的处理器内存，他就会抢在主机对口令做单向函数运算之前看到该口令。

采用双钥密码体制可以解决这个问题。主机保留每个用户的公钥文件；所有的用户保留他们各自的私钥。协议描述如下。

认证协议——采用双钥体制

（1）主机向 Alice 发送一随机数。

（2）Alice 用其私钥对此随机数签名，并将签名连同其姓名一起发送给主机。

（3）主机在它的数据库中搜索 Alice 的公钥，并采用此公钥对收到的签名进行验证。

（4）如果签名验证通过，主机就允许 Alice 对系统进行访问。

由于无人能够访问 Alice 的私钥，所以也就无人能够假冒 Alice。最重要的是，Alice 永远不会将其私钥发给主机。即使 Eve 可以窃听到 Alice 与主机之间的会话，他也不能获得可以用来推出私钥并冒充 Alice 的任何信息。

Alice 的私钥不但很长，而且难以记忆。它可能由用户的硬件产生，也可能由用户的软件产生。该协议只要求 Alice 拥有一个可信赖的智能终端，并不要求主机必须是安全的，也不要求信道必须是安全的。

在实践中，对随机数据串的选择必须十分谨慎。这不仅是因为存在不可信赖的第三方，而且还因为存在其他类型的有效攻击。因此，身份认证协议常采用以下更加复杂的形式。

（1）Alice 基于某些随机数和其私钥进行签名运算，并将结果送给主机。

（2）主机向 Alice 发送另外一个随机数。

（3）Alice 基于随机数（她自己生成的一些随机数和收到来自主机的某个随机数）以及她的私钥进行计算，并将结果发给主机。

（4）主机采用 Alice 的公钥对收到的数值进行验证，看 Alice 是否知道她的私钥。

（5）若 Alice 确实知道她的私钥，那么她的身份就得以确认。

如果 Alice 并不信赖主机，那么她可以要求主机以同样的方式来证明其身份。

协议的第（1）步看起来似乎没有必要或者令人费解，然而却是抵抗攻击所必需的步骤 [Lamport 1981]。

5. 采用联锁协议的双向认证

Alice 和 Bob 是两个想要进行相互认证的用户。每个人都有一个对方已知的口令：Alice 具有 P_A，Bob 具有 P_B。下面是一个不安全的协议。

（1）Alice 和 Bob 相互交换公钥。

（2）Alice 用 Bob 的公钥对 P_A 加密，并将结果发送给 Bob。

（3）Bob 用 Alice 的公钥对 P_B 加密，并将结果发送给 Alice。

（4）Alice 对在（3）中收到的消息解密，并验证其是否正确。

（5）Bob 对在（2）中收到的消息解密，并验证其是否正确。

Mallory 可以对上面的协议成功地实施中间人攻击。攻击方法如下。

中间人攻击

（1）Alice 和 Bob 相互交换公钥。Mallory 可以截获通信双方的公钥，他用自己的公钥替换掉 Bob 的公钥，并将其发送给 Alice。然后，他用自己的公钥替换掉 Alice 的公钥，并将其发送给 Bob。

（2）Alice 用 "Bob" 的公钥对 P_A 加密，并将其发送给 Bob。Mallory 可以截获这一消息，并用其私钥解密求出 P_A，再用 Bob 的公钥重新对 P_A 加密，并将结果发送发给 Bob。

（3）Bob 用 "Alice" 的公钥对 P_B 加密，并将其发送给 Alice。Mallory 可以截获这一消息，并用其私钥解密求出 P_B，再用 Alice 的公钥重新对 P_B 加密，并将结果发送发给 Alice。

（4）Alice 解密求出 P_B，并验证其是否正确。

（5）Bob 解密求出 P_A，并验证其是否正确。

在 Alice 和 Bob 看来，此认证过程并没有什么不妥。然而，对于 Mallory 来说，他可以获得通信双方的口令 P_A 和 P_B。

D. Davies 和 W. Price 描述了如何利用联锁协议抵抗这一攻击的方法[Davies 等 1989]。S. Bellovin 和 M. Merritt 讨论了攻击这一协议的方法[Bellovin 等 1994]。若 Alice 是一个用户，而 Bob 是一个主机，Mallory 可以假装成 Bob，与 Alice 一起完成协议的开头几步，然后断掉与 Alice 的连接。Mallory 通过模拟线路噪声或网络故障来欺骗对方，获得了 Alice 的口令。此后，他与 Bob 建立连接并完成协议，最终获得 Bob 的口令。

该协议可以做进一步的修改：假设用户的口令比主机的口令更加敏感，此时 Bob 先于 Alice 给出他的口令。修改后的协议可能遭受更加复杂的攻击[Bellovin 等 1994]。

6. SKID 身份认证协议

SKID2 和 SKID3 是采用单钥体制构造的身份认证协议，它们是为 RACE 的 RIPE 计划而开发的[RACE 1992]。它们采用了消息认证码（MAC）来提供安全性，并且假设 Alice 和 Bob 共享一个密钥 K。

SKID2 允许 Bob 向 Alice 提供其身份。SKID3 提供了 Alice 和 Bob 之间的双向认证。协议如下。

认证协议——SKID2 身份认证协议

（1）Alice 选择随机数 R_A（在 RIPE 文件中规定其为 64b），并将其发送给 Bob。

（2）Bob 选择随机数 R_B（在 RIPE 文件中规定其为 64b），并发送给 Alice 消息：R_B，$H_K(R_A, R_B, B)$。其中，H_K 是 MAC，在 RIPE 文件中建议 MAC 采用 RIPE-MAC 函数，B 是 Bob 的姓名识别符。

（3）Alice 计算 $H'_K(R_A, R_B, B)$，并将其与收到的来自 Bob 的值进行比较。如果两值相等，那么 Alice 知道她正在与 Bob 通信。

认证协议——SKID3 身份认证协议

步骤（1）～（3）等同于 SKID2，并附加了以下两步。

（1）Alice 向 Bob 发送消息：$H_K(R_B, A)$。其中，A 是 Alice 的姓名识别符。

（2）Bob 计算 $H'_K(R_B, A)$，并与收到的来自 Alice 的值进行比较。如果相等，那么他知道他正在与 Alice 进行通信。

对于中间人攻击来说，这一协议并不安全。一般来说，中间人攻击能够攻破不涉及某种秘密的任何协议。

7. 消息认证

当 Bob 收到来自 Alice 的消息时，他如何来判断这条消息是真的？如果 Alice 对这条消息进行数字签名，那么事情就变得十分容易了。Alice 的数字签名足以提示任何人她签发的这条消息是真的。

单钥密码体制也可以提供某种认证。当 Bob 收到某条采用共享密钥加密的消息时，他便知道此条消息来自 Alice。然而，Bob 却不能向 Trent 证明这条消息来自 Alice。Trent 只能知道这条消息来自 Bob 或者 Alice（因为没有其他任何人知道他们的共享密钥），但分不清这条消息究竟是谁发出的。

如果不采用加密，Alice 也可以采用消息认证码 MAC。采用这种方法也可以提示 Bob 有关消息的真伪，但它存在着与采用单钥加密体制相同的问题。

7.2.3　认证的密钥建立协议

认证的密钥
建立协议

这类协议将认证与密钥建立结合在一起，用于解决计算机网络中普遍存在的这样一个问题：Alice 和 Bob 是网络的两个用户，他们想通过网络进行安全通信，那么 Alice 和 Bob 如何才能做到在进行密钥交换的同时，确信她或他正在与另一方而不是 Mallory 通信呢？单纯的密钥建立协议有时还不足以保证在通信双方之间安全地建立密钥，与认证相结合能可靠地确认双方的身份，实现安全密钥建立，使参与双方（或多方）确信没有其他人可以共享该密钥。密钥认证分为以下三种。

（1）隐式（Implicit）密钥认证：Alice 要确信只有确定了身份的另一方 Bob 才可知道共享密钥，此类协议的中心问题是识别 Bob 的身份。

（2）密钥确证（Key Confirmation）：Alice 确信未经身份认证的 Bob 确实拥有某个特定密钥。此类协议的中心问题是确认 Bob 拥有的密钥值。

（3）显式（Explicit）密钥认证：Alice 确信经过身份认证的 Bob 确实拥有某个特定密钥，因此显式密钥认证具有隐式密钥认证和密钥确证的双重特征。

密钥认证的中心问题是识别第二参与者，而不是识别密钥值；而密钥确证则恰好相反，是对密钥值的认证。密钥确证通常包含从第二参与者送来的消息，其中含有可证明密钥主权人的证据。事实上密钥的主权人可以通过多种方式来证明，如生成密钥本身的一个单向函数值、采用密钥控制的杂凑函数以及采用密钥加密一个已知量等。这些技术可能会泄露一些有关密钥本身的信息，而用零知识证明技术可以证明密钥的主权人，且不会泄露有关密钥的任何信息。

并非所有协议都要求实体认证，有些密钥建立协议（如非认证的 Diffie-Hellman 密钥协商协议）就不含实体认证、密钥认证和密钥确证。单边（Unilateral）密钥确证经常附有用最后消息推导密钥的单向函数。

在认证的密钥建立协议中，有基于身份的密钥建立协议，参与者的公钥中包含身份信息（如名字、地址、身份号等），用来作为确定建立密钥的函数的输入变量。目前，许多协议都假设 Trent 与协议的参与者之间共享一个密钥，并且所有这些密钥在执行协议前就已经分发到位。下面就来讨论这些协议，协议中采用的符号如表 7-2 所示。

表 7-2 认证和密钥交换协议中采用的符号

A	Alice 的姓名识别符	K	随机会话密钥
B	Bob 的姓名识别符	L	有效期
E_A	采用 Trent 与 Alice 共享密钥 K_A 加密	T_A，T_B	时戳
E_B	采用 Trent 与 Bob 共享密钥 K_B 加密	R_A，R_B	由 Alice 和 Bob 选择的一次性随机数（Nonce）
I	索引号码	S_T	Trent 的签名

1. 大嘴青蛙协议

大嘴青蛙协议[Burrows 等 1989]可能是采用可信赖服务器的最简单的对称密钥管理协议。Alice 和 Bob 均与 Trent 共享一个密钥。此密钥只用作密钥分配，而不用来对用户之间传递的消息进行加密。只传送两条消息，Alice 就可将一个会话密钥发送给 Bob。协议描述如下。

认证的密钥建立协议——大嘴青蛙协议

*前提：

Alice 和 Bob 均与 Trent 共享一个密钥。此密钥只用作密钥分配，而不用来对用户之间传递的消息进行加密。

*描述：

（1）Alice 将时戳、Bob 的姓名以及随机会话密钥连接，并采用与 Trent 共享的密钥对整条消息加密。此后，将加密的消息和她的姓名一起发送给 Trent：A，$E_A(T_A, B, K)$。

（2）Trent 对 Alice 发来的消息解密。之后，他将一个新的时戳、Alice 的姓名及随机会话密钥连接，并采用与 Bob 共享的密钥对整条消息加密。此后，将加密的消息发送给 Bob：$E_B(T_B, A, K)$。

这个协议所做的一个最重要的假设是：Alice 完全有能力生成好的会话密钥。在实际中，真正随机数的生成是十分困难的。这个假设对 Alice 提出了很高的要求。

2. Yahalom 协议

在这一协议中，Alice 和 Bob 均与 Trent 共享一个密钥[Burrows 等 1989]。协议如下。

认证的密钥建立协议——**Yahalom 协议**

*前提：Alice 和 Bob 均与 Trent 共享一个密钥。

*目标：Alice 和 Bob 均确信各自都在与对方进行对话，而不是与另外的第三方对话。

*描述：

（1）Alice 将其姓名和一个随机数连接在一起，发送给 Bob：A，R_A。

（2）Bob 将 Alice 的姓名、Alice 的随机数和他自己的随机数连接起来，并采用与 Trent 共享的密钥加密。此后将加密的消息和他的姓名一起发送给 Trent：B，$E_B(A, R_A, R_B)$。

（3）Trent 生成两条消息。他先将 Bob 的姓名、某个随机的会话密钥、Alice 的随机数和 Bob 的随机数组合在一起，并采用与 Alice 共享的密钥对整条消息加密；其次将 Alice 的姓名和随机的会话密钥组合起来，并采用与 Bob 共享的密钥加密。最后将两条消息发送给 Alice：$E_A(B, K, R_A, R_B)$，$E_B(A, K)$。

（4）Alice 对第一条消息解密，提取出 K，并验证 R_A 与在（1）中的值相等。之后，Alice 向 Bob 发送两条消息。第一条消息来自 Trent，采用 Bob 的密钥加密；第二条是 R_B，采用会话密钥 K 加密：$E_B(A, K)$，$E_K(R_B)$。

（5）Bob 用他的共享密钥对第一条消息解密，提取出 K；再用该会话密钥对第二条消息解密求出 R_B，并验证 R_B 是否与（2）中的值相同。

这个协议的新思路是：Bob 首先与 Trent 接触，而 Trent 仅向 Alice 发送一条消息。

3. Needham-Schroeder 协议

这个协议是由 R. Needham 和 M. Schroeder 设计的[Needham 等 1978]，协议采用了单钥体制和 Trent，无时戳。

认证的密钥建立协议——Needham-Schroeder 协议

（1）Alice 向 Trent 发送一条消息：A, B, R_A。其中包括她的姓名 A、Bob 的姓名 B 和某个随机数 R_A。

（2）Trent 生成一个随机会话密钥 K。他将会话密钥和 Alice 的姓名连接在一起，并采用与 Bob 共享的密钥对其加密得到 $E_B(K, A)$；此后，他将 Alice 的随机数 R_A、Bob 的姓名 B、会话密钥 K，以及上述加密的消息连接，并采用与 Alice 共享的密钥加密。最后将加密的消息发送给 Alice：$E_A(R_A, B, K, E_B(K, A))$。

（3）Alice 对消息解密求出 K，并验证 R_A 就是她在（1）中发送给 Trent 的值。之后，她向 Bob 发送消息：$E_B(K, A)$。

（4）Bob 对收到的消息解密求出 K。之后，他生成另一随机数 R_B，采用 K 加密后发送给 Alice：$E_K(R_B)$。

（5）Alice 用 K 对收到的消息解密得到 R_B。她生成 R_B-1，并采用 K 加密。最后，将消息发送给 Bob：$E_K(R_B-1)$。

（6）Bob 采用 K 对消息解密，并验证得到的明文就是 R_B-1。

这里采用 R_A，R_B 和 R_B-1 的目的是抗击重放攻击（Replay Attack）。在实施攻击时，Mallory 可以记录前次执行协议时的一些旧消息，然后重新发送它们，试图攻破协议。在（2）中，R_A 的出现使 Alice 确信：Trent 的消息是合法的，并非是重发上次协议执行中的旧消息。当 Alice 成功解密，求出 R_B，并在（5）中向 Bob 发送 R_B-1 时，Bob 确信 Alice 的消息是合法的，而不是重发上次协议执行中的旧消息。

这一协议的主要安全漏洞是旧会话密钥存在着脆弱性。如果 Mallory 能够获得某个旧的会话密钥，他就可以成功地对协议发起攻击[Denning 1982]。他要做的就是记录 Alice 在（3）中发给 Bob 的消息。之后，一旦得到 K，他就可以假装成 Alice 对协议发起攻击。具体步骤如下。

（1）～（2）与 Needham-Schroeder 协议相同。

（3）Mallory 假装成 Alice 向 Bob 发送消息：$E_B(K, A)$。

（4）Bob 解密求出 K，生成 R_B，并发送给 Alice 消息：$E_K(R_B)$。

（5）Mallory 截获这一消息，并用 K 对其解密。此后，将发给 Bob：$E_K(R_B-1)$。

（6）Bob 验证"Alice"的消息是 R_B-1。

至此，Mallory 已使 Bob 相信他正在与 Alice 对话。

在协议中采用时戳，可以提高协议的安全性，从而有效地抗击这种攻击[Denning 等 1981; Denning 1982]。在（2）中，时戳被加入 Trent 发送的消息中，即 $E(K, A, T)$。时戳要求系统有一个安全且精确的时钟，然而要做到这点并非易事。

如果 Trent 与 Alice 共享的密钥被泄露，那么后果更加严重。Mallory 可以用它获得会话密钥，然后与 Bob（或其他任何想要与之对话的用户）进行通信。更糟的是，在 Alice 改变了她的密钥后，Mallory 还可以继续进行这种攻击[Bauer 等 1983]。

为了克服原协议存在的问题，Needham 和 Schroeder 对上述协议做了改进，提出了一种安全性更高的协议[Needham 等 1987]。此新协议与将要讨论的 Otway-Rees 协议基本相同。

4．Otway-Rees 协议

这一协议也采用了单钥密码体制。该协议有 Trent 参与，无时戳[Otway 等 1987]。协议描述如下。

认证的密钥建立协议——Otway-Rees 协议

* 目标：Alice 和 Bob 相互确认对方的身份，并获得一个会话密钥。

* 描述：

（1）Alice 生成一条消息，其中包括索引号码、她的姓名、Bob 的姓名和一个随机数，并将这条消息采用她与 Trent 共享的密钥加密。此后，将密文连同索引号、Alice 和 Bob 的姓名一起发送给 Bob：I，A，B，$E_A(R_A, I, A, B)$。

（2）Bob 生成一条消息，其中包括一个新的随机数、索引号、Alice 和 Bob 的姓名，并采用他与 Trent 共享的密钥对这消息加密。此后，将密文连同 Alice 的密文、索引号、Alice 和 Bob 的姓名一起发送给 Trent：I，A，B，$E_A(R_A, I, A, B)$，$E_B(R_B, I, A, B)$。

（3）Trent 生成一个随机的会话密钥。此后，生成两条消息。第一条消息采用他与 Alice 共享的密钥对 Alice 的随机数和会话密钥加密；第二条采用他与 Bob 的共享密钥对 Bob 的随机数和会话密钥加密。最后 Trent 将这两条消息连同索引号一起发送给 Bob：I，$E_A(R_A, K)$，$E_B(R_B, K)$。

（4）Bob 将属于 Alice 的那条消息连同索引号一起发送给 Alice：I，$E_A(R_A, K)$。

（5）Alice 对收到的消息解密得到随机数 R_A 和会话密钥。如果 R_A 与（1）中的值相同，那么 Alice 确认随机数和会话密钥没有被改动过，并且不是重发某个旧会话密钥。

5．Kerberos 协议

Kerberos 协议是从 Needham-Schroeder 协议演变而来的。在基本的 Kerberos V.5 协议中，假设在 Kerberos 协议执行之前，Alice 与 Trent 共享一个密钥 K_A，Bob 与 Trent 共享一个密钥 K_B。在 Kerberos 协议中，并没有像前述协议一样采用一次性随机数 Nonce 来保证协议每一步所传消息的新鲜性，而是采用了时戳技术。可以发现，在 Kerberos 协议中，Alice 与 Bob 之间的一次性通信的会话密钥 K 是由 Trent 生成的。

Kerberos 协议描述如下。

认证的密钥建立协议——Kerberos 协议

* 前提：

每个用户均具有一个与 Trent 同步的时钟。

* 描述：

（1）Alice 向 Trent 发送她的身份和 Bob 的身份：A，B。

（2）Trent 生成一条消息，其中包含时戳、有效期 L、随机会话密钥和 Alice 的身份，并采用与 Bob 共享的密钥加密。此后，他将时戳、有效期、会话密钥和 Bob 的身份采用与 Alice 共享的密钥加密。最后，将这两条加密的消息发送给 Alice：$E_A(T, L, K, B)$，$E_B(T, L, K, A)$。

（3）Alice 采用与 Trent 共享的密钥 K_A 对上述第一条消息解密，解出会话密钥 K，并验证时戳 T、Bob 的身份 B 和生命周期 L；在验证通过后，再用会话密钥 K 对其身份和时戳加密，并连同从 Trent 收到的、属于 Bob 的那条消息发送给 Bob：$E_K(A, T)$，$E_B(T, L, K, A)$。

（4）Bob 收到上述密文消息后，先用其与 Trent 共享的密钥 K_B 对第二条密文解密，解出会话密钥 K，然后再用会话密钥 K 解密第一条消息，并验证时戳 T、Alice 的身份 A 和有效期 L。验证通过后，Bob 确信 Alice 此时拥有与他相同的会话密钥 K。Bob 再将时戳加 1，并采用 K 对其加密后发送给 Alice：$E_K(T+1)$。

（5）Alice 收到上述消息后，采用会话密钥 K 解密得到 $T+1$，并验证 $T+1$ 是否正确。如果正确，则 Alice 可以确信 Bob 此时拥有与其相同的会话密钥 K。此后，Alice 和 Bob 就可以采用会话密钥 K 进行保密通信。

实际上，Kerberos 中的同步时钟是由系统中的安全时间服务器来保持的。通过设立一定的时间间隔，系统可以有效地检测到重放攻击。

6. Neuman-Stubblebine 协议

无论是系统故障还是计时误差，都有可能使时钟失步。若发生时钟失步，所有依赖于同步时钟的协议都有可能遭到攻击[Gong 1992]。若发送者的时钟超前于接收者的时钟，Mallory 可以截获发送者的某个消息，等该消息中的时戳接近于接收者的时钟时再重发这条消息。此攻击被称作等待重放攻击（Suppress-Replay Attack）。

Neuman-Stubblebine 协议首先在文献[Kchne 等 1992]中提出，此后又在文献[Neuman 等 1993]中进行了改进。作为 Yahalom 协议的加强版本，它的特点是能够抵抗等待重放攻击。该协议的描述如下。

认证的密钥建立协议——Neuman-Stubblebine 协议

*目标：Alice 和 Bob 相互确认对方的身份，并共享一个会话密钥。

*描述：

（1）Alice 将她的姓名和某个随机数连接起来，发送给 Bob：A, R_A。

（2）Bob 将 Alice 的姓名、随机数和时戳连接起来，并采用与 Trent 共享的密钥加密。此后，将密文连同他的姓名、新产生的随机数一起发送给 Trent：$B, R_B, E_B(A, R_A, T_B)$。

（3）Trent 生成一随机的会话密钥。之后，他生成两条消息：第一条是采用与 Alice 共享的密钥对 Bob 的身份、Alice 的随机数、会话密钥和时戳加密；第二条是采用与 Bob 共享的密钥对 Alice 的身份、会话密钥和时戳加密。最后，他将这两条消息连同 Bob 的随机数一起发送给 Alice：$E_A(B, R_A, K, T_B)$, $E_B(A, K, T_B), R_B$。

（4）Alice 对属于她的消息解密得到会话密钥 K，并确认 R_A 与在（1）中的值相等。此后，Alice 发送给 Bob 两条消息：第一条消息来自 Trent，第二条消息是采用会话密钥对 R_B 加密：$E_B(A, K, T_B), E_K(R_B)$。

（5）Bob 对第一条消息解密得到会话密钥 K，并确认 T_B 和 R_B 的值与（2）中的值相同。

这个协议不需要同步时钟，因为时戳仅与 Bob 的时钟有关，Bob 只对他自己生成的时戳进行检查。

这个协议的优点是：在预定的时限内，Alice 能够将收自 Trent 的消息用于随后与 Bob 的认证中。假设 Alice 和 Bob 已经完成了上述协议，并建立连接开始通信，但由于某种原因连接被中断。在这种情况下，Alice 和 Bob 不需要 Trent 的参与，仅执行三步就可以实现相互认证。此时，协议的执行过程如下。

（1）Alice 将 Trent 在（3）中发给她的消息，连同一个新随机数一起发送给 Bob：$E_B(A, K, T_B), R_A'$。

（2）Bob 采用会话密钥对 Alice 的随机数加密，连同一个新的随机数发送给 Alice：$R_B', E_K(R_A')$。

（3）Alice 采用会话密钥对 Bob 的新随机数加密，并发送给 Bob：$E_K(R_B')$。

在上述协议中，采用新随机数的目的是防止重放攻击。

7. DASS 协议

分布认证安全服务（Distributed Authentication Security Service，DASS）协议是由 DEC（Digital Equipment Corporation）公司开发的，其目的也是提供双向认证和密钥交换。与前面介绍的协议不同，DASS 协议既采用了双钥密码体制，又采用了单钥密码体制。该协议假设 Alice 和 Bob 各自具有一个私钥，而 Trent 掌握着他们的签名公钥。协议的描述如下。

认证的密钥建立协议——DASS 协议

（1）Alice 将 Bob 的身份发送给 Trent：B。

（2）Trent 将 Bob 的公钥和身份连接，并采用其私钥 T 对消息进行数字签名：$S_T(B, K_B)$，发送给 Alice。

（3）Alice 对 Trent 的签名加以验证，以证实她收到的公钥就是 Bob 的公钥。她生成一个会话密钥和一个随机的公钥/私钥对 K_P，并用 K 对时戳加密。接下来，她采用私钥 K_A 对会话密钥的有效期 L、自己的身份和 K_P 进行签名。之后，她采用 Bob 的公钥对会话密钥 K 加密，再用 K_P 对其签名。最后，她将所有的消息发送给 Bob：$E_K(T_A)$，$S_{K_A}(L, A, K_P)$，$S_{K_P}(E_{K_B}(K))$。

（4）Bob 将 Alice 的身份发送给 Trent（这里的 Trent 可以是另外一个实体）：A。

（5）Trent 将 Alice 的公钥和身份连接，并采用其私钥 T 对消息进行数字签名：$S_T(A, K_A)$，发送给 Bob。

（6）Bob 验证 Trent 的签名，以证实他收到的公钥就是 Alice 的公钥。此后，他验证 Alice 的签名并得到 K_P。他再采用 K_P 验证 $S_{K_P}(E_{K_B}(K))$，并采用他的私钥解密得到会话密钥 K。最后，他采用 K 对 $E_K(T_A)$ 解密得到时戳 T_A，确认这条消息是当前发送的，而不是重发某条旧消息。

（7）如果需要进行相互认证，Bob 采用 K 对一个新时戳加密后发送给 Alice：$E_K(T_B)$。

（8）Alice 采用 K 对收到的消息解密，并确认此消息是当前发送的，而不是重发过去的某条消息。

基于 DASS，DEC 公司又开发出新的协议 SPX。此协议的详细情况请参阅文献[Alagappan 等 1991]。

8. Denning-Sacco 协议

这个协议也采用了双钥体制[Denning 等 1981]。此协议假设 Trent 掌握了所有用户的公钥数据库。协议描述如下。

认证的密钥建立协议——Denning-Sacco 协议

（1）Alice 向 Trent 发送她的身份和 Bob 的身份：A, B。

（2）Trent 采用其私钥对 Bob 的公钥和 Alice 的公钥签名，并发送给 Alice：$S_T(B, K_B)$，$S_T(A, K_A)$。

（3）Alice 首先采用其私钥对一个随机的会话密钥和时戳签名，再采用 Bob 的公钥加密。最后，将结果连同收到的两个签名公钥一起发送给 Bob：$E_B(S_A(K, T_A))$，$S_T(B, K_B)$，$S_T(A, K_A)$。

（4）Bob 采用其私钥对收到的消息解密，此后采用 Alice 的公钥对 Alice 的签名进行验证。最后，检验时戳是否仍然有效。

至此，Alice 和 Bob 都具有一个会话密钥，他们可以用它进行保密通信。

Denning-Sacco 协议看似安全，其实不然。在 Bob 与 Alice 一起完成协议后，Bob 可以假冒成 Alice。下面会看到 Bob 是如何假冒 Alice 的。

这个问题很容易得到解决。只要将网络用户的身份加入（3）中的加密消息中，就可以成功地防止这种假冒攻击：$E_B(S_A(A, B, K, T_A))$，$S_T(B, K_B)$，$S_T(A, K_A)$。

现在，Bob 就无法将旧的消息重发给 Carol，因为在数字签名项中已经清楚地表明通信是在 Alice 和 Bob 两个用户之间进行。

假冒攻击

（1）Bob 将他的身份和 Carol 的身份发送给 Trent：B, C。

（2）Trent 将 Bob 和 Carol 的签名公钥发送给 Bob：$S_T(B, K_B)$，$S_T(C, K_C)$。

（3）Bob 将过去收自 Alice 的签名会话密钥和时戳，采用 Carol 的公钥进行加密，并连同 Alice 和 Carol 的公钥证明（Certificate）一起发送给 Carol：$E_C(S_A(K, T_A))$，$S_T(A, K_A)$，$S_T(C, K_C)$。

（4）Carol 采用其私钥对收到的消息 $E_C(S_A(K, T_A))$ 解密，然后采用 Alice 的公钥对签名加以验证。最后，检查时戳是否仍然有效。

至此，Carol 认为她正在与 Alice 进行通信，Bob 已成功地假冒成 Alice。实际上，在时戳的有效期内，Bob 可以假冒网上的任何用户。

9. Woo-Lam 协议

这个协议也采用了双钥体制[Woo 等 1992]。协议的描述如下。

认证的密钥建立协议——Woo-Lam 协议

（1）Alice 向 Trent 发送她的身份和 Bob 的身份：A, B。

（2）Trent 采用其私钥 T 对 Bob 的公钥 K_B 进行签名并发送给 Alice：$S_T(K_B)$。

（3）Alice 验证 Trent 的签名。此后，采用 Bob 的公钥对她的身份和产生的随机数加密，并发送给 Bob：$E_{K_B}(A, R_A)$。

（4）Bob 采用 Trent 的公钥 K_T 对 Alice 的随机数加密，并连同对他的身份、Alice 的身份一起发送给 Trent：$A, B, E_{K_T}(R_A)$。

（5）Trent 用其私钥对 Alice 的公钥 K_A 进行签名后发送给 Bob。同时，他也对 Alice 的随机数、随机会话密钥、Alice 的身份、Bob 的身份进行签名，再用 Bob 的公钥加密后发送给 Bob：$S_T(K_A)$，$E_{K_B}(S_T(R_A, K, A, B))$。

（6）Bob 验证 Trent 的签名。此后，他对（5）中消息的第二部分解密，并再采用 Alice 的公钥对得到的 Trent 的签名值和一个新随机数 R_B 加密，将结果发送给 Alice：$E_{K_B}(S_T(R_A, K, A, B), R_B)$。

（7）Alice 验证 Trent 的签名和她的随机数 R_A。此后，她采用会话密钥 K 对 Bob 的随机数 R_B 加密后，发送给 Bob：$E_K(R_B)$。

（8）Bob 对收到的消息解密得到随机数 R_B，并检查它是否被改动过。

---

10. EKE 协议

加密密钥交换（Encrypted Key Exchange，EKE）协议是由 S. Bellovin 和 M. Merritt [Bellovin 等, 1992]提出的。协议既采用了单钥体制，也采用了双钥体制。它的目的是为计算机网络上的用户提供安全性和认证业务。这个协议的新颖之处是：采用共享密钥来加密随机生成的公钥。通过运行这个协议，两个用户可以实现相互认证，并共享一个会话密钥 K。

协议假设 Alice 和 Bob（他们可以是两个用户，也可以是一个用户、一台主机）共享一个口令 P。协议描述如下。

认证的密钥建立协议——EKE 协议

（1）Alice 生成一随机的公钥/私钥对。她采用单钥算法和密钥 P 对公钥 K' 加密，并向 Bob 发送以下消息：$A, E_P(K')$。

（2）Bob 采用 P 对收到的消息解密得到 K'。此后，他生成一个随机会话密钥 K，并采用 K' 对其加密，再采用 P 加密，最后将结果发送给 Alice：$E_P(E_{K'}(K))$。

（3）Alice 对收到的消息解密得到 K。此后，她生成一个随机数 R_A，用 K 加密后发送给 Bob：$E_K(R_A)$。

（4）Bob 对消息解密得到 R_A。他生成另一个随机数 R_B，采用 K 对这两个随机数加密后发送给 Alice：$E_K(R_A, R_B)$。

（5）Alice 对消息解密得到 R_A, R_B。如果收自 Bob 的 R_A 与（3）中发送的值相同，Alice 便采用 K 对 R_B 加密，并发送给 Bob：$E_K(R_B)$。

（6）Bob 对消息解密得到 R_B。如果收自 Alice 的 R_B 与在（4）中 Bob 发送的值相同，协议就完成了。通信双方可以采用 K 作为会话密钥。

EKE 可以采用各种双钥算法来实现，如 RSA、ElGamal 和 Diffie-Hellman 协议等。

选用和设计何种类型的协议要根据实际应用对确认的要求以及实现的机制来定，需要考虑以下多方面的因素。

（1）认证类型：是实体认证、密钥认证和密钥确认的任何一种组合。

（2）认证互易性（Reciprocity）：认证可能是单方的，也可能是相互的。

（3）密钥新鲜性（Freshness）：保证所建立的密钥是新的。

（4）密钥控制：有的协议由一方选定密钥值，有的则通过协商由双方提供的信息导出，不希望由单方来控制或预先定出密钥值。

（5）通信与计算开销：包括参与者之间交换的消息次数、传送的数据量、各方计算的复杂度，以及减少实时在线计算量的可能性等。

（6）是否有第三方参与：在有第三方参与时，应考虑第三方是联机还是脱机参与，以及对第三方的信赖程度。

（7）是否采用证书：若协议设计时采用了证书，应考虑证书的颁发者。

（8）不可否认性：收方可能给出收据证明已收到交换的密钥。

密钥建立协议研究可参阅[Desmedt 1988, 1994; Diffie 等 1992; Maurer 1993]。

7.3 秘密分拆协议

假设你发明了一种饮料，但又不想让竞争对手知道该饮料的配方，那么就必须对饮料中所含的各种成分的比例加以保密。在生产过程中，你可能将配方告诉最信赖的几个雇员。但是，如果他们中的一个背叛了你而跑到竞争对手一边时，秘密就会完全泄露。不久，你的对手就可能生产出和你完全一样的产品。

在现实中，如何来解决这类问题呢？这就涉及秘密分拆的问题。人们往往将某条消息分成许多碎片[Feistel 1970]，从每一碎片本身不会看出什么东西。但是，如果将所有的碎片重新组合在一起，就会重显消息。拿上面的例子来说，如果每个雇员只掌握配方中一种成分的比例，那么只有所有的雇员在一起才能够生产出这种饮料。任何一个雇员的离开只能带走属于他的那部分秘密，而这部分秘密将毫无用处。

最简单的秘密分拆方案是将某条消息分给两个人。下面介绍一种秘密分拆协议，这里 Trent 将某条消息分给 Alice 和 Bob。

秘密分拆协议——两方秘密分拆协议

（1）Trent 生成一个随机比特串 R，它与消息 M 具有相同的长度。

（2）Trent 将 M 和 R 进行异或运算，得到 S：$S = M \oplus R$。

（3）Trent 将 R 分给 Alice，将 S 分给 Bob。

  若想重组这条消息，Alice 和 Bob 仅需执行下一步。

（4）Alice 和 Bob 将各自得到的比特串进行异或运算，就会得到消息：$M = R \oplus S$。

这一技术是绝对安全的。每个消息碎片本身毫无价值。从本质上看，Trent 采用一次性随机数对消息加密，此后将密文分发给一个人，而将一次性随机数又分发给另外一个人。在前面已经讨论过一次一密体制，它具有绝对的安全性。无论计算能力有多高，均不会从某一碎片中推出消息本身。

这一方案很容易推广到有多个人的情况。要将一条消息分拆成多份，就要采用多个随机数对消息进行异或运算。在下面的例子中，Trent 将消息分成了 4 份。

秘密分拆协议——四方秘密分拆协议

（1）Trent 生成 3 个随机比特串 R、S 和 T，它们与消息 M 具有相同的长度。

（2）Trent 将 3 个比特串与消息 M 异或，得到 U：$U = M \oplus R \oplus S \oplus T$。

（3）Trent 将 R 发送给 Alice，S 发送给 Bob，T 发送给 Carol，U 发送给 Dave。

　　Alice、Bob、Carol 和 Dave 这 4 个人在一起，就可以重组这条消息。

（4）Alice、Bob、Carol 和 Dave 集合在一起，计算：$M = R \oplus S \oplus T \oplus U$。

　　在这一协议中，Trent 有绝对的权利，并且可以做他想做的任何事情。他可以把毫无意义的东西拿出来，并声称这是消息的一个有效组成部分。在重组这条秘密消息之前，没有人知道这件事。他可以将分拆的消息碎片分发给 Alice、Bob、Carol 和 Dave。在解雇 Bob 时，他会告诉大家只有 Alice、Carol 和 Dave 掌握的消息碎片可以重组消息，而 Bob 的那份消息碎片毫无用处。因为这条秘密的消息是由 Trent 来分拆的，所以 Trent 知道这条秘密的消息。

　　然而，这个协议存在一个问题：如果任何一部分消息碎片丢失了，并且 Trent 不在现场，那么其他人无法重组这一消息，这等于丢失了这条消息。如果 Carol 知道饮料的一部分配方，并将其带走为对手工作，那么其他人就会陷入困境。虽然 Carol 不能采用她带走的那部分秘密生产出相同的饮料，但是对 Alice、Bob 和 Dave 来说也一样。由于 R、S、T 和 U 的长度与 M 相同，他们除了知道消息的长度以外，对其他一无所知。

7.4　秘密广播协议和会议密钥分配

7.4.1　秘密广播协议

　　Alice 想通过一个发射机广播一条消息 M，然而她不打算让所有的听众都能听懂。她仅想有选择地让部分听众听懂她的消息 M，而其他人听不到有用的信息。

　　第一种方法：Alice 可以与每个听众共享一个不同的密钥（秘密的或公开的）。她用某个随机密钥 K 对消息 M 加密，然后用预定接收者的密钥对 K 加密（记为 K_S）。最后，她将加密的消息和所有加密的密钥 K_S 广播出去。收听者 Bob 采用他的密钥对所有 K_S 解密，并寻找那个正确的密钥 K，再用它对消息解密得到 M；若 Alice 不介意让人知道她发送的消息是给谁的，那么她可以在 K_S 的后面附加上预定接收者的姓名。接收者只需搜索各自的姓名，并对相应的 K_S 解密即可。

　　第二种方法：这一方法在文献[Chiou 等 1989]中做了介绍。首先，Ailce 与每个听众共享一个不同的密钥 K_S，这些密钥比所有加了密的消息都大。所有这些密钥都是两两互素的。Alice 采用某个随机密钥 K 对消息加密。此后，她生成一个整数 R，使得当某个密钥要用来对消息解密时，$R \equiv K \bmod K_S$；否则 $R \equiv 0 \bmod K_S$。

　　例如，若 Alice 想要 Bob、Carol 和 Ellen 接收到她发送的消息，而不让 Dave 和 Frank 接收到，那么她用 K 对消息加密，继而计算 R，使得

$$R \equiv K \ (\bmod K_B)$$

$$R \equiv K \ (\bmod K_C)$$

$$R \equiv 0 \pmod{K_D}$$
$$R \equiv K \pmod{K_E}$$
$$R \equiv 0 \pmod{K_F}$$

这是一个纯代数问题，Alice 很容易求出 R。当听众收到这一广播时，他们各自对接收到的密钥取模 K_S。如果他们被允许接收消息，他们就能够恢复出密钥；否则，他们什么也不会得到。

第三种方法：文献[Berkovitz 1991]提出了一种采用了门限方案的方法。像其他方法一样，每个可能的接收者都可以得到一个密钥，这个密钥是尚未建立的门限方案的"投影"。Alice 也为自己准备一些密钥，给系统增加某些随机性。

首先，假设有 n 个听众。在广播消息 M 时，Alice 用密钥 K 对消息 M 加密，并进行以下操作。

（1）Alice 选择一个随机数 j。这个随机数用于隐藏消息接收者的数目。这个数不必很大，它可以是一个很小的数。

（2）Alice 建立一个 $(n+j+1, 2n+j+1)$ 门限方案，其中，预定接收者的密钥就是这一门限方案的"投影"；非预定接收者的密钥不是"投影"；j 是随机选择的"投影"个数，它们与任何一个密钥均不同。

（3）Alice 广播 $n+j$ 个随机选择的"投影"，其中任何一个都不是（2）中列出的"投影"。

（4）所有收到这一广播的听众将他们各自的"投影"加到所接收的 $n+j$ 个"投影"上。

如果加上该"投影"后能够计算出密钥 K，那么他们就可解密出用 K 加密的消息 M；如果加上该"投影"后不能够计算出密钥 K，那么他们就不能解密出用 K 加密的消息 M。

此外，文献[Gong 1994]还介绍了其他方法。

7.4.2 会议密钥分配协议

在现实应用场景中，常常需要为多个用户分发密钥。例如，在召开涉密会议时，需要为每个参会人员分发密钥；在战场上，需要为每个官兵分发密钥。这类协议被称为会议密钥分配协议。这类协议将实现一组（n 个）用户通过不安全的信道共享某个密钥。

一个会议密钥分配协议如下。这一组用户共享两个大素数 p 和 q，生成元 g 与 q 具有相同的长度。

会议密钥分配协议

（1）用户 $i(i=1,2,\cdots,n)$，选择随机数 $r_i<q$，并广播：$z_i = g^{r_i} \bmod p$。

（2）每个用户验证：$z_i^q \equiv 1 \pmod p$，$i=1,2,\cdots,n$。

（3）用户广播：$x_i = (z_{i+1}/z_{i-1})^{r_i} \bmod p$。

（4）用户计算：$K = (z_{i-1})^{nr_i} \times x_i^{n-1} \times x_{i+1}^{n-2} \times \cdots \times x_{i-2}^{n+1} \bmod p$。

在上面的协议中，所有下标为 $i-1$、$i-2$ 和 $i+1$ 的计算都是模 n 运算。在协议执行完以后，所有组内用户均共享相同的密钥 K，组外人均得不到任何有用信息。

这个协议的缺点是不能抵抗中间人攻击。在文献[Ingemarsson 等 1982]中，作者提出了另外一种会议密钥分配协议。

7.5　密码协议的安全性

认证协议是许多分布式系统安全的基础。确保这些协议能够安全地运行是极为重要的。虽然认证协议中仅进行很少的几组消息传输，但是其中的每一消息的组成都是经过巧妙设计的，而且这些消息之间有着复杂的相互作用和制约。在设计认证协议时，人们通常采用不同的密码体制。而且所设计的协议也常常应用于许多不同的通信环境。但是，现有的许多协议在设计上普遍存在着某些安全缺陷。造成认证协议存在安全漏洞的原因有很多，但主要的原因有如下两个：①协议设计者有可能误解了所采用的技术，或者不恰当地照搬了已有协议的某些特性；②人们对某一特定的通信环境及其安全需求研究不够。人们很少知道所设计的协议如何才能够满足安全需求。因此，在近年来出现的许多协议中都发现了不同程度的安全缺陷或冗余消息。

本节将讨论对协议的攻击方法和安全性分析方法。

7.5.1　对协议的攻击

在分析协议的安全性时，常用的方法是对协议施加各种可能的攻击。密码攻击的目标通常有三个：第一是协议中采用的密码算法；第二是算法和协议中采用的密码技术；第三是协议本身。由于本节仅讨论密码协议，因此，只考虑对协议自身的攻击，而假设协议中所采用的密码算法和密码技术均是安全的。对协议的攻击可以分为被动攻击和主动攻击。

被动攻击是指协议外部的实体对协议执行的部分或整个过程实施窃听。攻击者对协议的窃听并不影响协议的执行，他所能做的是对协议的消息流进行观察，并试图从中获得协议中涉及的各方的某些信息。他们收集协议各方之间传递的消息，并对其进行密码分析。这种攻击实际上属于一种唯密文攻击。被动攻击的特点是难以检测，因此在设计协议时应该尽量防止被动攻击，而不是检测它们。

主动攻击对密码协议来说具有更大的危险性。在这种攻击中，攻击者试图改变协议执行中的某些消息以达到获取信息、破坏系统或获得对资源的非授权访问的目的。他们可能在协议中引入新的消息、删除消息、替换消息、重发旧消息、干扰信道或修改计算机中存储的信息。在网络环境下，当通信各方彼此互不信赖时，这种攻击对协议的威胁显得更为严重。攻击者不一定是局外人，他可能就是一个合法用户，可能是一个系统管理者，可能是几个人联手对协议发起攻击，也可能就是协议中的一方。

若主动攻击者是协议涉及的一方，则称其为欺骗者（Cheater）。欺骗者可以不遵守协议，对正在执行的协议进行干扰，试图冒充他方或欺骗对方，以达到各种非法目的。

若协议参与者中多数都是欺骗者，则就很难保证协议的安全性。但是，在某些情况下，合法用户会检测到存在主动攻击。显然，密码协议对于被动攻击应该是安全的。

在实际中，对协议的攻击方法是多种多样的。对不同类型的密码协议，存在着不同的攻击方法。很难将所有攻击方法一一列出，这里仅对几种常用的攻击方法进行详细介绍。为了便于理解，下面结合一个具体的协议对这些攻击方法加以说明。

图 7-4（a）为一个单向用户认证协议，实现用户 B 对用户 A 的认证功能。其中，N 为

一次性随机数，$E_a(N)$ 表示采用密钥 K_a 对 N 加密。K_a 要么是用户 A 与用户 B 的共享密钥，要么是用户 A 的公钥。图 7-4（b）的协议与图 7-4（a）完全对称，它实现用户 A 对用户 B 的认证。将图 7-4（a）和图 7-4（b）的两个协议结合起来，就得到图 7-4（c）的双向认证协议；将其做进一步的简化，便得到图 7-4（d）的协议。对于单钥体制来说，K_a 和 K_b 是相同的，因此 $E_a(N)$ 和 $E_b(N)$ 表示采用同一个共享密钥对随机数加密。

图 7-4（d）中的双向认证协议是由两个单向认证协议演化而来的。初看该协议似乎很完美，但它却并不安全。我们将证明，当此协议采用单钥密码体制构造时，攻击者很容易采用不同的攻击方法攻破此协议。在后面将结合这个例子，讨论几个典型的攻击协议的方法。

1. 已知明文攻击

如图 7-4（d）所示的协议的一个缺点是它易遭受已知明文攻击。对于 A 和 B 之间交换的每个密文消息，均可以在随后的消息流中找到相应的明文。在每次执行协议时，被动攻击者可以通过搭线窃听的方法，收集到两个明文-密文对。通过长期不断地窃听，攻击者至少可以建立起一个加密表，甚至可以根据所采用的加密算法强度，进一步攻破此方案并发现加密密钥。因此，在设计认证协议时，一般要求所交换的加密消息的相应明文不会被攻击者得到或推出。

2. 选择密文攻击

当攻击者将已知明文攻击转换为选择密文攻击时，他所起的作用是主动性的而不是被动性的，这种威胁就更为严重。在图 7-4（d）中，攻击者可以假扮成 A 或 B，向另一方（B 或 A）发送某个经过选择的密文消息，并等待对方发送回相应的解密数值。攻击者并不知道

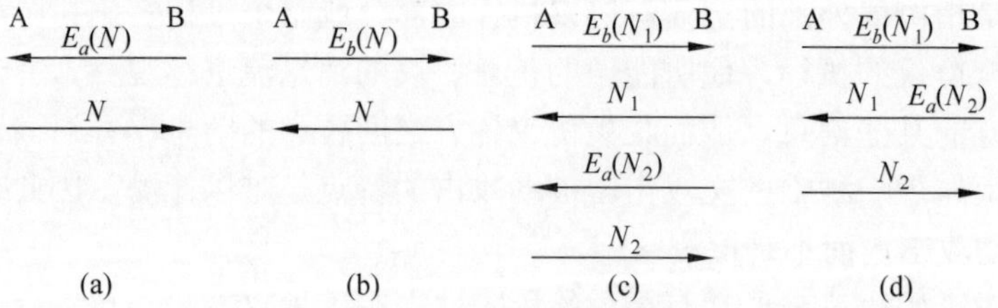

图 7-4（a）：$A \xrightarrow{E_a(N)} B$，$\xrightarrow{N}$

图 7-4（b）：$A \xrightarrow{E_b(N)} B$，$\xleftarrow{N}$

图 7-4（c）：$A \xleftarrow{E_b(N_1)} B$，$\xrightarrow{N_1}$，$\xrightarrow{E_a(N_2)}$，$\xleftarrow{N_2}$

图 7-4（d）：$A \xleftarrow{E_b(N_1)} B$，$N_1 \xrightarrow{E_a(N_2)}$，$\xleftarrow{N_2}$

（a）　　　　　（b）　　　　　（c）　　　　　（d）

图 7-4　用户认证协议举例

确切的密钥是什么，当然就不会完成第三个消息流。然而，他可以积累关于明文-密文对的有关知识，其中的密文是经他自己精心选择的（或者当他发送的消息是明文时，收到的回执将是相应的密文）。他可以尝试采用特定的密文比特串，如全"0"、全"1"或其他消息，来更快地解出密钥。因此，在设计协议时，通常期望攻击者不能欺骗合法用户来获取选择密文的相应明文，或者选择明文的相应密文。

3. 预言者会话攻击

实际上，在上述简单协议中，如果 A 和 B 采用相同的密钥，攻击者无须破译出密钥就能攻破此认证协议。这种攻击如图 7-5 所示。在图 7-5 中，攻击者 X 假装成 A，通过向 B 发送

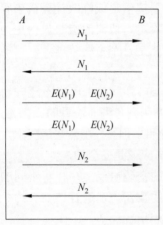

图 7-5　预言者会话攻击

某个加密的随机数 $E(N_1)$ 开始会话。B 则响应此会话请求，向 X 发回解密的消息 N_1 和某个加密的随机数 $E(N_2)$。虽然 X 不能对 $E(N_2)$ 解密得到 N_2，但是他可以通过对 A 实施选择密文攻击来得到 N_2。A 作为预言者向 X 提供必要的解密值 N_2。首先，攻击者假装成用户 B，通过向 A 发送加密消息 $E(N_2)$ 开始会话。A 则响应会话请求发回 N_2 和某个加密的随机数 $E(N_3)$。一旦 X 获得了 N_2，就会抛弃 A，转过来与 B 会话，而根本不去考虑如何解密 $E(N_3)$。通过向 B 发送 N_2，攻击者 X 就会成功地假冒用户 A，取得用户 B 的信赖而完成认证协议。

这个例子暴露了协议中存在的一个基本缺陷，因此，在设计认证协议时，协议每个消息流中用到的密文消息必须有所区别，使攻击者不可能从第二个消息流中推出、重组或伪造出第三个消息流中必需的消息。

实际上，认证协议的这个缺陷已经得到了改进，并成为 ISO SC27 标准协议。在这个协议中，协议的发起者 A 发送的"提问"消息是为了使对方表明其具有加密某个给定明文的能力，而 B 发出的"提问"是为了让对方表明其具有解密某个给定密文的能力。这样，攻击者便不会将一方用作预言者"解密服务器"去对付另一方。但遗憾的是，改进后的协议仍然存在着缺陷。实际上，这个缺陷在原始的协议中同样存在。下面将对此加以分析。

4. 并行会话攻击

对于上面讨论的协议，我们发现它具有一个普遍性的缺陷，即不能抵抗并行会话攻击。这里，攻击者所起的作用是被动的，而非主动的。

首先，攻击者 X 截获由 A 向 B 发出的"提问"随机数 N_1，立刻反手将其发送给 A。这里，攻击者根本不理睬 B，而把 A 变成对付他自己的预言者。由于攻击者 X 不能对 A 的"提问" N_1 做出相应的"回答" $E(N_1)$，他只有假装成 B 试图与 A 进行会话。显然，攻击者 X 选择了 N_1 作为对 A 发出的"提问"，让 A 来替他精确地计算完成认证所必需的响应消息 $E(N_1)$。同时，在并行会话中，A 也发送出它自己的加密"提问"消息 $E(N_2)$。X 在获得 $E(N_1)$ 和 $E(N_2)$ 后，立即将它们回送给 A。A 发送 N_2 完成第一次认证交换过程，而 N_2 又恰恰就是 X 为完成第二次认证交换所必需的数值。这样，X 便在原始会话及其并行会话中成功地扮演了 B 的角色。

对于不同的网络结构，在不同协议层上的许多连接建立协议往往不允许同时建立多个并行会话。然而，在某些现存的网络环境下，这种并行会话在设计上是允许的。设计者在这些网络环境下设计密码协议时，必须小心对待这种攻击。协议必须能检测在某次会话中收到的第一个"提问"不是重发外另一个会话中的"提问"。协议设计者不能将会话的安全性留给用户去解决，必须在进行协议设计时就尽量避免这种攻击。

并行会话攻击揭示了许多简单认证协议存在的另一个基本的缺陷。要克服这种缺陷，协议第二个消息流中的密码表达式就必须是非对称的，也就是与方向有关，使得由 A 发起的协议中的值，不能用于由 B 发起的协议之中。

基于以上的考虑，第二个消息流中的密码消息必须是非对称的（具有方向性），并且要与第三个消息流有所区别。也许有人提出如图 7-6 所示的协议，并认为它是安全的。在图中，对随机数 N_1 加密已换成对 N_1 的函数加密（xor 表示异或运算）。然而，采用这种简单的函数实际上没有解决任何问题，如图 7-6 所示的协议仍然可以遭到并行会话攻击。攻击者只要在原来的消息上附加适当的偏值，就很容易将其攻破。具体攻击方法如图 7-7 所示。

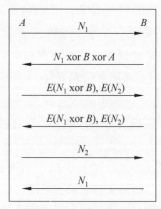

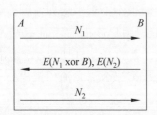

图 7-6　满足非对称要求的双向认证协议　　　图 7-7　偏值攻击（通过并行会话攻击）

7.5.2　密码协议的安全性分析

目前，对密码协议进行安全性分析有三种常用的方法：①攻击检验方法；②形式语言逻辑分析法；③可证明安全性分析法。

1. 攻击检验方法

这种方法就是采用现有的一些有效的攻击方法，逐个对协议进行攻击，检验其是否具有抵御这些攻击的能力。分析时，主要采用语言描述的方法，对协议所交换的密码消息的功能进行剖析。

2. 形式语言逻辑分析法

采用形式语言对密码协议进行安全性分析的基本方法归纳起来有以下 4 种。

（1）采用非专门的说明语言和验证工具对协议建立模型并加以验证。

（2）通过开发专家系统，对密码协议进行开发和研究。

（3）采用能够分析知识和信任的逻辑，对协议进行安全性研究。

（4）基于密码系统的代数特点，开发某种形式方法，对协议进行分析和验证。

第一种方法是将密码协议看成计算机程序，并校验其正确性。然而，证明了正确性不等于证明了安全性。采用这一方法不能检测协议存在的安全缺陷。

第二种方法采用专家系统来确定协议是否能够达到某个不期望的状态。尽管这一方法能够很好地识别出存在的安全缺陷，但它不能保证安全性。它易于发现协议中是否存在某一已知的缺陷，而不可能发现未知的缺陷。这种方法的应用实例是美国军方开发的 Interrogator 系统[Millen 等 1987]。

第三种方法是迄今使用最为广泛的一种方法。美国 DEC 公司的 Michael Burrows，Matin Abadi 和剑桥大学的 Roger Needham 提出并开发了一个分析知识和信任的形式逻辑模型，称为 BAN 逻辑[Burrows 等 1989]。该逻辑假设认证是完整性（Integrity）和新鲜性（Freshness）的一个函数。在协议的整个运行过程中，采用逻辑规则来跟踪这两个属性。由于 BAN 逻辑简单、直观，便于掌握和使用，而且可以成功地发现协议中存在的安全缺陷，因此得到了广泛应用。

　　第四种分析密码协议的方法是将密码协议模型转换为一个代数系统，表述参与者对协议知识的状态，然后分析某种状态的可达性（Attainability）。然而，这种方法没有像 BAN 逻辑那样引起人们足够的重视。

3. 可证明安全性分析法

　　可证明安全（Provable Security）是指在一定数学假设基础之上、在特定安全模型下，密码学方案可被严格证明具有安全性。它也是一种证明密码学方案安全性的形式化方法，它将密码学方案的安全性规约为公认的计算难题。

　　在第 8 章中将对 BAN 形式语言逻辑分析法和可证明安全分析法做详细阐述。

习　题

一、填空题

　　1. 计算机网络中好的协议，不仅应该具有_____性、_____性和_____性，而且应该具有足够高的_____性。

　　2. 为有效地防止中间人攻击，在密钥交换协议中应采用_____技术。

　　3. 根据密码协议的功能分类，密码协议可分为_____、_____和_____三类。

　　4. 密钥认证分为_____、_____和_____三种。

　　5. 认证包含_____、_____和_____。

　　6. 认证的密钥建立协议有_____、_____、_____、_____、_____、_____、_____和_____。

　　7. 密码攻击的目标有_____、_____和_____。

　　8. 对协议进行攻击的典型方法有_____、_____、_____和_____。

　　9. 对密码协议的安全性进行分析的方法有_____和_____。

二、思考题

　　1. 什么是协议？协议具有哪些特点？协议有几种类型？

　　2. 什么是仲裁协议？仲裁协议有哪些特点？

　　3. 什么是裁决协议？裁决协议有哪些特点？

　　4. 什么是自执行协议？自执行协议有哪些特点？

　　5. 按照密码协议的功能来分类，密码协议可以分成哪几类？

　　6. 什么是中间人攻击？中间人攻击能够成功实施的本质原因是什么？

　　7. 掺杂是对付字典攻击的有效方法，它是否能抵抗对单一口令的蛮力攻击？

　　8. 在密码协议中，一次性随机数和时戳所起的安全性作用是什么？

　　9. 若密码算法安全，用其构造的密码协议一定是安全的吗？

　　10. 密码协议安全性分析方法有哪几种？

　　11. Diffie-Hellman 协议不能抵抗中间人攻击，请改造此协议使其实现安全密钥共享。

第8章
密码协议形式化安全性分析

8.1 协议的安全性分析方法

  密码协议是建立在密码体制基础上的一种交互通信协议，用于实现身份认证、密钥协商、数据完整性等安全功能。密码协议的安全性至关重要，其失效可能导致敏感信息泄露、系统被攻击等严重后果。因此，在分析密码协议的安全性时，需要对密码协议的安全性进行严谨的证明，以论证协议在基于什么假设的情况下，能防止怎样攻击者的攻击。

  密码协议的安全性分析方法主要有两种：形式化语言分析和可证明安全分析。形式化语言分析方法具有严谨性、精确性的特点，可以有效地发现密码协议中的安全漏洞。常用的形式语言分析方法包括 BAN 逻辑、NRL 协议分析器等。可证明安全分析方法的目标是建立密码协议安全性的数学证明。可证明安全分析方法通常使用形式化模型来描述密码协议，并使用定理证明工具来证明协议满足特定的安全属性。

8.2 协议的形式化语言分析

协议的形式
化语言分析

  形式化语言是一种抽象的逻辑证明工具。它没有考虑协议在具体实现时所产生的错误，如死锁，或误用了密码体制等；虽然容许存在可能的安全攻击，但对某个不可信赖的主体认证问题不加考虑，也不检测加密算法存在的弱点或存在未经授权的秘密泄露问题[Millen 等 1987]。它把重点放在对协议涉及的通信各方的信任上，并关注由这些信任进一步推演所得到的通信结果。

  在过去的几年里，密码协议的形式化语言证明技术开始受到重视。它的实用性已经得到了充分的证明。人们采用不同的形式化语言（如 BAN 逻辑[Burrows 等 1990]、NRL 协议分析器，以及 Stubblebine-Gligor 模型[Stubblebine 等 1992]），发现了许多协议中存在的安全缺陷，并对协议提出了改进建议。这方面的研究对协议设计者来说是非常必要的。协议设计者可望利用这一技术来达到预定的设计目的。

  借助于形式化语言分析的方法，能够回答下面几个问题：

  （1）协议能用吗？

  （2）协议能否达到预定目的？

  （3）协议比其他协议需要更多的安全假设吗？

  （4）协议做了不必要的事情吗？

  本节将介绍形式逻辑分析法并用来分析两个协议。之所以选择这两个协议作为例子，是因为它们具有重要的实际意义，或是因为它们有利于对协议进行一些解释。

8.2.1 BAN 形式语言方法

1. 基本表示

形式语言方法基于多归类的模型逻辑。在这一逻辑中，区分以下几种对象：主体、加密密钥以及表达式（也称为表述）。我们用逻辑中的表述来区分消息。在协议的形式化语言表达式中，通常，符号 A，B，C 代表特定的主体标识符，K_{ab}，K_{as}，K_{bs} 代表特定的共享密钥，K_a，K_h，K_s 代表特定的公钥，而 K_a^{-1}，K_b^{-1}，K_s^{-1} 代表特定的密钥，N_a，N_b，N_c 代表特定的描述，符号 P，Q，R 代表所有的主体标识符，X，Y 代表所有的表述，K 代表所有的加密密钥。

在 BAN 逻辑中，仅有的命题连接符是级联的，用逗号表示。贯穿全文，我们把级联当作集合运算，所以理所当然地应该具有结合性和交换性。除了级联之外，使用以下构造。

- P believes X：用 $P \models X$ 表示，称作"P 信任 X"，或称为"P 有权相信 X"。也就是说，主体 P 可以把 X 当作真正的主体与之进行通信。这一构造是 BAN 逻辑的核心。

- P sees X：用 $P \triangleleft X$ 表示，称作"某主体已向 P 发出了一个包含 X 的消息"，P 可以阅读和重复 X（可能经过解密之后）。

- P said X：用 $P \mid\sim X$ 表示，称作"P 曾经说过 X"。也就是说，主体 P 在过去的某个时刻发送了一个包含表述 X 的消息。虽然人们不知道消息是在很久以前发送的，还是在当前的协议执行中发送的，但是人们认为在发送时刻，P 信任 X。

- P controls X：用 $P \mid\Rightarrow X$ 表示，称作"P 对 X 有裁判权"。P 是 X 的权威机构，这一事实是可信赖的。例如，人们通常相信某个服务器能够恰当地产生加密密钥。对此，可以用这样的假设来表达：主体相信服务器对密钥质量的表述有裁判权。

- fresh(X)：用#(X)表示，称作"表述 X 是新鲜的"，即在当前协议运行之前的任何时间里，X 没有被发送过。对于一次随机数来说，这通常是真实的。一次随机数通常是指一个时戳或仅用一次的随机数。

- $P \overset{K}{\leftrightarrow} Q$：表示 P 和 Q 可以采用共享密钥 K 来进行通信，并且密钥 K 是好的。"密钥是好的"意味着它不会被 P、Q 之外的任何主体知道（P、Q 所信赖的某个主体除外）。

- $\overset{K}{\mapsto} P$：P 具有公钥 K。相应的私钥 K^{-1} 永远不会被主体 P 之外的任何主体知道。

- $P \overset{X}{\Longleftrightarrow} Q$：表述 X 是仅为 P、Q，也可能为它们所信赖的某个主体所知道的某个秘密。仅有 P 和 Q 可以采用 X 向对方证明自己的身份。这种秘密的一个实例是"口令"。

- $\{X\}_K$：是$\{X\}_K$ from P 的简写，它表示表述 X 用密钥 K 加密。之所以可以简写，是因为假设每一主体都能够辨别和忽略它自己所发出的消息。由此而引入了消息源点的概念。

- $\langle X \rangle_Y$：它代表 X 与表述 Y 相结合。这意味着 Y 是一个秘密，它的出现能够证明发出 $\langle X \rangle_Y$ 的主体身份。在实现时，可以认为 X 仅简单地与口令 Y 级联。表达式说明 Y 对 X 的发源起着证明的特殊作用，它很像加密密钥。

- $A \ni K$：A 具有密钥 K。只要 A 可以得到该密钥，它就拥有该密钥，而不管其他主体是否也拥有此密钥。

- $\{X\}_{S_A}$：采用 A 的私钥对 X 签名。注意：X 通常是不能从 $\{X\}_{S_A}$ 中恢复出来的。
- PK(K, A)：K 是 A 的一个好的公钥。所谓 K 是好的，意味着 K 是 A 的可靠公钥，与其相应的私钥是唯一的。
- $\Pi(A)$：A 具有一个好的私钥。所谓该私钥是好的，意味着除了 A 以外，其他任何主体均不知道它，也不能推出它。
- $R(A, X)$：A 是 X 的预期接收者。

（注：上面最后三条语义来自 GS 的构造。）

2. 逻辑公设

在认证逻辑中，考虑两个时间的区别，即"过去"和"当前"。"当前"从所考虑的协议的执行开始，而这一时刻之前所发送的所有消息都被看成"过去"发生的事件。认证协议应该能够防止把某些"过去"的消息接收纳为"当前"的消息。在"当前"所保持的信任对协议运行的全过程来说是稳定不变的。然而，在"过去"保持的信任没有必要带进"当前"阶段。将时间简单地划分成"过去"和"当前"，对于要达到的目的来说已经足够了。利用这一划分，逻辑操作变得十分容易。

做如下假设：加密能够保证每一加密的单元不能被修改，或者将较小的加密单元拼接起来。若两个分离的加密单元包含于同一消息，可以把它们看成好像来自不同的消息；一个消息是不能被一个不知道密钥的主体所理解的（或在公钥的情况下，是不能被不知道私钥的主体理解的）；密钥也不能从已加密的消息中推出。每个加密的消息含有足够的冗余度，使得对此消息进行解密的主体可以验证它使用了正确的密钥。此外，消息包含足够的信息，以便让某个主体检测并忽略由它自己发出的消息。

在做了以上初步假设之后，现在来讨论在证明中使用的主要逻辑公设。

（1）消息意义规则（Message-meaning Rule）。这一规则涉及对主体所发送的消息进行翻译。一共有三种情形，其中两个涉及对已加密的消息进行翻译，一个涉及对带有秘密的消息进行翻译。它们均解释如何来推出对消息源点的信任。

对于共享密钥，假设：

$$\frac{P \text{ believes } Q \overset{K}{\rightarrow} P, P \text{ sees } \{X\}_K}{P \text{ believes } Q \text{ said } X} = \frac{P \mathrel{|\equiv} Q \overset{K}{\rightarrow} P, P \vartriangleleft \{X\}_K}{P \mathrel{|\equiv} Q \mathrel{|\sim} X}$$

即若 P 相信密钥 K 是它与 Q 所共享的密钥，而且 P 看到了由 K 所加密的 X，那么 P 相信 Q 曾经说过 X。为了使这一规则更加完整，必须保证 P 本身没有发送此消息。回忆前面曾经提到，表述 $\{X\}_K$ 代表 $\{X\}_K$ from R，且 $R \neq P$。

同样，对于公钥体制，假设：

$$\frac{P \text{ believes } \overset{K}{\mapsto} Q, P \text{ sees } \{X\}_{K^{-1}}}{P \text{ believes } Q \text{ said } X} = \frac{P \mathrel{|\equiv} \overset{K}{\mapsto} Q, P \vartriangleleft \{X\}_{K^{-1}}}{P \mathrel{|\equiv} Q \mathrel{|\sim} X}$$

对于共享秘密，假设：

$$\frac{P \text{ believes } Q \overset{Y}{\Leftrightarrow} P, P \text{ sees } \langle X \rangle_Y}{P \text{ believes } Q \text{ said } X} = \frac{P \mathrel{|\equiv} Q \overset{Y}{\Leftrightarrow} P, P \vartriangleleft \langle X \rangle_Y}{P \mathrel{|\equiv} Q \mathrel{|\sim} X}$$

即若 P 相信秘密 Y 是与 Q 所共享的，并且看到了 $\langle X \rangle_Y$，那么 P 相信 Q 曾说过 X。这一

推断是正确的，因为对"看到"的规则保证了$\langle X\rangle_Y$不是由P自己发送的。

（2）随机数验证规则（Nonce-verification Rule）。此规则描述了对"某个消息是'当前'的，且发送者仍然相信它"的检验。

$$\frac{P \text{ believes fresh }(X), P \text{ believes } Q \text{ said } X}{P \text{ believes } Q \text{ believes } X} = \frac{P|\equiv \#(X), P|\equiv Q|\sim X}{P|\equiv Q|\equiv X}$$

即若P相信X是当前发出的，并且相信Q曾经说过X（无论是在"过去"还是在"当前"），那么P相信Q相信X。为了简单起见，X必须是"明文"，即X不应包含任何形如$\{X\}_K$的子表述。

（3）裁判权规则（Jurisdiction Rule）。此规则说明，若P相信Q对X有裁判权，那么Q以对P的信任来信任Q。

$$\frac{P \text{ believes } Q \text{ controls } X, P \text{ believes } Q \text{ believes } X}{P \text{ believes } X} = \frac{P|\equiv Q \Rightarrow X, P|\equiv Q|\equiv X}{P|\equiv X}$$

（4）"看到"规则（See Rule）。若一个主体"看到"某个表述，只要它知道必要的密钥，那么它也能"看到"该表述的其他分量。

$$\frac{P \text{ sees }(X, Y)}{P \text{ sees } X}, \quad \frac{P \text{ sees }\langle X\rangle_Y}{P \text{ sees } X}, \quad \frac{P|\equiv Q \xleftrightarrow{K} P, P \text{ sees }\{X\}_K}{P \text{ sees } X}$$

$$\frac{P \text{ believes } \xmapsto{K} P, P \text{ sees }\{X\}_K}{P \text{ sees } X}, \quad \frac{P \text{ believes} \xmapsto{K} Q, P \text{ sees }\{X\}_{K^{-1}}}{P \text{ sees } X}$$

注意在上面的表述中，$\{X\}_K$代表$\{X\}_K$ from R，$R \neq P$。这就是说，$\{X\}_K$不是由P本身发出的，对于$\{X\}_{K^{-1}}$也一样。

第四个规则成立的隐含假设是：若P相信K是它的公钥，那么它知道相应的密钥K^{-1}。

注意：若P sees X，且P sees Y，这并不能得出P sees (X,Y)，因为这意味着X、Y是同时发出的。

（5）若表述的一部分是新鲜的，那么整个表述也是新鲜的：

$$\frac{P \text{ believes fresh }(X)}{P \text{ believes fresh }(X, Y)}$$

3. 群体量符

群体表述通常涉及一个或多个变量，如主体A可以让服务器S产生任意一个A、B间共享的密钥。可以将其做如下表述。

$$A \text{ believes } S \text{ controls } A\xleftrightarrow{K} B$$

这里密钥K代表一组变量，可以更清楚地表述成：

$$A \text{ believes } \forall K \ (S \text{ controls } A\xleftrightarrow{K} B)$$

对于更复杂的群体表述，有必要将量符更清晰地表示出来，以避免意义上的模糊。例如，可以验证下面的两式表达了不同的意思。

$$A \text{ believes } \forall K (S \text{ controls } B \text{ controls } A\xleftrightarrow{K} B)$$

$$A \text{ believes } S \text{ controls } \forall K \ (B \text{ controls } A\xleftrightarrow{K} B)$$

在早期的工作中，没有对此加以辨别。实际上，它没有在任何例子中出现（因为在这些例子中，无嵌套的裁判权表述）。因此，本文隐含地将量符保留。

正如下面规则所反映的，所使用的是它在裁判权表述中例示变量的能力：

$$\frac{P \text{ believes } \forall\, V_1, V_2, \cdots, V_n (Q \text{ controls } X)}{P \text{ believes } Q' \text{ controls } X'}$$

其中，Q' controls X' 是在 Q controls X 表述中连续例示变量 $V_1, V_2, \cdots, V_n$ 的结果。因此，上述形式量符的操作是十分直观的。

4. 理想化协议

在实际中，认证协议通过列出每个消息来加以描述。每个消息通常被写成如下形式。

$$P \rightarrow Q : message$$

这表示主体 P 向主体 Q 发送消息 message。这一消息常常用不正规的表示符号来表达。它实际上是按照具体的实现中所建议的比特流而设计的，这些表达式常常是模糊的，而且不适合作为形式分析的基础。

因此，在进行形式分析之前，需要将协议的每一步转换为一个理想化的形式。在理想化协议中，一个消息就是一个表述。例如：

$$A \rightarrow B : \{A, K_{ab}\}_{K_{bs}}$$

这一消息表明密钥 K_{bs} 的主体为 B，K_{ab} 是用于与 A 进行通信的会话密钥。这一步骤可以转换为理想化的形式：

$$A \rightarrow B : \{A \overset{K_{ab}}{\longleftrightarrow} B\}_{K_{bs}}$$

在后面的例子中，理想化协议不包括明文消息部分。理想化的消息是这样的形式：$\{X_1\}_{K_1}, \{X_2\}_{K_2}, \cdots, \{X_n\}_{K_n}$。我们在理想化协议中去掉了明文消息，这是因为它们可以被伪造，因此明文消息对认证协议的贡献主要是提示在被加密的消息中可能放置了什么样的信息。它们对提高协议的安全性没有任何帮助。

我们把理想化的协议看成比传统表达式更加清楚、更加完美的说明。因此，建议使用理想化的形式来设计和描述协议。尽管采用传统方法对协议进行描述不是不可以，但是从一个理想化的协议推导出一个实际协议的编码是很少出错的，并且要比理解一个用不规范的编码方法描述的协议更为容易。

然而，为了研究现有的协议，必须首先将每个协议转换为理想化形式。下面是一些简单的原则，它们控制着可能采用什么样的变换，并决定着对某一步特定的协议采用什么样的理想化形式。大体上说，若无论何时接收者得到消息 m，他都可以推出发送者在发送 m 时必定相信 X，那么一个真正的消息 m 可以被翻译作一个表述 X。真正的随机数可以被翻译作任意的新表述。通贯全文，假设发送者相信这些表述。当 Y 作为秘密可以用于身份认证时，可以用 $\langle X \rangle_Y$ 来表示。更重要的是，为了完整起见，我们保证每一主体相信对它所产生消息的表述。这些原则对于达到我们的目的来说已经足够用了。

5. 协议分析

为了分析理想化的协议，我们用逻辑表述来注释它们，有点像[Hoare 1969]中的 Hoare 逻辑。我们将表述在第一个消息之前和每个消息之后写出来，推出合法注释的主要规则如下。

（1）消息 $P \rightarrow Q : Y$ 之前成立，那么此后 X 和 Q 都看到 Y 成立。

（2）能由逻辑公设从 X 中推出，那么无论何时 X 成立，Y 都成立。

一个协议的注释很像是一系列关于主体信任，以及在认证过程中这些主体看到了什么的注解。特别是，在第一个消息出现之前的表述代表了协议执行时对主体所具有的初始信任。逐步地，我们从初始的信任推演到最后的信任，即从初始假设直至最后结论。

8.2.2　BAN 推理的安全目标

初始假设必须不变地用于保证每一协议的成功。通常，这些假设阐述了主体之间在协议的开始时所共享的是什么密钥，由哪个主体生成的新鲜的随机数，以及哪个主体以某种方式是可信赖的。在许多情况下，对所考虑的一些协议来讲，这些假设是标准的，而且是很显然的。一旦所有的假设被写出来，对某个协议的验证结果就是想提供某些表述作为最后的结论。

目前，人们就这些结论所描述的认证协议的目标是什么还有些争论。通常认证发生在每次保密通信之前，通过认证使通信双方建立起一共享的会话密钥。所以，我们希望得到一些结论来描述通信开始时的状况。因此，若存在某个密钥 K，使得

$$A \text{ believes } A \overset{K}{\longleftrightarrow} B$$
$$B \text{ believes } A \overset{K}{\longleftrightarrow} B$$

那么主体 A、B 之间的认证协议就是完全的。

对某些协议来说，还可以得到进一步的结论：

$$A \text{ believes } B \text{ believes } A \overset{K}{\longleftrightarrow} B$$
$$B \text{ believes } A \text{ believes } A \overset{K}{\longleftrightarrow} B$$

而对于有些协议，仅得到较弱的最后状态。如对于某个表述 X，$A \mid\equiv B \mid\equiv X$。这一结论仅能反映出 A 相信 B 最近已发送了消息。

某些公钥协议不打算进行共享密钥的交换，但取而代之的是传输某些其他数据。这些情况下，所要达到的认证目标一般可以从认证过程中清楚地看出来。

8.2.3　BAN 形式语言逻辑规则

1. 逻辑规则

R1：消息意义规则（Message Meaning Rule）

$$\frac{A \mid\equiv A \overset{K}{\longleftrightarrow} B, A \triangleleft \{X\}_{K \text{ from } U}}{A \mid\equiv (B \mid\sim X)} \text{ 式中，} U \neq A$$

$$\frac{A \mid\equiv \overset{K}{\longmapsto} B, A \triangleleft \{X\}_{K^{-1}}}{A \mid\equiv B \mid\sim X}$$

$$\frac{A \mid\equiv B \overset{K}{\Longleftrightarrow} A, A \triangleleft \langle X \rangle_Y}{A \mid\equiv B \mid\sim X}$$

R2：一次随机数检验规则（Nonce-verification Rule）

$$\frac{A \mid\equiv \#(X), A \mid\equiv (B \mid\sim X)}{A \mid\equiv (B \mid\equiv X)}$$

R3：裁判权规则（Jurisdiction Rule）

$$\frac{A \mid\equiv (B \Rightarrow X), A \mid\equiv (B \mid\equiv X)}{A \mid\equiv X}$$

R4：信任聚合（Belief Aggregation）

$$\frac{A \mid\equiv X, A \mid\equiv Y}{A \mid\equiv (X, Y)}$$

R5：信任投射（Belief Projection）

$$\frac{A \mid\equiv (X, Y)}{A \mid\equiv X}$$

R6：相互信任投射（Mutual Belief Projection）

$$\frac{A \mid\equiv \left(B \mid\equiv (X, Y)\right)}{A \mid\equiv (B \mid\equiv X)}$$

R7：曾经说过投射（Once-said Projection）

$$\frac{A \mid\equiv \left(B \mid\sim (X, Y)\right)}{A \mid\equiv (B \mid\sim X), A \mid\equiv (B \mid\sim Y)}$$

R10：看到规则（Seeing Rules）

$$\frac{A \triangleleft (X, Y)}{A \triangleleft X, A \triangleleft Y} \quad \frac{A \triangleleft \langle X \rangle_Y}{A \triangleleft X}$$

$$\frac{A \mid\equiv \mid\xrightarrow{K} B, A \triangleleft \{X\}_{K^{-1}}}{A \triangleleft X} \quad \frac{A \mid\equiv \mid\xrightarrow{K} A, A \triangleleft \{X\}_K}{A \triangleleft X}$$

R12：新鲜性传播规则（Freshness Propagation Rule）

$$\frac{A \mid\equiv \#(X)}{A \mid\equiv \#(X, Y)}$$

R13：数字签名的消息意义规则（Message Meaning Rule for Signature）

$$\frac{A \mid\equiv PK(B, K), A \mid\equiv \prod(B), A \triangleleft \{X\}_{S_B}}{A \mid\equiv (B \mid\sim X)}$$

R21：单钥消息解密规则（Message Decryption Rule for Symmetric Keys）

$$\frac{A \mid\equiv A \xleftrightarrow{K} B, A \triangleleft \{X\}_K}{A \triangleleft X}$$

R22：未定密钥的消息解密规则（Message Decryption Rule for Unqualified Keys）

$$\frac{A \ni K, A \triangleleft \{X\}_K}{A \triangleleft X}$$

R23：杂凑函数规则（Hash Function Rule）

$$\frac{A \mid\equiv \left(B \mid\sim H(X)\right), A \triangleleft X}{A \mid\equiv (B \mid\sim X)}$$

R30：不合格密钥协定规则（Unqualified Key-agreement Rule）

$$\frac{A \ni PK_\delta^{-1}(A), A \ni PK_\delta(U)}{A \ni K}$$

R31：合格密钥协定规则（Qualified Key-agreement Rule）

$$\frac{A \mid \equiv PK_\delta^{-1}(A), A \mid \equiv PK_\delta(B), A \mid \equiv PK_\delta^{-1}(B)}{A \mid \equiv A \overset{K-}{\leftrightarrow} B}$$

式中，$K- = f\left(PK_\delta^{-1}(A), PK_\delta(B)\right)$。

R32：密钥证实规则（Key Confirmation Rule）

$$\frac{A \mid \equiv A \overset{K-}{\leftrightarrow} B, A \lhd * \text{confirm}(K)}{A \mid \equiv A \overset{K+}{\leftrightarrow} B}$$

2. 认证协议要达到的目标

（1）BAN 逻辑[Burrows 1990]对协议分析要达到的目标如下。

G1：$A \mid \equiv A \overset{K}{\leftrightarrow} B$

G2：$B \mid \equiv A \overset{K}{\leftrightarrow} B$

G3：$A \mid \equiv B \mid \equiv A \overset{K}{\leftrightarrow} B$

G4：$B \mid \equiv A \mid \equiv A \overset{K}{\leftrightarrow} B$

（2）VO 逻辑[van Oorschot 1993]对协议分析要达到的目标如下。

G1：远端处于工作状态（Far-end Operative） $A \mid \equiv B \text{ says } Y$

G2：目标实体认证（Targeted） $A \mid \equiv B \text{ says } \left(Y, R(G(R_A), Y)\right)$

G3：安全密钥建立（Secure Key Establishment） $A \mid \equiv A \overset{K-}{\leftrightarrow} B$

G4：密钥确证（Key Confirmation） $A \mid \equiv A \overset{K+}{\leftrightarrow} B$

G5：密钥新鲜性（Key Freshness） $A \mid \equiv \#(K)$

G6：对共享密钥的相互信任（Mutual Belief in Shared Secret）

$$A \mid \equiv \left(B \mid \equiv B \overset{K-}{\leftrightarrow} A\right)$$

8.2.4 BAN 逻辑分析举例

1. Kerberos 协议

此协议的概念在第 7 章已经给出，下面给出此协议的具体描述。

在以下协议的形式语言表达式各符号中，设 A、B 是两个主体，K_{as} 和 K_{bs} 是它们的私钥，S 是认证服务器。S 和 A 各自生成时戳 T_s 和 T_a，S 生成该密钥的有效期 L。在以下 4 条消息中，第（4）条消息只有在需要实现相互认证时才用到。

（1）$A \rightarrow S$: A, B

（2）$S \rightarrow A$: $\{T_s, L, K_{ab}, B, \{T_s, L, K_{ab}, A\}_{K_{bs}}\}_{K_{as}}$

（3）$A \rightarrow B$: $\{T_s, L, K_{ab}, A\}_{K_{bs}}, \{A, T_a\}_{K_{ab}}$

（4）$B \rightarrow A$: $\{T_a+1\}_{K_{ab}}$

此协议理想化后得到的协议如下。

（2'）$S \rightarrow A$: $\{T_s, A \overset{K_{ab}}{\leftrightarrow} B, \{T_s, A \overset{K_{ab}}{\leftrightarrow} B\}_{K_{bs}}\}_{K_{as}}$

（3'）$A \rightarrow B$: $\{T_s, A \overset{K_{ab}}{\leftrightarrow} B\}_{K_{bs}}, \{T_a, A \overset{K_{ab}}{\leftrightarrow} B\}_{K_{ab}}$ from A

（4'）$B \rightarrow A:\{T_a, A\overset{K_{ab}}{\longleftrightarrow}B\}_{K_{ab}}$ from B

可以看出，理想化协议中的消息十分接近于原来协议中的消息。为了简单，将有效期 L 与时戳 T 结合在一起作为一次随机数对待。第（1）条消息被省略掉了，因为它对协议的逻辑特性没有什么贡献。

现在来看与原协议中第（2）条消息的差别。具体协议中所描述的 K_{ab}，在理想化协议中用这样的表述替代：A 和 B 可以使用 K_{ab} 来通信。此外，在认证符 $\{A,T_a\}_{K_{ab}}$ 和 $\{T_a+1\}_{K_{ab}}$ 的理想化形式中很明显地含有以下表述：K_{ab} 是一个好的会话密钥。而在具体的协议中，这一表述仅隐含在里面。实际上，可以在第（4'）条消息中加上这样的表述：

$$B \text{ believes } A \text{ believes } A\overset{K_{ab}}{\longleftrightarrow}B$$

我们没有这样做，是因为附加这一表述对后面使用会话密钥没有意义。

在原协议第（3）条消息中的第二部分和最后一条消息之间，存在难以区分的问题。在理想化协议中，为避免这一问题，我们清楚地标明了消息的发送者。在具体的协议中，无论是在原协议第（3）条消息中提及 A，还是在原协议第（4）条消息中的加法运算，对于区分这两条消息都是多余的。在这一点上，Kerberos 多少有些冗余。

为了分析这个协议，首先给出以下初始假设。

（a）$A \models A\overset{K_{as}}{\longleftrightarrow}S$

（b）$B \models B\overset{K_{bs}}{\longleftrightarrow}S$

（c）$S \models A\overset{K_{as}}{\longleftrightarrow}S$

（d）$S \models B\overset{K_{bs}}{\longleftrightarrow}S$

（e）$S \models A\overset{K_{ab}}{\longleftrightarrow}B$

（f）$B \models (S \mapsto A\overset{K}{\longleftrightarrow}B)$

（g）$A \models (S \mapsto A\overset{K}{\longleftrightarrow}B)$

（h）$B \models \#(T_s)$

（i）$A \models \#(T_s)$

（j）$B \models \#(T_a)$

下面利用上面的初始假设和 BAN 逻辑规则，对 Kerberos 的理想化协议进行分析。为了使证明简洁，仅对第（2）条消息给出详细的形式分析，对于后面类似的过程加以省略。主要证明步骤如下。

A 收到第（2）条消息。利用注释规则，得到

$$A \triangleleft \left\{T_s, A\overset{K_{ab}}{\longleftrightarrow}B, \left\{T_s, A\overset{K_{ab}}{\longleftrightarrow}B\right\}_{K_{bs}}\right\}_{K_{as}}$$

由上式，并利用假设（a）和规则 R1，得到

$$A \models S \mid\sim \left\{T_s, \left(A\overset{K_{ab}}{\longleftrightarrow}B\right), \left\{T_s, A\overset{K_{ab}}{\longleftrightarrow}B\right\}_{K_{bs}}\right\}_{K_{as}}$$

利用规则 R7，打破级联，得到

$$A \models S \mid\sim \left(T_s, \left(A\overset{K_{ab}}{\longleftrightarrow}B\right)\right)$$

此外，由上式，并利用假设（i）和规则 R2，得到

$$A \mid\equiv S \mid\equiv \left(T_s, \left(A \overset{K_{ab}}{\longleftrightarrow} B \right) \right)$$

再用规则 R5 打破级联，得到

$$A \mid\equiv S \mid\equiv A \overset{K_{ab}}{\longleftrightarrow} B$$

由上式，并利用假设（g）和规则 R3，得到

$$A \mid\equiv A \overset{K_{ab}}{\longleftrightarrow} B$$

至此，就结束了对第（2）条消息的分析。

同理，由第（3）条消息的前半部分可以得到

$$B \mid\equiv A \overset{K_{ab}}{\longleftrightarrow} B$$

由第（3）条消息的后半部分可以得到

$$B \mid\equiv A \mid\equiv A \overset{K_{ab}}{\longleftrightarrow} B$$

由第（4）条消息可以得到：

$$A \mid\equiv B \mid\equiv A \overset{K_{ab}}{\longleftrightarrow} B$$

如果没有第（4）条消息，就得不到最后一个结论。显然，第（4）条消息仅使 A 确信：B 相信该密钥，并且 B 已经收到了 A 的最后一条消息。也就是说，仅有三条消息的协议没有告诉 A 有关 B 的存在。A 通过观察是否得到预期的消息，可以判断 B 是否正常工作。

尽管得到的结果与 Needham-Schroedoer 协议相似[Burrows 等 1989]，但 Kerberos 的一个主要假设是主体的时钟与服务器的时钟同步。时钟同步虽然可以通过时间服务器来实现，但在具体实现时并不那么简单。因此，同步时钟仅提供了较弱的安全保证。

这个协议的一个独特之处是在第（2）条消息中对(T_s, L, K_{ab}, A)采用了双重加密。让我们回顾形式化分析的过程，双重加密并没有给协议的安全性带来多少好处，因为在第（3）条消息中 A 立刻将此项转发给 B 而没有再加密。因此，有人提议在 Kerberos 的新版本中应该去掉这一不必要的双重加密。

2. CCITT X.509 协议

此协议是 CCITT 建议的标准协议[CCITT 1987]。该协议的目的是想要在两个主体之间建立安全的通信，但前提条件是一方要知道另一方的公钥。下面只讨论具有三个消息的协议。

此协议含有两个缺陷。在后面将会看到，这些缺陷可以被攻击者利用。在对协议进行理想化时，可以发现一个缺陷；在后面的形式分析过程中，还可以发现另一缺陷。

CCITT X.509 标准所建议的具体协议如下。

（1）$A \rightarrow B: A, \{T_a, N_a, B, X_a, \{Y_a\}_{K_b}\}_{K_a^{-1}}$

（2）$B \rightarrow A: B, \{T_b, N_b, A, N_a, X_b, \{Y_b\}_{K_a}\}_{K_b^{-1}}$

（3）$A \rightarrow B: A, \{N_b\}_{K_a^{-1}}$

其中，T_a 和 T_b 为时戳，N_a 和 N_b 是一次随机数，X_a、Y_a、X_b、Y_b 是用户数据。该协议保证了 X_a、X_b 的完整性和 Y_a、Y_b 的保密性。

对具体协议理想化，得到：

（1′）$A \rightarrow B : \{T_a, N_a, X_a, \{Y_a\}_{K_b}\}_{K_a^{-1}}$

（2′）$B \rightarrow A : \{T_b, N_b, N_a, X_b, \{Y_b\}_{K_a}\}_{K_b^{-1}}$

（3′）$A \rightarrow B : \{N_b\}_{K_a^{-1}}$

与之前一样，时戳 T_a 和 T_b 被看成一次随机数。

在对协议进行逻辑分析之前，首先给出下面的初始假设。

（a）$A \mid\equiv \overset{K_a}{\mapsto} A$

（b）$B \mid\equiv \overset{K_b}{\mapsto} B$

（c）$A \mid\equiv \overset{K_b}{\mapsto} B$

（d）$B \mid\equiv \overset{K_a}{\mapsto} A$

（e）$A \mid\equiv \#(N_a)$

（f）$B \mid\equiv \#(N_b)$

对上述协议进行理想化分析，不难得到以下结果。

$$A \mid\equiv B \mid\equiv X_b \qquad B \mid\equiv A \mid\equiv X_a$$

这一结果比原协议期望达到的结果要弱。特别是，我们没有得到结果：

$$A \mid\equiv B \mid\equiv Y_b \qquad B \mid\equiv A \mid\equiv Y_a$$

尽管 Y_a 和 Y_b 已在签名的消息中发送，但是没有证据表明消息中的加密部分就是由发送者而不是攻击者发送的。这相当于以下情形：某个第三方截获了这个消息，并去掉现有的签名，用他自己的消息替换掉加密项后，再进行签名。解决这一问题的最简单的方法是在加密之前，对秘密数据 Y_a 和 Y_b 进行签名。

在协议的第（2）条消息中，可以观察到某些冗余项。T_b 或 N_a 中的任何一个都足以保证消息的"新鲜性"。在原始协议的描述中曾经提到：在具有三个消息的协议版本中，对 T_b 的检查是可选的。

十分遗憾的是，CCITT X.509 文件中犯了一个严重的错误。它建议在三个消息的协议中，也无须检查 T_a。实际上，对 T_a 进行检查是确保第（1）条消息"新鲜性"的唯一措施。从逻辑分析的角度看，如果不检查 T_a，就不能对第（1）条消息进行一次随机数验证，只能得到较弱的结果 $B \mid\equiv A \mid\sim X_a$，而不能得到 $B \mid\equiv A \mid\equiv X_a$。

对第（3）条消息的意图进行解释有点难。它的目的是要使 B 确信 A 最新生成了第（1）条消息。作者似乎想通过采用 N_b 将第（1）条消息和第（3）条消息连接在一起，因为他们认为 N_b 连接了后两条消息，而 N_a 连接了头两条消息。这里所犯的错误是：N_b 不能独自连接后两条消息。这会造成攻击者 C 重发 A 的某个旧消息，并在随后的通信中假冒 A。

下面的消息交换清楚地表明了这一缺陷。攻击者首先发送给 B 以下消息：

$$C \rightarrow B : A, \{T_a, N_a, B, X_a, \{Y_a\}_{K_b}\}_{K_a^{-1}}$$

这是一条 A 在过去发送的旧消息。请记住，我们假定在三个消息的协议中，B 不对 T_a 进行检查。因此，B 也就不会发现这是重发 A 的旧消息，而把它当成来自 A 的消息。B 对此消息做出响应，并在消息中发送一个新的一次随机数 N_b：

$$B \rightarrow C : B, \{T_b, N_b, A, N_a, X_b, \{Y_b\}_{K_a}\}_{K_b^{-1}}$$

至此，C 可以通过各种方法，使 A 引发与 C 的认证。

$$A \to C : A, \{T'_a, N'_a, C, X'_a, \{Y'_a\}_{K_c}\}_{K_a^{-1}}$$

C 对 A 做出响应，并向 A 提供随机数 N_b（N_b 不是秘密，C 在与 A 执行协议时可采用相同的 N_b）：

$$C \to A : C, \{T_c, N_b, A, N'_a, X_c, \{Y_c\}_{K_a}\}_{K_c^{-1}}$$

A 对 C 做出响应，发送下面的消息给 C：

$$A \to C : A, \{N_b\}_{K_a^{-1}}$$

而这一消息恰恰可以被 C 用来提醒 B：第（1）条消息是由 A 发送的最新的消息。这样，C 就可以成功地假冒 A。

一种解决方案是在第（3）条消息中加入 B 的身份。由于 B 的身份保证了他生成的一次随机数的唯一性，因此他就能够确定这条消息是在哪次协议执行时发送的。此后，在对第（3）条消息进行理想化时，也就包含对第（1）条消息中所传递的所有信任，使 B 确信消息的"新鲜性"。

X.509 协议实际上采用了杂凑函数来减少加密的数量：为了对消息 m 签名，首先计算 m 的杂凑函数，再对杂凑函数值进行签名。这一点在上面的讨论中没有给出。在引入杂凑函数时，对此协议的逻辑表述和形式分析都要稍加改动[Burrows 等 1989]。

8.3 可证明安全

可证明安全

早期的密码学方案在很大程度上以启发式的方式设计，如果设计者们找不到任何攻击，通常就认为该方案是安全的。然而对于"安全"方案应该满足哪些要求，没有达成一致的概念，也没有办法证明任何特定方案是安全的。相比之下，现代密码学已是一门科学，主张在明确定义的模型下设计具有形式化数学证明的密码学方案。为了明确表达证明，现代密码学遵循三个原则，即安全性的形式化定义、精确的假设和安全性证明。本节将依次介绍这三个原则，并给出一个密码学方案的安全性证明示例。

8.3.1 形式化定义

形式化定义安全性是设计任何密码学方案的至关重要的第一步。它规定了密码学方案要达到的安全保障以及攻击者具备的能力。有了形式化定义，便可以检验一个设计的密码学方案是否达到了预定的安全要求，进而判断其是否安全。同时，安全性的定义有强弱之分，满足强安全性定义的密码学方案可能具有相对较差的性能，密码学方案需要达到什么样的安全级别则取决于具体的应用场景。

一般而言，一个安全性定义包含两部分，即安全保障和威胁模型。安全保障定义了密码学方案旨在防止攻击者达成的目的。威胁模型则定义了攻击者的能力。安全保障的定义应恰当合理。例如，针对加密方案，若安全保障定义为"攻击者不能从密文中恢复出完整的明文"，则即使攻击者从密文中获取了 95% 的明文信息，方案仍被判定为安全的，这显然不能被大多数应用接受。一个恰当合理的安全保障可定义为"不管攻击者已经获得了多少信息，一个密文都不会泄露相应明文的任何额外信息"。该定义可以进一步形式化地表述为：针对明文的任意概率分布 M、密文的任意概率分布 C、明文空间中的任意明文 m、密文空间中的任意密文 c，都有

$$\Pr[M = m \mid C = c] = \Pr[M = m]$$

威胁模型指定了攻击者的能力，但并不对其策略做任何限制，即攻击者可以任意地使用他拥有的能力。在加密方案场景下，典型的威胁模型如下。

（1）**已知密文攻击**。攻击者可以获得若干密文，并尝试去获知相应的明文信息。

（2）**已知明文攻击**。攻击者可以获得使用某密钥加密的若干明文/密文对，并尝试去获知使用该密钥加密的其他密文所对应的明文信息。

（3）**选择明文攻击**。攻击者可以选择明文，并获得对应的密文。他尝试去获知其他密文对应的明文信息。

（4）**选择密文攻击**。攻击者可以选择密文，并获得对应的明文。他尝试去获知其他密文对应的明文信息。

上述 4 种威胁模型所定义的攻击者能力逐渐增强，但威胁模型的选取仍取决于具体的应用场景。

8.3.2　难题假设

许多密码学方案不能被证明是无条件安全的，其安全性一般依赖于一些广泛认可的假设。现代密码学要求这些假设必须被清晰地陈述且无歧义地定义，以便完成安全性证明。此外，该要求还出于以下原因。

（1）**方便验证假设**。假设一般都未被严格证明，而仅被猜想是安全的。清晰地陈述假设便于对假设的内容做检验和测试，以增强对假设的信任。

（2）**方便对比假设**。密码学方案的安全性不仅取决于定义的安全保障，还依赖于所基于的假设。不同的假设有强弱之分，清晰的陈述便于对其做对比。假设越弱意味着其可信度越高、安全性越强，因此更受青睐。

（3）**方便检验安全性**。一个密码学方案通常基于若干构造模块。若这些模块相关的假设是清晰陈述的，则当某个模块出现漏洞时，只需检验该漏洞是否影响到相关假设，即可判断密码学方案是否仍安全。

假设的内容应恰当合理。针对某个密码学方案，不能直接假设该方案是安全的，即使该方案未曾被攻破。相反，越底层的假设越容易被理解和研究，如假设某个数学问题是难以被解决的。这些底层假设通常具有较高的可信度，且使得密码学方案可以被安全地模块化设计。

8.3.3　安全性规约

基于清晰的安全性定义和明确的假设，现可严谨地证明某个密码学方案的安全性。对于非信息论安全的密码学方案，其计算安全性一定基于某些假设，如某些数学难题是困难的，或某些低层次的密码学原语是安全的。在证明这些方案的安全性时，一般使用归约的方法。

假设问题 X 不能以不可忽略的概率被高效解决。若要证明密码学方案 Π 在该假设下是

安全的，只需构造一个归约，把攻击方案 Π 的高效敌手 $\mathcal{A}$ 转换成尝试解决问题 X 的高效算法 $\mathcal{A}'$。故若方案 Π 不安全，则敌手 $\mathcal{A}$ 成功的概率不可忽略，进而可构造算法 $\mathcal{A}'$ 来以不可忽略的概率高效解决问题 X。然而，已假设问题 X 是不能以不可忽略的概率被高效解决的，所以方案 Π 是安全的。

具体而言，由归约构造的证明一般包含以下步骤。

（1）固定某个攻击密码学方案 Π 的高效敌手 $\mathcal{A}$，假设其成功的概率为 $\varepsilon(n)$，其中，n 为安全参数。

（2）利用敌手 $\mathcal{A}$ 构造一个尝试解决问题 X 的高效算法 $\mathcal{A}'$。给定问题 X 的某个实例 x，$\mathcal{A}'$ 模拟方案 Π 的一个实例来和 $\mathcal{A}$ 做交互，使得若 $\mathcal{A}$ 成功攻破该实例，则 $\mathcal{A}'$ 能以至少 $\dfrac{1}{p(n)}$ 的概率解决实例 x，其中，$p(\cdot)$ 指多项式。

（3）由上述构造，$\mathcal{A}'$ 能解决问题 X 的概率为 $\dfrac{\varepsilon(n)}{p(n)}$。若 $\varepsilon(n)$ 不可忽略，则 $\dfrac{\varepsilon(n)}{p(n)}$ 也不可忽略。

（4）因为假设问题 X 不能以不可忽略的概率被高效解决，故可推出不存在高效的敌手 $\mathcal{A}$ 以不可忽略的概率攻破方案 Π。

8.3.4 多方计算安全性证明举例

本节以安全多方计算（Secure Multi-Party Computation，MPC）中的姚氏混淆电路（Garbled Circuit，GC）协议[Yao 1986]为例，介绍其构造及安全性证明。安全多方计算是高阶密码学的一个分支，这一概念最早出现在 19 世纪 80 年代，起源于姚期智院士提出的百万富翁问题，即两个百万富翁如何在不告知对方自己拥有多少财产的情况下知道谁更富有。针对这类问题，安全多方计算协议基于密码学工具，可以在无可信第三方的情况下，使多参与方执行联合计算而不泄露各参与方的数据。在计算完成后，各参与方除了联合计算结果以及预期可公开的信息之外均不能得到其他参与方的任何输入信息。

1. 安全模型

安全模型主要包括刻画敌手行为的敌手模型、描述协议安全性质的安全属性及形式化的安全性定义。

1）敌手模型

在安全多方计算协议中，敌手可能控制一些参与方参与计算，在协议的执行流程中分析获得的交互信息或者破坏协议的执行，试图获取诚实参与方的输入信息，或者致使输出结果出现错误。

根据敌手的行为，研究安全多方计算协议使用的假设模型主要是半诚实敌手模型和恶意敌手模型这两种类型。

（1）半诚实敌手模型。参与计算的敌手会遵循协议的流程完成计算，但是敌手会获得所有腐化方的内部状态，并试图根据他所掌握的信息来分析得到诚实参与方的私有信息。该模型主要保证协议不能在无意中泄露信息。半诚实敌手又称诚实但好奇的敌手或消极敌手。

（2）恶意敌手模型。参与计算的敌手可以以任意的恶意行为破坏协议流程。例如，敌手可能在协议执行的任何位置终止，导致诚实参与方无法获取输出结果。或者，敌手可能随意伪造混淆电路，根据诚实参与方的终止情况推测其输入。该模型主要保证协议能够预防各类可能发生的恶意攻击。恶意的敌手又称积极的敌手。

2）安全属性

通常情况下，安全多方计算协议主要考虑如下安全属性。

（1）正确性（Correctness）。在协议执行之后，各参与方都能得到正确的输出结果。

（2）隐私性（Privacy）。在协议执行过程中，各参与方不会获得除了输出结果以外的任何额外信息。能获得的关于其他参与方输入的信息只能是由输出结果本身得到的信息。

（3）输入独立性（Independence of Inputs）。腐化方的输入应独立于诚实参与方的输入。该属性不同于隐私性，虽然不知道诚实参与方的具体输入，但腐化方仍可能在此基础上选择自己的输入。如腐化方可对诚实参与方的加密输入做延展攻击，得到一个新的有效加密输入。

（4）输出可达性（Guaranteed Output Delivery）。腐化方不能阻止诚实参与方得到输出结果。即敌手不能通过拒绝服务攻击来中断计算。

（5）公平性（Fairness）。当且仅当诚实参与方得到输出结果之后，腐化方才能得到输出结果。

一个安全多方计算协议不一定要同时满足上述所有的安全属性，而且已有研究证明在有些情况下输出可达性和公平性均无法满足。不同的应用对安全属性有不同的要求，应结合具体场景分析协议所需满足的安全属性。

3）安全性定义

安全多方计算的安全性通过理想-现实模拟范式定义。在理想世界中，存在一个可信的第三方帮助各参与方做计算。每个参与方都把自己的输入通过完全私有的信道发送给可信第三方，可信第三方计算相应的函数并把结果发送给函数指定的参与方。在此理想世界中，正确性、隐私性和输入独立性均成立。如对于正确性，因为可信第三方不会被腐化，所以他发送给各参与方的输出一定是相应函数正确计算的结果。对于隐私性，因为参与方向可信第三方发消息的信道是完全私有的，且每个参与方收到的唯一消息就是函数的输出结果，故腐化方能获得的关于其他参与方输入的信息只能是由输出结果本身得到的信息。对于输入独立性，在收到任何输出结果之前，所有参与方的输入都已经发送给了可信第三方，故腐化方在选择输入时不知道和诚实参与方输入相关的任何信息，他的输入一定独立于诚实参与方的输入。然而，当敌手腐化一半或一半以上参与方时，通用的安全多方计算协议无法满足输出可达性和公平性。特别地，对于安全两方计算，敌手至少腐化其中一个参与方，故协议无法满足输出可达性和公平性。因此在理想世界中，允许敌手任意地终止计算，以使得诚实参与方无法获得输出结果或在腐化方之后获得输出结果。

在现实世界中，不存在完全可信的第三方，各参与方通过共同执行协议获得函数的输出结果。如果任何敌手能在现实世界中成功地发动一次攻击，那么都存在一个敌手在理想世界中成功地发动一次相同的攻击，则称安全多方计算协议是安全的。因为在理想世界中敌手无法成功地发动攻击，故现实世界中敌手的攻击一定会失败。

以下给出安全多方计算协议在半诚实敌手模型和恶意敌手模型下的形式化安全性定义。

本书重点关注两个参与方的情况，一个安全两方计算协议 π 计算函数 $f:\{0,1\}^* \times \{0,1\}^* \to \{0,1\}^* \times \{0,1\}^*$，其中，$f = (f_1, f_2)$ 且 $f_1, f_2:\{0,1\}^* \times \{0,1\}^* \to \{0,1\}^*$。对于一对输入 (x, y)，函数 f 的输出为 $(f_1(x, y), f_2(x, y))$。一般地，两个参与方分别持有输入 x, y，第一个参与方想要得到 $f_1(x, y)$，第二个参与方想要得到 $f_2(x, y)$。为此，他们共同执行函数 f 对应的安全两方计算协议。令 $\mathrm{view}_1^\pi(x, y, \lambda)$ 和 $\mathrm{view}_2^\pi(x, y, \lambda)$ 分别表示两个参与方在协议执行过程中的视图，其中，λ 为安全参数。令 $\mathrm{output}_1^\pi(x, y, \lambda)$ 和 $\mathrm{output}_2^\pi(x, y, \lambda)$ 分别表示两个参与方的输出，可以通过相应的视图计算得到。令 $\mathrm{output}^\pi(x, y, \lambda) = (\mathrm{output}_1^\pi(x, y, \lambda), \mathrm{output}_2^\pi(x, y, \lambda))$。

在半诚实敌手模型下，通过理想-现实模拟范式定义的安全性等价于通过模拟范式定义的安全性。在模拟范式中，如果能构造一个模拟器 S，其输入某一个参与方的输入和输出，输出一个模拟视图，使得该视图和该参与方的真实视图不可区分，那么协议就不会泄露另一个参与方的输入信息。

定义 8-1（半诚实敌手模型的安全性）　给定一个函数 $f = (f_1, f_2)$ 及安全两方计算协议 π，若存在概率多项式时间的模拟器 S_1，S_2，使得对于任意的 $x, y \in \{0,1\}^* \land |x| = |y|$，$\lambda \in \mathbb{N}$，都满足

$$\left(S_1\left(\lambda, x, f_1(x, y)\right), f(x, y)\right) \cong \left(\mathrm{view}_1^\pi(x, y, \lambda), \mathrm{output}^\pi(x, y, \lambda)\right)$$

$$\left(S_2\left(\lambda, y, f_2(x, y)\right), f(x, y)\right) \cong \left(\mathrm{view}_2^\pi(x, y, \lambda), \mathrm{output}^\pi(x, y, \lambda)\right)$$

则称协议 π 在半诚实敌手模型下安全地计算了函数 f。其中，$\cong$ 指被非均匀多项式时间的算法区分的概率是可忽略的。

在恶意敌手模型下，通过理想-现实模拟范式定义协议的安全性。协议的参与方表示为 P_1, P_2，假设对于 $i, j \in \{1,2\}$，$i \neq j$，P_i 表示被敌手腐化的参与方，P_j 表示诚实参与方。

理想世界中的计算

（1）输入。令 x, y 表示 P_1, P_2 的输入，z 表示敌手的辅助输入。

（2）把输入发送给可信第三方。诚实参与方 P_j 把他收到的输入发送给可信第三方，腐化方 P_i 要么发送终止消息 abort_i，要么发送他收到的输入，要么发送相同长度的其他输入，具体取决于敌手的指令。令 (x', y') 表示两个参与方发送给可信第三方的输入对。

（3）提前终止。如果可信第三方收到了输入 abort_i，则把 abort_i 发送给所有参与方，计算终止。否则，计算继续执行。

（4）可信第三方把输出发送给腐化方。可信第三方计算 $f_1(x', y')$，$f_2(x', y')$，把 $f_i(x', y')$ 发送给 P_i。

（5）敌手指示可信第三方继续或终止。敌手发送 $\mathrm{continue}$ 或 abort_i 给可信第三方。如果他发送 $\mathrm{continue}$，则可信第三方把 $f_j(x', y')$ 发送给 P_j；如果他发送 abort_i，则可信第三方把 abort_i 发送给 P_j。

（6）输出。诚实参与方输出他从可信第三方收到的消息，腐化方输出为空，敌手输出腐化方初始输入的任意概率多项式时间的映射、辅助输入 z 和值 $f_i(x', y')$。

令 $\mathrm{IDEAL}_{f, S(z), i}(x, y, \lambda)$ 表示诚实参与方和敌手 S 在理想世界中的输出对。

现实世界中的计算

敌手控制的腐化方和诚实参与方执行协议 π，令 $\mathrm{REAL}_{\pi, \mathcal{A}(z), i}(x, y, \lambda)$ 表示诚实参与方和敌手 $\mathcal{A}$ 在现实世界中执行协议 π 的输出对。

定义 8-2（恶意敌手模型的安全性） 给定一个函数$f=(f_1,f_2)$及安全两方计算协议π，如果对于每个现实世界中非均匀概率多项式时间的敌手$\mathcal{A}$，都存在一个理想世界中非均匀概率多项式时间的敌手$\mathcal{S}$，使得对于任意的 $x,y,z\in\{0,1\}^*\wedge|x|=|y|,\lambda\in\mathbb{N}$，都满足

$$\text{IDEAL}_{f,\mathcal{S}(z),1}(x,y,\lambda)\cong\text{REAL}_{\pi,\mathcal{A}(z),1}(x,y,\lambda)$$

$$\text{IDEAL}_{f,\mathcal{S}(z),2}(x,y,\lambda)\cong\text{REAL}_{\pi,\mathcal{A}(z),2}(x,y,\lambda)$$

则称协议π在恶意敌手模型下安全地计算了函数f。其中，$\cong$指被非均匀多项式时间的算法区分的概率是可忽略的。

当函数f是确定性时，可以将上述条件略做简化，即要求

$$\{\text{output}^\pi(x,y)\}_{x,y\in\{0,1\}^*}\cong\{f(x,y)\}_{x,y\in\{0,1\}^*}$$

此外，还要求存在模拟器S_1，S_2使得

$$\{S_1(x,f_1(x,y))\}_{x,y\in\{0,1\}^*}\cong\{\text{view}_1^\pi(x,y)\}_{x,y\in\{0,1\}^*}$$

$$\{S_2(x,f_2(x,y))\}_{x,y\in\{0,1\}^*}\cong\{\text{view}_2^\pi(x,y)\}_{x,y\in\{0,1\}^*}$$

2. 姚氏混淆电路协议

姚氏混淆电路（Garbled Circuit，GC）协议是第一个能在半诚实敌手模型下安全地计算任意函数的两方协议，该协议的执行轮数是常数，当表示函数的布尔电路的规模较小时，协议十分高效。

令f表示一个确定性的函数，x,y分别为协议中两个参与方的输入，假设他们最终得到相同的输出$f(x,y)$。姚氏 GC 协议把函数表示成布尔电路，由 2 进 1 出的布尔门组成，把$x,y,f(x,y)$表示成二进制，使其分别对应电路中的若干导线。在以下描述中，称电路输入导线为接收输入x,y的导线，称电路输出导线为承载输出$f(x,y)$的导线，称门输入导线为电路中某个门接收输入的导线，称门输出导线为电路中某个门承载输出的导线。

在姚氏 GC 协议中，两个参与方分别被称为混淆方和计算方。混淆方为每条导线指定两个密钥作为导线标签，如对于导线w，指定其导线标签为k_w^0,k_w^1，分别关联比特 0 和比特 1。这两个导线标签具有一致的分布，故计算方得到其中一个标签后无法推断该标签所关联的比特值。当导线被赋予某个比特值后，称该值关联的导线标签为此导线的激活标签。对于布尔电路中某个门$g:\{0,1\}\times\{0,1\}\to\{0,1\}$，令$w_1$表示其中一个门输入导线，具有导线标签 k_1^0,k_1^1，w_2表示另一个门输入导线，具有导线标签 k_2^0,k_2^1，w_3表示门输出导线，具有导线标签 k_3^0,k_3^1。为了安全地计算门g，混淆方穷举所有可能的输入，用输入对应的导线标签使用对称加密算法E加密相应输出对应的导线标签，得到一个加密表，如表 8-1 所示。

表 8-1　布尔门加密表

门输入导线 w_1	门输入导线 w_2	门输出导线 w_3	加密输出
k_1^0	k_2^0	$k_3^{g(0,0)}$	$c_{0,0}=E_{k_1^0}(E_{k_2^0}(k_3^{g(0,0)}))$
k_1^0	k_2^1	$k_3^{g(0,1)}$	$c_{0,1}=E_{k_1^0}(E_{k_2^1}(k_3^{g(0,1)}))$
k_1^1	k_2^0	$k_3^{g(1,0)}$	$c_{1,0}=E_{k_1^1}(E_{k_2^0}(k_3^{g(1,0)}))$
k_1^1	k_2^1	$k_3^{g(1,1)}$	$c_{1,1}=E_{k_1^1}(E_{k_2^1}(k_3^{g(1,1)}))$

对该表的第 4 列做一个随机置换，并把此列的置换结果称为门g的混淆表。给定一组

门输入导线标签 k_1^α, k_2^β 和混淆表，计算方可以使用对称加密算法对应解密算法 D 得到门输出导线标签 $k_3^{g(\alpha,\beta)}$，同时由于不知道其他可能的门输入导线标签且混淆表经过了随机置换，计算方无法解密得到 $k_3^{g(\alpha,1-\beta)}, k_3^{g(1-\alpha,\beta)}, k_3^{g(1-\alpha,1-\beta)}$，无法得知 $\alpha, \beta, g(\alpha,\beta)$ 的具体值。

针对整个布尔电路，混淆方为每个布尔门都生成一个混淆表，同时为电路输出导线生成一个解码表，用以指明该类导线标签所关联的比特值。对于混淆方的输入 x 所对应的导线，混淆方直接把相应的导线激活标签发送给计算方。对于计算方的输入 y 所对应的每条导线，混淆方和计算方分别作为发送方和接收方，执行 2 选 1 不经意传输协议，使计算方得到相应的导线激活标签。由不经意传输协议的正确性和隐私性，混淆方无法得知计算方选择了导线的哪一个导线标签作为激活标签，同时计算方无法得知未激活标签的任何信息。给定输入 x, y 对应的激活标签后，计算方便可根据布尔电路的拓扑结构及各个布尔门的混淆表，计算得到电路输出导线的激活标签，然后根据解码表即可得到电路输出导线所承载的比特值，进而得到 $f(x,y)$。计算方最终把计算结果 $f(x,y)$ 发送给混淆方。在上述过程中，混淆方除不经意传输协议本身和最终输出外，未接收任何消息，故无法获得除计算结果以外的任何额外信息。除电路输出导线外，计算方无法同时得到同一条导线的两个导线标签，且无法知道导线激活标签和导线值的对应关系，故也无法获得除计算结果以外的任何额外信息。

以下给出姚氏混淆电路协议的完整表述。协议计算函数 $f:\{0,1\}^n\times\{0,1\}^n\to\{0,1\}^n$，用布尔电路等价表示函数 f。混淆方拥有输入 $x\in\{0,1\}^n$，计算方拥有输入 $y\in\{0,1\}^n$。

（1）混淆方根据布尔电路生成各门的混淆表及电路输出导线的解码表，发送给计算方。

（2）令 $w_1,w_2,\cdots,w_n$ 表示输入 x 对应的导线，具体取值分别为 $x_1,x_2,\cdots,x_n$，混淆方直接把相应的导线激活标签 $k_1^{x_1},k_2^{x_2},\cdots,k_n^{x_n}$ 发送给计算方。令 $w_{n+1},w_{n+2},\cdots,w_{2n}$ 表示输入 y 对应的导线，具体取值分别为 $y_1,y_2,\cdots,y_n$。对于 $i\in\{1,2,\cdots,n\}$，混淆方和计算方分别以 (k_{n+i}^0,k_{n+i}^1) 和 y_i 为输入，执行 2 选 1 不经意传输协议。最终，计算方得到所有电路输入导线的激活标签。

（3）计算方利用电路输入导线的激活标签、混淆表和解码表，根据布尔电路的拓扑结构做计算，最终得到输出 $f(x,y)$，并把 $f(x,y)$ 发送给混淆方。

定理 8-1　假设 2 选 1 不经意传输协议在半诚实敌手模型下是安全的，加密方案是 CPA 安全的，则上述姚氏混淆电路协议在半诚实敌手模型下安全地计算了函数 f。

证明　总体来讲，敌手可能有两种腐化情况，即腐化混淆方与腐化计算方。下面将分别就这两种情况的安全性进行证明。简洁起见，本书将给出证明流程，具体细节不做赘述。

腐化混淆方：直觉上，由于混淆方不参与计算，且 2 选 1 不经意传输协议是安全的，敌手除了混淆方输入 x 与电路计算结果 $f(x,y)$ 以外无法获得任何信息，协议对于计算方是安全的。

腐化计算方：计算方从混淆方通过不经意传输协议接收到的为真实混淆电路与相应导线激活标签，因此，所构造的模拟器 S_2 需要依据输入 $(y,f(x,y))$ 生成一个"虚假"的混淆电路，无论使用何种激活标签，电路计算结果始终为 $f(x,y)$。我们的证明依赖组合定理。粗略来说，先指出 P_2 在真实计算中的视图 $\mathrm{view}_2^\pi(x,y)$ 与将实际不经意传输协议替换为模拟的协议的视图分布 $H_{OT}(x,y)$ 是不可区分的。此后，通过定义一系列混合分布 $H_0(x,y),\cdots,H_{|C|}(x,y)$ 并证明这些分布均是不可区分的来完成证明。其中，$H_0(x,y)\cong H_{OT}(x,y)$ 且 $H_{|C|}(x,y)\cong S_2(y,f(x,y))$。

我们现在形式化地定义模拟器 S_2。模拟器 S_2 首先构造一个虚拟混淆电路 $\tilde{G}(C)$（设原真

实电路为 C）。具体来说，S_2 为电路中每条线路 w_i 生成两个随机数 k_i,k_i'。此后，为以 w_i,w_j 为输入线路，w_l 为输出线路的门 g 生成对应混淆表 $c_{0,0},c_{0,1},c_{1,0},c_{1,1}$ 并打乱顺序，但该表仅对 k_l 进行加密而不关心 k_l'（如 $c_{0,0}=E_{k_i}\left(E_{k_j}(k_l)\right)$）。此后构造对应解密表。将 nb 输出 $f(x,y)$ 的第 i 位记为 z_i，并将电路输出线路记为 $w_{m-n+1},\cdots,w_m$。则对应输出线路 w_{m-n+i} 的解密表为：如果 $z_i=0$，则为 $\left[(0,k_{m-n+i}),(1,k_{m-n+i}')\right]$；如果 $z_i=1$，则为 $\left[(0,k_{m-n+i}'),(1,k_{m-n+i})\right]$。由此，无论输入何数值，电路均输出 $f(x,y)$。接下来考虑 S_2 针对 P_2 的输出：

$$\left(y,\widetilde{G}(C),k_1,\cdots,k_n,S_2^{\mathrm{OT}}(y_1,k_{n+1}),\cdots,S_2^{\mathrm{OT}}(y_n,k_{2n})\right)$$

其中，S_2^{OT} 表示模拟的执行不经意传输协议，使得对 P_2 的输入 y_i 永远返回 k_i 而非 k_i'。由此完成了对 S_2 的构建，下面将证明

$$\left\{S_2\left(x,f_2(x,y)\right)\right\}_{x,y\in\{0,1\}^*}\cong\{\mathrm{view}_2^\pi(x,y)\}_{x,y\in\{0,1\}^*}$$

首先指出

$$\{\mathrm{view}_2^\pi(x,y)\}=\left\{\left(y,G(C),k_1^{x_1},\ldots,k_n^{x_n},R_2^{\mathrm{OT}}\left((k_{n+1}^0,k_{n+1}^1),y_1\right),\ldots,R_2^{\mathrm{OT}}\left((k_{2n}^0,k_{2n}^1),y_n\right)\right)\right\}$$

此后通过将 $R_2^{\mathrm{OT}}\left((k_{n+i}^0,k_{n+i}^1),y_i\right)$ 替换为模拟器 S_2 中执行的模拟不经意传输 $S_2^{\mathrm{OT}}(y_i,k_{n+i})$ 得到混合分布

$$H_{\mathrm{OT}}(x,y)=\left(y,G(C),k_1^{x_1},\ldots,k_n^{x_n},S_2^{\mathrm{OT}}(y_1,k_{n+1}^{y_1}),\ldots,S_2^{\mathrm{OT}}(y_n,k_{2n}^{y_n})\right)$$

依据 2 选 1 不经意传输协议在半诚实敌手模型下是安全的，因此有

$$\{H_{\mathrm{OT}}(x,y)\}_{x,y\in\{0,1\}^*}\cong\{\mathrm{view}_2^\pi(x,y)\}_{x,y\in\{0,1\}^*}$$

此后将电路 C 中的计算门排序得到 $g_1,g_2,\cdots,g_{|C|}$，给出混合分布 $H_i(x,y)$ 的定义。即 $H_i(x,y)$ 与 $H_{\mathrm{OT}}(x,y)$ 大体相同，仅将 $G(C)$ 中前 i 个门 g_j（$1\leqslant j\leqslant i$）的构造方式进行修改。具体来说，将 g_i 使用上文 $\widetilde{G}(C)$ 构造所述方法重新计算，而剩余门不做修改，仍为实际混淆电路 $G(C)$ 中的构造。

由于 $\{H_{\mathrm{OT}}(x,y)\}_{x,y\in\{0,1\}^*}=\{H_0(x,y)\}_{x,y\in\{0,1\}^*}$，且 $\{H_{|C|}(x,y)\}_{x,y\in\{0,1\}^*}=\{S_2(x,f_2(x,y))\}_{x,y\in\{0,1\}^*}$。因此只需证明 $\{H_0(x,y)\}_{x,y\in\{0,1\}^*}\cong\{H_{|C|}(x,y)\}_{x,y\in\{0,1\}^*}$。而这只需证明 $\{H_{i-1}(x,y)\}_{x,y\in\{0,1\}^*}\cong\{H_i(x,y)\}_{x,y\in\{0,1\}^*}$，即考虑将一个门电路替换为模拟电路的视图不可区分性，从而上式得证。

8.3.5　公钥加密方案安全性证明举例

本节以公钥加密中的 ElGamal 加密方案[ElGamal，1985]为例，介绍其构造、所依赖的假设及安全性证明。公钥加密是密码学的一个基本原语。公钥加密保证了消息的发送方和接收方不需要事先分享相同的密钥。接收者只需生成一对公钥和私钥，并将公钥进行公开。在给接收者发送消息时，发送者使用公钥对发送的消息进行加密，除私钥的持有者外，其他人无法从密文中获得关于明文的任何信息。

1. 安全模型

安全模型主要包括公钥加密的基本框架、刻画敌手行为的敌手模型及形式化的安全性定义。

1）基本框架

一个公钥加密方案包含三个概率多项式时间算法(Gen,Enc,Dec)。

（1）密钥生成算法 Gen：输入安全参数 1^n，输出足够长的公钥和私钥 (pk,sk)。

（2）加密算法 Enc：输入公钥 pk 和从某明文空间中选择的明文，输出密文 c。整个过程写作 $c \leftarrow \mathrm{Enc}_{pk}(m)$。

（3）解密算法 Dec：输入私钥 sk 和密文 c，输出消息 m 或符号 $\bot$ 表明解码失败。不失一般性，假设 Dec 是确定性算法。整个过程写作 $m := \mathrm{Dec}_{sk}(c)$。

公钥加密应保证加密算法生成的密文能被正确解密，即对任意 n，任意 $\mathrm{Gen}(1^n)$ 生成的 (pk,sk)，任意明文空间中的明文 m，都有

$$\mathrm{Dec}_{sk}(\mathrm{Enc}_{pk}(m))=m$$

2）敌手模型

公钥加密最常见的敌手行为，包含选择明文攻击和选择密文攻击。

（1）选择明文攻击（Chosen-Plaintext Attack，CPA）。敌手可以任意选择明文，得到对应明文的加密结果。

（2）选择密文攻击（Chosen-Plaintext Attack，CCA）。在选择明文攻击的基础上，敌手还可以任意选择密文，得到对应的明文结果。

一个安全多方计算协议不一定要同时满足上述所有的安全属性，而且已有研究证明在有些情况下输出可达性和公平性均无法满足。不同的应用对安全属性有不同的要求，应结合具体场景分析协议所需满足的安全属性。

3）安全性定义

下面以选择明文攻击为例，定义公约加密方案在选择明文攻击下的安全性（CPA 安全）。有选择明文攻击能力的敌手可以选择两个明文，让别人从这两个明文中随机选一个进行加密。一个公约加密方案满足 CPA 安全，当且仅当对任意选择的两个明文，敌手在看到密文后都无法区分究竟是由哪个明文加密得到的。具体来说，对于公钥加密方案 $\Pi=(\mathrm{Gen},\mathrm{Enc},\mathrm{Dec})$ 和敌手 $\mathcal{A}$，定义如下的 CPA 不可区分实验 $\mathrm{PubK}_{\mathcal{A},\Pi}^{\mathrm{cpa}}(n)$。

（1）运行 $\mathrm{Gen}(1^n)$ 得到公私钥 (pk,sk)。

（2）敌手 $\mathcal{A}$ 拿到 pk 和算法 $\mathrm{Enc}_{pk}(\cdot)$，这对应了敌手选择明文攻击的能力。敌手输出一对明文 m_0，m_1，满足 $|m_0|=|m_1|$ 其中，m_0，m_1 需对应公钥加密方案的明文空间。

（3）选择随机的 $b \in \{0,1\}$，计算密文 $c \leftarrow \mathrm{Enc}_{pk}(m_b)$，并将 c 输入给 $\mathcal{A}$。我们称 c 为挑战密文。

（4）$\mathcal{A}$ 输出 $b' \in \{0,1\}$。

（5）如果 $b=b'$，实验输出 1，否则输出 0。

定义 8-3（公钥加密在选择明文攻击下的安全性）　公钥加密方案 $\Pi=(\mathrm{Gen},\mathrm{Enc},\mathrm{Dec})$ 满足在选择明文攻击下的安全性（CPA 安全），当且仅当对任意概率多项式时间敌手 $\mathcal{A}$，存在可忽略函数 negl 满足

$$\Pr\left[\mathrm{PubK}_{\mathcal{A},\Pi}^{\mathrm{cpa}}(n)=1\right] \leqslant \frac{1}{2}+\mathrm{negl}(n)$$

有选择密文攻击能力的敌手，在前面的基础上，拥有一个额外的解密谕示，该谕示可以用于解密任何挑战密文以外的密文。具体来说，对于公钥加密方案 $\Pi=(\mathrm{Gen},\mathrm{Enc},\mathrm{Dec})$ 和敌手 $\mathcal{A}$，定义如下的 CCA 不可区分实验 $\mathrm{PubK}_{\mathcal{A},\Pi}^{\mathrm{cca}}(n)$。

（1）运行 $\mathrm{Gen}(1^n)$ 得到公私钥 (pk,sk)。

（2）敌手 $\mathcal{A}$ 拿到 pk 和解密算法 $\text{Dec}_{sk}(\cdot)$ 的谕示，这表明敌手在选择明文攻击能力的基础上，还拥有选择密文攻击的能力。敌手输出一对明文 m_0，m_1，满足 $|m_0|=|m_1|$（m_0，m_1 需对应公钥加密方案的明文空间）。

（3）选择随机的 $b\in\{0,1\}$，计算密文 $c\leftarrow\text{Enc}_{pk}(m_b)$，并将 c 输入给 $\mathcal{A}$。

（4）$\mathcal{A}$ 此时仍然可以和解密谕示进行交互，但不能询问 c 本身。最终，$\mathcal{A}$ 输出 $b'\in\{0,1\}$。

（5）如果 $b=b'$，实验输出 1，否则输出 0。

定义 8-4（**公钥加密在选择密文攻击下的安全性**）　公钥加密方案 $\Pi=(\text{Gen,Enc,Dec})$ 满足在选择密文攻击下的安全性（CCA 安全），当且仅当对任意概率多项式时间敌手 $\mathcal{A}$，存在可忽略函数 negl 满足

$$\Pr[\text{PubK}_{\mathcal{A},\Pi}^{cca}(n)=1]\leqslant\frac{1}{2}+\text{negl}(n)$$

2. 离散对数假设

下面介绍基于离散对数的各种假设。这是许多密码学方案，如公钥加密方案 ElGamal 的安全性基础。定义 $\mathbb{G}=\{g^0,g^1,\cdots,g^{q-1}\}$ 为阶为 q 的循环群，g 称为循环群的生成元。对任意 $h\in\mathbb{G}$，存在唯一的 $x\in\mathbb{Z}_q$ 使得 $g^x=h$，称 x 为 h 关于 g 的离散对数。最基础的离散对数假设是说，给一个循环群 $\mathbb{G}$ 和生成元 g，输入随机的群元素 h，敌手计算 h 关于 g 的离散对数是困难的。具体来说，$\mathcal{G}$ 是一个多项式时间算法，能生成不同阶的循环群。最基础的离散对数假设由下面的离散对数实验 $\text{DLog}_{\mathcal{A},\mathcal{G}}(n)$ 定义。

（1）运行 $\mathcal{G}(1^n)$ 得到 $(\mathbb{G},q,g)$，其中，$\mathbb{G}$ 是阶为 q（$||q||=n$）的循环群，g 是 $\mathbb{G}$ 的生成元。

（2）随机选择 $h\leftarrow\mathbb{G}$。这一步可以通过随机选择 $x'\leftarrow\mathbb{Z}_q$，并设置 $h=g^{x'}$ 得到。

（3）输入 $\mathbb{G}$，q，g，h 给敌手 $\mathcal{A}$。敌手输出 $x\in\mathbb{Z}_q$。

（4）如果 $g^x=h$，则实验输出 1，否则输出 0。

定义 8-5（**离散对数假设**）　关于 $\mathcal{G}$ 的离散对数问题是困难的，如果对任意概率多项式时间敌手 $\mathcal{A}$，存在可忽略函数 negl 使得

$$\Pr\left[\text{DLog}_{\mathcal{A},\mathcal{G}}(n)\right]\leqslant\text{negl}(n)$$

计算离散对数相关的密码协议，通常需要依赖 Diffie-Hellman 问题。有两类最重要的变种：计算型 DH 问题（Computational Diffie-Hellman，CDH）和判定型 DH 问题（Decisional Diffie-Hellman，DDH）。

DH 问题是输入 g^x，g^y，输出 g^{xy}。计算型 DH 假设是输入 g^x，g^y，敌手难以输出 g^{xy}。判定型 DH 问题是输入 g^x，g^y，敌手难以区分 g^{xy} 和 g^z。显然，离散对数假设弱于 CDH 假设，CDH 假设弱于 DDH 假设，即敌手如果能攻破离散对数假设，一定也能攻破 CDH 假设；敌手能攻破 CDH 假设，就一定能攻破 DDH 假设。

公钥加密方案主要是使用判定型 DH 假设。下面详细地给出 DDH 假设的内容。

定义 8-6（**判定型 DH 假设**）　关于 $\mathcal{G}$ 的判定型 DH 问题是困难的，如果对任意概率多项式时间敌手 $\mathcal{A}$，存在可忽略函数 negl 使得

$$|\Pr[\mathcal{A}(\mathcal{G},q,g,g^x,g^y,g^z)=1]-\Pr[\mathcal{A}(\mathcal{G},q,g,g^x,g^y,g^{xy})=1]|\leqslant\text{negl}(n)$$

随机性主要体现在 x，y，z 的随机选择上。

3. ElGamal 加密方案

下面介绍 ElGamal 加密方案，并证明在 DDH 假设下，ElGamal 加密方案是 CPA 安全的。

首先介绍 ElGamal 加密方案。

（1）Gen(1^n)运行$\mathcal{G}(1^n)$得到$(\mathbb{G}, q, g)$并随机选择$x \leftarrow \mathbb{Z}_q$。公钥$pk = \langle \mathbb{G}, q, g, g^x \rangle$，私钥 $sk = \langle \mathbb{G}, q, g, x \rangle$。

（2）要用公钥$pk = \langle \mathbb{G}, q, g, h \rangle$加密$m \in \mathbb{G}$，首先选择随机的$y \leftarrow \mathbb{Z}_q$，并输出密文$\langle g^y, h^y \cdot m \rangle$。

（3）要用私钥$sk = \langle \mathbb{G}, q, g, x \rangle$解密密文$\langle c_1, c_2 \rangle$，只需计算$m = \dfrac{c_2}{c_1^x}$。

要验证 ElGamal 能成功解密，设$\langle c_1, c_2 \rangle = \langle g^y, h^y \cdot m \rangle$，其中，$h = g^x$，则

$$\frac{c_2}{c_1^x} = \frac{h^y \cdot m}{(g^y)^x} = \frac{g^{xy} \cdot m}{g^{xy}} = m$$

定理 8-2　在 DDH 假设下，ElGamal 加密方案是 CPA 安全的。

证明　假设存在攻破 ElGamal 加密方案的敌手$\mathcal{A}$，构造攻破 DH 问题的判定器 D，输入 $\mathbb{G}, q, g, g_1, g_2, g_3$，判定$g_3$是否是$g_1, g_2$的 Diffie-Hellman 问题的结果。

（1）设置公钥$pk = \langle \mathbb{G}, q, g, g_1 \rangle$，运行$\mathcal{A}$(pk)得到两条消息$m_0$、$m_1$。

（2）选择随机数$b \in \{0, 1\}$，设置$c_1 := g_2$，$c_2 := g_3 \cdot m_b$。

（3）将$\langle c_1, c_2 \rangle$输入给敌手$\mathcal{A}$，并得到敌手的输出b'。若$b' = b$则输出 1，否则输出 0。

分析判定器 D 的行为，有以下两种情况。

情况一：输入为$g_1 = g^x, g_2 = g^y, g_3 = g^z$。此时密文$\langle c_1, c_2 \rangle = \langle g^y, g^z \cdot m_b \rangle$。在 b 为 0 和 1 时，$\langle c_1, c_2 \rangle$的分布都完全相同，因此无论 b 取什么值，$b' = 1$ 的概率相同。因此$\Pr[b' = b] = \dfrac{1}{2}$，$D$ 有 $\dfrac{1}{2}$ 的概率输出 1。

情况二：输入为$g_1 = g^x, g_2 = g^y, g_3 = g^{xy}$。此时密文$\langle c_1, c_2 \rangle = \langle g^y, g^{xy} \cdot m_b \rangle$。假设敌手猜对的概率为$\varepsilon(n)$，则 D 有$\varepsilon(n)$的概率输出 1。由此可见，若敌手$\mathcal{A}$能攻破 ElGamal 加密方案，即$\varepsilon(n) - \dfrac{1}{2}$不可忽略，则

$$|\Pr[D(\mathbb{G}, q, g, g^x, g^y, g^z) = 1] - \Pr[D(\mathbb{G}, q, g, g^x, g^y, g^{xy}) = 1]| = \left| \frac{1}{2} - \varepsilon(n) \right|$$

不可忽略，D 能攻破 DDH 假设。

综上，ElGamal 加密方案在选择明文攻击下的安全性能规约到 DDH 假设。ElGamal 加密是 CPA 安全的。

习　　题

1. 密码协议的安全性分析方法主要包括_____和_____。

2. BAN 形式语言的主要逻辑共有_____、_____、_____、_____和_____。

3. 现代密码学遵循的三个原则是_____、_____和_____。

4. 典型的威胁模型有_____、_____、_____和_____。

5. 研究安全多方协议使用的假设模型主要是_____和_____。

6. 安全多方计算协议主要考虑的安全属性有_____、_____、_____、_____和_____。

二、思考题

1. 请举例说明在哪些场景下，安全多方计算协议无法满足输出可达性和公平性，并解释原因。

2. 试通过理想-现实模拟范式，给出安全多方计算协议在半诚实敌手模型下的形式化安全性定义。进一步的，请考虑敌手能力进一步提升下的安全多方计算形式化安全性定义，如恶意敌手、自适应敌手（敌手可自适应挑选参与方进行腐化）。

3. 请尝试给出姚氏混淆电路（Garbled Circuit，GC）协议的正确性证明。

4. 请尝试完善定理 8-1 证明中 $\{H_{\mathrm{OT}}(x,y)\}_{x,y\in\{0,1\}^*}\cong\{\mathrm{view}_2^\pi(x,y)\}_{x,y\in\{0,1\}^*}$ 的形式化证明。

5. 除了实现通用函数计算的安全多方计算协议外，针对特定问题的安全多方计算协议也拥有重要的研究价值。下面给出 Blum 于 1983 年提出的两方掷币协议，即考虑两个参与方 P_1, P_2 协作共同投掷硬币，最终获得随机结果"正面"或"反面"，即 $b\in_R\{0,1\}$。

(1) P_1 生成随机数 $b_1\in_R\{0,1\}$, $r\in_R\{0,1\}^n$，并生成承诺 $c=Com(b_1;r)$，将 c 发送给 P_2。

(2) P_2 生成随机数 $b_2\in_R\{0,1\}$ 并发送给 P_1。

(3) P_1 计算 $b=b_1\oplus b_2$，并将 $\{b_1,r\}$ 发送给 P_2。

(4) P_2 验证 $c=Com(b_1;r)$，如果验证成功，输出 $b=b_1\oplus b_2$，否则输出 $\bot$。

请给出该协议的安全性定义，并利用理想-现实模拟范式给出形式化安全性证明。

第9章
公钥基础设施与数字证书

9.1 公钥基础设施——PKI

公钥基础
施——PKI

9.1.1 PKI 的定义

公钥基础设施(Public Key Infrastructure,PKI)是利用公钥理论和技术建立的提供安全服务的基础设施。所谓基础设施,就是在某个大型应用环境下普遍适用的基础和准则,只要遵循相应的标准,不同实体即可方便地使用基础设施所提供的服务。例如,通信基础设施(网络)允许不同设备之间为不同的目的交换数据;电力供应基础设施可以让各种电力设备获得运行所需要的电压和电流。

公钥基础设施的目的是从技术上解决网上身份认证、电子信息的完整性和不可抵赖性等安全问题,为网络应用(如浏览器、电子邮件、电子交易)提供可靠的安全服务。PKI是遵循相关标准的密钥管理平台,能为所有网络应用提供采用加密和数字签名等密码服务所需的密钥和证书管理。

PKI 最主要的任务是确立可信任的数字身份,而这些身份可被用来与密码技术相结合,提供认证、授权或数字签名验证等服务,而使用该类服务的用户可在一定程度确信自己的行为未被误导。这一可信的数字身份通过数字证书(也称公钥证书)来实现。数字证书(如X.509 证书,参见 9.2 节)是用户身份与其所持公钥的结合。

在实践中,PKI 体系在安全、易用、灵活、经济的同时,必须充分考虑互操作性和可扩展性。PKI 体系所包含的证书机构(Certificate Authority,CA)、注册机构(Registration Authority,RA)、策略管理、密钥(Key)与证书(Certificate)管理、密钥备份与恢复、撤销系统等功能模块需有机结合;此外,安全应用程序的开发者不必再关心复杂的数学模型和运算,只需直接按照标准使用 API 即可实现相应的安全服务。

9.1.2 PKI 的组成

1. 证书机构

PKI 系统的关键是实现密钥管理。目前较好的密钥管理解决方案是采用证书机制。数字证书即是公钥密码体制的一种密钥管理媒介。数字证书是一种具有权威性的电子文件,其作用是证明证书中所含用户身份与证书中所含用户公钥均属同一主体。要证明其合法性,就需要有可信任主体对用户证书进行公证,证明主体的身份与公钥匹配,证书机构即是这样的可信任机构。

CA 也称数字证书认证中心(认证中心),作为具有权威性、公正性的第三方可信任机构,是 PKI 体系的核心构件。CA 负责发放和管理数字证书,其作用类似于现实生活中的证件颁发部门，如护照办理机构。

CA 提供网络身份认证服务，负责证书签发及签发后证书生命周期中的所有方面的管理，包括跟踪证书状态且在证书需要撤销（吊销）时发布证书撤销通知。CA 还需维护证书档案和证书相关的审计，以保障后续验证需求。CA 系统的功能如图 9-1 所示，有关证书与密钥管理的详细介绍，参见 9.2 节。

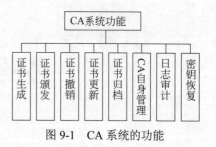

图 9-1　CA 系统的功能

2. 注册机构

注册机构（RA，也称注册中心）是数字证书注册审批机构，是认证中心的延伸，与 CA 在逻辑上是一个整体，但执行不同的功能。RA 按照特定政策与管理规范对用户的资格进行审查，并执行"是否同意给该申请者发放证书、撤销证书"等操作，承担因审核错误而引起的一切后果。如果审核通过，即可实时或批量地向 CA 提出申请，要求为用户签发证书。RA 并不发出主体的可信声明（证明），只有证书机构有权颁发证书和撤销证书。RA 将与具体应用的业务流程相联系，是最终客户和 CA 交互的纽带，是整个 CA 中心得以运作的不可缺少的部分。

RA 负责对证书申请进行资格审查，其主要功能如下。

（1）填写用户注册信息：替用户填写有关用户证书申请信息。

（2）提交用户注册信息：核对用户申请信息，决定是否提交进行审核。

（3）审核：对用户的申请进行审核，决定"批准"还是"拒绝"用户的证书申请。

（4）发送生成证书申请：向 CA 提交生成证书请求。

（5）发放证书：将用户证书和私钥发放给用户。

（6）登记黑名单：及时登记过期的证书和撤销的证书，并发送给 CA。

（7）证书撤销列表管理：确保 CRL 的及时性，并对 CRL 进行管理。

（8）日志审计：维护 RA 的操作日志。

（9）自身安全保证：保障服务器自身密钥数据库信息、相关配置文件安全。

RA 系统的功能如图 9-2 所示。

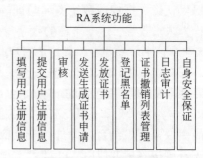

图 9-2　RA 系统的功能

3. 证书发布库

证书发布库（简称证书库）集中存放 CA 颁发的证书和证书撤销列表（Certificate Revocation List，CRL）。证书库是网上可供公众进行开放式查询的公共信息库。公众查询的目的通常有两个：①得到与之通信的实体的公钥；②验证通信对方的证书是否在"黑名单"中。

在轻量级目录访问协议（Lightweight Directory Access Protocol，LDAP）尚未出现以前，通常由各应用程序使用各自特定的数据库存储证书及 CRL，并使用特定的协议实现访问。这种方案存在很大的局限性，因为数据库和访问协议的不兼容性，人们无法使用其他应用程序实现对证书及 CRL 的访问。LDAP 作为一种标准的协议，解决了以上问题。此外，证书库还应支持分布式存放，即将与本组织机构有关的证书和证书撤销列表存放在本地，以便提高查询效率。在 PKI 所支持用户数量较大的情形下，PKI 信息的及时性和强有力的分布机制非常关键。LDAP 目录服务支持分布式存放，是大规模 PKI 系统成功实施的关键，也是创建高效的认证机构的关键技术。

4. 密钥备份与恢复

针对用户密钥丢失的情形，PKI 提供密钥备份与恢复机制。密钥备份和恢复只能针对加/解密用的公钥和私钥，而无法对用户的签名密钥进行备份。数字签名是用于支持不可否认服务的，有时效性要求，因此不能备份/恢复签名密钥。

密钥备份在用户申请证书阶段进行，如果注册声明公/私钥对是用于数据加密的，则 CA 即可对该用户的私钥进行备份。当用户丢失密钥后，可通过可信任的密钥恢复中心或 CA 恢复密钥。

5. 证书撤销

证书由于某些原因需要作废时，如用户身份姓名的改变、私钥被窃或泄露、用户与所属企业关系变更等，PKI 需要使用一种方法警告其他用户不要再使用该用户的公钥证书，这种警告机制被称为证书撤销。

证书撤销的主要实现方法有以下两种。

（1）利用周期性发布机制，如证书撤销列表（Certificate Revocation List，CRL）。证书撤销信息的更新和发布频率非常重要，两次证书撤销信息发布之间的间隔称为撤销延迟。在特定 PKI 系统中，撤销延迟必须遵循相应的安全策略要求。

（2）在线查询机制，如在线证书状态协议（Online Certificate Status Protocol，OCSP）。9.2 节将详细介绍证书撤销方法。

6. PKI 应用接口

PKI 研究的初衷就是让用户能方便地使用加密、数字签名等安全服务，因此一个完善的 PKI 必须提供良好的应用接口系统，使得各种应用能够以安全、一致、可信的方式与 PKI 交互，确保安全网络环境的完整性和易用性。PKI 应用接口系统应该是跨平台的。

9.1.3　PKI 的应用

PKI 的应用非常广泛，如安全浏览器、安全电子邮件、电子数据交换、Internet 上的信用卡交易及 VPN 等。作为信息安全基础设施，PKI 能够提供的主要服务如下。

1. 认证服务

认证服务即身份识别与认证，就是确认实体即为自己所声明的实体，鉴别身份的真伪。

以甲乙双方的认证为例：甲首先要验证乙的证书的真伪，乙在网上将证书传送给甲，甲用 CA 的公钥解开证书上 CA 的数字签名，若签名通过验证，则证明乙持有的证书是真的；接着甲还要验证乙身份的真伪，乙可将自己的口令用私钥进行数字签名后传送给甲，甲已从乙的证书库中查得乙的公钥，甲即可用乙的公钥验证乙的数字签名。若该签名通过验证，乙在网上的身份就可确定。

2. 数据完整性服务

数据完整性服务就是确认数据没有被修改过。实现数据完整性服务的主要方法是数字签名，它既可以提供实体认证，又可以保障被签名数据的完整性，这由杂凑算法和签名算法提供保证。杂凑算法的特点是输入数据的任何变化都会引起输出数据不可预测的极大变化，而签名是用自己的私钥将该杂凑值进行加密，然后与数据一同传送给收方。如果敏感数据在传输和处理过程中被篡改，收方就不会收到完整的数字签名，验证就会失败。反之，若签名通过了验证，则证明收方收到的是未经修改的完整数据。

3. 数据保密性服务

PKI 的保密性服务采用了"数字信封"机制，即发送方先产生一个对称密钥，并用该对称密钥加密数据。同时，发方还用收方的公钥加密对称密钥，就像把它装入一个"数字信封"，然后把被加密的对称密钥（"数字信封"）和被加密的敏感数据一起传送给收方。收方用自己的私钥拆开"数字信封"，得到对称密钥，然后再用对称密钥解开被加密的敏感数据。

4. 不可否认服务

不可否认服务是指从技术上保证实体对其行为的认可。在这中间，人们更关注的是数据来源的不可否认性、接收的不可否认性及接收后的不可否认性，此外还有传输的不可否认性、创建的不可否认性和同意的不可否认性。

5. 公证服务

PKI 中的公证服务与一般社会提供的公证人服务有所不同，PKI 中支持的公证服务是指"数据认证"，也就是说，公证人要证明的是数据的有效性和正确性，这种公证取决于数据验证的方式。例如，在 PKI 中被验证的数据是基于杂凑值的数字签名、公钥在数学上的正确性和签名私钥的合法性。

PKI 提供的上述安全服务能很好地满足电子商务、电子政务、网上银行、网上证券等行业的安全需求，是确保这些活动能够顺利进行的安全措施。

9.2　数字证书

PKI 与非对称加密密切相关，涉及消息摘要、数字签名与加密等服务。数字证书技术则是支持以上服务的 PKI 关键技术之一。

数字证书相当于护照、驾驶执照之类以证明实体身份的证件。例如，护照可以证明实体的姓名、国籍、出生日期和地点、照片与签名等方面信息。类似地，数字证书也可以证明网络实体在特定安全应用的相关信息。

9.2.1　数字证书的概念

数字证书的概念、结构与生成

数字证书实际上是一个计算机文件，该数字证书将建立用户身份与其所持公钥的关联。其主要包含的信息有主体名（Subject Name），主体名可以是个人名称，也可以是某个组织的名称。序号（Serial Number）；有效期；签发者名（Issuer Name）。数字证书的示例如图 9-3 所示。

Digital Certificate

Subject Name : Atul Kahate
Public Key : <Atul's key>
Serial Number: 1029101
Other data : Email–
akahate@indiatimes.com
Valid From : 1 Jan 2001
Valid To : 31 Dec 2004
Issuer Name : Verisign

图 9-3　数字证书的示例

由表 9-1 可见，数字证书与常规护照非常相似。同一签发者签发的护照不会有重号，同样，同一签发者签发的数字证书的序号也不会重复。签发数字证书的机构通常为一些著名组织，世界上最著名的证书机构为 VeriSign 与 Entrust。在国内，许多政府机构和企业也建立了自己的 CA 中心。例如，我国的 12 家银行联合组建了 CFCA。证书机构有权向个人和组织签发数字证书，使其可在非对称加密应用中使用这些证书。

表 9-1　常规护照与数字证书比对

常规护照项目	数字证书项目
姓名（Full Name）	主体名（Subject Name）
护照号（Passport Number）	序号（Serial Number）
起始日期（Valid From）	起始日期（Valid From）
终止日期（Valid To）	终止日期（Valid To）
签发者（Issued By）	签发者名（Issuer Name）
照片与签名（Photograph And Signature）	公钥（Public Key）

9.2.2　数字证书的结构

国际电信联盟（ITU）于 1988 年推出 X.500 标准。X.509 当时是作为 ITU X.500 目录服务标准的一部分。此后，X.509 标准于 1993 年和 1995 年做了两次修订，最新版本是 X.509 v3。1999 年，Internet 工程任务小组（IETF）发表了 X.509 标准的草案 RFC 2459。

图 9-4 是 X.509 v3 数字证书的结构，显示出 X.509 标准指定的数字证书字段，还指定了字段对应的标准版本。可以看出，X.509 标准第 1 版共有 7 个基本字段，第 2 版增加了两个字段，第 3 版增加了 1 个字段。增加的字段分别被称为第 2 版和第 3 版的扩展或扩展属性。这些版本的末尾还有一个共同字段。表 9-2（a）～表 9-2（c）列出了这三个版本中的字段描述。

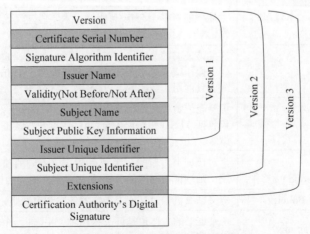

图 9-4　X.509 v3 数字证书的结构

表 9-2　X.509 数字证书字段描述

（a）第 1 版

字　段	描　述
版本（Version）	标识本数字证书使用的 X.509 协议版本，目前可取 1/2/3
证书序号（Certificate Serial Number）	包含 CA 产生的唯一整数值
签名算法标识符（Signature Algorithm Identifier）	标识 CA 签名数字证书时使用的算法
签名者（Issuer Name）	标识生成、签名数字证书的 CA 的可区分名（DN）
有效期（之前/之后）（Validity（Not Before/Not After））	包含两个日期时间值（之前/之后），指定数字证书有效的时间范围。通常指定日期、时间，精确到秒或毫秒
主体名（Subject Name）	标识数字证书所指实体（即用户或组织）的可区分名（DN）除非 v3 扩展中定义了替换名，否则该字段必须有值
主体公钥信息（Subject Public Key Information）	包含主体的公钥与密钥相关的算法，该字段不能为空

（b）第 2 版

字　段	描　述
签发者唯一标识符（Issuer Unique Identifier）	在两个或多个 CA 使用相同签发者名时标识 CA
主体唯一标识符（Subject Unique Identifier）	在两个或多个主体使用相同主体名时标识主体

（c）第 3 版

字　段	描　述
机构密钥标识符（Authority Key Identifier）	单个证书机构可能有多个公钥/私钥对，本字段定义该证书的签名使用哪个密钥对（用相应密钥验证）
主体密钥标识符（Subject Key Identifier）	主体可能有多个公钥/私钥对，本字段定义该证书的签名使用哪个密钥对（用相应密钥验证）
密钥用法（Key Usage）	定义该证书的公钥操作范围。例如，可以指定该公钥可用于所有密码学操作或只能用于加密，或者只能用于 Diffie-Hellman 密钥交换，或者只能用于数字签名，等等
扩展密钥用法（Extended Key Usage）	可补充或替代密钥用法字段，指定该证书可采用哪些协议，这些协议包括 TLS（传输层安全协议）、客户端认证、服务器认证、时间戳等
私钥使用期（Private Key Usage Period）	可对该证书对应的公钥/私钥对定义不同的使用期限。若本字段为空，则该证书对应的公钥/私钥对定义相同的使用期限
证书策略（Certificate Policies）	定义证书机构对某证书指定的策略和可选限定信息
证书映射（Policy Mappings）	在某证书的主体也是证书机构时使用，即一个证书机构向另一证书机构签发证书，指定认证的证书机构要遵循哪些策略
主体替换名（Subject Alternative Name）	对证书的主体定义一个或多个替换名，但如果主证书格式中的主体名字段为空，则该字段不能为空

续表

字　　段	描　　述
签发者替换名 （Issuer Alternative Name）	可选择定义证书签发者的一个或多个替换名
主体目录属性 （Subject Directory Attributes）	可提供主体的其他信息，如主体电话/传真、电子邮件地址等
基本限制（Basic Constraints）	表示该证书主体可否作为证书机构。本字段还指定主体可否让其他主体作为证书机构。例如，若证书机构 X 向证书机构 Y 签发该证书，则 X 不仅能指定 Y 可否作为证书机构向其他主体签发证书，还可指定 Y 可否指定别的主体作为证书机构
名称限制（Name Constraints）	指定名字空间
策略限制（Policy Constraints）	只用于 CA 证书

9.2.3　数字证书的生成

本节介绍数字证书生成的典型过程。数字证书生成与管理主要涉及的参与方包括最终用户、注册机构和证书机构。与数字证书信息紧密相关的机构有最终用户（主体）和证书机构（签发者）。证书机构任务繁多，如签发新证书、维护旧证书、撤销因故无效证书等，因此，一部分证书生成与管理任务由第三方——注册机构（RA）完成。从最终用户角度看，证书机构与注册机构差别不大。从技术上讲，注册机构是用户与证书机构之间的中间实体，如图 9-5 所示。

注册机构提供的服务有：①接收与验证最终用户的注册信息；②为最终用户生成密钥；③接收与授权密钥备份与恢复请求；④接收与授权证书撤销请求。

注意：注册机构主要帮助证书机构与最终用户间交互，注册机构不能签发数字证书，证书只能由证书机构签发。

数字证书的生成步骤如图 9-6 所示，下面对各步骤进行详细介绍。

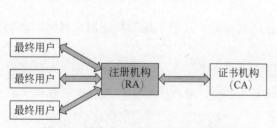

图 9-5　最终用户与 RA 和 CA 的关系

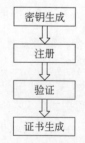

图 9-6　数字证书的生成步骤

第 1 步：密钥生成。生成密钥可采用的方式有如下两种。

（1）主体（个人/组织）可采用特定软件生成公钥/私钥对，该软件通常是 Web 浏览器或 Web 服务器的一部分，也可以使用特殊软件程序。主体必须秘密保存私钥，并将公钥、身份证明与其他信息发送给注册机构，如图 9-7 所示。

（2）当用户不知道密钥对生成技术或要求注册机构集中生成和发布所有密钥，以便执行安全策略和密钥管理时，也可由注册机构为主体（用户）生成密钥对。该方法的缺陷是注册机构知道用户私钥，且在向主体发送途中也可能泄露。注册机构为主体生成密钥对示意图如图 9-8 所示。

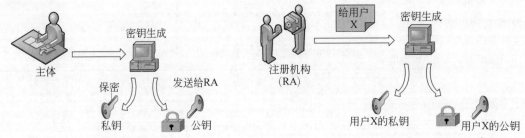

图 9-7　主体生成密钥对　　　　　图 9-8　注册机构为主体生成密钥对示意图

第 2 步：注册。该步骤发生在第 1 步由主体生成密钥对情形下，若在第 1 步由 RA 为主体生成密钥对，则该步骤在第 1 步中完成。

假设用户生成密钥对，则要向注册机构发送公钥和相关注册信息（如主体名，将置于数字证书中）及相关证明材料。用户在特定软件的引导下正确地完成相应输入后通过 Internet 提交至注册机构。证书请求格式已经标准化，称为证书签名请求（Certificate Signing Request，CSR），PKCS#10 证书申请结构如图 9-9 所示。有关 CSR 的详细信息可参看公钥加密标准 PKCS#10。

注意： 证明材料未必一定是计算机数据，有时也可以是纸质文档（如护照、营业执照、收入/税收报表复印件等），如图 9-10 所示。

图 9-9　PKCS#10 证书申请结构　　　　图 9-10　主体将公钥与证明材料发送到注册机构

第 3 步：验证。接收到公钥及相关证明材料后，注册机构须验证用户材料，验证分为以下两个层面。

（1）RA 要验证用户材料，明确是否接受用户注册。若用户是组织，则 RA 需要检查营业记录、历史文件和信用证明；若用户为个人，则只需简单证明，如验证邮政地址、电子邮件地址、电话号码或护照、驾照等。

（2）确保请求证书的用户拥有与向 RA 的证书请求中发送的公钥相对应的私钥。这个检查被称为检查私钥的拥有证明（Proof of Possession，PoP）。主要的验证方法如下。

① RA 可要求用户采用私钥对证书签名请求进行数字签名。若 RA 能用该用户公钥验证签名正确性，则可相信该用户拥有与其证书申请中公钥一致的私钥。

② RA 可生成随机数挑战信息，用该用户公钥加密，并将加密后的挑战值发送给用户。若用户能用其私钥解密，则可相信该用户拥有与公钥相匹配的私钥。

③ RA 可将 CA 所生成的数字证书采用用户公钥加密后，发送给该用户。用户需要用与公钥匹配的私钥解密方可取得明文证书——也实现了私钥拥有证明的验证。

第 4 步：证书生成。如上述所有步骤成功，则 RA 将用户的所有细节传递给证书机构。证书机构进行必要的验证，并生成数字证书。证书机构将证书发给 RA，并在 CA 维护的证书目录（Certificate Directory）中保留一份证书记录。然后 RA 将证书发送给用户，可附在电子邮件中；也可向用户发送一个电子邮件，通知其证书已生成，让用户从 CA 站点下载。数字证书的格式实际上是不可读的，但应用程序可对数字证书进行分析解读，例如，打开 Internet Explorer 浏览器浏览证书时，可以看到可读格式的证书细节。

数字证书的
签名与验证

9.2.4 数字证书的签名与验证

正如护照需要权威机构的印章与签名一样，数字证书也需要证书机构 CA 采用其私钥签名后方是有效、可信的。下面分别介绍 CA 签名证书及数字证书验证。

1. CA 签名证书

前面介绍过 X.509 证书结构，其中最后一个字段是证书机构的数字签名，即每个数字证书不仅包含用户信息（如主体名、公钥等），同时还包含证书机构的数字签名。CA 对数字证书签名过程如图 9-11 所示。

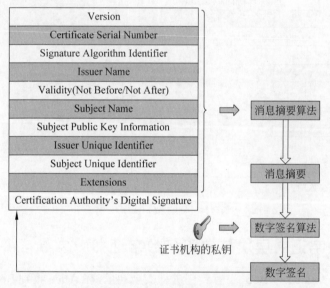

图 9-11　CA 对数字证书签名过程

由图 9-11 可知，在向用户签发数字证书前，CA 首先要对证书的所有字段计算一个消息摘要（使用 MD-5 或 SHA-1 等杂凑算法），而后用 CA 私钥加密消息摘要（如采用 RSA 算法），构成 CA 的数字签名。CA 将计算出的数字签名作为数字证书的最后一个字段插入，类似于护照上的印章与签名。该过程由密码运算程序自动完成。

2. 数字证书验证

数字证书的验证步骤如图 9-12 所示。主要包括以下几步。

（1）用户将数字证书中除最后一个字段以外的所有字段输入消息摘要算法（杂凑算法）。该算法与 CA 签发证书时使用的杂凑算法相同，CA 会在证书中指定签名算法及杂凑算法，让用户知道相应的算法信息。

（2）由消息摘要算法计算数字证书中除最后一个字段外其他字段的消息摘要，设该消息摘要为 MD-1。

（3）用户从证书中取出 CA 的数字签名（证书中最后一个字段）。

（4）用户用 CA 的公钥对 CA 的数字签名信息进行解密运算。

（5）解密运算后获得 CA 签名所使用的消息摘要，设为 MD-2。

（6）用户比较 MD-1 与 MD-2。若两者相符，即 MD-1=MD-2，则可肯定数字证书已由 CA 用其私钥签名，否则用户不信任该证书，将其拒绝。

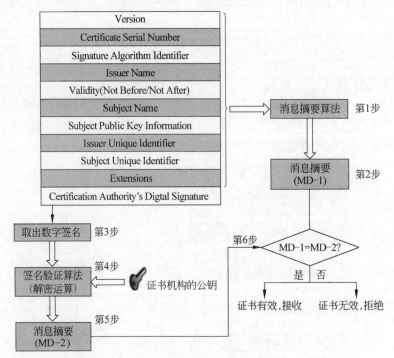

图 9-12　验证 CA 的数字签名

验证证书链
的过程

9.2.5　数字证书层次与自签名数字证书

设有两个用户 Alice 与 Bob，二者希望进行安全通信，在 Alice 收到 Bob 的数字证书时，需对该证书进行验证。由前可知，验证证书时需使用颁发该证书的 CA 的公钥，这就涉及如何获取 CA 公钥的问题。

若 Alice 与 Bob 具有相同的证书机构（CA），则 Alice 显然已知签发 Bob 证书的 CA 的公钥。若 Alice 与 Bob 归属于不同的证书机构，则 Alice 需通过如图 9-13 所示的信任链（CA 层次结构）获取签发证书的 CA 公钥。

由图 9-13 可看出，CA 层次从根 CA 开始，根 CA 下面有一个或多个二级 CA，每个二级 CA 下面有一个或多个三级 CA，等等，类似于组织中的报告层次体系，CEO 或总经理具有最高权威，高级经理向 CEO 或总经理报告，经理向高级经理报告，员工向经理报告……

CA 层次使根 CA 不必管理所有的数字证书，可以将该任务委托给二级机构，每个二级 CA 又可在其区域内指定三级 CA，每个三级 CA 又可指定四级 CA，以此类推。

图 9-13　CA 层次结构

如图 9-14 所示，若 Alice 从三级 CA（B1）取得证书，而 Bob 从另一个三级 CA（B11）取得证书。显然，Alice 不能直接获取 B11 的公钥，因此，除了自身证书外，Bob 还需向 Alice 发送其 CA（B11）的证书，告知 Alice B11 的公钥。Alice 根据 B11 的公钥对 Bob 证书进行计算验证。

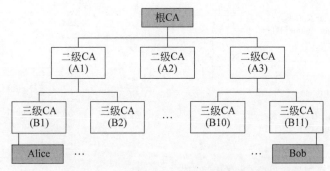

图 9-14　同一根 CA 中不同 CA 所辖用户

显然，在使用 B11 公钥对 Bob 证书进行验证前，Alice 需对 B11 证书的正确性进行验证（确认对 B11 证书的信任）。由图 9-14 可见，B11 的证书是由 A3 签发的，则 Alice 需获得 A3 的公钥以验证 A3 对 B11 证书的签名。同理，为确保 A3 公钥的真实性与正确性，Alice 需获取 A3 的证书，并需获得根 CA 公钥对 A3 证书进行验证。证书层次与根 CA 的验证问题如图 9-15 所示。

由图 9-15 可见，根 CA 是验证链的最后一环，根 CA 自动作为可信任 CA，根 CA 证书为自签名证书（Self-signed Certificate），即根 CA 对自己的证书签名，如图 9-16 所示，证书的签发者名和主体名均指向根 CA。存储与验证证书的软件中包含预编程、硬编码的根 CA 证书。

由于根 CA 证书存放于 Web 浏览器和 Web 服务器之类的基础软件中，因此 Alice 无须担心根 CA 证书的认证问题，除非其使用的基础软件来自非信任站点。Alice 只需采用遵循行业标准、被广泛接受的应用程序，即可保证根 CA 证书的有效性。

图 9-17 为验证证书链的过程。

9.2.6　交叉证书

每个国家均拥有不同的根 CA，同一国家也可能拥有多个根 CA。例如，美国的根 CA 有 Verisign、Thawte 和美国邮政局。这时，不是各方都能信任同一个根 CA。在 9.2.5 节的示例中，若 Alice 与 Bob 身处不同国家，即根 CA 不同时，也存在着根 CA 的信任问题。

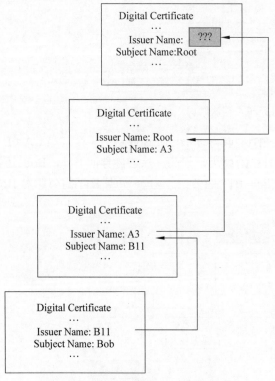

图 9-15　证书层次与根 CA 的验证问题

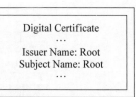

图 9-16　自签名证书

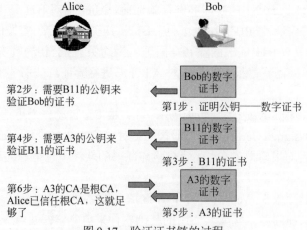

图 9-17　验证证书链的过程

　　针对以上情形，采用交叉证书（Cross-certification）解决根 CA 的信任问题。由于实际应用中不可能有一个认证每个用户的统一 CA，因此要用分布式 CA 认证各个国家、政府组织、公司等组织机构的证书。这种方式减少了单个 CA 的服务对象，同时确保 CA 可独立运作。此外，交叉证书使不同 PKI 域的 CA 和最终用户可以互动。交叉证书是由对等 CA 签发，建立的是非层次信任路径。

　　如图 9-18 所示，Alice 与 Bob 的根 CA 不同，但他们可进行交叉认证，即 Alice 的根 CA 从 Bob 的根 CA 处取得自身的证书，同样 Bob 的根 CA 从 Alice 的根 CA 处取得自己的证书。

尽管 Alice 的基础软件只信任其自己的根 CA，但因为 Bob 的根 CA 得到了 Alice 的根 CA 的认证，则 Alice 也可信任 Bob 的根 CA。Alice 可采用下列路径验证 Bob 的证书：Bob-Q2-P1-Bob's RCA-Alice's RCA。

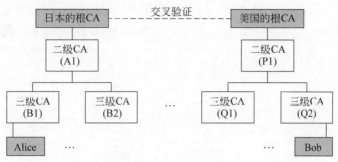

图 9-18　CA 的交叉证书

利用证书层次、自签名证书和交叉证书技术，令所有用户均可验证其他用户的数字证书，从而确定信任证书或拒绝证书。

9.2.7　数字证书的撤销

数字证书的撤销

数字证书撤销的常见原因有：①数字证书持有者报告该证书中指定公钥对应的私钥被破解（被盗）；② CA 发现签发数字证书时出错；③证书持有者离职，而证书为其在职期间签发的。发生第一种情形需由证书持有者进行证书撤销申请；发生第三种情形时需由组织提出证书撤销申请；发生第二种情形时，CA 启动证书撤销。CA 在接到证书撤销请求后，首先认证证书撤销请求，然后接受请求，启动证书撤销，以防止攻击者滥用证书撤销过程撤销他人证书。

Alice 在使用 Bob 的证书与 Bob 安全通信前，需明确以下两点。

（1）该证书是否属于 Bob。

（2）该证书是否有效，是否被撤销。

Alice 可通过证书链明确第一个问题，而明确第二个问题则需采用证书撤销状态检查机制。CA 提供的证书撤销状态检查机制如图 9-19 所示。

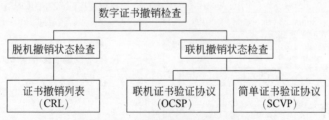

图 9-19　证书撤销状态检查机制

下面逐一介绍几种撤销检查机制。

1. 脱机证书撤销状态检查

证书撤销列表（Certificate Revocation List，CRL）是脱机证书撤销状态检查的主要方法。最简单的 CRL 是由 CA 定期发布的证书列表，标识该 CA 撤销的所有证书。但该表中不包含已过有效期的失效证书。CRL 中只列出在有效期内因故被撤销的证书。

　　每个 CA 签发自己的 CRL，CRL 包含相应的 CA 签名，易于验证。CRL 为一个依时间增长的顺序文件，包括在有效期内因故被撤销的所有证书，是 CA 签发的所有 CRL 的子集。每个 CRL 项目列出证书序号、撤销日期和时间、撤销原因。CRL 顶层还包括 CRL 发布的日期、时间和下一个 CRL 发布时间。图 9-20 给出了 CRL 文件的逻辑视图。

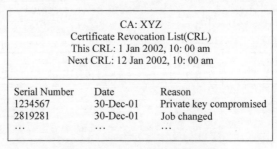

图 9-20　CRL 文件的逻辑视图

　　Alice 对 Bob 数字证书的安全性检查操作如下。

　　（1）证书有效期检查：比较当前日期与证书有效期，确保证书在有效期内。

　　（2）签名检查：检查 Bob 的证书能否用其 CA 的签名验证。

　　（3）证书撤销状态检查：根据 Bob 的 CA 签发的最新 CRL 检查 Bob 的证书是否在证书撤销列表中。

　　完成以上检查后，Alice 方能信任 Bob 的数字证书，相应过程如图 9-21 所示。

图 9-21　检验证书及 CRL 在检验过程中的作用

随着时间的推移，CRL 可能会变得很大。假设，每年撤销的未到期证书达 10%左右，若 CA 有 100 000 个用户，则两年时间可能在 CRL 中有 20 000 个项目，数目相当庞大。在这种情形下，通过网络接收 CRL 文件很容易成为系统瓶颈。为解决该问题，引出了差异 CRL（Delta CRL）的概念。

最初，CA 可以向使用 CRL 服务的用户发一个一次性的完全更新 CRL，称为基础 CRL（Base CRL）。下次更新时，CA 不必发送整个 CRL，而只需发送上次更新后改变的 CRL。这个机制可使 CRL 文件的长度缩小，从而加快传输速度。基础 CRL 的改变称为差异 CRL，差异 CRL 也是一个需要 CA 签名的文件。每次签发完整 CRL 与只签发差异 CRL 的区别如图 9-22 所示。

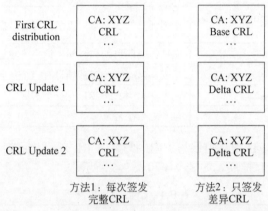

图 9-22　每次签发完整 CRL 与只签发差异 CRL 的区别

使用 CRL 时，需注意以下几点：①差异 CRL 文件包含一个差异 CRL 标识符，告知用户该 CRL 为差异 CRL，用户需将该差异 CRL 文件与基础 CRL 文件一起使用，得到完整 CRL；②每个 CRL 均有序号，用户可检查是否拥有全部差异 CRL；③基础 CRL 可能有一个差异信息标识符，告知用户这个基础 CRL 具有相应的差异 CRL，还可提供差异 CRL 地址和下一个差异 CRL 的发布时间。图 9-23 给出了 CRL 的标准格式。

Version			头字段
Signature Algorithm Identifier			
Issuer Name			
This Update (Date and Time)			
Next Update (Date and Time)			
User CERTIFICATE Serial Number	Revocation Data	CRL Entry Extensions	重复项
…	…	…	
…	…	…	
CRL Extensions			尾字段
Signature			

图 9-23　CRL 的标准格式

如图 9-23 所示，CRL 格式中有几个头字段、几个重复项目和几个尾字段。显然，序号、撤销日期、CRL 项目扩展之类的字段要对 CRL 中的每个撤销证书重复。而其他字段构成头字段、尾字段两部分。下面介绍这些字段，如表 9-3 所示。

表 9-3　CRL 的不同字段

字　　段	描　　述
版本（Version）	表示 CRL 版本
签名算法标识符（Signature Algorithm Identifier）	CA 签名 CRL 所用的算法（如 SHA-1 与 RSA），表示 CA 先用 SHA-1 算法计算 CRL 的消息摘要，然后用 RSA 算法签名
签发者名（Issuer Name）	标识 CA 的可区分名（DN）
本次更新日期与时间（This Update Date and Time）	签发这个 CRL 的日期与时间值
下次更新日期与时间（Next Update Date and Time）	签发下一个 CRL 的日期与时间值
用户证书序号（User Certificate Serial Number）	撤销证书的证书号，该字段对每个撤销证书重复
撤销日期（Revocation Date）	撤销证书的日期和时间，该字段对每个吊销证书重复
CRL 项目扩展（CRL Entry Extension）	见表 9-4，每个 CRL 项目有一个扩展
CRL 扩展（CRL Extension）	见表 9-5，每个 CRL 有一个扩展
签名（Signature）	包含 CA 签名

　　这里需明确区别 CRL 项目扩展与 CRL 扩展，CRL 项目扩展对每个撤销证书重复，而整个 CRL 只有一个 CRL 扩展，如表 9-4 和表 9-5 所示。

表 9-4　CRL 项目扩展

字　　段	描　　述
原因代码（Reason Code）	指定证书撤销原因，可能是 Unspecified（未指定），Key Compromise（密钥损坏），CA Compromise（CA 被破坏），Superseded（重叠），Certificate Hold（证书暂扣）
扣证指示代码（Hold Instruction Code）	证书可以暂扣，即在指定时间内失效（可能因为用户休假，需确保期间不被滥用），该字段可指定扣证原因
证书签发者（Certificate Issuers）	标识证书签发者名和间接 CRL。间接 CRL 是第三方提供的，而非证书签发者提供。第三方可汇总多个 CA 的 CRL，发一个合并的间接 CRL，使 CRL 信息请求更加方便
撤销日期（Invalidity Date）	发生私钥泄露或数字证书失效的日期和时间

表 9-5　CRL 扩展

字　　段	描　　述
机构密钥标识符（Authority Key Identifier）	区别一个 CA 使用的多个 CRL 签名密钥
签发者别名（Issuer Alternative Name）	将签发者与一个或多个别名相联系
CRL 号（CRL Number）	序号（随每个 CRL 递增），帮助用户明确是否拥有此前所有的 CRL
差异 CRL 标识符（Delta CRL Indicator）	表示 CRL 为差异 CRL
签发发布点（Issuing Distribution Point）	表示 CRL 发布点或 CRL 分区。CRL 发布点可在 CRL 很大时使用——不用发布一个庞大的 CRL，而是分解为多个 CRL 发布。CRL 请求者请求和处理这些小的 CRL。CRL 发布点提供了小 CRL 的地址指针（即 DNS 名、IP 地址或文件名）

和最终用户一样，CA 本身也用证书标识。在某些情形下，CA 证书也需撤销，类似于 CRL 提供最终用户证书的撤销信息表，机构撤销列表（ARL）提供了 CA 证书的撤销信息表。

2. 联机证书撤销状态检查

由于 CRL 可能过期，同时 CRL 存在长度问题，基于 CRL 的脱机证书撤销状态检查不是检查证书撤销的最好方式。因此，出现了两个联机检查证书状态协议：联机证书状态协议和简单证书检验协议。

联机证书状态协议（Online Certificate Status Protocol，OCSP）可以检查特定时刻某个数字证书是否有效，是联机检查方式。联机证书状态协议令证书检验者可以实时检查证书状态，从而提供了更简单、快捷、有效的数字证书验证机制。与 CRL 不同，该方式无须下载证书列表。下面介绍联机证书状态协议的工作步骤。

（1）CA 提供一个服务器，称为 OCSP 响应器（OCSP Responder），该服务器包含最新证书撤销信息。请求者（客户机）发送联机证书状态查询请求（OCSP Request），检查该证书是否撤销。OCSP 最常用的基础协议是 HTTP，但也可以使用其他应用层协议（如 SMTP），如图 9-24 所示。实际上，OCSP 请求还包括 OCSP 版本、请求服务和一个或几个证书标识符（其中包含签发者的消息摘要、签发者公钥的消息摘要和证书序号）。

（2）OCSP 响应器查询服务器的 X.500 目录（CA 不断向其提供最新证书撤销信息），以明确特定证书是否有效，如图 9-25 所示。

图 9-24　OCSP 请求　　　　　　　图 9-25　OCSP 证书撤销状态检查

（3）根据 X.500 目录查找的状态检查结构，OCSP 响应器向客户机发送数字签名的 OCSP 响应（OCSP Response），原请求中的每个证书有一个 OCSP 响应。OCSP 响应可以取三个值，即 Good、Revoked 或 Unknown。OCSP 响应还可以包含撤销日期、时间和原因。客户机要确定相应的操作。一般而言，建议只在 OCSP 响应状态为 Good 时才认为证书有效，OCSP 响应如图 9-26 所示。

需要注意的是，OCSP 缺少对与当前证书相关的证书链有效性的检查。例如，假设 Alice 要用 OCSP 验证 Bob 的证书，则 OCSP 只是告诉 Alice，Bob 的证书是否有效，而不检验签发 Bob 证书的 CA 的证书或证书链中更高层的证书。这些逻辑（验证证书链有效性）要写入使用 OCSP 的客户机应用程序中。另外，客户机应用程序还要检查证书有效期、密钥使用合法性和其他限制。

简单证书检验协议（Simple Certificate Validation Protocol，SCVP）是联机证书状态报告协议，旨在克服 OCSP 的缺点。SCVP 与 OCSP 在概念上非常相似，两者的差别如表 9-6 所示。

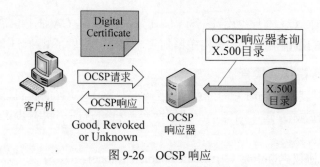

图 9-26　OCSP 响应

表 9-6　OCSP 与 SCVP 的差别

特　　点	OCSP	SCVP
客户端请求	客户机只向服务器发送证书序号	客户机向服务器发送整个证书，因此服务器可以进行更多的检查
信任链	只检查指定证书	客户机可以提供中间证书集合，供服务器验证
检查	只检查证书是否撤销	客户机可以请求其他检查（如检查整个信任链）、考虑的撤销信息类型（如服务器是否用 CRL 或 OCSP 进行撤销检查），等等
返回信息	只返回证书状态	客户机可以指定感兴趣的其他信息（如服务器要返回撤销状态证明或返回信任验证所用的证书链，等等）
其他特性	无	客户机可以请求检查证书在过去某一时刻的有效性。例如，假设 Bob 向 Alice 发了证书和签名文档，则 Alice 可以用 SCVP 检查 Bob 的证书在签名时是否有效（而非验证签名时）

9.2.8　漫游证书

数字证书的普及产生了证书的便携性需求。此前，提供证书及其对应私钥移动性的解决方案主要分为两种：①智能卡技术，在该技术中，公钥/私钥对存放在卡上，但这种方法存在缺陷，如易丢失和损坏，并且依赖读卡器（虽然带 USB 接口的智能钥匙不依赖于读卡器，但成本太高）；②将证书和私钥复制到一张软盘上备用，但软盘不仅容易丢失和损坏，而且安全性较差。

一个新的解决方案就是使用漫游证书。它通过第三方软件提供，在任何系统中，只需正确配置，该软件（或插件）就可以允许用户访问自己的公钥/私钥对。其基本原理非常简单，如下所述。

（1）将用户的证书和私钥放在一个安全的中央服务器（称为证件服务器）数据库中，如图 9-27 所示。

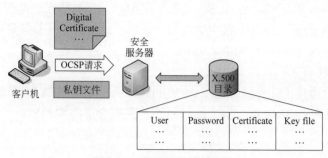

图 9-27　漫游证书用户注册

（2）当用户登录到某个本地系统时，使用用户名和口令通过 Internet 向证书服务器认证自己，如图 9-28 所示。

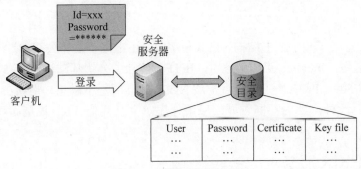

图 9-28 漫游证书用户登录

（3）证书服务器用证件数据库验证用户名和口令，如果认证成功，则证书服务器将数字证书与私钥文件发送给用户，如图 9-29 所示。

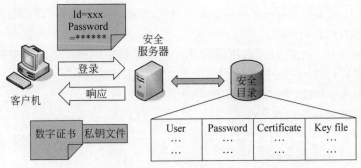

图 9-29 漫游证书用户接收数字证书与私钥文件

（4）当用户完成工作并从本地系统注销后，该软件自动删除存放在本地系统中的用户证书和私钥。

这种解决方案的优点是可以明显提高易用性、降低证书的使用成本，但它与已有的一些标准不一致，因而在应用中受到了一定限制。在小额支付等低安全要求的环境中，该解决方案是一种较合适的方法。

9.2.9 属性证书

另一个与数字证书相关的新标准是属性证书（Attribute Certificate，AC）标准。属性证书的结构与数字证书相似，但作用不同。属性证书不包含用户的公钥，而是在实体及其一组属性之间建立联系（如成员关系、角色、安全清单和其他授权细节）。与数字证书一样，属性证书也通过签名检验内容的改变。

属性证书可以在授权服务中控制对网络、数据库等的访问和对特定物理环境的访问。

9.3 PKI 体系结构——PKIX 模型

X.509 标准定义了数字证书结构、格式与字段，还指定了发布公钥的过程。为了扩展该标准，使其更通用，Internet 工作任务组（IETF）建立了公钥基础设施 X.509（Public Key Infrastructure X.509，PKIX）工作组，扩展 X.509 标准的基本思想，指导在 Internet 中如何部署数字证书。此外，还为不同领域的应用程序定义了其他 PKI 模型。本节仅简要介绍 PKIX 模型。

9.3.1 PKIX 服务

PKIX 提供的公钥基础设施服务包括以下几方面。

（1）注册。该过程是最终实体（主体）向 CA 介绍自己的过程，通常通过注册机构进行。

（2）初始化。处理基础问题，如最终实体如何保证对方是正确的 CA。

（3）认证。CA 对最终实体生成数字证书并将其交给最终实体，维护复制记录，并在必要时将其复制到公共目录中。

（4）密钥对恢复。一定时间内可能要恢复加密运算所用的密钥，以便旧文档解密。密钥存档和恢复服务可以由 CA 提供，也可由独立的密钥恢复系统提供。

（5）密钥生成。PKIX 指定最终实体应能生成公钥/私钥对，或由 CA/RA 为最终实体生成（并将其安全地发布给最终实体）。

（6）密钥更新。可以从旧密钥对向新密钥对顺利过渡，进行数字证书自动刷新。也可提供手工数字证书更新请求与响应。

（7）交叉证书。建立信任模型，使不同 CA 认证的最终实体可以相互验证。

（8）撤销。PKIX 可以支持两种证书状态检查模型——联机（使用 OCSP）或脱机（CRL）。

9.3.2 PKIX 体系结构

PKIX 建立了综合性文档 RFC 3280，介绍其体系结构模型的 5 个域，包括以下几方面。

（1）X.509 v3 证书与 v2 证书撤销列表配置文件。X.509 标准可以用各种选项描述数字证书扩展。PKIX 把适合 Internet 用户使用的所有选项组织起来，称为 Internet 用户的配置文件。该配置文件（参看 RFC 2459）指定必须/可以/不能支持的属性，并提供每个扩展类所用值的取值范围。例如，基本 X.509 标准没有指定证书暂扣时的标识代码——PKIX 定义了相应代码。

（2）操作协议。定义基础协议，向 PKI 用户发布证书、CRL 和其他管理与状态信息的传输机制。由于每个要求都有不同的服务方式，因此该文档定义了 HTTP、LDAP、FTP、X.500 等的用法。

（3）管理协议。这些协议支持不同 PKI 实体交换信息（如传递注册请求、撤销状态或交叉证书请求与响应）。管理协议指定实体间浮动的信息结构，还指定处理这些信息所需的细节。管理协议的一个示例是请求证书的证书管理协议（Certificate Management Protocol，

CMP）。

（4）策略大纲。PKIX 在 RFC 2527 中定义了证书策略（Certificate Policies，CP）和证书实务声明（Certificate Practice Statements，CPS）的大纲，其中定义了生成证书策略之类的文档，确定对于特定应用领域选择证书类型时要考虑的重点。

（5）时间标注与数据证书服务。时间标注服务是由所谓时间标注机构的信任第三方提供的，这个服务的目的是签名消息，保证其在特定日期和时间之间存在，帮助处理不可抵赖争端。数据证书服务（DCS）是可信第三方服务，验证所收到数据的正确性，类似于日常生活中的公证方。

9.4　PKI 实例

PKI 实例

整个系统由下列子系统构成。
- 签发系统（CA）。
- 密钥管理中心系统（KMC）。
- 申请注册系统（RA）。
- 证书发布系统（DA）。
- 在线证书状态查询系统（OCSP）。

由各子系统组成的 PKI/CA 认证系统的结构如图 9-30 所示。

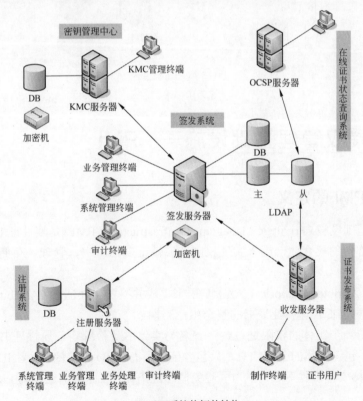

(a) PKI 系统的拓扑结构

图 9-30　PKI/CA 认证系统的结构

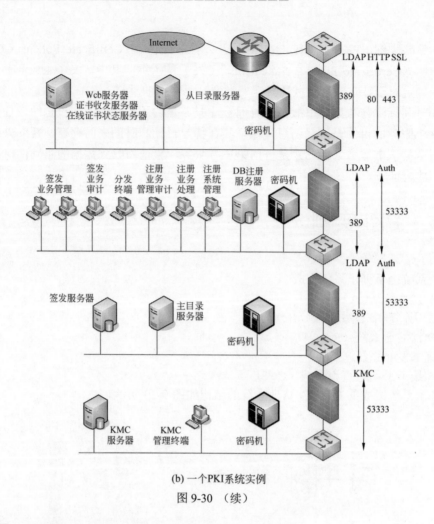

(b) 一个PKI系统实例

图 9-30 （续）

授权管理基础设施——PMI

9.5 授权管理基础设施——PMI

9.5.1 PMI 的定义

授权管理基础设施（Privilege Management Infrastructure，PMI）是属性证书、属性机构、属性证书库等部件的集合体，用来实现权限和属性证书的产生、管理、存储、分发和撤销等功能。

属性机构（Attribute Authority，AA）是用来生成并签发属性证书（Attribute Certificate，AC）的机构。它负责管理属性证书的整个生命周期。

属性证书将一个实体的权限通过数字签名与实体的身份绑定。属性证书由属性机构签发并管理，它不包含实体的公钥信息，只包含证书所有者 ID、证书颁发者 ID、签名算法标识、证书有效期、实体属性等信息。为了避免概念混淆，下面称公钥证书为 PKC（Public Key Certificate）。

X.509 定义的属性证书框架提供了一个构建授权管理基础设施（PMI）的基础，这些结构支持访问控制等应用。属性证书的使用（由 AA 签发）提供了灵活的权限管理基础设施。

PMI 实际提出了一个新的信息保护基础设施，能够与 PKI 和目录服务紧密地集成，并系统地建立起对合法用户的特定授权，对权限管理进行了系统的定义和描述，完整地提供了授权服务所需过程。

建立在 PKI 基础上的 PMI，以向用户和应用程序提供权限管理和授权服务为目标，主要负责向业务应用系统提供与应用相关的授权服务管理，提供用户身份到应用授权的映射功能，实现与实际应用处理模式相对应的、与具体应用系统开发和管理无关的访问控制机制，极大地简化了应用中访问控制和权限管理系统的开发与维护，并减少了管理成本和复杂性。

9.5.2　PMI 与 PKI 的关系

PKI 和 PMI 的主要区别在于：PMI 主要进行授权管理，证明这个用户有什么权限，能干什么，即"你能做什么"；PKI 主要进行身份认证，证明用户身份，即"你是谁"。二者的关系类似于护照和签证的关系。护照是身份证明，唯一标识一个人，只有持有护照才能证明你是一个合法的人。签证具有属性类别，它规定持有哪一类别的签证才能在该国家进行哪一类活动。

PKI 和 PMI 的实现机制如图 9-31 和图 9-32 所示。

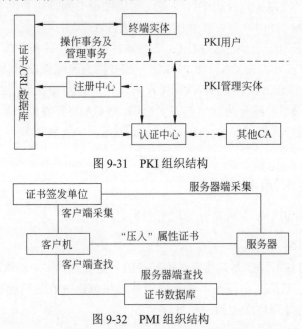

图 9-31　PKI 组织结构

图 9-32　PMI 组织结构

X.509 中定义，一个实体的权限约束由属性证书机构或由公钥证书机构提供。授权信息可以放在公钥证书扩展项（Subject Directory Attribute）或属性证书中，但是将授权信息放在公钥证书中是很不方便的。首先，授权信息和公钥实体的生存期往往不同，将授权信息放在公钥证书扩展项中，将缩短公钥证书的有效期，而公钥证书的申请审核签发的代价较高；其次，对于授权信息来说，公钥证书的签发者通常不具有权威性，这就导致公钥证书的签发者必须使用额外步骤从属性机构获得信息。另外，由于属性证书发布要比公钥证书发布频繁得多，且对同一个实体可由不同的属性机构颁发属性证书，赋予不同的权限，因此，一般使用属性证书来承载授权信息，PMI 可由 PKI 构建且可独立执行管理操作。但两者之间还存在着联系，即 PKI 可用于认证属性证书中的实体和属性证书所有者身份，并认证属性证书签发机构的身份。

PMI 和 PKI 有很多相似的概念，如属性证书与公钥证书、属性机构与认证机构等。表 9-7 是对它们的比较。

表 9-7　PMI 和 PKI 实体比较

内　　容	PKI 实体	PMI 实体
证书	PKC 公钥证书	AC 属性证书
证书颁发者	证书机构	属性机构
证书接收者	证书主体	证书持有者
证书的绑定	主体的名字绑定到公钥上	证书持有者绑定一个或多个特权属性
证书的撤销	证书撤销列表（CRL）	属性证书撤销列表（ACRL）
信任的根	根 CA 或信任锚	权威源（SOA）
子机构	子 CA	AA
验证者	可信方	特权验证者

公钥证书将用户名称及其公钥进行绑定，而属性证书则将用户名称与一个或多个权限进行绑定。在这方面，公钥证书可被看作特殊的属性证书。

数字签名公钥证书的实体被称为 CA，签名属性证书的实体被称为 AA。

PKI 信任源有时被称为根 CA，而 PMI 信任源被称为起始授权机构或权威源（SOA）。

CA 可以有它们信任的次级 CA，次级 CA 可以代理鉴别和认证，SOA 可以将它们的权利授给次级 AA。如果用户需要废除他的签名密钥，则 CA 将签发证书撤销列表。与之类似，如果用户需要废除授权允许（Authorization Permission），AA 将签发一个属性证书撤销列表（ACRL）。

9.5.3　实现 PMI 的机制

实现 PMI 有多种机制，大致可分为以下三类。

1. 基于 Kerberos 的机制

Kerberos 基于对称密码技术，具有对称算法的一些优点，如便于软硬件实现、比非对称密码算法速度更快。但是，它存在不便于密钥管理和单点失败的问题。这种机制最适合用于在大量的实时事务处理环境中的授权管理。

2. 基于策略服务器概念的机制

这种机制中有一个中心的服务器，用于创建、维护和验证身份，组合角色。它实行的是高度集中的控制方案，便于实行单点管理，但却容易形成通信的"瓶颈"。这种机制最适合用在地理位置相对集中的实体环境，具有很强的中心管理控制功能。

3. 基于属性证书的机制

该机制是完全分布式的解决方案，具有"失败即停"（Fail-Stop）的优点。但因为 AC

使用数字签名进行认证和完整性校验，所以需要进行公钥计算，性能不会太高。此机制适用于支持具有不可否认服务功能的授权管理。

基于 AC 的机制可以直接使用 PKI X.509-2000 定义 PMI，以及利用 PKI-CA 对用户访问进行授权管理。从 PMI 框架定义的基础看，PMI 与 PKI 必然具有很多共同点。

总之，PKI 处理的是公开密钥证书，包括创建、管理、存储、分发和撤销公开密钥证书的一整套硬件、软件、人员、策略和过程。而 PMI 处理的是 AC 的管理，与 PKI 类似，它包括创建、管理、存储、分发和撤销 AC 的技术和过程。

9.5.4　PMI 模型

由于绝大多数的访问控制应用都能抽象成一般的权限管理模型，包括三个实体：对象、权限声称者（Privilege Asserter）和权限验证者（Privilege Verifier）。因此，PMI 的基本模型包括三个实体：目标、权限持有者和权限验证者。PMI 基本模型如图 9-33 所示。

目标可以是被保护的资源，例如，在一个访问控制应用中，受保护的资源就是目标；权限拥有者就是拥有特定权限并为某个使用决定特权的实体；权限验证者对访问动作进行验证和决策，是制定决策的实体，是决定某次使用的权限是否合法的实体。

权限验证者根据 4 个条件决定访问"通过/失败"：①权限声明者的权限；②适当的权限策略；③当前环境变量（如果有）；④对象方法的敏感度（如果有）。

其中，权限策略说明了给定敏感度的对象方法或权限的用法和内容，用户拥有的权限需要满足什么条件和达到什么要求。权限策略准确定义了何时权限验证者应该确定一套已存在的权限是"充分的"，以便许可权限拥有者访问所需要的对象、资源、应用等。为了保证系统的安全性，权限策略需要完整性和可靠性保护，防止他人通过修改策略而攻击系统。

控制模型如图 9-34 所示，它说明如何控制对敏感目标程序的接入。该模型有 5 个基本组件：权限拥有者、权限验证者、目标程序、权限策略和环境变量。其中，权限验证者与 PMI 基本模型中的组件解释相同；权限拥有者可以是由公钥证书或档案资料所定义的实体；目标程序含有敏感信息。

图 9-33　PMI 基本模型　　　　　　图 9-34　控制模型

该模型描述的方法使权限验证者能够通过权限拥有者与权限策略保持一致，从而达到对环境变量的接入控制。

特权和敏感性可以有多个参数值。

委托模型（如图 9-35 所示），在某些环境下可能会需要委托特权，但是，这种框架是可选项，并非所有的环境都需要。这种模型有 4 个组成部分：权限验证者、终端实体、SOA 和普通 AA。在使用委托的环境下，SOA 成为证书的最初颁发者，SOA 指定一些权限拥有者作为 AA 并向其分配权限由 AA 进一步向其他实体授权权限。

角色模型（如图 9-36 所示）为角色提供了一种间接向个体分配权限的方式。个体通过证书中的角色属性分配到一个或多个角色。AA 可以定义任意数目的角色；角色本身和角色成员也可以由不同的 AA 分别定义和管理；角色关系类似于其他权限，是可以委托的；可以向角色和角色关系分配任何合适的有效期。

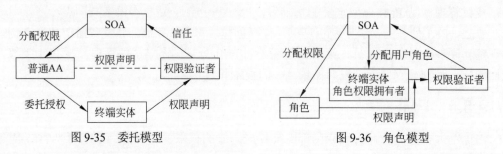

图 9-35　委托模型　　　　　　　　　图 9-36　角色模型

9.5.5　基于 PMI 建立安全应用

PKI 与 PMI 应用的逻辑结构如图 9-37 所示。

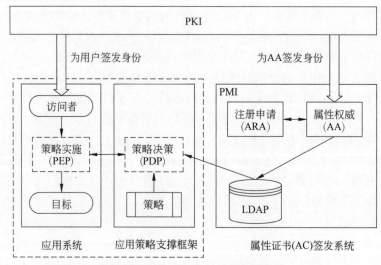

图 9-37　PKI 与 PMI 应用的逻辑结构

图 9-37 中各组成部分说明如下。

（1）**访问者、目标**：访问者是一个实体（该实体可能是人，也可能是其他计算机实体），它试图访问系统内的其他实体（目标）。

（2）**策略**：授权策略展示了一个机构在信息安全和授权方面的顶层控制、授权遵循的原则和具体的授权信息。在一个机构的 PMI 应用中，策略应当包括一个机构如何对其人员和数据进行分类组织，这种组织方式必须考虑具体应用的实际运行环境，如数据的敏感性、人员权限的明确划分及必须与相应人员层次相匹配的管理层次等因素。所以，策略的制定需要根据具体的应用量身定做。

策略包含着应用系统中的所有用户和资源信息及用户和信息的组织管理方式、用户和资源之间的权限关系、保证安全的管理授权约束、保证系统安全的其他约束。在 PMI 中主要使用基于角色的访问控制（Role-Based Access Control，RBAC）。

（3）**AC**：属性证书（AC）是 PMI 的基本概念，它是权威签名的数据结构，将权限和实体信息绑定在一起。属性证书中包含用户在某个具体的应用系统中的角色信息，而该角色具有什么样的权限则在策略中指定。

（4）**AA**：属性证书的签发者被称为属性机构 AA，属性机构 AA 的根称为 SOA。

（5）**ARA**：属性证书的注册申请机构称为属性注册机构 ARA。

（6）**LDAP**：用来存储签发的属性证书和属性证书撤销列表。

（7）**策略实施**：策略实施点（Policy Enforcement Points，PEPs）也称为 PMI 激活的应用，对每一具体应用可能不同，指已经通过接口插件或代理所修改过的应用或服务，这种应用或服务被用来实施一个应用内部的策略决策，介于访问者和目标之间，当访问者申请访问时，策略实施点向授权策略服务器申请授权，并根据授权决策的结果实施决策，即对目标执行访问或拒绝访问。在具体的应用中，策略实施点可能是应用程序内部进行访问控制的一段代码，也可能是安全的应用服务器（如在 Web 服务器上增加一个访问控制插件），或者是进行访问控制的安全应用网关。

（8）**策略决策**：策略决策点（Policy Decision Point，PDP）也称为授权策略服务器，它接收授权请求，并根据具体策略作出不同的决策。它一般不随具体的应用变化，是一个通用的处理判断逻辑。当接收到一个授权请求时，它根据授权策略、访问者的安全属性及当前条件进行决策，并将决策结果返回给应用。

在实施的过程中，只需定制策略实施部分并定义相关策略。

习　题

一、选择题

1. 数字证书将用户身份与其_____相关联。
   A. 私钥　　　　　B. 公钥　　　　　C. 护照　　　　　D. 驾照

2. 用户的_____不能出现在数字证书中。
   A. 公钥　　　　　B. 私钥　　　　　C. 组织名　　　　D. 人名

3. _____可以签发数字证书。
   A. CA　　　　　 B. 政府　　　　　C. 小店主　　　　D. 银行

4. _____标准定义数字证书结构。
   A. X.500　　　　B. TCP/IP　　　　C. ASN.1　　　　D. X.509

5. RA 为用户注册机构，它_____签发数字证书。
   A. 可以　　　　　B. 不必　　　　　C. 必须　　　　　D. 不能

6. CA 使用_____签名数字证书。
   A. 用户的公钥　　B. 用户的私钥　　C. CA 的公钥　　D. CA 的私钥

7. 要解决网络上的用户信任问题，需使用_____。
   A. 公钥　　　　　B. 自签名证书　　C. 数字证书　　　D. 数字签名

8. CRL 是_____的证书撤销状态列表。
   A. 联机　　　　　B. 联机和脱机　　C. 脱机　　　　　D. 未定义

9. OCSP 是_____的证书状态协议，用于查询证书状态。

A. 联机　　　　　B. 联机和脱机　　C. 脱机　　　　　D. 未定义

10. 最高权威的 CA 称为_____。

A. RCA　　　　　B. RA　　　　　　C. SOA　　　　　D. ARA

二、思考题

1. PKI 由哪 5 部分组成？每部分的作用是什么？PKI 的最主要任务是什么？

2. X.509 数字证书中有哪些典型内容？

3. 简述交叉证书的作用。

4. 简述撤销证书的原因。

5. 列出创建数字证书的 4 个关键步骤。

6. 当某个组织机构规模庞大时，为何要对 CA 进行分层管理？

7. 在实践中，需要采取哪些措施对数字证书进行保护？

8. CRL、OCSP、SCVP 的主要区别是什么？

9. 在实际应用中，CA 如何将数字证书发给用户？

10. 在搭建一个 PKI/CA 系统时，为什么要采用多个防火墙施加保护？

11. 当世界各国的数字证书格式不同时，如何实现不同证书之间的交叉认证？

12. 是否采用 PKI 体系就可以确保安全性？是否仍然存在安全风险？

13. PMI 由哪几部分组成？每部分的作用是什么？PMI 的最主要任务是什么？

14. PKI 与 PMI 有何区别和联系？

15. 在银行开户时，银行会发给用户一个 U 盾。请你用所学的密码学知识，解释 U 盾的工作原理，并说明 U 盾所起的安全作用。

16. 在网上购物时，需要向网站申请并下载数字证书，方可进行安全交易。请你描述在网上交易过程中数字证书所起的安全作用。

第10章 网络加密与密钥管理

网络加密是保护网络信息安全的重要手段。网络环境下的密钥管理是一项复杂而重要的技术。本章首先介绍有关网络加密的方式和硬件加密、软件加密的有关问题及实现。第7章讨论了密钥建立协议，本章将介绍密钥建立的通信模型，密钥分类、生成、长度与安全性、传递、注入、分配、证实、保护、存储、备份、恢复、泄露、过期、吊销、销毁、控制、托管以及密钥管理自动化等有关内容。

10.1 网络加密的方式及实现

网络加密的
方式及实现

网络数据加密是解决通信网中信息安全的有效方法。虽然由于成本、技术和管理上的复杂性，网络数据加密技术目前还未在网络中广泛应用，但从今后的发展看，这是一个必然趋势。有关密码算法在密码学课程中已经详细介绍，这里主要讨论网络加密的方式。网络加密一般可在通信的三个层次上实现，相应的加密方式有链路加密、节点加密和端到端加密。

10.1.1 链路加密

链路加密是对网络中两个相邻节点之间传输的数据进行加密保护，如图 10-1 所示。在受保护数据所选定的路由上，任意一对节点和相应的调制解调器之间都安装有相同的密码机，并配置相应的密钥，不同节点对之间的密码机和密钥不一定相同。

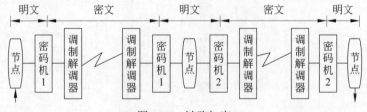

图 10-1 链路加密

对于在两个网络节点间的某一次通信链路，链路加密能为网上传输的数据提供安全保证。对于链路加密（又称在线加密）来说，所有消息都在传输之前被加密。每个节点首先对接收到的消息进行解密，然后再使用下一个链路的密钥对消息进行加密，并进行传输。在到达目的地之前，一条消息可能要经过许多通信链路的传输。

尽管链路加密在计算机网络环境中使用得相当普遍，但它并非没有问题。链路加密通常用在点对点的同步或异步线路上，它要求先对链路两端的加密设备进行同步，然后使用一种链路加密模式对链路上传输的数据进行加密。虽然加密会提高数据传输的保密性，但也给网络性能和可管理性带来了新的挑战。

在线路和信号经常不通的区域或卫星通信中，链路上的加密设备需要频繁地进行同步，其后果是数据丢失或重传。另外，即使仅有小部分数据需要加密，也会使所有传输数据被加密。

链路加密仅在通信链路上提供安全性，在一个网络节点，消息以明文形式存在。因此，所有节点在物理上必须是安全的，否则就会泄露明文内容。然而，要保证每个节点的安全性需要较高的费用。

此外，在对称（单钥）加密算法中，用于解密消息的密钥与用于加密的密钥是相同的，该密钥必须秘密保存并定期更换。这样，在链路加密系统中，密钥分配就成了一个问题，因为每个节点必须存储与其相连接的所有链路的加密密钥，这就需要对密钥进行物理传送或建立专用网络设施。网络节点地理分布的广阔性使这一过程变得复杂，同时增加了密钥分配的费用。

10.1.2　节点加密

尽管节点加密能给网络数据提供较高的安全性，但它在操作方式上与链路加密相似：两者均在通信链路上为传输的消息提供安全性；都在中间节点先对消息进行解密，然后再进行加密。因为要对所有传输的数据进行加密，所以加密过程对用户是透明的。

但是，节点加密与链路加密不同：节点加密不允许消息在网络节点以明文形式存在。它先把收到的消息进行解密，然后采用另一个不同的密钥进行加密。这一过程在节点上的一个安全模块中进行。节点加密如图 10-2 所示。

节点加密要求报头和路由信息以明文形式传输，以便中间节点能得到如何处理消息的信息。因此这种加密方法仅用于防止攻击者从内部节点发起攻击，但对防止攻击者实施业务流分析攻击，它是脆弱的。

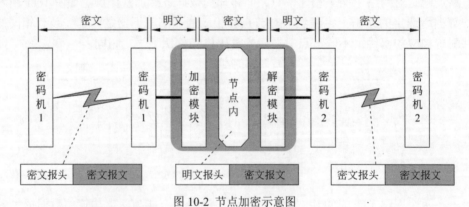

图 10-2　节点加密示意图

10.1.3　端到端加密

如图 10-3 所示，端到端加密是对一对用户之间的数据连续地提供加密保护。它要求各对用户（而不是各对节点）采用相同的密码算法和密钥。对于传送通路上的各中间节点，数据是保密的。

链路加密虽然能防止搭线窃听，但不能防止在消息交换过程中由错误路由造成的泄密，如图 10-4 所示。在链路加密方式下，由网络提供密码功能，故加密过程对用户是透明的。

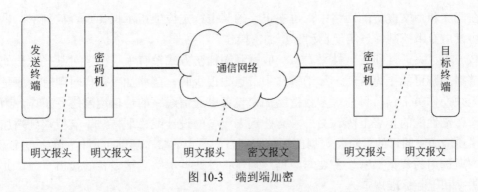

图 10-3　端到端加密

在端到端加密方式下，若加密功能由网络自动提供，则加密过程对用户也是透明的；若加密功能由用户自己选定，则加密过程对用户就不透明。采用端到端加密方式时，只需在发端和收端两个用户之间安装密码设备，可大大减少整个网络中密码设备的数量。

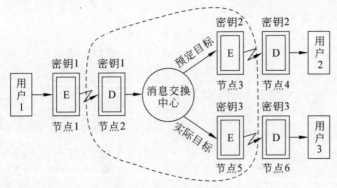

图 10-4　链路加密的弱点

端到端加密允许数据在从源点到终点的传输过程中始终以密文形式存在。采用端到端加密（又称脱线加密或包加密），消息在被传输时到达终点之前不进行解密。由于消息在整个传输过程中均受到保护，所以即使有节点被损坏也不会使消息泄露。

端到端加密系统的开销小一些，并且与链路加密和节点加密相比更可靠，更容易设计、实现和维护。端到端加密还避免了其他加密系统所固有的同步问题。因为每个报文包均独立加密，所以一个报文包所发生的传输错误不会影响后续的报文包。此外，从用户的安全需求上讲，端到端加密更自然。单个用户可能会选用这种加密方法，以便不影响网络上的其他用户。此方法只需要源和目的节点是保密的即可。

端到端加密系统通常不允许对消息的目的地址进行加密，这是因为每个消息所经过的节点都要用该地址确定如何传输消息。由于这种加密方法不能掩盖被传输消息的源点与终点，因此对于防止攻击者分析通信业务，它是脆弱的。

10.1.4　混合加密

采用端到端加密方式只能对报文加密，报头则以明文形式传送，容易遭受业务流量分析攻击。为了保护报头中的敏感信息，可以用如图 10-5 所示的端到端和链路混合加密方式。在此方式下，报文将被两次加密，报头则只以链路方式进行加密。

在明文和密文混传的网络中，可在报头的某个特定位上指示报文是否被加密，也可按通信协议由专用控制信息实现自动起止加密操作。

从成本、灵活性和安全性来看，一般端到端加密方式较有吸引力。对某些远程处理机构，链路加密可能更为合适。如当链路中节点数很少时，链路加密操作对现有程序是透明的，无须操作员干预。目前大多数链路加密设备以通信线路的传信速度进行工作，因而不会引起传输性能的显著下降。另外，有些远端设备的设计或管理方法不支持端到端加密方式。端到端加密的目的是对从数据的源节点到目的节点的整个通路上所传的数据进行保护。网络中所选用的数据加密设备要与数据终端设备及数据电路端接设备的接口一致，并且要遵循国家和国际标准规定。

当前，信息技术及其应用的发展领先于安全技术，因此应大力发展安全技术以适应信息技术发展的需要。安全技术及其带来的巨大效益远未被人们所认识，但对这个问题的认识绝不能太迟钝。信息的安全设计是个复杂的问题，应当统筹考虑，协调各种需求，并力求降低成本。

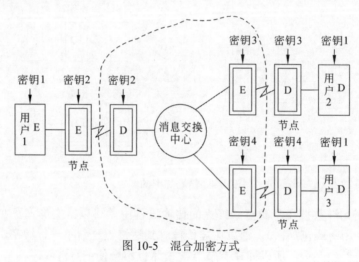

图 10-5　混合加密方式

硬件、软件加密及有关问题

10.2　硬件、软件加密及有关问题

10.2.1　硬件加密的优缺点

（1）**加密速度快**。长期以来一直采用硬件实现加解密，主要原因是其加密速度快。许多算法，例如 DES 和 RSA，大都是位串操作，而不是计算机中的标准操作，它们在微处理器上的效率很低，故采用专用加密硬件实现在速度上具有优势。虽然有些算法在设计时考虑到用软件实现，但算法安全性总是放在第一位考虑。另外，加密是一种强化的精细计算任务，改变一种微处理器芯片就可能使加解密的速度显著提高。

（2）**硬件安全性好**。软件实现不可能有物理保护，攻击者可能采用各种调试软件工具，可毫无觉察地偷偷修改算法。硬件可以封装，可以防窥扰，因而攻击者难以入侵修改。ASIC 外面可以加上化学防护罩，任何试图解剖芯片的行动都会破坏其内部逻辑，导致存储的数据自行擦除。例如，美国的 Clipper 和 Capstone 芯片均有防窜扰设计，且可以设计得使外部攻击者无法读出内部密钥。IBM 的密钥管理系统中的硬件模块也有防窜扰设计。

硬件加密设备可进行电磁屏蔽设计，即 TEMPEST 设计，这样可防止电磁辐射泄漏（Electronic Radiation）。当然必须选用可信赖厂家的产品。

（3）**硬件易于安装**。多数硬件的应用独立于主机。如对于电话、FAX、数据线路等应用场合，在相应终端加入一个专用加密硬件，要比用微处理器实现加密更方便（但是多媒体的出现使这一情况发生了改变）；在计算机环境下，采用硬件也优于软件（如 PCMCIA 卡），并能使加密透明且方便用户。若以软件实现加密需在操作系统的深层安装，这不容易实现；在计算机和 Modem 之间插入硬件，这对于计算机新手并非难事。

硬件加密也有如下缺点。

（1）硬件加密费用高，需要购买专门的硬件保密机设备，价格较高。

（2）需要购买一次性永久授权，无法方便实现试用版本和按需购买。

（3）硬件的存在带来了生产、初始化、物流、安装和维护的成本。

（4）安装驱动和客户端组件以及额外的硬件影响了客户的使用体验。

（5）难以进行基于互联网的自动版本更新、维护、跟踪及售后管理。

10.2.2　硬件种类

（1）**自配套加密模块**（含有口令证实、密钥管理等）。

（2）**通信用加密盒**。例如，T-1 加密盒特别适用于 FAX，多采用异步传输模式，有些加密盒也有用同步传送模式。发展趋势是高速率和适应多种应用。

（3）**PC 插件板**。用于对所有写入硬盘的数据加密，可以有选择地对送给出口的数据加密。由于 PC 插件板种类繁多，且有些兼容性不佳，在选购时要充分考虑硬件类型、操作系统、应用软件、网络特点等。与加密盒等产品一样，PC 插件板都有相应的安全密钥管理。

10.2.3　软件加密

任何加密算法都可用软件实现。在所有主要的操作系统上都有加密软件可利用。加密软件可用于加密单个文件。采用加密软件时密钥管理的安全性极为重要。

软件加密实现的最大问题还是安全性不高。如在多任务环境下，文件进入系统后是否及时被加密是个大问题。存于系统中的未加密密钥，可能是几分钟，也可能是几个月或更长，当攻击者出现时，文件可能还是明文状态；密钥也可能仍以明文形式存在硬盘某处，攻击者可用细齿梳（Fine Tooth Comb）检出。切记不要在硬盘上存放密钥，加密后须将密钥和原来未加密的明文文件一并删除，这一重要操作常常被忽视。为降低这种风险，应将加密操作设置为高优先级。但即便如此，风险依然存在。

归纳起来，软件加密有如下优点。

（1）软件加密灵活轻便。可安装于多种操作系统和 CPU 的机器上，且可将几个软件组合成一个系统，如与通信程序、字处理程序等相结合。

（2）软件加密节约成本。购买软件通常要比购买硬件产品便宜。

（3）可利用现有的加密模块。所有主流的操作系统上都有加密软件。

软件加密也有以下缺点。

（1）速度慢。软件加密会占用一些计算和存储资源，且易被移植。

（2）密钥管理困难。加密密钥不允许以明文的形式存放在硬盘上。

（3）明文和密钥文件容易泄露。加密后，明文和密钥必须及时清除。

（4）加密过程数据易被窃取。黑客可能侵入计算机内存读取数据。

10.2.4　存储数据加密的特点

存储数据加密与通信数据加密有很大不同，如破译其加密算法所需的密码分析时间仅由数据的价值限定；数据可能存储在另外的硬盘或另一台计算机上，也可能在纸上以明文形式出现，密码分析者有更多的机会破译已知明文；在数据库中，一串数据可能小于加密分组长度，而造成密文大于明文（数据扩展）；因为对输入输出速度有要求，所以需要实现快速加解密，可借助硬件加密器件实现；密钥管理更为复杂，因为不同的人要访问不同的文件，或访问同一文件的不同部分等。

对设置记录项和文件结构的文本文件，加密后易于检索和解密恢复明文；但对加密的数据库文件则难以检索，要将整个库文件解密后才能访问一个记录，很不方便。采用各记录独立加密时，则对分组重放（Block Replay）一类攻击又较为敏感。

10.2.5　文件删除

要从计算机硬盘上删除文件，常常是删去文件名的第 1 个字母而使其不能检索，但文件本身仍存在原处，直到新的数据存入将其覆盖，在此之前用文件恢复软件就可以检出。因此，真正从存储器中消除所存储的内容需用物理擦除法，即对计算机硬盘进行重复写入。美国 NCSC（National Computer Security Center）建议，要以一定格式的随机数重写至少三次。如第 1 次随机数为 00110101…；第 2 次随机数为 11001010…，是对第 1 次随机数取补；第 3 次随机数为 10010111…。原数据机密级越高，重写次数则应越多。很多商用软件采用三次重写，第 1 次用全 1，第 2 次用全 0，第 3 次用 1 和 0 相间数字。Schneier 建议为 7 次，第 1 次用全 1，第 2 次用全 0，后 5 次用安全的随机数。即使如此，NCSC 用电子隧道显微镜观测，仍然不能完全擦掉原数据。

更成问题的是计算机中广泛使用虚拟存储，它可以在任何时候进行读、写；即使不存储数据，当敏感文件上机操作后，也无从知道它是否已从硬盘中移出。偶尔将硬盘中所有未用空间进行重写，并将文件及其后未用块组进行交换是有意义的。

密钥管理基本概念

10.3　密钥管理基本概念

在系统中，各实体之间通过共享一些公用数据以实现密码保护，这些数据可能包括公钥或私钥、初始化数据及一些附加的非秘密参数。系统用户首先要进行初始化工作。

密钥是加密算法中的可变部分。根据 Kerckhoffs 准则，对于采用密码技术保护的现代信息系统，其安全性仅取决于对密钥的保护，而不取决于对算法或硬件本身的保护。密码体制可以公开，密码设备也可能丢失，而与丢失密码设备相同型号的密码机仍可能在继续使用。然而一旦密钥丢失或出错，不但合法用户不能提取信息，而且可能使非法用户窃取信息。因此，产生密钥算法的强度、密钥长度及密钥的保密及其安全管理对于保证数据系统的安全极为重要。下面将详细介绍密钥管理的相关技术。

10.3.1　密钥管理

密钥管理处理密钥从产生到最终销毁的整个过程中的有关问题，包括系统的初始化及密钥的产生、存储、备份/恢复、装入、分配、保护、更新、控制、丢失、撤销和销毁等。设计安全的密码算法和协议并不容易，而管理密钥则更难。密钥是保密系统中最脆弱的环节，其中，密钥分配和存储可能最为棘手。在过去，点到点通信加密问题均通过手工作业来解决。随着通信技术的发展和多用户保密通信网的出现，在一个具有众多交换节点和服务器、工作站及大量用户的大型网络中，密钥管理工作极其复杂，这就要求密钥管理系统逐步实现自动化。

在一个大型通信网络中，数据将在多个终端和主机之间进行传递。端到端加密的目的是使无关用户不能读取别人的信息，这就需要大量的密钥，而这会使密钥管理复杂化。同样，在主机系统中，许多用户向同一主机存取信息，这就要求彼此在严格的控制之下相互隔离。因此，密钥管理系统应能保证多用户、多主机和多终端情况下的安全性和有效性。密钥管理不仅影响系统的安全性，而且涉及系统的可靠性、有效性和经济性。类似于信息系统的安全性，密钥管理也包括物理安全、人员安全、规程安全和技术安全等方面的内容，本节主要从技术安全方面讨论密钥管理的有关问题。

在分布式系统中，人们已经设计了几个用于自动密钥分配业务的方案。其中某些方案已被成功地使用，如 Kerberos 和 ANSI X.9.17 方案采用了 DES 技术，而 ISO/ITU X.509 目录认证方案主要依赖于公钥技术。

密钥管理的目的是维持系统中各实体之间的密钥关系，以抗击各种可能的威胁，例如：

（1）密钥的泄露。

（2）密钥或公钥的认证性（Authenticity）丧失，所谓认证性是指通信一方可对通信对方的身份和所拥有的密钥加以证实。

（3）密钥或公钥未经授权使用，如使用失效的密钥或违规使用密钥。

密钥管理与特定的安全策略有关，而安全策略又根据系统环境中的安全威胁制定。一般安全策略需要在下述几方面作出规定：①密钥管理在技术和行政方面要实现哪些要求和所采用的方法，包括自动和人工方式；②每个参与者的责任和义务；③为支持和审计、追踪与安全有关事件需做的记录类型。

密钥管理要借助加密、认证、签名、协议、公证等技术。密钥管理系统中常常依靠可信第三方参与的公证系统。公证系统是通信网中实施安全保密的一个重要工具，它不仅可以协助实现密钥的分配和证实，而且可以作为证书机构、时戳代理、密钥托管代理和公证代理等。不仅可以确定文件签署时间，还可以保证文件本身的真实可靠性，使签名者不能否认他在特定时间对文件的签名。在发生纠纷时可以根据系统提供的信息进行仲裁。公证机构还可采用审计追踪技术，对密钥的注册、证书的制作、密钥更新、撤销进行记录审计等。

10.3.2　密钥的种类

密钥的种类多而繁杂，但在一般通信网的应用中有基本密钥、会话密钥、密钥加密密钥、主机主密钥及双钥体制下的公钥和私钥等。

（1）基本密钥（Base Key）或称初始密钥（Primary Key），以 k_p 表示，它是由用户选定或由系统分配，可在较长时间（相对于会话密钥）内由一对用户专用的密钥，故又称作用户密钥（User Key）。基本密钥既要安全，又要便于更换，能与会话密钥一起去启动和控制某种算法所构造的密钥产生器，产生用于加密数据的密钥流。

（2）主机主密钥（Host Master Key），以 k_m 表示。它是对密钥加密密钥进行加密的密钥，存于主机处理器中。

（3）密钥加密密钥（Key Encrypting Key）。用于对传送的会话或文件密钥进行加密时采用的密钥，也称次主密钥（Submaster Key）、辅助（二级）密钥（Secondary Key）或密钥传送密钥（Key Transport Key），以 k_e 表示。通信网中每个节点都分配有一个这类密钥。为了安全，各节点的密钥加密密钥应互不相同。每台主机都必须存储有关到其他各主机和本主机范围内各终端所用的密钥加密密钥，而各终端只需要一个与其主机交换会话密钥时所需的密钥加密密钥，称为终端主密钥（Terminal Master Key）。在主机和一些密码设备中，存储各种密钥的装置应有断电保护和防窜扰、防欺诈等控制功能。

（4）会话密钥（Session Key）。两个通信终端用户在一次通话或交换数据时所用的密钥，以 k_s 表示。当用于对传输的数据进行保护时，称其为数据加密密钥（Data Encrypting Key），当用于保护文件时，称其为文件密钥（File Key）。会话密钥的作用是使人们可以不必频繁地更换基本密钥，这有利于密钥的安全和管理。这类密钥可由用户双方预先约定，也可由系统通过密钥建立协议动态地产生并赋予通信双方，它为通信双方专用，故又称为共享密钥。由于会话密钥使用时间短暂且具有"一次一密"的特性，它限制了密码分析者攻击时所能得到的同一密钥下加密的密文量；在密钥不慎丢失时，所泄露的数据量有限，会话密钥只在需要时通过协议建立，从而降低了分配密钥的存储量。

（5）工作密钥（Working Key），以 k_w 表示。工作密钥有时也称为数据加密密钥，它直接用于对明文数据进行加密和解密操作。

单密钥除上述几种密钥外，在工作中还会碰到一些密钥。例如，用户选择密钥（Customer Option Key），用来保证同一类密码机的不同用户使用不同的密钥；还有族密钥（Family Key）及算法更换密钥（Algorithm Changing Key）等。这些密钥的某些作用可以归入上述几类中的一类。它们主要是在不增大更换密钥工作量的条件下扩大可使用的密钥量。基本密钥一般通过面板开关或键盘选定，而用户选择密钥通常要通过更改密钥产生算法来实现。例如，在非线性移存器型密钥流产生器中，基本密钥和会话密钥用于确定寄存器的初态，而用户选择密钥可决定寄存器反馈线抽头的连接。

单钥密码体制下几种密钥的关系如图 10-6 所示。

在双钥体制下，还有公钥和私钥、签名密钥和证实密钥之分。

有关密钥管理的基本论述，可参阅相关文献[ISO 8732 1987; Matyas 等 1991; Ford 1994; ITU-T REC X.509 1995a, 1995b, 1993; Menezes 等 1995]。

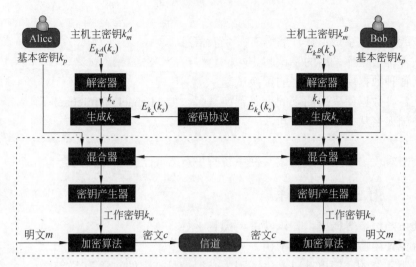

图 10-6　单钥密码体制下几种密钥之间的关系

10.4　密钥生成

在现代数据系统中加密需要大量密钥，以分配给各主机、节点和用户。如何产生好的密钥是很关键的。密钥可以用手工方式产生，也可以用自动生成器产生。所产生的密钥要经过质量检验，如伪随机特性的统计检验。用自动生成器产生密钥不仅可以减少人的烦琐劳动，而且可以消除人为差错和有意泄露，因而更加安全。自动生成器产生密钥算法的强度非常关键。

10.4.1　密钥选择对安全性的影响

1. 使密钥空间减小

例如，56b（10^{16}）的 DES 在软件加密下，若只限用小写字母和数字，则可能的密钥数仅为 10^{12}。在不同的密钥空间下可能的密钥数如表 10-1 所示。

表 10-1　密钥空间

	4b	5b	6b	7b	8b
小写字母（26）	4.6×10^5	1.2×10^7	3.1×10^8	8.0×10^9	2.1×10^{11}
小写字母+数字	1.7×10^6	6.0×10^7	2.2×10^9	7.8×10^{10}	2.8×10^{12}
62 字符	1.5×10^7	9.2×10^8	5.7×10^{10}	3.5×10^{12}	2.2×10^{14}
95 字符	8.1×10^7	7.7×10^9	7.4×10^{11}	7.0×10^{13}	6.6×10^{15}
128 字符	2.7×10^8	3.4×10^{10}	4.4×10^{12}	5.6×10^{14}	7.2×10^{16}
256 字符	4.3×10^9	1.1×10^{12}	2.8×10^{14}	7.2×10^{16}	1.8×10^{19}

2. 差的选择方式易受字典式攻击

攻击者首先从最容易突破之处着手，对由英文字母、名字及其组合等构成的密钥进行破译，这种攻击称为字典攻击（Dictionary Attack），25%以上的口令可由此方式攻破，具体方法如下。

（1）本人名、首字母、账户名等有关个人信息。

（2）从各种数据库采用的字试起。

（3）从各种数据库采用的字的置换试起。

（4）从各种数据库采用的字的大写置换试起，如 Michael 和 mIchael 等。

（5）外国人名从外国文字试起。

（6）试对等字。

字典攻击对攻击多用户数据或文件系统时最有效，上千口令中总会有几个口令较弱。

10.4.2 好密钥的选择

（1）真正随机、等概率，如掷硬币、掷骰子等。

（2）避免使用特定算法的弱密钥。

（3）双钥系统的密钥更难以产生，因为必须满足一定的数学关系。

（4）对于需要记忆的密钥，不能选完全随机的数串，要选易记而难猜中的密钥。

（5）采用密钥揉搓或杂凑技术，将易记的长句子（10～15 个英文字的通行短语），经单向杂凑函数变换成伪随机数串（64b）。

10.4.3 密钥产生的方式

（1）主机主密钥是控制产生其他加密密钥的密钥，一般都长期使用，所以其安全性至关重要，故要保证其完全随机性、不可重复性和不可预测性。任何机器和算法所产生的密钥都有周期性和被预测的危险，不适合作为主机主密钥。主机主密钥的数量小，可用投硬币、掷骰子、噪声产生器等方法产生。

（2）密钥加密密钥可用安全算法、二极管噪声产生器、伪随机数产生器等产生。如在主机主密钥控制下，由 X.9.17 安全算法生成。

（3）会话密钥、数据加密密钥（工作密钥）可在密钥加密密钥控制下通过安全算法产生。

密钥分配

10.5 密钥分配

密钥分配方案研究的是密码系统中密钥的分发和传送问题。从本质上讲，密钥分配是使用一串数字或密钥对通信双方所交换的秘密信息进行加密、解密、传送等操作，以实现保密通信或认证签名等。

10.5.1 基本方法

通信双方可通过三种基本方法实现秘密信息的共享：一是利用安全信道实现密钥传递；二是利用双钥体制建立安全信道传递；三是利用特定的物理现象（如量子技术）实现密钥传递。下面分别对这三种方法进行详细介绍。

1. 利用安全信道实现密钥传递

这种方法由通信双方直接面议或通过可靠信使传递密钥。传统的方法是通过邮递员或信使护送密钥。密钥可用打印、穿孔纸带或电子形式记录。这种方法的安全性完全取决于信使的忠诚和素质，所以信使必须精心挑选，即便如此，仍很难完全消除信使被收买的可能性。这种方法成本很高，薪金不能太低，否则会危及安全性。有人估计此项支出可达整个密码设备费用的三分之一。这种方法一般可保证密钥传递的及时性和安全性，偶尔会出现丢失、泄密等。为了减少费用，可采用分层方式传递密钥，信使只传送密钥加密密钥，而不去传送大量的数据加密密钥。这既减少了信使的工作量（从而大大降低了费用），又克服了使用一个密钥加密多组数据的问题。当然，这不能完全克服信使传送密钥的缺点。由于这种方法成本高，所以只适用于高安全级密钥的传递，如主密钥的传递。

还可以采用某种更隐蔽的方法传送密钥，如将密钥分拆成几部分分别递送，如图 10-7 所示。除非敌手可以截获密钥的所有部分，否则只截获部分密钥毫无用处。因此，一般情况下此法有效。这种方法只适用于传递少量密钥，如主密钥、密钥加密密钥等，且收方收到密钥后要妥善保存。

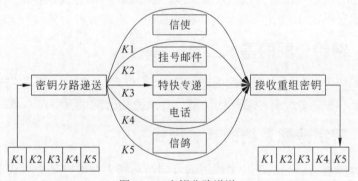

图 10-7　密钥分路递送

用主密钥对会话密钥加密后，可通过公用网传送，或用公钥密钥分配体制实现。如果采用的加密系统足够安全，则可将其看作一种安全信道。

2. 利用双钥体制建立安全信道传递

由于 RSA、Diffie-Hellman 等双钥体制运算量较大，所以不适合用于对语音、图像等实时数据进行加解密。但是，双钥体制非常适用于密钥的分配。我们知道，双钥体制使用两个密钥，一个是公钥，另一个是私钥。公钥是公开的，通信一方可采用公钥对会话密钥加密，然后再将密文传递给另一方。收方接收到密文后，用其私钥解密即可获得会话密钥。当然，这里存在收方假冒他人发布公钥的问题。为了确保收方所发布公钥的真实性，发方可以通过验证收方的数字证书获得可信的公钥。这需要设计专门的密码协议来实现密钥的密钥分配与交换。

Newman 等于 1986 年提出的 SEEK（Secure Electronic Exchange of Keys）密钥分配体制系统采用 Diffie-Hellman 和 Hellman-Pohlig 密码体制实现。这一方法已被用于美国 Cylink 公司的密码产品中。Gong 等提出一种用 $GF(p)$ 上的线性序列构造的公钥分配方案。也可通过可信密钥管理中心（KDC）进行密钥分配，如采用 PKI/CA 等技术。

3. 利用量子技术实现密钥传递

量子信息将成为后莫尔时代的新技术，它是量子物理与信息科学相融合的新兴交叉学科。量子信息以量子态作为信息单元，信息从产生、传输、处理和检测等均服从量子力学的规律。基于量子力学的特性，如叠加性、非局域性、纠缠性、不可克隆性等，量子信息可以实现经典信息无法做到的新的信息功能，突破现有信息技术的物理极限。

量子信息以光子的量子态表征信息。如果约定光子偏振态的圆偏振代表"1"，线偏振代表"0"。量子比特与经典比特的区别如图 10-8 所示。

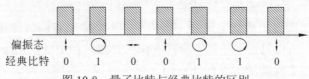

图 10-8　量子比特与经典比特的区别

基于量子密码的密钥分配方法是利用物理现象实现的。量子密码可以确保量子密钥分配的安全性，与一次一密算法的不可破译性相结合，可提供不可窃听、不可破译的安全保密通信。密码学的信息理论研究指出，通信双方 A 到 B 可通过先期精选、信息协调、保密增强等密码技术实现使 A 和 B 共享一定的秘密信息，而窃听者对其却一无所知。

10.5.2　密钥分配的基本工具

认证技术和协议技术是密钥分配的基本工具。认证技术是安全分配密钥的保障，协议技术是实现认证和密钥分配必须遵循的流程。有关密钥分配协议将在本章后面介绍。

10.5.3　密钥分配系统的基本模式

小型网可采用每对用户共享一个密钥的方法，这在大型网中是不可实现的。一个有 N 个用户的系统，为实现任意两个用户之间的保密通信，需要生成和分配 $N(N-1)/2$ 个密钥才能保证网中任意两个用户之间的保密通信。随着系统规模的加大，复杂性剧增，例如 $N=1000$ 时，就需要有约 50 万个密钥进行分配、存储等。为了降低复杂度，人们常采用中心化密钥管理方式，将一个可信的联机服务器作为密钥分配或转递中心（KDC 或 KTC）来实现密钥分配。图 10-9 给出几种密钥分配的基本模式，其中，k 表示 A 和 B 共享密钥。

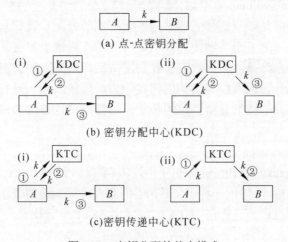

图 10-9　密钥分配的基本模式

（1）图 10-9（a）中由 A 直接将密钥送给 B，利用 A 与 B 的共享密钥实现加密。

（2）图 10-9（b）中 A 向 KDC 请求发放与 B 通信用的密钥，KDC 生成 k 传给 A，并通过 A 转递给 B，或 KDC 直接发给 B，利用 A 与 KDC 和 B 与 KDC 的共享密钥实现加密。

（3）图 10-9（c）中 A 将与 B 通信用会话密钥 k 送给 KTC，KTC 再通过 A 转递给 B，或 KTC 直接送给 B，利用 A 与 KTC 和 B 与 KTC 的共享密钥实现加密。

由于有 KDC 或 KTC 参与，各用户只须保存一个与 KDC 或 KTC 共享的较长期使用的密钥，但要承担的风险是中心的可信度，中心节点一旦出问题，将极大地威胁系统的安全性。

10.5.4　可信第三方 TTP

可信第三方（Trusted Third Parties，TTP）可按协调（In Line）、联机（On Line）和脱机（Off Line）三种方式参与。在协调方式下，T 是一个中间人，为 A 与 B 之间通信提供实时服务；在联机方式下，T 实时参与 A 和 B 每次协议的执行，但 A 和 B 之间的通信不必经过 T；在脱机方式下，T 不实时参与 A 和 B 的协议，而是预先向 A 和 B 提供双方执行协议所需的信息。可信第三方的工作模式如图 10-10 所示。

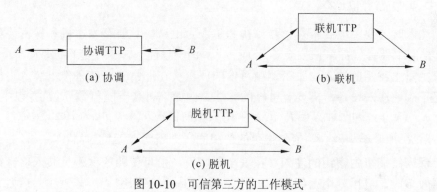

图 10-10　可信第三方的工作模式

当 A 和 B 属于不同的安全区域时，协调方式特别重要。证书机构常采用脱机方式。脱机方式对计算资源的要求较低，但在撤销权宜上不如其他两种方式方便。

TTP 是公钥证书颁发机构（CA），利用 PKI 技术颁发证书。它包括下述几个组成部分，如图 10-11 所示。

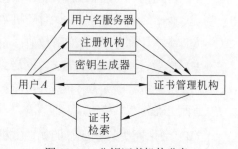

图 10-11　公钥证书机构业务

（1）证书管理机构（Certification Authority，CA）。负责公钥的建立和真实性证实。CA 通过对公钥的签名将证书分发给不同用户，并负责证书序号和证书吊销管理。

（2）用户名服务器（Name Server）。负责管理用户名字的存储空间，保持其唯一性。

（3）注册机构（Registrator Authority）。为辖区内所有合法实体提供证书注册服务。用户注册时要验证实体提供的密钥材料。

（4）密钥生成器。建立公钥/私钥对（以及单钥体制的密钥、通行字等），可以是用户的组成部分，也可作为 CA 的组成部分，或是一个独立的可信赖系统。

（5）**证书检索**。用户可以查阅的证书数据库或服务器，CA 可以向它补充证书，用户只可以管理有关它自己的数据项。

TTP 还可提供如下功能。

（1）**密钥服务器**。负责建立各实体的认证密钥和会话密钥，用 KDC 和 KTC 表示。

（2）**密钥管理设备**。负责密钥的生成、存储、建档、审计、报表、更新、撤销及管理证书业务等。

（3）**密钥查阅服务**。提供用户根据权限访问与其有关的密钥信息。

（4）**时戳代理**。确定与特定文件有关的时间信息。

（5）**仲裁代理**。验证签名的合法性，支持不可否认业务、权益转让及表述的可信性。

（6）**托管代理**。接受用户所托管的密钥，提供密钥恢复业务。

不同的系统可能需要不同可信度的 TTP，可信度一般分为三级：一级表示 TTP 知道每个用户的密钥；二级表示 TTP 不知道用户的密钥，但 TTP 可制作假证书而不被发现；三级表示 TTP 不知道用户的密钥，TTP 所制作的假证书可以被发现。

10.5.5 密钥注入

密钥注入时，要防电磁辐射、防窜扰和防人为出错，且要存入主机和保密终端里不易丢失数据的存储器件（如可信安全芯片）中。密钥一旦注入，就不能再读取。

（1）**主机主密钥的注入**。主密钥由可信的保密员在非常安全的条件下装入主机检验密钥是否已正确地注入设备，需要有可靠的算法。例如，可选一随机数 R_N，并以主密钥 K_m 加密得到 $E_{K_m}(R_N)$，同时计算出 K_m 的一个函数 φ 的值 $\varphi(K_m)$（φ 可为 Hash 函数）。装入 K_m 后，若它对 R_N 加密结果及 $\varphi(\bullet)$ 值与记录的值相同，则表明 K_m 已正确装入主机。

（2）**保密终端机主密钥的注入**。在安全环境下，由可信赖的保密员装入保密终端。当终端数量较多时，可用专用密钥注入工具（如密钥枪）注入密钥。密钥注入后要验证装入数据的正确性，可通过与主机联机检验，也可脱机检验。

验证注入密钥正确性的方法如下。

① 密钥枪将一随机数 R_N 注入保密终端。

② 保密终端用主密钥 K_m 对随机数加密：$E_{K_m}(R_N)$。

③ 终端计算 K_m 的杂凑函数值：$h(K_m)$。

④ 终端将 $E_{K_m}(R_N)$ 和 $h(K_m)$ 回送到密钥枪。

⑤ 密钥枪检验 $h(K_m)$ 值，并检验解密后得到的 R_N 是否正确。

（3）**会话密钥的获取**。例如，主机与某终端通信，主机产生会话密钥 K_s，以此终端主密钥 K_t 对其进行加密得 $E_{K_t}(K_s)$，再将其送给终端机。终端机以 K_t 进行解密，得 K_s，送至工作密钥产生器生成工作密钥 K_w，如图 10-12 所示。

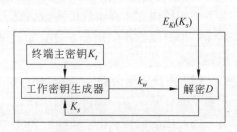

图 10-12 会话密钥的生成

10.6　密钥的证实

在密钥分配过程中，需要对密钥进行认证，以确保密钥被准确无误地发送给指定的用户，并防止密钥分配中的差错。若密钥通过公钥加密后发送，A 得相信只有对方 B 才有此公钥对应的私钥；若 B 用数字签名算法对该密钥签名，则当 A 证实此密钥时，他得相信公共数据库提供的 B 的公钥是真实的；若密钥分配中心（KDC）对 R 的公钥进行签名，A 必须相信 KDC 给他的公钥未被篡改。这些都需要对公钥认证，因为任何可从公钥本得到某用户公钥的人，都可向其发送假密钥以求进行保密通信。因此，必须使接收密钥的用户能够确认送出密钥的人是谁。采用公钥签名可以解决这个问题。虽然这种方法能够证实发送密钥者，但还不能确知谁收到了密钥，伪装者也可以公布一个公钥冒充合法用户要求进行保密通信。除非这一合法用户与其要通信的人进行接触，或合法用户自己公开声明其公钥，否则就无法保障安全性。SEEK 法也存在着类似的问题。因此，采用这些电子分配密钥方法时要特别小心，需精心设计密钥分配安全协议。

现实世界可能有各种欺诈，若攻击者控制了 A 向外联系的网络，其可伪装成 B 发送一个加密并签名的消息给 A。当 A 想访问公钥数据库以证实是否为 B 的签名时，攻击者可用其公钥来代替 B 的公钥，且可伪造一个假 KDC，并将真 KDC 的公钥换成自己伪造的公钥。此方法在理论上是可行的，但实行起来很复杂。采用数字签名和可信赖的 KDC，使得攻击者以一个密钥代换另一个密钥更为困难。A 不能低估攻击者控制整个网络的能力，但 A 可以相信，做此事所需的资源比攻击者攻击大多数现有系统所需的资源要多得多。A 可通过电话证实 B 的公钥，即根据熟悉的声音认证 A 所得的密钥确实为 B 的密钥。若密钥太长，可用单向杂凑函数技术证实密钥。

有时不仅要证实公钥的拥有人是谁，还要证实他与以前某个时候是否同属一个人。银行收到一个提款签名时，一般不太关心谁提款，而主要关心他是否是最初存款的人。

除了要对密钥的主权人进行认证外，还要对密钥的完整性进行认证。密钥在传送过程中可能出错，致使数据不能解密。可采用检错、纠错技术，如校验和；以密钥对全 0 或全 1 常量加密，将密文的前 2～4b 和密钥一起通过安全方式送出。接收端做同样的事，并检验加密结果的前 2～4b 是否相同。若相同，则密钥出错概率为 $2^{-16} \sim 2^{-32}$。

为防止重放攻击，系统需要保证密钥的新鲜性，常用的方法有加载时戳、流水作业号以及计数器等技术[Denning 等 1981]。下面具体介绍几种密钥证实技术。

10.6.1　单钥证书

单钥证书可以向 KTC 提供一种工具，KTC 利用此证书可以避免对存储用户密钥的安全数据库的维护，以便在多个服务器之间复制这类数据库，或根据传送要求从库中检索这类密钥。对于用户 A，他有与 TTP 共享的密钥 K_{AT}，以 TTP 的密钥 K_T 对 K_{AT} 和用户 A 的身份加密得 $E_{K_T}(K_{AT}, A, L)$，就可作为单钥证书（Symmetric Key Certificates），其中，L 为有效期。TTP 将 $E_{K_T}(K_{AT}, A, L)$ 发给 A，作为用户使用密钥 K_{AT} 的合法性证据，以 SCert$_A$ 表示。TTP 不

需要保存 K_{AT}，只要保存 K_T 即可；需要时，如 A 要与 B 进行保密通信，可首先向 B 索取或从密钥数据库查找出证书 $\text{SCert}_B = E_{KT}(K_{BT}, B, L)$，而后向 TTP 发送

$$\text{SCert}_A, \ E_{K_T}(B, M), \ \text{SCert}_B$$

即可按有关协议实现会话密钥建立。其中，M 是秘密消息，也可为会话密钥。TTP 需采用联机方式，以便用其主密钥进行解密。

有关单钥证书，可参阅相关文献[ISO/IEC 11770 1996b]。

10.6.2　公钥的证实技术

公钥的证实技术有下述几种。

（1）通过可信信道实现点-点间传送。通过个人直接交换或直通信道（信使、挂号邮件）直接得到有关用户的可靠公钥，适用于小的封闭系统或不经常用的（如一次性用户注册）场合。通过不安全信道交换公钥和有关信息要经过认证和完整性检验。

该方法的缺点是不方便、耗时，每个新成员都要通过安全信道预先分配公钥，不易自动化，可信信道成本高等。

（2）直接访问可信公钥文件（公钥注册本）。利用一个公钥数据库记录系统中每个用户名和相应的可靠的公钥。可信者管理公钥的注册，用户通过访问公钥数据库获取有关用户的公钥；在远程访问时要经过不安全信道，须防范窃听；为了防范主动攻击需要利用认证技术实施公钥库的注册和访问。

（3）利用联机可信服务器。可信服务器可以受用户委托查询公钥库中存储的可信公钥，并在签署后传送给用户。用户用服务器的公钥证实其所签的消息。此方法的缺点是要求可信服务器联机工作，在业务忙时服务器可能成为系统瓶颈，而且每个用户要先与可信服务器通信后再与特定用户通信。

（4）采用脱机服务器和证书。每个用户都可与脱机可信证书机构（CA）进行一次性联系，向其进行公钥注册并获得一个由 CA 签署的公钥证书。各用户通过交换自己的公钥证书，并用 CA 的公钥进行验证，即可提取出特定用户的可信公钥。

（5）采用可隐式证明公钥参数真实性的系统。这类系统有基于身份的系统，还有通过修正算法设计、公钥参数来检测非泄露失败（Non Compromising Failure）等密码技术实现的隐式证明公钥系统。有关内容可参阅[Diffie 等 1976]。

10.6.3　公钥认证树

认证树（Authentication Trees）可以提供一种可证实公开数据真实性的方法，以树形结构结合适当的杂凑函数、认证根值等实现。认证树可用于下述场合。

（1）公钥的认证（是另一种公钥证书），由可信第三方建立认证树，其中包含用户的公钥，可实现大量密钥的认证。

（2）实现可信时戳业务，由可信赖第三方建立认证树，用类似于（1）的方法实现。

（3）用户合法参数的认证，由某个用户建立认证树，并以可证实真实性的方式公布其大量公开合法的参数，如在一次性签名体制中所用的参数。

下面以二元树为例说明。二元树由节点和有向线段组成，如图 10-13 所示。二元树的节点有三种：根节点，有左右两个指向它的线段；中间节点，有三个线段，其中有两个指向

它，一个背离它；端节点（叶），只有一个背离它的线段。

由一个中间节点引出的左右两个相邻节点称为该中间节点的子节点，称此中间节点为相应两个子节点的父节点。从任一非根节点到根节点有一条唯一的通路。

下面介绍如何构造认证树。考察一个有 t 个可信公开值 Y_1，Y_2，…，Y_t，按下述方法构造一个认证树：以唯一公开值 Y_i 标示第 i 个端节点；以杂凑值 h（Y_i）表示离去的线段；上一级中间节点若其左右两边都有下级节点，则以其相应杂凑值连接后的杂凑值表示其离去的线段。例如，$H_5 = h(H_1 \| H_2)$，以此类推，直至出现根节点，如图 10-14 所示。

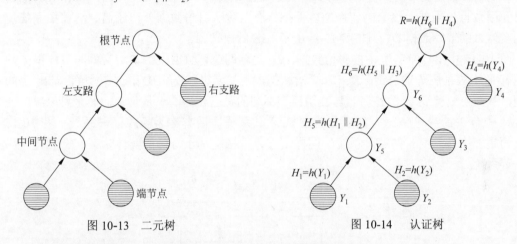

图 10-13　二元树　　　　　　　　　图 10-14　认证树

密钥认证方法如下，以图 10-14 为例说明对密钥的证实。

公开值 Y_1 可以由标示序列 $h(Y_2)$，$h(Y_3)$，$h(Y_4)$ 提供认证。首先计算 $h(Y_1)$，然后计算 $H_5 = h(H_1 \| H_2)$，再计算 $H_6 = h(H_5 \| H_3)$，最后计算 $h(H_6 \| H_4)$，若 $h(H_6 \| H_4) = R$，则接受 Y_1 为真；否则就拒绝。

若实体 A 认证 t 个公开值 Y_1，Y_2，…，Y_t，可以将每个值向可信赖第三方注册。当 t 很大时，将大大增加存储量，采用认证树则仅需要向第三方注册一个根值。

若实体 A 的公钥值 Y_i 对应于认证树的一个端节点，A 若向 B 提供 A 的公钥，允许 B 对 Y_i 进行证实，则 A 必须向 B 提供 Y_i 到根节点通路上的所有杂凑值。B 就可经计算杂凑最终证明 Y_i 的真伪。同理，可以用验证签名代替计算杂凑函数。

为了实现方便，应使认证二元树的最长通路极小化，此时各路径长度最多相差一个支路。路径长度约为 $\log_2 t$，其中，t 是公开值的个数。当需要改变或增加或减少一个公开值 Y_i 时，就要对有关路径中的杂凑值重新进行计算。

10.6.4　公钥证书

公钥证书（Public Key Certificate）中存有公钥，它可以实现通过不安全媒体安全地分配和传递公钥，使一个实体的公钥可被另一个实体证实并放心使用。此外，X.509 v3 还描述了用于权限管理的属性证书（Attribute Certificates）。有关内容可参阅第 9 章。

10.6.5　基于身份的公钥系统

基于身份的密码体制（Identity Based Encryption，IBE）类似于前文所述的普通公钥系统，它包含一个秘密传递变换和一个公开变换。但用户没有一个显式公钥，而是以用户公开可利用的身份（用户名、网址、地址等）替代公钥（或由其构造公钥）。这类公开可利用的信息唯一地限定了用户，能够作为用户的身份信息，具有不可否认性。

IBE 是一种非对称密码体制，每个实体的公开身份信息（唯一性和真实性）起着公钥的作用，作为可信者 T 的输入组成部分，在计算该实体专用密钥时不仅要用该实体的身份信息，而且要用只有 T 知道的一些特殊信息（如 T 的密钥）。这样可以防止伪造和假冒，保证只有 CA 能够根据实体的身份信息为实体建立合法的私钥。类似于公钥证书系统，IBE 的公开可利用数据也需要通过密码变换加以保护。有时除了身份数据外，还需要一些由系统定义的实体 A 的辅助数据 D_A。图 10-15 给出了 IBE 的原理图。

图 10-15 中 ID_A 为实体 A 的身份数据，D_A 是辅助公开数据（由 T 定义的与 ID_A 和 A 的私钥有关），K_{PT} 是 T 的公钥，K_{ST} 是 T 的私钥，由三元组（D_A，ID_A，K_{PT}）可以推出 A 的公钥，从而可以验证 A 的签名。与公钥证书不同的是它传送的不是公钥，而是可以导出公钥的一些有关的身份信息。前者称为显式证书系统，后者称为隐式证书系统。图 10-15 给出的是一个基于身份的签名系统。同样，它可以构造基于身份的实体认证、密钥建立、加密等系统。

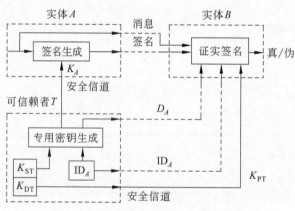

图 10-15　基于 ID 的公钥签名系统

基于身份的公钥系统优点是无须预先交换对称密钥或公钥；无须公钥本（公钥或证书数据库）；只在建立阶段需要可信机构提供服务。其缺点是要求实体提供身份数据 ID_A。基于身份的公钥系统的初衷是省去公钥的传送，以身份信息作为公钥。D_A 在密钥协商的公钥加密系统中较为重要，而在签名和验证系统中则不重要。Shamir [Shamir 1983]最早提出基于身份的公钥系统的概念，有关研究可参阅相关文献[Maurer 等 1991,1992]。

10.6.6　隐式证实公钥

在隐式证实公钥的系统中，不是直接传送用户的公钥，而是传送可以从中重构公钥的数据，如图 10-16（a）所示。

隐式证实公钥系统应实现下述要求。

（1）实体可以由其他实体从公开数据重新构造。

（2）重构公钥的公开数据中，包含与可信方 T 有关的公开（如系统）数据、用户实体的身份（或识别信息，如名字和地址等），以及各用户的辅助公开数据。

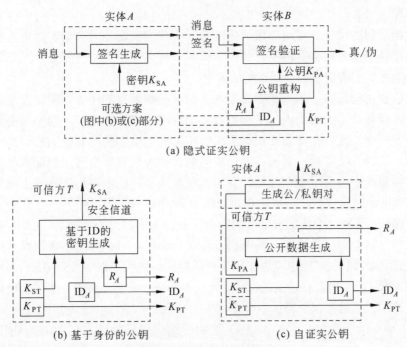

图 10-16　隐式证实公钥系统

（3）重构公钥的完整性虽不可直接证实，但"正确"的公钥只能从可信用户的公开数据恢复。

（4）系统设计应保证攻击者在不知道 T 的密钥条件下，不能从用于重构的公开数据推出实体的私钥，即从公开数据推出实体的私钥在计算上是不可行的。

隐式证实公钥分为两类。一类是基于身份的公钥（Identity Based Public Keys），各实体 A 的密钥由可信方 T 根据 A 的识别信息 ID_A，T 的秘密钥 K_{ST}，以及由 T 预先给定的有关 A 的用户特定重构公开数据 R_A 计算，并通过安全信道送给 A，如图 10-16（b）所示。

另一类是自证实公钥（Self-certified Public Keys），各实体 A 自行计算其密钥 K_{SA} 和公钥 K_{PA}，并将 K_{PA} 传送给 T。T 根据 A 的公钥 K_{PA} 的识别信息 ID_A 和 T 的密钥 K_{ST}，计算出 A 的重构公开数据，如图 10-16（c）所示。第 1 类对 T 的可信度要求远高于第 2 类。

与公钥证书相比，隐式证实公钥的优越之处在于：它降低了对所需的存储空间的要求（签名的证书需要较多存储），降低了计算量（证书要求对签名进行验证），降低了通信量（基于身份或预先知道身份时）。但重构公钥也需要进行计算，而且要求辅助重构公开数据。有关研究可参阅相关文献[Brands 1995a]。

10.7　密钥的保护、存储与备份

密钥的保护、
存储与备份

10.7.1　密钥的保护

密钥的安全保密是密码系统安全的重要保证。保证密钥安全的基本原则是：除了在有安全保证的环境下进行密钥的产生、分配、装入及存于保密柜中备用之外，密钥绝不能以明文形式出现。

（1）**终端密钥的保护**。可用二级通信密钥（终端主密钥）对会话密钥进行加密保护。终端主密钥存储于主密钥寄存器中，并由主机对各终端主密钥进行管理。主机和终端之间就可用共享的终端主密钥保护会话密钥的安全。

（2）**主机密钥的保护**。主机在密钥管理上担负着更繁重的任务，因而也是对手攻击的主要目标。在任意给定的时间内，主机可有几个终端主密钥在工作，因而其密码装置需为各应用程序所共享。密钥存储器要根据主机给定的优先级别进行管理加密保护，这被称为主密钥原则。这种方法将对大量密钥的保护问题转换为仅对单个密钥的保护问题。在有多台主机的网络系统中，为了安全起见，各主机应选用不同的主密钥。有的主机采用多个主密钥对不同类密钥进行保护。例如，用主密钥 0 对会话密钥进行保护；用主密钥 1 对终端主密钥进行保护；而网络中传送会话密钥时所用的加密密钥为主密钥 2。三个主密钥可存放于三个独立的存储器中，通过相应的密码操作进行调用，可视为工作密钥对其所保护的密钥加密、解密。这三个主密钥也可由存储于密码器件中的种子密钥（Seed Key）按某种密码算法导出，以计算量来换取存储量的减少。此法不如前一种方法安全。除采用密码方法外，还必须与硬件、软件结合起来确保主机主密钥的安全。

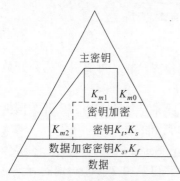

图 10-17　密钥的分级保护

（3）**密钥分级保护管理法**。图 10-17 和表 10-2 都给出了密钥的分级保护结构，从中可以清楚地看出各类密钥的作用和相互关系。由此可见，大量数据可以通过少量动态产生的数据加密密钥（初级密钥）进行保护；而数据加密密钥又可由更少量的、相对不变（使用期较长）的密钥（二级）或主机主密钥 0 来保护；其他主机主密钥（1 和 2）用来保护三级密钥。这样，只有极少数密钥以明文形式存储在有严密物理保护的主机密码器件中，其他密钥则以加密后的密文形式存于密码器之外的存储器中，因而大大简化了密钥管理，同时增强了密钥的安全性。

表 10-2　密钥分级结构

密钥种类	密 钥 名	用 途	保护对象
密钥加密密钥	主机主密钥 $0=K_{m0}$ 主机主密钥 $1=K_{m1}$ 主机主密钥 $2=K_{m2}$	对现用密钥或存储在主机内的密钥加密	初级密钥 三级密钥 三级密钥
	终端主密钥 K_t（或二级通信密钥） 文件主密钥 K_s（或二级文件密钥）	对主机外的密钥加密	初级通信密钥 初级文件密钥
数据加密密钥	会话（或初级）密钥 K_s 文件（或初级）密钥 K_f	对数据加密	传送的数据 存储的数据

10.7.2　密钥的存储

密钥存储时必须保证密钥的机密性、认证性和完整性，防止泄露和被修改。下面介绍几种可行的方法。

（1）每个用户都有一个用户加密文件备份。由于只与人有关，由个人负责，因而是最简易的存储办法。例如，在有些系统中，密钥存于个人的大脑中，而不存于系统中；用户要记住它，并在每次需要时输入，如在 IPS 中，用户可直接输入 64b 密钥。

（2）存入 ROM 钥卡或磁卡中。用户将自己的密钥输入系统，或者将卡放入读卡机或计算机终端。若将密钥分成两部分，一半存入终端，另一半存入 ROM 钥卡。一旦 ROM 钥卡丢失也不至于泄露密钥。终端丢失时同样不会丢失密钥。

（3）难以记忆的密钥可用加密形式存储，可以利用密钥加密密钥。例如，RSA 的密钥可用 DES 加密后存入硬盘，用户须有 DES 密钥，运行解密程序才能将其恢复。

（4）若利用确定性算法生成密钥（密码上安全的 PN 数生成器），则每次需要时，用易于记忆的口令启动密钥产生器对数据进行加密。这一方法不适用于文件加密，原因是之后解密时，还要用原来的密钥，因此必须可以存储该密钥。

10.7.3　密钥的备份

对密钥进行备份是非常必要的。如一个单位，密钥由某人主管，一旦发生意外，如何才能恢复已加密的消息？因此密钥必须有备份，并交给安全人员存于安全的地方保管；将各文件密钥用主密钥加密后封存。当然，必要条件是安全员是可信的，他不会逃跑、不会出卖别人的密钥或滥用别人的密钥。

一个更好的解决办法是采用共享密钥协议。这种协议将一个密钥分成几部分，每个有关人员各保管一部分，但任何一个部分都不起关键作用，只有将这些部分收集起来才能构成完整的密钥。

10.8　密钥的泄露、吊销、过期与销毁

密钥的泄露、
吊销、过期
与销毁

10.8.1　泄露与吊销

密钥的安全是协议、算法和密码技术设备安全的基本条件。密钥一旦泄露，如丢失或被窃等，安全保密就无从谈起。唯一的补救办法是及时更换密钥。

若密钥由 KDC 管理，则用户要及时通知 KDC 撤销此密钥；若无 KDC，则应及时告诉可能与其进行通信的人，以后用此密钥通信的消息无效且可疑，本人概不负责。当然，声明要加上时戳。

当用户不确知密钥是否已经泄露或泄露的确切时间时，问题就更加复杂。用户可能要撤回合同以防别人用其密钥签署另一份合同来替换它，否则，将引起争执，需诉诸法律或公证机构裁决。

个人私钥丢失要比公钥丢失更加严重，因为公钥要定期更换，而私钥使用期更长。若丢失了私钥，别人就可用它在网上阅读函件、窃听通信和签署合同等。而且在公用网上，丢失的私钥传播得极快。公钥数据库应当在私钥丢失后，立即采取行动，以使损失最小化。

10.8.2　密钥的有效期

密钥的有效期或保密期（Cryptoperiod）是指合法用户可以合法使用密钥的期限。

密钥使用期限必须适当限定。因为密钥使用期越长，泄露的机会就越大，一旦泄露，带来的损失也越大（涉及更多文件、信息、合同等）；由于使用期长，用同一密钥加密的材料就越多，因而更容易被分析破译。

策略：不同的密钥有不同的有效期。①短期密钥（Short Term Keys）如会话密钥，使用期较短，具体期限由数据的价值、给定周期内加密数据的量来确定。如 Gb/s 的信道密钥要比 9600b/s Modem 的密钥更换得更频繁，一般会话密钥至少一天换一次。②密钥加密密钥属于长期性密钥（Long Term Keys），不需要经常更换，因为用其加密的数据很少，但它很重要，一旦丢失或泄露，影响极大。这种密钥一般一个月或一年更换一次。③用于加密数据文件或存储数据的密钥不能经常更换，因为文件可能在硬盘中存储数月或数年才会再被访问，若每天更换新密钥，就得将其调出解密而后再以新密钥加密，这不会带来太多好处，因为文件将多次以明文形式出现，给攻击者更多的机会。文件加密密钥的主密钥应保管好。④公钥密码的密钥，它的使用期限由具体应用来确定。用于签名和身份验证的密钥的期限可能以年计（甚至终生），但一般只用一两年。过期的密钥还要保留，以备证实时使用。

10.8.3　密钥销毁

不用的旧密钥必须销毁，否则可能造成损失。别人可利用旧密钥读取曾用它加密的文件，或者用它来分析密码体制。密钥必须安全地销毁，例如，可采用高质量碎纸机处理记录密钥的纸张，使攻击者不可能通过收集旧纸片来寻求有关秘密信息。对于硬盘、EEPROM 中的存储数据，则要进行多次重写。

潜在的问题：存于计算机中的密钥，很容易被多次复制并存储于计算机硬盘中的不同位置。采用防篡改器件能自动销毁存储于其中的密钥。

10.9　密钥控制

密钥控制是对密钥的使用进行限制，以保证密钥按预定的方式使用。可以赋予密钥的控制信息有：密钥的主权人、密钥的合法使用期限、密钥的识别符、预定的用途、限定的算法、预定使用的系统或环境或密钥的授权用户、与密钥注册和证书有关的实体名字、密钥的完整性校验（作为密钥真实性的组成部分）。

为了密码的安全，避免一个密钥有多种应用，这就需要对密钥实施隔离，做物理上的密钥控制或密码技术上的保护，以限制密钥的授权使用。密钥标签、密钥变形、密钥公证、控制矢量等，都是为了对密钥进行隔离所附加的控制信息的方式。

单钥体制中的密钥控制技术如下。

（1）**密钥标签**。以标签方式限定密钥的用途，如数据加密密钥、密钥加密密钥等。它由比特矢量或数据段实现，其中还标有使用期限等。一般标签都以加密形式附在密钥之后，仅当密钥解密后才同时恢复成明文。标签数据一般都很短。

（2）**密钥变形**。从一个基本密钥或衍生密钥附加一些非秘密参数和一个非秘密函数导出不同的密钥，也称为导出密钥。所用函数多采用单向函数。

（3）**密钥偏移**（Key Offsetting）。一个密钥加密密钥在每次使用后都要根据一个计数器所提供的增量进行修正，从而可以防止重放攻击。

（4）**密钥公证**。这是一种通过在密钥关系中，将参与者身份以显式方式加以说明来防止密钥代换的技术。通过这类身份对密钥进行认证，并修正密钥加密密钥，只有当身份正确时才能正确恢复出受保护的密钥。此方法可抵抗模仿攻击，因而也可称为以身份密封的密钥。在所有密钥建立协议中都要防止密钥代换攻击。公证要求适当的控制信息，以保证精确恢复出加密密钥。类似于隐式证实公钥系统，它可以对密钥提供隐式保护。

实现中可用一个可信服务器（公证或仲裁）或一个共享密钥的参与者，它由密钥加密密钥 K，以及系统赋予发方和收方唯一性的 i 和 j 构成，以下式表示。

$$E_{K \oplus (i \| j)}(K_S)$$

收方必须以共享密钥 K 和正确的 i, j 次序才可能恢复出密钥 K_S。在有第三方参与时，它首先要对参与方的身份进行认证，然后向其提供只有这些参与者可以恢复的会话密钥，公证者可采用密钥偏移技术，见例 10-1。

例 10-1　采用偏移技术的密钥公证。设有字长为 64b 的分组码，密钥为 64b，密钥加密密钥 $K = K_L \| K_R$ 为 128b。N 为 64b 计数器，发方和收方的识别符分别为 $i = i_L \| i_R$ 和 $j = j_L \| j_R$。公证者计算：

$$K_1 = E_{K_R \oplus i_L}(j_R) \oplus K_L \oplus N$$
$$K_2 = E_{K_L \oplus j_L}(i_R) \oplus K_R \oplus N$$

其中，N 为计数器存数。所得到的公证密钥 (K_1, K_2) 可作为 EDE 三重加密模式下所需的密钥加密密钥。上述 $f_1(K_R, i, j) = E_{K_R \oplus i_L}(j_R)$ 和 $f_2(K_L, i, j) = E_{K_L \oplus j_L}(i_R)$ 可称为公证密封（Notarized Seals）。若只需要 64b 的密钥时，可做一些修正，采用 $K_L = K_R = K$，计算上述 $f_1 = (K_R, i, j), f_2 = (K_L, i, j)$，将 f_1 的左边 32b 与 f_2 的右边 32b 连接成 64b 的 f，而后计算 $f \oplus K \oplus N$ 作为公证密钥。

（5）**控制矢量**。密钥公证可看作一种建立认证的密码机构，控制矢量则是一种提供控制密钥使用的方法，将密钥标签与密钥公证机构的思想进行组合的产物。对每个密钥 K_S 都赋予一个控制矢量 C，C 是一个数但用于定义密钥的授权使用。每次对一个 K_S 加密之前先对 K 进行偏移，即 $E_{K \oplus C}(K_S)$。

密钥公证可以通过在控制矢量的数值中加入特定的身份说明来实现，也可以通过在 C 中限定主体的身份 ID_i 和密钥 K_{Sj} 的使用权限 $A(i, j)$（可采用接入控制）等技术来实现。每次启用密钥时，都需输入控制矢量以实施对密钥的保护，系统检验控制矢量后才以它和密钥一起恢复出所要的密钥 K_S。必须以正确的控制矢量 C 和正确的密钥加密密钥组成的值 $K \oplus C$ 才能恢复出 K_S，这可以防止非授权接入密钥加密密钥 K。

密钥的安全性取决于正确分离密钥的使用以及可信系统。

当控制矢量 C 的数据长度超过密钥 K_S 的长度时，可以采用适当的杂凑函数先对 C 进行压缩。加密运算为 $E_{K \oplus h(C)}(K_S)$。

另外，若附加上唯一性和时间性限制，如序号、时戳、一次性 Nonce 等，可以抗重放攻击。密钥控制技术相关研究可参阅文献[ISO 8732 1987; ANSI X9.17 1985; Menezes 等 1997]。

10.10 多个管区的密钥管理

随着通信网间的互联，跨区、跨国的全球性通信网已经形成。本节介绍如何实现多个管区之间的密钥管理。

一个安全区（Security Domain）定义为在一个管理机构控制下的一个系统或子系统，系统中的每个实体都信赖该权威管理机构。管理机构以显式或隐式方式规定所管区内的安全策略，限定区内各实体的共享密钥或通行字，用于在实体与管理机构之间或两个实体之间建立一个安全信道，保证系统内的认证和保密通信。一个安全区可以是一个更大区中的一个层次。

令分属两个不同安全区 D_A 和 D_B 的实体为 A 和 B，相应的可信机构分别为 T_A 和 T_B。保证 A 与 B 实施可靠通信的要求，可以归结如下。

（1）共享对称密钥在 A 和 B 之间建立共享密钥 K_{AB}，双方都相信只有他们知道 K_{AB}（可信机构也可能知道）。

（2）共享可信公钥。对一个或更多个共用公钥的信赖可以作为安全区之间的信任桥梁，双方可以用其证实消息的真实性，或保证彼此传送消息的机密性。

这两种方式都可以维系 T_A 和 T_B 之间的信赖关系。有了这种关系就可以在 (A, T_A)、(T_A, T_B)、(T_B, B) 之间建立安全信道，从而提供 (A, B) 之间的信赖，实现安全通信。

若 T_A 和 T_B 之间不存在信赖关系，可以通过他们共同信赖的第三机构 TC 作为中介，建立相互信赖关系。这是一种信赖关系链（Chain of Trust）。下面介绍两种具体实现方式。

1. 可信对称密钥

可信对称密钥（Trusted Symmetric Keys）可以通过各种认证的密钥建立技术获得。步骤如下。

（1）A 向 T_A 提出与 B 共享密钥的请求。

（2）T_A 和 T_B 间建立短期共享密钥 K_{AB}。

（3）T_A 和 T_B 分别向 A 和 B 安全可靠地分配 K_{AB}。

（4）A 用 K_{AB} 和 B 进行直接的保密通信。

2. 可信公钥

可信公钥（Trusted Public Key）可以在已有的信赖关系基础上通过标准的数据源认证，如数字签名或消息认证码等获得。步骤如下。

（1）A 向 T_A 请求用户 B 的可信公钥。

（2）T_A 从 T_B 以可靠方式得到 B 的公钥。

（3）T_A 将其以可靠方式传送给 A。

（4）A 用此公钥和 B 进行直接的保密通信。

上面实现的是一种信任的传递（Transfer of Trust）。这种传递还可以通过所谓的跨区证书（Cross Certificate）或 CA 证书（CA Certificate）实现。这种证书由一个证书机构（CA）

创建，由另一个 CA 来证实其公钥。例如，T_B 为 B 建立一个证书 C_B，其中有 B 的身份和公钥。T_A 制作一个含有 T_B 身份和其公钥的跨区证书，A 有 T_A 的可信签名证实密钥，则 A 就可信任 C_B 中的 B 的公钥（或 T_B 签署的任何其他证书的公钥）。因此，用户 A 就可以从 D_A 域的机构 T_A 获得由 T_B 签发的域 D_B 中实体的公钥。

各种可信模型都是通过对证书链中每个证书的证实所提供一种信任关系。在跨区情况下，一旦 CA_X 对 CA_Y 的跨区公钥证书证实后，在无附加条件时，CA_X 就将这种对 CA_Y 的信任传递给证书链可以到达的所有实体。为了对跨区证书这种信任的扩展范围加以限制，CA 可以在签署证书中附加上约束条件，如限定证书链的长度或限定合法区的集，这些都可由证书策略做出规定。GSM、DECT、IS-54、Kerberos、PEM 和 SPX 系统都涉及多安全区的密钥管理问题，相关内容可参阅相关文献[Kent 1993; Tardo 等 1991; Vedder 1991; Menezes 等 1997]。

10.11　密钥管理系统

一个系统中的密钥如果在所有时间上都是固定不变的，则对其管理最为简单。但是任何实际系统的密钥都有一定的保密期，需要及时更新，这就使密钥管理变得更为复杂。例如，密钥管理中心的证书机构要维护用户的公钥的注册、存储、分发、查询、吊销、更新等工作。这些工作又要依赖于认证、协议、加解密、签名、时戳、证书、可信的第三方公证、通信等技术的实现。密钥管理系统要负责密钥整个生存期（Life Cycle）的管理。

在网络通信环境中，人工管理只适用于小型网络，而分层法可用于中等规模的网络。随着网络规模的加大，所需的密钥量越来越大，人工管理已不适用，而要借助计算机实施自动化管理，由一个密钥分配中心负责管理分配密钥的工作。用这种电子分配密钥的方法，成本较低、速度快，而且较为安全，适应通信网发展的需要。

图 10-18 为密钥管理系统，它包括密钥生存期的所有各阶段的管理工作。

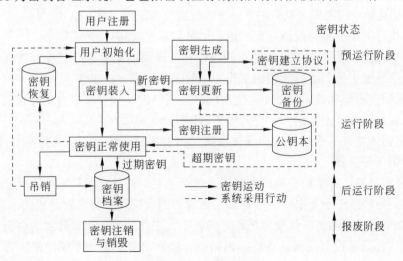

图 10-18　密钥管理系统

密钥的生存期有 4 个阶段：①预运行阶段，此时密钥尚不能正常使用；②运行阶段，密钥可正常使用；③后运行阶段，密钥不再提供正常使用，但为了特殊目的可以在脱机下接入；④报废阶段，将被吊销密钥从所有记录中删去，这类密钥不能再用。

密钥的生存期的 4 个阶段中包括下述 12 个工作步骤。

（1）**用户注册**。这是使一个实体成为安全区内的一个授权或合法成员的技术（一次性）。注册过程包括请求，以安全方式（可以通过个人交换、挂号函件、可信赖信使等）建立或交换初始密钥材料（如共享通行字或 PIN 等）。

（2）**用户初始化**。一个实体要初始化其密码应用的工作，如装入并初始化软硬件，装入和使用在注册时得到的密钥材料。

（3）**密钥生成**。密钥的生成包括对密钥密码特性方面的测量，以保证生成密钥的随机性和不可预测性，以及生成算法或软件的密码上的安全性。用户可以自己生成所需的密钥，也可以从可信中心或密钥管理中心申请密钥。

（4）**密钥输入**。将密钥装入一个硬件实体或软件中的方法很多，如手工送入通行字或 PIN、磁盘转递、只读存储器件、IC 卡或其他手持工具（如密钥枪）等。初始密钥可用来建立安全的联机会话，通过这类会话可以建立会话（工作）密钥。在以后的更新过程中，仍然可以用这种方式，以新的密钥代替旧的密钥。当然，最理想的办法是通过安全联机更新技术实现。

（5）**密钥注册**。和密钥输入有关联的是密钥材料，可以由注册机构正式地记录，并注明相应实体的唯一性标记，如姓名等。这对于实体的公钥尤为重要，常由证书机构制定公钥证书来实现正式注册，并通过公钥本或数据库等在有关范围内公布，以供查询和检索。

（6）**正常使用**。利用密钥进行正常的密码操作（在一定控制条件下使用密钥），如加/解密、签名等。双钥体制的两个密钥可能有不同的有效期。例如，公钥可能已过期不能再用，但私钥仍可继续用于解密。

（7）**密钥备份**。以安全方式存储密钥，用于密钥恢复。备份可看作密钥在运行阶段内的短期行为。

（8）**密钥更新**。在密钥过期之前，以新的密钥代替旧的密钥。其中，包括密钥的生成、密钥推导，执行密钥交换协议或与证书机构的可信第三方进行通信等。

（9）**密钥档案**。不再正常使用的密钥可以存入密钥档案中并通过检索查找使用，用于解决争执。这是密钥的后运行阶段的工作。一般采用脱机方式工作。

（10）**密钥注销与销毁**。对于不再需要的密钥或已被注销（从所有正式记录中除名）用户的密钥，要将其所有副本销毁，使其不能再出现。

（11）**密钥恢复**。若密钥丧失但未被泄露（如设备故障或记不清通行字），就可以用安全方式从密钥备份恢复。

（12）**密钥吊销**。若密钥丢失或在密钥未过期之前，需要将其从正常运行使用的集合中除去，即密钥吊销。对于证书中的公钥，可通过吊销公钥证书实现对公钥的吊销。

上述 12 个步骤，除密钥恢复和吊销外均属正常工作步骤。单钥体制的密钥管理要比双钥体制简单些，通常没有注册、备份、吊销或存档等。但一个大系统的密钥管理仍然是一项十分复杂的任务。

整个密钥管理系统也需要一个初始化过程，以便提供一个初始化安全信道有选择地支持其后的（长期和短期）工作密钥的自动化建立。初始化是一种非密码的工作（一次性），将密钥由管理者（或由可信信使，或通过其他可信信道）装入系统。初始化阶段密钥的装入对整个密钥管理系统的安全至关重要，为此常常需要采用双重或分拆控制，由两个或更多可信者独立地实施。

有关密钥管理系统的研究，可参阅相关文献[ISO/IEC 11770 1996a; ANSI X9.57 1995; ISO 10202-7 1994; Menezes 等 1997]。

习　　题

一、填空题

1. 网络加密方式有 4 种，它们分别是_____、_____、_____和_____。

2. 在通信网的数据加密中，密钥可分为_____、_____、_____和_____。

3. 密钥分配的基本方法有_____、_____和_____等。

4. _____技术和_____技术是密钥分配的基本工具。

5. 在网络中，可信第三方 TTP 的角色可以由_____、_____、_____和_____等来承担（请任意举出 4 个例子）。

6. 密钥存储必须要保证密钥的_____、_____、_____、_____和_____。

7. 单钥体制中密钥控制技术有_____、_____、_____和_____。

8. 密钥的生存期分为_____、_____、_____、_____ 4 个阶段。

二、思考题

1. 网络加密有哪几种方式？请比较它们的优缺点。

2. 试分析比较硬件加密和软件加密的优缺点。

3. 什么是密钥管理？密钥管理需要借助哪些密码技术来完成？

4. 密钥有哪些种类？它们各自的用途是什么？请简述它们之间的关系。

5. 有哪些密钥分配的基本方法？

6. 一个好的密钥应该具备哪些特性？在实践中，如何产生和选择好的密钥？

7. 在实践中，有哪些密钥分配方法？

8. 密钥是如何注入保密终端的？如何对注入密钥的正确性进行检验？

9. 公钥的证实技术有哪几种方法？

10. 什么是隐式证实公钥系统？它可以分为哪几类？

11. 在密码系统中，为什么要采用层次化的密钥保护措施？

12. 密钥如何撤销和销毁？

13. 一个密钥管理系统由哪几部分构成？

14. 密钥管理的 12 个工作步骤是什么？

第11章

网络边界安全防护技术

网络边界是指内部安全网络（以下简称内网）与外部非安全网络（以下简称外网）的分界线。传统的网络边界安全防护技术通常包括一系列的边界安全措施和设备，如边界路由器、防火墙、入侵检测系统（IDS）、虚拟专网（VPN）和病毒防护网关等。这些设备和系统包括但不限于以下功能。

（1）访问控制：阻止非授权访问，确保只有授权用户才能访问内网资源和数据。

（2）流量过滤：过滤进出边界的不安全网络数据包，以阻止潜在攻击和恶意软件。

（3）安全检查：对内网资源进行检查，寻找并修复可能存在的安全漏洞和风险。

（4）网络隔离：将内网不同的部分进行物理或逻辑上的分离，减少相互间的干扰和数据泄露的风险。

（5）网络监控：实时监测网络流量的变化，及时发现和应对网络安全事件和异常。

（6）对进出网络边界的病毒和木马程序进行实时查杀，防止病毒传播和木马植入。

因此，网络边界是保障网络安全的关键组成部分，它构成了抵御外部威胁的第一道防线。本章主要讨论防火墙、IDS 和 VPN 这三种最常用的网络边界安全防护技术。

11.1 防火墙

防火墙概述

11.1.1 防火墙概述

防火墙是由软件和硬件组成的系统，它处于安全的网络（通常指内部局域网）和不安全的网络（通常指 Internet，但不局限于 Internet）之间，根据由系统管理员设置的访问控制规则，对数据流进行过滤。

由于防火墙置于两个网络之间，因此从一个网络到另一个网络的所有数据流都要流经防火墙。根据安全策略，防火墙对数据流的处理方式有三种：①允许数据流通过；②拒绝数据流通过；③将数据流丢弃。当数据流被拒绝时，防火墙会向发送方回复一条消息，提示发送方该数据流已被拒绝。当数据流被丢弃时，防火墙不会对这些数据流进行任何处理，也不会向发送方发送任何提示信息。丢弃数据流的做法加长了网络扫描所花费的时间，发送方只能等待回应直至通信超时。

防火墙是 Internet 安全的基本组成部分。但必须牢记，仅采用防火墙并不能给整个网络提供全局的安全性。对于防御内部攻击，防火墙显得无能为力，同样对于那些绕过防火墙的连接（如某些人通过拨号上网），防火墙则毫无用武之地。

此外，网络管理员在配置防火墙时，必须允许一些重要的服务通过，否则内部用户就不可能接入 Internet，也不能收发电子邮件。事实上，虽然防火墙为某些业务提供了通道，但这也为潜在的攻击者提供了攻击内部网络的机会。攻击者可能利用此通道对内部网络发起攻击，或者注入病毒和木马。

由于防火墙是置于两个网络之间的网络安全设备，因此必须满足以下要求。

- 所有进出网络的数据流都必须经过防火墙。
- 只允许经过授权的数据流通过防火墙。
- 防火墙自身对入侵是免疫的。

注意：以上要求仅是防火墙设计的基本目标。防火墙设计不可能做到万无一失，它有可能存在安全漏洞。但是，防火墙在某个设计细节上出现疏忽并不意味着此防火墙不可用，只能说它是一个安全性较差的防火墙。内部网络之所以需要防火墙的保护，是因为内部网络的大多数主机不具备抵抗已知攻击的能力。在抵御攻击方面，防火墙具有不可替代的优势。

防火墙不是一台普通的主机，它自身的安全性要比普通主机更高。虽然 NIS（Network Information Service）、rlogin 等服务能为普通网络用户提供很大的便利，但是应严禁防火墙为用户提供这些危险的服务。因此，那些与防火墙的功能实现无关，但又可能给防火墙自身带来安全威胁的网络服务和应用程序，都应当从防火墙中剥离出去。

此外，网络管理员在配置防火墙时所采用的默认安全策略是：凡是没有明确"允许的"服务，一律都是"禁止的"。网络管理员不一定比普通的系统管理员高明，但他对网络的安全性更加敏感。普通用户只关心自己的计算机是否安全，而网络管理员关注的是整个网络的安全。网络管理员通过对防火墙进行精心配置，可使整个网络获得相对高的安全性。

众所周知，防火墙能够提高内部网络的安全性，但这并不意味着主机的安全不重要。即使防火墙密不透风，且网络管理员的配置操作从不出错，网络安全问题也依然存在，因为 Internet 并不是安全风险的唯一来源，有些安全威胁就来自网络内部。内部黑客可能从网络内部发起攻击，这是一种更加严重的安全风险。除内部攻击之外，外部攻击者也企图穿越防火墙攻入内部网络。因此，必须对内部主机施加适当的安全策略，以加强对内部主机的安全防护。也就是说，在采用防火墙将内部网络与外部网络隔离的同时，还应确保内部网络中的关键主机具有足够的安全性。

一般来说，防火墙由几部分构成。在图 11-1 中，"过滤器"用来阻断某些类型的数据传输。网关则由一台或几台机器构成，提供中继服务，补偿过滤器带来的影响。网关所在的网络称作"非军事区"（Demilitarized Zone，DMZ）。DMZ 中的网关有时会得到内部网关的支援。通常，网关通过内部过滤器与其他内部主机进行开放的通信。在实际应用中，

图 11-1　防火墙示意图

不是省略了过滤器就是省略了网关，具体情况因防火墙的不同而异。一般来说，外部过滤器用来保护网关免受侵害，而内部过滤器用来防备因网关被攻破而造成恶果。单个或两个网关都能够保护内部网络免遭攻击。通常把暴露在外的网关主机称作堡垒主机。目前市场上防火墙都有三个或三个以上的接口，同时发挥过滤器和网关的功能，通过不同接口实现 DMZ 和内部网络的划分。从某种角度看，这种方式使防火墙的管理和维护更加方便，但是，一旦防火墙受到攻击，DMZ 和内部网络的安全性同时失去保障。所以安全性与易用性往往

相互矛盾，关键在于用户的取舍。

从本质上说，防火墙就是一种能够限制网络访问的设备或软件。它可以是一个硬件的"盒子"，也可以是一个"软件"。今天，许多设备都带有简单的防火墙功能，如路由器、调制解调器、无线基站、IP 交换机等。许多流行的操作系统中也带有软件防火墙。它们可以是 Windows 上运行的客户端软件，也可能是在 UNIX 内核中实现的一系列过滤规则。

现在市场上销售的防火墙的质量都非常高。自 Internet 诞生以来，防火墙技术取得了长足的进步。用户可以购买防火墙，也可以采用免费软件自己动手构造一个软件防火墙。但是，购买专业防火墙会有很多好处：第一，防火墙厂商提供的接口会更多、更全；第二，过滤深度可以定制，甚至可以达到应用级的深度过滤；第三，可以获得厂商提供的技术支持服务。而用户自行构造的软件防火墙往往不具备以上优势。

11.1.2　防火墙类型和结构

防火墙类型和结构

防火墙从诞生至今，经过了前四代的发展，现在的防火墙已经与最初的防火墙大不相同。防火墙理论仍在不断完善，防火墙功能也随着硬件性能的提升而不断增强。最初的防火墙依附于路由器，它只是路由器中的一个过滤模块。后来，随着过滤功能的完善和过滤深度的增加，防火墙逐步从路由器中分离出来，成为一个独立的设备。目前的防火墙甚至集成 VPN 及 IDS 等功能，防火墙在网络安全中扮演的角色越来越重要。

迄今，防火墙的发展经历了近 30 年的时间。第一代防火墙始于 1985 年前后，它几乎与路由器同时出现，由 Cisco 的 IOS 软件公司研制。这一代防火墙称为包过滤防火墙。1988 年，DEC 公司的 Jeff Mogul 根据研究，发表了第一篇描述有关包过滤防火墙过滤过程的文章。

在 1989—1990 年前后，AT&T 贝尔实验室的 Dave Presotto 和 Howard Trickey 率先提出了基于电路中继的第二代防火墙结构，此类防火墙被称为电路级网关。但是，他们既没有发表描述这一结构的任何文章，也没有发布基于这一结构的任何产品。

第三代防火墙结构是在 20 世纪 80 年代末和 20 世纪 90 年代初由 Purdue University 的 Gene Spafford、AT&T 贝尔实验室的 Bill Cheswick 和 Marcus Ranum 分别研究和开发的。这一代防火墙被称为应用级网关。1991 年，Ranum 的文章引起了人们的广泛关注。此类防火墙采用了在堡垒主机运行代理服务的结构。根据这一研究成果，DEC 公司推出了第一个商用产品 SEAL。

大约在 1991 年，Bill Cheswick 和 Steve Bellovin 开始了对动态包过滤防火墙的研究。1992 年，USC 信息科学学院的 Bob Braden 和 Annette DeSchon 开始研究用于"Visas"系统的动态包过滤防火墙，后来演变为目前的状态检测防火墙。1994 年，以色列的 Check Point Software 公司推出了基于第四代防火墙结构的第一个商用产品。

关于第五代防火墙，目前尚未有统一的说法，关键在于目前还没有出现获得广泛认可的新技术。一种观点认为，在 1996 年由 Global Internet Software Group 公司首席科学家 Scott Wiegel 开始启动的内核代理结构（Kernel Proxy Architecture）研究计划属于第五代防火墙。还有一种观点认为，1998 年，由 NAI 公司推出的自适应代理（Adaptive Proxy）技术为代理类型的防火墙赋予了全新的意义，可以称为第五代防火墙。

1. 防火墙分类

根据防火墙在网络协议栈中的过滤层次不同，通常把防火墙分为三种：包过滤防火墙、电路级网关和应用级网关。每种防火墙的特性均由它所控制的协议层决定。实际上，这只是一种模糊的分类。例如，包过滤防火墙运行于 IP 层，但是它可以窥视 TCP 信息，而这一操作又发生在电路层。对于某些应用级网关，由于设计原理自身就存在局限性，因此它们必须使用包过滤防火墙的某些功能。

防火墙所能提供的安全保护等级与其设计结构密切相关。一般来讲，大多数市面上销售的防火墙产品包含以下一种或多种设计结构。

- 静态包过滤
- 动态包过滤
- 电路级网关
- 应用层网关
- 状态检查包过滤
- 切换代理
- 安全隔离网闸

防火墙对开放系统互连（Open System Interconnection，OSI）模型中各层协议所产生的信息流进行检查。要了解防火墙是哪种类型的结构，关键是要知道防火墙工作于 OSI 模型的哪一层上。图 11-2 给出了 OSI 模型与防火墙类型的关系。一般来说，防火墙工作于 OSI 模型的层次越高，其检查数据包中的信息就越多，因此防火墙所消耗的处理器工作周期就越长。防火墙检查的数据包越靠近 OSI 模型的上层，该防火墙结构所提供的安全保护等级就越高，因为在高层上能够获得更多信息用于安全决策。

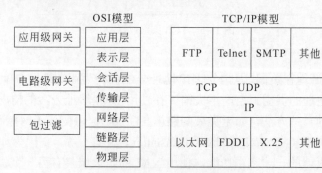

图 11-2　OSI 模型与防火墙类型的关系

TCP/IP 模型与 OSI 模型之间的对应关系如图 11-2 所示。从图中可以看出，OSI 模型与 TCP/IP 模型之间并不存在一一对应的关系。防火墙通常建立在 TCP/IP 模型基础上。为了更深入地研究防火墙的结构，首先看一下 IP 数据包的构成。IP 数据包结构如图 11-3 所示，它由以下几部分组成。

- IP 头
- TCP 头
- 应用级头
- 数据/净荷头

图 11-3　数据包结构

图 11-4 和图 11-5 详细描述了 IP 头和 TCP 头包含的数据信息。

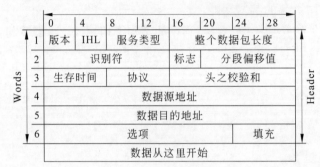

图 11-4　IP 头部数据段

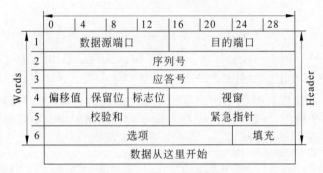

图 11-5　TCP 头部数据段

2. 网络地址转换

因 Internet 的发源地在美国,因此全球 IP 地址分配机构为亚洲地区分配的 IP 地址很少,中国在 IPv4 的 IP 地址的供需上已严重失衡。在使用 IPv4 编址方案的情况下,人们已经提出了解决地址紧缺的一些方法,如无类域间路由（CIDR）、可变长子网掩码（VLSM）及专用地址加网络地址转换（Network Address Translation,NAT）等。正因为如此,NAT 已经成为包过滤网关类防火墙的一项基本功能。使用 NAT 的防火墙具有另一个优点,它可以隐藏内部网络的拓扑结构,这在某种程度上提升了网络的安全性。

从不同的角度去理解这一概念,NAT 的分类也有所不同。例如,有些人把源网络地址转换（SNAT）和目标地址转换（DNAT）的概念理解为静态（Static）网络地址转换和动态（Dynamic）网络地址转换,而有些人却理解为源（Source）网络地址转换和目标（Destination）网络地址转换。此外,还存在端口地址转换（PAT）的概念。

静态网络地址转换,是指在进行网络地址转换时,内部网络地址与外部的 Internet IP 地址是一一对应的关系。例如,将内部地址 192.168.1.100 对应转换到 202.112.58.100。在这种情况下,不需要 NAT 盒在地址转换时记录转换信息。

动态网络地址转换则不同,可用的 Internet IP 地址限定在一个范围内,而内部网络地址的范围大于 Internet IP 地址的范围。在进行地址转换时,如果 Internet IP 地址都被占用,此时从内部网络地址发出的请求会因为无地址可分配而遭到拒绝。显然，这种情形无法满足实际应用系统的需求，所以才出现了端口地址转换（PAT）的概念。

PAT 是指在进行网络地址转换时，不仅网络地址发生改变，协议端口也会发生改变。简单地说，PAT 在以地址为唯一标识的动态网络地址转换基础上，又增加了源端口或目的端口号作为标识的一部分。在进行地址转换时，NAT 优先进行。当合法 IP 地址分配完后，对于新来的连接请求，会重复使用前面已经分配过的合法 IP。两次 NAT 的数据包通过端口号加以区分。由于可以使用的端口范围为 1024～65 535，因此一个合法 IP 可以对应于 6 万多个 NAT 连接请求，通常可以满足几千个用户的需求。

当内部用户使用专用地址访问 Internet 时，SNAT 必须将 IP 头部中的数据源地址（专用 IP 地址）转换成合法的 Internet 地址，因为按照 IPv4 编址的规定，目标地址为专用地址的数据包在 Internet 上是无法传输的。

当 Internet 用户访问防火墙后面的服务器所提供的服务时，DNAT 必须将数据包中的目的地址转换成服务器的专用地址，使合法的 Internet IP 地址与内部网络中服务器的专用地址相对应。内部（或专用）IP 地址的范围如图 11-6 所示。

IP地址范围	总计
10.0.0.0~10.255.255.255	2^{24}
172.16.0.0~172.31.255.255	2^{20}
192.168.0.0~192.168.255.255	2^{16}

图 11-6　内部（或专用）IP 地址的范围

静态网络地址转换、动态网络地址转换和端口地址转换侧重于根据 NAT 的实现方式对 NAT 进行分类，而源地址、目标地址转换侧重于根据数据流向进行分类。静态网络地址转换不需要维护地址转换状态表，功能简单，性能较好。而动态网络地址转换和端口地址转换则必须维护一个转换表，以保证能够对返回的数据包进行正确的反向转换，因此功能更强大，但需要更多的资源。普通边界路由器也能够实现地址转换，但由于其内存资源有限，在中型网络中使用路由器实现 NAT 功能通常不可靠。如果使用路由器做 NAT，那么在运行一段时间（通常为几个小时）后，路由器的资源将耗尽，无法继续工作。所以，通常的做法是在防火墙上实现 NAT 功能。

在实践中，实现 NAT 的路由器配置如图 11-7 所示。在图中，路由器有两个 IP 地址：一个是内部 IP 地址，一个是外部 IP 地址。外网（Internet）中的主机通过外部 IP 地址 201.26.7.9 访问路由器，而内网中的主机则通过内部 IP 地址 192.168.10.10 访问路由器。

这意味着，外网中的主机永远只能看到一个 IP 地址，即路由器的外部 IP 地址。当数据包流过路由器时，数据包的源地址和目的地址分别如下。

（1）对于所有输入数据包，无论最终的目标主机是内网中的哪一台机器，当数据包进入内部网络时，其目的地址字段总包含 NAT 路由器的外部地址。

（2）对于所有输出数据包，无论源点主机是内部网络中的哪一台机器，当数据包离开内部网络时，其源地址字段总包含 NAT 路由器的外部地址。

因此，NAT 路由器要进行如下转换工作。

（1）对于所有输入数据包，NAT 路由器用最终目标主机的 IP 地址替换数据包的目的地

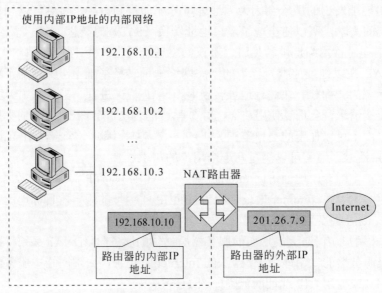

图 11-7　实现 NAT 的路由器配置

址（即路由器的外部地址）。

（2）对于所有的输出数据包，NAT 路由器用其外部地址替换数据包的源地址（即发送数据包的内部主机的 IP 地址）。

NAT 转换过程如图 11-8 所示。

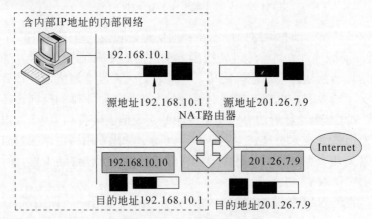

图 11-8　NAT 转换过程

NAT 的工作原理很简单：对于输出数据包，NAT 路由器只需用 NAT 的外部地址替换数据包中的源地址（内部主机地址）；对于输入数据包，NAT 路由器需要维护一个转换表。一旦某个内部主机发送一个数据包给外部主机，NAT 路由器就在转换表中增加一个条目。该条目中含有内部主机的 IP 地址及目标外部主机的 IP 地址。若从外部主机返回一个响应，NAT 路由器便查询转换表，决定将此数据包发给内网哪台主机。例如：

（1）假设一台内部主机（地址为 192.168.10.1）要向外部主机（地址为 210.10.20.20）发送一个数据包。NAT 看到该数据包的源地址为 192.168.10.1，目的地址为 210.10.20.20。

（2）NAT 路由器在转换表中增加一个条目，如表 11-1 所示。

表 11-1　在转换表中增加一个新条目

转 换 表	
内 部 地 址	外 部 地 址
192.168.10.1	210.10.20.20
…	…

（3）NAT 路由器用其地址（201.26.7.9）替换数据包的源地址，并将此数据包发送给 Internet 上的目标主机。此时，该数据包的源地址为 201.26.7.9，目的地址为 210.10.20.20。

（4）Internet 上的外部路由器处理该数据包，并发回一个响应数据包。此时，该响应数据包的源地址为 210.10.20.20，而目的地址为 201.26.7.9。

（5）该响应数据包到达 NAT 路由器。NAT 路由器查询转换表，找到含有外部地址为 210.10.20.20 的条目中含有的内部主机地址为 192.168.10.1。

（6）NAT 路由器用内部主机地址（即 192.168.10.1）替换数据包的目的地址，并将该分组发给该内部主机。NAT 路由器的工作过程如图 11-9 所示。

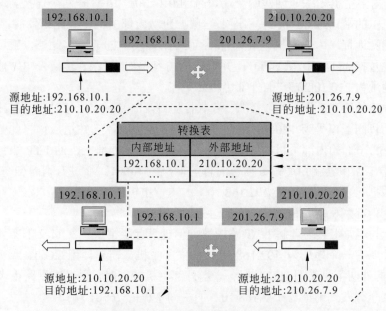

图 11-9　NAT 路由器的工作过程

在此方案中，如果有多个内部主机同时与外网的同一台主机通信，NAT 路由器如何确定应该将响应数据包发给哪一台内部主机呢？要解决此问题，需要修改 NAT 转换表，添加几列新的参数。修改后的 NAT 转换表如表 11-2 所示。

表 11-2　修改后的 NAT 转换表

内部地址	内部端口	外部地址	外部端口	NAT 端口	传输协议
192.168.10.1	300	210.10.20.20	80	14000	TCP
192.168.10.1	301	210.10.20.20	21	14001	TCP
192.168.10.2	26601	210.10.20.20	80	14002	TCP
192.168.10.3	1275	207.21.1.5	80	14003	TCP

新加列在 NAT 中的作用如下。

（1）新加的"内部端口"一列数据标识内部主机上的应用程序所使用的端口号。对于每个应用，该端口是随机选取的。当对应于用户请求的响应数据包从外网主机发回时，内部主机需要知道该把此响应递交给哪个应用程序。这将由内部端口号确定。

（2）新加的"外部端口"一列数据标识某一服务应用程序所使用的端口号。对于给定的服务应用程序，该端口总是固定的。例如，HTTP 服务使用 80 端口，而 FTP 服务使用 21 端口，SMTP 使用 25 端口，POP3 使用 110 端口，等等。

（3）新加的"NAT 端口"一列数据是一个依次递增的数字，由 NAT 路由器生成。该列数据与源地址或目的地址绝无任何关系。当外部主机发回一个响应数据包时，此列中的数据才起作用。

下面将针对两种情况讨论 NAT 转换过程。

（1）同一内部主机上的多个应用程序同时访问同一外部主机。

当地址为 192.168.10.1 的内部主机要访问地址为 210.10.20.20 的外部主机上的 HTTP 和 FTP 服务时，内部主机动态地创建两个端口号 300 和 301，并打开两个连接。这两个连接分别与外部主机上的端口号 80 和 21 相连。当数据包从内部主机传到路由器时，NAT 路由器将数据包中的源地址（内部主机地址）替换为 NAT 路由器的地址。此外，它还要把数据包的端口号字段替换为 14000 和 14001，并把这些内容添加到 NAT 转换表中。然后，它将此数据包发给地址为 210.10.20.20 的外部主机。

当外部主机的 HTTP 服务器给 NAT 路由器发回一个响应数据包时，NAT 路由器就知道输入数据包的目的端口号为 14000。通过查询 NAT 转换表，它知道应该将此数据包发送到地址为 192.168.10.1 的内部主机的 300 端口。同样，当从外部主机的 FTP 服务器上返回一个响应时，NAT 路由器就知道该数据包的目的端口为 14001。通过查询 NAT 转换表，它知道应该将此数据包发送到地址为 192.168.10.1 的内部主机的 301 端口。

（2）多个内部主机同时访问同一外部主机。

根据以上讨论，很容易理解 NAT 路由器如何处理此类情况。表 11-2 的第 4 行有一个条目，该条目表明有一个地址为 192.168.10.2 的内部主机，需要使用 26601 端口访问地址为 210.10.20.20 的外网主机上的 HTTP 服务。当外部主机响应时，通过查询路由表，NAT 路由器将响应数据包分发到地址为 192.168.10.2 的内部主机的 26601 端口。

为完整地描述 NAT 存在的各种情况，在表 11-2 的第 5 行中，给出了另一个内部主机与另一个外部主机通信时 NAT 转换表中所增加的条目。读者可自行分析其工作过程。

11.1.3　静态包过滤器

静态包过滤防火墙可以采用路由器上的过滤模块来实现，而且具有较高的安全性。由于可以直接使用路由器软件的过滤功能，无须购买专门的设备，因此可以减少投资。路由器是内部网络接入 Internet 所必需的设备，每个网络的入口都配备路由器。直接使用路由器软件作为过滤器，不需要额外付费。当然，用户也可以购买专门的包过滤防火墙。

1. 工作原理

顾名思义，静态包过滤防火墙采用一组过滤规则对每个数据包进行检查，然后根据检

静态包过滤器

查结果确定是转发、拒绝还是丢弃该数据包。这种防火墙对从内网到外网和从外网到内网两个方向的数据包进行过滤,其过滤规则基于 IP 与 TCP/UDP 头中的几个字段。图 11-10 为静态包过滤防火墙的设计思路。

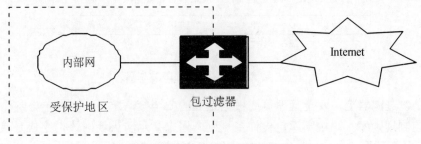

图 11-10　静态包过滤防火墙的设计思路

静态包过滤防火墙的工作原理如图 11-11 所示,主要实现如下三个主要功能。

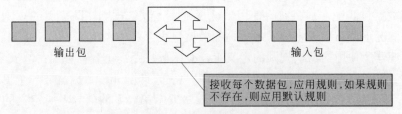

图 11-11　静态包过滤防火墙的工作原理

(1)接收每个到达的数据包。

(2)对数据包采用过滤规则,对数据包的 IP 头和传输字段内容进行检查。如果数据包的头信息与一组规则匹配,则根据该规则确定是转发还是丢弃该数据包。

(3)若没有规则与数据包头信息匹配,则对数据包施加默认规则。默认规则可以丢弃或接收所有数据包。默认丢弃数据包规则更加严格,而默认接收数据包规则则相对宽松。通常,防火墙首先默认丢弃所有数据包。

静态包过滤防火墙是最原始的防火墙,静态数据包过滤发生在网络层上,也就是 OSI 模型的第 3 层上,如图 11-12 所示。

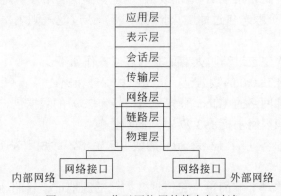

图 11-12　工作于网络层的静态包过滤

对于静态包过滤防火墙来说,决定接收还是拒绝一个数据包,取决于对数据包中 IP 头和协议头等特定域的检查和判定。这些特定域包括：①数据源地址；②目的地址；③应用或协议；④源端口号；⑤目的端口号。静态包过滤防火墙 IP 数据包结构如图 11-13 所示。

图 11-13　静态包过滤防火墙 IP 数据包结构

在每个包过滤器上，安全管理员要根据企业的安全策略定义一个表单，这个表单也被称为访问控制规则库。该规则库包含许多规则，用来指示防火墙应该拒绝还是接收该数据包。在转发某个数据包之前，包过滤器防火墙将 IP 头和 TCP 头中的特定域与规则库中的规则逐条进行比较。防火墙按照一定的次序扫描规则库，直到包过滤器发现一个特定域满足包过滤规则的特定要求时，才决定"接收"或"丢弃"数据包。如果包过滤器没有发现任何规则与该数据包匹配，那么它将使用默认规则。该默认规则在防火墙的规则库中有明确定义，一般情况下，防火墙将不满足规则的数据包丢弃。

在包过滤器所使用的默认规则的定义上，有两种思路：①容易使用；②安全第一。"容易使用"的倡导者所定义的默认规则是"允许一切"，即除非该数据流被一个更高级规则明确"拒绝"，否则该规则允许所有数据流通过。"安全第一"的倡导者所定义的默认规则是"拒绝一切"，即除非该数据流得到某个更高级规则明确"允许"，否则该规则将拒绝任何数据包通过。

在静态包过滤规则库内，管理员可以定义一些规则决定哪些数据包可以被接收，哪些数据包将被拒绝。管理员可以针对 IP 头信息定义一些规则，以拒绝或接收那些发往或来自某个特定 IP 地址或某一 IP 地址范围的数据包。管理员可以针对 TCP 头信息定义一些规则，用来拒绝或接收那些发往或来自某个特定服务端口的数据包。

例如，管理员可以定义一些规则，允许或禁止某个 IP 地址或某个 IP 地址范围的用户使用 HTTP 服务浏览受保护的 Web 页面。同样，管理员也可以定义一些规则，允许某个可信的 IP 或 IP 地址范围内的用户使用 SMTP 服务访问受保护的 Mail 服务器上的文件。管理员还可以定义一些规则，封堵某个 IP 地址或 IP 地址范围内的用户访问某个受保护的 FTP 服务器。图 11-14 为一个静态包过滤防火墙规则表。该过滤规则表决定允许转发或丢弃数据包。

根据该规则表，静态包过滤防火墙采取的过滤操作如下。

（1）拒绝来自 130.33.0.0 的数据包，这是一种保守策略。

（2）拒绝来自外部网络的 Telnet 服务（端口号为 23）的数据包。

（3）拒绝试图访问内网主机 193.77.21.9 的数据包。

（4）禁止 HTTP 服务（端口号为 80）的数据包输出，此规则表明，该公司不允许员工浏览 Internet。

包过滤器的工作原理非常简单，它根据数据包的源地址、目的地址或端口号决定是否丢弃数据包。也就是说，决定仅依赖于当前数据包的内容。根据所用路由器的类型，过滤可以发生在网络入口处，也可以发生在网络出口处，或者在入口和出口同时对数据包进行过滤。网络管理员可以事先准备一个访问控制列表，其中明确规定哪些主机或服务是可接受的，哪些主机或服务是不可接受的。采用包过滤器，能够非常容易地做到在网络层上允许或拒绝某个主机的访问。例如，可以做到允许主机 A 和主机 B 互访，或者拒绝除主机 A 之外的其他主机访问主机 B。

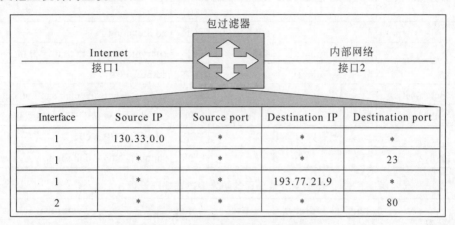

Interface	Source IP	Source port	Destination IP	Destination port
1	130.33.0.0	*	*	*
1	*	*	*	23
1	*	*	193.77.21.9	*
2	*	*	*	80

图 11-14　静态包过滤防火墙规则表

包过滤防火墙的配置分为三步：第一，管理员必须明确企业网络的安全策略，即必须搞清楚什么是允许的、什么是禁止的；第二，必须用逻辑表达式清楚地表述数据包的类型；第三，也是最难的一步，必须用设备提供商可支持的语法重写这些表达式。

根据静态包过滤的工作原理，可以很容易地构建一个静态包过滤防火墙。实际上，制定精确的静态包过滤规则可能更需要花费一番心思。由于每个网站的安全策略都不一样，因此不可能为每个网站使用的包过滤器设置精确的过滤规则。在本节中，仅提供几个合理的规则配置样本作为参考。表 11-3 和表 11-4 提供了两个配置样本，部分来自美国计算机应急响应中心（CERT）的建议书。最后一条规则的作用是阻止所有其他 UDP 服务；对这条规则，人们颇有争议。

表 11-3　某大学的防火墙过滤规则设置

action	src	port	dest	port	flags	comment
allow	secondary	*	our-dns	53	TCP	allow secondary nameserver access
block	*	*	*	53	TCP	no other DNS zone transfers
allow	*	*	*	53	UDP	permit UDP DNS queries
allow	ntp.outside	123	ntp.inside	123	UDP	ntp time access
block	*	*	*	69	UDP	no access to our tftpd
block	*	*	*	87	TCP	the link service is often misused
block	*	*	*	111	TCP	no TCP RPC and ...
block	*	*	*	111	UDP	no UDP RPC and no ...
block	*	*	*	2049	UDP	NFS. This is hardly a guarantee
block	*	*	*	2049	TCP	TCP NFS is coming: exclude it
block	*	*	*	512	TCP	no incoming "r" commands...
block	*	*	*	513	TCP	...

action	src	port	dest	port	flags	comment
block	*	*	*	514	TCP	...
block	*	*	*	515	TCP	no external lpr
block	*	*	*	540	TCP	uucpd
block	*	*	*	6000-6100	TCP	no incoming X
allow	*	*	adminnet	443	TCP	encrypted access to transcript mgr
block	*	*	adminnet	*	TCP	nothing else
block	pclab-net	*	*	*	TCP	anon. students in pclab can't go outside
block	pclab-net	*	*	*	UDP	... not even with TFTP and the like!
allow	*	*	*		TCP	all other TCP is OK
block	*	*	*		UDP	suppress other UDP for now

表 11-4 某公司的防火墙过滤规则设置

action	src	port	dest	port	flags	comment
allow	*	*	mailgate	25	TCP	inbound mail access
allow	*	*	mailgate	53	UDP	access to our DNS
allow	*	*	mailgate	53	TCP	secondary nameserver access
block	*	*	mailgate	23	TCP	incoming telnet access
allow		123	ntp.inside	123	UDP	external time source
allow	*	*	*	*	TCP	outgoing TCP packets are OK
allow	*	*	inside-net	*	ACK	return ACK packets are OK
block	*	*	*	*	TCP	nothing else is OK
block	*	*	*	*	UDP	block other UDP, too

今天的校园网络趋向于对 Internet 连接采取开放的安全策略，但出于安全的考虑，仍然需要对某些危险的服务施加限制，如 NFS、TFTP 和 Telnet 等。虽然这些服务有时会给人们的工作和学习带来方便，但它们会带来更大的安全隐患。在表 11-3 中，假设某大学有一个实验室，若允许该实验室的主机访问 Internet，可能会带来安全风险。因此，在网络管理员在配置防火墙规则时，应禁止该实验室的主机访问 Internet。还有一条规则允许通过 HTTPS服务访问管理域中的计算机。该服务采用 443 端口，需要强认证和加密措施。

与校园网络不同，许多公司或家庭的网络希望禁止大多数来自 Internet 的访问，而允许大多数去往 Internet 的连接请求。在这类网络中，可以让一个网关接收进入内网的邮件，并为公司的内部主机提供域名解析服务。在表 11-4 中，采用了一条规则禁止 23 号端口上的 Telnet 服务。如果公司的邮件服务器和 DNS 服务器交由 ISP 托管，那么可以进一步简化这些规则。

2. 安全性分析

因为防火墙对这些规则的检查是按顺序进行的，所以决定包过滤规则的先后次序是一项很困难的事情。在把包过滤规则输入规则库时，管理员必须特别小心。即使管理员已经按照一定的先后次序创建了规则，包过滤器还存在先天的缺陷：包过滤器仅检查数据的 IP

头和 TCP 头，它不可能区分真实的 IP 地址和伪造的 IP 地址。若一个伪造的 IP 地址满足包过滤规则，并同时满足其他规则的要求，则该数据包将被允许通过。

假设管理员精心创建了一条规则，该规则指示数据包过滤器丢弃所有来自未知源地址的数据包。虽然这条包过滤规则会极大地增大黑客访问某些可信服务器的难度，但黑客只须用某个已知可信客户端的源地址替代恶意数据包的实际源地址就可以达到目的。这种形式的攻击被称为 IP 地址欺骗（IP Address Spoofing）。用 IP 地址欺骗攻击对付包过滤防火墙非常有效。尽管包过滤防火墙的性能非常具有吸引力，但是包过滤防火墙的固有结构决定了其安全性不够高，超级黑客仍有可能穿越包过滤防火墙。

此外，静态包过滤防火墙并没有对数据包做全面检查，它仅检查特定的协议头信息：①源/目的 IP 地址；②源/目的端口号（服务）。因此，黑客可将恶意的命令或数据隐藏在未经检查的头信息中。更危险的是，由于静态包过滤防火墙没有检查数据包的净荷部分，黑客可将恶意的命令或数据隐藏到数据净荷中。这一攻击方法通常被称作"隐信道攻击"（Covert Channel Attack）。目前，这种形式的攻击越来越多，必须加倍小心。

最后需说明的是，包过滤防火墙并没有"状态感知"（State Aware）能力。管理员必须为某个会话的两端都配置相应的规则以保护服务器。例如，若要允许用户访问某个受保护的 Web 服务器，管理员必须创建一条规则，该规则既允许来自远端客户端的请求进入内部网络，又允许来自 Web 服务器的响应去往 Internet。值得注意的是，现在人们在使用 FTP 和 E-mail 等服务时，需要静态包过滤防火墙能够动态地为这些服务分配端口，所以管理员必须为静态包过滤规则打开所有的端口。

静态包过滤防火墙有如下优点。

（1）**对网络性能有较小的影响**。由于静态包过滤防火墙只是简单地根据地址、协议和端口进行访问控制，因此对网络性能的影响比较小。只有当访问控制规则比较多时，才会感觉到性能的下降。

（2）**成本较低**。路由器通常集成了简单包过滤的功能，基本上不再需要单独的防火墙设备实现静态包过滤功能，因此从成本方面考虑，简单包过滤的成本非常低。

静态包过滤防火墙有如下缺点。

（1）**安全性较低**。由于静态包过滤防火墙仅工作于网络层，其自身的结构设计决定了它不能对数据包进行更高层的分析和过滤。因此，静态包过滤防火墙仅提供较低水平的安全性。

（2）**缺少状态感知能力**。一些需要动态分配端口的服务需要防火墙打开许多端口，这就增大了网络的安全风险，从而导致网络整体安全性不高。

（3）**容易遭受 IP 欺骗攻击**。由于简单的静态包过滤功能没有对协议的细节进行分析，因此有可能遭受 IP 欺骗攻击。

（4）**创建访问控制规则比较困难**。静态包过滤防火墙由于缺少状态感知能力而无法识别主动方与被动方在访问行为上的差别。若要创建严密有效的访问控制规则，管理员需要认真地分析和研究一个组织机构的安全策略，同时必须严格区分访问控制规则的先后次序，这对新手而言是一个比较困难的问题。

11.1.4 动态包过滤防火墙

动态包过滤器是普遍使用的一种防火墙，它既具有很高的安全性，又具有完全的透明性。动态包过滤器的设计目标是允许所有的客户端软件不加修改即可工作，同时让网管员能够全面控制经过防火墙的数据流。静态包过滤防火墙的规则表是固定的，而动态包过滤防火墙则可根据当前所交换的信息动态调整过滤规则表。

1. 工作原理

动态（状态）包过滤器是在静态包过滤防火墙的基础上发展而来。由于动态包过滤防火墙继承了静态包过滤防火墙的某些特征，所以它也具有静态包过滤防火墙固有的许多不足。但是，动态包过滤防火墙与静态包过滤防火墙相比，它具有"状态感知"的能力。

典型的动态包过滤防火墙也和静态包过滤防火墙一样，都工作在网络层，即 OSI 模型的第 3 层。更先进的动态包过滤防火墙可以在 OSI 的传输层（第 4 层）上工作。在传输层上，动态包过滤防火墙可以收集更多的状态信息，从而增加过滤的深度。工作于传输层的动态包过滤防火墙如图 11-15 所示。

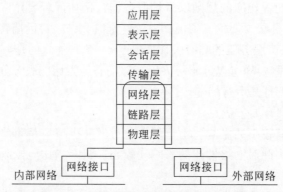

图 11-15 工作于传输层的动态包过滤防火墙

通常，动态包过滤防火墙转发还是丢弃一个数据包，先检查数据包的 IP 头和协议头。动态包过滤防火墙检查的数据包头信息包括：①数据源地址；②目的地址；③应用或协议；④源端口号；⑤目的端口号。

在对数据包的过滤方面，动态包过滤防火墙与普通包过滤防火墙相比既有相同点，也有不同点。相同点是，如果数据包满足规则，如数据包的端口号或 IP 地址是可接受的，则允许通过。不同点是，它首先对外出的数据包身份进行记录，此后若有相同连接的数据包进入防火墙，则直接允许这些数据包通过。

例如，动态包过滤防火墙的一条规则是：如果从外网输入防火墙的 TCP 数据包是对内网发出的 TCP 数据包的回应，则允许这些 TCP 数据包通过防火墙。由此可以看出，动态包过滤防火墙直接对"连接"进行处理，而不是仅对数据包头信息进行检查。因此，它可以用来处理 UDP 和 TCP。即使 UDP 缺少 ACK 标志位，它也可以对其进行过滤。

注意：动态包过滤防火墙需要对已建连接和规则表进行动态维护，因此它是动态的和有状态的。动态包过滤防火墙根据规则表对数据包进行过滤，工作原理如图 11-16 所示。

简而言之，典型的动态包过滤防火墙能够感觉到新建连接与已建连接之间的差别。一

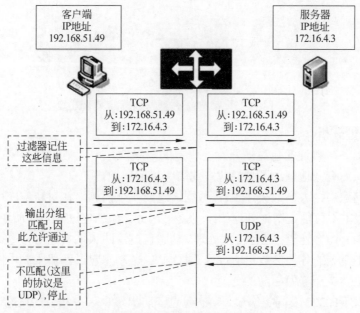

图 11-16　动态包过滤防火墙的工作原理

且连接建立,它就会将该连接的状态记于 RAM 中的一个表单。后续的数据包与 RAM 表单中的状态信息进行比较,这一比较由操作系统内核层的软件实现。当动态包过滤防火墙发现进来的数据包是已建连接的数据包时,就会允许该数据包直接通过而不做任何检查。由于防火墙无需对每个数据包都进行规则库的检查,并且在内核层实现了数据包与已建连接状态的比较,因此,动态包过滤防火墙的性能比静态包过滤防火墙的性能有很大的提高。

在概念上,实现动态包过滤器有两种主要的方式。一种方式是实时改变普通包过滤器的规则集。所以,包过滤器的规则集的创建是一项非常细致的工作,而且规则的次序也很重要。由于难以确定哪些规则集的改变是有利的,哪些改变是有害的。

另一种实现动态包过滤防火墙的方式不需要检查规则表,而是采用类似电路级网关的方式转发数据包。所有进入防火墙的呼叫连接将止于防火墙,然后防火墙再与目标主机建立新的连接。防火墙在两个连接之间复制数据。

为了研究其工作原理,首先研究 TCP 连接建立的过程。一个 TCP 连接可以用以下 4 个标准参数来描述。

```
<localhost, localport, remotehost, remoteport>
```

但是,remotehost 不必是一台特定的机器,它可以是声明使用此 IP 地址的任何进程。采用此设计的防火墙可以用任意的主机地址作为回应。当防火墙继续向真正的目标主机发起连接请求时,它可以使用主叫的 IP 地址,而不采用其真实的 IP 地址作为回应。动态包过滤防火墙发起重新连接如图 11-17 所示。

在图 11-17 中,虚线箭头表示意向连接,实线箭头表示真实连接。防火墙在中间起着中继数据包的作用。对通信双方来说,防火墙既是通信的起点,也是通信的终点。防火墙对连接的识别不仅基于以上 4 个标准参数,而且基于网络接口。

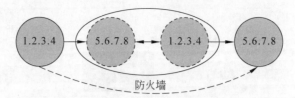

图 11-17　动态包过滤防火墙发起重新连接

2. 安全性分析

前面曾提到，普通的包过滤器存在一定的局限性。由于某些动态包过滤器增添了许多新的功能，从而有效地解决了普通包过滤防火墙的问题。

在这些问题中，人们最关注 FTP 数据通道的安全问题。在对特定应用缺乏了解的前提下，防火墙根本不可能透明地处理 FTP 服务。因此，动态包过滤防火墙通常要对 21 号端口的连接（即 FTP 命令通道）进行特别处理。动态包过滤防火墙首先对命令数据流进行扫描，然后用 PORT 命令的各种参数更新过滤器规则表。若动态包过滤器限制内网的数据包流出，它也应该对 PASV 命令做相同的处理。

对于 RPC、H.323 及同类协议，动态包过滤防火墙也采取相似的策略。通过检查数据包的内容，防火墙可以控制内部（或外部）RPC 服务的调用。换言之，动态包过滤防火墙已经跳出了狭义的数据包过滤的概念，步入了"连接过滤"的范畴。

在实际应用中，动态包过滤防火墙主要在以下两方面存在性能上的差异。

（1）是否支持对称多处理技术（Symmetrical Multi-Processing，SMP）。SMP 是指在一台计算机上汇集了一组处理器（多个 CPU），各 CPU 之间共享内存子系统及总线结构。它是相对非对称多处理技术而言的应用十分广泛的并行技术。在防火墙设计中采用此技术可以大大提高防火墙的性能。

在编写防火墙软件时，如果采用 SMP 技术，那么每增加一个处理器就会使防火墙的性能提高 30%。然而，当前许多动态包过滤防火墙的实现方案均以单线程进程工作，不能充分利用 SMP 的优势。为了克服单线程带来的性能限制，许多防火墙厂家采用强大且昂贵的基于精简指令集计算（Reduced Instruction Set Computing，RISC）的处理器，以获取高性能。随着处理器性能的提高及多处理器服务器的广泛应用，单线程的局限性已经非常明显。例如，在昂贵的 RISC 服务器上运行防火墙软件，只能达到 150Mb/s 的动态包过滤吞吐率，而在廉价的 Intel 多处理器服务器上运行防火墙软件，可以获得 600Mb/s 以上的动态包过滤吞吐率。

（2）连接建立的方式。几乎每个防火墙厂商都在建立连接表（Connection Table）方面有自己的专利技术。但是，除了上面讨论的区别之外，动态包过滤防火墙的基本操作在本质上都是相同的。

为突破基于单线程的动态包过滤防火墙的性能极限，有些厂家在防火墙建立连接时采用非常危险的技术方案。RFC 草案建议防火墙在三步握手协议完成后才能建立连接，而有些厂家并没有采用 RFC 的建议，所设计的防火墙在接收到第一个 SYN 数据包时就打开一个新连接。实际上，这一设计将使防火墙后的服务器容易遭到伪装 IP 地址攻击。

黑客发动的匿名攻击有时更具有危险性。与静态包过滤防火墙相似，假设管理员为防火墙创建了一条规则，指示包过滤器丢弃所有包含未知源地址的数据包。这条规则虽然使黑客的攻击变得非常困难,但是黑客仍然可以采用合法的 IP 地址访问防火墙后面的服务器。黑客可以将恶意数据包中的源地址替换成某个可信客户端的源地址。在此攻击方法中,黑客必须采用可信主机的 IP 地址,并通过三步握手建立连接。

如果防火墙厂商没有在连接建立的过程中采用 RFC 草案的建议,即没有执行三步握手协议就打开了一条连接,黑客就可以伪装成一台可信的主机,对防火墙或受防火墙保护的服务器发动单数据包攻击(Single-Packet Attack),而黑客却完全保持匿名。对于管理员来说,他们并不知道所使用的防火墙产品具有此种缺陷。长期以来,各种单数据包攻击(如 LAND、Ping of Death 和 Tear Drop 等)一直困扰着管理员。一旦管理员知道了防火墙设计上存在缺陷,他们就不会对发生上述攻击感到意外。

总之,动态包过滤防火墙的优点如下。

(1)当动态包过滤防火墙设计采用 SMP 技术时,对网络性能的影响非常小。采用 SMP 的系统架构,防火墙可以由不同的处理器分担包过滤处理任务。即使在主干网络上使用动态包过滤防火墙,它也可以满足主干网络对防火墙性能的需求。

(2)动态包过滤防火墙的安全性优于静态包过滤防火墙。由于具有了"状态感知"能力,所以动态包过滤防火墙可以区分连接的发起方与接收方,也可以通过检查数据包的状态阻断一些攻击行为。与此同时,对于不确定端口的协议数据包,防火墙也可以通过分析打开相应的端口。防火墙所具备的这些能力使其安全性有了很大的提升。

(3)动态包过滤防火墙的"状态感知"能力也使其性能得到了显著提高。由于防火墙在连接建立后保存了连接状态,当后续数据包通过防火墙时,不再需要复杂的规则匹配过程,这就减少了由于访问控制规则数量的增加对防火墙性能造成的影响,因此其性能比静态包过滤防火墙好很多。

(4)如果不考虑所采用的操作系统的成本,动态包过滤防火墙的成本也很低。

动态包过滤防火墙的缺点如下。

(1)仅工作于网络层,因而仅检查 IP 头和 TCP 头。

(2)由于没有对数据包的净荷部分进行过滤,因此仍然具有较低的安全性。

(3)容易遭受伪装 IP 地址欺骗攻击。

(4)难于创建规则,管理员创建规则时必须要考虑规则的先后次序。

(5)若动态包过滤防火墙连接在建立时没有遵循 RFC 建议的三步握手协议,就会引入额外的风险。若防火墙在连接建立时仅使用两次握手,很可能导致防火墙在 DoS/ DDoS 攻击时因耗尽所有资源而停止响应。

11.1.5 电路级网关

由于简单包过滤防火墙的缺点十分明显,因此后人提出了电路级网关的理论。然而,电路级网关理论并没有获得很大的进展,目前通常作为应用代理服务器的一部分在应用代理类型的防火墙中实现。

电路级网关又称作线路级网关,当两个主机首次建立 TCP 连接时,电路级网关在两个主机之间建立一道屏障。电路级网关的作用就好像一台中继计算机,用来在两个连接之间来回地复制数据,也可以记录或缓存数据。此方案采用 C/S 结构,网关充当了服务器的角色,而内部网络中的主机充当了客户端的角色。当一个客户端希望连接到某个服务器时,它首先要连接到中继主机上，然后，中继主机再连接到服务器上。对服务器来说，该客户端的名称和 IP 地址是不可见的。

当有来自 Internet 的请求进入时，它作为服务器接收外来请求，并转发请求。当有内部主机请求访问 Internet 时，它则担当代理服务器的角色。它监视两台主机建立连接时的握手信息，如 SYN、ACK 和序列号等是否合乎逻辑，判定该会话请求是否合法。在有效会话连接建立后，电路级网关仅复制、传递数据，而不进行过滤。电路级网关的工作原理如图 11-18 所示。在图 11-18 中，电路级网关仅用来中继 TCP 连接。为了增强安全性，电路级网关可以采取强认证措施。

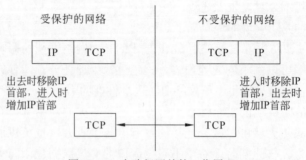

图 11-18 电路级网关的工作原理

在整个过程中，IP 数据包不会实现端到端的流动，这是因为中继主机工作于 IP 层以上。所有在 IP 层上可能出现的碎片攻击以及 Firewalking 探测等问题都会在中继主机上终止。对于有问题的 IP 数据流，中继主机能很好地加以处理。而在中继主机的另一端，它能发送正常的 TCP/IP 数据包。电路级网关在两个没有 IP 连通性的网络之间架起了桥梁。

在有些实现方案中，电路连接可自动完成。通过中继主机，特定的 TCP 服务可由外部主机到达内部的数据库主机。在 Internet 上，有很多实现这一功能的软件，如 tcprelay 就是一个 TCP 中继程序。

在另外一些实现方案中，连接服务需要知道确切的目的地址。此时，主叫主机和网关之间要运行一个简单的协议。此协议描述了主叫主机期望连接的目标主机和使用的服务。主叫用户首先向网关的 TCP 端口发出连接请求，然后网关再尝试与目标主机连接。一旦建立连接，中继程序就会在进出网关的两个方向上复制数据。

1. 工作原理

电路级网关工作于会话层，即 OSI 模型的第 5 层，如图 11-19 所示。在许多方面，电路级网关仅仅是包过滤防火墙的一种扩展，它除了进行基本的包过滤检查之外，还要验证连接建立过程中的握手信息及序列号合法性。

在打开一条通过防火墙的连接或电路之前，电路级网关要检查和确认 TCP 及 UDP 会话。因此，电路级网关所检查的数据比静态包过滤防火墙或动态包过滤防火墙所检查的数据更多，安全性也更高。

通常，判断接收还是丢弃一个数据包，取决于对数据包的 IP 头和 TCP 头的检查，如图 11-20 所示。电路级网关检查的数据包括：①源地址；②目的地址；③应用或协议；④源端口号；⑤目的端口号；⑥握手信息及序列号。

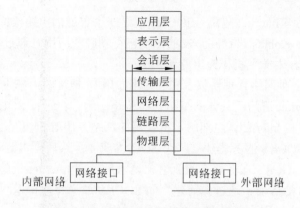

图 11-19　工作于会话层的电路级网关

图 11-20　电路级网关过滤的 IP 数据包信息

与包过滤防火墙类似,电路级网关在转发一个数据包之前,首先将数据包的 IP 头和 TCP 头与由管理员定义的规则表进行比较,以确定防火墙是将数据包丢弃还是让数据包通过。在可信客户端与不可信主机之间进行 TCP 握手通信时,仅当 SYN 标志、ACK 标志及序列号符合逻辑时,电路级网关才判定该会话是合法的。

如果会话是合法的,包过滤器就开始对规则进行逐条扫描,直到发现其中一条规则与数据包中的有关信息一致。如果包过滤器没有发现适合该数据包的规则,它就会对该数据包采用默认规则。在防火墙的规则表中,这条默认规则有明确的定义,通常是指示防火墙将不符合规则的数据包丢弃。

事实上,电路级网关在其自身与远程主机之间建立一个新的连接,而这一切对内网中的用户来说是完全透明的。内网用户不会意识到这些,他们一直认为自己正与远程主机直接建立连接。在图 11-21 中,电路级网关将输出数据包的源地址改为自己的 IP 地址。因此,外部网络中的主机不会知道内部主机的 IP 地址。图中的单向箭头只是为了说明这一概念,实际上箭头应是双向的。

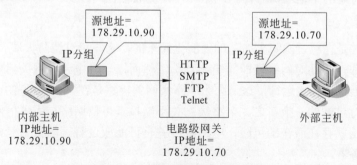

图 11-21　电路级网关的工作原理

电路中继通常在两个独立的网络之间创建特定的连接。在 Internet 的早期,许多公司的内部网均在电路级上与 Internet 隔离。SOCKS 就是一个普通的电路级网关。SOCKS 最初是由 David 和 Michelle Koblas 设计并开发的，现已得到广泛应用。通过合理配置 SOCKS 协议，可以使用 SOCKS 中继主机作为电路级网关。

SOCKS 其实是一种网络代理协议。一台使用专用 IP 地址的内部主机可通过 SOCKS 服务器获得完全的 Internet 访问。具体网络拓扑结构是：用一台运行 SOCKS 的服务器（双宿主主机）连接内部网和 Internet，内部网主机使用的都是专用 IP 地址。内部网主机请求访问 Internet 时，首先与 SOCKS 服务器建立一个 SOCKS 通道，然后再将请求通过这个通道发送给 SOCKS 服务器；SOCKS 服务器在收到客户请求后，向 Internet 上的目标主机发出请求；得到响应后，SOCKS 服务器再通过先前建立的 SOCKS 通道将数据返回给内网主机。当然，在 SOCKS 通道的建立过程中可能有一个用户认证的过程。

典型的 SOCKS 连接如图 11-22 所示。在图中，内部网络中的用户通过 SOCKS 接口与中继主机的接口 A 相连，而 Internet 则通过接口 B 与中继主机相连。

电路级网关在设计上要能够中继 IP 连接，IP 地址对服务器来说不可见。中继请求会到达图 11-22 所示的接口 A。如果在接口 B 上也提供该服务，外部用户就会通过中继主机发起连接。现在有很多黑客工具可以扫描中继服务器，发现其存在的漏洞。

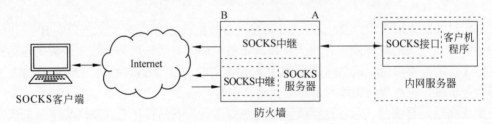

图 11-22　典型的 SOCKS 连接

显然，必须对中继服务器加以控制。控制措施可采用各种形式，例如，可以限制端口的持续时间，也可以要求列出允许访问该端口的外部用户名单，甚至可以对内部用户的连接建立请求进行用户认证。当然，具体采用什么措施应视具体情况而定。

电路级网关，包括后面要介绍的应用级网关，都非常适合于某些 UDP 应用。此时，必须修改客户端程序，以创建一条通向某种代理进程的虚电路。该电路提供了足够的信息，让 UDP 应用安全地通过过滤器。实际的目的地址和源地址则被隐蔽地发送。然而，由于各种服务均需要特定的本地端口号，因此这一设计仍然存在问题。

2. 安全性分析

电路级网关是在包过滤防火墙基础上演化而来的，它与包过滤防火墙一样，在 OSI 模型的低层上工作，因此对网络性能的影响较小。然而，一旦电路级网关建立一个连接，任何应用均可以通过该连接运行，这是因为电路级网关仍然是在 OSI 模型的会话层和网络层上对数据包进行过滤的。换言之，电路级网关不能检查可信网络与不可信网络之间中继的数据包内容。这就存在潜在的风险，电路级网关有可能放过有害的数据包，使其顺利到达防火墙后的服务器。

总之，电路级网关具有如下优点。

（1）对网络性能有一定程度的影响。由于其工作层比包过滤防火墙高，因此性能比包过滤防火墙稍差,但是与应用代理防火墙相比,其性能要好很多。

(2)切断了外部网络与防火墙后的服务器直接连接。外网用户与内网服务器之间的通信需要通过电路级代理实现,同时电路级代理可以对 IP 层的数据错误进行校验。

(3)比静态或动态包过滤防火墙具有更高的安全性。在理论上,防火墙实现的层次越高,过滤检查的项目就越多,安全性就越好。由于电路级网关可以提供认证功能,因此其安全性要优于包过滤防火墙。

电路级网关有如下缺点。

(1)具有一些包过滤防火墙固有的缺陷,例如,电路级网关不能检测数据净荷,因此无法抵御应用层的攻击等。

(2)仅提供一定程度的安全性。由于电路级网关在设计理论上存在局限性,工作层决定了它无法提供最高的安全性。只有在应用级网关上,安全问题才能从理论上得到彻底解决。

(3)电路级网关的另外一个问题是:当增加新的内部程序或资源时,往往需要修改许多电路级网关的代码(SOCKS 例外)。

11.1.6　应用级网关

应用级网关

应用级网关与包过滤防火墙不同。包过滤防火墙能过滤各种不同服务的数据流,而应用级网关则只能对特定服务的数据流进行过滤。包过滤器不需要了解数据流的细节,它只查看数据包的源地址和目的地址,或检查 UDP/TCP 的端口号和某些标志位。应用级网关必须为特定的应用服务编写特定的代理程序。这些程序被称为"服务代理",在网关内部分别扮演客户端代理和服务器代理的角色。当各种类型的应用服务通过网关时,必须经过客户端代理和服务器代理的过滤。应用级网关的逻辑结构如图 11-23 所示。

图 11-23　应用级网关的逻辑结构

1. 工作原理

与电路级网关一样,应用级网关截获进出网络的数据包,运行代理程序双向复制和传递通过网关的信息,起着代理服务器的作用。它可以避免内网中的可信服务器或客户端与外网中某个不可信主机之间的直接连接。

应用级网关上所运行的应用代理程序与电路级网关有以下两个重要的区别。

(1)应用代理程序是针对应用的。

(2)应用代理程序对整个数据包进行检查,因此能在 OSI 模型的应用层上过滤数据包。应用级网关的工作层如图 11-24 所示。

图 11-24　应用级网关的工作层次

与电路级网关不同，应用级网关必须对每个特定的服务运行一个特定的代理，它只能传递和过滤特定服务所生成的数据流。例如，HTTP 代理只能复制、传递和过滤 HTTP 业务流。若一个网络使用了应用级网关，且网关上没有运行某些应用服务的代理，那么这些服务的数据包都不能进出网络。例如，若应用级网关上运行了 FTP 和 HTTP 代理程序，那么只有这两种服务的数据包才能通过防火墙，所有其他服务的数据包均被禁止。

应用级网关上运行的代理程序对数据流中的数据包进行逐个检查和过滤，而不是简单地让数据包轻易地通过网关。特定的应用代理程序检查通过网关的每个数据包，在 OSI 模型的应用层上验证数据包内容。这些代理程序可以对应用协议中的特定信息或命令进行过滤，这就是关键词过滤或命令字过滤。例如，FTP 应用代理程序能够过滤许多命令字，以便对特定用户实现更加精细的控制，保护 FTP 服务器免遭非法入侵。

当前，应用级网关所采用的技术叫作"强应用代理"。该技术提高了应用级网关的安全等级，它不是对用户的整个数据包进行复制，而是在防火墙内部创建一个全新的空数据包。强应用代理将那些可接收的命令或数据从防火墙外部的原始数据包中复制到防火墙内新创建的数据包中，然后，再将此新数据包发送给防火墙后面受保护的服务器。通过采用此项技术，强应用代理能够降低各类隐信道攻击所带来的风险。

与普通静态或动态包过滤防火墙相比，应用级网关在更高层上过滤信息，并且能够自动地创建必要的包过滤规则，因此它们比传统的包过滤防火墙更容易配置。

由于应用级网关能对整个数据包进行检查，因此它是当前已有的最安全的防火墙结构之一。虽然应用级网关具有很高的安全性，但它有一个固有的缺点，那就是缺乏透明性。此外，缺乏对新应用、新协议的支持也成为制约应用级网关发展的主要障碍。

随着软件技术从原来的 16b 编码转向当前的 32b 编码，再加上 SMP 等新技术的出现，今天的许多应用级网关既有很高的安全性，也有很好的透明性。此时，公网或内网中的用户不会意识到他们正在通过防火墙访问 Internet。

2. 安全性分析

包过滤防火墙无须对数据净荷进行检查，它仅检查数据包的源地址和目的地址，也可能检查 UDP 或 TCP 的端口号或标志位。由于应用级网关要检查特定服务数据包的细节，因此它比包过滤防火墙更复杂。

应用级网关不是采用通用机制处理所有应用服务的数据包，而是采用特定的代理程序处理特定应用服务的数据包。例如，针对电子邮件的应用代理程序能理解 RFC 822 头信息和 MIME 编码格式的附件，也可能识别出感染病毒的软件。这类过滤器通常采用存储转发方式工作。

应用级网关还有一个优点：它容易记录和控制所有进出网络的数据流。这对于某些环境来说非常关键。它可以对电子邮件中的关键词进行过滤，也可以让特定的数据通过网关。它还能对网页的查询请求进行过滤，使其与公司的安全策略一致，以禁止员工在工作时间上网看新闻。它也能剔除危险的电子邮件附件。

不管网络中的其他防火墙采用何种技术，电子邮件通常必须经过应用级网关的过滤。即使网络中没有安装防火墙，也必须安装电子邮件网关。它还能去掉内部主机的名称，因为名称中可能含有一些有价值的信息。它甚至还可以分析数据流和内容并形成日志，以便事后查看被泄露的信息。

注意：以上描述的安全机制仅用来防止攻击者从外部发起攻击。但是如果网络内部有不法用户想导入含有病毒的文件，这些安全机制将无能为力。当然，这类问题的防范超出了防火墙的功能范围。

应用级网关的主要缺点如下。

对于大多数应用服务来说，它需要编写专门的用户程序或不同的用户接口。在实践中，这意味着应用级网关只能支持一些非常重要的服务。对于一些专用的协议或应用，应用级网关将无法加以过滤。对于许多新出现的应用服务，应用级网关则无能为力，因为用户必须重新开发新的代理程序，而这需要时间。目前，它仅能对有限的几个常用的应用服务进行过滤，如 HTTP、FTP、SMTP、POP3、Telnet 等。

在复杂的网络环境中，应用级网关显得不太实用，并且可能超负荷运行，以致不能正常工作。若应用级网关的实现依赖于操作系统的 Inetd 守护程序，则其最大并发连接数将受到严重限制。今天的网络环境对并行会话的要求非常高，这就要求应用级网关对网络环境有很强的适应性。因此，是否采用应用级网关，取决于用户的选择。若用户为满足某些特殊的安全需求而采用应用级网关，那么用户就要承担一定的风险。如果内网中的用户太多、流量太大，就可能因所支持的并发连接数不够而造成过滤速度缓慢或死机。

当然，从安全的角度看，人们更偏向于采用应用级网关。由于它在应用层上对数据进行过滤，因此更安全。网关也可以支持其他的应用，例如，可以让它承担域名服务器或邮件服务器的任务。应用级网关隐藏了内部主机的 IP 地址或主机名，对于外部的网络用户来说，这些信息是不可见的。当数据包流出内网的时候，防火墙将消息头中的专用 IP 地址和主机名去掉；当数据包自外网流入内网时，防火墙的域名服务器对数据包进行解析，再发往内网的用户。因此，对于外部网络来说，防火墙看起来既是源点也是终点。

应用级网关可以解决 IP 地址缺乏的问题。网络管理员可以将大量的专用 IP 地址分配给内网用户，使内部主机的 IP 地址分配变得非常容易。由于应用级网关对 Internet 隐藏了内部的专用 IP 地址，因此它只需要 ISP 提供几个静态 IP 地址即可。

用户可使用应用级网关上运行的 FTP 代理程序传输文件。内部用户通过登录防火墙上传或下载文件，外部用户也一样。在进行匿名文件传输时，用户先将文件发给防火墙，再由防火墙将文件发出。这种工作方式也同样适用于 Telnet 或 rlogin 会话：用户首先远程登录到防火墙上，防火墙再远程登录到外部网络。E-mail 及由网站提供的某些服务均采用这种安全工作模式。这样，内网用户就可以通过应用级网关对外部用户提供服务。当然，用户可以采用 Kerberos 安全协议来管理内外网用户之间的会话。

有的商用防火墙可为用户提供应用级网关软件。用户可与制造商签署保密协议，让他们提供对许多专用协议的支持。但是，究竟是否真正需要应用级网关支持这些协议，网络管理员要仔细研究内网的安全策略。即使应用级网关能够对这些专用协议进行过滤，如果用户根本不需要这些协议，管理员就应该去掉它们。在应用级网关上增加对这些协议的支持，只会增加防火墙的负担，从而降低防火墙的性能。

TIS（Trusted Information Systems）防火墙工具包是一种非常流行的应用级网关软件，读者可以从网上自由下载。该工具包包括 Telnet 网关、FTP 网关、rlogin 网关和 SSL 网关等。另外，还有一些专门为特定服务编写的应用代理软件包，如 Squid 等。这些软件经过修改后就可以应用于防火墙中。

总之，应用级网关的主要优点如下。

（1）**在已有的安全模型中安全性较高**。由于工作于应用层，因此应用级网关的安全性取决于厂商的设计方案。应用级网关完全可以过滤应用服务（如 HTTP、FTP 等）的命令字，也可以过滤内容，甚至可以过滤病毒。

（2）**具有强大的认证功能**。由于应用级网关在应用层实现认证，因此它可以实现的认证方式比电路级网关要丰富得多。

（3）**具有超强的日志功能**。包过滤防火墙的日志仅能记录时间、地址、协议、端口，而应用级网关的日志要详细得多。例如，应用级网关可以记录用户通过 HTTP 访问了哪些网站页面、通过 FTP 上传或下载了什么文件、通过 SMTP 给谁发送了邮件，甚至邮件的主题、附件等信息，都可以作为日志的内容。

（4）**应用级网关的规则配置比较简单**。由于应用代理必须针对不同的协议实现过滤，所以管理员在配置应用级网关时关注的重点就是应用服务，而不必像配置包过滤防火墙一样还要考虑规则顺序的问题。

应用级网关的主要缺点如下。

（1）**灵活性差**：对每一种应用都需要设置一个代理。每当出现一种新的应用时，必须编写新的代理程序。由于目前的网络应用呈多样化趋势，这显然是一个致命的缺陷。在实际应用中，应用级网关中集成了电路级网关或包过滤防火墙，以满足人们对灵活性的需求。

（2）**配置复杂**：增加了管理员的工作量。由于各种应用代理的设置方法不同，因此对于不是很精通计算机网络的用户而言，难度可想而知。对于网络管理员来说，当网络规模达到一定程度时，其工作量很大。

（3）**性能不高**：它有可能成为网络的瓶颈。虽然目前 CPU 处理速度仍保持以摩尔定律的速度增长，但周边系统的处理性能（如磁盘访问性能等）远远落后于运算能力的提高，很多时候系统的瓶颈根本不在于处理器的性能。应用级网关的性能依然远远无法满足大型网络的需求，一旦超负荷，就有可能发生宕机，从而导致整个网络中断。

状态检测防火墙

11.1.7　状态检测防火墙

状态检测技术是防火墙近几年才应用的新技术。传统的包过滤防火墙仅通过检测 IP 包头的相关信息来决定数据流是通过还是拒绝，而状态检测技术采用的是一种基于连接的状态检测机制，将属于同一连接的所有数据包作为一个数据流的整体，构成连接状态表，通过规则表与状态表的共同配合，对表中的各连接状态因素加以识别。这里动态连接状态表中的记录可以是以前的通信信息，也可以是其他相关应用程序的信息，因此，与传统包过滤防火墙的静态过滤规则表相比，它具有更好的灵活性和安全性。

1. 工作原理

先进的状态检测防火墙可读取、分析和利用全面的网络通信信息和状态，如下所述。

（1）**通信信息**：即所有 7 层协议的当前信息。防火墙的检测模块位于操作系统的内核，在网络层之下，能在数据包到达网关操作系统之前对它们进行分析。防火墙先在低协议层上检查数据包是否满足企业的安全策略，对于满足的数据包，再从更高协议层上进行分析。它验证数据的源地址、目的地址和端口号、协议类型、应用信息等多层的标志，因此具有更全面的安全性。

（2）**通信状态**：即以前的通信信息。对于简单的包过滤防火墙，若要允许 FTP 通过，就必须做出让步而打开许多端口，这样就降低了安全性。状态检测防火墙在状态表中保存以前的通信信息，记录从受保护网络发出的数据包的状态信息，如 FTP 请求的服务器地址和端口、客户端地址和为满足此次 FTP 临时打开的端口，然后，防火墙根据该表内容对返回的数据包进行分析判断，这样，只有响应受保护网络请求的数据包才被放行。这里，对于 UDP 或 RPC 等无连接的协议，检测模块可创建虚会话信息用来进行跟踪。

（3）**应用状态**：即其他相关应用的信息。状态检测模块能够理解并学习各种协议和应用，以支持各种最新的应用，它比代理服务器支持的协议和应用要多得多；并且，它能从应用程序中收集状态信息并存入状态表中，以供其他应用或协议作出检测决策。例如，已经通过防火墙认证的用户可以通过防火墙访问其他授权的服务。

（4）**操作信息**：即在数据包中能执行逻辑运算或数学运算的信息。状态检测技术采用强大的面向对象的方法，基于通信信息、通信状态、应用状态等多方面因素，利用灵活的表达式形式，结合安全规则、应用识别知识、状态关联信息及通信数据，构造更复杂的、更灵活的、满足用户特定安全要求的策略规则。

状态检查防火墙将动态包过滤、电路级网关和应用级网关等各项技术结合在一起。因为状态检测防火墙可以在 OSI 模型的所有 7 层上进行过滤，所以在理论上应该具有很高的安全性，如图 11-25 所示。但是，许多管理员则抱怨采用状态监测功能将造成防火墙超负荷运行，从而使其应用受到限制。

2. 安全性分析

尽管状态检测防火墙具有在全部 7 层上过滤数据包的能力，但许多管理员在安装防火墙时仅让其运行在网络层上，作为动态包过滤防火墙使用。前面已指出，状态检测防火墙也可以作为电路级网关工作，以确定是否允许某个会话中的数据包通过防火墙。例如，状态检测防火墙可以验证输入数据包的 SYN、ACK 标志位和序列号是否符合逻辑。然而，在

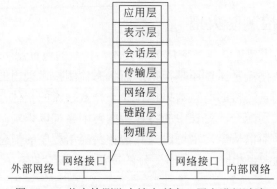

图 11-25　状态检测防火墙在所有 7 层上进行过滤

许多实现方案中，状态检测防火墙仅被当作动态包过滤防火墙使用，并且允许采用单个 SYN 数据包建立新的连接，这是非常危险的。有的状态检测防火墙不能对内部主机发出的数据包的序列号进行检测，这可能导致安全缺陷：一个内部主机可以非常容易地伪装成其他内部主机的 IP 地址，在防火墙上为进入内网的连接打开一扇门。

最后需要说明的是，状态检测防火墙可以模仿应用级网关。状态检测防火墙可以在应用层上对每个数据包的内容进行评估，并且能够确保这些内容与管理员根据本机构的安全策略所设置的过滤规则相匹配。与应用级网关一样，状态检测防火墙可以丢弃那些在应用头（Application Header）中含有特定指令的数据包。例如，管理员可以配置状态检测防火墙，让它丢弃包含"Put"指令的数据包。然而，当采用单线程的状态检测防火墙进行应用层过滤时，其性能会受到很大的影响。因此，管理员为获得较高的吞吐率以满足网络对速度的需求，通常将状态检测防火墙配置成动态包过滤防火墙使用。实际上，状态检测防火墙的默认配置就是采用动态包过滤，而没有对许多广泛使用的协议（如 HTTP）实施状态检测。

与应用级网关不同，状态检测防火墙没有打破用"客户端/服务器"模型来分析应用层数据。应用级网关创建了两个连接：一个连接在可信客户端和网关之间，另一个连接在网关和不可信主机之间。网关在这两个连接之间复制信息。这是应用代理和状态检测争论的核心。有些管理员坚持认为这一配置确保了高安全性，而有些管理员则认为这一配置降低了系统的性能。

状态检测防火墙依靠检测引擎中的算法来识别和处理应用层数据。这些算法将数据包与授权数据包的已知比特模式相比较。有些厂商声称，在理论上，它们的状态检测防火墙在过滤数据包时，要比特定应用代理更加高效。然而，许多状态检测引擎是以单线程工作的，显著地缩小了状态检测防火墙与应用级网关之间的差别。例如，不做状态检测防火墙的 SMP 多架构防火墙与普通状态检测防火墙的吞吐量之比为 4∶1，并行会话能力之比高达 12∶1。此外，由于受状态检测引擎中所使用的检测语言的限制，现在人们通常使用应用级网关代替状态检测防火墙。

总之，状态检测防火墙具有以下优点。

（1）具备动态包过滤的所有优点，同时具有更高的安全性。因为增加了状态检测机制，所以能够抵御利用协议细节进行的攻击。

（2）没有打破客户端/服务器模型。

（3）提供集成的动态（状态）包过滤功能。

（4）当以动态包过滤模式运行时，其速度快；当采用 SMP 兼容的动态包过滤时，其运行速度更快。

状态检测防火墙具有以下缺点。

（1）由于状态检测引擎采用单线程进程，此设计将对防火墙的性能产生很大影响。许多用户将状态检测防火墙当作动态包过滤防火墙使用，过滤的层仅限于网络层与传输层，无法对应用层内容进行检测，也就无法防范应用层攻击。

（2）许多人认为，没有打破"客户端/服务器"结构会产生不可接受的安全风险，因为黑客可以直接与受保护的服务器建立连接。

（3）如果实现方案依赖于操作系统的 Inetd 守护程序，其并发连接数量将受到严重限制，从而不能满足当今网络对高并发连接数量的要求。

（4）仅能提供较低水平的安全性。没有一种状态检测防火墙能提供高于通用标准 EAL2 的安全性。EAL2 等级的安全产品不能用于对专用网络的保护。

11.1.8 切换代理

1. 工作原理

切换代理（Cutoff Proxy）实际上是动态（状态）包过滤器和电路级代理的结合。在许多实现方案中，切换代理首先起电路级代理的作用，以验证 RFC 建议的三步握手，然后再切换到动态包过滤的工作模式下。因此，切换代理首先工作于 OSI 的会话层，即第 5 层，当连接完成后，再切换到动态包过滤模式，即工作于 OSI 的第 3 层。切换代理的工作过程如图 11-26 所示。

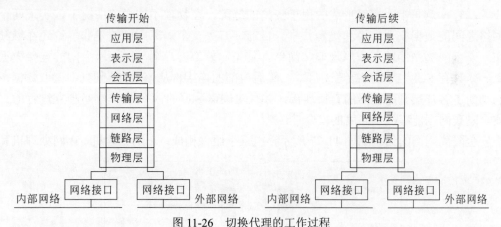

图 11-26 切换代理的工作过程

有些厂商已经将切换代理的过滤能力拓展到应用层，使其在切换到动态包过滤模式之前能够处理有限的认证信息。

2. 安全性分析

前面已讨论了切换代理的工作原理，现在来分析切换代理的缺点。我们知道，切换代理与传统的电路级代理不同：电路级代理能在连接持续期间打破"客户端/服务器"模式，而切换代理却不能。远端的客户端与防火墙后面受保护的服务器之间仍然能够建立直接的连接。切换代理可以在安全性和性能两者之间找到一个平衡点。在谈及切换代理时，许多厂商吹嘘切换代理不仅能够提供与电路级网关相同的安全性，而且能够提供与动态包过滤防火墙相同的性能。

不同类型的防火墙结构在 Internet 安全中都有不同的定位。若安全策略规定需要对一些基本的服务进行认证并检查三步握手，且不需要打破"客户端/服务器"模式，那么切换代理就是一个非常合适的选择。然而，管理员必须清醒地认识到，切换代理绝不等同于电路级代理，因为在建立连接期间，它并未打破"客户端/服务器"的工作模式。

总之，切换代理具有以下优点。

（1）与传统的电路级网关相比，它对网络性能造成的影响更小。

（2）由于对三步握手进行了认证，所以降低了 IP 欺骗的风险。

切换代理具有以下缺点。

（1）不是一个电路级网关。

（2）仍然具有动态包过滤器遗留的许多缺陷。

（3）由于没有检查数据包的净荷部分，因此安全性较低。

（4）难于创建规则（受先后次序的影响）。

（5）安全性低于传统的电路级网关。

11.1.9　安全隔离网闸

1. 工作原理

安全隔离网闸是现有防火墙结构中的新成员。它模拟人工拷盘的工作模式，通过电子开关的快速切换实现两个不同网段的物理隔离。安全隔离网闸源于被称为"Air Gap"的安全技术，它本意是指由空气形成的用于隔离的缝隙，在物理不连通的情况下，实现两个独立网络之间的数据安全交换和资源共享。目前，有关安全隔离网闸的是非争论还在继续。其实，安全隔离网闸的工作原理非常简单。首先，外部客户端与防火墙之间的连接数据被写入一个具有 SCSI 接口的高速硬盘中，然后内部的连接再从该 SCSI 硬盘中读取数据。由于它切断了客户端到服务器的直接连接，并且对硬盘数据的读/写操作都是独立进行的，因此安全隔离网闸能够提供高度的安全性。

安全隔离网闸的结构如图 11-27 所示，由三个组件构成：A 网处理机、B 网处理机和网

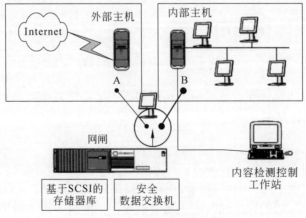

图 11-27　安全隔离网闸结构

闸开关设备。可以看到连接两个网络的网闸设备不能同时连接到相互独立的 A 网和 B 网中，即网闸在某一时刻只与其中某个网络相连。网闸设备连接 A 网时，它与 B 网断开，A 网处理机把数据放入网闸中；网闸在接收完数据后自动切换到 B 网，同时，网闸与 A 网断开；B 网处理机从网闸中取出数据，并根据过滤规则进行严格的检查，判断这些数据是否合法。若为非法数据，则删除。同理，B 网也以同样的方式通过网闸将数据安全地交换到 A 网中。从 A 网处理机向网闸放入数据开始，到 B 网处理机从网闸中取出数据并检查结束，完成一次数据交换。网闸就这样在 A 网处理机与 B 网处理机之间来回往复地进行实时数据交换。在通过网闸交换数据的同时，A 网和 B 网仍然是相互隔离的。

安全网闸如何保证网络的安全性？第一，这两个网络一直是隔离的，在两个网络之间只能通过网闸来交换数据。当两个网络的处理机或网闸三者中的任何一个设备出现问题时，都无法通过网闸进入另一个网络，因为它们之间没有物理连接；第二，网闸只交换数据，不直接传输 TCP/IP 数据包，这样就避免了 TCP/IP 的漏洞；第三，任何一方接收到数据，都要对数据进行严格的内容检测和病毒扫描，严格控制非法数据的交流。网闸安全性的高低关键在于其对数据内容检测的强弱。若不做任何检测，虽然是隔离的两个网络，也能传输非法数据、病毒或木马，甚至利用应用协议漏洞通过网闸设备从一个网络直接进入另一个网络。此时，网闸的作用将大打折扣。

安全隔离网闸的工作原理与应用级网关非常相似，要将网闸技术同应用级网关技术加以区分是非常困难的。二者的主要区别是：网闸技术分享的是一个公共的 SCSI 高速硬盘，而应用级网关技术分享的是一个公共的内存。另外，安全隔离网闸由于采用了外部进程（SCSI 驱动），所以性能上受到限制，而应用级网关是在内核存储空间上运行内核硬化的安全操作系统，在同样安全性的情况下，性能却大大地提高了。

目前大多数安全隔离网闸产品的性能远远地落后于传统的应用级网关产品。如果没有得到权威机构提供的安全性报告，对许多系统管理员来说，使用安全隔离网闸不能不考虑性能上的损失。

2. 安全性分析

尽管作为物理安全设备，安全网闸提供的高安全性显而易见，但是由于其工作原理的特殊性，导致安全网闸存在一些不可避免的缺陷。

安全性和易用性始终是矛盾的。在已有的防火墙、VPN 及 AAA 认证设备等安全设施的多重构架环境中，安全网闸产品的加入使网络日趋复杂化：正常的访问连接越来越多地受到各种不可见和不易见的因素的干扰和影响；已经配置好的各种网络产品和安全产品，可能由于安全网闸的配置不当而受到影响；许多网络由于采用了多重过滤的安全结构，其性能本来就有所下降，而安全网闸的加入使网络性能瓶颈问题更加突出。因为电子开关切换速率的固有特性和安全过滤功能的复杂化，目前安全网闸的交换速率已接近该技术的理论速率极限。可以预见，在不久的将来，随着高速网络技术的发展，安全网闸在交换速率上的问题将会成为阻碍网络数据交换的重要因素。

总之，安全隔离网闸存在以下优点。

（1）切断了与防火墙后面服务器的直接连接，消除了隐信道攻击的风险。

（2）采用强应用代理对协议头长度进行检测，因此能够消除缓冲器溢出攻击。

（3）与应用级网关结合使用，安全隔离网闸能提供很高的安全性。

安全隔离网闸存在以下缺点。

（1）会大幅降低网络的性能。

（2）仅支持静态数据交换，不支持交互式访问。

（3）适用范围窄，必须根据具体应用开发专用的交换模块。

（4）系统配置复杂，安全性在很大程度上取决于网络管理员的技术水平。

（5）结构复杂，实施费用较高。

（6）可能成为瓶颈，造成其他安全产品不能正常工作。

11.2 入侵检测系统

入侵检测系统概述

11.2.1 入侵检测系统概述

入侵检测系统（Intrusion Detection System，IDS）的发展已有 40 多年的历史。1980 年 4 月，James P. Anderson 向美国空军提交了一份 *Computer Security Threat Monitoring and Surveillance*（《计算机安全威胁监控与监视》）的技术报告，第一次详细阐述了入侵检测的概念。他提出一种对计算机系统风险和威胁进行分类的方法，并将威胁分为外部渗透、内部渗透和不法行为三种，还提出利用审计跟踪数据监视入侵活动的方法。这份报告被公认为入侵检测的开山之作。

从 1984 年到 1986 年，乔治敦大学的 Dorothy Denning 和 SRI/CSL（SRI 公司计算机科学实验室）的 Peter Neumann 研究设计了一个实时入侵检测系统模型，取名为入侵检测专家系统（Intrusion Detection Expert System，IDES）。该模型由 6 部分组成：主体、对象、审计记录、轮廓特征、异常记录和活动规则。1988 年，SRI/CSL 的 Teresa Lunt 等改进了 Denning 的入侵检测模型，并开发了一个新型的 IDES。该系统包括一个异常探测器和一个专家系统，分别用于统计异常模型的建立和基于规则的特征分析检测。

1990 年是入侵检测系统发展史上的一个分水岭，加州大学戴维斯分校的 L.T. Heberlein 等开发了网络安全监视器（Network Security Monitor，NSM）。该系统第一次直接将网络流作为审计数据来源，因而可以在不将审计数据转换成统一格式的情况下监控异常主机。此后，入侵检测系统发展史翻开了新的一页，两大阵营正式形成：基于网络的入侵检测系统（Network-based IDS，NIDS）和基于主机的入侵检测系统（Host-based IDS，HIDS）。

IDS 不断地从计算机网络或计算机系统中的若干关键点上收集信息，集中或分布分析信息，判断来自网络内部和外部的入侵企图，并实时发出告警。IDS 的主要作用如下。

- 通过检测和记录网络中的攻击事件，阻断攻击行为，防止入侵事件的发生。
- 检测其他未授权操作或违规行为。
- 统计分析黑客在攻击前的试探行为，预先给管理员发出告警。
- 报告计算机系统或网络中存在的安全威胁。
- 提供有关攻击的详细信息，帮助管理员诊断和修补网络中存在的安全弱点。
- 在大型复杂的计算机网络中部署入侵检测系统，提高网络安全管理的质量。

1. 入侵检测的概念

入侵（Intrusion）是一个广义的概念，它不仅包括攻击者（如恶意的黑客）非法取得系统的控制权的行为，也包括他们对系统漏洞信息的收集，并由此对系统造成危害的行为。

美国国家安全通信委员会（NSTAC）下属的入侵检测小组（IDSG）在 1997 年给出的关于"入侵检测"（Intrusion Detection）的定义是：入侵检测是对企图入侵、正在进行的入侵或已经发生的入侵行为进行识别的过程。

关于"入侵检测"的定义，人们还有很多不同的提法，其中包括如下几种说法。

（1）检测对计算机系统的非授权访问。

（2）对系统的运行状态进行监视，发现各种攻击企图、攻击行为或攻击结果，以保证系统资源的保密性、完整性和可用性。

（3）识别针对计算机系统和网络系统或广义上的信息系统的非法攻击，包括检测外部非法入侵者的恶意攻击或探测，以及内部合法用户越权使用系统资源的非法行为。

所有能够执行入侵检测任务和实现入侵检测功能的系统都可称为入侵检测系统（Intrusion Detection System，IDS），其中包括软件系统或软硬件结合的系统。通用的入侵检测系统模型如图 11-28 所示。

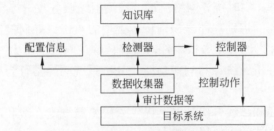

图 11-28　通用的入侵检测系统模型

如图 11-28 所示，通用入侵检测系统模型主要由以下 4 部分组成。

（1）**数据收集器**（又称探测器）。主要负责收集数据。探测器的输入数据流包括任何可能包含入侵行为线索的系统数据，如各种网络协议数据包、系统日志文件和系统调用记录等。探测器将这些数据收集起来，然后再发送到检测器进行处理。

（2）**检测器**（又称分析器或检测引擎）。负责分析和检测入侵的任务，并向控制器发出警报信号。

（3）**知识库**。为检测器和控制器提供必需的数据信息支持。这些信息包括用户历史活动档案或检测规则集合等。

（4）**控制器**。根据检测器发来的警报信号，人工或自动地对入侵行为做出响应。

此外，大多数入侵检测系统都会包含一个用户接口组件，用于观察系统的运行状态和输出信号，并对系统的行为进行控制。

2. IDS 的主要功能

入侵检测是对传统安全产品的合理补充，帮助系统应对网络攻击，扩展了系统管理员的安全管理能力（包括安全审计、监视、进行识别和响应），提高了信息安全基础结构的完整性。它从计算机网络系统中的若干关键点收集信息，并分析这些信息，检测网络中是否有违反安全策略的行为和遭到袭击的迹象。入侵检测被认为是防火墙之后的第二道安全闸门，能在不影响网络性能的情况下对网络进行监测，从而提供对内部攻击、外部攻击和误操作的实时检测。上述功能都是通过执行以下任务来实现的。

（1）监视、分析用户及系统的活动。

（2）审计系统构造和弱点。

（3）识别反应已知进攻的活动模式并向相关人员报警。

（4）统计分析异常行为模式。

（5）评估重要系统和数据文件的完整性。

（6）审计跟踪管理操作系统，并识别用户违反安全策略的行为。

对于一个成功的入侵检测系统，它不但可以使系统管理员时刻了解网络系统（包括程序、文件和硬件设备）的任何变更，还能给网络安全策略的制定提供依据。更为重要的是，它应该易于管理、配置简单，便于非专业人员使用。而且，入侵检测的规模还应根据网络威胁、系统构造和安全需求的改变而改变。入侵检测系统在发现入侵后会及时做出响应，包括切断网络连接、记录事件和报警等。

IDS 的主要功能如下。

（1）网络流量的跟踪与分析功能。跟踪用户进出网络的所有活动，实时检测并分析用户在系统中的活动状态；实时统计网络流量，检测拒绝服务攻击等异常行为。

（2）已知攻击特征的识别功能。识别特定类型的攻击，并向控制台报警，为防御提供依据。根据定制的条件过滤重复警报事件，减轻传输与响应的压力。

（3）异常行为的分析、统计与响应功能。分析系统的异常行为模式，统计异常行为，并对异常行为做出响应。

（4）特征库的在线和离线升级功能。提供入侵检测规则在线和离线升级，实时更新入侵特征库，不断提高 IDS 的入侵检测能力。

（5）数据文件的完整性检查功能。检查关键数据文件的完整性，识别并报告数据文件的改动情况。

（6）自定义的响应功能。定制实时响应策略；根据用户定义，经过系统过滤，对警报事件及时响应。

（7）系统漏洞的预报警功能。对未发现的系统漏洞特征进行预报警。

（8）IDS 探测器集中管理功能。通过控制台收集探测器的状态和报警信息，控制各个探测器的行为。

一个高质量的 IDS 产品除了具备以上入侵检测功能外，还必须具备较高的可管理性和自身安全性等特点。

3. IDS 的任务

1）信息收集

IDS 的第一项任务是信息收集。IDS 所收集的信息内容包括用户（合法用户和非法用户）在网络、系统、数据库及应用系统中活动的状态和行为。为了准确地收集用户的信息活动，需要在信息系统中的若干关键点（包括不同网段、不同主机、不同数据库服务器、不同应用服务器等处）设置信息探测点。

IDS 可利用的信息来源如下。

（1）系统和网络的日志文件。

日志文件中包含发生在系统和网络上的异常活动的证据。通过查看日志文件，能够发现黑客的入侵行为。

（2）目录和文件中的异常改变。

信息系统中的目录和文件中的异常改变（包括修改、创建和删除），特别是那些限制访问的重要文件和数据的改变，很可能就是一种入侵行为。黑客经常替换、修改和破坏他们获得访问权的系统上的文件，替换系统程序或修改系统日志文件，达到隐藏他们活动痕迹的目的。

（3）程序执行中的异常行为。

信息系统上的程序执行一般包括操作系统、网络服务、用户启动程序和特定目的的应用。每个在系统上执行的程序由一个或多个进程来实现。每个进程执行在具有不同权限的环境中，这种环境控制着进程可访问的系统资源、程序和数据文件等。如果一个进程出现了异常的行为，则表明黑客可能正在入侵系统。

（4）物理形式的入侵信息。

物理形式的入侵包括两方面的内容：一是对网络硬件的非授权连接；二是对物理资源的未授权访问。黑客会想方设法去突破网络的周边防卫，如果他们能够在物理上访问内部网，就能安装他们自己的设备和软件。依此，黑客就可以知道网上存在的不安全（或未授权使用）的设备，然后利用这些设备访问网络资源。

2）信息分析

对收集到的上述 4 类信息，包括网络、系统、数据及用户活动的状态和行为信息等进行模式匹配、统计分析和完整性分析，得到实时检测所必需的信息。

（1）模式匹配。

模式匹配技术，即模式发现技术，是将收集到的信息与已知的网络入侵模式的特征数据库进行比较，从而发现违背安全策略的行为。假定所有入侵行为和手段（及其变种）都能够表达为一种模式或特征，那么所有已知的入侵方法都可以用匹配的方法来发现。模式匹配的关键是如何表达入侵模式，将入侵行为与正常行为区分开来。模式匹配的优点是误报率小，其局限性是只能发现已知攻击，却对未知攻击无能为力。

（2）统计分析。

统计分析是入侵检测常用的异常检测方法。假定所有入侵行为都与正常行为不同，若能建立系统正常运行的行为轨迹，就可以把所有与正常轨迹不同的系统状态视为可疑的入侵企图。统计分析方法就是先创建系统对象（如用户、文件、目录和设备等）的统计属性（如访问次数、操作失败次数、访问地点、访问时间、访问延时等），再将信息系统的实际行为与统计属性进行比较。当观察值在正常值范围之外时，则认为有入侵行为发生。统计分析模型常用的测量参数包括审计事件的数量、间隔时间、资源消耗情况等。

（3）完整性分析。

完整性分析检测某个文件或对象是否被更改。完整性分析常利用杂凑函数（例如 SHA-256），它能识别微小的变化。该方法的优点是只要某个文件或对象有任何改变，都能够被发现。缺点是在完整性分析未开启时，不能主动发现入侵行为。

3）安全响应

IDS 在发现入侵行为后会及时做出响应，包括终止网络服务、记录事件日志、报警和阻断等。响应可分为主动响应和被动响应两种类型。主动响应由用户驱动或系统本身自动执行，可对入侵行为采取终止网络连接、修正系统环境（如修改防火墙的安全策略）等；被动响应包括发出告警信息和通知等。

目前比较流行的响应方式有记录日志、实时显示、E-mail 告警、声音告警、SNMP 告警、实时 TCP 阻断、防火墙联动、WinPop 显示、手机短信告警等。

4. IDS 的评价标准

一个较为完整的入侵检测系统的评价标准集合应该包括三方面的内容：性能测试、功能测试和用户可用性测试。性能测试主要衡量入侵检测系统在高工作负荷条件下的运行情况。例如，数据包截获和过滤的速度，是否出现丢包现象，以及检测引擎的总体吞吐量等。功能测试衡量入侵检测系统自身功能特征，如系统的架构是否支持可扩展性、是否支持规则定制功能、是否能够检测到集中所有的攻击样本的测试样本、警报系统的功能是否强大及是否提供强大友好的报表功能等。用户可用性测试则是衡量用户在使用某个入侵检测系统时的操作友好性，如界面设计是否合理、使用是否方便等。综合来说，一个好的 IDS 应该具有以下基本特性。

- 先进的检测能力和响应能力。
- 不影响被保护网络环境中主机和各应用系统的正常运行。
- 在无人监督管理的情况下，能够连续不断地正常运行。
- 具有坚固的自身安全性。
- 具有很好的可管理性。
- 消耗系统资源较少。
- 可扩展性好，能适应网络环境和应用系统的变化。
- 支持 IP 碎片重组。
- 支持 TCP 流重组。
- 支持 TCP 状态检测。
- 支持应用层协议解码。
- 灵活、可扩展、可配置的用户报告功能。
- 安装、配置、调整简单易行。
- 能与常用的其他安全产品集成。
- 支持常用的网络协议和拓扑结构等。

11.2.2 入侵检测系统工作原理

入侵检测系统工作原理

1. 异常检测系统工作原理

异常检测技术又称为基于行为的入侵检测技术，用于识别主机或网络中的异常行为，其前提条件是攻击行为与正常（合法）行为有明显的差异。异常检测首先收集一段时间操作活动的历史数据，再建立代表主机、用户或网络连接的正常行为描述，然后收集事件数据并使用一些不同的方法来决定所检测到的事件活动是否偏离了正常行为模式，从而判断是否发生了入侵行为。异常检测系统的结构如图 11-29 所示。

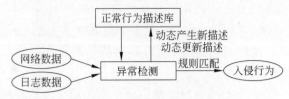

图 11-29 异常检测系统的结构

基于异常检测原理的入侵检测方法有以下几种。

（1）统计异常检测方法。

（2）特征选择异常检测方法。

（3）基于贝叶斯推理异常检测方法。

（4）基于贝叶斯网络异常检测方法。

（5）基于模式预测异常检测方法。

其中，比较成熟的方法是统计异常检测方法和特征选择异常检测方法。目前，已经有根据这两种方法开发的软件产品面市，其他方法目前仍在理论研究阶段。

2. 误用检测系统工作原理

误用检测技术又称基于知识的检测技术。它假定所有入侵行为和手段（及其衍生方法）都能够表达为一种模式或特征，并对已知的入侵行为和手段进行分析，提取检测特征，构建攻击模式或攻击签名，通过系统当前状态与攻击模式或攻击签名的匹配判断入侵行为。误用检测系统的结构如图 11-30 所示。

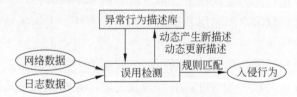

图 11-30 误用检测系统的结构

误用检测技术的优点在于可以准确地检测已知的入侵行为，缺点是不能检测未知的入侵行为。误用检测的关键在于如何表达入侵行为，即攻击模型的构建，将真正的入侵与正常行为区分开来。基于误用检测原理的入侵检测方法有以下几种。

（1）基于条件的概率误用检测方法。

（2）基于专家系统的误用检测方法。

（3）基于状态迁移分析的误用检测方法。

（4）基于键盘监控的误用检测方法。

（5）基于模型的误用检测方法。

3. 各种入侵检测技术

目前，在网络安全实践中有多种入侵检测技术，下面简要介绍一些常见的入侵检测技术。

1）基于概率统计的检测

基于概率统计的检测技术是异常入侵检测中最常用的技术，它对用户历史行为建立模型。根据该模型，当 IDS 发现有可疑的用户行为发生时就保持跟踪，并监视和记录该用户的行为。这种方法的优越性在于它应用了成熟的概率统计理论；缺点是由于用户行为非常复杂，因而要想准确地匹配一个用户的历史行为非常困难，易造成系统误报、错报和漏报。定义入侵阈值比较困难，阈值高则误检率提高，阈值低则漏检率提高。

2）基于神经网络的检测

基于神经网络的检测技术的基本思想是用一系列信息单元训练神经单元，在给定一个输入后，就可能预测出输出。它是对基于概率统计的检测技术的改进，主要克服了传统统计分析技术的一些问题。

目前，神经网络技术提出了对基于传统统计技术的攻击检测方法的改进方向，但尚不十分成熟，所以传统的统计方法仍继续发挥作用，仍然能为发现用户的异常行为提供相当有参考价值的信息。

3）基于专家系统的检测

专家系统是基于一套由专家经验事先定义的规则的推理系统。例如，某个用户在数分钟之内连续进行登录，且失败超过三次，专家系统就可以认为是一种攻击行为。类似的规则在统计系统中似乎也有，但要注意的是基于规则的专家系统或推理系统也有其局限性，因为作为这类系统的基础推理规则一般都是根据已知的安全漏洞进行安排和策划的，而对系统的最危险的威胁则主要来自未知的安全漏洞。实现基于规则的专家系统是一个知识工程问题，而且其功能应当能够随着经验的积累而利用其自学能力进行规则的扩充和修正。

4）基于模型推理的检测

攻击者在攻击一个系统时往往采用一定的行为程序，如猜测口令的程序，这种行为程序构成了某种具有一定行为特征的模型，根据这种模型所代表的攻击意图的行为特征，可以实时地检测出恶意的攻击企图。用基于模型的推理方法，人们能够为某些行为建立特定的模型，从而能够监视具有特定行为特征的某些活动。根据假设的攻击脚本，这种系统就能够检测出非法的用户行为。为了准确判断，一般要为不同的攻击者和不同的系统建立特定的攻击脚本。当有证据表明某种特定的攻击发生时，系统应收集其他证据来证实或否定攻击的真实性，既不能漏报，又能尽可能避免错报。

5）基于免疫的检测

基于免疫的检测技术是将自然免疫系统的某些特征运用到网络系统中，使整个系统具有适应性、自我调节性、可扩展性。人的免疫系统成功地保护人体不受各种抗原和组织的侵害，这个重要特性吸引了许多计算机安全专家和人工智能专家。通过学习免疫专家的研究成果，计算机专家提出了计算机免疫系统。在许多传统的网络安全系统中，每个目标都将它的系统日志和收集到的信息传送给相应的服务器，由服务器分析整个日志和信息，判断是否发生恶意入侵。基于免疫的入侵检测系统运用计算免疫的多层性、分布性、多样性等特性设置动态代理，实施分层检测和响应机制。

6）入侵检测新技术

Wenke.Lee 将数据挖掘技术用在了入侵检测中。用数据挖掘程序处理搜集到的审计数据，为各种入侵行为和正常操作建立精确的行为模式，这个过程是一个自动过程，不需要人工分析和编码入侵模式。移动代理用于入侵检测中，具有应对主机间动态迁移、一定的智能性、与平台无关性、分布的灵活性、低网络数据流量和多代理合作特性。移动代理技术适用于大规模信息搜集和动态处理，在入侵检测系统中采用该技术，可以提高入侵检测系统的性能。

7）其他相关问题

为了防止过多的不相干信息的干扰，用于安全目的的攻击检测系统在审计系统之外，还要配备适合系统安全策略的信息采集器或过滤器。同时，除了依靠来自审计子系统的信息，还应当充分利用来自其他信息源的信息。在某些系统内可以在不同层次进行审计跟踪。例如，有些系统的安全机制采用三级审计跟踪，包括审计操作系统核心调用行为、审计用户和操作系统界面级行为和审计应用程序内部行为。

另一个重要问题是决定入侵检测系统的运行位置。为了提高入侵检测系统的运行效率，可以安排在与被监视系统独立的计算机上执行审计跟踪分析和攻击性检测。因为监视系统的响应时间对被监视系统的运行完全没有负面影响，也不会因为其他安全有关的因素而受到影响，这样做既提高了效率，又保证了安全性。

总之，为了有效地利用审计系统提供的信息，通过攻击检测措施防范攻击威胁，计算机安全系统应当根据系统的具体条件选择适用的主要攻击检测方法，并且有机地融合其他可选用的攻击检测方法。同时，我们应当清醒地认识到，任何一种攻击检测措施都不能一劳永逸，必须配备有效的管理和组织措施。

人们对于安全技术的要求将越来越高。这种需求也刺激着攻击检测技术和其理论研究向前发展，同时也必将促进实际安全产品的进一步发展。

11.2.3　IDS 的结构与分类

IDS 的结构与分类

通过对计算机网络或计算机系统中的若干关键点收集信息并进行分析，入侵检测系统从中发现网络或系统中是否有违反安全策略的行为和被攻击的迹象。入侵检测系统包括软件和硬件两部分。

入侵检测系统的主要任务包括监视、分析用户及系统活动；审计系统构造和弱点；识别、反映已知进攻的活动模式，向相关人员报警；统计分析异常行为模式；评估重要系统和数据文件的完整性；审计、跟踪管理操作系统，识别用户违反安全策略的行为。

入侵检测一般分为三个步骤：信息收集、数据分析和响应（被动响应和主动响应）。

（1）**信息收集**。

信息收集的内容包括系统、网络、数据用户活动的状态和行为。入侵检测利用的信息一般来自系统日志、目录及文件中的异常改变、程序执行中的异常行为及物理形式的入侵信息 4 方面。

（2）**数据分析**。

数据分析是入侵检测的核心。它首先构建分析器，把收集到的信息经过预处理，建立一个行为分析引擎或模型，然后向模型中植入时间数据，在知识库中保存植入数据的模型。数据分析一般通过模式匹配、统计分析和完整性分析三种方法进行。前两种方法用于实时入侵检测，而完整性分析则用于事后分析。数据分析采用 5 种统计模型：操作模型、方差、多元模型、马尔可夫过程模型和时间序列分析。统计分析的最大优点是可以学习用户的使用习惯。

（3）**响应**。

入侵检测系统在发现入侵后会及时做出响应，包括切断网络连接、记录时间和报警等。响应一般分为主动响应（阻止攻击或影响，从而改变攻击的过程）和被动响应（报告和记录所检测出的问题）两种类型。主动响应由用户驱动或系统本身自动执行，可对入侵者采取行动（如断开连接）、修正系统环境或收集有用信息；被动响应则包括告警和通知、简单网络管理协议（SNMP）陷阱和插件等。另外，还可以按策略配置响应，分别采取立即、紧急、适时、本地的长期和全局的长期等行动。

1. IDS 的结构

通用入侵检测架构（Common Intrusion Detection Framework，CIDF）描述了入侵检测系统的通用模型。入侵检测系统包括以下组件。

（1）事件产生器（Event Generators）。

（2）事件分析器（Event Analyzers）。

（3）响应单元（Response Units）。

（4）事件数据库（Event Databases）。

CIDF 将入侵检测系统需要分析的数据统称为事件（Event），它可以是基于网络的入侵检测系统中的网络数据包，也可以是基于主机的入侵检测系统从系统日志等其他途径得到的信息。它也对各部件之间的信息传递格式、通信方法和标准 API 进行了标准化。

事件产生器从整个计算环境中获得事件，并提供给系统的其他组件。事件分析器对得到的数据进行分析，并生成分析结果。响应单元则是对分析结果做出反应的功能单元，它可以做出切断连接、改变文件属性等强烈反应，甚至发动对攻击者的反击，或者报警。事件数据库是存放各种中间数据和最终数据的地方的统称，它可以是复杂的数据库，也可以是简单的文本文件。

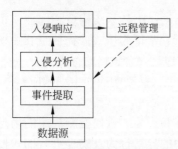

图 11-31　入侵检测系统的功能构成

入侵检测系统的功能构成如图 11-31 所示，它至少包含事件提取、入侵分析、入侵响应和远程管理 4 部分功能。

在图 11-31 中，各部分功能如下。

（1）事件提取功能负责提取与被保护系统相关的运行数据或记录，并负责对数据进行简单的过滤。

（2）入侵分析的任务就是在提取到的运行数据中找出入侵的痕迹，区分授权的正常访问行为和非授权的异常访问行为，分析入侵行为并对入侵者进行定位。

（3）入侵响应功能在分析出入侵行为后被触发，根据入侵行为产生响应。

（4）由于单个入侵检测系统的检测能力和检测范围有限，入侵检测系统一般采用分布监视、集中管理的结构，多个检测单元运行于网络中的各网段或系统上，通过远程管理功能在一台管理站上实现统一的管理和监控。

2. IDS 的分类

根据数据来源的不同，IDS 可以分为以下三种基本类型。

（1）**基于网络的入侵检测系统**（Network Intrusion Detection System，NIDS）。数据来源

于网络上的数据流。

NIDS 能够截获网络中的数据包，提取其特征并与知识库中已知的攻击签名相比较，从而达到检测目的。其优点是侦测速度快、隐蔽性好、不易受到攻击、对主机资源消耗少；缺点是有些攻击由服务器的键盘发出，不经过网络，因而无法识别，误报率较高。

（2）基于主机的入侵检测系统（Host Intrusion Detection System，HIDS）。数据来源于主机系统，通常是系统日志和审计记录。

HIDS 通过对系统日志和审计记录的不断监控和分析来发现攻击。优点是针对不同操作系统捕获应用层入侵，误报少；缺点是依赖于主机及其子系统，实时性差。

HIDS 通常安装在被保护的主机上，主要对该主机的网络实时连接及系统审计日志进行分析和检查，在发现可疑行为和安全违规事件时，向管理员报警，以便采取措施。

（3）采用上述两种数据来源的分布式入侵检测系统（Distributed Intrusion Detection System，DIDS）。

这种系统能够同时分析来自主机系统审计日志和网络数据流，一般为分布式结构，由多个组件构成。DIDS 可以从多个主机获取数据，也可以从网络传输取得数据，克服了单一采用 HIDS 或 NIDS 的不足。

典型的 DIDS 采用控制台/探测器结构。NIDS 和 HIDS 作为探测器放置在网络的关键节点，并向中央控制台汇报情况。攻击日志定时传送到控制台，并保存到中央数据库中，新的攻击特征能及时发送到各探测器上。每个探测器能够根据所在网络的实际需要配置不同的规则集。

当然，IDS 也可以按照入侵检测策略分类。根据入侵检测策略，IDS 可分为三种类型：滥用检测、异常检测、完整性分析。

滥用检测（Misuse Detection）就是将收集到的信息与已知的网络入侵和系统误用模式数据库进行比较，从而发现违背安全策略的问题。该方法的优点是只需收集相关的数据集合，可显著减少系统负担，且技术已相当成熟。该方法的缺点是需要不断地升级以应对不断出现的黑客攻击手段，不能检测到从未出现过的黑客攻击手段。

异常检测（Abnormal Detection）首先给系统对象（如用户、文件、目录和设备等）创建一个统计描述、统计正常使用时的一些测量属性（如访问次数、操作失败次数和延时等）。测量属性的平均值将被用来与网络、系统的行为进行比较，如果观察值在正常范围之外，则认为有入侵发生。其优点是可检测到未知的入侵和更加复杂的入侵。缺点是误报、漏报率高，且不适应用户正常行为的突然改变。

完整性分析（Integrality Analysis）主要关注某个文件或对象是否被更改，这通常包括文件和目录的内容及属性，它在发现更改或特洛伊木马应用程序方面特别有效。其优点是只要攻击导致了文件或其他对象的任何改变，它都能发现；缺点是一般以批处理方式实现，不易于实时响应。

在下面的讨论中，将按照第一种分类方法分别讨论 NIDS、HIDS 和 DIDS。

11.2.4 基于网络的入侵检测系统 NIDS

随着计算机网络技术的发展，单独依靠主机审计入侵检测难以适应网络安全需要。在这种情况下，人们提出了基于网络的入侵检测系统 NIDS 体系结构。这种检测系统根据网络流量、网络数据包和协议来分析攻击行为。

NIDS 使用原始网络包作为数据包，通常利用一个运行在随机模式下的网络适配器监视并分析通过网络的所有通信业务。其攻击识别模块通常采用以下 4 种常用技术识别攻击行为。

（1）模式、表达式或字节匹配。

（2）频率或穿越阈值。

（3）低级事件的相关性。

（4）统计学意义上的异常现象检测。

一旦检测到攻击行为，NIDS 的响应模块将提供多种选项，以通知、报警并对攻击采取相应的反应。

NIDS 主要有以下优点。

（1）**拥有成本低**。NIDS 可以部署在一个或多个关键访问点来检测所有经过的网络通信。因此，NIDS 并不需要安装在各种各样的主机上，从而大大减小了管理的复杂性。

（2）**攻击者转移证据困难**。NIDS 使用活动的网络通信进行实时攻击检测，因此攻击者无法转移证据，被检测系统捕获的数据不仅包括攻击方法，而且包括对识别和指控入侵者十分有用的信息。

（3）**实时检测和响应**。一旦发生恶意访问或攻击，NIDS 检测即可随时发现，并能够很快地做出反应。如果黑客使用 TCP 启动基于网络的拒绝服务（DoS），NIDS 可以通过发送一个 TCP reset 来立即终止这个攻击，这样就可以避免目标主机遭受破坏或崩溃。这种实时性使系统可以根据预先定义的参数迅速采取相应的行动，从而将入侵活动对系统的破坏降到最低。

（4）**能够检测未成功的攻击企图**。一个置于防火墙外部的 NIDS 可以检测到旨在利用防火墙后的资源的攻击，尽管防火墙本身可能会拒绝这些攻击企图。基于主机的系统不能发现未能到达受防火墙保护的主机的攻击企图，而这些信息对于评估和改进安全策略是十分重要的。

（5）**操作系统独立**。NIDS 并不依赖于将主机的操作系统作为检测资源，而基于主机的系统需要特定的操作系统才能发挥作用。

NIDS 一般安装在需要保护的网段中，实时监视网段中传输的各种数据包，并对这些数据包进行分析和检测。如果发现入侵行为或可疑事件，入侵检测系统就会发出警报甚至切断网络连接。基于网络的入侵检测系统如同网络中的摄像机，只要在一个网络中安放一台或多台入侵检测探测器，就可以监视整个网络的运行情况，在黑客攻击造成破坏之前，预先发出警报，并通过 TCP 阻断或防火墙联动等方式，以最快的速度阻止入侵事件的发生。NIDS 自成体系，它的运行不会给原系统和网络增加负担。

1. NIDS 设计

NIDS 放置在比较重要的网段内，可连续监视网段中的各种数据包，对每个数据包或可疑的数据包进行特征分析。如果数据包与产品内置的某些规则吻合，NIDS 就会发出警报甚至直接切断网络连接。目前，大部分入侵检测产品都基于网络。NIDS 的工作流程如图 11-32 所示。

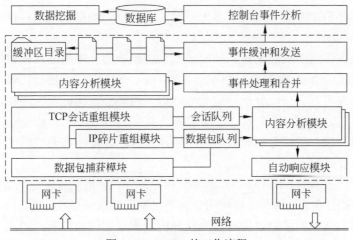

图 11-32 NIDS 的工作流程

在 NIDS 中，有多个久负盛名的开放源码软件，它们是 Snort、NFR、Shadow、Bro、Firestorm 等，其中，Snort 的社区（http://www.snort.org）非常活跃，其入侵特征更新速度与研发的进展已超过了大部分商业化产品。通过分析 Snort 代码和结构，有助于学习 NIDS 的设计。

2. NIDS 关键技术

1）IP 碎片重组技术

为了躲避入侵检测系统，攻击者往往会使用 Fragroute 碎片数据包转发工具，将攻击请求分成若干 IP 碎片包发送到目标主机；目标主机接收到碎片包以后，则进行碎片重组还原出真正的请求。碎片攻击包括碎片覆盖、碎片重写、碎片超时和针对网络拓扑的碎片技术（如使用小的 TTL）等。NIDS 需要在内存中缓存所有的碎片，模拟目标主机对网络上传输的碎片包进行重组，还原出真正的请求内容，然后再进行入侵检测分析。

2）TCP 流重组技术

对于入侵检测系统，最艰巨的任务是重组通过 TCP 连接交换的数据。TCP 提供了足够多的信息帮助目标系统判断数据的有效性和数据在连接中的位置。TCP 的重传机制可以确保数据准确到达，如果在一定的时间之内没有收到接收方的响应信息，发送方会自动重传数据。但是，由于监视 TCP 会话的 NIDS 是被动的监视系统，因此无法使用 TCP 重传机制。如果在数据传输过程中发生顺序被打乱或报文丢失的情况，将加大检测难度。更严重的是，重组 TCP 数据流需要进行序列号跟踪，但是如果在传输过程中报文丢失，则 NIDS 无法进行序列号跟踪。如果没有恢复机制，NIDS 就不能同步监视 TCP 连接。不过，即使 NIDS 能够恢复序列号跟踪，它也同样能够被攻击。

3）TCP 状态检测技术

目前，攻击 NIDS 最有效的办法是利用 Coretez Giovanni 编写的 Stick 程序。Stick 程序使用了很巧妙的办法，可以在 2s 内模拟 450 次没有经过三步握手的攻击，快速告警信息的产生会让 NIDS 难以做出反应甚至出现死机现象。由于未采用 TCP 状态检测技术，所以当 Stick 发出多个有攻击特征（按照 Snort 的规则组包）的数据包时，NIDS 检测到这些数据包的信息，就会频繁发出告警，造成管理者无法分辨哪些告警是真正的攻击，从而使 NIDS

失去作用。通过对 TCP 状态的检测，能够完全避免因单包匹配造成的误报。

4）协议分析技术

协议分析是在传统模式匹配技术基础之上发展起来的一种新的入侵检测技术。协议分析的原理就是根据现有协议模式，到固定位置取值，而不是逐个进行比较，然后根据取得的值判断其协议并进行下一步分析。它充分利用了网络协议的高度有序性，并结合了高速数据包捕捉、协议分析和命令解析，快速检测协议是否存在某个攻击特征，这种技术正逐渐进入成熟应用阶段。协议分析极大地减小了计算量，即使在高负载的高速网络上，也能逐个分析所有的数据包。

采用协议分析技术的 NIDS 能够理解不同协议的原理，由此分析这些协议的流量，寻找可疑的或不正常的行为。对每一种协议的分析不仅基于协议标准，还基于协议的具体实现，因为很多协议的实现偏离了协议标准。协议分析技术观察并验证所有的流量，当流量不是期望值时，NIDS 就发出告警。协议分析具有寻找任何偏离标准或期望值的行为的能力，因此能够检测到已知和未知攻击。

状态协议分析就是在常规协议分析技术的基础上加入状态特性分析，即不仅检测单一的连接请求或响应，而是将一个会话的所有流量作为整体来考虑。仅靠检测单一的连接请求或响应，难以检测到有些网络攻击行为，因为攻击行为包含在多个请求中，此时状态协议分析技术就显得十分必要。与模式匹配技术相比，协议分析和状态协议分析技术具有高性能、高准确率、强反规避能力和低系统资源开销的优点。

5）零复制技术

零复制的基本设计思路是在数据包从网络设备到用户程序空间传递的过程中，减少数据复制次数，减少系统调用，实现 CPU 的零参与，彻底消除 CPU 在这方面的负载。实现零复制用到的主要技术是 DMA 数据传输技术和内存区域映射技术。传统的网络数据包处理需要经过网络设备到操作系统内存空间、系统内存空间到用户应用程序空间这两次复制，同时还需要经历用户向系统发出的系统调用。而零复制技术则首先利用 DMA 技术将网络数据报直接传递到系统内核预先分配的地址空间中，避免 CPU 的参与；同时，将系统内核中存储数据包的内存区域映射到检测程序的应用程序空间（还有一种方式是在用户空间建立缓存，并将其映射到内核空间，类似于 Linux 系统下的 Kiobuf 技术），检测程序直接对这块内存进行访问，从而减少系统内核向用户空间的内存复制，同时减少系统调用的开销，实现"零复制"。

零复制数据流程如图 11-33 所示，图中左侧是传统的处理网络数据包的方式。由于网卡驱动程序运行在内核空间，当网卡收到数据包后，数据包会存放在内核空间内。由于上层应用运行在用户空间，无法直接访问内核空间，因此要通过系统调用将网卡中的数据包复制到上层应用系统中，从而占用系统资源，造成 NIDS 性能下降。图中右侧是改进后的网络数据包处理方式。通过重写网卡驱动，使网卡驱动与上层系统共享一块内存区域，网卡从网络上捕获到的数据包直接传递给入侵检测系统。上述过程避免了数据的内存复制，不需要占用 CPU 资源，最大限度地将有限的 CPU 资源让给协议分析和模式匹配等进程，提高了整体性能。Luca Deri 提出一种改进数据包捕获效率的新方法，相关详细内容参见相关参考文献。但是零复制只能解决"抓包"的瓶颈问题，实现高性能的 NIDS 仍要依靠协议分析和匹配检测等其他功能模块性能的进一步加强。

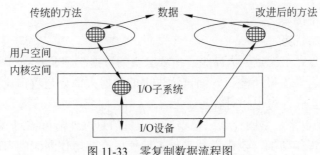

图 11-33　零复制数据流程图

6）蜜罐技术

从传统意义上讲，信息安全意味着单纯的防御。防火墙、入侵检测系统、加密等安全机制都是防御技术，以保护用户资源免受黑客侵害。从理论上讲，应尽可能做好网络防御，减少漏洞，并对发现的漏洞及时修补。上述技术的缺点是其单纯防御特性，主动权掌握在攻击者的手中。而蜜罐技术的出现将改变这一切。现代的 NIDS 采用了蜜罐（Honeypot）技术的新思路。蜜罐是一个吸引潜在攻击者的陷阱，它的作用如下。

- 将潜在攻击者的注意力从关键系统移开。
- 收集攻击者的动作信息。
- 设法让攻击者停留一段时间，以便管理员能检测到并采取相应的措施。

蜜罐技术的主要目的是收集和分析现有威胁的信息。将这种技术集成到 NIDS 中，我们就可以发现新的黑客工具、确定攻击的模式、研究攻击者的动机。

（1）蜜罐技术的实现。

蜜罐可被视为情报收集系统。蜜罐是故意引诱攻击的目标，引诱黑客前来攻击。当攻击者入侵后，就可以知道攻击者是如何得逞的，并随时了解攻击者针对公司服务器发动的最新攻击及系统的漏洞；还可以通过窃听黑客之间的联系，收集黑客所用的各种工具并掌握黑客之间的社交网络。

设置蜜罐并不难，只要在外部 Internet 上的一台计算机上运行有明显安全漏洞的操作系统即可，如运行一台没有打补丁的微软 Windows 或 Red Hat Linux 服务器。因为黑客可能会设陷阱，以获取计算机的日志和审查功能，所以要在计算机和 Internet 连接之间安置一套网络监控系统，以便悄悄记录进出计算机的所有流量。然后，只需坐下来，等待攻击者自投罗网。

然而，设置蜜罐并不是没有风险，因为大部分受到威胁的系统会被黑客用来攻击其他系统。为吸引黑客设置的蜜罐一旦被黑客利用作为跳板来攻击其他系统，就要承担下游责任（Downstream Liability）。由此，我们引出蜜网（Honeynet）这一技术。

蜜网是指另外采用了各种入侵检测和安全审计技术的蜜罐，它可以用合理方式记录黑客的行动，同时尽量减小或排除其对 Internet 上其他系统造成的风险。设置在反向防火墙后的蜜罐就是一个例子。防火墙的目的不是防止入站连接，而是防止蜜罐建立出站连接。虽然这种方法可防止蜜罐破坏其他系统，但这种设置很容易被黑客发现。

数据收集是设置蜜罐的另一项技术挑战。蜜罐监控者只要记录下进出系统的每个数据包，就能够对黑客行为一清二楚。蜜罐本身的日志文件也是很好的数据来源。但日志文件很容易被攻击者删除。所以通常的办法就是让蜜罐向同一网络上防御机制较完善的远程日志服务器发送日志备份。

（2）蜜罐技术的优势。

蜜罐系统的优点之一就是大大减少了所要分析的数据。对于通常的网站或邮件服务器，攻击流量通常会被合法流量所淹没，而蜜罐进出的数据大部分是攻击流量。因此，浏览数据、查明攻击者的实际行为也相对容易了。

自 1999 年启动以来，蜜网计划已经收集了大量信息，详情可访问 www.honeynet.org。信息表明：攻击率逐年增加，攻击者越来越多地使用能够堵住漏洞的自动修补工具（如果发现新漏洞，工具很容易更新）；尽管声势很大，但很少有黑客采用新的攻击手法。

蜜罐不仅是一种研究工具，同样有着真正的商业应用价值。将蜜罐设置在与公司网站或邮件服务器相邻的 IP 地址上，就可以了解公司网络所遭到的攻击了。

蜜罐领域最让人兴奋的发展成果之一就是出现了虚拟蜜网。虚拟计算机网络运行在使用 VMware 或 User-Mode Linux 等虚拟计算机系统的单一机器之上。虚拟系统可以在单一主机系统上运行几台虚拟计算机（通常是 4～10 台）。虚拟蜜网大大降低了蜜罐的成本及管理的难度，节省了机器占用的空间。此外，虚拟系统通常支持"悬挂"和"恢复"功能，这样就可以冻结受到安全威胁的计算机，分析攻击方法。

11.2.5 基于主机的入侵检测系统 HIDS

HIDS 出现在 20 世纪 80 年代初期，那时网络还没有今天这样普遍、复杂，且网络之间也没有完全连通。其检测的目标主要是主机系统和本地用户。检测原理是根据主机的审计数据和系统日志发现可疑事件，检测系统可运行在被检测的主机或单独的主机上。

在这一较为简单的环境中，最常见的操作是检查可疑行为的检测记录。由于入侵行为在当时很少见，对攻击进行事后分析就可以防止日后的攻击。

当前的 HIDS 仍使用验证记录，但自动化程度大大提高，并发展了可迅速做出响应的检测技术。通常，HIDS 可监测系统事件和 Windows NT 下的安全记录及 UNIX 环境下的系统记录。当有文件发生变化时，HIDS 将新的记录条目与攻击标记相比较，看二者是否匹配，如果匹配，系统就会向管理员报警并通知其他目标，以采取相应措施。

HIDS 有以下特点。

（1）监视特定的系统活动。

HIDS 监视用户和访问文件的活动，包括文件访问、改变文件权限、试图建立新的可执行文件或试图访问特殊的设备。例如，HIDS 可以监督所有用户的登录及下网情况，以及每个用户在连接网络后的行为，而 HIDS 要做到这种程度是非常困难的。

HIDS 还可以监视只有管理员才能实施的异常行为。操作系统记录了任何有关用户账号的增加、删除、更改的情况，一旦发生变化，HIDS 就能检测到这种不适当的变化。HIDS 还可审计能影响系统记录的校验措施的改变。

最后，HIDS 可以监视主要系统文件和可执行文件的改变，能够检测并中断欲改写重要系统文件或安装特洛伊木马及后门的尝试。而 NIDS 可能无法发现这些异常行为。

（2）适用于加密和交换环境。

既然 HIDS 驻留在网络中的主机上，那么它们可以克服 NIDS 在交换和加密环境中所面临的一些困难。由于在大的交换网络中确定 NIDS 的最佳位置和网络覆盖非常困难，因此

HIDS 驻留在关键主机上可避免这一难题。

根据在加密后驻留在协议栈中的位置，NIDS 可能无法检测到某些攻击。HIDS 则没有这个限制，因为当操作系统（也包括 HIDS）收到发来的数据包时，数据包已被解密。

（3）近实时的检测和应答。

尽管基于主机的检测并不提供真正的实时应答，但新的基于主机的检测技术已经能够提供近实时检测和应答。早期的 HIDS 主要使用一个进程定时检测日志文件的状态和内容，而许多现有的 HIDS 在任何日志文件发生变化时，都可以从操作系统及时接收中断，这样就大大缩短了攻击识别和应答之间的时间。

（4）不需要额外的硬件。

HIDS 驻留在现有的网络基础设施上，其中包括文件服务器、Web 服务器和其他的共享资源等，这样不仅减少了 HIDS 的实施成本，而且因为不需要添加新的硬件，减少了以后维护和管理这些硬件设备的负担。

1. HIDS 设计

越来越多的计算机病毒和黑客绕过外围安全设备向主机发起攻击。在检测针对主机的攻击方面，NIDS 显得无能为力，而 HIDS 却能够检测这种攻击。HIDS 软件安装在服务器上，也可以安装在 PC 和笔记本当中，作为保护关键服务器的最后一道防线，是企业整体安全策略的关键部分。

通常情况下，企业针对服务器业务价值的大小采取不同的安全措施。HIDS 代理程序通常被部署在关键服务器上。这些服务器通常是网络基础设施服务器、业务基础设施服务器和保存着企业商业机密的服务器。

HIDS 能监测系统文件、进程和日志文件，寻找可疑活动。多数 HIDS 代理程序根据攻击特征识别攻击。与防病毒软件类似，HIDS 代理能分析不同形式的数据包和不同特征的攻击行为。HIDS 扫描操作系统和应用程序日志文件，查找恶意行为的痕迹；检测文件系统，查看敏感文件是否被非法访问或篡改；检测进出主机的数据流，发现攻击。

黑客和病毒常用的攻击手段是利用关键系统存在的缓冲区溢出漏洞进行攻击。缓冲区溢出相当于打开了系统后门，为非法访问者提供了根级或管理员级的访问权限。攻击者通过操作系统的后门，将特洛伊木马程序复制到系统文件夹中，并将这个木马文件注册到操作系统或程序调用中，并在系统被重新启动时执行该特洛伊木马程序。每当系统启动时，木马程序就开始执行事先定义的各种恶意活动。

通过将代理程序安装在服务器上，HIDS 可以检测缓冲区溢出攻击。若需要，HIDS 还可以在木马程序被复制时、Windows 注册表被修改时或特洛伊程序被执行时阻止入侵。

一旦检测到入侵，HIDS 代理程序可以利用多种方式做出反应。它可以生成一个与其他事件相关联的事件报告；可以利用电子邮件、呼机或手机向管理人员发出警报；可以执行特定的程序或脚本，阻止攻击。越来越多的 HIDS 能够在可疑行为的传输过程中检测到异常，从而可以在攻击到达目标之前阻止攻击。

HIDS 在加强主机防御和降低主机安全风险方面具有独特的优势。它能够弥补 NIDS、基于蜜罐的 IDS 及防火墙在保护主机方面的不足，已成为企业多层安全战略的组成部分。

2. HIDS 关键技术

HIDS 通常在重点检测的主机上运行一个代理程序。该代理程序的作用是检测引擎，根据主机行为特征库对受检测主机上的可疑行为进行采集、分析和判断，并将告警日志发送给控制端程序，由网管员集中管理。此外，代理程序需要定期给控制端发出信号，使网管员能确信代理程序工作正常。如果是对个人主机进行入侵检测，代理程序和控制端管理程序可以合并在一起，管理程序也简单得多。

1）文件和注册表保护技术

在 HIDS 中，无论采用什么操作系统，都会普遍使用各种钩子技术，对系统的各种事件、活动进行截获分析。在 Windows NT/2000 中，系统有自带的安全工具，利用这个工具可以使安全策略的规划和实施变得更加容易。在 Windows NT/2000 中，由于系统中的各种 API 子系统（如 Win32 子系统、Posix 子系统及其他系统）最终都要调用相应的系统服务例程（System Services Routines），所以可以将系统服务例程钩子化。入侵检测系统通过捕获操作文件系统和注册表的函数检测对文件系统和注册表的非法操作。在某些系统中，可以通过复制钩子处理函数。这不仅可以检测攻击者对敏感文件或目录的非法操作，还可以阻止攻击者对文件或目录的非法操作。

2）网络安全防护模块

网络安全防护是大多数 HIDS 的核心模块之一。该模块需要使用网络驱动接口规范（NDIS）等技术分析数据包的源地址、协议类型、访问端口和传输方向（OUT/IN）等，并与事件库中的事件特征匹配，判断数据包是否能访问主机或是否作为入侵事件被报警。

3）IIS 保护技术

作为一个 WWW 服务器软件，微软公司的 Internet 信息服务器（Internet Information Server，IIS）操作简单，管理方便，因而被广泛使用。大部分 HIDS 产品都增加了 IIS 保护模块。IIS 保护主要是针对"HTTP 请求""缓冲区溢出""关键字"和"物理目录"等完成对 IIS 服务器的加固功能。该模块能检测常见的针对微软 IIS 服务器的攻击，并能在一定程度上防止攻击者利用未知漏洞进行攻击。

4）文件完整性分析技术

基于主机的入侵检测系统的优势是可以根据结果进行判断。判据之一就是关键系统文件有没有在未经允许的情况下被修改，包括访问时间、文件大小和 MD-5 密码校验值。HIDS 通常使用杂凑函数进行文件完整性分析。

11.2.6　分布式入侵检测系统 DIDS

在实际应用中，经常出现如下情景：①系统的弱点或漏洞分散在网络的各主机上，入侵者可能利用这些弱点攻击网络，而依靠唯一的主机或网络，IDS 不能发现入侵行为；②入侵行为不再是单一的攻击行为，而表现出协作攻击的特点，如分布式拒绝服务攻击（DDoS）；③入侵检测所依靠的数据来源分散化，收集原始数据变得困难，如交换网络使得监听网络数据包受到限制；④网络传输速度加快，网络的流量大，集中处理原始数据的方式往往造成检测瓶颈，从而导致漏检。

为了解决上述问题，DIDS 应运而生。DIDS 由数据采集组件、通信传输组件、入侵检测分析组件、应急处理组件和用户管理组件等构成，如图 11-34。各组件的功能如下。

（1）数据采集组件：收集检测使用的数据，可驻留在网络中的主机上，或者安装在网络的检测点上。数据采集组件需要通信传输组件的协作，将采集的信息送到入侵检测分析组件中进行处理。

（2）通信传输组件：传递加工、处理原始数据的控制命令，一般需要和其他组件协作完成通信功能。

（3）入侵检测分析组件：依据检测的数据，采用检测算法，对数据进行误用分析和异常分析，产生检测结果、报警和应急信号。

（4）应急处理组件：根据入侵检测的结果和主机、网络的实际情况做出决策判断，对入侵行为进行响应。

（5）用户管理组件：管理其他组件的配置，生成入侵总体报告，提供用户和其他组件的管理接口、图形化工具或可视化的界面，供用户查询和检测入侵系统的情况等。

采用分布式结构的 IDS 目前成为研究的热点，较早的系统有 DIDS 和 CSM。DIDS 是典型的分布式结构系统，如图 11-35 所示。其目标是既能检测网络入侵行为，又能检测主机入侵行为。

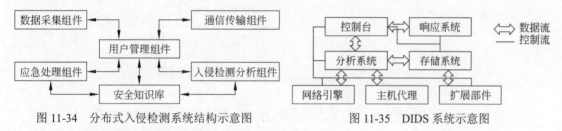

图 11-34　分布式入侵检测系统结构示意图　　　　图 11-35　DIDS 系统示意图

11.2.7　IDS 设计上的考虑和部署

1. 控制台的设计

控制台通过直观、方便的操作界面管理远程探测器，汇总各个探测器报告的告警事件，并实现日志检索、备份、恢复、报表等功能。控制台的设计重点是日志检索、探测器管理、规则管理、日志报表及用户管理等。

控制台功能如图 11-36 所示。

IDS 设计上的考虑和部署

2. 自身安全设计

计算机网络入侵检测系统部署在网络的关键节点上，捕获并记录黑客的入侵行为。这一特殊性决定它必然受到攻击者的特别关注，所以入侵检测系统自身的安全问题非常重要。在系统设计中，需要充分考虑系统自身的安全体系结构。

1）系统安全

计算机网络入侵检测系统部署在网络的关键节点上，通常放置在防火墙的 DMZ 中，当攻击成功通过防火墙后，该系统会识别攻击，产生告警，并通过与防火墙联动来阻断攻击。这样不仅能检测到黑客的攻击和入侵，同时又能够减少黑客的干扰。将监听网口与管理网口分离，监听网口卸掉 IP 栈使得监听网口不带任何 IP 地址，实现隐藏 IDS 探测器的目的。

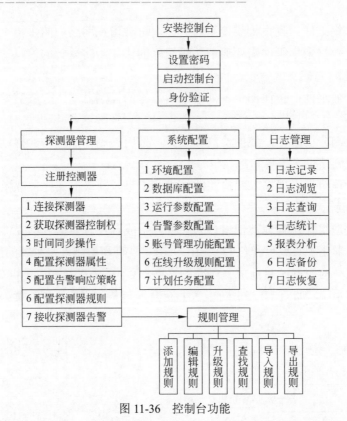

图 11-36　控制台功能

检测系统所在的操作系统平台安装最新的系统补丁，停止不必要的守护服务程序，禁止大部分远程访问权限，设置安全策略审核策略管理、登录事件等重要的系统操作，删除默认共享，禁止匿名账号等，防止黑客对 IDS 主机的攻击。

2）认证和审计

为了防止非法用户的使用，控制台管理程序的登录必须首先进行高强度的身份认证，并且对用户的登录事件和具体操作过程进行详细的审计。在身份认证方面，密码和账号不能少于 6 位，必须是数字和字母的组合，并且密码和账号不能相同，以增加破解难度；设计账号锁定和定期修改策略，防止暴力破解。另外，管理员密码最好不保存，使用 SHA-1 等单向算法，只保存杂凑后的数据，从而保证密码的安全。在程序安全性方面，使用完整性检查功能，设置策略定期对重要文件进行完整性检查，防止程序和文件被非法篡改。

3）通信安全

控制台和探测器之间的通信采用 TCP/IP。由于 TCP/IP 本身没有任何安全措施，通信内容有可能泄露。为了保护控制台和探测器之间的通信，可以采用安全套接层（SSL）协议对传输的数据进行加密，实现通信数据的完整性和保密性。

3. IDS 的典型部署

在网络中部署 IDS 时，可以使用多个 NIDS 和 HIDS，这要根据网络的实际情况和用户的需求。典型的 IDS 构成如图 11-37 所示。

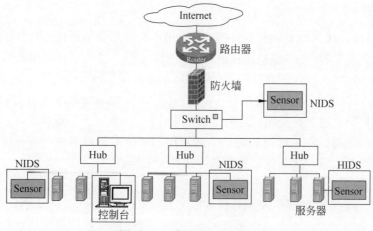

图 11-37　典型的 IDS 构成

11.3　VPN 技术

VPN 概述

11.3.1　VPN 概述

随着电子商务和电子政务的日益普及，很多企业把处于世界各地的分支机构、供应商和合作伙伴通过 Internet 连接在一起，以加强总部与各分支机构、供应商和合作伙伴之间的信息交换，且使员工能在出差时访问总部的网络。为了实现 LAN-to-LAN 的互连，传统的企业组网方案通常租用电信 DDN 专线或帧中继电路以组成企业专网，但这种方案成本过高，企业无法承受。人们便想到使用无处不在的 Internet 构建企业的专用网络，这就引出了虚拟专网的（Virtual Private Network，VPN）概念。

采用 VPN 技术组网，企业能够以一种相对便宜的月付费方式上网。然而，由于 Internet 是一个共享的公共网络，因此不能保证数据在两点之间传递时不被他人窃取。要想安全地将两个企业子网连在一起，确保移动办公人员能安全地远程访问公司内部资源，就必须保证 Internet 上传输数据的安全，并对远程访问的移动用户进行身份认证。

1. VPN 的概念

虚拟专网，是指将物理上分布在不同地点的网络通过公用网络连接构成逻辑上的虚拟子网。它采用认证、访问控制、机密性、数据完整性等安全机制，在公用网络上构建专用网络，使数据通过安全的"加密管道"在公用网络中传播。这里的公用网通常指 Internet。

VPN 技术实现了内部网信息在公用信息网中的传输，就如同在茫茫的广域网中为用户拉出一条专线。对于用户来讲，公用网络具有"虚拟网络"的效果，虽然他们身处世界的不同地方，但感觉仿佛是在同一个局域网里工作。VPN 对每个使用者来说也是"专用"的。也就是说，VPN 根据使用者的身份和权限，直接将其接入 VPN，非法用户不能接入 VPN 并使用其服务。

2. VPN 的特点

在实际应用中，用户需要什么样的 VPN 呢？好的 VPN 应具备以下几个特点。

1）费用低

企业使用 Internet 进行数据传输，相对于租用专线费用极为低廉。VPN 的出现使企业通过 Internet 既安全又经济地传输机密信息成为可能。

2）安全保障

虽然实现 VPN 的技术和方式很多，但所有的 VPN 均应保证通过公用网络平台所传输数据的专用性和安全性。在非面向连接的公用 IP 网络上建立一个逻辑的、点对点的连接，称为建立了一个隧道。经由隧道传输的数据采用加密技术进行加密，以保证数据仅被指定的发送者和接收者知道，从而保证数据的专用性和安全性。

3）服务质量保证

VPN 应能为企业数据提供不同等级的服务质量（QoS）保证。不同用户和业务对 QoS 保证的要求差别较大。例如，对于移动办公用户，网络能提供广泛的连接和覆盖性是保证 VPN 服务质量的一个主要因素；而对于拥有众多分支机构的专线 VPN，则要求网络能提供良好的稳定性；其他一些应用（如视频等）则对网络提出更明确的要求，如网络时延及误码率等。所有网络应用均要求 VPN 根据需要提供不同等级的 QoS。

在网络优化方面，VPN 另一重要需求是充分、有效地利用有限的网络资源，为重要数据提供可靠带宽。广域网流量的不确定性使其带宽的利用率很低，在流量高峰时可能会引起网络阻塞，形成网络瓶颈，使实时性要求高的数据得不到及时发送；而在流量低谷时又造成大量的网络带宽闲置。QoS 通过流量预测与流量控制策略，可以按照优先级分配带宽资源，实现带宽管理，使各类数据能够被合理地有序发送，并预防阻塞的发生。

4）可扩充性和灵活性

VPN 必须能够支持通过内联网（Intranet）和外联网（Extranet）的任何类型的数据流、方便增加新的节点、支持多种类型的传输媒介，可以满足同时传输语音、图像和数据对高质量传输及带宽增加的需求。

5）可管理性

从用户角度和运营商角度来看，VPN 的管理和维护非常方便。在 VPN 管理方面，VPN 要求企业将其网络管理功能从局域网无缝地延伸到公用网，甚至是客户和合作伙伴处。虽然可以将一些次要的网络管理任务交给服务提供商，但企业自己仍需要完成许多网络管理任务。所以，完善的 VPN 管理系统是必不可少的。VPN 管理系统的设计目标为：应具有高扩展性、经济性和高可靠性。事实上，VPN 管理系统的主要功能包括安全管理、设备管理、配置管理、访问控制列表管理、QoS 管理等内容。

3. VPN 的分类

根据 VPN 组网方式、连接方式、访问方式、隧道协议和工作层次（OSI 模型或 TCP/IP 模型）的不同，VPN 可以有多种分类方法。根据访问方式的不同，VPN 可分为两种类型：一种是移动用户远程访问 VPN 连接；另一种是网关-网关 VPN 连接。本节将对这两种 VPN 做简单介绍。根据隧道协议及工作层次分类的 VPN，将在后续章节中详细阐述。

1）远程访问 VPN

移动用户远程访问 VPN 连接，由远程访问的客户端提出连接请求，VPN 服务器提供对 VPN 服务器或整个网络资源的访问服务。在此连接中，链路上第一个数据包总是由远程访问客户端发出。远程访问客户端先向 VPN 服务器提供自己的身份，之后作为双向认证的第二步，VPN 服务器也向客户端提供自己的身份。

2）网关-网关 VPN

网关-网关 VPN 连接，由呼叫网关提出连接请求，另一端的 VPN 网关做出响应。在这种方式中，链路的两端分别是专用网络的两个不同部分，来自呼叫网关的数据包通常并非源自该网关本身，而是来自其内网的子网主机。呼叫网关首先向应答网关提供自己的身份，作为双向认证的第二步，应答网关也应向呼叫网关提供自己的身份。

典型的 VPN 构成如图 11-38 所示。

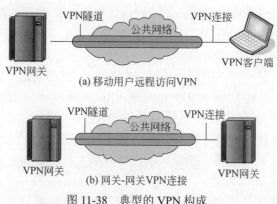

(a) 移动用户远程访问VPN

(b) 网关-网关VPN连接

图 11-38　典型的 VPN 构成

4. VPN 关键技术

VPN 采用多种技术来保证安全，这些技术包括隧道技术（Tunneling）、加/解密（Encryption & Decryption）、密钥管理（Key Management）、用户与设备身份认证（Authentication）、访问控制（Access Control）等。

1）隧道技术

隧道技术是 VPN 的基本技术，是在公用网上建立一条数据通道（隧道），让数据包通过这条隧道进行传输。隧道是由隧道协议构建的，常用的有第 2、第 3 层隧道协议。第 2 层隧道协议有 L2F、PPTP、L2TP 等。L2TP 是由 PPTP 与 L2F 组合而成。目前，采用拨号构造 VPN 的方式已经很少使用。

第 3 层隧道协议把各种网络协议直接装入隧道协议中，形成的数据包依靠第 3 层协议进行传输。第 3 层隧道协议有 GRE、VTP、IPSec 等。IPSec（IP Security）是由一组 RFC 描述的安全协议，它定义了一个系统来选择 VPN 所用的密码算法，确定服务所使用密钥等服务，从而在 IP 层提供安全保障。

2）加/解密技术

在 VPN 应用中，加/解密技术将认证信息、通信数据等由明文转换为密文，其可靠性主要取决于加/解密的算法及强度，这部分内容在密码学课程中有详细介绍。

3）密钥管理技术

密钥管理的主要任务是保证密钥在公用数据网上安全地传递而不被窃取。现行的密钥管理技术又分为 SKIP 与 ISAKMP/OAKLEY 两种。SKIP 主要利用 Diffie-Hellman 密钥分配协议，使通信双方建立起共享密钥。在 ISAKMP 中，双方都持有两个密钥，即公钥/私钥对，通过执行相应的密钥交换协议建立共享密钥。

4）身份认证技术

在正式的隧道连接开始之前，VPN 需要确认用户的身份，以便系统进一步实施资源访问控制或对用户授权。

5）访问控制

访问控制决定了谁能访问系统、能访问系统的何种资源及如何使用资源。采取适当的访问控制措施能阻止未经允许的用户有意或无意地获取数据，或非法访问系统资源等。

11.3.2 隧道协议与 VPN

在现实生活中，隧道是指为修建公路或铁路，挖通山麓而形成的通道。VPN 的隧道概念指的是通过一个公用网络（通常是 Internet）建立的一条穿过公用网络的安全的、逻辑上的隧道。在隧道中，数据包被重新封装发送。所谓封装，就是在原 IP 分组上添加新的报头，就好像将数据包装进信封一样。因此，封装操作也称为 IP 封装化。总部和分公司之间交流信息时所传递的数据，经过 VPN 设备封装后通过 Internet 自动发往对方的 VPN 设备。这种在 VPN 设备之间建立的封装化数据的 IP 通信路径在逻辑上被称为隧道。发端 VPN 在对 IP 数据包前加新报头封装后，将封装后的数据包通过 Internet 发送给收端 VPN。收端 VPN 在接收到封装数据包后，将隧道报头删除，再发给目标主机。数据包在隧道中的封装及发送过程如图 11-39 所示。

隧道封装和加密方式多种多样。一般来说，只对数据加密的通信路径不能称为隧道。在一个数据包上再添加一个报头才称作封装。是否对封装的数据包加密取决于隧道协议。

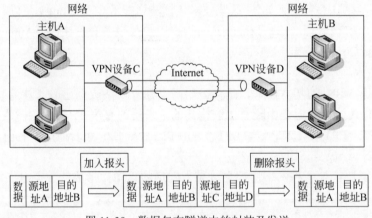

图 11-39   数据包在隧道中的封装及发送

现有的封装协议主要包括两类：一类是第 2 层的隧道协议，由于隧道协议是对数据链路层的数据包进行封装（即 OSI 开放系统互连模型中第 2 层的数据包），所以称其为第 2 层隧道协议，这类协议包括 PPTP、L2TP、L2F 等，主要采用拨号构建远程访问 VPN；另一类是第 3 层隧道协议，如 IPSec、GRE 等，它们把网络层的各种协议数据包直接封装到隧道协议中进行传输，由于被封装的是第 3 层的网络协议数据包，所以称为第 3 层隧道协议，它主要用于构建 LAN-to-LAN 型的 VPN。

1. 第 2 层隧道协议

第 2 层隧道协议主要有三个：一个是由微软、Asend、3COM 等公司支持的点对点隧道协议（Point to Point Tunneling Protocol，PPTP）；另一个是 Cisco、Nortel 等公司支持的第 2 层转发（Layer 2 Forwarding，L2F）协议；第三个是由 IETF 起草，微软、Cisco、3COM 等公司共同制定的第 2 层隧道协议（Layer 2 Tunneling Protocol，L2TP）。

第 2 层隧道协议具有简单易行的优点，但是它们的可扩展性都不好。更重要的是，它们没有提供内在的安全机制，不能支持企业和企业的外部客户及供应商之间会话的保密性需求。因此，当企业欲将其内部网与外部客户及供应商网络相连时，第 2 层隧道协议不支持构建企业外域网（Extranet）。Extranet 需要对隧道进行加密并需要相应的密钥管理机制。随着 Internet 的普及，这种采用拨号方式构建 VPN 的技术已很少使用。

2. 第 3 层隧道协议

第 3 层隧道协议主要包括 IPSec、GRE（Generic Routing Encapsulation）和 MPLS（Multiprotocol Label Switching）技术。由这三种协议和技术构建的 VPN 分别称为 IPSec VPN、GRE VPN 和 MPLS VPN。

1）IPSec

互联网安全协议（IPSec）是专为 IP 设计提供安全服务的一种协议（其实是一种协议族）。IPSec 可有效保护 IP 数据报的安全，具体保护形式包括数据源验证、无连接数据的完整性验证、数据内容的机密性保护、抗重放保护等。

IPSec 主要由认证头（Authentication Header，AH）、封装安全载荷（Encapsulating Security Payload，ESP）、密钥交换协议（Internet Key Exchange，IKE）三个协议组成。IPSec 协议既能用于点对点连接型 VPN，也可以用于远程访问型 VPN。

2）GRE

通用路由协议封装（GRE）是由 Cisco 和 NetSmiths 等公司于 1994 年提交给 IETF 的协议，标号为 RFC 1701 和 RFC 1702。目前多数厂商的网络设备均支持 GRE 隧道协议。

GRE 规定了如何用一种网络协议去封装另一种网络协议的方法。GRE 隧道由两端的源 IP 和目的 IP 来定义，允许用户使用 IP 包封装 IP、IPX、AppleTalk 包，并支持全部路由协议（如 RIP2、OSPF 等）。通过 GRE，用户可以利用公共 IP 网络连接 IPX 网络、AppleTalk 网络，还可以使用保留地址进行网络互联，或者对公网隐藏企业网的 IP 地址。GRE 只提供数据包的封装，并没有采用加密功能来防止网络侦听和攻击，所以在实际环境中经常与 IPSec 一起使用，由 IPSec 提供用户数据加密，从而给用户提供更好的安全性。GRE 的实施策略及网络结构与 IPSec 非常相似，只要网络边缘接入设备支持 GRE 协议即可。

3）MPLS

多协议标签交换（MPLS）属于第 3 层交换技术，引入了基于标签的机制。它把选路和转发分开，用标签来规定一个分组通过网络的路径。MPLS 网络由核心部分的标签交换路由器（LSR）和边缘部分的标签边缘路由器（LER）组成。

MPLS 为每个 IP 包加上一个固定长度的标签，并根据标签值转发数据包，所以使用它来建立 VPN 隧道十分容易。同时，MPLS 是一种完备的网络技术，可以用来建立 VPN 成员之间简单而高效的 VPN。MPLS VPN 适用于实现对服务质量、服务等级的划分及网络资源的利用率、网络的可靠性有较高要求的 VPN 业务。

与前几种 VPN 技术不同，MPLS VPN 中的主角虽然仍然是边缘路由器（此时是 MPLS

网络的边缘 LSR），但是它需要公共 IP 网内部的所有相关路由都能够支持 MPLS，所以这种技术对网络有特殊的要求。

VPN 有多种类型，本书将主要讨论 IPSec VPN、SSL VPN 和 MPLS VPN。

11.3.3　IPSec VPN

IPSec VPN

1. IPSec 协议概述

IPSec 标准最初由 IETF 于 1995 年制定，1997 年开始 IETF 又开展了新一轮的 IPSec 标准的制定工作，1998 年 11 月，该协议已经基本制定完成。IETF 将来还会对其进行修订。IPSec 用于提供 IP 层的安全性。由于所有支持 TCP/IP 的主机在进行通信时都要经过 IP 层的处理，所以提供了 IP 层的安全性相当于为整个网络提供了安全通信的基础。

IPSec 所涉及的一系列 RFC 标准如下。①RFC 2401：IPSec 系统结构。②RFC 2402：认证头部协议（AH）。③RFC 2406：封装净荷安全协议（ESP）。④RFC 2408：Internet 安全联盟和密钥管理协议（ISAKMP）。⑤RFC 2409：Internet 密钥交换协议（IKE）。⑥RFC 2764：基本框架。⑦RFC 2631：Diffie-Hellman 密钥协商方案。⑧SKEME。

在后面的讨论中，重点将放在 ESP 的保密性和完整性方面。

IPSec 协议通过 AH 和 ESP 提供了传输模式（Transport Mode）和隧道模式（Tunnel Mode）两种工作模式，如图 11-40 所示。注意，切勿将它们与下文要讨论的 ISAKMP 模式相混淆。这两个协议可以组合使用，也可以单独使用。IPSec 的功能和模式如表 11-5 所示。

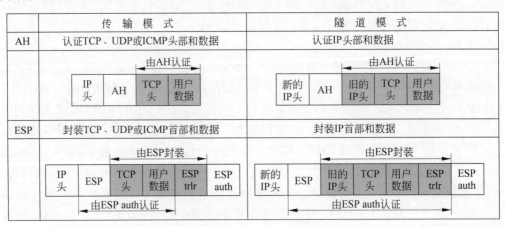

图 11-40　IPSec 协议的构成

表 11-5　IPSec 的功能和模式

功能/模式	认证头部（**AH**）	封装安全负荷（**ESP**）	**ESP+AH**
访问控制	Yes	Yes	Yes
认证	Yes	—	Yes
消息完整性	Yes	—	Yes
重放保护	Yes	Yes	Yes
机密性	—	Yes	Yes

AH、ESP 或 AH+ESP 既可以在隧道模式中使用，又可以在传输模式中使用。隧道模式在两个 IP 子网之间建立一个安全通道，允许每个子网中的所有主机用户访问对方子网中的

所有服务和主机。传输模式在两个主机之间以端对端的方法提供安全通道，并且在通信路径建立和数据传递过程中实现身份认证、数据保密性和数据完整性等安全保护措施。

2. IPSec 的工作原理

IPSec 的工作原理类似于包过滤防火墙，可以把它看作包过滤防火墙的一种扩展。IPSec 通过查询安全策略数据库（Security Policy Database，SPD）决定如何处理接收到的 IP 数据包。但是 IPSec 与包过滤防火墙不同，它对 IP 数据包的处理方法除了丢弃和直接转发（绕过 IPSec）外，还可以对数据包进行 IPSec 处理。正是这种新增的处理方法，使 VPN 提供了比包过滤防火墙更高的安全性。

进行 IPSec 处理意味着对 IP 数据包进行加密和认证。IPSec 既可以对 IP 数据包只加密或认证，也可以同时加密和认证。但无论是加密还是认证，IPSec 都有两种工作模式：一种是传输模式，另一种是隧道模式。

采用传输模式时，IPSec 只对 IP 数据包的净荷进行加密或认证。此时，封装数据包继续使用原 IP 头，只对 IP 头的部分域进行修改，而 IPSec 协议头插入原 IP 头和传输层头之间。IPSec 传输模式如图 11-41 和图 11-42 所示。

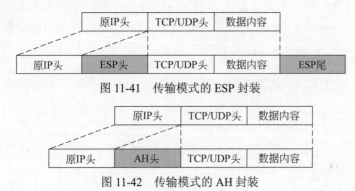

图 11-41　传输模式的 ESP 封装

图 11-42　传输模式的 AH 封装

采用隧道模式时，IPSec 对整个 IP 数据包进行加密或认证。此时，需要产生一个新的 IP 头，IPSec 头被放在新产生的 IP 头和原 IP 数据包之间，从而组成一个新的 IP 头。IPSec 隧道模式如图 11-43 和图 11-44 所示。

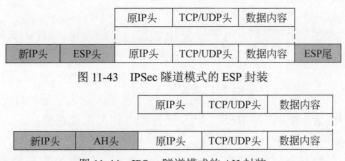

图 11-43　IPSec 隧道模式的 ESP 封装

图 11-44　IPSec 隧道模式的 AH 封装

3. IPSec 中的主要协议

除了进行加密和认证，IPSec 还有密钥管理和交换功能，为加密和认证提供所需要的密钥并对密钥的使用进行管理。以上三方面的工作分别由 AH、ESP 和 IKE 三个协议来实现。

为了介绍这三个协议，首先引入一个非常重要的术语——安全关联（Security Association，SA）。所谓安全关联，是指安全服务与被服务载体之间的"连接"。AH 和 ESP 的实现都需要 SA 的支持，而 IKE 的主要功能就是建立和维护 SA。

若要用 IPSec 建立一条安全的传输通路，通信双方需要事先协商将要采用的安全策略，包括使用的加密算法、密钥、密钥的生存期等。当双方协商好使用的安全策略后，即建立了一个 SA。给定了一个 SA，就确定了 IPSec 要执行的操作，如加密、认证等。

1）AH

RFC 2402 的作者设计了 AH 协议来防御中间人攻击。AH 服务的定义如下：①非连接的数据完整性校验；②数据源点认证；③可选的抗重放攻击服务。

AH 有两种实现方式：传输方式和隧道方式，如图 11-42 和图 11-44 所示。当 AH 以传输方式实现时，它主要提供对高层协议的保护，因为高层的数据不加密。当 AH 以隧道方式实现时，协议被应用于通过隧道的 IP 数据包。

AH 只涉及认证，不涉及加密。AH 虽然在功能上与 ESP 有重复之处，但 AH 除了可以对 IP 的净荷进行认证外，还可以对 IP 头实施认证。

AH 的长度可变，但必须是 32b 数据报长度的倍数。AH 域被细分为几个子域，其中包含为 IP 数据包提供密码保护所需的数据，如图 11-45 所示。

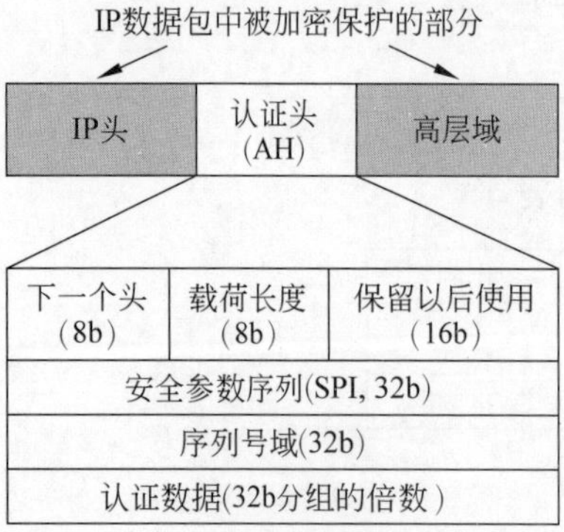

图 11-45 认证头的结构及其在 IP 数据包中的位置

数据源点认证是 IPSec 的强制性服务，它实际上提供了对源点身份数据的完整性保护。提供该保护所需的数据包含在 AH 的两个子域中，一个子域称为"安全参数索引"（Security Parameters Index，SPI），包含长 32b 的某个任意值，用于唯一标识该 IP 数据包认证服务所采用的密码算法；另一个子域称为"认证数据"，包含消息发送方为接收方生成的认证数据，用于接收方进行数据完整性验证，因此这部分数据也被称为完整性校验值（Integrity Check Value，ICV）。该 IP 数据包的接收方能够使用密钥和 SPI 所标识的算法重新生成"认证数据"，然后将其与接收到的"认证数据"相比较，从而完成 ICV 校验。

AH 还有一个"序列号"子域，用于抵御 IP 数据包重放攻击。AH 的其他子域（包括"下一个头""载荷长度"和"保留以后使用"）都没有安全方面的意义。

2）ESP

ESP 协议主要用于对 IP 数据包进行加密，此外也对认证提供某种程度的支持。ESP 独立于具体的加密算法，可以支持 DES、AES 等各种对称密钥加密算法。

ESP 的格式如图 11-46 所示。ESP 协议数据单元格式由三部分组成，除了头部、加密数据部分外，在进行认证时还包含一个可选尾部。头部有两个域："安全参数索引（SPI）"域和"序列号"域。使用 ESP 进行安全通信之前，通信双方需要先协商一组将要采用的加密策略，包括所使用的加密算法、密钥及密钥的有效期等。SPI 用来标识发送方在处理 IP 数据包时使用了哪组加密策略，当接收方看到了这个标识后就知道如何处理收到的 IP 数据包。"序列号"用来区分使用同一组加密策略的不同数据包。被加密的数据部分除了包含原 IP

数据包的净荷外，还包括填充数据。填充数据是为了保证加密数据部分的长度满足分组加密算法的要求。这两部分数据在传输时都要进行加密。"下一个头"（Next Header）用来标识净荷部分所使用的协议，它可能是传输层协议（TCP 或 UDP），也可能是 IPSec 协议（ESP或 AH）。

图 11-46　ESP 的格式

前面提到 IPSec 有两种工作模式，这意味着 ESP 协议也有两种工作模式：传输模式和隧道模式。当 ESP 以传输模式工作时，封装包头部采用当前的 IP 头部。当其以隧道模式工作时，IPSec 将 IP 数据包进行加密作为 ESP 净荷，并在 ESP 头部前增添以网关地址为源地址的新的 IP 头部，此时 IPSec 起 NAT 作用。

3）IKE

IKE 用于动态建立安全关联，该协议在 RFC 2409 中有详细描述。IKE 汲取了 ISAKMP、Oakley 密钥协议及 SKEME 共享密钥更新技术的精华，设计出独一无二的密钥协商和动态密钥更新协议。此外，IKE 还定义了两种密钥交换方式。IKE 使用两个阶段的 ISAKMP：在第一阶段，通信各方彼此间建立一个已通过身份验证和安全保护的通道，即建立 IKE 安全关联；在第二阶段，利用安全关联为 IPSec 建立安全通道。IKE 工作方式如图 11-47 所示。

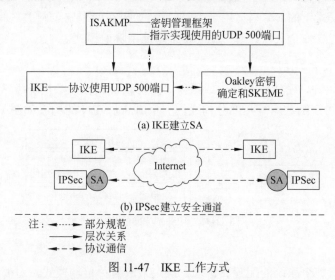

图 11-47　IKE 工作方式

IKE 定义了两个阶段：阶段一交换和阶段二交换。Oakley 定义了三种模式，分别对应ISAKMP 的三个阶段：快速模式、主模式和野蛮模式。在阶段一交换，IKE 采用的是身份保护交换（"主模式"交换），以及根据 ISAKMP 文档制定的"野蛮模式"交换；在阶段二交换，IKE 则采用了一种"快速模式"交换。

ISAKMP 通过 IKE 对以下几种密钥交换机制提供支持。

- 预共享密钥（PSK）。
- 公钥基础设施（PKI）。
- IPSec 实体身份的第三方证书。

不难理解，预共享密钥（Preshared Secret Key，PSK）机制实质上是一种简单的口令方法。在 IPSec VPN 网关上预设常量字符串，通信双方据此共享秘密实现相互认证。而采用 PKI 和数字证书的认证方式在第 6 章中已经做了详细介绍。

总之，IKE 可以动态地建立安全关联和共享密钥。IKE 建立安全关联的实现极为复杂。从一方面看，它是 IPSec 协议实现的核心；从另一方面看，它也很可能成为整个系统的瓶颈。进一步优化 IKE 程序和密码算法是实现 IPSec 的核心问题之一。

4. 安全关联

IPSec 的中心概念之一是"安全关联"。从本质上讲，IPSec 可被视为 AH+ESP。当两个网络节点在 IPSec 保护下通信时，它们必须协商一个 SA（用于认证）或两个 SA（分别用于认证和加密），并协商这两个节点间所共享的会话密钥以便它们能够执行加密操作。要在两个安全网关之间建立安全双工通信，需要为每个方向建立一个 SA。在 IPSec 当前的实现方案中，SA 只能建立点到点的通信。在未来，增强功能将会支持点到点及一点到多点的通信。

每个 SA 的标识由以下三部分组成。

- 安全性参数索引，即 SPI。
- IP 目的地址。
- 安全协议标识，即 AH 或 ESP。

如前所述，SA 有两种模式，传输模式和隧道模式。传输模式下的 SA 是两个主机间的安全关联；隧道模式下的 SA 只适用于 IP 隧道。如果在两个安全网关之间或一个安全网关和一个主机之间建立安全关联，那么此 SA 必须使用隧道模式。

5. IPSec VPN 的构成

VPN 由管理组件、密钥分配和生成组件、身份认证组件、数据加/解密组件、数据分组封装/分解组件和加密函数库等几部分构成。一个 IPSec VPN 的构成如图 11-48 所示。

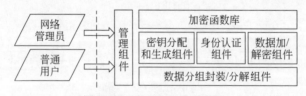

图 11-48　IPSec VPN 的构成

1）管理组件

管理组件负责整个系统的配置和管理，决定采取何种传输模式，对哪些 IP 数据包进行加/解密。由于对 IP 数据包进行加密要消耗系统资源、增大网络延迟，因此对两个安全网关之间的所有 IP 数据包提供 VPN 服务是不现实的。网络管理员可以通过管理组件指定对哪些 IP 数据包进行加密。Intranet 内部用户也可以通过 Telnet 协议传送专用命令，指定 VPN 系统对自己的 IP 数据包提供加密服务。

2）密钥分配和生成组件

密钥分配和生成组件负责完成身份认证和数据加密所需的密钥生成和分配。其中，密钥的生成采取随机生成的方式。各安全网关之间的密钥分配采取人工分配的方式，或者通过非网络传输的其他安全通信方式完成密钥在各安全网关之间的传送。各安全网关的密钥存储在密钥数据库中，支持以 IP 地址为关键字的快速查询和获取。

3）身份认证组件

身份认证组件对 IP 数据包进行消息认证码的运算。整个过程如图 11-49 所示。

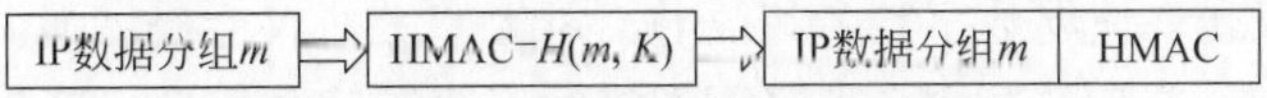

IP数据分组 m ⟹ IIMAC=$H(m, K)$ ⟹ IP数据分组 m ｜ HMAC

图 11-49　消息认证码计算过程

首先，发送方对数据 m 和密钥 K 进行杂凑运算 HMAC=$H(m, K)$，得到消息认证码 HMAC。发送方将 HMAC 附在明文后，一起传送给接收方。接收方收到数据后，首先用共享密钥 K 计算 HMAC′，并将其与接收到的 HMAC 进行比较，如果二者一致，则表明数据未被篡改。消息认证码在保证数据完整性的同时也起到了身份认证的作用，因为只有在通信双方有共享密钥的情况下才能得到相同的消息认证码。

4）数据加/解密组件

数据加/解密组件对 IP 数据包进行加密和解密操作。可选的加密算法有 IDEA 算法和 DES 算法。前者在用软件方式实现时可以获得较快的加密速度。为了进一步提高系统效率，可以采用专用硬件实现数据的加密和解密，这时采用 DES 算法能得到较快的加密速度。目前，随着计算机计算能力的提高，DES 算法已不能满足安全要求。对于安全性要求更高的网络数据，数据加/解密组件可采用 Triple DES 或 AES 加密算法。

5）数据分组封装/分解组件

数据分组封装/分解组件实现对 IP 数据分组的安全封装或分解。当从安全网关发送 IP 数据分组时，数据分组封装/分解组件为 IP 数据分组附加上身份认证头 AH 和安全数据封装头 ESP。当安全网关接收到 IP 数据分组时，数据分组封装/分解组件对 AH 和 ESP 进行协议分析，并根据包头信息进行身份验证和数据解密。

6）加密函数库

加密函数库为上述组件提供统一的加密服务。设计加密函数库的一条基本原则是通过一个统一的函数接口与上述组件进行通信。这样可以根据实际需要，在挂接加密算法和加密强度不同的函数库时，无须改动其他组件。

FreeS/WAN 是 Linux 操作系统中包含的 IPSec VPN 实现方案，其开放的源代码可从网上获得（下载网址：www.freeswan.org）。

11.3.4　SSL/TLS VPN

1. TLS 协议概述

SSL VPN 也称作传输层安全协议（TLS）VPN。它起初由 Netscape 公司定义并开发，后来 IETF 将 SSL 重新更名为 TLS。就设计思想和目标而言，SSL v3 和 TLS v1 是相同的。在本节后面的讨论中，将使用 TLS 来替代 SSL。

TLS 协议主要用于 HTTPS 协议中。HTTPS 协议将 Web 浏览协议 HTTP 和 TLS 结合在

SSL/TLS
VPN

一起。HTTPS 协议是用户进行网上项目申报、网上交易和网上银行操作时常用的一个工具。

TLS 也可以作为构造 VPN 的技术。近年来，TLS VPN 的使用越来越广泛。企业使用 TLS VPN，可以大大降低通信费用，并使网络的安全性得到明显提高。与 IPSec VPN 相比，TLS VPN 的最大优点是用户不需要安装和配置客户端软件，只需要在客户端安装一个 IE 浏览器即可。相反，IPSec 需要在每台计算机上配置相应的安全策略。虽然 IPSec 的安全性很高，但这需要技术人员花费很多精力去研究 IPSec 的配置。虽然有一些方法可以自动完成这个过程，但使用 IPSec VPN 通常会增加管理成本。

由于 TLS 协议允许使用数字签名和证书，因此 TLS 协议能提供强大的认证功能。在建立 TLS 连接过程中，客户端和服务器之间要进行多次的信息交互。TLS 协议的连接建立过程如图 11-50 所示。

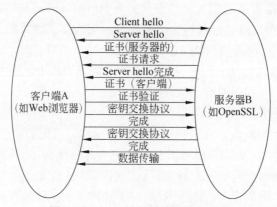

图 11-50　TLS 协议的连接建立过程

与许多客户端/服务器方式一样，客户端通过向服务器发送"Client hello"信息打开连接，服务器用"Server hello"回答。然后，服务器要求客户端提供它的数字证书。服务器在完成对客户端证书的验证后，会启动执行密钥交换协议。密钥交换协议的主要任务如下。

- 产生一个主密钥。
- 由主密钥产生两个会话密钥：A→B 的密钥和 B→A 的密钥。
- 由主密钥产生两个消息认证码密钥。

完整的 TLS 协议体系结构如图 11-51 所示。可以看出，TLS 记录协议属于第 3 层协议，而 TLS 握手协议、TLS 密钥交换协议和 TLS 报警协议均与 HTTP 和 FTP 一样，属于应用层协议。

TLS 握手协议	TLS密钥 交换协议	TLS 报警协议	HTTP	FTP
TLS记录协议				
传输控制协议(TCP)				
网间协议(IP)				

图 11-51　完整的 TLS 协议体系结构

2. TLS VPN 的原理

大多数 TLS VPN 都采用 HTTP 反向代理，所以非常适合具有 Web 功能的应用，通过任何 Web 浏览器都可访问。HTTP 反向代理支持其他查询/应答应用，如企业的电子邮件及 ERP

和 CRM 等客户端/服务器应用。为了访问这些类型的应用，TLS VPN 为远程连接提供了一种简单、经济的方案。它属于即插即用型，不需要任何附加的客户端软件或硬件。一般来讲，TLS VPN 的实现方式是在企业的防火墙后面放置一个 TLS 代理服务器。如果用户欲安全地连接到公司网络，首先要在浏览器上输入一个 URL，该连接请求将被 TLS 代理服务器取得。当该用户通过身份验证后，TLS 代理服务器将提供远程用户与各种不同应用服务器之间的连接。TLS VPN 主要依靠下面三种协议支持。

1）握手协议

握手协议建立在可靠的传输协议之上，为高层协议提供数据封装、压缩和加密等基本功能的支持。这个协议负责被用于协商客户端和服务器之间会话的加密参数。当一个 TLS 客户端和服务器第一次通信时，它们首先要在选择协议版本上达成一致，选择加密算法和认证方式，并使用公钥技术来生成共享密钥。具体协议流程如下。

（1）TLS 客户端连接至 TLS 服务器，并要求服务器验证客户端的身份。

（2）TLS 服务器通过发送数字证书证明其身份。这个交换还可以包括整个证书链，该证书链可以追溯到某个根证书颁发机构。通过检查证书的有效日期并验证数字证书中所包含的可信任 CA 的数字签名来确认 TLS 服务器公钥的真实性。

（3）服务器发出一个请求，对客户端的证书进行验证。但由于缺乏 PKI 系统的支撑，当今的大多数 TLS 服务器不进行客户端认证。

（4）协商用于消息加密的加密算法和用于完整性检验的杂凑函数，通常由客户端提供它所支持的所有算法列表，然后由服务器选择最强的密码算法。

（5）客户端生成一个随机数，并使用服务器的公钥（从服务器证书中获取）对它加密，并将密文发送给 TLS 服务器。

（6）TLS 服务器通过发送另一随机数据做出响应。

（7）对以上两个随机数进行杂凑函数运算，从而生成会话密钥。

其中，最后三步用来生成会话密钥。

2）TLS 记录协议

TLS 记录协议建立在 TCP/IP 之上，用于在实际数据传输开始前通信双方进行身份认证、协商加密算法和交换加密密钥等。发送方将应用消息分割成可管理的数据块，然后与密钥一起进行杂凑运算，生成一个消息认证代码（Message Authentication Code，MAC），最后将组合结果进行加密并传输。接收方接收数据并解密，校验 MAC，并对分段的消息进行重新组合，把整个消息提供给应用程序。TLS 记录协议如图 11-52 所示。

3）告警协议

告警协议用于提示何时 TLS 协议发生了错误，或者两个主机之间的会话何时终止。只有在 TLS 协议失效时告警协议才会被激活。

3. TLS VPN 的优缺点

与其他类型的 VPN 相比，TLS VPN 有独特的优点，归纳起来主要有如下几点。

（1）无须安装客户端软件。只需要标准的 Web 浏览器连接 Internet，即可以通过网页访问企业总部的网络资源。

（2）适用于大多数设备。浏览器可以访问任何设备，如可上网的 PDA 和蜂窝电话等设

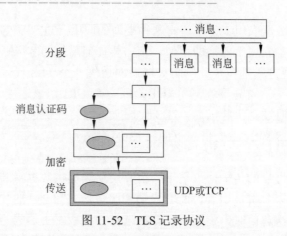

图 11-52　TLS 记录协议

备。Web 已成为标准的信息交换平台，越来越多的企业开始将 ERP、CRM、SCM 移植到 Web 上。TLS VPN 起到为 Web 应用保驾护航的作用。

（3）适用于大多数操作系统，如 Windows、Macintosh、UNIX 和 Linux 等具有标准浏览器的系统。

（4）TLS 不需要对远程设备或网络做任何改变。

（5）较强的资源控制能力。基于 Web 的代理访问，可对远程访问用户实施细粒度的资源访问控制。

（6）可以绕过防火墙和代理服务器进行访问，而 IPSec VPN 很难做到这一点。

（7）TLS 加密已经内嵌在浏览器中，无须增加额外的软件。费用低且安全性高。

TLS VPN 有以下不足。

（1）TLS VPN 的认证方式比较单一，只能采用证书，而且一般是单向认证。支持其他认证方式往往要进行长时间的二次开发。而 IPSec VPN 的认证方式更加灵活，支持口令、RADIUS、令牌等认证方式。

（2）TLS VPN 应用的局限性很大，仅适用于浏览器访问 Web 服务器这一种模式。

（3）TLS 协议仅对通信双方所使用的应用通道进行加密，而不是对整个通道进行加密。

（4）LAN-to-LAN 的连接缺少理想的 TLS 解决方案。

（5）TLS 能保护由 HTTP 创建的 TCP 通道的安全，但它并不能保护 UDP 通道的安全。

（6）TLS VPN 是应用层加密，性能比较差。目前，IPSec VPN 可以达到千兆位每秒甚至接近 10Gb/s，而 TLS VPN 在应用层上加密，即使使用加速卡也只能达到 300Mb/s。

（7）TLS VPN 只能进行认证和加密，不能实施访问控制。在隧道建立后，管理员对用户不能进行任何限制。

（8）TLS VPN 需要 CA 的支持，企业必须外购或自己部署一个小型的 CA 系统。

4. TLS VPN 的应用

目前，远程客户端采用 TLS VPN 主要用于访问内部网中的一些基于 Web 的应用，这些 Web 应用目前主要有内部网页浏览、电子邮件及其他基于 Web 的查询工作。TLS VPN 更多考虑用户远程接入 Web 应用的安全性，而 IPSec VPN 主要提供 LAN-to-LAN 的隧道安全连接，它保护的是点对点之间的通信。当然，它也可以提供对 Web 应用的远程访问。目前，IPSec VPN 的厂商也开始研究如何让 IPSec VPN 兼容 TLS VPN，以增强可用性。若能做到，

IPSec VPN 的扩展性将大大加强，市场占有率也会更高，生命力也将更长久。

5. TLS VPN 与 IPSec VPN 比较

TLS VPN 与 IPSec VPN 的性能比较如表 11-6 所示。

表 11-6　TLS VPN 与 IPSec VPN 的性能比较

选　　项	TLS VPN	IPSec VPN
身份验证	单向身份验证 双向身份验证 数字证书	双向身份验证 数字证书
加密	强加密 基于 Web 浏览器	强加密 依靠 IPSec 协议执行
全程安全性	端到端安全 从客户端到资源端全程加密	网络边缘到客户端 仅对从客户端到 VPN 网关之间通道加密
可访问性	适用于任何时间、任何地点访问	限制适用于已经定义好受控用户的访问
费用	低（无须任何附加客户端软件）	高（需要管理客户端软件）
安装	即插即用安装 无须任何附加的客户端软、硬件安装	通常需要长时间的配置 需要客户端软件或硬件
用户的易使用性	对用户友好，可使用熟悉的 Web 浏览器无须终端用户的培训	对没有相应技术的用户比较困难 需要培训
支持的应用	基于 Web 的应用 文件共享 E-mail	所有基于 IP 的服务
用户	客户、合作伙伴用户、远程用户、供应商等	更适合在企业内部使用
可伸缩性	容易配置和扩展	在服务器端容易实现自由伸缩，在客户端比较困难
穿越防火墙	可以	不可以

11.3.5　MPLS VPN

MPLS VPN

MPLS VPN 是一种基于多协议标签交换（Multiprotocol Label Switching，MPLS）技术的 IP VPN。在网络路由和交换设备上应用 MPLS 技术可以简化核心路由器的路由选择方式。MPLS 利用传统路由中的标签交换技术来实现 IP 虚拟专网（IP VPN）。MPLS VPN 可用来构造宽带的 Internet 和 Extranet，它能够满足企业对业务多样性的需求。

1. MPLS 协议概述

MPLS 是基于标签的 IP 路由选择方法。用这些标签可以标识逐跳式或显式路由，并标识服务质量（QoS）、特定类型的流量（或一个特殊用户的流量）及流量的传输方式等各类信息。MPLS 采用简化技术完成第 3 层和第 2 层的转换，可为每个 IP 数据包提供一个标签。该标签与 IP 数据包一起被封装于新的 MPLS 数据包中，它决定了 IP 数据包的传输路径及优先顺序。支持 MPLS 协议的路由器会仅读取该 MPLS 数据包的包头标记，无须再去读取每个 IP 数据包中的 IP 地址等信息，即可将 IP 数据包按相应路径转发。因此，MPLS 技术可以大大加快路由器交换和转发数据包的速度。

目前的路由协议都是在一个指定源和目的地之间选择最短路径，而没有考虑该路径的带宽、载荷等链路状态，也没有绕过缺乏安全保障链路的有效方法。MPLS 技术利用显式路由选择，可灵活选择一条低延迟、高安全的路径来传输数据。

IP 数据包进入网络时，边界路由器给它分配一个标签。自此，MPLS 设备就会自始至终查看这些标签信息，将这些有标签的数据包发送至其目的地。由于路由处理减少，网络的等待时间也就随之缩短，而可扩展性却有所增加。MPLS 数据包的 QoS 类型可以由 MPLS 边界路由器根据 IP 数据包的各种参数来确定，如 IP 的源地址、目的地址、端口号、服务类型（ToS）值等参数。

对到达同一目的地的 IP 数据包，可根据其 ToS 值的要求建立不同的转发路径，以确保传输质量。同时，通过对特殊路由的管理，还能有效地解决网络中的负载均衡和拥塞问题。当网络出现拥塞时，MPLS 可实时建立新的转发路由分散流量，以缓解网络拥塞。

MPLS 由 Cisco 的标签交换技术演变而来，已成为 IETF 的标准协议，是标记转发的典范。与传统的网络层技术相比，它引入了以下概念。

（1）流（Flow）：从一个特定源发出的分组序列，它们被单播或多播到特定目的地。

（2）标签（Label）：一个短且定长、物理连续、只具有局部意义的标识符，用来标识一个"流"。"局部意义"是指一个标签仅在邻接的两个 MPLS 节点之间有意义。

（3）标签交换（Label Swap）：一种基本的链路层转发操作，包括查找流入分组的标签以决定对应的流出标签、封装操作、输出及其他数据处理操作。

（4）MPLS 节点（MPLS Node）：可以用标签交换方式转发数据包的网络节点。同时，MPLS 节点还必须运行相应的 MPLS 控制协议和一定的网络层路由协议。MPLS 节点也可以选择支持传统的网络层数据包转发。

（5）标签交换路径（Label Switched Path，LSP）：由若干 MPLS 节点连接起来所组成的点到点的路径。在该路径上，数据包在两 MPLS 节点之间以标签交换方式转发。

（6）MPLS 域（MPLS Domain）：运行 MPLS 路由选择和数据包转发的一组连续节点的集合，这些节点存在于同一个路由或管理域中。

（7）MPLS 边界节点（MPLS Edge Node）：连接一个 MPLS 域及一个域外节点的 MPLS 节点。域外节点可以不在 MPLS 方式下运行，也可以属于另外一个 MPLS 域。

（8）标签交换路由器（Label Switching Router，LSR）：核心设备。根据已计算好的交换表交换已加标签的数据包。LSR 可以称为 MPLS 边界节点。处于边缘的设备称为边缘标签交换路由器 ELSR（Edge LSR）。边缘标签交换路由器对数据包进行初始分类处理，并加上第一个标签。

（9）标签分发协议（Label Distribution Protocol，LDP）：一系列 FSR 之间的通信规程。当在 FSRs 之间交换和转发数据包时，该协议用来交换标签及传递信息。

2. MPLS VPN 工作原理

与采用帧中继或其他各种隧道技术建立的 VPN 相比，MPLS VPN 是一个更具吸引力的选择。传统的 VPN 采用专线技术组网，投资大，效率低。利用 Internet 构建 VPN，网络的服务质量不能得到保证，同时为保证网络安全还需投入大量资金。

在基于 MPLS 的 VPN 中，每个 VPN 子网分配有一个标识符，称作路由标识符（RD），这个标识符在服务提供商的网络中是独一无二的。RD 和用户的 IP 地址连接，又形成转发表中一个独一无二的地址，称为 VPN-IP 地址。

VPN 转发表中包括与 VPN-IP 地址相对应的标签。通过这个标签将数据传送到相应地点。因为标签代替了 IP 地址，所以用户可以保持他们的专用地址结构，无须进行网络地址转换（NAT）来传送数据。根据数据入口，交换机选择一个特定的转发表，该表中只包括在 VPN 中有效的目的地址。为了创建 Extranet，服务提供商在 VPN 之间要明确配置可达性。

这种解决方案的优势是，可以通过相同的网络结构支持多种 VPN，并不需要为每一个用户建立单独的 VPN 网络连接。MPLS VPN 可以很容易地与基于 IP 的用户网络结合起来，这种方案将 IP VPN 的能力内置于网络本身，因此服务提供商可以为用户配置一个网络，提供专用的 IP 网（如 Intranet 和 Extranet）服务，而无须管理隧道。因为 QoS 和 MPLS 都是基于标签的技术，所以 QoS 服务可与 MPLS VPN 无缝结合，为每个 VPN 提供特有的业务策略。而且，MPLS VPN 用户能够使用他们专有的 IP 地址上网，无需网络地址转换（NAT）。

MPLS VPN 的工作原理如下。

步骤一：网络自动生成路由表。标记分配协议（LDP）使用路由表中的信息建立相邻设备的标记值、创建标签交换路径（LSP）、预先设置与最终目的地之间的对应关系。

步骤二：将连续的网络层数据包看作"流"，MPLS 边界节点可以首先通过传统的网络层数据转发方式接收这些数据包；边缘 LSR 通过相关标签分配策略决定需要哪种第 3 层服务，如 QoS 或带宽管理。基于路由和策略的需求，有选择地在数据包中加入一个标签，并把它们转发出去。

步骤三：当加入标签的链路层数据包在 MPLS 域中转发时，就不再需要经过网络层的路由选择，而由标签交换路径（LSP）上的 MPLS 节点在链路层通过标签交换进行转发。LSR 读取每一个数据包的标签，并根据交换表替换一个新值，直至标签交换进行到 MPLS 边界节点。

步骤四：加入标签的链路层数据包在将要离开此 MPLS 域时，有两种情况：①MPLS 边界节点的下一跳为非 MPLS 节点，此时带有标签的链路层数据包将采用传统的网络层分组转发方法，先经过网络层的路由选择，再继续向前转发，直至到达目的节点；②MPLS 边界节点的下一跳为另一 MPLS 域的边界节点，此时可以采用"标签栈"（Label Stack）技术，使数据包仍然以标签交换方式进行链路层转发，进入邻接的 MPLS 域。

从 MPLS 工作原理可以看出，MPLS 用最简化的技术完成第 3 层交换向第 2 层交换的转换。采用 MPLS 技术的网络对于 IP 业务的转发，既不需要采用"逐跳方式"（Hop-by-Hop）转发，也不再需要对网络中的所有路由器进行第 3 层路由表的查询，而只需要在边缘标签交换路由器（ELSR）上做一次路由表查询，就可以给进入 MPLS 域的 IP 包打上一个标签。然后，该 IP 包在网络中仅进行第 2 层交换，快速转发到 MPLS 的目的地端，由出口 ELSR 将其恢复成传统 IP 再进行传统 IP 转发。此举加快了 MPLS 交换机查找路由表的速度，减轻了交换机的负担。

3. MPLS VPN 的优缺点

MPLS 能够充分利用公用骨干网络强大的传输能力构建 VPN，它可以大大降低政府和企业建设内部专网的成本，极大地提高用户网络运营和管理的灵活性，同时能够满足用户对信息传输安全性、实时性、宽频带和方便性的需要。与其他基于 IP 的虚拟专网相比，MPLS 具有很多优点。

（1）降低成本。MPLS 简化了 IP 的集成技术，使第 2 层和第 3 层技术有效地结合起来，降低了成本，保护了用户的前期投资。

（2）提高资源利用率。由于在网内使用标签交换，企业各局域子网可以使用重复的 IP 地址，提高了 IP 资源利用率。

（3）提高网络速度。由于使用标签交换，缩短了每一跳过程中搜索地址的时间及数据在网络传输中的时间，提高了网络速度。

（4）提高灵活性和可扩展性。由于 MPLS 使用了"任意到任意"（Any to Any）的连接，提高了网络的灵活性和可扩展性。所谓灵活性，是指用户可以制定特殊的控制策略，以满足不同用户的特殊需求，实现增值业务；所谓扩容性，是指同一网络中可以容纳的 VPN 的数目很容易得到扩充。

（5）方便用户。MPLS 技术将被更广泛地应用在各个运营商的网络中，这给企业用户建立全球的 VPN 带来了极大的便利。

（6）安全性高。采用 MPLS 作为通道机制实现透明报文传输，MPLS 的 LSP 具有与帧中继类似的高安全性。

（7）业务综合能力强。网络能够提供数据、语音、视频相融合的能力。

（8）MPLS 的 QoS 保证。用户可以根据自己的不同业务需求，通过在 CE 侧的配置赋予 MPLS VPN 不同的 QoS 等级。这种 QoS 技术既能保证网络的服务质量，又能减少用户的费用。

（9）适用于城域网（PAN）这样的网络环境。另外，有些大型企业分支机构众多，业务类型多样，业务流向流量不确定，也特别适合使用 MPLS。

MPLS VPN 既具有交换机的高速度与流量控制能力，又具备路由器的灵活性；能够与 IP 很好地结合。MPLS 技术将交换机与路由器的优点完美地结合在一起。

但是，MPLS 技术也存在明显的不足。MPLS VPN 本身没有采用加密机制，因此 MPLS VPN 实际上并不十分安全。

总之，IPSec VPN 是最安全的协议，其安全性优于其他类型的 VPN。IPSec 与 L2TP 和 MPLS 可以结合使用，互不排斥。在基于 L2TP 或 MPLS 构建 VPN 时，如果需要"绝对"的安全保障，则可以与 IPSec 结合使用。

除了上述各种类型的 VPN 之外，还有许多其他类型的 VPN。例如，在 RFC 2003 中还定义了一种"IP 中的 IP（IP-in-IP）"隧道技术。它常被看作 NAT 技术的一种衍生技术。IP-in-IP VPN 单独使用时，不提供任何加密和认证功能。

最后必须强调的是，安全问题是一个系统问题，不仅取决于 VPN 的这些隧道协议自身的安全性，还取决于网络中采用的其他技术和设备的安全性，以及所采用的物理安全措施。

本节介绍了 VPN 的基本概念和分类，VPN 的各种隧道协议，IPSec VPN、TLS VPN、PPTP VPN 和 MPLS VPN 的概念及其工作原理和优缺点。IPSec VPN 既适合于构建 LAN-to-LAN 型的 VPN 连接，也适合于构建 Client-LAN 型的 VPN 连接；TLS VPN 和 PPTP VPN 仅支持 Client-LAN 型的 VPN 连接；MPLS VPN 适用于用户数量众多、流量很大、媒体格式多样的城域网应用，也可以与 IPSec VPN 结合使用，以获得更高的安全性。在实际应用中，选择何种类型的 VPN，需要根据企业或组织的安全策略和安全需求而定。

习　　题

一、填空题

1. 防火墙可以分为_____、_____、_____、_____、_____、_____和_____ 7 种类型。

2. 静态包过滤防火墙工作于 OSI 模型的_____层上，它对数据包的某些特定域进行检查，这些特定域包括_____、_____、_____、_____和_____。

3. 典型的动态包过滤防火墙工作于 OSI 模型的_____层上，它检查的数据信息包括_____、_____、_____、_____和_____。

4. 电路级网关工作于 OSI 模型的_____层上，它检查数据包中的数据分别为_____、_____、_____、_____和_____。

5. 应用级网关工作于 OSI 模型的_____层上，它可以对整个数据包进行检查，因此其安全性最高。

6. 状态检测防火墙工作于 OSI 模型的_____层上，所以在理论上具有很高的安全性，但是现有的大多数状态检测防火墙只工作于_____层上，因此其安全性与包过滤防火墙相当。

7. 切换代理在连接建立阶段工作于 OSI 模型的_____层上，当连接建立完成之后，再切换到_____模式，即工作于 OSI 模型的_____层上。

8. 安全隔离网闸源于_____安全技术，通过电子开关的快速切换实现两个不同网段的_____。

9. 根据数据的来源不同，IDS 可分为_____、_____和_____ 3 种类型。

10. 一个通用的 IDS 模型主要由_____、_____、_____和_____ 4 部分组成。

11. 入侵检测一般分为三个步骤，分别为_____、_____和_____。

12. NIDS 的攻击辨别模块通常采用_____、_____、_____和_____ 4 种常用技术来识别攻击。

13. DIDS 通常由_____、_____、_____、_____和_____ 5 个组件组成。

14. IDS 控制台的设计重点是_____、_____、_____和_____。

15. HIDS 常安装于_____上，也可安装于_____，而 NIDS 常安装于_____。

16. 潜在入侵者的信息可以通过检查_____日志来获得。

17. 吸引潜在攻击者的陷阱称为_____。

18. 根据访问方式的不同，VPN 可以分为_____和_____两种类型。

19. VPN 的关键技术包括_____、_____、_____、_____和_____等。

20. 第 2 层隧道协议主要有_____、_____和_____等。

21. 第 3 层隧道协议主要有_____、_____和_____等。

22. IPSec 的主要功能是实现加密、认证和密钥交换，这 3 个功能分别由_____、_____和_____三个协议来实现。

23. IPSec VPN 主要由_____、_____、_____、_____、_____和_____
6 个模块组成。

二、选择题

1. 防火墙应位于_____。
   A. 公司网络内部 　　　　　　　　　 B. 公司网络外部
   C. 公司网络与外部网络之间 　　　　 D. 都不对
2. 以下防火墙中配置灵活度最低的是_____。
   A. 动态包过滤防火墙 　　　　　　　 B. 静态包过滤防火墙
   C. 电路级网关 　　　　　　　　　　 D. 状态检测防火墙
3. IPSec 在 OSI 参考模型的_____层提供安全性。
   A. 应用 　　 B. 传输 　　 C. IP 　　 D. 数据链路
4. ISAKMP/Oakley 与_____相关。
   A. SSL 　　 B. SET 　　 C. SHTTP 　　 D. IPSec
5. IPSec 中的数据包加密是由_____完成的。
   A. AH 　　 B. TCP/IP 　　 C. IKE 　　 D. ESP
6. 在_____情况下，IP 头才需要加密。
   A. 隧道模式 　　　　　　　　　　　 B. 传输模式
   C. 隧道模式和传输模式 　　　　　　 D. 无模式

三、思考题

1. 防火墙一般有几个接口？什么是防火墙的非军事区（DMZ）？它的作用是什么？
2. 为什么防火墙要具有 NAT 功能？在 NAT 中为什么要记录端口号？
3. 请介绍 NAT 的工作原理。
4. 防火墙必须同时兼有路由器功能吗？为什么？
5. 动态包过滤防火墙与静态包过滤防火墙的主要区别是什么？
6. 电路级网关与包过滤防火墙有何不同？简述电路级网关的优缺点。
7. 应用级网关与电路级网关有何不同？简述应用级网关的优缺点。
8. 状态检测防火墙与应用级网关有何不同？简述状态检测防火墙的优缺点。
9. 切换代理在连接建立阶段工作于会话层，而在连接完成后工作于网络层，这样的设计有何好处？简述切换代理的优缺点。
10. 为什么说安全隔离网闸能够实现物理隔离？简述安全隔离网闸的优缺点。
11. 防火墙有什么局限性？
12. 入侵检测系统的定义是什么？
13. 入侵检测系统有哪些主要功能？
14. 一个好的 IDS 应该满足哪些基本特性？
15. 常用的入侵检测统计模型有哪些？
16. 试分析基于误用检测技术的优缺点。
17. 什么是异常检测？基于异常检测原理的入侵检测方法有哪些？
18. 什么是误用检测？基于误用检测原理的入侵检测方法有哪些？

19. 简述 NIDS 和 HIDS 的区别，并对各自采用的关键技术加以描述。

20. 除了异常检测和误用检测之外，还有哪些常用的入侵检测技术？

21. 蜜网和蜜罐的作用是什么？它们在检测入侵方面有什么优势？

22. 请简述 IDS 的三个评价标准。

23. 请画出在实际网络中典型的 IDS 部署图。

24. 什么是 VPN？一个好的 VPN 应具备哪些特点？

25. IPSecVPN 有哪两种工作模式？如何通过数据包格式区分这两种工作模式？

26. 在有 IPSec 保护的 IP 数据报中，AH 和 ESP 协议起什么作用？

27. 简述 TLS VPN 的工作原理，并指出其优缺点。

28. 简述 MPLS VPN 的工作原理，并指出其优缺点。

29. IPSec VPN 和 SSL VPN 各自的优缺点是什么？

四、应用题

某企业有公司总部网络和 2 个分公司网络，网络拓扑结构如图 11-53 所示。该企业已经采购了 3 台交换机 SW、3 台路由器 RT、3 台防火墙 FW、3 台入侵检测系统 IDS、3 台 VPN 设备。请将这些设备接入网络中的适当位置（没有连线的设备，请画延长线接入正确部位），以构成一个网络安全解决方案。

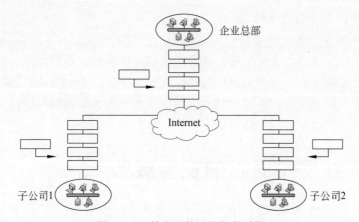

图 11-53 某企业的网络拓扑结构

第 12 章

无线网络安全

自从意大利人马可尼在 1896 年申请了第一个无线电报专利以来，无线技术已经彻底地改变了人们接收信息的方式。从最早的收音机到现在的手机、无线网络设备，无线通信得到了长足发展，也催生了一系列的产品和服务。

无线技术与网络技术的融合提供了即时通信、永久在线的可能性，预示着另一场计算革命的到来，它的发展前景似乎是无限的。然而，作为一种新的技术，新的标准层出不穷，大家都想加快建设步伐，却没有把安全放在根本位置。无线通信与生俱来就面临着各种安全威胁：数据被窃听、被篡改、隐私被侵犯。如果不能消除安全威胁，无线网络的发展将受到限制。值得庆幸的是，这些需求正在得到重视，WTLSP 和 802.1X 等标准正在逐步得到完善。

本章旨在介绍现在的无线网络安全技术，主要内容如下。

- 无线网络面临的安全威胁。
- 无线网络的安全协议分析。
- 无线网络安全的解决方案。

无线网络是前沿技术，遗憾的是，前沿意味着各种新概念不断涌现，极易造成混乱。现代媒体充斥着各种缩略语，如 CDMA、GSM、TDMA、802.11、WAP、3G、GPRS 和 Bluetooth 等，这些新词令人目不暇接。实际上，无线网络技术分为无线蜂窝网络技术和无线数据网络技术两类。

无线网络
面临的安
全威胁

12.1 无线网络面临的安全威胁

1. 窃听

无线网络易遭受匿名黑客的攻击，攻击者可以截获无线电信号并解析数据。用于无线窃听的设备与用于无线网络接入的设备相同，这些设备经过很小的改动就可以设置成截获特定无线信道或频率的数据的设备。这种攻击行为几乎不可能检测到。通过使用天线，攻击者可以在距离目标很远的地方发起攻击。窃听主要用于收集目标网络的信息，包括谁在使用网络、访问什么信息及网络设备的性能等。很多常用协议通过明文传送用户名和密码等敏感信息，攻击者可以通过截获这些数据获得对网络资源的访问权限。即使通信被加密，攻击者仍可以收集加密信息用于分析。很多加密算法（如微软的 NTLM）很容易被破解。如果攻击者可以连接到无线网络上，就可以使用 ARP 欺骗进行主动窃听。ARP 欺骗实际上是一种作用在数据链路层的中间人攻击，攻击者通过给目标主机发送欺骗 ARP 数据包以旁路通信。当攻击者收到目标主机的数据后，再将它转发给真正的目标主机。这样，攻击者可以窃听无线网络或有线网络中主机间的通信数据。

2. 通信阻断

有意或无意的干扰源可以阻断通信。对整个网络进行 DoS 攻击可以造成通信阻断，使包括客户端和基站在内的整个区域的通信线路堵塞，造成设备之间不能正常通信。针对无线网络的 DoS 攻击很难预防。此外，大部分无线网络通信都采用公共频段，很容易受到来自其他设备的干扰。攻击者可以采用客户端阻断和基站阻断方式阻断通信。攻击者可能通过客户端阻断、占用或假冒被阻断的客户端，也可能只是对客户端发动 DoS 攻击；攻击者可能通过阻断基站进而假冒被阻断的基站。如前所述，很多设备（如无绳电话、无线集群设备）都采用公共频段进行通信，它们都可以对无线网络形成干扰。所以，在部署无线网络前，电信运营商一定要进行站点调查，验证现有设备不会对无线网络形成干扰。

3. 数据的注入和篡改

黑客通过向已有连接中注入数据来截获连接或发送恶意数据和命令。攻击者可通过向基站插入数据或命令来篡改控制信息，造成用户连接中断。数据注入可用作 DoS 攻击。攻击者还可向网络接入点发送大量连接请求包，使接入点用户连接数超标，从而造成接入点拒绝合法用户的访问。如果上层协议没有提供实时数据完整性检测，在连接中注入数据也是可能的。

4. 中间人攻击

中间人攻击与数据注入攻击类似，不同的是它可以采取多种形式，主要是为了破坏会话的机密性和完整性。中间人攻击比大多数攻击更复杂，攻击者需要对网络有深入的了解。攻击者通常伪装成网络资源，当受害者开始建立连接时，攻击者会截取连接，并与目的端建立连接，同时将所有通信经攻击主机代理到目的端。这时，攻击者就可以注入数据、修改通信数据或进行窃听攻击。

5. 客户端伪装

通过对客户端的研究，攻击者可以模仿或克隆客户端的身份信息，以试图获得对网络或服务的访问。攻击者也可以通过窃取的访问设备来访问网络。要保证所有设备的物理安全非常困难，当攻击者通过窃取的设备发起攻击时，第 2 层访问控制手段（如蜂窝网采用的通过电子序列码或 WLAN 采用的 MAC 地址验证等）都将失去作用，不能限制攻击者对资源的访问。

6. 接入点伪装

高明的攻击者可以伪装接入点。客户端可能在未察觉的情况下连接到该接入点，并泄露机密认证信息。这种攻击方式可以与上面描述的接入点通信阻断攻击方式结合起来使用。

7. 匿名攻击

攻击者可以隐藏在无线网络覆盖的任何角落，并保持匿名状态，这使定位和犯罪调查变得异常困难。一种常见的匿名攻击称为"驾驶攻击"（War Driving），也称为接入点映射，指攻击者在特定的区域扫描并寻找开放的无线网络。这个名称来自一种过时的拨号攻击方式，即通过拨打不同的电话号码查找 Modem 或其他网络入口。值得注意的是，许多攻击者发动匿名攻击不是为了攻击无线网络本身，而是为了找到接入 Internet 并攻击其他设备的跳板。因此，随着匿名接入者的增多，针对 Internet 的攻击也会增加。

8. 客户端对客户端的攻击

在无线网络上，一个客户端可以对另一个客户端进行攻击。没有部署个人防火墙或进行加固的客户端如果受到攻击，很可能会泄露用户名和密码等机密信息。攻击者可以利用这些信息获得对其他网络资源的访问权限。在对等模式下，攻击者可以通过发送伪造路由协议报文以产生通路循环，实施拒绝服务攻击，或通过发送伪造路由协议报文生成黑洞（吸收和扔掉数据报文），实现各种形式的攻击。

9. 隐匿无线信道

网络的部署者在设计和评估网络时，需要考虑隐匿无线信道的问题。由于硬件无线接入点的价格逐渐降低，以及可以通过在装有无线网卡的机器上安装软件实现无线接入点的功能，隐匿无线信道的问题日趋严重。网络管理员应该及时检查网络上有设置问题或非法部署的无线网络设备。这些设备可能在有线网络上制造黑客入侵的后门，使攻击者可以在离网络很远的地点实施攻击。

10. 服务区标识符的安全问题

服务区标识符（SSID）是无线接入点用于标识本地无线子网的标识符。如果一个客户端不知道服务区标识符，接入点会拒绝该客户端对本地子网的访问。当客户端连接到接入点上时，服务区标识符的作用相当于一个简单的口令，起到一定的安全防护作用。如果接入点被设置成对 SSID 进行广播，那么所有的客户端都可以接收，并用其访问无线网络。而且，很多接入点都采用出厂时默认设置的 SSID 值，黑客很容易通过 Internet 查到这些默认值。黑客获取这些 SSID 值后，就可以对网络实施攻击。因此，SSID 不能作为保障安全的主要手段。

11. 漫游造成的问题

无线网络与有线网络的主要区别在于无线终端的移动性。在 CDMA、GSM 和无线以太网中，用户漫游机制都是相似的。很多 TCP/IP 服务都要求客户端和服务器的 IP 地址保持不变，但是，当用户在网络中移动时，不可避免地会离开一个子网而加入另一个子网，这就要求无线网络提供漫游机制。移动 IP 的基本原理在于地点注册和报文转发，通过一个与地点无关的地址保持 TCP/IP 连接，而通过另一个随地点变化的临时地址访问本地网络资源。在移动 IP 系统中，当一个移动节点漫游到一个网络时，就会获得一个与地点有关的临时地址，并注册到外地代理上；外地代理会与所属地代理联系，通知所属地代理有关移动节点的接入情况。所属地代理将所有发往移动节点的数据包转发到外地代理上。这种机制会带来一些问题：首先，攻击者可以通过对注册过程的重放获取发送到移动节点的数据；其次，攻击者也可以模拟移动节点以非法获取网络资源。

12.2 移动蜂窝网的安全性

12.2.1 2G GSM 系统的安全性

1. GSM 网络体系结构

如图 12-1 所示，全球移动通信系统（Global System for Mobile Communications，GSM）

2G GSM 系统的安全性

的网络体系结构共由 8 部分组成，各部分的功能如下。

（1）带有 SIM（Subscriber Identity Module）卡的移动设备。SIM 卡是具有 32～64KB EEPROM 存储空间的微处理智能卡。SIM 卡上存储了各种机密信息，包括持卡人的身份信息及加密和认证算法等。

（2）基站收发信台（Base Transceiver Station，BTS）。基站收发信台负责移动设备与无线网络之间的连接。每个蜂窝站点有一个基站收发信台。

（3）基站控制器（Base Station Controller，BSC）。基站控制器管理着多个基站收发信台。它的主要功能是频率分配和管理，同时在移动用户从一个蜂窝站点移动到另一个蜂窝站点时处理交接工作。基站收发信台和基站控制器组成了基站子系统（Base Station Subsystem，BSS）。

（4）移动交换中心（Mobile Switching Center，MSC）。移动交换中心管理着多个基站控制器，同时它还提供到有线电信网络的连接。MSC 管理着移动用户与有线网络的通信，同时它还负责不同 BSC 之间的交接工作。

（5）认证中心（Authentication Center，AuC）。认证中心对 SIM 卡进行认证。

（6）归属位置登记数据库（Home Location Register，HLR）。HLR 是在归属网络上用来存储和跟踪接入者信息的数据库，保存了用户注册信息和移动设备信息，如国际移动用户识别码（International Mobile Subscriber Identity，IMSI）和移动用户 ISDN（MSISDN）等。根据用户的数量，一个单独的 GSM 运营商可能有多个不同的 HLR。

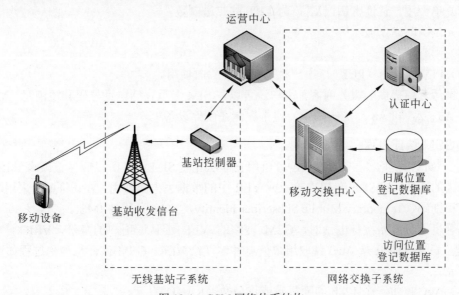

图 12-1　GSM 网络体系结构

（7）访问位置登记数据库（Visitor Location Register，VLR）。VLR 是用于跟踪漫游到归属位置以外的用户信息的数据库，VLR 也会保存漫游用户的 IMSI 和 MSISDN 信息。当用户漫游时，VLR 会跟踪该用户并把电话转接到该用户的手机上。

（8）运营中心（Operation & Maintenance Center，OMC）。OMC 负责整个 GSM 网络的管理和性能维护。OMC、BSS 和 MSC 三者之间的通信通常通过 X.25 网络连接。

2. GSM 的安全性

GSM 的安全基于对称密钥的加密体系。GSM 主要使用以下三种加密算法。

（1）A3：一种用于移动设备到 GSM 网络认证的算法。

（2）A5/1 或者 A5/2：用于认证成功后加密语音和数据的流加密算法。A5/1 主要用于西欧，A5/2 主要用于其他一些地区。

（3）A8：一种用于产生对称密钥的密钥生成算法。

A3 和 A8 通常被称为 COMP128。

GSM 采用的加密算法由 GSM 成员国开发，并没有经第三方检查或分析。由于 GSM 采取了一种机密的检查机制，算法本身的强度引起了多方质疑。最早的安全架构创建于 20 世纪 90 年代，那时，64b 的密钥长度已足够。但是随着计算能力的提高，64b 的密钥已难以抵御强力攻击。

GSM 安全架构中的第一步是认证，即确认用户及其移动设备是经过授权而访问 GSM 网络。因为 SIM 卡和移动网络具有相同的加密算法和对称密钥，二者之间可以据此建立信任关系。在安全的移动设备中，这些信息存储在 SIM 卡中。

SIM 卡中的信息由运营商定制，包括加密算法、密钥、协议等，通过零售商分发到用户手中。SIM 卡有两种，一种只有 3KB 内存；另一种有 8KB 内存，可以存储短消息。

新购买的 SIM 卡中有如下信息。

（1）移动用户识别码（IMSI），由 15 位十进制数字组成。

（2）单个用户认证密钥（K_i），为 128b 的二进制数。

（3）A3 和 A8 算法。

（4）用户 PIN 码。

（5）PIN 解锁码（PUK），用户在忘记 PIN 码时使用。

根据运营商提供的服务内容，用户还可以在 SIM 卡里存储电话号码和短消息。MSC 也保存有 A3、A5 和 A8 算法的副本，通常存储在硬件设备里。

3. GSM 认证过程

由于 IMSI 是独一无二的，攻击者可用它非法克隆 SIM 卡，所以应尽量减少 IMSI 在电波中传播的次数。IMSI 仅在初次接入或 VLR 中的数据丢失时使用。在认证时，采用临时移动用户识别码（Temporary Mobile Subscriber Identity，TMSI）代替 IMSI。

当手机用户开始拨打电话时，GSM 网络的 VLR 会认证用户的身份。VLR 会立刻与 HLR 建立联系，HLR 从 AuC 获取用户信息并转发给 VLR。GSM 认证与加密过程如图 12-2 所示。

（1）AuC 产生一个 128b 的随机数或询问数（RAND）。

（2）AuC 使用 A3 算法和密钥 K_i 将 RAND 加密，产生一个 32b 的签名回应（SRES′）；同时，AuC 通过 A8 算法计算 K_c。

（3）AuC 将认证三元组参数（RAND，SRES′，K_c）发给 VLR。

（4）VLR 存储三元组参数，并将随机数 RAND 经由基站发给手机。

（5）手机收到 RAND 后，因为 SIM 卡中存有 K_i 和 A3 算法，它计算出回应值 SRES。

（6）手机将 SRES 传输到基站，基站转发到 VLR。

（7）VLR 将收到的 SRES 值与存储的 SRES′ 值对照。

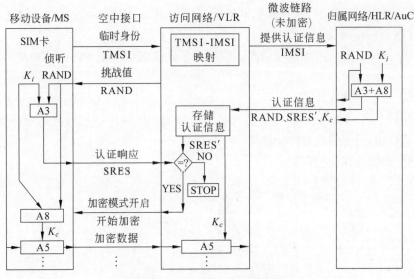

图 12-2　GSM 认证与加密过程

（8）如果 SRES=SRES′，则认证成功，用户可以使用网络。

（9）如果 SRES≠SRES′，则连接中止，错误信息报告到手机上。

这个简单过程有以下两点好处。

（1）**K_i 始终保持在本地**。认证密钥是整个认证过程中最重要的元素，确保认证密钥的安全尤为关键。在上面的认证模型当中，K_i 始终不通过空口传播，这样就不会被中途截取。K_i 只保存在 SIM 卡、AuC、HLR 和 VLR 数据库中，SIM 卡也是防篡改的，网络管理员可以通过限制对这些数据库的访问将暴露 K_i 的风险最小化。

（2）**防强力攻击**。一个 128b 的随机数意味着 $3.4×10^{38}$ 种可能组合。即使一个黑客知道 A3 算法，猜出有效的 RAND/SRES 的可能性也非常小。

4. GSM 的保密性

在认证成功后，GSM 网络和手机会完成加密信道的建立过程。首先需要产生一个加密密钥，然后该加密密钥被用来加密整个通信过程。加密连接建立的具体过程如下。

（1）SIM 卡将 RAND 与 K_i 结合在一起，通过 A8 算法生成一个 64b 的会话密钥 K_c。

（2）GSM 网络也采用相同的 RAND 和 K_i 计算出相同的会话密钥 K_c。

（3）通信双方采用 K_c 与 A5 算法，对手机与 GSM 网络之间的通信数据进行加密。

会话密钥也可重复使用，这样会提高网络的性能并减小因加密而产生的延迟。最后的步骤中包含用户的身份信息，这是实时记账所必需的。从上面的过程中可以看出，用户认证通过 K_i 和 IMSI 两个值来实现。因此，必须确保这两个值不被泄露。

5. GSM 的安全缺陷

在 GSM 网络中，主叫用户和被叫用户通信时信号所经由的链路如图 12-3 所示。从图中可以看出，除无线链路被加密之外，基站到移动交换中心的微波连接和骨干网传输线路并未加密。归纳起来，GSM 的安全缺陷有以下几点。

（1）GSM 标准仅考虑了移动设备与基站之间的安全问题，而基站和基站之间没有设置任何加密措施，因此 K_c 和 SRES 在网络中以明文传输，给黑客窃听带来了便利。

（2）K_i 的长度是 128b，黑客截取 RAND 和 SRES 后很容易破译 K_i，而 K_i 一般固定不变，使 SIM 卡存在被复制的风险。

（3）单向身份认证，网络认证用户，但用户不认证网络，无法防止伪造基站和 HLR 的攻击。

（4）缺乏数据完整性认证。

（5）当用户从一个蜂窝小区漫游进入另一个蜂窝小区时，存在跨区切换。在跨区切换的过程中，用户的秘密信息有可能泄露。

（6）用户无法选择安全级别。

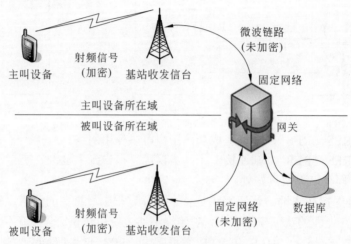

图 12-3　未经加密的内部链路

12.2.2　2G CDMA 系统的安全性

CDMA 网络的安全性同样也建立在对称密钥体系架构上。CDMA 除了用防篡改的 UIM（User Identity Module）卡代替了 GSM 的 SIM 卡外，其保密与认证架构大致与 GSM 相同。

CDMA 手机使用 64b 的对称密钥（称为 A-Key）进行认证。手机出售时，运营商将这个密钥采用程序写入手机的 UIM 卡内，同时也由运营商保存。手机内的软件算出一个校验值，以确保 A-Key 被正确地写入 UIM 卡中。

1. CDMA 认证

当用手机打电话时，CDMA 网络的 VLR 对用户进行认证。CDMA 网络使用一种称为蜂窝认证和语音加密（CAVE）的算法。

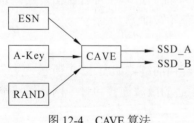

图 12-4　CAVE 算法

为了使 A-Key 被截取的风险最小化，CDMA 手机采用一种基于 A-Key 的动态生成数来进行认证。该值称为共享密钥（SSD），CAVE 算法如图 12-4 所示，由以下三个数值计算得出。

（1）用户的 A-Key。

（2）手机的电子序列号（ESN）。

（3）随机数 RAND。

这三个数值通过 CAVE 算法产生两个 64b 杂凑值 SSD_A 和 SSD_B。SSD_A 用于认证，而 SSD_B 用于加密。SSD_A 等同于 GSM 的 SRES，SSD_B 等同于 GSM 的 K_c。

当移动用户处于漫游状态时，SSD_A 和 SSD_B 以明文方式从用户的归属网络传输到当前的访问网络中。这会造成安全威胁，因为黑客可以通过截获 SSD 值来克隆手机。为了预防这种攻击，手机和网络使用一个同步的通话计数器。每当手机和网络建立新的通话时，计数器就会更新。这样就能够检测到计数器没有更新的克隆 SSD。

CDMA 的认证同样建立在挑战/响应机制上。认证可以由本地 MSC 或者 AuC 来完成。如果一个 MSC 不能完成 CAVE 的计算，认证则由 AuC 来实现。CDMA 的认证架构如图 12 5 所示。具体步骤如下。

（1）移动手机拨出电话。

（2）MSC 从归属网络位置寄存器（HLR）获取用户信息。

（3）MSC 产生一个 24b 的随机数作为挑战值（RANDU）。

（4）RANDU 被传输到手机。

（5）手机收到 RANDU，并将其与 SSD_A、ESN 和 MIN 一起用 CAVE 生成杂凑值，得到 18b 的 AUTHU。

（6）同时，MSC 通过 SSD_A、ESN 和 MIN、CAVE 计算出自己的 AUTHU。

（7）手机将 AUTHU 传输到 MSC。

（8）MSC 将自己计算出的 AUTHU 与接收到的 AUTHU 进行比较，如果 AUTHU 匹配，则通话继续；如果 AUTHU 不匹配，则通话中止。

AUTHU=CAVE(RANDU,ESN,MIN) ←→ AUTHU=CAVE(RANDU,ESN,MIN)

图 12-5　CDMA 认证架构

2. CDMA 的保密性

CDMA 采用与 GSM 类似的语音加密机制。在进行认证的同时，CDMA 手机也完成了以下流程。

（1）移动手机收到 RAND，将它与 SSD_B、ESN 和 MIN 一起用 CAVE 生成杂凑值，得到 18b 的语音保密掩码（Voice Privacy Mask，VPMASK）。

（2）同时，MSC 通过 SSD_B、ESN、MIN 和 CAVE 算出自己的 VPMASK。

（3）VPMASK 用于对手机与 CDMA 网络之间的语音与数据加密。

一个类似的流程也用于生成 64b 的数据加密密钥，称为信令消息加密密钥（Signaling Message Encryption Key，SMEKEY）。

虽然 CDMA 标准允许语音通信加密，但是 CDMA 运营商并不总是提供这种服务，因为 CDMA 采用的扩频技术和随机编码技术本身比 GSM 采用的 TDMA 技术更难破解。

与 GSM 一样，CDMA 采用的加密算法也是保密的，因此针对 CAVE 算法的攻击很少，但是这并不意味着 CAVE 算法本身就是安全的，在理论上它也可能存在漏洞。随着手机算力的提升，CDMA 也逐渐开始采用公钥密码体制，这会大幅提高系统的安全性，同时也使 CDMA 运营商能够提供更多的移动商务服务。

3G 网络的
安全性

12.2.3　3G 网络的安全性

第三代移动通信采用码分多址技术，现已基本形成三大主流技术，分别为 W-CDMA、CDMA-2000 和 TD-SCDMA。这三种技术都属于宽带 CDMA 技术，能在静止状态下提供 2Mb/s 的数据传输速率。

W-CDMA，全称为 Wideband CDMA，意为宽带码多分址，它是基于 GSM 发展起来的 3G 技术标准，由欧洲提出的宽带 CDMA 技术。

CDMA-2000 是由窄带 CDMA（CDMA IS95）技术发展而来的宽带 CDMA 技术，它是由美国高通北美公司为主导，并吸纳摩托罗拉、Lucent 和韩国三星参与而制定的 3G 技术标准。

TD-SCDMA 全称为 Time Division-Synchronous CDMA（时分同步 CDMA），该标准是由中国自主制定的 3G 技术标准，1999 年 6 月 29 日，由中国原邮电部电信科学技术研究院（大唐电信）向 ITU 提出。

下面重点讨论 3G 系统的安全性。

1. 3G 网络用户身份保密

为了实现用户身份保密需求，3G 系统使用两种机制识别用户身份：一种是使用临时用户识别码（TMSI）；另一种是使用加密的永久用户识别码（IMSI）。3G 系统要求用户不能长期使用同一身份。另外，3G 系统还对接入链路上可能泄露用户身份的信令信息及用户数据进行加密传送。为了保持与第二代系统的兼容，3G 系统也允许使用非加密的 IMSI。

TMSI 具有本地特征，仅在用户登记的位置区域和路由区域内有效。在此区域外，为了避免混淆，附加一个位置区域标识 LAI 或路由区域标识 RAI。TMSI 与 IMSI 之间的关系被保存在用户注册的访问位置寄存器 VLR/SGSN 中。TMSI 的分配在系统初始化后进行，如图 12-6 所示。

VLR 产生新的身份 TMSI，并在其数据库中存储 TMSI 和 IMSI 的关系。TMSI 应该是不可预测的。然后 VLR 发送 TMSI 和新的位置区域身份 LAI 给用户。一旦收到，用户存储 TMSI 并自动地删除与以前所分配的 TMSI 的关系。用户发送确认信息至 VLR；一旦收到确认，VLR 即从其数据库中删除旧的临时身份 TMSI 和 IMSI 的关系。

当用户第一次在服务网注册时，或者当服务网不能从 TMSI 重新获得 IMSI 时，系统将采用永久身份机制，如图 12-7 所示。该机制由访问网络的 VLR 发起，请求用户发送它的永久身份，用户的响应中包含明文的 IMSI。

图 12-6　TMSI 的分配

图 12-7　永久身份机制

2. 3G 网络认证与密钥协商协议 AKA

3G 系统沿用了 GSM 的认证方法，并对其做了改进。WCDMA 系统使用 5 参数的认证向量 AV＝RAND‖XRES‖CK‖IK‖AUTN 进行双向认证。3G 系统认证执行 AKA 认证密钥协商协议，认证过程如图 12-8 所示，具体步骤如下。

（1）MS→VLR：IMSI，HLR。

（2）VLR→HLR：IMSI。

（3）HLR→VLR：AV=RAND||XRES||CK||IK||AUTN。

（4）VLR→MS：RAND||AUTN。

（5）MS→VLR：RES。

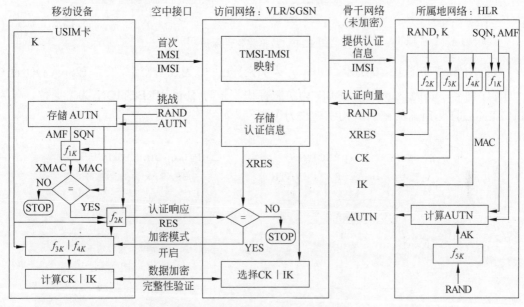

图 12-8　3G 网络认证与密钥协商协议

VLR 收到移动用户 MS 的注册请求后，向 HLR 发送该用户的 IMSI，请求对该用户进行认证。HLR 收到 VLR 的认证请求后，生成序列号 SQN 和随机数 RAND，计算认证向量 AV 并发送给 VLR。VLR 接收到认证向量后，将 RAND 及 AUTN 发送给 MS，请求用户产生认证数据。MS 接收到认证请求后，计算 XMAC，并与 AUTN 中的 MAC 比较，若不同，则向 VLR 发送拒绝认证消息，并放弃该过程。同时，MS 验证接收到的 SQN 是否在有效的范围内，若不在有效的范围内，MS 则向 VLR 发送"同步失败"消息，并放弃该过程。上述两项验证通过后，MS 计算认证响应 RES、加密密钥 CK 和完整性密钥 IK，并将 RES 发送给 VLR。VLR 接收到来自 MS 的 RES 后，将 RES 与认证向量 AV 中的 XRES 进行比较，相同则认证成功，否则认证失败。该认证过程达到了如下安全目标：①实现了用户与网络之间的相互认证；②建立了用户与网络之间的会话密钥；③保持了密钥的新鲜性。

3. 3G 网络接入链路数据保护

在移动用户 MS 与网络之间的安全通信模式建立之后，所有发送的消息采用两种安全保护机制：①数据完整性机制；②数据加密机制。

数据完整性保护如图 12-9 所示。f_9 为完整性保护算法；I_k 为完整性密钥，长为 128b；COUNT-I 为完整性序列号，长为 32b；FRESH 为由网络产生的随机数，长为 32b，用于防止重放攻击；MESSAGE 为发送的消息；DIRECTION 为方向位，长为 1b；MAC-I 为用于消息完整性保护的消息认证码。收方计算 XMAC-I，并与收到的 MAC-I 比较，以此验证消息的完整性。

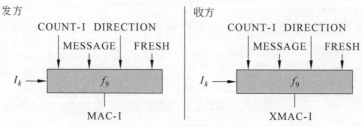

图 12-9　数据完整性保护

数据加/解密如图 12-10 所示。其中，f_8 为加密算法；C_k 为加密密钥，长为 128b；COUNT-C 为加密序列号，长为 32b；BEARER 为负载标识，长为 5b；DIRECTION 为方向位，长为 1b；LENGTH 为所需的密钥流长度，长为 16b。

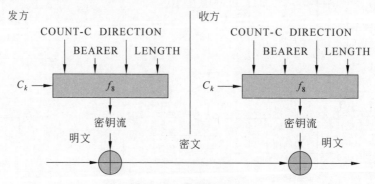

图 12-10　数据加/解密

4G 网络的
安全性

12.2.4　4G 网络的安全性

随着技术的不断发展和应用的不断推广，第 4 代移动通信技术（4G）也随之出现。相比于 3G 技术，4G 技术采用了更高效的正交频分多址（Orthogonal Frequency Division Multiple Access，OFDMA）技术，其在数据传输速率、信号覆盖范围和用户容量等方面均有了极大的提升。与此同时，4G 技术在安全性方面也有了更高的要求和更加严格的标准。本章主要从用户数据加密、认证授权、网络侧安全保护等多方面深入分析 4G 系统的安全性问题，为保障用户的个人隐私和网络安全提供有效的解决方案和建议。

1. 4G 网络的安全性改进

针对 3G 存在的安全缺陷，4G 网络进行了安全性升级。

1）实现双向认证

针对网络基站单向认证用户导致的伪基站安全问题，4G 网络实现了用户与网络的双向认证。在建立连接之前，用户和网络都需要向对方发送身份认证信息，确保连接双方皆可信。双向认证有效防止未授权的访问请求，避免攻击方使用伪基站窃取用户信息，保证网络的安全性。

2）建立会话密钥

为进一步提高会话数据的保密性，4G 网络中，相互认证通过的用户与网络之间建立连接时，生成用于加密和解密数据的会话密钥，在保护数据安全的同时避免主密钥直接参与计算，从而有效保证主密钥的安全性。

3）增加数据完整性验证

为防止恶意攻击者实施消息篡改攻击，4G 网络增加了数据完整性验证，确保在传输过程中数据没有被篡改或损坏，保证消息完整性。

4）采用层次化密钥管理

为进一步提升通信安全性，4G 网络采用分层方式对多密钥进行管理。用于用户的身份认证和会话密钥生成的密钥由所属地网络生成，用户密钥由用户自行管理，主要用于用户间直接通信。

5）实现密钥隐藏

4G 网络中，加密密钥 CK 和完整性验证密钥 IK 被隐藏起来，不会被用户和其他非授权的第三方获取。同时，在传输过程中，这些密钥也会被加密和保护，以防止被窃取和篡改，有助于提高通信安全性。

2. 4G 网络认证与密钥协商协议 EPS-AKA

4G 认证与密钥协商协议涉及三方，分别为用户设备（User Equipment，UE）、移动管理实体（Mobility Management Entity，MME）、归属网络服务器（Home Subscriber Server，HSS）。EPS-AKA 的主要目的是通过在 UE 和 HSS 之间进行密钥协商，保证用户的身份认证和通信安全。EPS-AKA 协议如图 12-11 所示，主要流程描述如下。

（1）UE 向 MME 发送其 IMSI 请求接入网络。

（2）MME 向 HSS 发送认证请求消息和 UE 的 IMSI。

（3）HSS 根据 IMSI 查找 UE 的种子密钥 K，生成 RAND，再采用 $f_{1K} \sim f_{5K}$ 算法生成 AUTN、XRES、K_{ASME}，将四元组认证向量 AV={RAND,AUTN,XRES,K_{ASME}} 发送给 MME。

（4）MME 存储四元组认证向量 AV={RAND,AUTN,XRES,K_{ASME}}，并继续将 RAND 和 AUTN 发送给 UE。

（5）UE 收到 RAND 和 AUTN 后，使用 f_{1K} 算法计算 XMAC，并检查 AUTN 中的 MAC 是否与计算出的 XMAC 一致。如果不一致，则说明 MME 是伪造的或消息已被篡改，终止协议运行；如果一致，则说明 MME 是合法的，然后使用 f_{2K} 算法计算 RES，并将 RES 发送给 MME 作为认证响应消息。

（6）MME 收到认证响应后，将 RES 和 XRES 进行比较。如果不同，则说明 UE 是伪造的或消息已被篡改，拒绝提供服务；如果相同，则说明 UE 是合法的，MME 根据 K_{ASME} 派生出 NAS 层加密子密钥 K_{NASenc} 和完整性保护子密钥 K_{NASint}，并使用它们对 NAS 层消息进行加密和完整性保护。随后，MME 向 UE 发送安全模式命令消息，包含 NAS 层加密算法和完整性算法标识。

（7）UE 收到安全模式命令后，根据 K_{ASME} 派生出 K_{NASenc} 和 K_{NASint}，并使用它们对 NAS 层消息进行加密和完整性保护，然后向 MME 发送安全模式完成消息。

（8）MME 收到安全模式完成消息后，认为 NAS 层安全激活成功，并向 HSS 发送认证完成确认消息。

至此，EPS-AKA 协议完成了用户与网络之间的双向认证和密钥协商过程。在此基础上，还可以进一步派生出用户面加密子密钥 K_{UPenc} 和完整性保护子密钥 K_{UPint} 来实现用户数据传输的机密性和数据完整性。

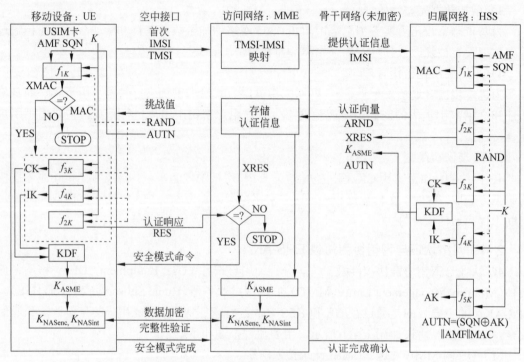

图 12-11　4G 网络认证与密钥协商协议

3.4G 网络存在的安全缺陷

尽管 EPS-AKA 协议在 4G 网络中提供了强大的安全性能，但仍存在一些缺陷。

（1）首次开机泄露 IMSI。在 EPS-AKA 协议中，IMSI 是必需的，因为它用于识别用户并与 HLR 和 AuC 建立联系。然而，IMSI 在首次开机时必须传输，以便让用户与网络进行身份验证。攻击者可以在这个时候截取 IMSI，并使用它来进行身份欺骗等恶意活动。

（2）骨干网无加密。在 4G 网络中，骨干网是核心部分，用于将用户数据从一个基站传输到另一个基站。然而，EPS-AKA 协议未对骨干网进行加密，这使得数据在传输过程中容易被窃取和篡改。攻击者可以通过窃取用户数据来进行身份欺骗、网络攻击等恶意活动，从而破坏网络的安全性。

（3）EPS-AKA 协议在密钥更新方面存在不足。该协议依赖于时钟同步来更新密钥，但是如果时钟出现误差或被攻击者篡改，将导致密钥更新失效和认证失败。此外，EPS-AKA 协议在密钥更新频度方面也存在不足，可能导致攻击者使用过期的密钥进行攻击，从而危及网络安全。

因此，为了保证 4G 网络的安全性，需要采取一些安全措施，例如，使用加密技术保护数据传输的安全性，采用替代方案减少 IMSI 的传输次数等。同时，也需要注意更新和完善安全措施，以应对不断变化的安全威胁。

12.2.5　5G 网络的安全性

1. 5G 网络安全发展现状

（1）5G 网络用途及应用场景

5G 网络是第 5 代移动通信技术，它通过增强型移动宽带（Enhanced Mobile Broadband，eMBB）、高可靠低时延连接（Ultra-reliable and Low Latency Communications，uRLLC）和海量机器类通信（Massive Machine Type Communication，mMTC）等技术特点，带来了更快的速度、更低的延迟和更高的可靠性。5G 网络的应用场景如图 12-12 所示。

图 12-12　5G 网络应用场景

增强型移动宽带技术使得 5G 网络的传输速度可以达到 10～20Gb/s，相较于 4G 网络的传输速度提升数倍，用户可以更快地下载、上传和共享大容量的多媒体数据，为高清城市、虚拟现实、社交通信、真实 3D 等应用场景提供更好的支持。同时，5G 网络的高可靠低时延连接技术可以提供最多 1ms 的延迟体验和 10^{-5} 误码率的可靠性，这使得 5G 网络可以实现实时控制和响应，满足如急救、车联网、物流等应用需求，同时提供更稳定的云办公、在线教育等服务。此外，5G 网络的海量机器类通信技术也开创了新的领域，它可以支持最多 $10^{6}/km^{2}$ 的连接数，使得 5G 网络可以连接更多的物联网设备，实现设备间高效、低能耗通信，支持智能家居、智慧城市、工业自动化等应用场景。

（2）5G 网络面临的安全挑战

5G 网络为技术发展和生产生活带来更多便捷的同时，也给互联网安全带来了全新的挑战。目前，5G 网络面临的五大安全挑战分别为新业务场景、新技术和新特征、新商业模式、多种接入技术和设备以及增强的隐私保护需求。

5G 网络的增强型移动宽带技术提供了更高速率和更大带宽的接入能力，支持更高解析度和更鲜活的多媒体内容。因此，它需要更高的安全处理性能和支持外部网络的二次认证，同时需要对已知漏洞进行修补。

5G 网络的高可靠低时延连接技术提供了低时延、高可靠的交互能力，支持实体间高实时、高精密和高安全的业务协作。在这种场景下，需要采用低时延的安全算法和协议，构建边缘计算安全架构，并保护隐私和关键数据。

此外，5G 网络的海量机器类通信技术提供了更高的连接密度信令控制能力，支持大规模、低成本、低能耗 IoT 设备的高效接入和管理。因此，5G 网络设备部署需要采用轻量化的安全方式，实现群组认证，并提高抗 DDoS 攻击的能力。

（3）5G 网络安全需求

5G 网络的广泛应用使得网络安全需求更加严格，需要采用统一认证架构、多层次切片安全、面向业务安全保护、多样安全认证管理、开放安全能力和按需隐私保护等措施提升安全性。为满足上述安全需求，5G 网络需要进行安全技术研究、安全标准制定和安全测试验证等方面的工作，为不同垂直行业提供端到端的安全保护，以及为网络基础设施提供全方位的安全保障。

对于网络接入认证方面，由于 5G 网络采用无定形小区、5G 上下行解耦等新技术，传统的 4G 安全机制可能无法满足密集异构组网情况下的安全需求。因此，需要采用跨越底层异构、多层无线接入网的统一认证框架，实现不同应用场景下灵活高效的双向认证接入。此外，SDN 和 NFV 等新技术的使用在一定程度上降低了攻击难度，更易暴露安全漏洞，因此需要采取相应的安全措施来保护网络的安全。

在涉及新型网络应用场景，如边缘计算时，由于边缘设备更容易暴露给外部攻击者，因此存在将边缘计算设备风险延展至网络基础设施的风险，对数据控制能力同样产生影响。同时，非内容安全集中式的监管形态也极大地增加了内容监管的难度。在网络切片方面，如果没有采取适当的安全隔离机制，当某个网络切片受到恶意攻击时，攻击者就可以利用该切片为基点，攻击其他目标切片，导致被攻击的目标切片无法正常提供服务。这表明在 5G 网络中，不同的业务场景对安全性有不同的要求，因此需要在各环节上提高安全性，以确保网络可靠性。

2. 5G 网络及安全架构

（1）5G 网络拓扑结构

5G 网络拓扑结构如图 12-13 所示。左侧是手机、网联车等移动终端设备。因为现代 5G 网络更多的是面向工业互联网，所以生产现场的装备通过可编程逻辑控制器（Programmable Logic Controller，PLC）连到 5G 客户前置设备（Customer Premise Equipment，CPE）。现代

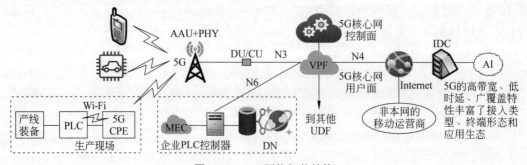

图 12-13　5G 网络拓扑结构

5G 基站实行分离，射频部分和一部分物理层设备放置在铁塔上，5G 基站的分布处理单元和集中处理单元会靠接到核心网。核心网进一步分解，把用户面和控制面功能分离，用户面功能更靠近企业，可以连接到企业的边缘计算以及企业内部的控制网和数据网。5G 网络对外通过互联网连接到其他电信运营商，它还会连接到互联网数据中心以进一步利用人工智能做决策计算。因为 5G 具有高带宽、低时延、广覆盖的特性，所以其接入类型更加丰富，终端形态和应用生态也更复杂。

（2）5G 网络安全防护框架

5G 网络安全防护框架如图 12-14 所示。移动终端分为终端设备本身和 SIM 卡，更多的安全认证功能由 SIM 卡完成。无线接入网（Radio Access Network，RAN）分为符合 3GPP 标准的无线接入网和非 3GPP 标准的无线接入网（如 Wi-Fi）。核心网是面向服务的网络（包括控制面和用户面），由服务网络（移动终端所在地的网络）和归属网络（注册所在地的网络）组成，移动通信漫游时，包括认证在内的众多信息要从服务网络传送到归属网络。从应用层、服务/归属层等不同层面来看，5G 网络安全防护框架包括接入域安全、网络域安全、用户域安全、应用域安全、服务化架构（Service-Based Architecture，SBA）安全、管理域安全等方面。

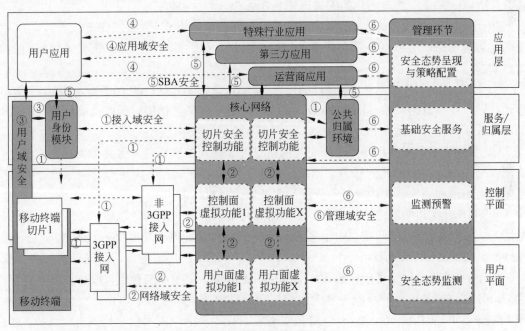

图 12-14　5G 网络安全防护框架

3. 5G 网络认证与密钥协商协议 AKA

（1）5G 网络接入认证

5G 场景下，硬件将被软件化，以突出其软件相关的功能。根据软件功能的不同，可以将它们划分为多种功能单元，如图 12-15 中的 UE/RAN 和用户面功能（User Plane Function，UPF）等。因此，5G 的网络接入认证主要考虑的就是不同功能单元之间的认证。总的来说，需要重点关注的接入认证安全问题包括以下 8 方面。

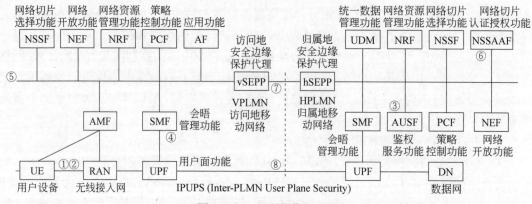

图 12-15　5G 网络接入认证

① 用户身份泄露：初始注册时用户标识在空口明文传输，攻击者可以截获用户标识，造成用户身份隐私泄露。所以，需要将用户永久标识符（Subscription Permanent Identifier，SUPI）加密为用户隐藏标识符（Subscription Concealed Identifier，SUCI）。

② 用户数据篡改：空口传输时，用户面没有完整性保护，容易导致用户数据被攻击者篡改。所以，需要增加对用户面的数据完整性保护。

③ 用户非法访问网络：非法用户可能通过不同的接入方式（例如，3GPP 接入和非 3GPP 接入）访问网络，导致网络资源被恶意使用。因此，对于多种接入方式需要采用统一的认证框架。

④ 用户非法创建会话：非法用户可以创建协议数据单元（Protocol Data Unit，PDU）会话，导致外部数据网络（Data Network，DN）资源被恶意使用。因此，需要进行二次认证，待认证成功后再建立 PDU 会话。

⑤ 服务化接口威胁：网元之间交互的信息可能被攻击者截获或者篡改，导致未经允许的网元可能访问其他网元的服务。因此，要求不同核心网网元之间进行双向认证，并在交互时采用加密和完整性保护及基于令牌的服务调用授权机制。

⑥ 用户非法访问网络切片服务：非法用户可能访问任意的切片服务，造成切片资源被滥用，甚至造成拒绝服务攻击。因此，需要基于网络切片认证授权功能（Network Slice Specific Authentication and Authorization Function，NSAAF）对用户接入特定切片进行认证和授权。

⑦ 漫游控制面信令可能被篡改：漫游接口上的信令消息明文传输，没有加密和完整性保护，导致攻击者可以截获或者篡改漫游信令消息中的信令参数。可通过安全边界保护代理（Security Edge Protection Proxy，SEPP）对漫游接口上的控制面信令提供安全保护，增强漫游信令安全。

⑧ 漫游用户面数据可能被篡改：漫游接口上的用户面数据明文传输，没有加密和完整性保护，导致攻击者可以截获或者篡改漫游用户面消息中的用户数据。因此，需要通过网络间用户面安全（Inter-PLMN User Plane Security，IPUPS）功能为漫游接口上的用户面数据提供安全保护，增强漫游数据安全。

（2）5G 统一接入认证框架

5G 统一接入认证框架需要支持大量不同种类的 5G 终端设备接入不同接入网，实现一次入网认证即可在多个应用系统之间灵活切换。5G 统一接入认证框架还需要保证多种终端接入对应接入网的安全性、灵活性和享有服务的差异性。5G 统一接入认证框架如图 12-16 所示，主要包括统一数据管理功能（Unified Data Management，UDM）、认证服务功能（Authentication Server Function，AUSF）、接入和移动管理功能（Access and Mobility Management Function，AMF）和安全锚点功能（Security Anchor Function，SEAF）。

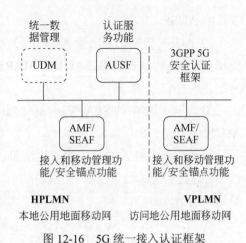

图 12-16　5G 统一接入认证框架

其中，UDM 负责承载认证凭证存储库和处理功能（Authentication Credential Repository and Processing Function，ARPF）等，按策略选择身份认证方法，可为 AUSF 计算身份认证数据和密钥。AUSF 提供身份认证服务器功能，依赖后端来计算身份认证数据和密钥，AUSF 会在 SEAF 对用户设备 UE 认证成功后再次对 UE 进行认证。AMF 负责接收来自 UE 的所有连接和会话相关的信息，负责处理连接和移动性管理任务。SEAF 依赖于网络来接受认证，负责完成对 UE 的认证以及协助 UE 和归属网络之间的认证，在认证成功且与 UE 建立安全信道后对 UE 提供服务，在 UE 与归属网络间的认证过程中充当"中间人"的角色。

5G 对统一认证架构的要求包括如下几点。

① 支持 3GPP 接入和非 3GPP 接入。

② 支持非地面网络（Non-Terrestrial Network，NTN）接入。

③ 支持专用网络（Non-Public Network，NPN）接入。

④ 支持 IoT 等多种业务。

⑤ 提供用户和网络之间双向认证。

5G 统一认证架构的功能包括如下几点。

① 支持 5G-AKA、EAP-AKA'等多种认证算法。

② 采用分层的密钥派生机制。

③ 提供空口上的加密。

④ 增加了用户标识隐私保护。

⑤ 归属网络控制认证并确定认证结果，防止接入网络可能存在的欺诈。

（3）5G 认证与密钥协商协议

在 4G 网络认证方法的基础上，5G 网络做了进一步改进，可以在保护用户设备身份的情况下完成与移动网络的双向认证。5G 网络系统认证执行 AKA 认证密钥协商协议，认证过程如图 12-17 所示，具体步骤如下。

① 用户永久身份数据以加密的 SUCI 形式与访问网络标识 SN-name 一起传输到归属网络中。

② 归属网络收到用户的认证请求后，可以从 SUCI 中解密出 SUPI。随后，ARPF 使用随机数 RAND、认证令牌 AUTN、预期响应 XRES*和密钥 K_{AUSF} 创建出认证向量 5G HE AV

发送给 AUSF。

③ AUSF 根据认证向量 AV 中的 XRES*计算出其哈希值 HXRES*，根据密钥 K_{AUSF} 计算出 K_{SEAF}，并由 RAND、AUTN、HXRES*、K_{SEAF} 创建出认证向量 5G SE AV 传输至访问网络。

④ 访问网络中的 SEAF 接收到归属网络发来的 5G SE AV 后，将随机数 RAND 和令牌 AUTN 发送给 UE。

⑤ UE 从令牌 AUTN 中提取出消息认证码 MAC 和序列号 SQN 来验证认证材料的有效性。若通过验证，则更新自己的 SQN，计算出参数 RES*和密钥 K_{SEAF}，再把参数 RES*发送给访问网络。

⑥ 访问网络 SEAF 计算 RES*的哈希值 HRES*，再比较 HRES*和 HXRES*是否一致。若不一致则认证失败，若一致则从访问网络的角度认为此次认证成功，再发送 RES*给归属网络进行下一步认证。

⑦ 归属网络 AUSF 首先验证认证向量是否过期，若验证成功，则 AUSF 比较 RES*和 XRES*是否一致。如果一致，则 AUSF 从归属网络的角度认为此次认证成功。

⑧ 认证成功后，归属网络会发送密钥 K_{SEAF} 和 SUPI 给 SEAF。密钥 K_{SEAF} 将成为安全锚点密钥，SEAF 会根据此密钥计算后续通信过程中的其他密钥。

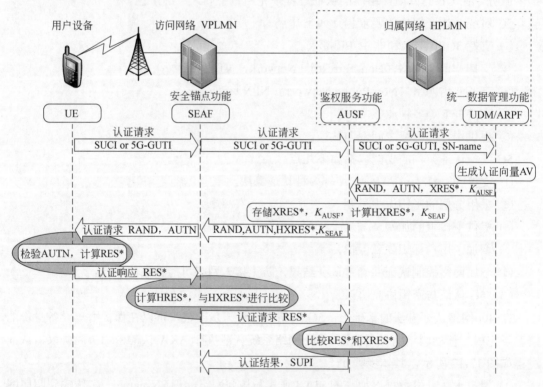

图 12-17　5G 认证与密钥协商协议

在 5G 网络的认证与密钥协商过程中，UE 与访问网络间的认证是至关重要的。若 UE 只认证归属网络但未对访问网络进行验证，将只能间接地依赖于归属网络对访问网络的完全信任，这将面临安全风险。例如，访问网络可以声称，为某运营商的用户提供了接入服务而实际并未提供服务，这将导致计费纠纷等风险。

5G 网络要求在认证过程中，访问网络需要将其网络标识发送给归属网络，归属网络在产生认证所需参数时将访问网络的标识作为生成参数之一引入，从而使用户在认证时完成对访问网络的身份认证。

（1）5G 网络分层密钥生成

5G 网络分层密钥生成如图 12-18 所示。其中，密钥 K_{AUSF} 是由用户设备和核心网络中的 AUSF 从种子密钥派生，密钥 K_{SEAF} 是由用户设备和 AUSF 从 K_{AUSF} 派生出的锚点密钥，密钥 K_{AMF} 是由用户设备和核心网络中的 AMF 从 K_{SEAF} 派生，密钥 K_{gNB} 和 NH 是由用户设备和 AMF 从 K_{AMF} 派生。K_{RRCint}、K_{RRCenc}、K_{UPint} 和 K_{UPenc} 4 个密钥都由用户设备和接入网络中的 gNB 从 K_{gNB} 派生。5G 网络中的分层密钥生成具有如下特征。

① 种子密钥在最顶层，用于生成子层密钥 K_{AUSF}。

② 种子密钥不能用于直接计算 K_{gNB}，无法跨网络层生成密钥。

③ 种子密钥存储于通用集成电路卡（Universal Integrated Circuit Card，UICC）和网络端的 HSS / UDM，任何其他实体（包括网络供应商在内）未经授权不能访问。

④ 接入网络仅从核心网络获取临时密钥，而它不拥有种子密钥。

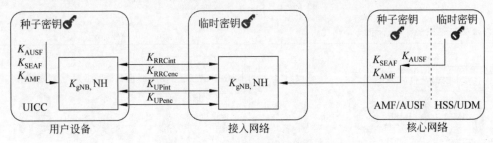

图 12-18　5G 网络分层密钥生成

（2）5G 网络身份隐私保护

4G 网络没有对 IMSI 进行加密保护，IMSI 通过明文传输，攻击者很容易通过主动捕获或者被动窃听的方式获取到 IMSI。而 5G 网络用移动终端 SIM 卡中存储的公钥对 SUPI 进行加密，获得 SUCI，实现了对用户身份识别码的隐私保护。加密过程如图 12-19 所示。

因此，攻击者无法从 5G 无线接入网中获得 SUPI。5G 网络对用户设备身份标识的隐私保护如图 12-20 所示。

5G 的安全认证过程如图 12-21 所示。在初始注册阶段，UE 将 SUPI 加密为 SUCI，并向 AMF 发送初始注册请求，然后 AMF 向 UDF 发起认证请求。在 UDM 端，SUCI 被解密成 SUPI，然后将认证响应（SUPI）发送到 AMF。AMF 随即生成 SUPI 和 5G 全球唯一临时标识（5G Globally Unique Temporary Identifier，5G-GUTI）的映射表，并将注册接受响应（5G-GUTI）返回给 UE。在后续注册请求或协议数据单元会话阶段，UE 向 AMF 发起注册请求，AMF 根据 5G-GUTI 搜索映射表找到 SUPI，并向 UDM 发起认证请求；若没有找到对应的 SUPI，则要求用户发送其 SUCI，然后向 UDM 发起请求。

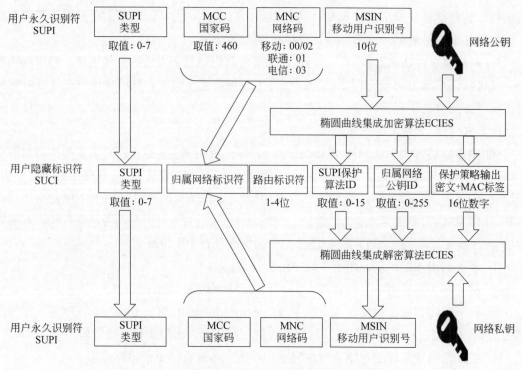

图 12-19　SUCI 加解密过程

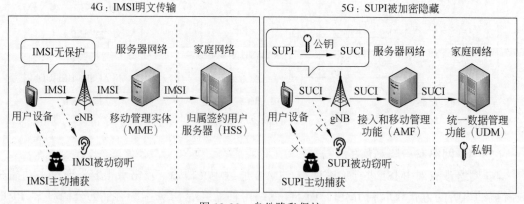

图 12-20　身份隐私保护

（3）5G 空口信令数据的完整性保护

5G 通过密钥派生对信令数据进行完整性保护，图 12-22 为 UE 端发送消息时的完整性保护和网络端接收消息时的完整性校验过程。

UE 端根据网络提供的参数生成临时密钥对，包括一个临时私钥和一个临时公钥。UE 使用临时私钥和存放在 SIM 卡中的网络公钥通过密钥协议生成共享密钥，再由密钥派生算法产生主密钥。取主密钥的高有效位对 SUPI 进行对称加密得到 SUCI，取主密钥的低有效位通过 MAC 对 SUCI 等有用信息进行完整性保护，生成 MAC 标签值。最后，UE 将终端临时密钥、SUCI、MAC 标签值发送给网络。网络端收到后，使用终端临时公钥和网络私钥通过密钥协议生成与 UE 端相同的共享密钥，按类似的过程派生出主密钥，解密 SUCI 得到

SUPI，同时通过主密钥的低有效位校验消息的完整性。

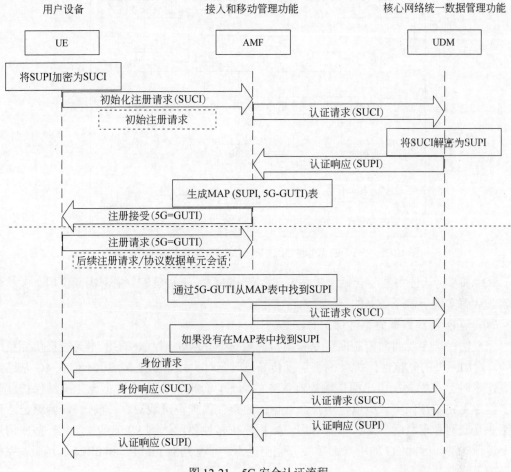

图 12-21　5G 安全认证流程

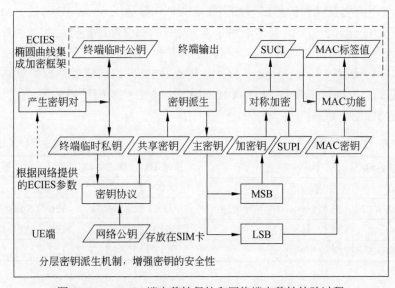

图 12-22　5G UE 端完整性保护和网络端完整性校验过程

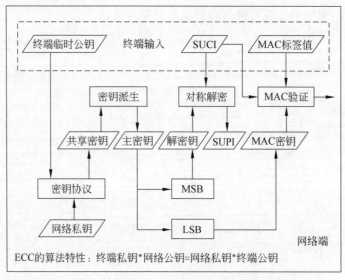

图 12-22　5G UE 端完整性保护和网络端完整性校验过程（续）

5G AKA 将认证参数与会话密钥关联，主密钥高位用于加解密，主密钥低位用于完整性校验，从而实现了信令数据的保密性和完整性。

（4）信令/用户数据完整性保护算法

完整性保护主要面向控制面信令和用户面数据。在 4G 时代，TCP 本身能提供完整性校验，增加额外的完整性保护会因丢包重传导致时延过大，影响正常通信。但在 4G 基站间中继传输时存在需要在用户面传输控制信令的场景，此时如果用户数据无完整性保护就相当于信令无完整性保护。所以，用户面数据的完整性保护不可或缺。目前，5G 网络已应用于工业互联网和车联网，这些场景对用户数据的可靠性要求达到 99.9999%，且一些应用场景不使用 TCP，因此 5G 的用户面需要有完整性保护，特别对 mMTC 和 uRLLC 场景，完整性保护为强制要求。

5G 网络使用的完整性保护算法与加密算法类似，都是以 Snow 3G 算法、AES 算法、祖冲之算法为基础进行封装实现，基本沿用了 4G 网络的完整性保护算法和加密算法。表 12-1和表 12-2 给出了不同算法的具体内容。祖冲之算法作为中国第一个成为国际密码标准的密码算法，在 4G 时代就被引入。相比于 3G/4G 网络，5G 网络将完整性保护算法与加密算法的密钥和验证码长度进行了调整，从原有 128b 密钥和 32b 校验码扩展到 256b 密钥和 64/128b校验码，满足 5G 网络更高的安全需求。

表 12-1　加密算法

算法 ID	算法名称	备注
0000	NEA0	不加密
0001	128 NEA1	128 位 Snow 3G 加密算法
0010	128 NEA2	128 位 AES 算法
0011	128 NEA3	128 位祖冲之算法

表 12-2　完整性保护算法

算法 ID	算法名称	备注
0000	NIA0	不加密
0001	128 NIA1	128 位 Snow 3G 加密算法
0010	128 NIA2	128 位 AES 算法
0011	128 NIA3	128 位祖冲之算法

（5）访问网络与归属网络的相互认证

5G 核心网漫游有两种组网方式，即归属地路由（Home Route，HR）组网和漫游地路由（Local Breakout，LBO）组网。在归属地路由组网的过程中，访问网络的 UPF，经过归属网络的 UPF 连接到 DN，通过 UPF 间的数据的转发，漫游用户的业务数据连接到归属网络；在漫游地路由组网过程中，访问网络 UPF 可以直接连接至数据网络，这减少了用户业务数据的传输路径，但也使得归属网络对数据管控能力下降，在实际进行核心网漫游过程中，往往优先使用归属地路由进行组网。

访问网络和归属网络在各自信令面网络边界均部署了 SEPP，可实现信令面数据安全转发等功能。SEPP 间通过 N32 两类接口进行连接。控制面接口 N32-c 主要完成 SEPP 之间的握手通信，包括能力协商和安全参数交换；应用接口 N32-f 主要完成跨移动网络的功能单元间的消息加密/解密和转发，包含 IPX 的加密信息转发和解密。

通过 SEPP，访问网络和归属网络间信令数据通信安全得到保障。访问网络与归属网络的 SEPP 采用 TLS 传输层加密，对网络间信令端到端传输提供安全保护，SEPP 部署了网间互通防火墙，可避免信令在不同安全域间跳转带来的安全风险。SEPP 可通过判断消息来源的真实性、所请求的信息是否只限于对端网络用户和本网用户等策略，实现对通信对端网络数据的校验。同时，SEPP 可将发往访问网络的消息中所含的归属网络功能元的全限定域名（Fully Qualified Domain Name，FQDN）进行拓扑隐藏，避免涉及跨网的功能单元漫游通信时泄露网络的拓扑信息。对于网络服务提供商也可以通过 SEPP 设置过滤策略，实现对进入协议消息的过滤和控制。

（6）5G 对终端访问特定网络或业务的二次认证

终端联网时，通过 UDM 认证完成主认证，如终端访问特定网络或业务时还要进行二次认证（例如，防止未经授权的用户设备 UE 盗用组播服务或非法访问 5G 局域网服务）。二次认证在终端与验证、授权和记账（Authentication、Authorization、Accounting，AAA）服务器间进行，需用特定网络签发的凭证。

在二次认证的过程中，AAA 服务器可向 5G 网络反馈访问此业务相关的 QoS 参数、MAC 地址、IP 地址、VLAN 信息、第二层隧道协议（Layer 2 Tunneling Protocol，L2TP）等信息，以便 5G 网络更好地实现企业应用的安全连接与访问。

二次认证的三种方式如图 12-23 所示。第一种是安全网关认证。主认证完成后的移动网络作为数据透明通道，特定网络需自建和运维安全网关，作为认证服务器。终端采用各类身份凭证向安全网关进行二次认证，通过后便可访问应用服务器。用户可选复杂认证方法来增强安全性，此方式适用于 4G 和 5G。第二种是虚拟专有拨号网络（Virtual Private Dial Network，VPDN）身份认证。用户向运营商申请 VPDN 专线，终端设置专用接入点命名（Access Point Name，APN），以标识访问网络的类型（企业内网、互联网、WAP 网站等）。移动网络收到 APN 并完成主认证后，核心网 PDN 网关（PDN Gateway，PGW）经 L2TP 网络服务器（L2TP Network Server，LNS）向 AAA 服务器进行二次认证。随后为用户分配 IP 地址并在 PGW 和 LNS 间建立 L2TP 隧道。VPDN 身份认证由运营商建设与运维，其安全性因使用简单用户名和密码认证而较低，可用于 4G/NSA。第三种是 5G 二次认证。5G 有内生虚拟化网络切片功能，在主认证后会话管理功能（Session Management Function，SMF）网元作为认证端，以网络接入服务器（Network Attached Server，NAS）信令承载认证信息，经 UPF 向 AAA 服务器发起二次认证，并建立 UE 与 AAA 服务器间通道，UE 和 AAA 将利用扩展身份认证协议 EAP 经若干次交互完成二次认证。5G 二次认证由运营商建设与运维，用户为了更安全还可定制私有的协议与算法，适用于 5G SA/NSA。

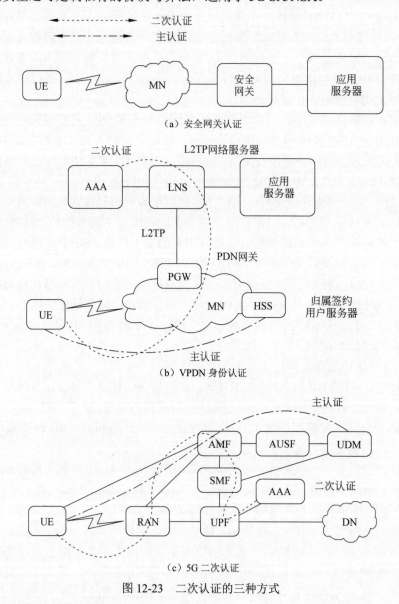

图 12-23　二次认证的三种方式

（7）5G 网络切片的认证与授权

5G 具有逻辑隔离、资源共享、按需定制、弹性伸缩等特点的网络切片能力，结合切片租赁、能力开放、切片托管等多种运营模式可灵活满足垂直行业的多元化需求。

网络切片涉及一组能支持特定场景通信业务需求的网络功能实例和相关的计算、存储、网络资源。除了内部管理安全漏洞外主要的风险来自与终端的交互。攻击者可能利用认证鉴权防护的不足或配置不当，非法获取切片管理权限，实施非法创建、修改、删除等操作。当某个网络切片受到恶意攻击，则拥有该切片访问权限的攻击者可以借此切片为基点，攻击其他目标切片，导致被攻击的目标切片无法提供正常的服务。

5G 核心网新增了网络切片专用认证与授权（Network Slice-Specific Authentication and Authorization，NSSAA）功能单元，如图 12-24 所示。

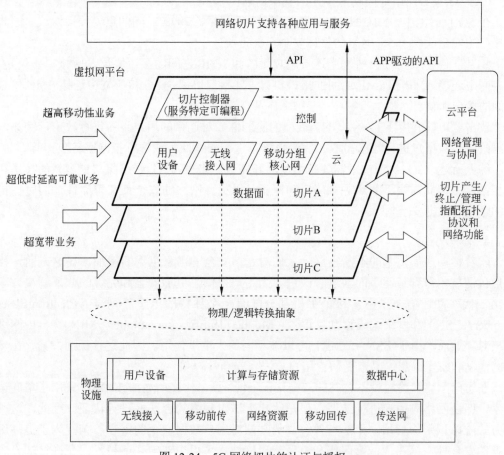

图 12-24　5G 网络切片的认证与授权

5G 技术的发展为移动通信领域带来了巨大的变革。然而，随着 5G 应用场景的不断扩大，传统的认证技术面临着新的挑战。本节将着重探讨 5G 认证技术的现状及未来发展趋势。

（1）5G 网络的普及和广泛应用引起了认证和授权的新需求。

首先，5G 将与各种非蜂窝网络连接，如 Wi-Fi、NTN 和 NPN，这要求 5G 认证和授权能够支持这些网络之间的安全通信。其次，5G 将与大量的物联网设备连接，这些设备数量众多，终端计算能力较弱，因此需要简化加密认证协议以降低 IoT 设备的认证成本。此外，许多 IoT 设备没有 USIM 卡，这使得已有的认证机制无法应用于它们。再次，5G 的时延敏感网络（Time-Sensitive Networking，TSN）和确定性网络（Deterministic IP，DIP）的业务赋能也需要认证和授权的支持，以确保这些业务的安全性和可靠性。最后，由于手机 SIM 卡可升级作为备用身份证、银行 U 盾、门禁卡、交通卡、车钥匙等，用户可通过"号码认证"和"SIM 认证"一键登录手机 APP 和 PC 系统，扩大了认证授权应用的场景，但同时也增加了认证安全漏洞的风险。

（2）5G 核心网控制面功能单元的安全问题。

随着 5G 技术的发展，5G 核心网控制面功能单元已成为网络运营的核心。然而，其利用 API 进行通信存在安全问题。攻击者可利用 API 的脆弱性，向功能单元发送恶意请求，以达到窃取数据、恶意注册/注销网元、使部分用户被拒绝服务等目的。

（3）5G 核心网用户面功能单元的安全问题。

在 5G 核心网中，N1、N2、N4 接口是连接不同网络元素之间的重要接口协议，因此这些接口的安全性对于 5G 网络的整体安全至关重要。

N1 接口协议是 5G 核心网中连接用户设备和 AMF 之间的接口协议。N2 接口协议是 5G 核心网中连接 AMF 和 SMF 之间的接口协议。N4 接口协议是 5G 核心网中连接 SMF 和 UPF 之间的接口协议。

攻击者可以利用 N1、N2、N4 接口的脆弱性，对连接的用户设备进行攻击，例如，通过篡改用户数据包进行数据窃取、伪造数据包进行网络欺骗或进行拒绝服务攻击等。

综上所述，5G 认证技术需要持续创新和完善。未来，5G 网络将与更多新的技术和应用相结合，因此需要不断地进行研究和探索，以提高网络的安全性和可靠性，同时保护用户的隐私和数据安全。

4. 本节小结

随着移动通信技术的不断发展，人们对通信安全的需求也不断增加。在这方面，移动通信认证技术得到了逐步的演进和改进，为用户提供了更加安全和完善的认证解决方案。在第一代移动通信技术中，每个手机都分配有一个独特的电子序列号（Electronic Serial Number，ESN）和网络编码移动标识号（Mobile Identification Number，MIN），再由网络进行核对。然而，由于 ESN 和 MIN 可以被不同的人重复使用，因此这种认证方案存在着较大的漏洞和安全隐患，易遭受假冒用户攻击，安全性较差。

在访问网络和终端设备之间的双向认证方面，第二代移动通信技术 2G 采用了单向认证技术，即由网络对用户进行认证，但是用户无法对网络的合法性进行认证。因此，这种认证方式难以识别伪基站，无法有效解决伪基站对用户数据安全的潜在影响。为了提高用户数据的安全性，第三代、第四代和第五代通信技术采用了双向认证技术，允许终端设备对网络进行认证，同时网络也可以对终端设备进行认证。这种双向认证可以有效地保护用户数据的安全，避免伪基站对用户数据的攻击和窃取。在双向认证中，终端设备使用自己的私钥来加密数据，将加密后的数据和相应的数字证书发送给网络进行认证。网络使用预共享密钥来解密数据，并使用终端设备的数字证书来验证其合法性。如果数字证书有效，则网络将认为终端设备是可信的，允许其接入网络并进行通信。通过这种方式，双向认证可以有效地提高用户数据的安全性，保护用户的隐私和个人信息不受攻击和窃取。

在用户永久身份密文传输方面，第二代移动通信技术仍然使用明文传输用户数据，这种方式容易导致认证数据及认证交互过程被泄露，从而导致用户身份泄露的风险。为了避免用户身份的泄露，第三代和第四代通信技术采用了加密技术对认证通信数据进行加密处理。通过加密技术，认证通信数据的安全性得到了显著提高，用户的隐私和个人信息得到了有效保护。而第五代通信技术则更进一步采用了更加严格的安全策略，对通信数据及寻呼数据都进行了加密处理。这种方式有效避免了用户身份的泄露，并提高了用户数据的安全性。同时，第五代通信技术还采用了更加先进的加密算法和技术，以确保用户数据的保密性，从而为用户提供更加安全可靠的通信服务。

在数据完整性保护方面,第一代和第二代移动通信技术并未提供数据完整性保护功能,这种方式容易导致被敌手篡改的信令数据被传输到网络中。在这种情况下,用户无法得知是否接收到了经过篡改的信令数据,从而使得通信过程存在着很大的风险。为了保障通信数据的完整性,第三代、第四代和第五代移动通信技术引入了数据完整性保护技术。该技术通过对传输的数据进行完整性校验,可以有效地检测出被篡改的数据包,并及时通知用户或网络运营商进行处理,从而保障了传输数据的完整性。

第三代移动通信技术开始使用认证与密钥协商协议 AKA,以确保用户和网络的身份安全。AKA 协议采用了挑战应答机制,通过对用户和网络进行双向认证,防止攻击者通过分割认证参数和会话密钥参数的方式进行身份替代攻击。具体来说,AKA 协议通过在用户和网络之间进行挑战和应答的方式,验证用户的身份。同时,该协议还采用安全随机数生成器生成一次性密钥,从而保证通信的安全性。通过采用 AKA 协议,移动通信网络可以有效预防攻击行为,保护通信网络资源的安全。该机制成为移动通信网络中一种重要的安全保障措施,被广泛应用于 3G、4G 和 5G 移动通信网络中。

第四代移动通信技术引入了终端对访问网络的认证方案,有效满足了用户在接入访问网络对网络合法性进行认证的安全需求。第五代移动通信技术对于认证方案的设计考虑到用户的漫游需求,引入了统一认证平台,实现了用户在不同的漫游网络下只需要进行一次认证,即可自动获取到合法的接入服务,提高了用户的体验。

对于第四代移动通信技术,扩展身份认证协议(Extensible Authentication Protocol,EAP)主要用于面向非蜂窝(Wi-Fi)网络接入时的身份认证,而第五代移动通信技术在 4G 的基础上,采用了更加严格的身份认证和加密方式,以应对更加开放的网络环境,如机器类通信(Machine-Type Communication,MTC)、车联网(Vehicle to Everything,V2X)等场景。

第一代至第四代移动通信技术主要使用对称密码体制。第五代移动通信技术则采用公钥密码体制,有效解决了对称密钥只能适应单 UE 且依赖 USIM 卡下发,当基站(Evolved Node B,eNB)被非法控制时,存在下层密钥极易泄露的安全风险。通过公钥技术 5G 能够更好地适应多 UE 使用环境。

第五代移动通信技术引入了 SEPP,它可以在访问网络和归属网络之间提供额外的安全性保障。同时,5G 还提供了二次认证功能,可以在特定网络或业务的访问时提供额外的安全保护。另外,5G 的网络切片技术可以使用户在访问网络切片时进行认证和授权,从而保护网络切片中的数据安全。第五代移动通信技术的主要特点是安全性高,支持多种身份验证方法,可扩展性强,具备安全边缘保护代理和二次认证功能。

表 12-3 给出了第二代至第五代移动通信方案所采用的认证技术,并对各类认证技术的特点进行了总结和说明。

表 12-3 移动通信认证技术演进

	2G	3G	4G	5G	说　　明
访问网络与终端设备间双向认证	×	√	√	√	2G 单向认证,即只有网络认证用户,而用户不认证网络,难以识别伪基站
用户永久身份信息以密文传输	×	√	√	√	3G/4G 在用户首次入网确定 TMSI 时,通过空口传输的仍然是明文 IMSI。5G 寻呼不用 IMSI

续表

	2G	3G	4G	5G	说　明
对接入信令数据传输完整性保护	×	√	√	√	如无完整性保护则数据在传输中有被篡改风险
采用认证与密钥协商机制 AKA	×	√	√	√	AKA 使攻击者无法通过分割认证参数和会话密钥参数的方式实现对用户或网络身份的替代
终端设备能对访问网络进行认证	×	×	√	√	5G 采用统一认证框架实现用户在归属地和访问地的同一认证机制
采用扩展身份认证协议 EAP	×	×	√	√	4G 仅在面向非蜂窝接入（如 Wi-Fi）时使用 EAP
从对称密钥体系改为公钥体系	×	×	×	√	对称密钥只能适应单 UE 且依赖 USIM 卡下发，当 eNB 被非法控制时下层密钥就极有可能泄露。5G 采用公钥且适应多 UE
扩展的漫游安全性	×	×	×	√	5G 网间设安全边缘保护代理 SEPP，各运营商的 SEPP 都需认证
二次认证	×	×	×	√	5G 网络协助终端访问特定网络或业务时进行二次认证
网络切片的认证授权	×	×	×	√	网络切片是 5G 的特色

12.3　无线局域网的安全性

随着无线网络的普及，在酒店、餐厅、商场、机场等场所，均安装了无线接入点（Access Point，AP），供顾客和旅客免费使用。当用户想使用无线网络服务时，需要对使用网络服务的用户进行身份认证，一般情况下未对无线链路进行加密。

由于 AP 或中继器的无线信号范围很难控制在某个范围内，域外的用户也可能访问到该无线网络。一旦域外用户能够访问该内部网络，该网络中传输的数据对他们来说是透明的。如果这些数据都没经过加密，黑客就可以通过一些数据包嗅探工具来抓包、分析并窥探到其中的隐私。开启无线网络加密，这样即使在无线网络上传输的数据被截取了也无法解读。

12.3.1　WEP 的安全性

IEEE 802.11b 标准定义了一个加密协议：WEP（Wired Equivalent Privacy，有线等效保密协议），用来对无线局域网中的数据流提供安全保护。该协议采用 RC4 流加密算法，具备以下安全功能。

（1）**访问控制**——防止没有 WEP 密钥的非法用户访问网络。

（2）**隐私保护**——通过加密手段保护无线局域网上传输的数据。

1. WEP 加密过程

WEP 加密过程如图 12-25 所示。从图中可以看出，在对明文数据的处理上采用了两种运算：一是对明文进行的流加密运算（即异或运算）；二是为防止数据被非法篡改而进行的数据完整性检查向量（ICV）运算。

（1）40b 的加密密钥与 24b 的初始向量（IV）结合在一起，形成长度为 64b 的密钥。

（2）生成的 64b 密钥被输入到伪随机数生成器（PRNG）中。

（3）伪随机数生成器输出一个伪随机密钥序列。

（4）生成的序列与数据进行位异或运算，形成密文。

为了保证数据不被非法篡改，一种完整性算法（CRC32）会应用在明文上，生成 32b 的 ICV。明文与 32b 的 ICV 合并后被加密，密文与 IV 一起被传输到收方。

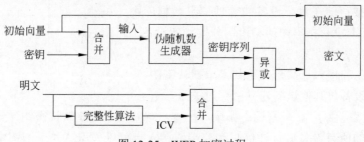

图 12-25　WEP 加密过程

2. WEP 解密过程

WEP 解密过程如图 12-26 所示。为了对数据流进行解密，WEP 进行如下操作。

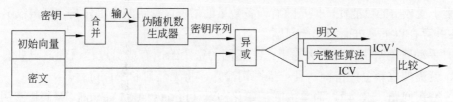

图 12-26　WEP 解密过程

（1）接收到的 IV 用于生成密钥序列。

（2）密文与密钥序列进行异或运算生成明文和 ICV。

（3）明文通过数据完整性算法生成 ICV′。

（4）将生成的 ICV′ 与接收到的 ICV 进行比较。如果不一致，将错误信息报告给发送方。

3. WEP 认证方法

一个客户端如果没有被认证，将无法接入无线局域网络。因此必须在客户端设置认证方式，而且该方式应与接入点采用的方式兼容。IEEE 802.11b 标准定义了两种认证方式：开放系统和共享密钥认证。

（1）开放系统认证。

开放系统认证是 IEEE 802.11 协议采用的默认认证方式。开放系统认证对请求认证的任何人提供认证。整个认证过程通过明文传输完成，即使某个客户端无法提供正确的 WEP 密钥，也能与接入点建立联系。

（2）共享密钥认证。

共享密钥认证采用标准的挑战/响应机制，以共享密钥来对客户端进行认证。该认证方式允许移动客户端使用一个共享密钥来加密数据。WEP 允许管理员定义共享密钥。没有此共享密钥的用户将被拒绝访问。用于加密和解密的密钥也被用于提供认证服务，但这会带来安全隐患。与开放系统认证相比，共享密钥认证方式能够提供更好的认证服务。如果采用这种认证方式，客户端必须支持 WEP。WEP 认证过程如图 12-27 所示。

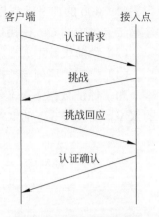

图 12-27　WEP 认证过程

4. WEP 密钥管理

共享密钥被存储在每个设备的管理信息数据库中。虽然 IEEE 802.11 标准没有指出如何将密钥分发到各设备上，但它提到了以下两种解决方案。

（1）各设备和接入点共享一组共 4 个默认密钥。

（2）每个设备与其他设备建立密钥对关系。

第一种方案提供了 4 个密钥。如果一个客户端获得了这些默认密钥，该客户端就可以与整个子系统的所有设备进行通信。客户端或接入点可以采用这 4 个密钥中的任意一个实施加密和解密运算。这种方案的缺点是：如果默认密钥被广泛分发，它们就可能被泄露。

在第二种方案中，每个客户端都要与其他所有设备建立一个密钥对映射表，每个不同的 MAC 地址都有一个不同的密钥，且知道此密钥的设备较少，因此这种方案更安全。虽然这种方案减小了受攻击的可能性，但是随着设备数量的增加，密钥的人工分发会变得很困难。

WEP 存在以下几方面的安全问题。

（1）手动管理密钥存在重大隐患：配相同的密钥给所有成员过程烦琐，只要有任意成员离开，就需要重新分配密钥，且一旦密钥泄露，将无任何私密性可言。

（2）密钥问题：EP 通过简单级联初始化向量（Initialization Vector，IV）和密钥形成种子，并以明文方式发送 IV，这种方式在 RC4 算法下容易产生弱密钥，给攻击者打开了方便之门。

（3）空间问题：IV 长度为 24 位，可供使用的值为 1600 万，因此在网络上很快会出现重复，一旦出现重复的密钥流，流密码很容易被识破。

（4）防篡改：EP 采用的 CRC32 算法不能阻止攻击者篡改数据，由于 CRC32 是线性运算，攻击者很容易在篡改密文的同时，更改与明文对应的 ICV，这样在收方进行的 ICV 校验，无法检测出数据是否经过篡改。

（5）防范重放攻击：WEP 不能防范重放攻击。在重放攻击中，攻击者会发送一系列以前捕获的帧，尝试以此方式获得访问权或修改数据。

从以上分析可以得知，WEP 在设计和使用上存在安全隐患，不能有效地保护传输数据的安全和阻止非法入侵。

为了克服 WEP 存在的弱点，IEEE 制定了 802.11i 标准，我国也在 2003 年出台了无线局域网认证和保密基础设施（WAPI）标准。

12.3.2　802.11i 标准介绍

802.11i 标准针对 WEP 的诸多缺陷加以改进，增强了无线局域网中的数据加密和认证性能。802.11i 规定使用 802.1x 的认证和密钥管理方式。在数据加密方面，802.11i 定义了临时密钥完整性协议（TKIP）、密文分组链接模式——消息认证码协议（CCMP）两种加密模式。其中，TKIP 是 WEP 机制的加强版，它采用 RC4 作为核心加密算法，可以从 WEP 上平滑升级，而 CCMP 采用 AES 分组加密算法和 MAC 消息认证协议，使无线局域网的安全性大幅提高，但是由于与现有无线网络不兼容，升级费用很高。

1. TKIP 加密模式

与 WEP 相比，TKIP 在以下 4 方面得以加强。

（1）使用 Michael 消息认证码以抵御消息伪造攻击。

（2）使用扩展的 48b 初始化向量（IV）和 IV 顺序规则以抵御消息重放攻击。

（3）对各数据包采用不同密钥加密以弥补密钥的脆弱性。

（4）使用密钥更新机制，提供新鲜的加密和认证密钥，以预防针对密钥重用的攻击。

TKIP 采用 48b 的扩展初始向量，称为 TKIP 序列计数器（TSC）。使用 48b 的 TSC 延长了临时密钥的使用寿命，在同一会话中不必重新生成临时密钥。由于每发送一个数据报，TSC 就更新一次临时密钥，可以连续使用 2^{48} 次而不会产生密钥重用的问题，在一个稳定而高速的连接中，这相当于要过 100 年才会产生重复密钥。

TKIP 加密报文格式如图 12-28 所示。

初始向量 4B	扩展向量 4B	数据	消息完整性代码 8B	数据完整性 验证码4B

图 12-28　TKIP 加密报文格式

TSC 由 WEP 初始化向量的前两个字节和扩展向量的 4B 构建而成。TKIP 将 WEP 加密数据报的长度扩展了 12B，这 12B 分别是来自扩展向量的 4B 和来自消息完整性代码 MIC 的 8B。

TKIP 的封装过程如图 12-29 所示。封装过程采用临时密钥和消息认证码密钥，这些密钥由 802.1x 中产生的会话密钥生成。临时密钥、传输方地址和 TSC 被用于第一阶段的密钥混淆过程，生成每个数据报所用的加密密钥。该密钥的长度为 128b，被分成一个 104b 的 RC4 加密密钥和一个 24b 的初始向量。

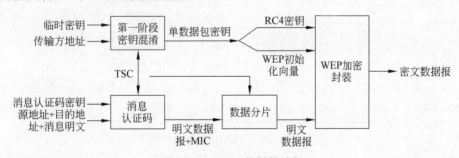

图 12-29　TKIP 的封装过程

消息认证码使用数据报的明文及源、目的 MAC 地址生成，这样，数据报的信息随着源和目的 MAC 地址的改变而改变，可防止数据报的伪造。

消息认证码使用称为 Michael 的单向杂凑函数生成，而非采用 WEP 生成数据完整性检查向量（ICV）时所使用的简单的 CRC-32 函数，这使黑客截取和篡改数据报的难度加大。如果需要，数据报可以分片，在每个分片数据报输入 WEP 加密引擎之前，TSC 都会加 1。

解密过程和加密过程类似。在从收到的数据报中提取 TSC 后，接收方会对其进行检查，确保它比先前收到的数据报的 TSC 大，以防止重放攻击。在接收到并解密数据报生成消息完整性代码（MIC）后，接收方将其与收到的 MIC 进行比较，以确保数据报没有被篡改。

2. CCMP 加密模式

CCMP 提供比 TKIP 更强的加密模式，也是 802.11i 规定强制采用的加密模式。它采用 128b 的分组加密算法 AES。AES 可以采用多种模式，而 802.11i 采用计数器模式和密文分组链接-消息认证码模式。计数器模式保证了数据的私密性，而密文分组链接-消息认证码模式保证了数据的完整性和认证性。

图 12-30 为 CCMP 加密数据报格式。该数据报比原始数据报延长了 16B，除了没有 WEP 的完整性检查向量（ICV）以外，它的格式与 TKIP 的数据报格式相同。

图 12-30　CCMP 加密数据报格式

与 TKIP 相同，CCMP 也采用 48b 的初始化向量，称为数据报数（PN）。数据报数和其他信息一起用于初始化 AES 加密算法，并用于消息验证码的计算和数据的加密。

图 12-31 显示了 CCMP 封装过程。在消息验证码的计算和数据报的加密中，AES 采用了相同的临时加密密钥。与 TKIP 一样，临时密钥也是由 802.1x 交换产生的主密钥生成的。

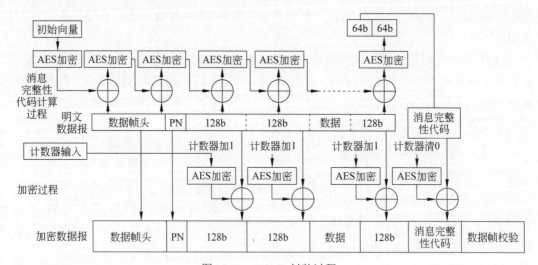

图 12-31　CCMP 封装过程

MIC 的计算与数据报的加密同步进行。在 MIC 的计算中使用了初始化向量（IV），该向量由一个标志值、PN 和数据帧头的某些部分组成。IV 在注入一个 AES 分组后的输出与数据帧头的某些部分异或后，再次注入另一个 AES 分组，这个过程重复下去生成一个 128b 的 CBC-MAC 值。该值的前 64b 被取出并附加到密文数据报后面。

计数器输入被注入一个 AES 分组加密盒，输出与 128b 的明文异或，计数器加 1 后这个过程继续进行，直到整个数据帧被加密。最后计数器被置为 0，输入到一个 AES 分组加密盒，输出与 MIC 异或后添加到加密数据报的后面。最后，将全部加密数据报进行传输。

CCMP 的解密过程基本上是上述过程的逆过程。最后一步是将计算得到的 MIC 值与收到的 MIC 值进行对比，以证明数据没有被篡改。

3. 上层认证协议

802.11i 标准并没有规定上层采用的认证协议，因为这些协议作用在三层以上，不在 802.11 规定的范围内。上层认证协议主要应用于企业网络，提供客户端和服务器的相互认证功能，并生成会话密钥用于数据加密。上层认证协议与 802.1x 配合使用，802.1x 主要用于确保上层认证协议的使用及正确地转发消息，而上层认证协议则提供实际的认证功能。很多企业会采用 Radius 服务器提供认证功能。最流行的认证协议包括：具有传输层安全的可扩展认证协议（EAP-TLS）、受保护的可扩展认证协议（PEAP）、具有传输层隧道安全的可扩展认证协议（EAP-TTLS）和轻量可扩展认证协议（LEAP）。

802.11i 的各组成部分应当作为一个整体来部署，任何部分独立使用都有安全缺陷。

12.3.3　WAP 的安全性

WAP（Wireless Application Protocol）是 IEEE 802.11 通用的加密机制 WEP 的升级版。与 WEP 相比，WAP 的安全性提升主要体现在以下 4 方面：①身份认证；②加密机制；③数据包完整性检查；④无线网络的管理能力。WEP 使用一个静态的密钥来加密所有的通信，而 WAP 不断地转换密钥。WAP 采用有效的密钥分发机制，可以跨越不同厂商的无线网卡实现应用。WAP 的另一个优势是，它使公共场所和学术环境安全地部署无线网络成为可能。

WAP 被广泛用于无线设备访问因特网，因为它是针对小显示屏和有限带宽的手持设备而设计的。

1. WAP 网络架构

如图 12-32 所示，WAP 网络架构由三部分组成：WAP 设备、WAP 网关和 Web 服务器。

图 12-32　WAP 网络架构

最早的 WAP 设备是多功能手机，除了提供传统的语音功能外，这种设备还包括一个 WAP 浏览器。后来，PDA 和 Pocket PC 上也提供了 WAP 浏览器功能。这些设备要么用无线 Modem，要么用无线电话的红外线端口连接到无线网络上。WAP 浏览器负责从 WAP 网关上请求页面并将返回数据显示在设备上。它能解释 WML 的数据，也可以执行用 WMLScript 编写的程序。但是由于设备性能的局限性，WMLScript 程序通常在 WAP 网关上执行，然后再将结果返回到 WAP 设备。

所有来自 WAP 设备的请求和数据都必须通过 WAP 网关转发到 Internet 上。WAP 网关的作用如下。

（1）**协议转换**。将无线数据协议（WDP）和无线传输层安全（WTLS）协议转换为有线网络协议，如 TCP 或 TLS。

（2）**内容转换**。将 HTML 网页转换成 WML 兼容格式。

（3）**性能优化**。压缩数据，减少与 WAP 设备的交互次数。

当 WAP 网关收到 WAP 设备的请求后，会将它转换成 HTTP 格式并从 Web 服务器上获得页面。

2. WAP 安全架构

WAP 的安全架构建立在无线传输层安全（WTLS）协议之上。

WTLS 协议是 WAP 采用的安全协议。它工作在传输层上，为 WAP 的高层协议提供安全传输服务接口。该接口保留了下面的传输层，并提供管理安全连接的机制。WTLS 的主要目的是给 WAP 应用提供机密性、数据完整性和认证服务。

WTLS 协议支持一系列算法。目前，保密性由分组加密算法（如 DES-CBC、IDEA 和 RC5-CBC）来实现；通信双方的认证通过 RSA 或 Diffie-Hellman 密钥交换算法来实现；而数据完整性由 SHA-1 或 MD-5 算法来实现。

WTLS 协议提供如下三类安全服务。

（1）**匿名认证**。客户端登录到服务器，但是客户端和服务器都无法确认彼此的身份。

（2）**服务器认证**。只有客户端确认服务器的身份，服务器不确认客户端的身份。

（3）**双向认证**。客户端和服务器彼此确认身份。

WTLS 协议是基于 TLS 协议开发出来的，但针对无线网络环境对 TLS 做了一些改变。首先，针对低延迟、低带宽的网络，WTLS 对 TLS 进行了优化。由于移动设备的处理能力和内存有限，WTLS 的算法族中采用了高效和快速的算法。其次，根据法律规定，必须遵守加密算法出口和使用的限制，所以在算法的选择上留有余地。虽然第三类服务提供了使用无线公钥基础设施（WPKI）的可能，但也带来了全新的问题，如用户的公钥/私钥对应该如何管理等。虽然密钥可以存储在 SIM 卡内，但是网络运营商需要对已经发放的 SIM 卡进行升级，这无疑会带来巨大的工作量。针对这个问题，WAP 论坛开发出了无线身份识别模块（WIM），它可以是虚拟的，即将身份信息存储到 SIM 卡中未用的存储空间内或存储在单独的卡上。目前，WAP 的应用大多采用匿名认证和服务器认证。服务器认证的认证过程如下。

（1）WAP 设备向 WAP 网关发送请求。

（2）网关将自己的证书（包含网关的公钥）发回 WAP 设备。

（3）WAP 设备取出证书和公钥，生成一个随机数，并用网关的公钥进行加密。

（4）WAP 网关收到密文并用私钥解密。

该过程虽然简单，但是它通过最少的交互在用户和网关之间建立加密隧道。不幸的是，WTLS 协议只对从 WAP 设备到 WAP 网关之间的数据进行加密，从 WAP 网关到 Web 服务器之间的数据则采用 SSL 协议加密。由于数据必须由 WTLS 格式转换成 SSL 格式，所以在一段时间内 WAP 网关上的数据以明文形式存在，这会带来安全问题。

WAP 也提供了一个使用 WMLScript 编写的 WAP 设备数字签名程序 SignText，该程序提供防抵赖服务。

3. 基于 WAP 网关的端到端安全

WAP 采用 WTLS 建立了两个 WAP 端点——WAP 设备和 WAP 网关之间端到端的安全连接。当 WAP 网关将请求转发给 Web 服务器时，系统使用 SSL 协议来保障安全性，这就意味着数据将在 WAP 网关上解密和加密。在提供 WTLS 到 SSL 转换的同时，WAP 网关还需对网页上的小程序和脚本进行编译，因为大部分的 WAP 设备都没有配备编译器。值得注意的是，在从 WTLS 转换到 SSL 的过程中，数据在 WAP 网关上以明文形式存在，因此，如果 WAP 网关没有妥善保护，数据的安全就会受到威胁。

为了弥补这一缺陷，WAP 提出了两点改进：第一，采用客户端应用代理将认证和授权信息传输给无线网络的服务器；第二，将数据在应用层加密，这样就保证了数据在整个传输过程中是加密的。

但是，WAP 网关最安全的应用方式还是把 WAP 网关设置在服务提供商的网络上，这样，客户端和服务提供商之间的连接就是可信的，因为解密过程是在服务提供商自己的网络上而不是在网络运营商的网络上进行的。

4. WTLS 记录协议

WTLS 记录协议从高层协议上获取原始数据，并对数据进行有选择的加密和压缩。记录协议负责保障数据的完整性和认证性。接收到的数据经过解密、验证和解压传输到上层协议。记录协议通过三步握手机制建立安全通信：首先，握手协议开始建立一个连接；然后，改变加密细节协议就通信双方采用的加密算法细节达成一致；最后，告警协议报告错误信息。这三个协议的工作内容如下。

（1）**握手协议**。所有的安全参数都在握手中确定。这些参数包括协议版本号、加密算法及采用认证和公钥技术生成的共享密钥等信息。

（2）**改变加密细节协议**。改变加密算法细节的请求可以由服务器或客户端发起，当收到请求后，发送者会由写状态转为挂起状态，而接收者也由读状态转为挂起状态。

（3）**告警协议**。有三种告警信息——警告、紧急和致命错误。告警信息可以采用加密和压缩方式传输，也可以采用明文方式传输。

12.3.4　WAPI 标准

WAPI（WLAN Authentication and Privacy Infrastructure）是我国自主研发、拥有自主知识产权的无线局域网安全技术标准，由 ISO/IEC 授权的 IEEE Registration Authority 审查并获得认可。WAPI 与现行的 802.11b 传输协议比较类似，区别是所采用的安全加密技术不同：WAPI 采用一种名为"无线局域网认证与保密基础架构（WAPI）"的安全协议，而 802.11b 则采用 WEP。

WAPI 安全机制由 WAI 和 WPI 两部分组成，WAI 和 WPI 分别实现用户身份认证和传输数据加密功能。整个系统由接入点（AP）、站（点）（STA）和认证服务单元（ASU）组成。

（1）**接入点**（Access Point，AP）：任何一个具备站点功能、可通过无线媒体为关联的站点提供访问服务能力的实体。

（2）**站（点）**（Station，STA）：无线移动终端设备，它的接口符合无线媒体的 MAC 和

PHY 接口标准。

（3）**认证服务单元**（Authentication Service Unit，ASU）：它的基本功能是实现对 STA 用户证书的管理和 STA 用户身份的认证等。ASU 作为可信任和具有权威性的第三方，保证公钥体系中证书的合法性。

1. WAPI 认证

WAPI 认证原理如图 12-33 所示。STA 与 AP 上都安装由 ASU 发放的公钥证书，作为自己的数字身份凭证。AP 提供 STA 访问 LAN 的受控端口和非受控端口的服务。STA 首先通过 AP 提供的非受控端口连接到 ASU 发送认证信息，只有通过认证的 STA 才能使用 AP 提供的数据端口（即受控端口）访问网络。

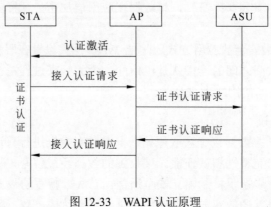

图 12-33　WAPI 认证原理

WAPI 认证过程如下。

（1）**认证激活**。当 STA 关联或重新关联至 AP 时，由 AP 发送认证激活以启动整个认证过程。

（2）**接入认证请求**。STA 向 AP 发出认证请求，即将 STA 证书与 STA 当前的系统时间发往 AP，其中，系统时间称为接入认证请求时间。

（3）**证书认证请求**。AP 收到 STA 接入认证请求后，首先记录接入认证请求时间，然后向 ASU 发出证书认证请求，即将 STA 证书、接入认证请求时间、AP 证书及 AP 私钥对它们的签名构成证书认证请求发送给 ASU。

（4）**证书认证响应**。ASU 收到 AP 的证书认证请求后，验证 AP 的签名和 AP 证书的有效性，若不正确，则认证过程失败；若正确，则进一步验证 STA 证书。验证完毕后，ASU 将 STA 证书认证结果（包括 STA 证书和认证结果）、AP 证书认证结果（包括 AP 证书、认证结果、接入认证请求时间）和 ASU 对它们的签名构成证书认证响应报文发回给 AP。

（5）**接入认证响应**。AP 对 ASU 返回的证书认证响应进行签名验证，得到 STA 证书的认证结果，根据此结果对 STA 进行接入控制。AP 将收到的证书认证结果回送至 STA。STA 验证 ASU 的签名后，得到 AP 证书的认证结果，根据认证结果决定是否接入该 AP。

至此，STA 与 AP 之间便完成了证书认证过程。若认证成功，则 AP 允许 STA 接入；若认证失败，则解除其关联。

2. WAPI 密钥协商与数据加密

STA 与 AP 认证成功后进行密钥协商的过程如下。

（1）**密钥协商请求**。AP 产生一串随机数据，利用 STA 的公钥加密后，向 STA 发出密钥协商请求。此请求包含请求方所有的备选会话算法信息。

（2）**密钥协商响应**。STA 收到 AP 发送来的密钥协商请求后，首先进行会话算法协商：若 STA 不支持 AP 所有备选会话算法，则向 AP 响应会话算法失败；否则，STA 在 AP 提供的会话算法中选择一种自己支持的算法。STA 利用本地私钥解密协商数据，得到 AP 产生的随机数，然后产生一个新的随机数，STA 利用 AP 的公钥对此随机数加密后，再发送给 AP。

密钥协商成功后，STA 与 AP 将自己与对方产生的随机数据进行"模 2 加"运算生成会话密钥，利用协商的会话算法对数据进行加/解密。为了进一步提高通信的保密性，通信一段时间和交换一定数量的数据之后，STA 与 AP 之间将重新进行会话密钥的协商。

习　　题

一、填空题

1. 无线网络面临的安全威胁主要有_____、_____、_____、_____和_____（请写出至少 5 种）。

2. GSM 网络由_____、_____、_____、_____、_____、_____和_____8 部分构成。

3. 3G 网络中接入链路数据保护方式有两种：_____和_____。

4. 4G 网络的安全改进包括：_____、_____、_____。

5. 4G 网络存在的安全缺陷包括：_____、_____、_____。

6. 5G 网络重点解决 8 方面的安全问题：_____、_____、_____、_____、_____、_____、_____、_____。

7. WEP 提供的主要安全功能包括：_____和_____。

8. WAP 的安全性提升体现在 4 方面：_____、_____、_____和_____。

9. WAPI 安全机制由_____和_____两部分组成。整个系统由_____、_____和_____组成。

二、思考题

1. 无线网络面临哪些安全威胁？请说明哪些是主动攻击，哪些是被动攻击。

2. 理解 2G 网络 AKA 协议的安全功能，指出安全三元组的安全作用。

3. 理解 3G 网络 AKA 协议的安全功能，指出安全五元组的安全作用及安全性改进。

4. 理解 4G 网络 AKA 协议的安全功能，指出安全四元组的安全作用及安全性改进。

5. 理解 5G 网络 AKA 协议的安全功能，指出安全五元组的安全作用及安全性改进。

6. 简要描述 WEP 的加/解密过程。

7. WEP 存在哪些安全问题？

8. 802.11i 中采用的 TKIP 针对 WEP 做了哪些改进？

9. 802.11i 中的加密模式有哪两种？它们的区别是什么？

10. 请简要描述 WAPI 认证的具体过程。

11. 假设在某种无线网络中，存在两个用户 Alice 和 Bob。如果 Alice 和 Bob 想进行两者之间的端到端安全保密通信，请你用前面所学的知识，设计一个 AKA 协议，实现以下两个安全目标：①两个用户之间的双向认证；②通信数据的保密。

三、应用题

Alice 和 Bob 想通过 Internet 实现双向的安全保密通信，网络拓扑如图 12-34 所示。请采用所学的密码协议知识，设计一个安全 AKA 协议，使两个通信终端实现双向认证和端到端加密的安全目标。

（提示：答案不唯一，可以采用所学的任何密码技术，只要能达到所要求的安全目标即可。）

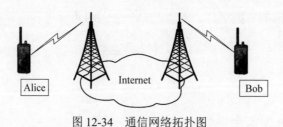

图 12-34 通信网络拓扑图

第 13 章

网络安全新进展

13.1 工业互联网安全

13.1.1 工业互联网的概念

工业互联网是工业系统与计算技术、通信技术、感应技术以及互联网深度融合形成的全新网络互联模式。工业互联网的本质是通过开放式的全球化工业级网络平台，将物理设备、生产线、工厂、运营商、产品和用户紧密联系起来，高效共享工业经济中的各种要素资源，通过自动化和智能化的生产方式降低成本、提高效率，帮助制造业延长产业链，推动制造业转型发展。目前工业互联网的三大体系包括网络体系、平台体系与安全体系。工业互联网体系架构如图 13-1 所示。

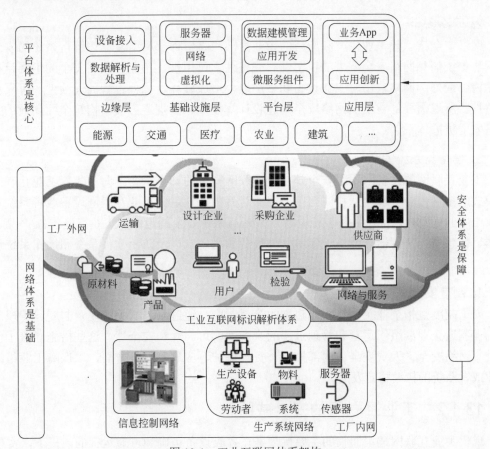

图 13-1　工业互联网体系架构

网络体系以数据信息作为载体，实现人、物料、设备、企业、车间等工业系统各节点以及设计、研发、生产、装配、检验、物流、服务等要素在各环节的深度互联互通，是工业互联网安全稳定运行的基础。

平台体系通过聚合数据、分析信息、构建应用模型、开发服务平台等手段实现生产智能控制与决策、状态感知与维护、资源优化管理、运营模式创新、产业生态培育，形成工业智能化的"神经中枢系统"，提高产品个性化开发能力和大规模生产效率，因此平台体系是工业互联网的核心。

工业互联网安全涉及制造业全价值链的各方面，包括数据安全、网络安全、设备与系统安全和制度安全等内容，任何对工业互联网的攻击和破坏都可能导致业务中断、生产线停摆或生产事故，直接影响消费者权益、企业竞争力、经济发展乃至国家总体安全，因此，安全体系是工业互联网的根本保障。具体安全保护分类如下。

1. 数据安全

数据是工业互联网平台功能实现的基础，通过对工业数据的采集、加工及分析，有助于提高过程监控、效率优化、降本增效以及决策支持等能力。由于工业互联网的协同发展，数据信息呈现出类型繁杂多样和数量与日俱增的特点。所以，针对不同种类数据的需求，利用不同的技术确保敏感数据如工艺参数、生产数据、安全数据等在访问、传输、存储与分析时得到保护，防止工业数据泄露、篡改或损坏。

2. 网络安全

网络安全指承载工业生产和应用的企业内部网络、外部网络及标识解析系统的安全。不同于传统信息网络安全要求的机密性、完整性、可用性，工业互联网安全的主要目标是防止内部或外部网络攻击对工业设备和生产过程造成破坏，确保过程的连续性、可靠性与完整性。所以需要针对工业网络安全问题设计防控及风险规避方案，构筑全面高效的工业网络安全防护体系。

3. 设备与系统安全

工业互联网的设备与系统安全是工业互联网安全的一个重要方向。随着工业互联网服务模式的拓展，业务环境从相对封闭变得相对开放，这就使工业互联网设备或者系统暴露在攻击者的视野内，面临各种安全隐患。设备与系统安全就是保护工业智能装备/产品、控制器、传感器、执行器、通信设备等硬件设备和系统，以及防止软件系统和操作系统遭受攻击。

4. 制度安全

安全制度是指工业企业或联盟建立的管理制度，通过制定相关的规章制度、管理制度来确保制造企业或组织运营和管理过程的合规性、可靠性和安全性。这些措施涵盖了信息安全、网络安全、人员安全、内部控制、资产保护、应急管理等方面，以保障工业组织、企业或者系统的持续稳定发展。

13.1.2　工业互联网的安全威胁

现代工业互联网建设面临的主要挑战是在各类设备正确和可靠运行的前提下，实现低

工业互联网
的安全威胁

成本的多重实时安全防护。与传统信息系统成熟的安全防护体系相比，含有大量 CPS 设备的工业互联网安全防护措施相对滞后。因此，在传统信息系统和 CPS 系统集成联网后，工业互联网更容易遭受网络攻击。

1. 体系架构的安全威胁

工业互联网体系架构的脆弱性与工业控制系统的基本架构密切相关。现代工业系统所使用的工控架构，与 20 世纪 80 年代和 90 年代使用的架构相比，其实没有大的改变，之所以没有进行大规模的更新换代，主要有以下三个原因：①一些架构已经被测试过许多年，目前它们运行稳定，无重大安全事故；②部署一个全新的架构成本极高，企业需要投入大量的人力、物力和财力，而且影响正常的生产和经营；③从工程师的角度出发，既然现有架构能够满足客户需求，且系统安全运转，也就没有必要更新换代。

同时，如果能够做到工业系统管理网络与控制网络之间的强分离，如物理隔离，那么的确能很好地杜绝入侵。但事实上管理网络与控制网络之间是一种弱分离的情况，虽然包含 PLC 的设备控制网络是工业控制系统体系结构的内部部分，但是往往缺少有效的防护，专业入侵者可以比较容易地到达设备控制网络层，导致工控安全事故的频发，引发错误操作损坏设备。

不仅如此，由于传统的现场工业网络大多处于封闭的环境中，所以没有必要对网络上连接的不同元素之间集成身份验证机制，这就意味着工控系统的关键组件，如操作员站、工程师站、服务器、执行器、工控数据交换服务器等都缺乏认证管理。缺乏身份认证意味着体系架构存在巨大漏洞，该漏洞可能被利用进而对系统造成损害。

2. 运维管理的安全威胁

对大多数信息系统而言，安全补丁很重要，如 Windows 等操作系统。但在实际的工控系统中，往往缺乏合适的补丁软件。补丁程序可能会对工控系统软件产生干扰，因为补丁需要重新启动系统才能生效，这会干扰生产系统的运行。对于石油化工、高炉冶炼等行业，系统运行中是不允许出现几分钟这样的中断的。如果要更新系统，需要在非工作时段进行操作和更新，这对大规模的生产系统来说是个耗时、耗力的工作。也正是因为这个原因，安全补丁策略在工控系统中应用较少，工程师在完成生产任务后大多不愿再花费大量的业余时间进行大面积系统更新。

同样，由于杀毒软件可能影响工控软件的实时运行，很多工控系统不直接接入互联网，采用尽可能保持控制网络隔离的策略，很少或不使用防病毒更新策略。

还有就是缺乏迭代安全分析的问题。企业在采购新服务、新设备时，一般会提出相应的安全要求，评估新系统的脆弱性，尽量降低系统风险。但是，这些评估和措施往往是"一次性分析"，缺乏定期的安全检查与风险评估，这与企业管理水平、相关制度和人员素质都有一定关系。

3. 工业软件的安全威胁

工控系统的运行几乎是由程序代码管理的，不能保证软件完全没有安全性缺陷。典型的工控系统安全威胁有以下几种。

（1）缓冲区溢出。多数工控组态软件都会用文件作为程序的输入，而畸形的文件格式往往会引发诸如整数溢出、缓冲区溢出等文件格式解析类漏洞；工控组态软件在安装时会注册一些 ActiveX 控件，这些控件通常封装着一些逻辑较为复杂的操作，这些操作对参数输入检查不严格会引发严重的缓冲区溢出问题；不少工控软件都存在着一些专有工控通信协议，而异常协议报文会触发拒绝服务或缓冲区溢出，这些从协议触发的漏洞归为专有工控通信协议类。该类漏洞的分析，需要收集并详细分析工控通信协议的格式，若协议格式不公开可通过逆向分析或分析数据包之间的规律获得。

（2）SQL 注入。由于程序员的水平参差不齐，有些程序员在编写代码时，没有对用户输入数据的合法性做出足够判断。用户可以通过提交特殊的 SQL 查询代码，根据程序返回的结果，获得想要得知的特定数据。据乌云漏洞平台统计，约 84% 的工控安全威胁事件存在 SQL 注入漏洞，严重威胁数据安全和工控网络安全。

（3）操作提权。WinCC 是常用的工控系统，其提权操作可分为纵向提权与横向提权。前者是指低权限角色获得高权限角色的权限；后者是指获取同级别角色的权限。WinCC 常用的提权方法有系统内核溢出漏洞提权、数据库提权、错误的系统配置提权、组策略首选项提权、Web 中间件漏洞提权、DLL 劫持提权、滥用高危权限令牌提权、第三方软件/服务提权等。

（4）Web 应用程序漏洞。随着工业互联网的深入应用与业务扩展，很多工控系统直接或间接地基于 Web 应用程序接入了互联网，这些漏洞给了攻击者可乘之机。Web 应用的安全事件一直不断出现，在每一年的安全报告里，由 Web 应用漏洞而引发的安全事件占 50%～60%，每年因为 Web 应用程序漏洞所造成的经济损失巨大。在各种 Web 安全漏洞中，跨站脚本漏洞一直在 Web 应用安全组织 OWASP 所评的十大安全漏洞之中，也是 Web 应用中最为普遍，影响严重的安全漏洞，被黑客称为新型的缓冲区溢出漏洞。

（5）拒绝服务攻击。例如模拟上位机向 RTU 发送无意义的信息，消耗控制网络的处理器资源和带宽资源，使设备无法正常运行。

（6）中间人攻击。缺乏完整性检查的漏洞使攻击者可以访问到生产网络，修改合法消息或制造假消息，并将它们发送到下位机，直接造成贵重设备的瘫痪或损坏。

4. 工控系统通信协议脆弱性

大部分的工控系统协议，如 Modbus、DNP3、IEC60870-5-101 等，都是在多年前设计、广泛应用的，这些协议大多基于串行连接进行网络访问。随着计算机网络技术的发展，以太网逐渐成为制造业广泛使用的本地网络连接，它通常基于 TCP/IP 实现通信连接。

大多数工控协议在设计时仅考虑了功能实现、效率提高、可靠性等方面，因为这些特性的确是工控系统最关心的，加上工控系统有一定的物理隔离性，基本没考虑过安全问题，因此普遍缺乏用户认证和消息保密传输机制，难以抵抗假冒攻击和重放攻击；缺乏验证消息完整性的技术，一旦原始消息内容被攻击者修改，很难被发现。

13.1.3 工业互联网安全关键技术

工业互联网安全关键技术

在工业互联网的演进过程中，常规安全防御手段应对层出不穷的安全风险逐渐落伍。工业互联网安全受到的威胁日益严重，亟须开发新的安全技术。下面主要介绍工业大数据安全技术、入侵检测技术、密码技术、安全编排与自动化响应（SOAR）技术、高交互工控蜜罐技术、网络边界防护技术、工业主机防护技术和态势感知技术等工业互联网安全关键技术。图 13-2 给出了工业互联网安全关键技术。

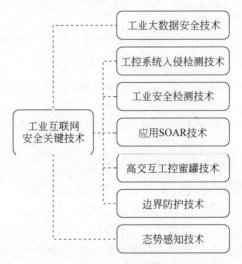

SOAR：安全编排自动化与响应

图 13-2　工业互联网安全关键技术

1. 工业大数据安全技术

工业大数据是指在工业生产和运营过程中所产生的大规模、多源、高维度的数据，这些数据包含工业生产和运营的各种信息，如生产过程数据、设备运行数据、产品质量数据等。保障工业大数据的安全对于保障工业生产和运营的连续性和稳定性至关重要。为了保障工业大数据的安全，需要综合运用多种关键技术。

（1）数据感知安全防护技术。该技术的主要作用是对工业大数据采集过程进行安全防护：一是智能化的数据分级与分类标注，按照不同的数据类别及其敏感级别采用不同的数据安防策略；二是对数据源进行可信性验证，主要通过生物认证以及可信认证等技术；三是对内容进行安全检测，主要包括以学习为基础的有限状态机检测、安全检测以及以规则为基础的安全检测技术。

（2）数据传输安全防护技术。工业大数据具有快速传输的要求和海量数据流的特征，在动态传输过程中要保障其完整性和机密性。应用在工业大数据安全方面的数据传输技术主要包括威胁监测、跨域安全交换和高速网络加密传输等技术。具体而言，可通过 FPGA 控制模块对各种存储器和接口进行控制，通过 PCI 芯片对各类主线与解密控制器进行控制，确保工业大数据在传输过程中的安全性。

（3）数据存储和云计算安全防护技术。此项技术主要包括三种形式：一是对工业大数据进行安全存储，其主要的应用目的是对云环境中大批量、多用户形式的异构数据进行安全存储；二是备份恢复，此项技术的主要作用是对高密集度数据、元数据以及访问频次高的特殊数据进行备份；三是基于云计算的数据分析，由于云计算的特点，需要对数据来源、访问控制、接口进行必要的防控，通过基于密码技术的身份认证、授权管理和数据加密访问等手段，保证云计算下的数据安全。

（4）数据加密技术。对工业大数据进行加密保护，可以防止数据在传输过程中被窃取或篡改，保证数据的机密性和完整性。常用的加密算法包括 AES、DES、RSA、DSA、ECC

等。此外，还有同态加密、安全多方计算、机密计算等加密技术。

2. 工控系统入侵检测技术

入侵检测技术是指通过对网络流量和系统状态的监测，检测并识别系统中的各种异常和攻击行为，并及时采取相应的安全措施来保障系统的安全性。工控系统入侵检测技术是指针对工业控制系统的特殊要求，开发出的一种入侵检测技术。工控系统入侵检测技术主要包括以下几种。

（1）签名检测技术。签名检测技术是指通过事先建立攻击特征库，对系统中的网络流量和日志进行实时比对，从而识别出已知的攻击行为。这种技术具有较高的检测准确性和实时性，但对于未知的攻击行为无法进行有效的检测。

（2）基于行为的检测技术。基于行为的检测技术是指通过对系统中的网络流量和日志进行实时监测，建立出系统的正常行为模式，一旦发现与正常行为模式不一致的行为，就认为是异常行为或攻击行为。这种技术能够检测出未知的攻击行为，但需要较长的时间来建立出系统的正常行为模式，并且对于一些误报和漏报的情况比较敏感。

（3）基于机器学习的检测技术。基于机器学习的检测技术是指通过对大量的样本数据进行训练，建立出系统的正常行为模式，并通过对新的网络流量和日志进行分类判断，从而识别出异常行为和攻击行为。这种技术具有较高的准确性和实时性，但需要大量的训练数据和计算资源。

3. 工业安全检测技术

工业安全检测技术是预防和控制工业安全事故的有效手段，它不仅能够提高工业安全水平，减少安全事故的发生，还能保障工业生产的连续性和稳定性。工业安全检测技术主要经历了手工检测、单点监测、网络化监测、智能化监测、大数据监测五个阶段，相关的主要技术如下。

（1）传感器技术。传感器是工业安全检测技术的基础，可以实现对工业设备运行状态的实时监测和数据采集。目前，传感器技术已经非常成熟，涵盖了温度、压力、电流、电压、流量等多方面，能够满足不同工业场景的需求。

（2）嵌入式系统技术。嵌入式系统是指将计算机系统嵌入具体的物理设备中，以实现对设备的控制和监测。嵌入式系统技术可以实现对工业设备的实时监测和控制，能够及时发现和解决设备故障和安全隐患。

（3）数据分析技术。数据分析技术是指将大量的数据进行分析和处理，从中发现有用的信息和规律。在工业安全检测中，数据分析技术可以对传感器采集的数据进行分析和处理，从而发现设备的异常情况和安全隐患。

（4）人工智能检测技术。在工业安全检测中，人工智能技术可以通过对设备历史数据的分析和学习，预测设备未来可能出现的故障和安全隐患。

（5）无线通信技术。无线通信技术可以实现对工业设备的远程监测和控制，从而减少工人的劳动强度和人为操作的误差。同时，无线通信技术还能够实现设备之间的联网，从而实现设备之间的协同工作。

4. 应用 SOAR 技术

工业互联网中大多数安全工具和系统都是相互独立的，其部署和使用的方法各不相同。

当前，大多数网络安全设备依然依赖手动部署，而其复杂的安全策略需要相关的安全人员具有较高的业务水准和丰富的领域知识。并且，面对繁复多样的攻击手段和层出不穷的攻击事件，安全人员往往需要根据自己的经验和知识主观判断并选择合适的安全设备和策略来进行抵御和防护。然而，针对某些特定的攻击事件，进行响应的模式和套路往往十分固定，大量重复枯燥的工作使得安全人员疲于应付而无法从事具有创造性的安全研发工作以推动安全产业进步。

安全编排、自动化与响应（SOAR）是人员、流程、技术融合的智能协作系统，核心是实现跨产品、跨组件的安全能力编排，缩短安全事件响应时间，提高安全事件响应的准确率。SOAR 对安全工具和专家的行动进行规划、整合、合作和协调，针对跨多个技术范式的安全事件，能够产生安全动作并进行自动化响应。它旨在将分散的检测和响应技术结合起来，从网络整体的安全运维的角度直观地展示这些技术，增强安全管理，提高其性能。这样技术人员无须掌握大量专业知识和了解底层架构，就可以解决一系列安全问题。SOAR技术在工业领域面向异构企业、异构安全设备，构建统一化、标准化的安全接口体系，打破各个安全企业安全设备的孤岛形态，建立可信任的安全联动体系。国外已在工业安全领域实际应用了 SOAR 技术，如西门子股份公司实现了不同业务场景的安全策略定制、不同安全需求及业务的安全策略选择和部署，以色列 Cyberbit 公司的 SOAR 产品也在工控安全领域得到应用。目前，我国以制造业为代表的各大企业虽已部署相关安全设备，但没有统一、标准的安全接口，无法整合设备和产品的安全能力以实施自动化的响应和处置。因此，亟须应用 SOAR 技术，通过各类安全能力的协同，为网络安全领域的一体化响应奠定基础。

5. 高交互工控蜜罐技术

高交互工控蜜罐技术指对工业互联网主机、控制及边缘设备、工业协议、工业互联网平台、相关业务和应用进行高交互虚拟仿真；提供更真实的攻击系统，采集和分析攻击数据，准确掌握工业互联网攻击行为特征，为开展安全防护工作提供决策支撑。国外在工业互联网设备和协议仿真方面已有相关成熟产品的部署应用，如 CryPLH、Xpot 等高交互工控蜜罐，支持监管部门有效掌握威胁情报信息。

我国相关技术处于研发和产品试点应用阶段，但成熟产品仍为空白。工业互联网设备参与的协议种类繁多、技术性壁垒强，如设备多采用无线协议进行通信而难以进行高交互仿真。工业高交互仿真技术的核心在于支持 Modbus、Dnp3、Siemens S7 等多种工控协议以及 SCADA、DCS、PLC 等工控设备的高交互模拟能力；相对全面地捕获攻击者的访问流量，分析取证攻击行为，为工业互联网安全事件的预警、预测提供数据支撑。

6. 边界防护技术

为防止来自网络外界的入侵需在网络边界上建立可靠的安全防御措施。一般来说，网络边界上的安全问题主要有信息泄密、入侵渠道、木马入侵。在互联网领域通常采用 IT 防火墙作为边界防护手段，但 IT 防火墙只支持少量通信协议，无法满足工业领域 OPC UA 和 Modbus 等工业通信协议的协议解析和低时延通信要求。在工业互联网网络边界防护中，根据网络边界的性质配置满足工业通信协议要求的特定工业防火墙，以便在抵御网络攻击的同时，确保通信端口与通信服务器的稳定连接，保障不同工业通信协议的深度解析和低时延通信。另外，工业防火墙将实时监测各种工业通信指令，阻隔不安全的通信服务。

7. 工业主机防护技术

在互联网领域，采用防病毒技术保护传统 IT 主机，依托互联网自主升级病毒库，高效地识别和查杀网络病毒。在工业领域，通过关闭不需要的配置端口、用户账号的基本权限认证、访问进程的监控审计等措施加固工业主机，降低网络攻击风险，保障工业主机的安全性。在工业互联网环境下同时采取工业主机加固技术和防病毒技术，形成双重保障，可以有效防止工业主机受到恶意网络和勒索病毒的攻击。

8. 态势感知技术

态势感知是以不同态势为基础的识别和洞悉安全威胁的技术。通过态势感知技术，对工业生产过程的业务数据、质量数据和安全数据进行采集和分析，对各种工业设备、工业控制系统、工业网络和工业 App 的工作情况进行实时跟踪和监测，同时基于工业互联网不同安全态势数据，分析和预测工业互联网安全风险，实现安全风险的感知和预警。

13.2 物联网安全

物联网的
概念

13.2.1 物联网的概念

物联网（Internet of Things，IoT）是指通过各种信息传感器、射频识别技术、全球定位系统、红外感应器、激光扫描器等装置与技术，实时采集需要监控、连接、互动的物体或过程，采集其声、光、热、电、力学、化学、生物、位置等需要的信息，通过各种可能的网络接入，进行物与物、物与人的泛在连接，实现对物品和过程的智能化感知、识别和管理。物联网是一个基于互联网、传统电信网等的信息承载体，它让所有能够被独立寻址的普通物理对象实现互联互通。

物联网概念最早由比尔·盖茨在 1995 年出版的《未来之路》中提出。2005 年，国际电联（ITU）发布 *Internet Reports 2005: the Internet of Things*，从产业特征、相关技术、潜在市场、全新挑战、应用前景等方面介绍物联网技术[ITU 2005]。报告指出，物联网包括人与物、物与物之间的连接，使得在任何时间、任何地点，任何主体都可以连接通信，实现信息交互。随后，世界各国相继将发展物联网提上日程，并制定了详细的规划。

物联网的特征主要体现在以下三方面：①**全面感知**，利用 RFID、传感器、二维码等随时随地获取和采集物体的信息；②**可靠传输**，通过无线网络与互联网的融合，将物体的信息实时准确地传递给用户；③**智能处理**，利用云计算、数据挖掘以及模糊识别等人工智能技术，对海量数据和信息进行分析和处理，对物体实施智能化的控制。从物联网的三大特征上讲，物联网反映了人类对现实世界更深入、透彻地感知需求，物联网是互联网和通信网的网络延伸和应用拓展，是对新一代信息技术的高度集成和综合应用。

在物联网早期阶段，主要研发与应用方向是条形码、RFID 等技术在商业零售、物流领域中的应用。随着传感器技术、近程通信以及计算技术等的发展，物联网的研发和应用已经拓展到越来越多的领域，物联网行业应用版图不断扩大，主要应用场景分为工业、社会民生产业和国家安全产业三大类：在工业中的典型应用包括智能电网、智能制造、工控系统、智能物流等；在社会民生产业中的应用包括智能家居、智能交通、智慧医疗、智慧城市、智能农业等；在国家安全产业中的应用包括食品药品安全、军事安全等。

物联网形式多样，技术复杂。根据信息生成、传输、处理和应用的原则，目前业界公认的物联网体系结构由感知层、网络层、应用层三个层次构成，如图 13-3 所示。

图 13-3　物联网组成架构

（1）**感知层**：位于物联网体系结构的最底层，实现对物理世界的智能感知识别、信息采集处理和自动控制，并通过通信模块将物理实体连接到网络层和应用层。感知层通常由传感器设备和无线传感器网络组成，通过数据采集设备（RFID 标签、传感器节点和摄像头等）收集数据，并使用 RFID、蓝牙或其他技术上传。该层是物联网的基础，其关键技术包括 RFID 技术、条形码、传感器技术、无线传感器网络技术、电子代码 EPC 等。

（2）**网络层**：是物联网信息和数据的传输层，主要实现信息的传递、路由和控制，将感知层采集到的数据通过集成网络传输到应用层进行进一步的处理。网络层包括接入网和核心网。接入网可以是无线近距离接入，如无线局域网、ZigBee、蓝牙、红外，也可以是无线远距离接入，如移动通信网络、WiMAX 等，还可能是其他形式的接入，如有线网络接入、现场总线、卫星通信等。网络层的承载是核心网，通常是 IPv4 网络。该层是数据交互和资源共享的关键一层，是数据与服务的桥梁。网络层的关键技术包括 ZigBee、Wi-Fi 无线网络、蓝牙技术和 GPS 技术等。

（3）**应用层**：是物联网三层架构中的顶层，主要提供数据处理和其他服务，接收来自网络层的数据，并交由相应的管理系统处理以提供用户请求的服务。在物联网中，应用层既是用户接口，也可以用作设备之间的通信信道，其中每个应用具有不同的服务要求，如智能电网、智能交通、智能城市等。应用层包括应用基础设施/中间件和各种物联网应用，其中应用基础设施/中间件为物联网应用提供信息处理、计算等通用基础服务设施、能力及资源调用接口，并以此为基础实现物联网在众多领域的各种应用场景。应用层的关键技术主要有云计算技术、软件和算法、信息和隐私保护技术、标识和解析技术等。

物联网各层之间既相对独立又紧密联系。同一层上的不同技术互为补充，适用于不同环境，构成该层技术的全套应对策略。而不同层次提供各种技术的配置和组合，根据应用需求，构成完整的解决方案。

物联网的安全威胁

13.2.2 物联网的安全威胁

物联网作为传统网络的延伸和拓展，不可避免地继承了传统网络的安全特征，当前互联网面临的拒绝服务攻击、恶意脚本、病毒等安全风险在物联网中依然存在。此外，由于物联网的感知设备存在特殊性，如资源受限、海量性等，传统的安全解决方案不能很好地应用于物联网，且物联网的应用场景丰富多样，这些都对物联网提出了新的安全挑战。

在感知层，节点设备的能耗、算力有限导致传统安全解决方案无法很好地部署，且对海量节点进行软硬件更新升级难度较大，节点设备容易遭受恶意攻击、恶意接入，甚至可能被恶意软件感染形成僵尸网络进而引发分布式拒绝服务攻击（Distributed Denial of Service，DDoS）等。网络层的主要安全问题是如何保证无线网络中海量数据的传输安全，因此无线通信协议的安全性、异构网络跨域认证等安全问题被引入物联网系统。基于物联网海量数据和海量用户的特点，过程隔离、信息流控制、访问控制、软件更新等传统应用层安全保障机制在 IoT 场景下都面临挑战，此外，应用层还需要考虑数据的生命周期管理、隐私保护、数据处理等安全问题。

以图 13-3 所示的物联网组成架构为例，各层面临的安全威胁如下。

1. 感知层安全威胁

感知层的主要功能包括感知数据采集、处理和传输，可将感知层安全威胁划分为数据采集安全威胁、数据处理安全威胁和数据传输安全威胁。

（1）数据采集安全威胁：感知设备采集数据操作中最大的威胁是物理层面的安全威胁，不安全的物理环境可能造成感知设备丢失、位置移动或无法工作等问题。由于感知节点或设备本身算力有限、安全防护能力缺失，这些节点或设备可能被捕获、恶意控制，根据其在传感器网络中的不同功能，其被捕获和控制产生的危害程度也不同。常见攻击有节点捕获攻击，以物理方式替换整个节点从而获取访问权限，攻击者往往以节点捕获攻击为跳板，实现很多后续复杂攻击；睡眠剥夺攻击破坏设备原有的睡眠程序，使设备保持唤醒状态，电池寿命耗尽，从而导致节点关闭，也是一种拒绝服务攻击。

（2）数据处理安全威胁：相较于云端，感知设备更贴近信息源，收集的数据中包含大量隐私数据，这些敏感数据可能会被攻击者直接篡改或加以利用，而多数感知设备缺少敏感数据保护手段，且没有明确的信息访问控制规范，因此感知层将面临更大的信息泄露风险。感知数据处理过程中常见的攻击有恶意代码注入攻击、节点复制攻击和虚假数据注入攻击。

（3）数据传输安全威胁：感知设备间的网络通信主要依靠无线通信协议，但适用于通用计算设备的安全防护机制由于感知设备计算资源等的限制很难在物联网中实现，物联网通信机制存在较大的安全隐患。感知设备通信传输的数据包括感知数据，以及支撑感知应用所需的审计信息、认证信息、策略配置信息等数据，其面临的主要安全威胁包括窃听、重放攻击、密码分析攻击、侧信道攻击等。

2. 网络层安全威胁

网络层通过各种网络接入设备与移动通信网和互联网等广域网相连，把感知层收集到的数据快速、安全地传输到应用层。网络层的主要安全问题包括单一网络内部的信息安全传递问题和不同网络之间的信息安全传递问题。现阶段对网络层的攻击仍然以传统网络攻击为主，但随着网络层通信协议的不断增加，数据在不同网络间传输会产生身份认证、密钥协商、数据机密性与完整性保护等安全问题。主要的安全威胁可以分为以下三大类，包括路由攻击、拒绝服务攻击和身份认证攻击。

（1）路由攻击：作为一种传统网络攻击，路由攻击在物联网中应用广泛，例如，对路径拓扑和转发数据等正常操作的恶意破坏行为，以及利用路由协议的漏洞和节点算力有限的特点进行 Sinkhole 攻击、Wormhole 攻击、选择性转发攻击、路由信息攻击等。

（2）拒绝服务攻击：DoS 攻击通过攻击网络协议或大流量轰炸物联网网络，消耗物联网中所有可用资源，使物联网系统的服务不可用。由于物联网节点资源有限，大部分节点都容易受到拒绝服务攻击。除传统的 DoS 攻击外，针对物联网可以进行诸如阻塞通道，消耗带宽、内存、磁盘空间或处理器时间等计算资源，破坏配置信息等攻击。

（3）身份认证攻击：网络层的主要安全问题是接入安全，感知设备接入物联网传输网络需要进行身份认证，不同架构网络的相互连通面临异构网络跨网认证等安全问题。此外，根据物联网的传输介质不同，其面临的接入安全威胁也不同。总体来说，接入安全的主要威胁是身份认证攻击，具体包括欺骗攻击、中间人攻击和 Sybil 攻击等。

3. 应用层安全威胁

应用层的安全威胁集中在软件攻击上，攻击者利用已知的软件漏洞破坏物联网应用程序。对应用程序的攻击主要破坏应用层数据的机密性、完整性和可用性：针对物联网产生的海量数据，不合理的访问控制会导致数据泄露；在数据传输过程中，非授权用户修改数据会破坏数据完整性；恶意攻击期间保护数据的安全工具不能影响授权用户对数据的合法使用。主要的安全威胁有以下几方面。

（1）软件漏洞攻击：攻击者通过向应用程序中注入蠕虫、特洛伊木马等，对物联网应用程序进行自我传播攻击，以感染应用程序，从而获取或篡改机密数据。例如，蠕虫攻击在短时间内感染尽可能多的计算机，同时避免被检测到，进而远程控制受感染的计算机，也可以作为 DoS 攻击、钓鱼攻击等的前序攻击。攻击者使用恶意脚本以破坏物联网的系统功能，当用户向 Internet 请求服务时，攻击者可以轻易欺骗用户运行恶意脚本（Java 攻击小程序、Active-X 脚本等），可能导致数据泄露，甚至系统关闭等安全问题。

（2）拒绝服务攻击：攻击者通过应用层对物联网网络执行 DoS 攻击，使一些关键的云服务消耗大量的系统资源，导致云服务器的响应变缓或没有响应，从而阻止合法用户访问云服务，还可为攻击者提供完整的应用层、数据库和私人敏感数据的访问权限。

（3）隐私数据泄露：攻击者借助钓鱼攻击欺骗受害者提供敏感信息，或诱导受害者访问恶意 URL 从而攻击受害者的系统。此外，物联网中产生的海量数据中包含用户隐私信息，应用程序的身份认证机制、数据保护技术和数据处理过程不够完善，会导致用户隐私数据泄露甚至会危害整个系统。在物联网的某些特殊上下文中，例如，定位服务中存在位置隐私和查询隐私的隐私安全问题，攻击者利用这类隐私数据可以分析用户的居住位置、收入、行为等敏感数据，导致个人信息泄露。

随着物联网应用的不断升级和技术的不断发展，攻击方式和威胁也在不断变化，新的安全问题不断涌现。下面介绍几种典型的安全问题。

（1）物联网设备配置漏洞与分布式拒绝服务攻击

物联网设备具有分布广、功耗低、节点安全配置弱等特点。许多 IoT 设备厂商在生产设备时，对安全性并不关注和重视，设备往往采用弱的默认密码且不允许用户修改，远程登录的端口默认开启，使得攻击者可轻易爆破设备完成入侵。一旦感知终端、节点被物理俘获或者逻辑突破，攻击者可以利用简单的工具分析出终端或节点所存储的机密信息，同时攻击者可以利用感知终端或节点的漏洞进行木马或病毒的攻击，使节点处于不可用状态，进行非授权访问使设备成为僵尸设备，实施 DDoS 攻击。

（2）端口设置错误与开放端口利用

IoT 设备端口的设置不正确容易导致攻击者恶意利用开放端口实施远程攻击。如利用 UPnP（Universal Plug and Play）的脆弱性，攻击者可以在路由器的外网端口开启一个端口映射通道，该通道既可以通向内网，也可以通向其他外网地址，从而将受控设备转换为一个网络代理，为攻击者的其他行为提供便利。2018 年，Akamai 等统计表明，在 350 万台设备中，有 27.7 万台运行着存在漏洞的 UPnP 服务，已确认超过 4.5 万台设备在 UPnP NAT 注入活动中受到感染。网关处设置的网络地址转换（NAT）可以为内网中的设备提供内部地址且对外部屏蔽非必要的内网服务，可为内网设备提供一定安全防护。随着越来越多的物联网设备在设计过程中采用了 UPnP 技术，攻击者可以直接接触并渗透进网关背后的内网设备，威胁智能终端与内网设备的运行安全与数据隐私。端口开放导致网络边界被扩大，攻击者的攻击向量更加丰富。

（3）设备与系统不能及时更新

工业物联网设备的部署加快了工业自动化进程，在国家经济基础的关键环节发挥重要的作用。但近年来，全球爆发过多起针对工业物联网的安全事件。主要原因包括设备和系统不及时更新，人员知识储备不足等。

（4）新兴技术引入的安全风险

为了满足物联网发展所要求的有海量连接、低成本、低能耗、高数据速率、低时延、高可靠性、大网络规模、海量数据等需求，学术界与工业界都尝试引入新一代智慧技术，包括在感知层与网络层引入新技术（如 5G、IPv6 等），在网络层引入组网架构新技术（如 SDN、NFV 等），在应用层引入数据处理新技术（如 AI、GAN、大数据等）。其中，5G 技术主要应用于数据传输、集群技术、能源供应、物联网架构等方面，而 IPv6 技术主要为解决网络寻址问题。SDN 与 NFV 技术主要用于网络控制、威胁管控与服务优化。AI、GAN 等技术则被用于实现物联网安全、决策支持、边缘计算等功能，大数据技术可从决策支持、数据管理、云端服务等方面为物联网提供支撑服务。新兴技术在给万物互联带来机遇的同时，也会带来新的技术挑战。例如，5G 互联网的网络可扩展性、技术与监管方案标准化问题，SDN 网络的安全问题，NFV 技术的性能损失与整合成本控制问题，深度学习、大数据处理技术引入的用户隐私问题，AI 对抗技术引入的安全与可靠性问题等。

物联网的安全问题不仅是技术问题，还涉及教育、信息安全管理、口令管理等非技术因素。在物联网设计和使用过程中，除了需要加强技术手段提高物联网安全的保护，还应注重影响物联网安全的非技术因素，从整体上防范信息被非法获取和使用。

13.2.3 物联网安全需求与关键技术

物联网的根本安全需求是保障物联网系统的机密性、完整性、可用性、可控性和不可否认性。在这些通用目标之外，还有一些新特征，主要体现在普适性、轻量级、易操作性、复杂性和隐私保护等方面。图 13-4 总结了感知层、网络层和应用层的通用安全需求与关键技术[Wu 2015]。

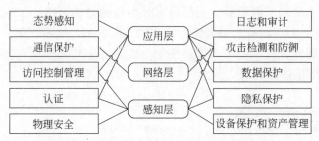

图 13-4 物联网的主要安全需求与关键技术

物联网安全关键技术如下。

（1）**物理安全**：部署已有的物理安全防护措施，增强节点或设备的物理安全性。

（2）**设备保护和资产管理**：对物联网设备进行全生命周期控制，定期审查配置、升级固件；通过数字签名对代码进行认证，以保护物联网系统免受恶意代码和恶意软件的侵害；用白盒密码应对逆向工程。

（3）**认证**：多数物联网设备访问无认证或认证采用默认密码、弱密码，从而很容易被破解。因此需要对物联网中的海量节点或设备进行强身份认证和访问控制。当新设备接入网络，接收或传输数据前进行身份认证，正确识别新设备后再进行授权，确保恶意节点无法接入。另一方面，用户应提高安全意识，采用强密码并定期修改密码。

（4）**访问控制管理**：对物联网中的海量设备进行身份和访问管理，使用安全访问网关以保证边界安全。基于物联网的海量数据和用户的多样性，不同应用需求对共享数据的访问权限不同，需要根据不同访问权限设计访问控制策略，对用户和引用进行访问控制，以确保数据的隐私和系统的安全。

（5）**数据保护**：物联网设备使用误差检测机制，确保敏感数据不被篡改，保护数据完整性；每个设备的 RFID 标签、ID 和数据都需要加密，保护数据机密性。特殊情况下进行匿名化数据采集和处理，以隐藏设备的敏感信息，如设备位置和标识。采用杂凑算法、校验机制、密码算法保证数据传输和存储的完整性和机密性，包括鉴别数据、重要业务数据、重要审计数据、重要配置数据等。

（6）**隐私保护**：物联网应用和用户生活息息相关，感知数据的采集会直接或间接地涉及用户的隐私信息。因此在数据采集、数据传输、数据聚合和数据挖掘分析的过程中，需要部署隐私保护机制以确保隐私数据不会泄露，包括通信加密、匿名化数据采集等安全机制。

（7）**攻击检测和防御**：对物联网远端设备部署嵌入式系统以抵抗拒绝服务攻击，加强对节点保护同时提供有效地识别被劫持节点的检测机制。在网络边界根据访问控制策略设置访问控制规则，删除多余、无效的访问控制规则，优化访问控制列表，对数据包的源地址、目的地址、源端口、目的端口和协议等进行检查，进而判断允许或拒绝数据包的传入和传出。

（8）**通信保护**：物联网设备与设备之间、设备与远程系统中间需要进行通信，通信保护需要对设备与远程系统之间的通信进行加密和认证。

（9）**日志和审计**：结合日志分析和合规性检测有助于发现潜在的威胁。

（10）**态势感知**：在物联网系统中，对能够引起系统状态变化的安全要素进行获取、理解、显示以及预测未来的发展趋势。利用异常行为检测分析网络，监视应用程序的行为、文件、设置、日志等，对可疑行为或异常行为告警。根据多传感器收集的通信和事件数据，对所处环境进行脆弱性评估，持续监控系统安全。态势感知还要求具备威胁情报交换、可视化展示和事件响应措施。

13.3 车联网安全

车联网的
概念

13.3.1 车联网的概念

车联网（Internet of Vehicles，IoV）概念引申自物联网（Internet of Things，IoT），是以车内网、车际网和车载移动互联网为基础，按照约定的通信协议和数据交互标准，在车-X（X：车、路、行人及互联网等）之间，进行无线通信和信息交换的大系统网络，是能够实现智能化交通管理、智能动态信息服务和车辆智能化控制的一体化网络，是物联网技术在交通系统领域的典型应用。

车联网能够为车与车之间的间距提供保障，降低车辆发生碰撞事故的概率，可以帮助车主实时导航，并通过与其他车辆和网络系统的通信，提高交通运行的效率。车联网产业是汽车、电子、信息通信、道路交通运输等行业深度融合的新型产业形态，更是先进制造业和现代服务业深度融合的重要方向，对于我国落实制造强国、交通强国和网络强国具有重要意义。近年来，我国积极推动车联网产业融合创新发展，加强跨行业主管部门、跨行业组织机构和企业、跨区域在政策、产业、建设与运营等方面的协同，初步形成了融合创新的车联网产业生态体系。

车联网架构包括车内网、车际网和车载移动互联网三部分，其基本结构如图 13-5 所示。车内网属于车联网的端系统，即汽车的智能传感器，主要负责采集与获取车辆的智能信息，用于感知行车状态与环境。车际网属于车联网的管系统，指实现车与车、车与路、车与网、车与人等的互联互通的通信终端。主要负责车辆自组网及多种异构网络之间的通信和漫游。车载移动互联网属于车联网的云系统，指云架构的车辆运行信息平台，主要用于车辆的数据汇聚、计算、监控和管理。

车联网服务涉及的物理对象和组成要素进行分析。车联网主要包括人、车、路、通信、服务平台 5 类要素。其中，"人"是道路环境参与者和车联网服务使用者；"车"是车联网的核心，主要涉及车辆联网和智能系统；"路"是车联网业务的重要外部环境之一，主要涉及交通信息化相关设施；"通信"是信息交互的载体，打通车内、车际、车路、车云信息流；"服务平台"是实现车联网服务能力的业务载体、数据载体。

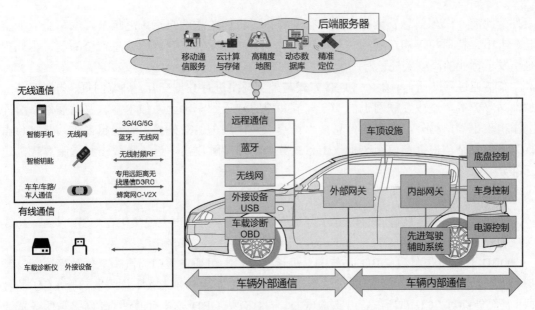

图 13-5 车联网结构示意图

车联网以"两端一云"为主体，路基设施为补充，包括智能网联汽车、移动智能终端、车联网服务平台等对象，涉及车-云通信、车-车通信、车-人通信、车-路通信、车内通信 5 个通信场景。

（1）**车-云通信**：智能网联汽车通过蜂窝网络、卫星通信等与车联网服务平台通信，传输车辆数据，接受服务平台下达指令。

（2）**车-车通信**：智能网联汽车通过 LTE-V2X、802.11p 与邻近车辆进行信息传递。

（3）**车-路通信**：智能网联汽车通过 LTE-V2X、802.11p、射频通信（RFID）等技术与路基设施进行通信。

（4）**车-人通信**：智能网联汽车通过 Wi-Fi、蓝牙或蜂窝移动通信技术与用户的移动智能终端进行信息传递。

（5）**车内通信**：智能网联汽车内部电子器件之间通过总线等方式进行信息交互。

车联网是"互联网+"战略落地的重要领域，对推动汽车、交通、信息通信业的转型升级具有重要意义。车联网赋能汽车实现智能化网联应用。智能网联汽车（Intelligent Connected Vehicle，ICV）是指车联网与智能车的有机联合，搭载先进的车载传感器、控制器、执行器等装置，并融合现代通信与网络技术，实现车与人、车、路、后台等的智能信息交换共享，实现安全、舒适、节能、高效行驶，并最终可替代人来操作的新一代汽车。

13.3.2 车联网的安全威胁

智能化、网联化技术的应用使得汽车面临的网络安全风险不断增大。不同于传统的计算机网络信息安全问题，汽车信息安全问题不仅给用户带来个人隐私泄露、财产与经济损失，甚至有可能带来群死群伤的公共安全问题。具有标志性意义的事件是 2015 年 7 月两位白帽黑客查理·米勒以及克里斯·瓦拉塞克远程控制了一辆切诺基的案例，直接导致克莱斯勒公司召回约 140 万辆存在软件漏洞的汽车，这也是全球首例因黑客风险而召回汽车的

网的安全威胁

事件。此后，汽车信息安全逐渐成为行业和科研机构关注的热点。近年来，汽车企业如宝马、丰田、特斯拉等均在其相关车型中发现了不同程度的车载网络信息安全漏洞，由此更是引发了行业的高度关注。

车辆通过移动通信、蓝牙等连接方式与外部网络进行数据交互，浏览网页、售后服务、加油站服务等，造成互联网上的安全漏洞和威胁渗透到车辆上，如木马、恶意插件、缓冲区溢出攻击等。另外，汽车的信息技术日趋成熟，汽车的对外接口越来越多，因此，攻击行为更加复杂。根据通信距离把攻击方式分为物理接触攻击、近距离攻击和远距离攻击这三部分。

1. 物理接触攻击

物理接触攻击是最普遍的攻击方式，最为常见的车内攻击主要集中在 USB、CAN 总线接口和 OBD-Ⅱ（On-Board Diagnostics，车载自动诊断系统）端口。

OBD-Ⅱ端口是车载 OBD 系统的对外诊断接口，可通过接口为汽车提供故障诊断、维护和管理功能，攻击者也可以通过这个接口直接获取车辆内部 CAN 总线上部分 ECU 的数据，甚至能够对 ECU 重新编程并造成威胁。同时有些 OBD 设备可通过 4G 网络与服务器通信或利用蓝牙、Wi-Fi 等技术与手机通信进而将数据上传服务器。这些链路如果被攻击，同样会使攻击者获得 OBD 权限，进而对汽车发起攻击；车载娱乐系统一般都包含光盘、USB 和音乐播放器，允许用户使用车载娱乐系统播放个人的音频文件。恶意攻击者可以把恶意软件伪装成音频文件，诱使用户使用车载娱乐系统播放此音频文件，使汽车的车载娱乐系统被攻击者控制或者破坏。

2. 近距离攻击

智能网联汽车的近距离攻击面包括蓝牙、Wi-Fi、遥控门禁系统、RFID、胎压管理系统等。攻击者可以在网联汽车周围利用相关设备进行数据的收集或发送，进而发动攻击。

蓝牙作为车载终端设备之一，已成为现代汽车的标配，但是传输距离较短。有研究表明，攻击者可以通过增加传输距离的方式（如定向天线、信号放大器等）来利用蓝牙漏洞对车辆发起攻击。现在大多数的遥控门禁系统通过 433Hz、125Hz、315Hz 的无线频段实现遥控与认证，并利用 HCS 滚码芯片和 Keelop 加密算法双重认证的方式，确保车钥匙发送的信号中包含特定的标识码和信号被加密后的同步数据。攻击者可以利用被泄露的遥控密钥、破解 ECU 找到密钥或利用信号验证代码漏洞进行渗透等方式对车辆造成不同程度的损害。胎压管理系统将采集到的数据通过短距离信道传递给胎压监测 ECU，但大多数信号并没有进行加密安全处理，可被篡改或者伪造进而影响胎压监测 ECU 解析代码，造成对车辆的损害。此外，由于胎压监测使用的无线信号是专用的，攻击者可以对通信协议进行逆向分析来发动攻击。

3. 远距离攻击

智能网联汽车上的远程攻击包括全球定位系统（Global Positioning System，GPS）、卫星、数字广播等公用的通信链路，也包括蜂窝网络、远程协助系统及远程控制系统等专用通信链路。

GPS 是车辆导航不可缺少的组成部分，在无人驾驶的情况下，GPS 作为汽车的大脑，为汽车提供最佳的驾驶路线。但是，使用便携式 GPS 欺骗器可以篡改车辆的行驶路径，错误导航，劫持车辆，严重威胁车辆的安全。由于无线通信网络的开放性，攻击者可以在任何地方发起攻击，因此，这些远距离攻击对汽车的威胁是最大的。例如，黑洞攻击是一种典型的网络层 DoS 攻击方式，是由已经被授权的网络内部恶意节点发起的一种攻击，利用路由协议中的设计缺陷形成专门吸收数据的黑洞，从而使网络中重要的数据丢失；女巫攻击（Sybil）也是智能汽车通信中的典型攻击，通过伪造车辆身份标识来创建错误的目的地址，从而使原本合法的车辆标识失去真实性，达到破坏路由算法机制、改变数据整合结果的目的。

由于车辆无线网络通信具有开放性、脆弱性、快速变化的拓扑结构特征，因此车辆容易受到各种威胁信息攻击。常见的攻击类型包括 DoS 攻击、欺骗攻击、女巫攻击、重放攻击和中间人攻击等。

1）DoS 攻击

DoS 攻击主要是向主机发送大量信息，试图使其过载，从而有效地阻止其接收或处理来自合法用户的信息。DoS 攻击的目的是摧毁车辆操作系统部分或全部进程，或者非法抢占车辆操作系统的计算资源，导致系统进程或功能不能正常运行，从而使车辆不能为合法用户提供服务。抵御 DoS 攻击的最简单方法是拦截攻击者的 IP 地址。目前最具破坏力的是分布式拒绝服务攻击 DDoS。DDoS 是指处于不同位置的多个攻击者同时向一个或数个目标发动攻击，或一个攻击者控制了位于不同位置的多辆车并利用这些车辆对受攻击车辆同时实施攻击。在这种情况下，简单地拦截单个 IP 地址变得毫无用处。

2）欺骗攻击

欺骗攻击通常伪装成另一辆车来伪造数据。在欺骗过程中，敌手需要绕过车辆自带的安全措施，用欺骗设备替换真正的组件或模块，或者欺骗车载信号，以便在车辆运行期间伪造控制和数据包。对车内信号欺骗的防御包括抗重放攻击技术和模块指纹识别，例如，利用模块独特但微妙的时钟偏差来区分真实模块和欺骗模块。在智能网联汽车中最为常见的是 GPS 欺骗攻击。攻击者可以利用 GPS 模拟器向其他车辆注入虚假信息。例如，在受害车辆位于 GPS 信号较弱的地区时（隧道或车辆拥挤的地区），需要等待 GPS 信号。GPS 模拟器可以生成比原始 GPS 信号更强的信号来让受害车辆接收。

3）女巫攻击

女巫攻击可以被归为智能网联汽车中最危险的攻击之一，其原理是攻击者通过创建大量的假名身份以对网络产生更大的影响。女巫攻击可在车载网络中用于路由特定方向的流量。例如，当攻击者在某一位置创建大量假名身份时，造成该地点出现严重挤塞的假象，诱导其他车辆改变行车路线，以避开挤塞地区。此外，在车载网络中，女巫攻击在 GPS 系统欺骗攻击的协助下可以使得车辆的位置出现在真实位置以外的地区，从而确保攻击者拥有一条无拥塞的路由。

女巫攻击的另一种攻击方式为节点模拟攻击。在车载网络中，每个车辆都具备一个唯一的身份标识，用于与网络中的其他车辆进行通信。然而，如果一辆车在路侧单元（Road Side Unit，RSU）不知道的情况下改变了自身的身份标识，就可以伪装成另一辆车。例如，发生交通事故的车辆可以更改其身份，以伪装成正常行驶的车辆。在这种情况下，网络中的其他车辆就会将此车辆视为与涉事车辆不同的车辆，使涉事车辆得以逃避责任。

4）重放攻击

重放攻击是中间人攻击的变体，在该攻击中，有效的传输数据被重复或延迟。在车载网络中，重放攻击通常以车辆和 RSU 之间的通信为目标。如果攻击者截获 RSU 和车辆之间包含加密密钥或密码的消息，那么就能够进行自我认证。中间人和重放攻击很难被有效抵御，因为车辆或 RSU 无法获知它何时将受到攻击。在大多数情况下，攻击者具有很高的移动性，不会以任何方式更改数据包。

5）黑洞攻击

黑洞攻击是一种典型的网络层 DoS 攻击方式，是由已经被授权的网络内部恶意节点发起的一种攻击方式，利用路由协议中的设计缺陷形成专门吸收数据的黑洞，从而使网络中重要的数据丢失甚至造成篡改。

6）侧信道攻击

侧信道攻击是基于目标设备的物理信息（如电流、电压、电磁辐射、执行时间、温度等）与保密信息之间的依赖关系，实现对保密信息的获取。这种攻击方式对加密设备造成了严重威胁，如攻击者在确定公共和私有 IP 地址之间的相关性后创建与受害者共享相同的虚拟机，从而实现跨虚拟机的侧信道攻击，成功提取同一目标的数据信息。

7）泛洪攻击

泛洪攻击会产生流量，以耗尽带宽、电源或其他类似方式的网络资源。泛洪攻击可以分为两类：数据泛洪攻击和路由控制包泛洪攻击。每种攻击类型的结果都是网络中的资源对合法用户不可用。在数据泛洪攻击中，攻击者可能创建无用的数据包，并将其通过相邻车辆发送给所有节点。但是，攻击者需要首先设置网络中所有可能节点的路由。在路由请求泛洪攻击中，攻击者将路由请求控制数据包广播到网络中不存在的节点。

8）中间人攻击

中间人攻击是一种针对通信链路的间接攻击方式，其主要原理是攻击者与通信两端分别建立相对独立的连接并进行数据的交换，使得通信双方认为他们是与对方直接进行通话，从而窃取信息。在车辆攻击中，攻击者通常将自身置于 TSP 与 T-Box 之间，之后以中间人的身份与通信双方建立正常连接，从而实现对通信双方的数据欺骗。

13.3.3 车联网安全关键技术

车联网安全关键技术

作为保障智能网联汽车正常运行的前提，信息安全在智能网联车辆中发挥着重要作用：保护系统、设备、组件和通信，以防止恶意攻击、未经授权的访问、损坏或其他任何可能干扰安全功能的因素，从而保证系统的信息安全和隐私保护。传统的信息安全理论包括数字签名、认证、加密、访问控制等安全算法和协议，但由于车辆的快速移动导致通信网络的频繁切换，传统的信息安全方案并不能完全适合智能网联汽车的安全需求。本书总结了部分车联网安全关键技术。

1. 智能网联汽车数据安全防护

智能网联汽车依靠人工智能、视觉与雷达感知、全球定位系统以及车路协同技术，使汽车具有环境感知、路径规划和自主控制的能力，其功能实现依赖于海量多维异构的数据。大量数据为智能网联汽车决策提供依据，如有偏差会对人身安全构成巨大威胁，事实上，智能网联汽车信息安全的本质就是保证数据安全。从数据安全角度来看，可以从数据采集、通信数据交互、云平台数据处理与应用等维度进行探究，进一步研究在各维度的数据特征、面临的威胁、用途及可能造成的影响等，尽可能在各数据维度提出和制定安全防护策略。从目前的一些研究来看，主要的数据安全防护方法涉及物理上的安全存储、采集、加固，通信传输上的加密认证技术等。

2. 区块链在车联网安全中的应用

区块链是把加密数据（区块）按照时间顺序进行叠加（链）生成的永久、不可逆向修改的记录。由于区块链技术具有安全、不可篡改及可快速交易的特性，其与汽车相连时，通过授权访问车辆中的特定数据，区块链技术可大幅提高自动支付、无钥匙访问、汽车共享、按需服务、优化保护以及自动驾驶等场景过程中的数据安全。例如，利用智能合约技术建立了网络数据加密平台，确保用户个人信息及车辆运行数据安全，利用智能合约建立自动执行的合约程序，对车辆运行过程产生的数据进行信息上链，建立智能合约匿名系统，确保数据可信等。

3. 云-管-端一体化的入侵动态检测与主动防护

车联网安全威胁主要来源于车内网络、无线通信系统以及云端服务系统。网络安全防护需要针对这三个威胁来源提出解决方案。但是目前的研究过于零散，大部分仅针对某一架构或者具体功能单元提出单一的策略，如通信加密、认证，车载 T-Box 加固等，未能充分考虑云-管-端作为一个整体的保障理论与基本防护技术体系。考虑到智能网联汽车所处的威胁环境动态性、持续变化性及应用场景的复杂性，需要建立一套能够针对智能网联汽车不同层（包括车载端多域、通信端多网、云端多类、路端多车）威胁入侵的动态检测及主动防护方法。这是一种主动安全防护策略，对内部攻击、外部攻击及误操作提供实时保护，在汽车受到危害之前进行有效拦截。不仅要对车载端、网端、云端进行更广泛的数据异常特征分析，提出可靠的入侵检测技术，还要针对结合大规模车辆行为特点，构建面向交通网络的信息安全态势感知模型，突破车辆异常行为识别方法，实现对车载数据、通信数据以及车辆交通行为数据的监控和有效识别。

4. 基于多目标优化的汽车信息安全控制

不同于单目标控制，多目标控制是同时控制两个或多个子目标变量，使系统性能达到最优。但是，不同子目标之间往往具有一定冲突，要想提高某一目标的性能，则其他目标的性能可能就会降低。因此，多目标控制的目的在于寻求这些相互冲突的子目标之间的平衡，最终实现在满足所有子目标的条件下达到系统最优。多目标控制的理论已经发展多年，但在交通管理及车辆安全方面的应用，特别是针对汽车信息安全的直接应用还比较有限。

目前的纵深防御体系和威胁入侵检测技术虽然是两种常见的防护思想，但其强调的仍是保障个体汽车信息安全的单目标行为，并没有在整个大系统层面上综合考虑车内网络、通信网络及交通网络协同下的系统信息安全。为实现智能网联汽车系统层面上的信息安全，需要建立车内网-通信网-交通网多网协同的多目标优化控制理论，综合考虑系统安全、系统效率及资源分配。并同时考虑到整个智能网联汽车系统对实时性信息的需求，需要进一步在线优化协调众多的防护技术与检测方法，实现有限资源下的多目标实时优化控制。

13.4 天空地一体化网络安全

13.4.1 天空地一体化网络的概念

天空地一体化网络是一种基于地面网络向天基网络扩展的信息基础设施，可为空间、空中、陆地和海上用户的各种活动提供信息保障，将人类活动扩展到天空、海洋，甚至深空。作为异构网络，天空地一体化网络可对空、天、地、海全维空间信息进行有效获取、传输和处理，并通过网络资源的汇聚、分发、组织和管理，实现全球范围内高精度的实时定位、导航和通信等服务，为各类用户提供实时、不间断的按需服务。目前，该网络被广泛地应用于航空航天、环境监测、交通管理、反恐抗灾、工农业和军事等领域，为人们的生活和工作提供实时、无缝覆盖的通信、导航、对地观测等服务。

天空地一体化网络由地面网络中的节点和分布在不同高度（地面、空域、临近空间、低轨道、中轨道、高轨道、同步轨道、深空）的航天飞行器、航空飞行器、临近空间浮空器、地面等通信网络节点和终端构成。根据网络节点所处的高度，可将天空地一体化网络在物理上划分为地球同步轨道（GSO）、高轨道（HEO）、中轨道（MEO）、低轨道（LEO）、临近空间（Near Space）和地面网络。根据各种轨道的特点，不同高度的飞行器被赋予不同的使命。天空地一体化网络的物理组成如图 13-6 所示。

（1）同步轨道（Geosynchronous Orbit，GSO）：高度为 35786km 的离心率小的轨道，轨道周期等于地球自转周期（23 小时 56 分 4 秒）。卫星在地球同步轨道上的速度与地球的旋转速度一致，与地球保持相对静止，为天空地一体化网络的数据传输带来了便利。因此，GSO 是通信卫星的主流轨道。此类卫星通常作为天空地一体化网络的空间骨干网络节点，负责在实体与用户之间传输、处理和转发数据。

（2）高轨道（Highly Elliptical Orbit，HEO）：它是一种具有较低近地点和极高远地点的椭圆轨道，近地点为 2000km，其远点高度大于 35 786m。具有大倾斜角度的高椭圆轨道卫星可以覆盖地球的极地地区。与中轨卫星类似，高轨卫星也主要用于全球卫星通信和导航系统。但与中轨卫星不同的是，高轨卫星的轨道周期较长，通常在 12h 左右，因此对地面站的要求较高。

（3）中轨道（Middle Earth Orbit，MEO）：轨道高度为 2000km~35 786km。这类轨道主要用于全球卫星通信和导航系统，如中国的"北斗"、美国的 GPS、俄罗斯的 GLONASS 和欧洲的 GALILEO 定位导航系统等。中轨卫星的轨道周期通常为 3h，可以实现全球覆盖。

（4）低轨道（Low Earth Orbit，LEO）：轨道高度约为 120km～2000km。绝大多数对地观测卫星、星链卫星、空间站都采用近地轨道。此类卫星通常作为天空地一体化网络的数据收集器。例如，地球观测卫星作为低轨道中最典型的实体之一，获取地球观测数据并直接将数据转发回地面基站。

（5）邻近空间（Near Space）：离地面 20km~120km。邻近空间飞行的节点包括浮空气球、飞艇。由于离地球近，能够实现双向通信，并可以以较小的时延向基站传输数据。此外，邻近空间节点可以通过自行组网形成一个网络集群，为地球上的终端用户提供互联网服务。

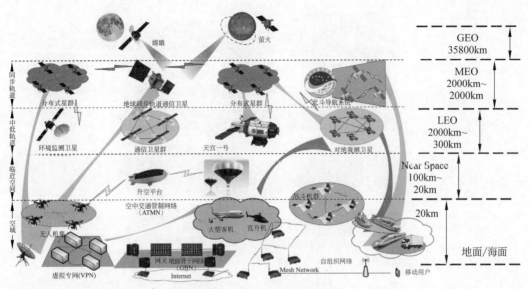

图 13-6 天空地一体化网络架构

（6）空中网络（Air Network）：离地面 300m~20km。空中节点包括大小型客机、战斗机、无人机、直升机等节点。

（7）地面网络（Ground Network）：地面节点包括各类通信终端、基站、卫星地面站和移动终端用户。它们可以通过各种通信网络，如互联网、蜂窝网、局域网和移动自组织网络（Mobile Ad Hoc Network，MANET），实现天空地节点之间的互联互通。

天空地一体化网络具有以下特点。

（1）网络具有异构性：天空地一体化网络节点数量众多、层次复杂，不同子网络、不同节点具有不同的结构、空间任务和功能。

（2）网络变化速度快：网络拓扑与链路状态实时动态变化、节点与节点之间无稳定连接，且实体之间存在高速的相对运动会导致无线传输质量下降和链路切换问题，从而引起传输间断。

（3）网络带宽与容量受限：由于天空地一体化网络实体之间空间距离远、传输时延大，网络带宽与容量高度受限。

（4）节点传输性能差异大：天空地一体化网络实体距离遥远、姿态多变、节点异质，在信道传输带宽、信道质量、抗干扰性能上有很大差别。

（5）多重电磁干扰：天空地一体化网络的物理环境与电磁环境都较为复杂，同时存在多链路传输导致多重电磁干扰。

13.4.2 天空地一体化网络的安全威胁

由于航空飞行器、浮空器等不同的空间节点连接到互联网，天空地一体化网络节点内部和空、地设备之间的互操作性不断增强，天空地一体化网络非常容易遭到诸如频段窃听、消息篡改、伪装、拒绝服务及非法接入等攻击。图 13-7 给出了天空地一体化网络在各协议层中可能会面临的安全威胁及可以采用的安全保密策略。

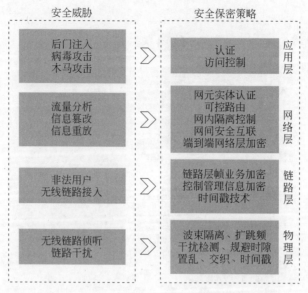

图 13-7　天空地一体化网络中面临的安全威胁与相应的安全策略

天空地一体化网络安全具有以下特性。

（1）关键性：天空地一体化网络是国家的重要基础设施，服务于应急救援、航空运输、航天测控等国家重大应用，其安全性缺失可能导致国家重要信息的泄露，甚至可能引发严重的国家和社会安全问题。

（2）复杂性：天空地一体化网络物理配置具有高度复杂性，是搭建在多种异构网络和信息系统之上的多功能网络，涵盖异构的卫星网络、航空器以及地面 Internet 等，其安全管控变得异常困难。

（3）条件受限：天空地一体化网络具有链路时空变化大、节点距离远、传输时延大、无稳定连接、网络容量和节点能力受限等特点，这些特点给天空地一体化网络安全方案的实施和部署增加了新的安全挑战。

因此，天空地一体化网络的安全需求如下。

（1）数据保密性和完整性

卫星使用的信道为无线广播信道，任何人都可以接收相应的数据内容。因此，地面上拥有相应设备的敌方就可以窃听卫星信道中传输的数据内容。由于卫星和地面节点之间传输的数据通常包含敏感信息，如用户位置、军事命令等，天空地一体化网络中数据泄露可能会给国家带来严重的安全问题。数据保密性可以通过消息加密来实现，在卫星信道中传输数据时，发送方应使用加密密钥对数据进行加密，而接收方必须使用相应的密钥进行解密操作。然而，并非所有现有的加密方案都可以直接应用以确保天空地一体化网络中的数据机密性。一方面，卫星计算能力有限，天空地一体化网络中应用的加密方案必须是轻量级的。另一方面，卫星和地面节点之间传输的数据量通常很大，如高清图片或超长视频，加密方案的设计应确保整个网络性能不受影响。另外，除数据窃听外，卫星信道有时会产生高突发错误或更长的传播时延。更糟的是，敌方可能能够在检测到突发错误时修改数据内容，并充当实际卫星向地面节点传输数据。这种主动攻击方式给天空地一体化网络带来了更为严重的安全问题。为了在传输过程中不会丢失或错误传输任何内容，数据完整性必须得到保证。因此，数据传输协议应具有确保正确的数据传输或从丢失中正确恢复数据的机制。

（2）加密方案的适用性

在将加密方案结合到天空地一体化网络中时，首先要解决用户之间的密钥分配（即密钥管理）的问题。然而，不同的空间任务和应用有不同的安全要求，密钥管理方案在设计时必须考虑并且支持相应的安全要求。天空地一体化网络的密钥管理方案应支持对称和非对称密钥管理，其中，非对称密钥将支撑用户访问和密钥交换等功能，而对称密钥管理则支撑轻量级数据加密与解密操作。此外，由于卫星、空域和飞行器通常以分层和分布式的方式组织，因此很难设计一种特定的密钥管理机制来满足各种安全通信和安全访问要求，其中一种可能的解决方案是设计一种支持中心化和分布式密钥管理的密钥管理方案。

（3）访问认证和访问控制

在天空地一体化网络中，用户和卫星需要双向通信。由于卫星使用的是无线广播信道，拥有类似设备的敌方可以假装是合法用户，并向卫星发送虚假的控制消息，从而操纵卫星执行非预期操作。使用访问认证的方法可以防止此类攻击，当接收到控制消息时，天空地一体化网络中的实体能够对消息发送者进行验证。为确保这一点，天空地一体化网络需要合适的认证机制，例如，切换认证和访问控制。然而，由于天空地一体化网络通常是异构网络，并且其中的实体可能由于其位置的变化而频繁加入或离开网络。同时，在天空地一体化网络中，实体通常移动速度较快，为了确保快速切换，身份验证过程必须在毫秒内完成，这给天空地一体化网络认证方案的设计带来了更大的挑战。

13.4.3　天空地一体化网络安全关键技术

天空地一体化网络的安全至关重要，本节以图 13-6 所示的天空地一体化网络组成架构为例，讨论相关安全技术。

1．天空地一体化网络安全动态组网

（1）天空地一体化网络顶层构造理论及安全架构

由于天空地一体化网络现有算法和协议的安全性均没有进行形式化安全性证明而是基于经验分析，所以当这些算法和协议部署在真实系统中时，可能存在一些潜在的安全漏洞。因此，需要通过考虑天空地一体化网络的功能、特性和安全要求来定义形式化安全模型。在定义天空地一体化网络的安全模型时，应考虑以下 4 方面。

① 安全模型应考虑敌方的能力，包括他们可以获得或访问的服务、他们可能具有的计算能力以及他们可能拥有的存储能力。

② 全模型应精确定义天空地一体化必须具备的安全功能，即天空地一体化网络的安全目标。

③ 安全模型应形式化定义敌方的意图，即定义在敌方获得什么样的结果时意味着系统已经被攻破。

④ 安全模型应给出安全证明方法，以便算法和协议的设计者能够遵循给定的方法证明所提出方案的安全性。

（2）天空地一体化网络安全协议设计与网络隔离技术

天空地一体化网络中的安全数据传输和处理需要满足各种复杂的要求，基本思想是将数据处理过程分解为数据生成、数据传输、数据存储和数据共享。于是，可以基于此提出相应的算法、协议和方案以满足不同的安全要求。图 13-8 给出了一个天空地一体化网络中安全数据传输的实例。

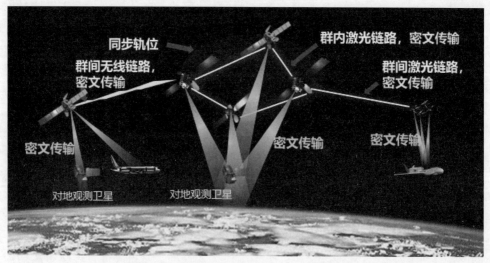

图 13-8 天空地一体化网络中的安全数据传输

天空地一体化网络中使用的密码学原语、方案和协议如下。

① 轻量级快速加密：空间中的实体计算和通信能力受限，而轻量级快速加密方案提供了效率和安全性之间的折中。空间数据系统咨询委员会（Consultative Committee for Space Data Systems，CCSDS）发布了民用航空标准和建议，命名为"CCSDS 密码算法"。在本标准中，CCSDS 分析了天空地一体化网络的候选加密和认证算法。为了确保最低安全要求，标准建议使用高级加密标准（Advanced Encryption Standard，AES）作为天空地一体化网络中使用的主要加密算法。由于计数器（CTR）模式支持并行加密操作，AES 所使用的加密模式可以通过硬件有效地实现，因此，CCSDS 建议使用 AES 中的 CTR 模式在传输前加密数据。此外，Bogdanov 等提出了一种基于 AES 的轻量级认证加密（Authenticated Lightweight Encryption，ALE）算法，ALE 的基本操作是 AES 的轮变换和 AES-128 的密钥调度，该算法是一种可高速并行实现的单通道认证加密算法。然而，此类轻量级加密算法旨在实现最佳比特率，可能会给设计的方案带来潜在的安全漏洞。

② 纠错加密：在天空地一体化网络中，卫星信道存在由恶劣天气、宇宙射线或电磁干扰引起的突发误差，因此需要确保在信道中传输的数据不被修改或丢失。引入纠错加密机制可以解决上述问题，例如，将 AES 与低密度奇偶校验码（Low Density Parity Check，LDPC）相结合，设计一种基于 AES 的纠错加密方案，这种方案被命名为卫星加密和纠错（Satellite Encryption and Error Correction，SEEC）。此外，也可以将 AES 与汉明纠错码相结合，这种方案可以应用 AES 的所有 5 种加密模式。在现场可编程门阵列（Field Programmable Gate Array，FPGA）上的实现和仿真表明，上述方案在实现加密纠错的同时具有低功耗的优点，因此通常被应用于小型对地观测卫星。

③ 认证加密：在天空地一体化网络中，加密算法和协议应保证卫星信道中两个实体之间传输数据的隐私性和真实性。在实践中，系统设计者总是通过单独的算法和协议来满足这两个安全要求，从而导致额外的计算和通信开销。认证加密是一种可以满足这两个目标的新型密码原语。ISO/IEC 19772:2009 认证加密标准定义了认证加密的通用组成——加密后消息认证，以及 5 种专用认证加密方案：OCB2（Offset Code Book 2），SIV（Synthetic Initialization Vector），CCM（Counter with CBC-MAC），EAX（Environmental Audio Extensions）和 GCM（Galois Counter Mode）。CCSDS 建议对认证加密使用具有最小的延迟和最小操作开销的 GCM 模式，分组密码运算可很容易实现流水线化或并行化。

2. 天空地一体化网络安全数据传输

（1）数据高效、安全、隐蔽传输方法

为了解决海量、敏感数据在天空地一体化网络带宽传输问题，需要设计高效、安全、隐蔽的数据传输方法。天空地一体化网络采用 CCSDS 无损数据压缩算法，减少数据传输量，提高传输效率；采用数据去重技术，过滤冗余信息，以此来确保海量数据的高效传输。对于数据隐蔽传输机制，需要首先对敏感信息进行加密处理，然后将其隐藏到普通图片或网络协议字段中，采用公开民用频道或普通传递方法传输。同时，结合广播、重路由技术等匿名通信模型，通过伪名、混淆、加密等方法实现匿名传输多节点数据。实时同步机制也被应用在天空地一体化网络的数据传输中，同步机制采用加盖时间戳和可靠传输机制实现多节点实时同步。

（2）跨安全域密钥分发与更新方法

由于天空地一体化网络中的不同子网络具有不同的空间任务和功能，所以每个子网络都具有确定性安全边界。系统设计者总是将子网络视为单独的网络系统，并应用单独的安全算法和协议，这导致天空地一体化网络中的子网络之间的协议不兼容。因此，建立天空地一体化网络的关键是设计可应用于所有子网络的跨域密钥分发和密钥管理方案。通常，天空地一体化网络鼓励采用分级集中密钥管理模式。全局密钥管理中心被部署在区域网络中负责整个网络的密钥管理。根据天空地一体化网络中子网络的功能，我们可以将其划分为多个子安全域，每个子网络使用第二层单独密钥管理中心。

在天空地一体化网络中，密钥管理中心需要管理两类密钥，即用于快速加密解密的对称密钥和用于密钥交换和认证的非对称密钥。对于对称密钥管理，CCSDS 推荐 IKE 协议作为天空地一体化网络中密钥管理的标准，IKE 协议是 Internet 协会和密钥管理协议（Internet Association and Key Management Protocol，ISAKMP）的一部分。尽管 IKE 提供了灵活高效的密钥管理机制，但其操作相对复杂。现在也有一些研究将其他密钥管理技术引入天空地一体化网络，例如，引入自验证认证机制来支持密钥交换的同时实现双向认证。这种机制不依赖公钥基础设施（Public Key Infrastructure，PKI），而是需要空间节点和地面可信节点之间的交互。由于 PKI 需要复杂的证书管理，为了寻找 PKI 的替代方案，Shamir 提出了基于身份的密码系统（Identity-Based Cryptosystem，IBC）。在 IBC 中，用户的公钥由用户的身份来描述，因此不需要 PKI 来管理用户的公钥和证书。为了使 IBC 可以在实践中使用，基于身份的加密（Identity-Based Encryption，IBE）方案被相继提出，该方案利用双线性群代数结构。作为 IBE 的扩展，基于身份的分层加密（Hierarchical IBE，HIBE）以层次结构

对用户进行建模，适用于天空地一体化网络以层次结构方式管理用户这一特征。图 13-9 是一种密钥分发与更新方案，此方案根据密钥的状态可以分为预备、运行、后运行和报废 4个阶段。在用户进行注册后，系统将进行用户初始化与密钥生成操作，这时生成的密钥处于预备状态。之后系统会根据用户信息和生成的密钥执行密钥更新与装入操作并对密钥进行备份，在公钥本进行密钥注册后，密钥即可正常使用，这时密钥处于运行状态。过期与超期的密钥则进入后运行状态，在密钥档案中吊销。吊销后的密钥会被注销与销毁，这时密钥处于报废状态。

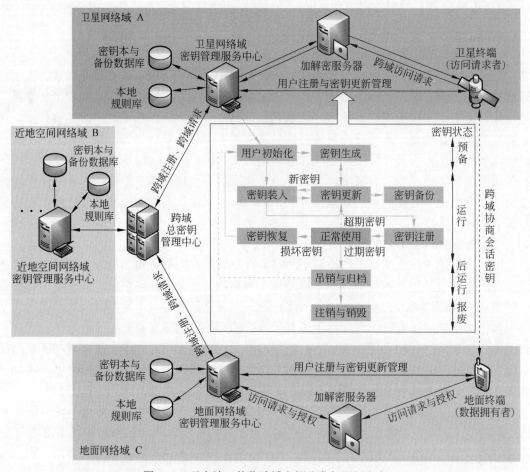

图 13-9   天空地一体化跨域密钥分发与更新方案

3．天空地一体化网络安全信息处理

（1）天空地一体化网络安全路由及自愈技术

天空地一体化网络采用基于 GEO-LEO 双层卫星组网的网络抗毁安全路由协议，该路由协议具有超远距离中继服务功能，可实现卫星周期时间片路由表更新、存储。此外，天空地一体化网络在广播通信方面使用了高效的网络广播算法，结合了邻接表定期更新技术与卫星局部拓扑信息获取、保存技术。同时，地面网使用了基于数字交叉连接（Digital Crossconnected System，DCS）的自愈技术，可以灵活处理网络故障和海量数据。如果数据传输过程中发生两节点服务通道中断的情况，该方案将通过其他跨接的备用通道交叉连接

形成恢复通道。由系统监测、干扰识别、信息融合、信息过滤和网络调度等模块组成的网络监控系统被应用于天空地一体化网络的网络监控中，保障网络的正常运行。

（2）天空地一体化网络安全存储和计算技术

针对网络中卫星通信多级密钥和数据分级处理、加密、存储问题，天空地一体化网络采用多级密钥安全存储机制，将根密钥存储在卫星可信计算芯片，不同级别会话密钥，以不同级别加密算法保密存储。对于不同类型的数据天空地一体化网络则采用加密技术适配机制，根据加密算法编排策略为数据分配不同安全强度的加密算法。卫星数据高效完整性验证技术则主要包括数据分块存储技术和交互式完整性验证技术。数据分块存储技术将数据分割保存为数据块，并对每个数据块进行签名，将可验证数据元存储在可信密码模块（Trusted Cryptography Module，TCM）芯片中。交互式完整性验证技术则包括实时交互完整性挑战/证明协议与高效完整性验证技术，以保证天空地一体化网络中的实体对数据可进行实时高效的交互式完整性验证。

13.5　网络内生安全

13.5.1　内生安全的概念

内生安全的概念

随着网络技术迅猛发展，网络安全已经成为社会发展、国家安全的基础需求，也成为决定网络能否发挥最大化潜能和价值的关键因素。回望网络安全近 30 年的发展，以"攻防对抗"为核心思路的网络安全体系起主导作用，且呈现出代际效应：以阻止入侵为目的的系统加固阶段、以限制破坏为目的的检测响应阶段、以系统顽存为目的的网络容侵阶段。每一阶段的安全技术都呼应了其所面临的安全问题，目前对已知特征和固化模式的攻击已具备有效的防御能力，但也面临着 0 day 漏洞层出不穷、软硬件中存在隐匿后门等无法彻查的安全困境。

1．定义及特征

为从根本上解决网络所面临的"道高一尺，魔高一丈"的安全困境，网络安全领域越发达成共识——需要将网络安全体系建设的核心思路从"攻防对抗"转向"架构决定安全"，着眼安全的顶层结构化设计。也就是说，安全能力应在网络设计构建时就做出充分考虑。经过学术界、产业界的持续关注，内生安全概念与愿景逐步清晰——内生安全是以网络中各类网元设备自身的安全能力为基础，利用系统架构、算法、机制或场景等内部因素获得安全功能或安全属性，协同配合构建的综合安全体系。

内生安全系统具有以下基本特征：①先天构建。安全能力需要与网络系统的设计与建设同步进行、同步建成，同时安全能力应与网络业务功能全面、紧密耦合；②后天成长。系统能够通过与运行环境的交互作用，使自己能够适应环境，应对安全事件，随网络环境变化动态提升安全能力。以网络系统的架构、机制、场景、规律等先天构建安全能力，并可后天自成长、自适应的"内生安全"理念应运而生，即将迎来前所未有的生长空间。

2．演进阶段

网络安全与网络技术的发展相辅相成，目前业内尚未就内生安全的实现方式形成相对统一的框架共识，从当下起至少需要经历三个阶段的技术发展与产品革新，真正具备内生安全的网络系统才能实现落地、规模化部署。图 13-10 展示了网络内生安全各阶段发展的预测时间节点及代际特征。

	1995—2005年 基础信息化阶段	1995—2005年 基础信息化阶段	2018—2030年 物联网阶段	2035年左右 智能化网络阶段
网络安全 主要保障手段	黑名单制度 杀毒软件、防火墙	白名单制度 入侵检测、入侵防御等	数据驱动安全、 态势感知、安全盒子	基于架构、机制、场景 的内生安全
网络安全角色 与驱动源	可有可无 安全事件驱动	外挂补丁 等保合规驱动	基础前提 安全需求驱动	与信息产业并驾齐驱 安全能力驱动
网络安全 主要关注点	终端安全	边界防护	边界防护 业务管理风险	架构安全
网络安全 产业规模	萌芽期：50亿	成长期：700亿	爆发期：约5000亿	成熟期：约10 000亿
	1995—2010年 前内生安全阶段	2010—2025年 内生安全技术孕育阶段	2025—2035年 内生安全框架融合阶段	2035年之后 内生安全体系成熟阶段

图 13-10　网络内生安全各阶段发展的预测时间节点及代际特征

　　在内生安全发展的初级阶段——技术孕育阶段，基于不同技术路线的内生安全方案逐渐涌现。多样的内生安全方案被提出，并初步实现积累、融合。此阶段的目标是构建一个基本完备的、融合的内生安全体，逐步由分散式的建设转向统一架构的、可规划的建设。在网络层面，该阶段网络架构特征为端到端、分层网络。在技术层面，该阶段基于拟态防御、零信任、可信计算等技术，初步构建网络内生安全能力；基于 DevSecOps、软件安全开发周期等框架，初步实现网络中软件应用安全；基于改良互联网协议（IP）、软件定义安全、网络功能虚拟化（NFV）等技术，初步实现具备原子化安全能力的网元；基于密码、量子密钥分发（QKD）等技术，初步实现数据安全能力；基于安全管理、人工智能、威胁模型、关联分析模型等，初步进行免疫能力构建。

　　在内生安全发展的中级阶段——框架融合阶段，内生安全发展的主要形式是架构的健全化与智能化。随着对未来融合网络架构的研讨与实践，人们将形成内生安全架构的共识方案。在孕育期发展产生的各项成熟的安全技术之间并非竞争择优的关系，而是联合协作的关系。在网络层面，该阶段初步形成了功能开放的架构底座，可为上层原子化安全能力提供支撑。在技术层面，原子化安全能力逐渐成熟，人工智能会逐步与网络安全能力相结合以提升网络免疫能力，此时，边界、网元、应用、数据等安全能力将向智能化、协同化的方向发展。单一封闭的技术实现方案将不适用于未来智能、融合、开放的网络体系，借助人工智能调配，为业务量身打造最适合、最安全的网络，将有助于实现网络适配业务。

　　在内生安全发展的高级阶段——体系成熟阶段，网络已具备健全的先天内生安全体系和全网一体化的后天免疫。随着与人工智能的进一步结合，网络将实现安全的弹性自治。网络的安全能力将形成高共识度的安全度量标准，网络也将形成泛在的、系统化的内生安全保障体系。

13.5.2　网络内生安全研究现状

　　目前，实现内生安全的技术方案处于"多强并进"的状态，已提出 4 种主流的内生安全解决方案，如表 13-1 所示。这些方案均在某种程度上具备内生安全特性，但在硬件、软

网络内生安全研究现状

件以及协议层面，内生安全尚未形成共识，缺乏整合不同技术路线的统一框架。

表 13-1　主流内生安全路线特征

序号	技术路线	基 本 思 想	关键技术	技术优势	适 用 场 景
1	可信计算	通过规定限制接入终端的身份、状态、行为获取可信身份，通过可信传输、可信连接、身份认证等手段，将单个终端网元的可信状态扩展形成多个节点互联的可信网络	可信连接架构 TCA	技术成熟、规模化部署基础较好、国产自主可控	主要应用于安全等级较高的集中管理场合，如局域网办公自动化环境、工控系统、云计算、物联网等领域
2	零信任	"永不信任，始终验证"；缩小到单个资源组的网络防御边界；动态认证授权+精细化的访问控制	软件定义边界、身份和访问控制、微隔离	契合企业服务上云后的安全需求、不依赖边界安全	目前常应用于企业网络，实现远程访问等，未来有望规模应用至物联网
3	DevSecOps	安全左移，源头风险治理；敏捷右移，安全运营敏捷化；人人为安全负责，安全嵌入开发整体流程体系中	CNAPP、RASP、IAST、BAS 等	注重人员安全意识培训、安全运维更高效、安全可度量	目前多应用于软件供应链安全、云原生安全，实现应用级、软件级的安全
4	拟态防御	通过执行体异构性使攻击者很难同时多点攻破；通过策略性的动态变化扰乱攻击链的构造和生效过程	动态异构冗余架构	能非特异性地免疫未知的安全威胁	理论上适用于全部软硬件信息化产品，但因其与现有架构差异较大、部署成本较高，常用于高安全需求的场景

1. 基于可信计算的内生安全路线

1999 年，惠普、IBM、英特尔和微软等公司牵头成立可信计算平台联盟（TCPA），2003年改组为可信计算组织（TCG）。该组织致力于从平台体系结构上增强计算机的安全性，这一理念与内生安全如出一辙。从行为预期的角度，可信被定义为：如果针对某个特定的目的，实体的行为与预期的行为相符，产生的结果与预期一致，则称针对这个目的，该实体是可信的。

可信计算目前已经迎来了 3.0 版本——主动免疫可信，其基本实现思路是，在系统硬件层面上配置独立于宿主系统的可信系统，形成可信防护部件监督计算部件的双系统体系架构，其基本结构如图 13-11 所示。可信系统中由底层硬件确保信任根的安全性，信任根向上逐级支持可信平台控制模块、可信软件基构成信任链；同时可信系统主动监控宿主系统的行为，执行安全策略，根据返回的审计信息，实施行为控制，实现系统流程的安全可信[Zhang 等 2011]。

在网络层面上，以某个或多个可信网元为基础，可以通过可信传输、身份认证、可信网络连接等手段，构建可信网络连接架构，将单个终端、网元的可信状态，扩展到多个节点互联的可信状态。其核心的思路是对访问者的身份、状态、行为加以规定限制，以接入的自由性换取网络其他节点的信任。2004 年，TCG 提出可信网络连接（TNC）。2007 年，中国可信计算标准网络组提出可信网络连接架构（TCA），并于 2013 年将其正式发布为国家标准 GB/T 29828—2013《信息安全技术　可信计算规范　可信连接架构》。

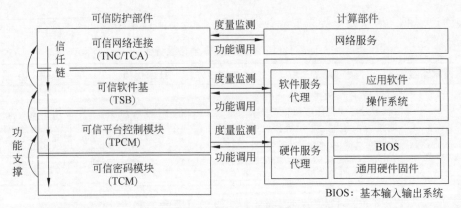

图 13-11　可信计算双系统架构

2. 基于零信任架构的内生安全路线

零信任架构最早由 Forrester 首席分析师 J. KINDERVAG 提出，是一种基于"永不信任，始终验证"与最低权限原则的网络安全体系。它将网络防御的边界缩小到单个资源组，不再依据用户所处网络位置来决定是否安全可信，而是在对行为的精细化安全风险评估的基础上，强制性地通过动态认证和授权来重构访问控制的信任基础，实现网络系统内生安全。零信任执行以下三个基本原则：①所有用户均需要基于访问主体身份、网络环境、终端状态等尽可能多的信任要素进行持续验证和动态授权；②所有授权的访问均应遵循最低权限原则按需授权；③所有的访问请求都应当被记录和跟踪。零信任安全是安全策略从静态向动态转换的结果，对现有网络安全架构进行了增量式的改良，对网络架构的改动较少，并且契合于企业专网场景，目前得到了较为广泛的应用实践。

零信任作为网络安全企业研究推进的热点技术，并在发展中产生了不同的技术流派，例如，Google 的 Beyond Corp 模型、Beyond Prod 模型，Gartner 的持续自适应风险与信任评估（CARTA）模型、零信任网络访问（ZTNA）模型，Forrester 的零信任架构等。零信任在企业专网安全保障场景下有较为广泛的应用，如远程办公、远程运维、远程分支机构接入、第三方协作等场景。图 13-12 展示了美国国家标准与技术研究院（NIST）提出的零信任概念框架[Stafford 2020]。

3. 基于 DevSecOps 的内生安全路线

DevSecOps（DSO）是一套将开发、安全、运维相结合，通过实施自动化流程与高效沟通合作，使软件全生命周期整体过程更加快捷可靠的理念，是对 DevOps 概念的延续。它将安全无缝集成到软件开发运维过程中，要求软件开发团队和运营团队与安全团队密切合作，人人参与软件的安全治理，对 DevOps 周期中每个阶段的安全负责。

DevSecOps 是一种基于安全治理的应用级内生安全实施方案，在两个层面上保障软件开发全流程的内生安全：①基于安全左移的理念，在软件架构设计阶段充分考虑安全因素，并基于应用运行自我保护（RASP）技术、软件成分分析（SCA）技术、静态应用安全测试（SAST）、动态应用安全测试（DAST）、交互式应用安全测试（IAST）技术、应用程序漏洞关联（AVC）等，在开发环节使软件"天生"安全；②基于敏捷安全的理念，在运维过程中积极实施入侵与攻击模拟（BAS）、端点检测与响应（EDR）、用户和实体行为分析技术

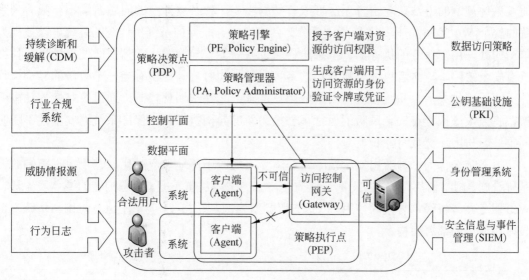

图 13-12 NIST 零信任安全架构

（UEBA）等，通过自动化技术实现敏捷自适应、软件与网络环境的共生进化[Myrbakken 等 2017]。因能够契合当前互联网行业产品迭代需求，DevSecOps 已在微软、谷歌、腾讯等企业实现规模化应用。图 13-13 展示了 DevSecOps 流程框架。

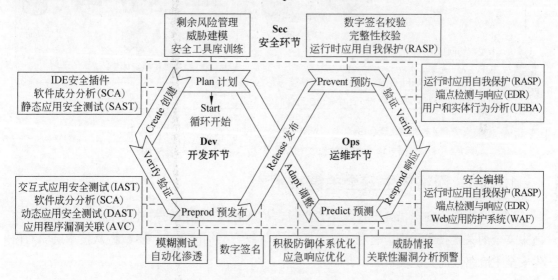

图 13-13 将安全集成于开发运维的 DevSecOps 流程框架

4. 基于拟态防御的内生安全路线

"拟态"是一种生物学概念，指一种生物模拟另一种生物或环境的现象。2008 年，邬江兴院士提出一种构想——在虚拟的网络空间中，也可以采用"拟态"的隐身手法，构建起外界无法掌握规律、无法破解结构的安全防御体系。

邬江兴院士认为，带来安全问题的漏洞与后门是未知且不可避免的，因此他提出动态异构冗余结构，该结构借鉴了控制领域中反馈调节的思路，能在不依赖先验知识的条件下，通过条件规避的方法让攻击者无法形成有效的攻击，使必然存在的问题漏洞不会威胁到系统的安全[Wu 2016]，其基本思想主要分为两点：①并联异构系统，传统的系统可以被视为单一的处理用户命令的执行器，拟态防御通过并联多个异构的执行体，即便每种执行体都具有安全缺陷，攻击者也很难将异构的多种执行体同时攻破，仅有当一定数量的异构执行体返回正确结果后，系统才会正常响应用户请求；②动态调整控制，通过策略性的动态变换，将被攻破或存在安全风险的执行体替换为新的异构执行体，保证系统的安全性不随时间推移、与用户交互而降低。

拟态防御作为一种通用安全技术正在逐步实现应用落地与产品化。基于拟态防御的云基础设施、网络切片防护方案、区块链安全增强方案等层出不穷。拟态构造的域名服务器、Web 服务器等已经部署投入使用。以拟态服务器为例，图 13-14 展示了拟态防御与传统安全技术相结合的部署架构。

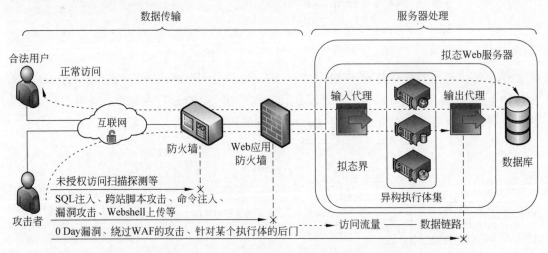

图 13-14　拟态防御与传统安全技术相结合的部署架构

13.5.3　网络内生安全关键技术

当前网络内生安全仍处于技术孕育阶段，梳理各发展路线的关键技术，开展未来网络内生安全的关键技术识别，有利于技术的融合与统一架构的形成。本章将从技术层面对内生安全主流路线的关键技术加以介绍。

1. 可信网络关键技术

在可信计算与可信网络架构 TNC 基础上，中国提出了具备主动免疫机制的 TCA，如图 13-15 所示。TCA 三元三层网络架构由实体、层、组件和组件间接口组成。通过多步骤的鉴别、认证，TCA 可以实现身份鉴别、平台鉴别、完整性度量、策略管理、保密通信等功能。在鉴别身份、判断被授权允许访问网络的基础上，TCA 还要检查终端当前的完整性及其他安全属性是否与网络要求的安全策略一致，从而为网络环境提供稳定可靠的保证。图 13-15 为 TCA 可信连接结构的基础部署方式。

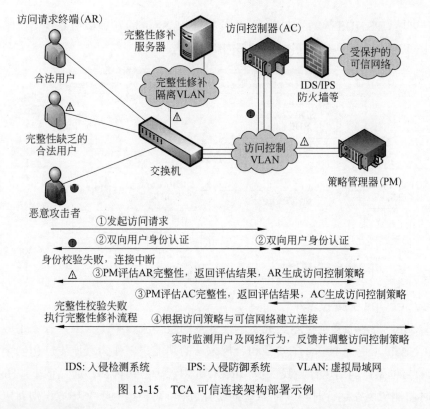

IDS: 入侵检测系统　　　IPS: 入侵防御系统　　　VLAN: 虚拟局域网

图 13-15　TCA 可信连接架构部署示例

2. 零信任关键技术

美国国家标准与技术研究院（NIST）将零信任的核心技术归纳为软件定义边界（SDP）、身份和访问管理、微隔离。

SDP 基于安全策略可灵活创建边界，用于将服务与不安全的网络隔离开，提供按需、动态的网络安全。区别于传统传输控制协议（TCP/IP）网络的默认允许连接，在没有经过身份验证和授权之前，受保护的资源对于终端用户是完全不可见的。SDP 主要由 SDP 控制器、SDP 安全网关、SDP 客户端三大组件构成。其中，SDP 控制器用于认证和授权 SDP 客户端，并配置 SDP 网关的连接；SDP 网关与控制器通信并强制执行策略，控制客户端的访问流量。

身份和访问管理可确认访问者身份的合法性，并为合法用户在规定时间内按照访问权限来要求受保护资源提供一种安全的访问方法。身份和访问管理技术的发展经历了从粗粒度到细粒度的转变，实现了设备内部不同端口之间的流量控制。此外，基于角色的访问控制（RBAC）、基于属性的访问控制（ABAC）、基于任务的访问控制（TBAC）等均各有侧重。对于零信任网络的身份与访问控制（IAM），目前人们正在提升策略的动态性，并尝试将已有技术的优势加以融合。

微隔离是一种细粒度的边界安全管理策略，是边界隔离不断向受保护资源靠近的结果，主要以软硬件结合的方式，通过虚拟化环境中划分逻辑域来形成逻辑上的安全边界，实现细粒度的流量监测、访问控制和安全审计功能。目前微隔离的实现方法主要分为物理安全设备（如防火墙、IPS、IDS 等）、主机代理、软交换（Soft Switch）和虚拟机监视器（Hypervisor）等方式。图 13-16 展示了零信任网络的基本部署架构。

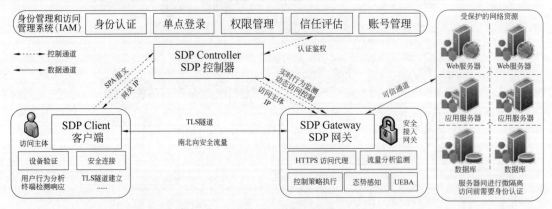

图 13-16 零信任网络架构部署示例

3. DevSecOps 关键技术

DevSecOps 将多项安全技术集成于软件开发的整体流程中。其中，云原生应用程序保护平台（CNAPP）是一个整合了安全和合规方法的功能集，作为云原生应用安全开发的基础设施保障与框架；应用运行自我保护（RASP）内置于应用内部，通过钩子（Hook）关键函数，实时监测应用在运行时与其他系统的交互过程，可根据上下文环境识别并阻断攻击；交互式应用安全测试技术（IAST）通过在软件代码运行的中间件上插入探针，自动识别和判断应用中的安全漏洞；软件成分分析（SCA）通过对二进制软件的组成部分进行分析，清点开源软件的组件及其构成和依赖关系，识别已知的安全漏洞或者潜在的许可证授权问题，并把这些风险排查在应用系统投产之前，也适用于应用系统运行中的诊断分析；入侵与攻击模拟（BAS）通过持续模拟针对企业资产进行攻击的剧本及 payload，验证企业安全防御的有效性。

4. 拟态防御关键技术

邬江兴等将 N-变体系统的异构冗余特性与移动目标防御（MTD）技术的动态性相结合，提出了基于动态异构冗余的拟态防御模型。系统通过分发器将输入复制 N 份，并通过动态选择算法将相同或相异的组件组合成 N 个异构执行体，每个异构执行体分别独立处理输入，之后将 N 份执行结果交给表决器处理。当至少有 k 个执行体返回正常返回结果时，系统辅助以先验知识进行判断，并向用户返回处理结果。同时，系统具有动态切换机制，可根据运行过程中产生的告警/报错信息（或在固定时间后），将旧的异构执行体替换为新重构的可信异构执行体，从而实现更高的动态性。图 13-17 为动态异构冗余架构示意图。

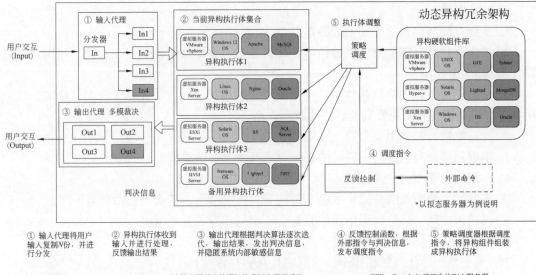

图 13-17 动态异构冗余架构

习 题

一、填空题

1. 工业互联网三大体系包括_____、_____、_____。

2. 工业互联网的安全防护包括_____、_____、_____、_____ 4 方面。

3. 物联网的特征主要体现在_____、_____、_____ 3 方面。

4. 物联网安全关键技术包括_____、_____、_____、_____、_____、_____、_____、_____。

5. 从网络架构的角度，可将车联网划分为_____、_____、_____ 3 部分。

6. 车联网包括_____、_____、_____、_____、_____ 5 个通信场景。

7. 根据网络节点的所处的高度，可将天空地一体化网络划分为_____、_____、_____、_____、_____、_____、_____ 7 个网络层次。

8. 天空地一体化网络具有_____、_____、_____、_____、_____、_____ 的特点。

9. 网络内安全的基本特征是_____和_____。

10. 可信计算 3.0 又称_____，它形成了_____部件主动监督_____部件的双体系结构，进而保障系统流程的安全可信。

11. 美国国家标准与技术研究院（NIST）将零信任的核心技术归纳为_____、_____和_____。

12. DevSecOps 是一套将_____、_____、_____相结合的理念。

13. 拟态防御主要依靠_____架构，实现非特异性的免疫未知的安全威胁。

二、思考题

1. 工业互联网存在哪些安全威胁？

2. 工业互联网有哪些安全关键技术？试讨论以上关键技术是如何在工业互联网体系中联合发挥作用的。

3. 目前业界公认的物联网体系结构由哪三个层次构成？各层面临哪些安全威胁？试分析各层次的功能与其中主要安全威胁的对应关系。

4. 针对物联网的典型安全攻击有哪些？

5. 根据通信距离，针对车联网的攻击方式可分为哪些类型？

6. 车联网有哪些安全关键技术？

7. 车联网主要面临哪些安全威胁？讨论其与传统网络中的安全威胁有何不同？

8. 简述天空地一体化网络中面临的安全威胁与相应的安全策略。

9. 天空地一体化网络有哪些安全关键技术？

10. 天空地一体化网络相比于传统网络具有哪些特点？

11. 简述主流的内生安全技术路线的基本特征。

12. 分析 VPN 技术与零信任技术的区别。讨论零信任能否取代 VPN。

13. 以服务器系统为例，思考如何将常规服务器部署为拟态服务器。

14. 描述可信密码模块（TCM）、可信平台控制模块（TPCM）、可信软件基（TSB）之间的关系，并简述它们监控计算部件中的系统硬件、操作系统、应用软件的对应关系。

15. 试列举三种 DevSecOps 中保障软件开发安全性的工具及其应用场景。

参 考 文 献

Adleman L M, DeMarrais J, Huang M D A. 1994. A subexponential algorithm for discrete logarithms over the rational subgroup of the jacobians of large genus hyperelliptic curves over finite fields[C]//Proceedings of the First International Symposium on Algorithmic Number Theory, Ithaca, May 6-9, 1994. Berlin: Springer-Verlag: 28-40.

Adleman L M. 1991. Factoring numbers using singular integers[C]//Proceedings of the Twenty-third Annual ACM Symposium on Theory of Computing, New Orleans, May 5-8, 1991. New York: ACM Press: 64-71.

Alagappan K, Tardo J. 1991. SPX Guide: Prototype Public Key Authentication Service[J]. Digital Equipment Corp.: 1-28.

Anderson R, Biham E, Knudsen L. 1998. Serpent: A proposal for the advanced encryption standard[J]. NIST AES Proposal: 1-13 (Also available at http://www.cl.cam.ac.uk/~rja14/serpent.html).

ANSI X 9.9(Revised). 1986. American National Standard—Financial Institution Message Authentication (Wholesale)[S] (replace X9.9—1982).

ANSI X9.17(Revised) . 1985. American National Standard—Financial Institution Key Management(Wholesale)[S]. ASC X9 Secretariat—American Bankers Association.

ANSI X9.57. 1995. Public key cryptography for the financial services industry—Certificate management[S]. draft.

B.S. Kaliski Jr, 1992. The MD2 Message-Digest Algorithm, RFC 1319. RSA Laboratories, April 1992.

Balenson D. 1993. Privacy Enhancement for Internet Electronic Mail—Part III: Algorithms, Modes, and Identifiers, RFC 1423[EB/OL]. http://tools.ietf.org/html/rfc1423.

Bauer R K, Berson T A, Feiertag R J. 1983. A key distribution protocol using event markers[J]. ACM Transactions on Computer Systems, 1(3): 249-255.

Bellare M, Canetti R, Krawczyk H. 1996a. Keying hash functions for message authentication[C]//Advances in Cryptology, Santa Barbara, August 18-22, 1996. Berlin: Springer-Verlag: 1-15 (An expanded version is available at http://www.cse.ucsd.edu/users/mihir).

Bellare M, Canetti R, Krawczyk H. 1996b. Message authentication using hash functions—the HMAC construction[J]. RSA Laboratories'CryptoBytes, 2(1): 12-15.

Bellare M, Rogaway P. 1993. Random oracles are practical: A paradigm for designing efficient protocols[C]//Proceedings of the First ACM Conference on Computer and Communications security, Fairfax, November 3-5, 1993. New York: ACM Press: 62-73.

Bellovin S M, Merritt M. 1992. Encrypted key exchange: Password-based protocols secure against dictionary attacks[C]//Proceedings of Computer Society Symposium on Research in Security and Privacy, Oakland, May 4-6, 1992. Piscataway: IEEE Press: 72-84.

Bellovin S M, Merritt M. 1994. An attack on the interlock protocol when used for authentication[J]. IEEE Transactions on Information Theory, 40(1): 273-275.

Berkovits S. 1991. How to broadcast a secret[C]//Advances in Cryptology, Brighton, April 8-11, 1991. Berlin: Springer-Verlag: 535-541.

Biham E, Shamir A. 1991. Differential cryptanalysis of DES-like cryptosystems[J]. Journal of CRYPTOLOGY, 4(1): 3-72.

Biham E. 1992. On the applicability of differential cryptanalysis to hash functions. Lecture at EIES Workshop on Cryptographic Hash Functions.

Blakley G, Borosh I. 1979. Rivest-Shamir-Adleman public key cryptosystems do not always conceal messages[J].Computers and Mathematics with Applications, 5(3): 169-178.

Blöcher U, Dichdtl M. 1994. Fish: a fast software stream cipher[C]//Fast Software Encryption, Cambridge Security Workshop. December 9-11, 1994,Cambridge, UK. Berlin: Springer-Verlag: 41-44.

Boyar J, Chaum D, Damgård I. 1990. Convertible undeniable signatures[C]//Advances in Cryptology—CRYPTO'90.1990, California, USA . Berlin: Springer-Verlag:189-205.

Brands S. 1995. Restrictive blinding of secret key certificates[C]//Advances in Cryptology—CRYPTO'95. August

27-31, 1995, California, USA. Berlin: Springer-Verlag: 231-247.

Bressoud D M. 1989. Factorization and PrimalityTesting[M]. Berlin:Springer-Verlag.

Buhler J P, LenstraJr H W, Pomerance C. 1993. Factoring integers with the number field sieve[M]//A K Lenstra and H W Lenstra Jr. (Ed.), The Development of the Number Field Sieve, volume 1554 of Lecture notes in Mathematics. Berlin: Springer-Verlag: 50-94.

Burrows M, Abadi M, Needham R M. 1990. A Logic of Authentication[J]. ACM Transactions on Computer Systems, 8(1): 18-36.

Burwick C, Coppersmith D, D'Avignon E, Gennaro R, Halevi S, Jutla C, MatyasJr S M, O'Connor L, Peyravian M, Safford D, Zunic N. 1999. MARS – a candidate cipher for AES,NIST AES Proposal [EB/OL]. (1999-09-22) [2014-01-03]. http://www.researchgate.net/publication/2528494_MARS_-_a_candidate_cipher_for_AES.

Camenisch J L, Piveteau J M, Stadler M A. 1994. An efficient electronic payment system protecting privacy[C]// Computer Security ESORICS'94. November 7–9, 1994, Brighton, United Kingdom. Berlin: Springer-Verlag: 207-215.

Carton T R, Silverman R D. 1988. Parallel implementation of the quadratic sieve[J] .The Journal of Supercomputing, 1(3): 273-290.

Certicom. 2014. ECC Tutorial[EB/OL]. [2014-01-03]. http://www.certicom.com/index. php/ecc-tutorial.

Chambers W G. 1994. Two stream ciphers[C]//Fast Software Encryption, Cambridge Security Workshop. December 9-11, 1994,Cambridge, UK. Berlin: Springer-Verlag: 51-55.

Chaum D, van Antwerpen H. 1990. Undeniable signatures, Advances[C]//Advances in Cryptology— CRYPTO'89 Proceedings, 1990, California, USA. Berlin: Springer-Verlag: 212-216.

Chaum D, van Heyst E. 1990. Group signature[C]//Advances in Cryptology—EUROCRYPT'90, May 21–24, 1990,Aarhus, Denmark. Berlin: Springer-Verlag: 257-265.

Chaum D. 1982. Blind signatures for untraceable payments[C]//Advances in Cryptology—CRYPTO'82. 1982, California, USA. Berlin: Springer-Verlag: 199-203.

Chaum D. 1989. Privacy protected payments: Unconditional payer and/or payee untraceability[M]//D Chaum and I Schaumuller-Bichl (Ed.),Smart card 2000.Amsterdam: North Holland: 69-93.

Chaum D. 1990. Zero-knowledge undeniable signatures[C]//Advances in Cryptology—EUROCRYPT'90. May 21–24,1990, Aarhus, Denmark. Berlin: Springer-Verlag: 458-464.

Chaum D. 1994. Designated confirmer signatures[C]//Advances in Cryptology—EUROCRYPT'94. May 9–12, 1994, Perugia, Italy. Berlin: Springer-Verlag: 86-91.

Chen L , Pedersen T P. 1994. New group signature schemes[C]//Advances in Cryptology—EUROCRYPT'94. May 9–12, 1994, Perugia, Italy. Berlin: Springer-Verlag: 171-181.

Chen L. 1994. Oblivious signatures[C]//Computer Security—ESORICS 94. November 7–9, 1994, Brighton, United Kingdom. Berlin: Springer-Verlag: 161-172.

Chiou G C, Chen W C. 1989. Secure broadcasting using the secure lock[J]. IEEE Transactions on Software Engineering, 15(8):929-934.

Coppersmith D, Franklin M, Patarin J, et al. 1996. Low-exponent RSA with related messages[C]//Advances in Cryptology—EUROCRYPT'96. May 12–16, 1996,Saragossa, Spain. Berlin: Springer-Verlag: 1-9.

Coppersmith D, Stern J, Vaudenay S.1997. The security of the birational permutation signature schemes[J]. Journal of Cryptology. 10(3):207-221.

Coppersmith D. 1993. Modifications to the number field sieve[J]. Journal of Cryptology,6: 169-180.

Cowie J, Dodson B, Elkenbracht-Huizing B M, et al. 1996. A world wide number field sieve factoring record: on to 512 bits[C]//Advances in Cryptology—ASIACRYPT'96. November 3–7, 1996, Kyongju, Korea. Berlin: Springer-Verlag: 382-394.

Daemen J, Rijmen V. 2003. AES Proposal: Rijndael.(National Institute of Standards and Technology)[EB/OL]. (2003-09-04) [2014-01-03]. http://csrc.nist.gov/archive/aes/rijndael/Rijndael-ammended. pdf #page=1.

Damgård I B, Pedevson T P, Pfitzmann. 1997. On the existence of statistically hiding bit commitment schemes and fait-stop signature[J]. J. of Cryptology, 10(3):163-194.

Davies D W, Price W L. 1989. Security for Computer Networks[M]. 2nd ed. John Wiley & Sons.

de Rooij P. 1991. On the security of the Schnorr scheme using preprocessing[C]//Advances in Cryptology— EUROCRYPT'91. April 8–11, 1991, Brighton, UK. Berlin: Springer-Verlag: 71-80.

de Rooij P. 1993. On Schnorr's preprocessing for digital signature schemes[C]//Advances in Cryptology—EUROCRYPT'93. May 23–27, 1993, Lofthus, Norway. Berlin: Springer-Verlag: 435-439.

Deamen J, Rijmen V. 1999. AES Proposal: Rijndael, Version 2. Submission to NIST[EB/OL]. (1999-03-09) [2014-01-03]. http://csrc.nist.gov/archive/aes/rijndael/Rijndael-ammended.pdf.

Demytko N. 1993. A new elliptic curve based analogue of RSA[C]//Advances in Cryptology— EUROCRYPT'93. May 23–27, 1993, Lofthus, Norway. Berlin: Springer-Verlag: 435-439.

den Boer B, Bosselaers A. 1993. Collisions for the compression function of MD-5[C]//Advances in Cryptology—EUROCRYPT'93. May 23–27, 1993, Lofthus, Norway.Berlin: Springer-Verlag,: 435-439.

den Boer B. 1998. Cryptanalysis of F.E.A.L.[C]//Advances in Cryptology—EUROCRYPT'88.May 25–27, 1988, Switzerland, Berlin: Springer-Verlag: 293-299.

Denning D E, Sacco G M. 1981. Timestamps in key distribution protocols[J]. Communications of the ACM, 24: 533-536.

Denning D E. 1991. 密码学与数据安全[M]. 王育民，肖国镇，译. 北京：国防工业出版社.

Denny T, Dodson B, Lenstra A K, et al. 1993. On the factorization of RSA-120[C]//Advances in Cryptology—CRYPTO'93. August 22–26, 1993, California, USA. Berlin: Springer-Verlag: 166-174.

Desmedt Y. 1985. Unconditionally secure authentication schemes and practical and theoretical consequences[C]//Advances in Cryptology—CRYPTO'85.1985, California, USA . Berlin: Springer-Verlag: 42-55.

Desmedt Y. 1988. Subliminal-free authentication and signature[C]//Advances in Cryptoloy—EUROCRYPT'88 Proceedings. May 25–27, 1988, Switzerland. Berlin: Springer-Verlag: 23-33.

Desmedt Y. 1994. Threshold cryptography[J]. European Transactions on Telecommunications, 5: 449-457.

Diffie W, Hellman M E. 1976. New directions in cryptography[J]. IEEE Trans. on Information Theory, IT- 22(6): 644-654.

Diffie W, Hellman M E. 1979. Privacy and authentication: An introduction to cryptography[C]//Proceedings of the IEEE, March 1979: 397-427.

Diffie W. 1992. The first ten years of public-key cryptography[J].Proceedings of the IEEE, 76(5): 560-577 (also in Contemporary Cryptology: The Science of Information Integrity, G. J. Simmons (Ed.), IEEE Press: 135-175).

Dobbertin H. 1996. Cryptanalysis of MD-4[C]//Lecture Notes in Computer Science. Fast Software Encryption. Third International Workshop, February 21-23, 1996, Cambridge. Springer-Verlag Berlin Heidelberg: LNCS: 53-69.

ElGamal T. 1985. A public-key cryptosystem and a signature scheme based on discrete logarithms[C]//Lecture Notes in Computer Science. Advances in Cryptology, Proceedings of CRYPTO'84, August 19-22, 1984, Santa Barbara, California. Springer-Verlag Berlin Heidelberg: LNCS: 10-18 (Also in IEEE Transactions on Information Theory, IT-31(4): 469-472).

ElGamal T. 1985. A subexponential-time algorithm for computing discrete logarithms over GF(p2)[J]. IEEE Transactions on Information Theory, IT-31(4): 473-481.

Feistel H. 1970. Cryptographic Coding for Data-Bank Privacy, RC 2872[R]. Yorktown Heights, New York: IBM Research.

Fernandes A. 1999. Elliptic Curve Cryptography[J]. Dr. Dobb's Journal, 24(12): 56-62.

Ford W. 1994. Computer Communications Security: Principles, Standard Protocols and Techniques[M]. New Jersey: Prentice Hall, Englewood Cliffs.

Frankel Y, Yung M. 1995. Escrow encryption systems visited: Attacks, analysis and designs[C]//Lecture Notes in Computer Science. Advances in Cryptology, Proceedings of CRYPTO'95, August 27-31, 1995, Santa Barbara, California. Springer-Verlag Berlin Heidelberg: LNCS: 222-235.

Franklin M K, Reiter M K. 1995. Verifiable signature sharing[C]//Lecture Notes in Computer Science. Advances in Cryptology – EUROCRYPT'95, International Conference on the Theory and Application of Cryptographic Techniques, May 21-25, 1995, Saint-Malo, France. Springer-Verlag Berlin Heidelberg: LNCS: 50-63.

Gligor V D, Kailar S, Stubblebine S, et al. 1991. Logics for cryptographic protocols—virtues and limitations[C]//The Computer Security Foundations Workshop IV, Jun 18-20, 1991, Franconia. IEEE: 219- 226.

Goldwasser S, Micali S, Rivest R L. 1988. A digital signature scheme secure against adaptive chosen- message attacks[J]. SIAM Journal on Computing, 17(2): 281-308.

Gong L. 1992. A security risk of depending on synchronized clocks[J]. Association of Computing Machinery.

Operating Systems Review, 26(l): 49-53.

Gong L. 1994. New protocols for third-party-based authentication and secure broadcast[C]//Association of Computing Machinery. Proceedings of the 2nd ACM Conference on Computer and communications security, November 2-4, 1994, Fairfax, Virginia. New York: ACM: 176-183.

Guillou L C, Quisquater J J, Walker M, et al. 1991. Precautions taken against various potential attacks[C]//Lecture Notes in Computer Science. Advances in Cryptology, Proceedings of Eurocrypt'90, May 21-24, 1990, Aarhus, Denmark. Springer-Verlag Berlin Heidelberg: LNCS: 465-473.

Harn L, Yang S. 1992. Group-oriented undeniable signature schemes without the assistance of a mutually trusted party[C]//Lecture Notes in Computer Science. Advances in Cryptology, Proceedings of AUSCRYPT'92, December 13-16, 1992, Queensland, Australia. Springer-Verlag Berlin Heidelberg: LNCS: 133-142.

Horster P, Michels M, Petersen H. 1995. Meta-message recovery and meta-blind signature schemes based on the discrete logarithm problem and their applications[C]//Lecture Notes in Computer Science. Advances in Cryptology, Proceedings of ASIACRYPT'94, November 28-December 1, 1994, Wollongong, Australia. Springer-Verlag Berlin Heidelberg: LNCS: 224-237.

Ingemarsson I, Tang D, Wong C. 1982. A conference key distribution system[J]. IEEE Transactions on Information Theory, 28(5): 714-720.

International Organization for Standardization. ISO 10202-7. 1994. Financial Transaction Cards-Security Architecture of Financial Transaction Systems Using Integrated Circuit Cards-Part 7: Key Management[S], Geneva: International Organization for Standardization.

International Organization for Standardization. ISO 8372. 1987. Information Processing Modes of Operation for a 64-bit Block Cipher Algorithm[S]. Geneva: International Organization for Standardization.

International Organization for Standardization. ISO/IEC 11770-1. 1996b. Information Technology-Security Techniques-Key management-Part 1: Framework[S]. Geneva: International Organization for Standardization.

International Organization for Standardization. ISO/IEC 11770-2. 1996a. Information Technololgy-Security Techniques-Key Management-Part 2: Mechanisms Using Symmetric Techniques[S]. Geneva: International Organization for Standardization.

International Organization for Standardization. ISO/IEC10118-3. 2001. Information Technology-Security Techniques-Hash Functions-Past 3: Dedicated hash-functions[S]. Geneva: International Organization for Standardization and International Electro-technical Commission.

International Telecommunication Union. ITU-T Rec. X.509 (1988 and 1993). 1995a. Technical Corrigendum 2 The Directory-Authentication framework[S]. Geneva: International Telecommunication Union (Also Technical Corrigendum 2 to ISO/IEC 9594-8:1990 & 1995).

International Telecommunication Union. ITU-T Rec. X.509. 1993. Amendment 1: Certificate Extensions. 1995b. The Directory-Authentication framework[S]. Geneva: International Telecommunication Union (Also Amendment 1 to ISO/IEC 9594-8: 1995).

International Telecommunication Union. ITU-T Rec. X.509. 1993. The directory-authentication framework[S]. Geneva: International Telecommunication Union (Also ISO/IEC 9594-8: 1995).

ITU I T U. 2005. Internet reports[J] The internet of things. Geneva: ITU, 2005.

Jurišic A, Menezes A. 1997. Elliptic curves and cryptography[J]. Dr. Dobb's Journal: 26-36.

Kaliski B S. 1997. A chosen message attack on Demytko's elliptic curve cryptosystem[J]. Journal of Cryptology, 10(1): 71-72.

Kehne A, Schönwälder J, Langendörfer H. 1992. A nonce-based protocol for multiple authentications[J]. ACM SIGOPS Operating Systems Review, 26: 84-89.

Kent S. 1993. Privacy enhancement for Internet electronic mail: part II: certificate-based key management[J], 36: 48-60.

Kent S. 1993. Privacy Enhancement for Internet Electronic Mail—Part II: Certificate-based Key Management, RFC 1422[EB/OL]. http://tools.ietf.org/html/rfc1422.

Klein D V. 1990. Foiling the cracker: A survey of, and improvements to, password security[C]. Proceedings of the 2nd USENIX Security Workshop.

Knudsen L R, Meier W, Preneel B, et al. 1998. Analysis methods for (alleged) RC4: International Conference on The Theory and Application of Cryptology and Information Security, Beijing, China, October 18-22,

1998[C]. Berlin: Springer.

Knuth D E. 1998a. The Art Of Computer Programming, Volume 1: Seminumerical Algorithms [M]. Pearson Education India.

Knuth D E. 1998b. The Art Of Computer Programming, Volume 2: Seminumerical Algorithms [M]. Pearson Education India.

Koblitz N. 1987. A course in number theory and cryptography[M]. New York: Springer-Verlag.

Koblitz N. 1987. Elliptic curve cryptosystems[J]. Mathematics of computation, 48(177): 203-209.

Koblitz N. 1989. Hyperelliptic cryptosystems[J]. Journal of Cryptology, 1(3): 129-150.

Koyama K, Maurer U M, Okamoto T, et al. 1992. New public-key schemes based on elliptic curves over the ring Zm: 11th Annual International Cryptology Conference Santa Barbara, California, USA, August 27–31, 1991[C]. Berlin: Springer.

Krawczyk H. 1995. New hash functions for message authentication: International Conference on the Theory and Application of Cryptographic Techniques Saint-Malo, France, May 21–25, 1995 [C]. Berlin: Springer.

Kurosawa K, Okada K, Tsujii S. 1995. Low exponent attack against elliptic curve RSA: 4th International Conferences on the Theory and Applications of Cryptology Wollongong, Australia, November 28– December 1, 1994[C]. Berlin: Springer.

Lai X, Massey J L. 1993. Hash functions based on block ciphers: Workshop on the Theory and Application of Cryptographic Techniques Balatonfüred, Hungary, May 24–28, 1992[C]. Berlin: Springer.

Lai X, Zürich E T H. 1992. On the design and security of block ciphers[M]. Hartung-Gorre Verlag Konstanz, Theniche Hochschule, Zurich.

LaMacchia B A, Odlyzko A M. 1991. Computation of discrete logarithms in prime fields[J]. Des. Codes Cryptography, 1(1): 47-62.

Lamport L. 1981. Password authentication with insecure communication[J]. Communications of the ACM, 24(11): 770-772.

Lenstra A K, Lenstra H W J. 1993. The Development of the Number Field Sieve[M]. Springer.

Lenstra Jr H W. 1987. Factoring integers with elliptic curves[J]. Annals of mathematics, 2(126): 649-673.

Lim C H, Lee P J. 1993. A practical electronic cash system for smart cards[R]. Proceedings of the 1993 Korea-Japan Workshop on Information Security and Cryptography, Seoul, Korea, Oct 24-26, 1993: 34-47.

Mambo M, Usuda K, Okamoto E. 1995. Proxy signatures[C]//Proceedings of the 1995 Symposium on Cryptography and Information Security(SCIS'95), Inuyama, Japan, Jan 24-27: 147-158.

Mantin I, Shamir A. 2001. A Practical Attack on Broadcast RC4[C]. Proceedings, Fast Software Encryption.

Mao Wenbo. 2004. Modern Cryptography—Theory and Practice[M]. Hewlett-Packard Books: Walter Bruce.

Massey J L. 1985. Fundamentals of Coding and Cryptography[M]. Advanced Technology Seminars of SFIT, Zurich.

Matyas S M, Le A V, Abraham D G. 1991. A key management scheme based on control vectors[J]. IBM Systems Journal, 30(2):175-191.

Maurer U M, Yacobi Y. 1991. Noninteractive public key cryptography[C]//Advances in Cryptology— EUROCRYPT'91 Proceedings, Springer-Verlag: 498-507.

Maurer U M, Yacobi Y. 1993. A remark on a non-interactive public-key distribution system[C]//Advances in Cryptology—EUROCRYPT'92 (INCS 658): 458-460.

Maurer U M. 1991. New approaches to the design of self-sychronizing stream ciphers[C]//Advances in Cryptology—Eurocrypt'91 (INCS 547): 485-471.

Maurer U M. 1993. Secret key agreement by public discussion based on common information[J]//IEEE Trans. on Inform. Theory, May 1993,39(3):733-742.

Maurer U M. 1994. Towards the equivalence of breaking the Diffie-Hellman protocol and computing discrete logarithms[C]//Advances in Cryptology—CRYPTO'94 (INCS 839): 271-281.

McCurley K S. 1988. A key distribution system equivalent to factoring[J]//Journal of Cryptology, 1(2): 95-106.

McCurley K S. 1990. The discrete logarithm problem[C]//Cryptography and Computational Number Theory (Proceedings of the Symposium on Applied Mathematics), American Mathematics Society: 49-74.

Menezes A J, van Oorstone P C, Vanstone S C. 1997. Handbook of Applied Cryptology, 1997[C], CRC Press.

Menezes A, Okamoto T, Vanstone S A. 1991. Reducing elliptic curve logarithms to logarithms in a finite field[C]//Proc. of the 22nd Annual ACM Symposium on the Theory of Computing: 80-89 (also in IEEE Trans. on Infomation Theory, 1993,39: 1639-1646.)

Menezes A, Qu M, Vanstone S. 1995. Some new key agreement protocols providing implicit authentication[C]. 2nd Workshop on Selected Areas in Cryptography, May 1995, Ottawa, Canada.

Menezes A, Qu M, Vanstone S. 1996. IEEE P1363, Part 6: Elliptic Curve System, ftp://stdsbbs.ieee.org/pub/p1363/1996.

Menezes A, Vanstone S A, Zuccheratio R. 1993b. Counting points on elliptic curves over F2m[J]. Math. Comp, 60(4): 407-420.

Menezes A, Vanstone S A. 1993a. Elliptic curve cryptosystems and their implementations[J]//Journal of Cryptology, 6(4): 209-224.

Menezes A. 1993. Elliptic Curve Public Key Cryptosystems[M]. Kluwer Academic Publishers.

Meyer C H, Matyas S M. 1982. Cryptography: A New Dimension in Computer Data Security[M]. New York: John Wiley & Sons.

Millen J K, Clark S C, Freedman S B. 1987. The Interrogator: protocol security analysis[J]. IEEE Trans. on Software Engineering, SE-13(2):274-288.

Miller V S. 1986. Use of elliptic curves in cryptography[C]//Advances in Cryptology—CRYPTO'85 Proceedings, 1986, Springer-Verlag, 417-426.

Mister S, Tavares S. 1998. Cryptanalysis of RC4-Like Ciphers[J]. Proceedings, Workshop in Selected Areas of Cryptography, SAC'98.

Mitchell C J, Piper F, Wild P. 1992. Digital signatures, Simmons, G. J. (Eds.)[M]//Contemporary Cryptology: The Science of Information Integrity, IEEE Press: 325-378.

Montgomery P L. 1987. Speeding the Pollard and elliptic curve methods of factorization[J]. Mathematics of Computation, Jan 1987,48(177): 243-264.

Moore J H. 1988. Protocol failures in cryptosystems[J]. Proceedings of the IEEE, May 1988, 76(5): 594-602 (also in Simmons, G.J. (Ed.), Contemporary Cryptology: The Science of Information Integrity, IEEE Press, 1992: 541-558).

Myrbakken H, Colomo-Palacios R. DevSecOps. 2017. A multivocal literature review[C]. Software Process Improvement and Capability Determination: 17th International Conference, SPICE 2017, Palma de Mallorca, Spain, October 4–5, 2017, Proceedings. Springer International Publishing, 2017: 17-29.

Naor M, Yung M. 1990. Public-key cryptosystems provably secure against chosen ciphertext attacks[M]. Proceedings of the 22nd Annual ACM Symposium on Theory of Computing, New York, USA: 427-437.

Needham R M, Schroeder M D. 1978. Using encryption for authentication in large networks of computers[J]. Communications of the ACM, Dec. 1978, 21(12): 993-999.

Needham R M, Schroeder M D. 1987. Authentication revisited[J].Operating Systems Review, 21(1): 7.

Neuman B C, Stubblebine S. 1993. A note on the use of timestamps as nonces[J]. Operating Systems Review, Apr 1993, 27(2): 10-14.

NIST. 2001a. Specification for the Advanced Encryption Standard (AES)[C]//Federal Information Processing Standards Publication (FIPS PUB) 197, Department of Commerce/N.I.S.T. November 2001,U. S. .

NIST. 2001b. Recommendation for block cipher modes of operation.[C]//NIST Special Publication Department of Commerce/N.I.S.T. Decemberx.800-38A 2001 Edition, December 2001, U.S.

Nyberg K, Rueppel R. 1993. A new signature scheme based on the DSA giving message recovery[C]//1st ACM Conference on Computer and Communications security. ACM Press: 58-61.

Ohta K, Aoki K. 1994. Linear cryptanalysis of the Fast Data Encipherment Algorithm[M]. Advances in Cryptology—CRYPTO'94 (INCS 839): 12-16.

Okamoto T, Ohta K. 1994. Designated confirmer signatures using trapdoor functions[C]//Symposium on Cryptography and Information Security, Lake Biwa, Japan: 1-11.

Okamoto T. 1995. An efficient divisible electronic cash scheme[C]//Advances in Cryptology—CRYPTO'95 (INCS 963): 438-451.

Otway D, Rees O. 1987. Efficient and timely mutual authentication[J]. ACM SIGOPS Operating Systems Review, 21(1): 8-10.

Pedersen T P. 1991. Distributed provers with applications to undeniable signatures[C]//Advances in Cryptology—

EUROCRYPT'91. Springer Berlin Heidelberg: 221-242.

Pfitzmann B, Waidner M. 1991. Fail-stop signatures and their application[J]: 145-160.

Pohlig S C, Hellman M E. 1978. An improved algorithm for computing logarithms in GF(p) and its cryptographic significance[J], Information Theory, IEEE Transactions on, 24(1): 106-110.

Pollard J M. 1993. Factoring with cubic integers[M]. The development of the number field sieve: Springer Berlin Heidelberg: 4-10.

Pomerance C (Editor), Shafi Goldwasser, et al. 1990. Proceeding and Computational Number Theory: Cryptology and Computational Number Theory, Boulder, Colorado, August 6-7, 1989[C], AMS Bookstore.

Pomerance C. 1985. The quadratic sieve factoring algorithm[C]//Advances in cryptology. Springer Berlin Heidelberg: 169-182.

Pomerance C. 1994. The number field sieve[C]//Proceedings of Symposia in Applied Mathematics. American Mathematical Society: 465-480.

Preneel B, Govaerts R, Vandewalle J. 1994. Hash functions based on block ciphers: A synthetic approach[C]// Advances in Cryptology—CRYPTO'93. Springer Berlin Heidelberg: 368-378.

Preneel B. 1993. Analysis and design of cryptographic hash functions[D]. Katholieke Universiteit te Leuven. Primitives R I. 1992. Ripe Integrity primitives: Final report of RACE integrity primitives evaluation (R1040) [R]. RACE.

Rivest R L. 1991.The MD4 message digest algorithm, Advances in Cryptology (Crypto '90). Springer-Verlag (1991), 303-311.

Rivest R L. 1992. The MD4 Message-Digest Algorithm, RFC 1320, Network Working Group, 1992.

Rabin M O. 1978. Digitalized signatures[J]. Foundations of Secure Computation, 78: 155-166.

Rabin M O. 1979. Digital signatures and public key functions as intractable as factoring[R]. Technical Memo TM-212, Lab. for Computer Science, MIT.

Rackoff C, Simon D R. 1992. Non-interactive zero-knowledge proof of knowledge and chosen ciphertext attack[C]//Advances in Cryptology—CRYPTO'91. Springer Berlin Heidelberg: 433-444.

Rivest R L, Shamir A, Adleman L M. 1979. On Digital Signatures and Public Key Cryptosystems[R]. MIT/LCS/ TR-212, MIT Laboratory for Computer Science.

Rivest R L, Shamir A, Adleman L. 1978. A method for obtaining digital signatures and public-key cryptosystems[J]. Communications of the ACM, 21(2): 120-126.

Rivest R L, Shamir A. 1984. How to expose an eavesdropper[J]. Communications of the ACM, 27(4): 393- 395.

Rivest R L. 1978. Remarks on a proposed cryptanalytic attack on the M.I.T. public-key cryptosystem[J]. Cryptologia 2: 62-65.

Rivest R L. 1990a. The MD4 Message Digest Algorithm. RFC1186 [EB/OL]. http://tools.ietf.org/html/ rfc1320.

Rivest R L. 1990b. Cryptography J van Leeuwen (Ed.) Handbook of Theoretical Computer Science[M]. Elsevier Science Publishers: 719-755.

Rivest R L. 1992. The RC4 Encryption Algorithm[J]. RSA Data Security Inc: 46.

Rivest R L. 1992a. The MD4 Message-Digest Algorithm, RFC 1320[EB/OL]. http://tools.ietf.org/html/ rfc1320.

Rivest R L. 1992b. The MD5 Message-Digest Algorithm, RFC 1321[EB/OL]. http://tools.ietf.org/html/ rfc1321.

RSA Laboratories. 1993. Public-key cryptography standards (PKCS)# 1: RSA cryptography specifications, version 1.4[J]. RSA Data Security, Inc., Redwood City, California, Nov. 1993:12.

Rueppel R A. 1986a. Stream ciphers[M]. Analysis and Design of Stream Ciphers. Springer-Verlag Berlin Heidelberg: 5-16.

Rueppel R A. 1986b. Linear complexity and random sequences. Advances in Cryptology—EUROCRYPT'85[C]// Springer-Verlag Berlin Heidelberg.

Rueppel R A. 1992. Security models and notions for stream ciphers[J]. Cryptography and Coding II, C. Mitchell(Ed.), Oxford: Clarendon Press: 213-230.

Sakano K, Park C, Kurosawa K. 1993. (k, n) threshold undeniable signature scheme: proceedings of the 1993 Korea-Japan Workshop on Information Security and Cryptography, Seoul, Korea[C], CiteSeer.

Schneier B, Kelsey J, Whiting D, et al. 1998. Twofish: A 128-bit block cipher[J]. National Institute of standards and Technology (NIST), AES Proposal: 15.

Schneier B, Whiting D. 1997. Fast software encryption: Designing encryption algorithms for optimal software speed on the Intel Pentium processor[C]//Fast Software Encryption, Fourth International Workshop Proceedings. Springer-Verlag Berlin Heidelberg: 242-259.

Schneier B. 1996. Applied cryptography: protocols, algorithms, and source code in C[J], John Wiley & Sons, Inc.: 31-32.

Schnorr C P. 1991. Method for identifying subscribers and for generating and verifying electronic signatures in a data exchange system: U.S. Patent 4,995,082[P/OL]. 1991-02-19.

Shamir A. 1983. A polynomial time algorithm for breaking the basic Merkle-Hellman cryptosystem[C]//Advances in Cryptology : Proceedings of CRYPTO, August 23-25,1982, Santa Barbara, California, USA. New York: Plenum Press: 279-288. Also in 1983 IEEE Trans. on Information Theory, IT-30(5), 1984(9): 699-704.

Shamir A. 1993. An efficient signature scheme based on birational permutation[C]//Lecture Notes in Computer Science. Advanced in Cryptology: Proceedings of CRYPTO, 13th Annual International Cryptology Conference, August 22-26, 1993, Santa Barbara, California, USA. Berlin: Springer: LNCS: 1-12.

Shannon C E. 1949. Communication theory of secrecy systems[J]. Bell System Technical Journal, 28(4): 656-715.

Shizuya H, Itoh T, Sakurai K. 1991. On the complexity of hyperelliptic discrete logarithm problem[C]//Lecture Notes in Computer Science. Advances in Cryptology: Proceedings of EUROCRYPT, Workshop on the Theory and Application of of Cryptographic Techniques, April 8-11, 1991, Brighton, UK. Berlin: Springer: LNCS: 337-351.

Shmuley Z. 1985. Composite Diffie-Hellman Public-Key Generating Systems Are Hard to Break[R]. Computer Science Department, Technion, Haifa, Israel, Technical Report 356.

Sidney R Rivest, R L Robshaw M J B, Yin Y L. 1998. The RC6 Block Cipher, v1.1 AES proposal: National Institute of Standards and Technology[EB/OL]. [1998-8-20]. http://www. rsa. com/rsalabs/aes/.

Silverman R D. 1987. The multiple polynomial quadratic sieve[J]. Mathematics of Computation, Jan, 48(177): 329-339.

Simmons G J. 1983. A 'weak' privacy protocol using the RSA cryptosystem[J] Cryptologia, 7(2):180-182.

Simmons G J. 1993. How the subliminal channels of the U.S. digital signature algorithm (DSA)[C]// Proceedings of the Third Symposium on State and Progress of Research in Cryptography, Rome: Fondazone Ugo Bordoni: 35-54.

Simmons G J. 1994. Subliminal communication is easy using the DSA[C]//Lecture Notes in Computer Science. Advances in Cryptology: Proceedings of EUROCRYPT, Workshop on the Theory and Application of Cryptographic Techniques, May 23-27, 1993, Perugia, Italy. Berlin: Springer: LNCS: 218-232.

Smid M E, Branstad D K. 1992. The data encryption standard: Past and future[J].Proceedings of the IEEE, May 1988,76(5):550-559. Also in Contemporary Cryptology: The Science of Information Integrity: 43-64.

Smid M E, Branstad D K. 1993. Response to the comments on the NIST proposed digital signature standard[C]// Lecture Notes in Computer Science. Advances in Cryptology: Proceedings of CRYPTO, 12th Annual International Cryptology Conference, August 16-20, 1992, Santa Barbara, California, USA. Berlin: Springer: LNCS: 76-87.

Stadler M, Piveteau J M, Camenisch J. 1995. Fair blind signatures[C]//Lecture Notes in Computer Science. Advances in Cryptology: Proceedings of EUROCRYPT, International Conference on the Theory and Application of Cryptographic Techniques, May 21-25, 1995, Saint-Malo, France. Berlin: Springer: LNCS: 209-219.

Stafford V A. 2020. Zero trust architecture[J]. NIST special publication, 800: 207.

Stallings M. 2020. Cryptography and Network Security: Principles and Practice. 8th Edtion. Published by Pearson Education, Inc.

Stinson D R. 1994. Decomposition construction for secret sharing schemes[J]. IEEE Trans.on Inform. Theory, 40: 118-125.

Stinson D R. 1995. Cryptography — Theory and Practice[M]. CRC Press.

Tardo J, Alagappan K. 1991. SPX: global authentication using public key certificates[C]//Proceedings of the 1991 IEEE Computer Society Symposium on Security and Privacy, May 20-22, 1991, Oakland, California, USA. IOS: 232-244.

Tuchman W. 1979. Hellman presents no shortcut solutions to the DES[J]. IEEE Spectrum, 16: 40-41.

U. S. Department of Commerce/N.I.S.T.. FIPS 180. 1993. Secure Hash Standard. Federal Information Processing

Standards Publication[S]. Springfield: National Technical Information Service.

U. S. Department of Commerce/N.I.S.T.. FIPS 186. 1994. Digital Signature Standard (DSS). Federal Information Processing Standards Publication[S]. Springfield: National Technical Information Service.

Unruh W. 1996. The feasibility of breaking PGP— The PGP attack FAQ[EB/OL]. 50(2), 1996 [beta] infinity [sawmon9@netcom/route@infonexus.com/htp:/axion.physics.ubc.ca/pgp- attack.htm.

van Heyst E, Pedersen T P. 1993. How to make efficient fail-stop signatures[C]//Advances in Cryptology— EUROCRYPT'92 (INCS 658), May 24-28, Hungary: 366-377.

van Oorschot P C. 1991. A comparison of practical public key cryptosystems based on integer factorization and discrete logarithms[C]//Advances in Cryptology-CRYPT0'90, Lecture Notes in Computer Science, University of Waterloo: 577-581.

van Oorschot P C. 1993. Extending cryptographic logics of belief to key agreement protocols (Extended Abstract)[C]//1st ACM Conference on Computer and Communications Security, New York: 232-243.

Vanstone S A, Zuccherato R J. 1997. Elliptic curve cryptosystems using curves of smooth order over the ring Zn[J]. IEEE Trans. on Information Theory, 43(4): 1231-1237.

Vaudenary S. 1995. On the need for multipermutations: Cryptanalysis of MD4 and SAFERB[C]//Preneel (Ed.), Fast Software Encryption, Second International Workshop, Springer-Verlag: 286-297.

Vedder K. 1993. Security aspects of mobile communications[C]//B.Preneel et al (Eds) Computer Security and Industrial Cryptography: State of the Art and Evolution, EAST Course, Leuven, Belgium, May 21-23, 1991, (LNCS 741), Spinger-Verlag: 193-210.

Waldvogel C P, Massey J L. 1993. The probability distribution of the Diffie-Hellman key[C]//Advances in Cryptology—AUSCRYPT'92(INCS 718),December 13–16, 1992, Queensland, Australia: 492-504.

William S. 2006. Cryptography and Network Security: Principles and Practices[M]. 4th Edition: Pearson Education, Inc., Prentice Hall.

Woo T Y C, Lam S S. 1992. Authentication for distributed systems[J]. Computer, 25(1): 39-52.

Yen S M. 1994. Design and Computation of Public Key Cryptosystems[D]. TaiWan: National Cheng Kun University.

Zheng Y, Seberry J. 1993. Immunizing public key cryptosystems against chosen ciphertext attacks[J]. IEEE Journal on Selected Areas in Communications, 11: 715-724.

王冬梅. 1996. 数字签名方案的设计与分析硕士论文[D]. 西安：西安电子科技大学.

王育民, 刘建伟. 1999. 通信网的安全——理论与技术[M]. 西安：西安电子科技大学出版社.

武传坤. 2015. 物联网安全关键技术与挑战[J]. 密码学报.

邬江兴. 2016. 网络空间拟态防御研究[J]. 信息安全学报.

张焕国, 赵波. 2011. 可信计算[M]. 武汉：武汉大学出版社.

朱华飞. 1996. 密码安全杂凑算法的设计与应用[D]. 西安：西安电子科技大学.

图书资源支持

感谢您一直以来对清华版图书的支持和爱护。为了配合本书的使用，本书提供配套的资源，有需求的读者请扫描下方的"书圈"微信公众号二维码，在图书专区下载，也可以拨打电话或发送电子邮件咨询。

如果您在使用本书的过程中遇到了什么问题，或者有相关图书出版计划，也请您发邮件告诉我们，以便我们更好地为您服务。

我们的联系方式：

清华大学出版社计算机与信息分社网站：https://www.shuimushuhui.com/

地　　址：北京市海淀区双清路学研大厦 A 座 714

邮　　编：100084

电　　话：010-83470236　010-83470237

客服邮箱：2301891038@qq.com

QQ：2301891038（请写明您的单位和姓名）

资源下载：关注公众号"书圈"下载配套资源。

资源下载、样书申请

书圈

图书案例

清华计算机学堂

观看课程直播